U0653045

高职高专机电类实践性课改教材

机械设计基础

主 编 卜新民 王月华 万春锋

副主编 范荣昌 申永红 陈长秀 张国政

西安电子科技大学出版社

内 容 简 介

本书共分为八个项目。项目一 机械设计静力学知识准备，项目二 机械设计材料力学知识准备，项目三 机械设计机构知识准备，项目四 联接件与弹簧的设计，项目五 传动装置设计，项目六 轴系零部件设计，项目七 机械的润滑与密封，项目八 机械创新设计与实例分析。

本书可作为高职高专院校机制、模具、数控技术、汽车等机械类和近机类各专业"机械设计基础"课程的教材，也可供相关工程科技人员参考。

图书在版编目(CIP)数据

机械设计基础/卜新民，王月华，万春锋主编．
—西安：西安电子科技大学出版社，2011.8(2023.7重印)
ISBN 978 - 7 - 5606 - 2607 - 9

Ⅰ．① 机⋯　Ⅱ．① 卜⋯　② 王⋯　③ 万⋯　Ⅲ．① 机械设计—高等职业教育—教材　Ⅳ．① TH122

中国版本图书馆 CIP 数据核字(2011)第 147843 号

策　　划　毛红兵
责任编辑　邵汉平　毛红兵
出版发行　西安电子科技大学出版社(西安市太白南路2号)
电　　话　(029)88202421　88201467　　　邮　编　710071
网　　址　//www.xduph.com　　　电子邮箱　xdupfxb001@163.com
经　　销　新华书店
印刷单位　陕西天意印务有限责任公司
版　　次　2011年8月第1版　2023年7月第5次印刷
开　　本　787毫米×1092毫米　1/16　印张 26
字　　数　621千字
印　　数　7151～8150册
定　　价　62.00元
ISBN 978 - 7 - 5606 - 2607 - 9/TH

XDUP 2899001 - 5

＊ ＊ ＊ 如有印装问题可调换 ＊ ＊ ＊

前　　言

　　"机械设计基础"是机械类专业的主要专业基础课。为了适应社会对实用型机械设计人才的要求，许多高职高专院校都在进行针对高职人才培养模式的相关课程改革，本书就是在"机械设计基础"课程改革的基础上编写的。

　　本书将"理论力学"、"材料力学"、"机械原理"、"机械零件"四门课程进行了整合，对传统的经典内容加以精选，通过贯通和相互渗透，减少了原来四门课在内容上的重叠。

　　本书从高职教育及机械类专业的特点出发，以够用为度，突出理论为应用服务，合理构建课程内容的总框架。

　　本书以机械设计为主线，以机械设计过程中所需的力学知识为辅线，按照项目教学法的要求，结合本校及本课程的实际设置了八个项目。由于不同于专业课，所以不便于按专用设备设置项目。书中内容编排以机械设计过程中常用的基本知识为主，删去了传统教材中的部分内容，重视创新精神和实践能力的培养，实现了理论与实训相结合，更加贴近教学实际。另外，教学内容的设计有利于"教师引导、学生自主"、"任务驱动"、"情景设置"等教学理念的应用。

　　与本书配套的《机械设计基础课程设计指导书》将另行出版。

　　参加本书编写工作的有卜新民、王月华、万春锋、申永红、陈长秀、范荣昌、张国政，由卜新民副教授负责组织及统稿工作。贺敬红教授对本书进行了全面的审核，并提出了许多宝贵意见，在此表示感谢。

　　由于编者水平有限，书中疏漏及不当之处，恳请读者批评指正。

编　者

2011 年 6 月

目　　录

机械设计基础综述

0.1 本课程研究的对象及内容

人类社会经济活动始终面临三个基本问题：一是生产什么与生产多少？二是如何生产？三是为谁生产。其中问题一、三属于经济管理科学范畴，问题二则与技术科学密切相关。在工业生产中，机械工程科学是最基本的技术科学之一，其中，机械设计学科则是机械工程科学的基础。

"机械设计基础"课程是一门培养学生具有一定机械设计能力的技术基础课。本课程研究的对象是机械。

什么是机械？机械是机器和机构的统称。

在生产实践和日常生活中，广泛地使用着各种机器，常见的如自行车、汽车、洗衣机、电动机和电梯等。机器的作用是实现能量转换或完成有用的机械功，用于减轻或代替人的劳动。随着生产和科技的发展，机器的种类、形式、功能将越来越多。

机构在机器中的作用是传递运动和动力，实现运动形式或速度的变化。机构必须满足两点要求：首先，它是若干构件的组合；其次，这些构件均具有确定的相对运动。

从研究机器的工作原理、分析运动特点和设计新机器的角度看，机器可视为若干机构的组合。如图 0-1 所示的单缸内燃机，它由机架（汽缸体）1、曲柄 2、连杆 3、活塞 4、进气阀 5、排气阀 6、推杆 7、凸轮 8 和齿轮 9、10 组成。当燃气推动活塞 4 作往复移动时，通过连杆 3 使曲柄 2 作连续转动，从而将燃气的内能转换为曲柄的机械能。齿轮、凸轮和推杆的作用是按一定的运动规律按时开闭阀门，以吸入燃气和排出废气。这种内燃机可视为下列三种机构的组合：① 曲柄滑块机构，由活塞 4、连杆 3、曲柄 2 和机架 1 构成，作用是将活塞的往复移动转化为曲柄的连续转动；② 齿轮机构，由齿轮 9、10 和机架 1 构成，作用是改变转速的大小和转动的方向；③ 凸轮机构，由凸轮 8、推杆 7 和机架 1 构成，作用是将凸轮的连续转动转变为推杆的往复移动。

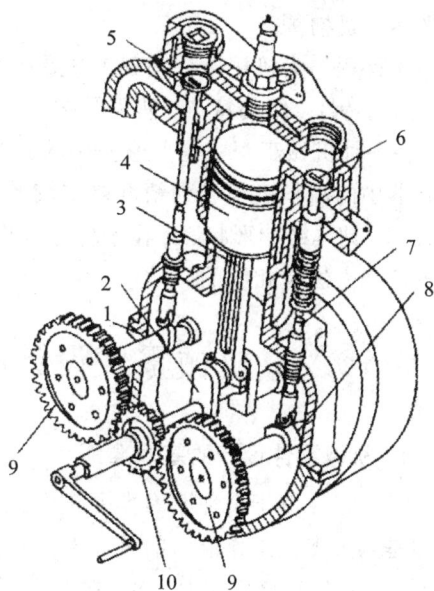

图 0-1 内燃机结构示意图

所谓构件，是指机构的基本运动单元。它可以是单一的零件，也可以是几个零件联接而成的运动单元。如图 0-1 中的内燃机连杆，就是由图 0-2 所示的连杆体 1、连杆盖 5、螺栓 2、螺母 3、开口销 4、轴瓦 6 和轴套 7 等多个零件构成的一个构件；又如图 0-3 中的齿轮-凸轮轴，则是由图示的凸轮轴 1、齿轮 2、键 3、轴端挡圈 4 和螺钉 5 等零件构成的。

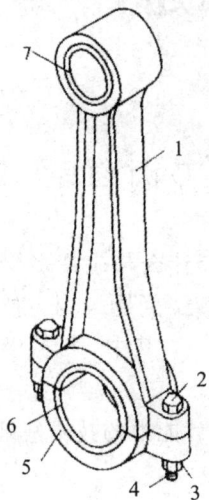

图 0-2　内燃机连杆　　　　　　　　　　　图 0-3　齿轮-凸轮轴

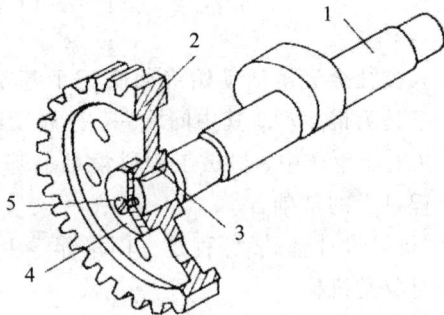

零件是制造的基本单元。各种机械中普遍使用的零件称为通用零件，如齿轮、轴、螺钉和弹簧等。只在某一类型机械中使用的零件称为专用零件，如汽轮机的叶片、内燃机的活塞等。

各种机械中经常使用的机构称为常用机构，如平面连杆机构、凸轮机构、齿轮机构和间歇运动机构等。

本课程作为机械设计基础，主要介绍工程力学及机械中常用机构和通用零件的工作原理、运动特性、结构特点、使用维护、标准和规范及设计等。这些内容是机械设计的基本内容，在各种机械工程中是普遍使用的。从庞然大物般的万吨水压机到袖珍机械式手表，从航天器中的高精度仪表到精度要求较低的简单机器，它们所用的同类机构和零件，虽然尺寸大小、具体结构形状、工作条件等有很大差别，但其工作原理、运动特点、设计计算的基本理论和方法是相同的。

0.2　机械零件设计的基本准则及工程力学基础

1. 机械零件设计的基本准则

机械零件由于某种原因丧失正常工作能力的现象，称为失效。基本失效形式有两类。一类是永久丧失工作能力的破坏性失效，如断裂、塑性变形、过度磨损、胶合等，常见于齿轮类的刚性件啮合传动中；另一类是在影响因素消失后还可恢复工作能力的暂时性失效，如超过规定的弹性变形，打滑（带传动），由于接近系统共振频率等原因引起的强烈振动等。

归纳起来，产生这些失效的原因主要是由于强度、刚度、耐磨性、振动稳定性等不满足工作要求。为此，根据失效原因制定了设计准则，并以此作为防止失效和进行设计计算的依据。

1）强度

机械零件的强度可分为体积强度和表面强度两种。

（1）体积强度：零件的体积强度不足，会产生断裂或过大的塑性变形，体积强度就是机械零件抵抗这两种失效的能力。设计计算时应使零件危险截面上的最大应力 σ、τ 不超过材料的许用应力 $[\sigma]$、$[\tau]$，或使危险截面上的安全系数 S_σ、S_τ 不小于许用安全系数 $[S_\sigma]$、$[S_\tau]$，即

$$\left.\begin{array}{l} \sigma \leqslant [\sigma] \quad [\sigma] = \dfrac{\sigma_{\lim}}{[S_\sigma]} \\[3mm] \tau \leqslant [\tau] \quad [\tau] = \dfrac{\tau_{\lim}}{[S_\tau]} \end{array}\right\} \tag{0-1}$$

或

$$\left.\begin{array}{l} S_\sigma = \dfrac{\sigma_{\lim}}{\sigma} \geqslant [S_\sigma] \\[3mm] S_\tau = \dfrac{\tau_{\lim}}{\tau} \geqslant [S_\tau] \end{array}\right\} \tag{0-2}$$

式中，$[S_\sigma]$、$[S_\tau]$ 分别为正应力和切应力的许用安全系数；$\sigma_{\lim}$、$\tau_{\lim}$ 分别为极限正应力和极限切应力（MPa）。

极限应力 $\sigma_{\lim}$、$\tau_{\lim}$ 应根据零件材料性质及所受应力类型作如下选择：

① 在静应力下工作并用塑性材料制成的零件，其失效形式是塑性变形，应按不发生塑性变形的强度条件计算，故常以材料的屈服点 σ_s、τ_s 作为极限应力 $\sigma_{\lim}$、$\tau_{\lim}$。

② 在静应力下工作并用脆性材料制成的零件，其失效形式是断裂，应按不发生断裂的强度条件计算，故常以材料的强度极限 σ_b、τ_b 作为极限应力 $\sigma_{\lim}$、$\tau_{\lim}$。

③ 在变应力下工作的零件，无论是用塑性材料还是用脆性材料制成的零件，其失效形式是疲劳断裂，应按不发生疲劳断裂的强度条件计算，故常以材料的疲劳极限 σ_{-1}、τ_{-1} 作为极限应力 $\sigma_{\lim}$、$\tau_{\lim}$。同时应考虑零件尺寸、表面几何形状引起的应力集中对疲劳强度的影响。

（2）表面强度：零件表面强度不足，会发生表面损伤。表面强度可分为表面挤压强度和表面接触强度两种。

表面挤压强度是指面接触的两零件，受载后接触面间产生挤压应力，应力分布在接触面不太深的表层，挤压应力过大时零件表面将被压溃。设计计算时应使零件的最大挤压应力不超过材料的许用挤压应力。

以点或线接触的两零件，受载后由于零件表面的弹性变形而使点或线变为微小的接触面，微小接触面上的局部应力称为接触应力，其最大值用 σ_H 表示。如图 0-4 所示为一对齿轮表面的接触应力。实际上大多数运转零件的接触应

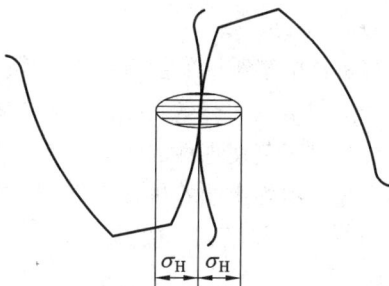

图 0-4 齿轮表面的接触应力示意图

力是一种变应力，由于接触应力的反复作用，使零件表面的金属呈小片脱落下来而形成一些小凹坑，这种现象称为疲劳点蚀。零件表面发生疲劳点蚀后，减小了接触面积，损伤了零件的光滑表面，因而降低了承载能力，并引起振动和噪声。设计时应按不发生疲劳点蚀为强度条件计算，使零件表面上的最大接触应力不超过材料的许用接触应力$[\sigma_H]$，即

$$\sigma_H \leqslant [\sigma_H] \quad [\sigma_H] = \frac{\sigma_{H\,\lim}}{[S_H]} \tag{0-3}$$

式中，σ_H 为零件表面的最大接触应力（MPa）；$[\sigma_H]$为许用接触应力（MPa）；$\sigma_{H\,\lim}$为材料的接触疲劳极限（MPa）；$[S_H]$为接触应力的许用安全系数。

有关齿轮接触应力的设计计算，将在项目五中进一步叙述。

2）刚度

刚度是零件在载荷作用下抵抗弹性变形的能力。如果零件的刚度不足而产生过大的弹性变形，将会影响机器的正常工作（如机床主轴刚度不足时，会影响零件的加工精度）。这类零件应进行刚度计算，计算时须使零件在载荷作用下产生的最大弹性变形量不超过许用变形量，即

$$\left.\begin{array}{l} y \leqslant [y] \\ \theta \leqslant [\theta] \\ \varphi \leqslant [\varphi] \end{array}\right\} \tag{0-4}$$

式中，y、$[y]$分别为零件的变形量和许用变形量；θ、$[\theta]$分别为零件的转角和许用转角；φ、$[\varphi]$分别为零件的扭转角和许用扭转角。

3）耐磨性

耐磨性是在载荷作用下相对运动的两零件表面抵抗磨损的能力。零件过度磨损会使形状和尺寸改变，配合间隙增大，精度降低，产生冲击震动从而失效。设计时应使零件在预期使用寿命内的磨损量不超过允许范围。

耐磨性计算目前尚无公认的计算方法。一般通过限制工作面的单位压力和相对滑动速度，选择合适的材料及热处理方法，对工作面进行良好的润滑以及提高零件表面硬度和表面质量等，均能有效提高耐磨性。

对于效率低、发热量大的传动（如蜗杆传动），如果散热不良，将使零件温升过高，致使零件局部表面熔融而引起胶合。因此还应进行散热计算，使其正常工作时的温度不超过允许限度。

4）振动稳定性

当机器中某零件的固有频率 f 和周期性强迫振动频率 f_p 相等或成整数倍时，零件振幅就会急剧增大而产生共振，从而使零件工作性能失常，甚至引起破坏。所谓振动稳定性，就是设计时避免使零件的固有频率和强迫振动频率相等或成整数倍。

上述各项均影响着机械零件的工作能力，设计计算时并不一定要逐项计算，而是根据零件的主要失效形式，按其相应的计算准则确定主要参数，必要时再对其他项目进行校核。

2. 机械零件的疲劳强度

1）应力的类型和特点

机械零件受载时，应力状态可用最大应力 $\sigma_{\max}$、最小应力 $\sigma_{\min}$、平均应力 σ_m、应力幅 σ_a

及应力循环特性 r 五个参数中的任意两个来表示，如图 0-5 所示。其关系式为

$$\left.\begin{array}{l}\sigma_{\max}=\sigma_{m}+\sigma_{a}\\ \sigma_{\min}=\sigma_{m}-\sigma_{a}\end{array}\right\} \qquad(0-5)$$

$$\left.\begin{array}{l}\sigma_{m}=\dfrac{\sigma_{\max}+\sigma_{\min}}{2}\\[2mm] \sigma_{a}=\dfrac{\sigma_{\max}-\sigma_{\min}}{2}\end{array}\right\} \qquad(0-6)$$

$$r=\frac{\sigma_{\min}}{\sigma_{\max}} \qquad(0-7)$$

作用在机械零件上的应力，一般可分为静应力和变应力两种。静应力是不随时间变化的应力，变应力是随时间变化的应力。大多数机械零件是在变应力状态下工作的，最常见的是随时间作周期性变化的循环应力。其中，参数不随时间变化的循环应力称为稳定循环应力，如图 0-5(a)所示；参数随时间变化的循环应力称为不稳定循环应力，如图 0-5(b)所示。

稳定循环应力中，若 $\sigma_{\max}=-\sigma_{\min}$，即 $r=-1$，则这种应力称为对称循环应力，如图 0-5(c)所示；当 $r\neq\pm1$ 时，表明 $\sigma_{\max}\neq|\sigma_{\min}|$，这种应力称为非对称循环应力，如图 0-5(d)所示；当 $r=0$ 时，表明 $\sigma_{\min}=0$，这种应力称为脉动应力，如图 0-5(e)所示；当 $r=+1$ 时，表明 $\sigma_{\max}=\sigma_{\min}$，即为静应力，如图 0-5(f)所示。

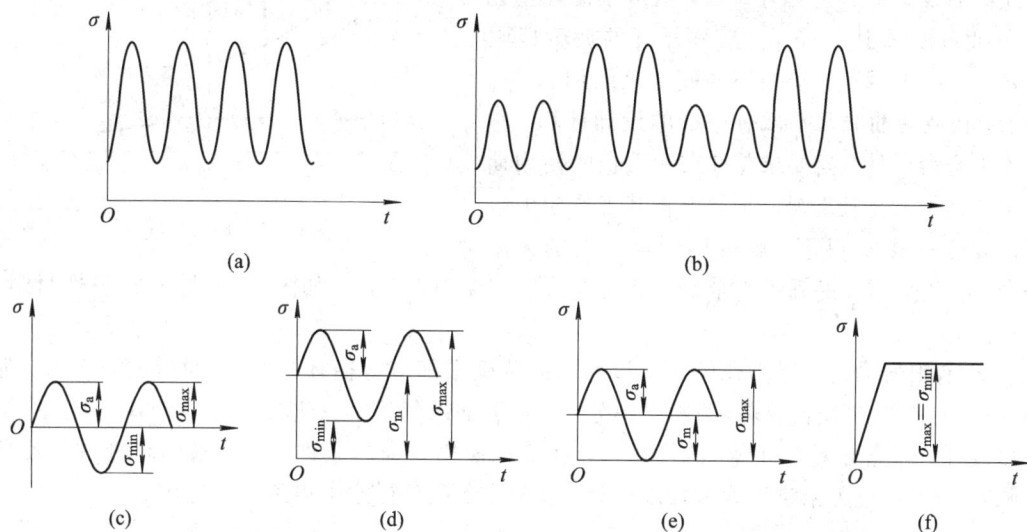

图 0-5　应力的类型

2）疲劳断裂的特征和疲劳曲线

疲劳断裂是材料在变应力作用下，在一处或多处产生的局部永久性累积损伤，经过一定循环次数后，产生裂纹或突然发生断裂的过程。疲劳断裂与静应力下的过载断裂比较，有如下特征：

（1）疲劳断裂的过程可分为三个阶段：首先零件表面应力较大处产生初始裂纹；然后裂纹尖端在切应力反复作用下发生塑性变形，使裂纹扩展，造成零件实际的抗弯截面积减小；当裂纹扩展至一定程度时，发生瞬时断裂。

（2）疲劳断裂的断面明显分成两个区域，即表面光滑的疲劳发展区和表面粗糙的脆性断裂区，如图 0-6 所示。

（3）不论塑性材料还是脆性材料制成的零件，疲劳断裂均为突然断裂。

（4）疲劳强度比相同材料的屈服点低，疲劳强度的大小与应力循环特性有关。

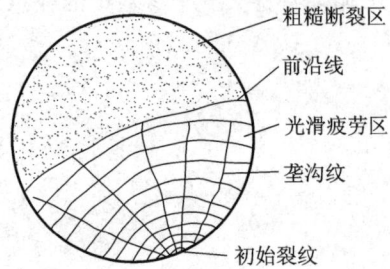

图 0-6　金属材料的疲劳断口

常规疲劳强度设计是指应用无初始裂纹的标准试件进行疲劳试验，得到材料的疲劳强度及疲劳曲线，再考虑零件尺寸、表面状态及几何形状引起的应力集中等因素对疲劳强度的影响，进行疲劳强度设计。

疲劳强度是指试件经过一定应力循环 N 后，不发生疲劳破坏的最大应力，常用 σ_{rN} 表示。表示循环次数 N 与疲劳强度 σ_{rN} 关系的曲线，称为疲劳曲线，如图 0-7 所示。疲劳曲线可分为以下两个区域：

① 无限寿命区。当 $N \geqslant N_0$ 时，试件的疲劳强度不再随应力循环次数 N 的增加而降低，如图 0-7 中曲线 1 的水平部分，大部分中、低碳钢属此类曲线。N_0 称为循环基数，对应于循环基数 N_0 的疲劳极限用 σ_r 表示。对称循环的疲劳极限用 σ_{-1}、τ_{-1} 表示；脉动循环的疲劳极限用 σ_0、τ_0 表示。按疲劳曲线水平部分进行的设计计算，称为无限寿命设计。当要求零件在无限长的使用期间工作而不发生疲劳破坏时，可将其工作应力限制在疲劳极限 σ_r 以下，就可得到理论上的无限寿命。有色金属和高强度合金钢的疲劳曲线没有无限寿命区，如图 0-7 曲线 2（脆性材料）所示。

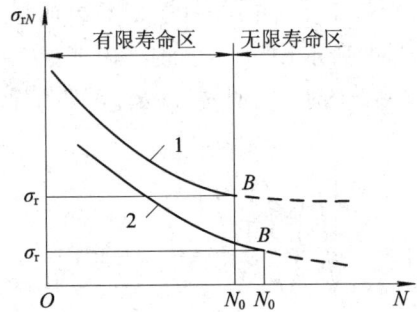

图 0-7　疲劳曲线

② 有限寿命区。当 $N < N_0$ 时，试件的疲劳极限随应力循环次数 N 的增加而降低，如图 0-7 的曲线 1（塑性材料）的斜线部分。按疲劳曲线斜线部分进行的设计计算，称为有限寿命设计。为充分利用材料，减轻重量，在确保使用寿命的条件下，常采用超过材料疲劳极限 σ_r 的工作应力来进行疲劳强度设计，在航空、汽车行业中得到广泛应用。

3. 机械零件设计的一般步骤

（1）根据零件的使用要求（功率、转速等），选择零件的类型及结构形式。

（2）根据机器的工作条件，分析零件的工作情况，确定作用在零件上的载荷。

（3）根据零件的工作条件（包括对零件的特殊要求，如耐高温、耐腐蚀等），综合考虑材料的性能、供应情况和经济性等因素，合理选择零件的材料。

（4）分析零件的主要失效形式，按照相应的设计准则，确定零件的基本尺寸。

（5）根据工艺性及标准化的要求，设计零件的结构及其尺寸。

（6）绘制零件工作图，拟定技术要求。

在实际工作中，也可以采用与上述相逆的方法进行设计，即先参照已有实物或图样，用经验数据或类比法初步设计出零件的结构尺寸，然后再按有关准则进行校核。

0.3 机械零件常用金属材料和钢热处理常识

1. 机械零件常用材料

机械零件常用材料有碳素结构钢、合金钢、铸铁、有色金属、非金属材料及各种复合材料。其中，碳素结构钢和铸铁应用最广。机械零件常用材料的分类和应用举例见表0-1。

表0-1 机械零件常用材料的分类和应用举例

材料分类			应用举例或说明
钢	碳素钢	低碳钢（碳的质量分数≤0.25%）	铆钉、螺钉、连杆、渗碳零件等
		中碳钢（碳的质量分数＝0.25%～0.60%）	齿轮、轴、蜗杆、丝杠、联接件等
		高碳钢（碳的质量分数＞0.6%）	弹簧、工具、模具等
	合金钢	低合金钢（合金元素总质量分数≤5%）	较重要的钢结构和构件、渗碳零件、压力容器等
		中合金钢（合金元素总质量分数＞5%～10%）	飞机构件、热锻模具、冲头等
		高合金钢（合金元素总质量分数＞10%）	航空工业蜂窝结构、液体火箭壳体、核动力装置、弹簧等
铸钢	一般铸钢	普通碳素铸钢	机座、箱壳、阀体、曲轴、大齿轮、棘轮等
		低合金铸钢	容器、水轮机叶片、水压机工作缸、齿轮、曲轴等
	特殊用途铸钢		用于耐蚀、耐热、无磁、电工零件、水轮机叶片、模具等
铸铁	灰铸铁 HT	低牌号（HT100、HT150）	对力学性能无一定要求的零件，如盖、底座、手轮、机床床身等
		高牌号（HT200、HT400）	承受中等静载的零件，如机身、底座、泵壳、齿轮、联轴器、飞轮、带轮等
	可锻铸铁 KT	铁素体型	承受低、中、高动载荷和静载荷的零件，如减速器壳、犁刀、扳手、支座、弯头等
		珠光体型	要求强度和耐磨性较高的零件，如曲轴、凸轮轴、齿轮、活塞环、轴套、犁刀等
	球墨铸铁 QT	铁素体型 珠光体型	与可锻铸铁基本相同
	特殊性能铸铁		用于耐热、耐蚀、耐磨等场合

续表

材料分类			应用举例或说明
铜合金	铸造铜合金	铸造黄铜	用于轴瓦、衬套、阀体、船舶零件、耐蚀零件、管接头等
		铸造青铜	用于轴瓦、蜗轮、丝杠螺母、叶片、管配件等
	变形铜合金	黄铜	用于管、销、铆钉、螺母、垫圈、小弹簧、电气零件、耐蚀零件、减摩零件等
		青铜	用于弹簧、轴瓦、蜗轮、螺母、耐磨零件等
轴承合金	锡基轴承合金		用于轴承衬，其摩擦因数低，减摩性、抗烧伤性、磨合性、耐蚀性、韧度、导热性均良好
	铅基轴承合金		强度、韧度和耐蚀性稍差，但价格较低
塑料	热塑性塑料(如聚乙烯、有机玻璃、尼龙) 热固性塑料(如酚醛塑料、氨基塑料)		用于一般结构零件，减摩、耐磨零件，传动件，耐腐蚀件，绝缘件，密封件，透明件等
橡胶	通用橡胶 特种橡胶		用于密封件、减震器、传动带、运输带和软管、绝缘材料、轮胎、胶辊、化工衬等

2. 材料的选择原则

合理选择材料是机械设计中的重要环节。选择材料首先必须保证零件在使用过程中具有良好的工作能力，还要考虑其加工工艺性和经济性。分述如下：

1) 满足使用性能要求

使用性能是保证零件完成规定任务的必要条件。使用性能是指零件在使用条件下，材料应具有的力学性能、物理性能以及化学性能。对机械零件而言，最重要的是力学性能。

零件的使用条件包括三方面：受力状况(如载荷类型、大小、形式及特点等)、环境状况(如温度特性、环境介质等)、特殊要求(如导电性、导热性、热膨胀等)。

(1) 零件的受力状况。当零件(如螺栓、杆件等)受拉伸或剪切这类分布均匀的静应力时，应选用组织均匀的材料，按塑性和强度性能选材；载荷较大时，可选屈服点 σ_s 或抗拉强度 σ_b 较高的材料。

当零件(如轴类零件等)受有弯曲、扭转这类分布不均匀的静应力时，应按综合力学性能选材，以保证最大应力部位有足够的强度，常选用易通过热处理等方法提高强度及表面硬度的材料(如调质钢等)。

当零件(如齿轮等)受有较大接触应力时，可选易进行表面强化的材料(如渗碳钢、渗氮钢等)。

当零件受变应力时，应选用疲劳强度较高的材料，常用能通过热处理等手段提高疲劳强度的材料。

对刚度要求较高的零件，宜选用弹性模量大的材料，同时还应考虑结构、形状、尺寸对刚度的影响。

(2) 零件的环境状况及特殊要求。根据零件的工作环境及特殊要求不同，除对材料的力学性能提出要求外，还应对材料的物理性能及化学性能提出要求。如当零件在滑动摩擦条件下工作时，应用耐磨性、减磨性好的材料，故滑动轴承常选用轴承合金、锡青铜等材料。在高温下工作的零件，常选用耐热好的材料，如内燃机排气阀门可选用耐热钢，汽缸盖则选用导热性好、比热大的铸造铝合金。在腐蚀介质中工作的零件，应选用耐腐蚀性好的材料。

2）具有良好的加工工艺性

将零件坯件材料加工成型有许多方法，主要有热加工和切削加工两大类。不同材料的加工工艺性不同。

（1）热加工工艺性能。热加工工艺性能主要指铸造性能、锻造性能、焊接性能和热处理性能。表0-2为常用金属热加工工艺性能比较。

表0-2 常用金属热加工工艺性能的比较

热加工工艺性能	性能比较	备注
铸造性能	可铸性较好的金属铸造性能排序：铸造铝合金、铜合金、铸铁、铸钢	铸铁中，灰铸铁铸造性能最好
锻造性能	碳素结构钢中锻造性能排序：低碳钢、中碳钢、高碳钢。合金钢：低合金钢铸造性能近于中碳钢，高碳合金钢较差；铝合金塑性较差，锻造性能不很好；铜合金的锻造性能较好	含碳量及含合金元素越高的材料，其锻造性能相对越差
焊接性能	低碳钢和碳的质量分数低于0.18%的合金钢有较好的焊接性能。碳的质量分数大于0.45%的碳钢和质量分数大于0.35%的合金钢焊接性能较差。铜合金和铝合金的焊接性能较差，灰铸铁焊接性能更差	含碳量及含合金元素越高的材料，焊接性能越差
热处理性能	金属材料中，钢的热处理性能较差，合金钢的热处理性能比碳素结构钢好；铝合金的热处理要求严格；铜合金只有很少几种可通过热处理方法强化	选材时要综合考虑淬硬性、淬透性、变形开裂倾向性、回火脆性等性能要求

（2）切削加工性能。金属的切削加工性能一般用刀具耐用度为60 min时的切削速度v_{60}来表示，v_{60}越高，则金属的切削性能越好。如以$\sigma_b=600$ MPa的45钢的v_{60}为标准，记做$(v_{60})_f$，其他材料的v_{60}与$(v_{60})_f$的比值K_v称为相对加工性，K_v值越大，金属切削加工性能越好。表0-3为常用金属切削加工性能的比较。

表0-3 常用金属切削加工性能的比较

等级	切削加工性能	K_v	代表性材料
1	很容易加工	8～20	铝、镁合金
2	易加工	2.5～3.0	易切削钢
3	易加工	1.6～2.5	30钢正火
4	一般	1.0～1.5	45钢
5	一般	0.7～0.9	45钢（轧材）、2Cr13调质
6	难加工	0.5～0.65	65Mn调质、易切削不锈钢
7	难加工	0.15～0.5	1Cr18Ni9Ti、W18Cr4V
8	难加工	0.04～0.14	耐热合金、钴合金

3) 经济性要求

选择材料时要综合考虑经济性。

(1) 材料价格。材料价格在产品总成本中占较大比重,一般占产品价格的 30%～70%。模具材料价格一般占模具成本比重较低。如果能用价格较低的材料满足工艺及使用要求,就不用价格高的材料。

(2) 提高材料的利用率。如用精铸、模锻、冷拉毛坯,可以减少切削加工对材料的浪费。

① 零件的加工和维修费用等要尽量低。

② 采用组合结构。如蜗轮齿圈可采用减摩性好的贵重金属,而其他部分可采用廉价材料。

③ 材料的合理代用。对生产批量大的零件,要考虑我国资源状况,材料来源要丰富;尽量避免采用我国稀缺而需进口的材料;尽量用高强度铸铁代替钢;用热处理方法等强化的碳钢代替合金钢。

3. 钢热处理常识

在现代机械制造中,许多重要零件(如机床的主轴、齿轮,发动机的连杆、曲轴等)大都使用钢材制造,而且一般都要进行热处理,通过热处理可以改变钢材内部的组织结构,从而改善其力学性能。因此,钢的热处理对于充分发挥材料的潜力、提高产品质量、延长机械的使用寿命等方面,均具有非常重要的作用。

所谓钢的热处理,就是将钢在固态范围内加热到一定的温度后,保温一段时间,再以一定的速度冷却的工艺过程(图 0-8)。钢的常用热处理方法包括退火、正火、淬火、回火、表面淬火以及渗碳等。

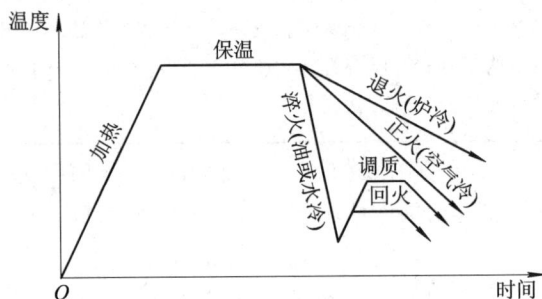

图 0-8　钢的热处理示意图

(1) 退火:把钢制零件加热到一定温度,保温一段时间后,随炉冷却到室温的处理过程。退火能使金属晶粒细化、组织均匀,可以消除零件的内应力,降低硬度,提高塑性,使零件便于加工。

(2) 正火:又称正常化处理,其工艺过程与退火相似,不同之处是将零件置于空气中冷却。正火的作用与退火相同,但由于零件在空气中冷却速度较快,故可以提高钢的硬度与强度。

(3) 淬火:把零件加热到一定温度,保温一段时间后,将零件放入水(油或水基盐碱溶液)中急剧冷却的处理过程。淬火可以大大提高钢的硬度,但材料的韧性降低,同时会产生很大的内应力，使零件有严重变形和开裂的危险。因此，淬火后必须及时进行回火处理。

（4）回火：将经过淬火的零件重新加热到一定温度（低于淬火温度），保温一段时间后，置于空气或油中冷却至室温的处理过程。回火可以消除零件淬火时产生的内应力，获得具有不同力学性能的组织，以满足零件的设计要求。

回火后材料的具体性能与回火的温度密切相关。根据回火温度的不同，回火通常分为低温回火、中温回火和高温回火三种。

① 低温回火（150～250℃）：可得到很高的硬度和耐磨性，主要用于各种切削工具、滚动轴承等零件。

② 中温回火（250～500℃）：可得到很高的弹性，主要用于各种弹簧等。

③ 高温回火（500～650℃）：通常把淬火后经高温回火的双重处理称为调质。调质可使零件获得较高的强度与较好的塑性和韧性，即获得良好的综合力学性能。调质处理广泛用于齿轮、轴、蜗杆等零件。使用这种处理的钢称为调质钢，调质钢大都是碳的质量分数在 0.35%～0.5%之间的中碳钢和中碳合金钢。

（5）表面淬火：以很快的速度将零件表面迅速加热到淬火温度（零件内部温度还很低），然后迅速冷却的热处理过程。表面淬火可使零件的表面具有很高的硬度和耐磨性，而芯部由于尚未被加热淬火，仍保持材料原有的塑性和韧性。这种零件具有较高的抗冲击能力。因此，表面淬火广泛用于齿轮、轴等零件。

（6）渗氮：化学热处理的一种。化学热处理是使钢表面强化的重要手段，它是把零件置于含有某种化学元素的介质中进行加热、保温，使化学元素的活性原子向零件表面扩散，从而改变钢材的化学成分和组织，获得与心部不同的表面性能。

根据扩散元素的不同，化学热处理分为渗碳、渗氮和液体碳氮共渗。其中，应用较多的是渗碳，渗碳零件常用材料为低碳钢和低碳合金钢。零件经过渗碳后，表层碳的含量增加，再经淬火和回火后，可使零件表面达到很高的硬度和耐磨性，而心部又具有很好的塑性和韧性。渗碳常用于齿轮、凸轮、摩擦片等零件。

思　考　题

0-1　机构与机器有什么区别？举生活中一、二个实例说明机构与机器各自的特点及其联系。

0-2　机械零件常见的失效形式有哪些？为什么说强度满足条件的零件，其刚度不一定满足条件，而刚度满足条件的零件，一般均满足强度条件？

0-3　在一般机械中，静强度与疲劳强度相比，哪一种更普通，为什么？自行车轮的钢丝的螺纹端常常会发生断裂，它属于何种失效形式，应按何种强度来设计？

0-4　淬火与调质有什么区别与联系？哪些金属材料适宜用渗碳或渗氮来强化零件表面？

项目一　机械设计静力学知识准备

学习导航

本项目主要介绍静力学的一些基本概念和基本公理，以及如何建立工程实际构件的力学模型。其中，对于约束及约束模型的深刻理解和正确应用是进行构件受力分析的关键，画构件的受力图是解决构件静力学问题的重要基础，也是本项目的重点。力在平面直角坐标轴上的投影、力矩和平面力偶的一些性质，以及平面汇交力系和平面力偶系的合成与平衡，为研究平面任意力系的简化和求解工程构件的平衡问题提供了基础。

1.1　力的概念和公理

1.1.1　力的概念

1. 力的定义

人们在长期的生产劳动实践中，经过不断的观察和总结，形成了力的定义：力是物体间的相互机械作用。如用手推门时，手指与门之间有了相互作用，这种作用使门产生了运动；再如用汽锤锻打工件，汽锤和工件有了相互作用，工件的形状和尺寸发生了改变。

由此可见，力可使物体的运动状态和形状尺寸发生改变。力使物体运动状态的改变称为力的外效应；力使物体形状尺寸的改变称为力的内效应。

2. 力的三要素及表示法

力对物体的效应取决于力的三要素，即力的大小、方向和作用点。

力是一个既有大小又有方向的量，称为力矢量。力可用一条有向线段表示，线段的长度按一定的比例尺，表示力的大小；线段箭头的指向表示力的方向；线段的始端 A（图 1-1）或末端 B 表示力的作用点。力的单位为牛[顿](N)。

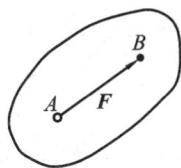

图 1-1　力的作用线

3. 刚体

所谓刚体，就是在任何外力作用下，其大小和形状始终保持不变的物体。显然，刚体是对物体进行抽象简化后的一种理想模型。这样的抽象化将使静力学问题的研究大为简化。

4. 力系与等效力系

由若干个力组成的系统称为力系。若一个力系与另一个力系对物体的作用效应相同，则这两个力系互为等效力系。若一个力与一个力系等效，则称这个力为该力系的合力，而该力系中的各力称为这个力的分力。把各分力等效代换成合力的过程称为力系的合成，把合力等效代换成分力的过程称为力的分解。

5. 平衡与平衡力系

平衡是指物体相对于地球静止或作匀速直线运动。若力系使物体处于平衡状态，则该力系称为平衡力系。静力学是研究物体在力系作用下平衡规律的科学。

1.1.2 静力学公理

1. 二力平衡公理

(1) 二力平衡公理：作用于刚体上的两个力，使刚体保持平衡的充分必要条件是：这两个力的大小相等，方向相反，且作用在一条直线上。

如图 1-2(a)所示，物体放置在水平面上，受到重力 G 和水平面的作用力 F_N 的作用而处于平衡状态，这两个力必等值、反向、共线。图 1-2(b)所示的电灯吊在天花板上，无论初始时电灯偏向什么位置，最后平衡时必满足二力平衡条件，G 和 F_T 等值、反向、共线。

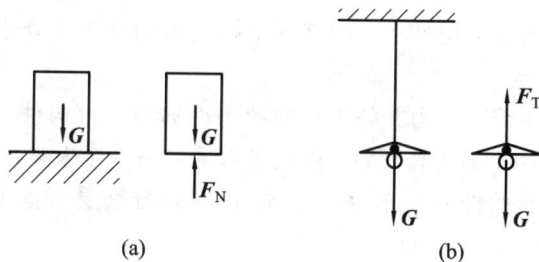

图 1-2 二力平衡

(2) 二力构件：在二个力作用下处于平衡的构件一般称为二力构件。若二力构件的形状为杆状，则称之为二力杆。工程实际中，一些构件的自重和它所承受的载荷比较起来很小时，其自重可以忽略不计。若它们只受二个外力作用而平衡，则均可简化为二力构件(或二力杆)。

如图 1-3(a)所示托架中，杆 AB 不计自重，在 A 端和 B 端分别受到作用力 F_A、F_B 处于平衡，此两力必过这两力作用点 A、B 的连线(图 1-3(a))。再如图 1-3(c)所示的三铰拱结构中，不计拱片自重时，在力 F 作用下，BC 受 F_B、F_C 作用处于平衡，这两力必过两力作用点 B、C 的连线(图 1-3(d))。

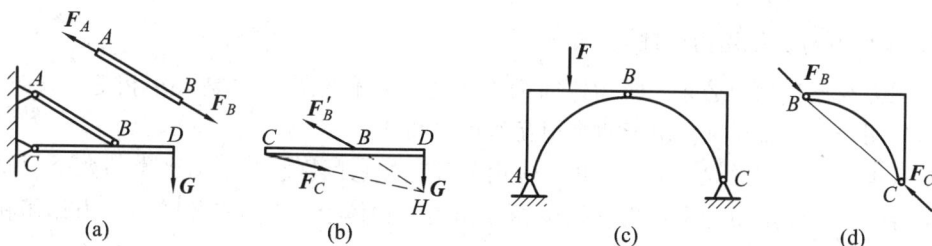

图 1-3 二力构件

2. 加减平衡力系公理

(1) 加减平衡力系公理：在一个已知力系上加上或减去一个平衡力系，不改变原力系对刚体的作用效应。

（2）力的可传性原理：作用于刚体上某点的力，沿其作用线移动，不改变原力对刚体的作用效应。图 1-4 所示的小车，在 A 点作用力 F 和在 B 点作用力 F 对小车的作用效果相同。

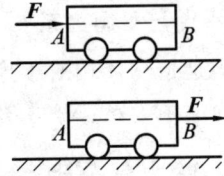

由此原理可知，力对刚体的效应取决于力的大小、方向、作用线。必须指出，力的可传性原理只适用刚体构件。

图 1-4　力的可传性

3. 平行四边形公理

（1）平行四边形公理：作用于物体上同一点的两个力，可以合成为一个力。合力也作用于该点，其大小和方向可用此两力为邻边所构成的平行四边形的对角线表示。

如图 1-5 所示，F_R 是 F_1、F_2 的合力。力的平行四边形公理符合矢量加法法则，即

$$F_R = F_1 + F_2 \tag{1-1}$$

（2）三力平衡汇交原理：构件在三个互不平行的力的作用下处于平衡，这三个力的作用线必共面且汇交于一点。

（3）三力构件：作用着三个力并处于平衡的构件称为三力构件。三力构件三个力的作用线交于一点。若已知两个力的作用线，由此可以确定另一个未知力的作用线。

如图 1-3(b) 中所示的杆件 CD，在 C、B、D 三点分别受力作用处于平衡，C 点的力 F_C 必过 B、D 两点作用力的交点 H。

再如图 1-6 所示的杆件 AB，A 端靠在墙角，B 端用绳 BC 系住，A 端受到墙角的作用力 F_N 必过 G 和 F_T 的交点。

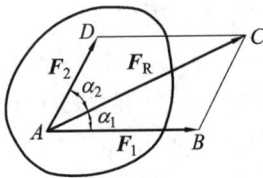

图 1-5　力的平行四边形法则

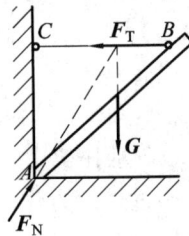

图 1-6　三力平衡汇交原理

4. 作用力与反作用力公理

作用力与反作用力公理：两物体间的作用力与反作用力，总是大小相等、方向相反、沿同一作用线，分别同时作用于两个相互作用的物体上。

该公理说明了力总是成对出现的。应用公理时注意区别它与二力平衡的两个力是不同的，作用力与反作用力分别作用在两个相互作用的物体上，二力平衡的两个力作用在一个物体上。

图 1-3(a)、(b) 中，AB 杆 B 端受到的力 F_B 与 CD 杆 B 点受到的力 F_B' 就是一对作用力与反作用力。

1.2　常见约束及其力学模型

1.2.1　约束和约束反力

在工程实际中，构件总是以一定的形式与周围其他构件相互联系和制约的。例如，房梁受立柱的限制，使其在空间的位置得到固定；转轴受到轴承的限制，使其只能绕轴心转动；小车受到地面的限制，使其只能沿路面运动等。这种限制物体运动的周围物体称为约束。

物体受的力可以分为主动力和约束反力。能够促使物体产生运动或运动趋势的力称为主动力。这类力有重力及一些作用载荷。主动力通常都是已知的。当物体沿某一方向的运动受到约束限制时，约束对物体就有一个反作用力，这个限制物体运动或运动趋势的反作用力称为约束反力。约束反力的方向与它所限制的运动或运动趋势的方向相反，其大小和方向一般是随主动力的大小和作用线的不同而变化的，是一个未知力。

1.2.2　常见约束类型

工程实际中，构件间相互联接的形式是多种多样的，按照构件间不同的联接性质将约束分为柔性体约束、光滑面约束、光滑圆柱铰链约束和固定端约束等几种。

下面主要讨论柔性体约束、光滑面约束和光滑圆柱铰链约束的约束特性及其约束反力的方向和表示符号。对于固定端约束将在后面介绍。

1.　柔性体约束

由绳索、链条、皮带等柔性物体形成的约束称为柔性体约束。这种约束只承受拉力，不承受压力，约束反力沿柔体的中线，背离受力物体，用符号 F_T 表示。

图 1 - 7(a)所示起重机吊起重物时，重物通过钢绳悬吊在挂钩上。钢绳 AC、BC 对重物的约束反力沿钢绳的中线，背离物体(图 1 - 7(b))。

必须指出的是，若柔体包络了轮子的一部分，如图 1 - 8(a)所示的链传动或带传动等，通常把包络在轮上的柔体看成是轮子的一部分，从柔体与轮的切点处解除柔体。约束反力作用于切点，沿柔体中线背离轮子。图 1 - 8(b)所示为传动带的约束反力的画法。

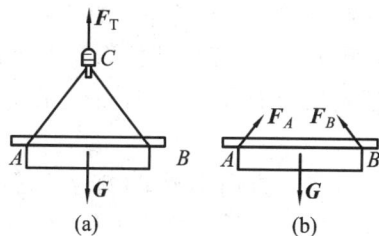

| (a) | (b) | (a) | (b) |

图 1 - 7　起重的绳索　　　　　　　　　　图 1 - 8　平带传动

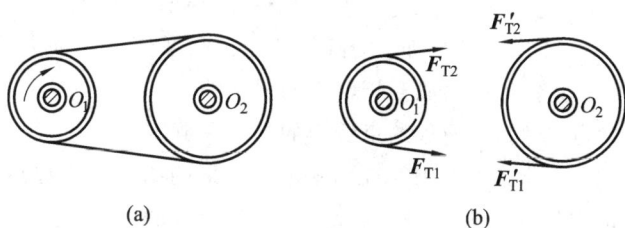

2.　光滑面约束

当两物体直接接触，并可忽略接触处的摩擦时，这类约束称为光滑面约束。

　　光滑面约束只限制了物体沿接触面公法线方向的运动，所以其约束反力沿接触面的公法线，指向受力物体，用符号 $\boldsymbol{F}_N$ 表示。

　　如图 1-9(a)所示，重量为 G 的圆柱形工件放在 V 形槽内，在 A、B 两点与槽面作用，其约束反力沿接触面公法线指向工件。

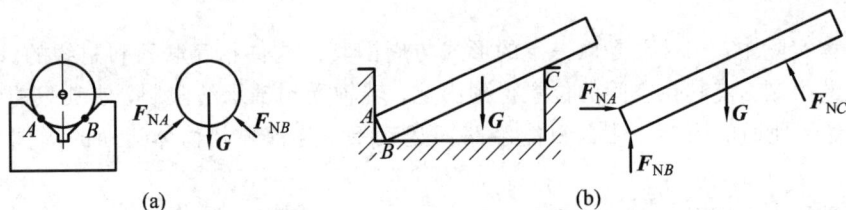

图 1-9　光滑接触面约束

　　如图 1-9(b)所示，重量为 G 的工件 AB 放入凹槽内，在 A、B、C 点处分别与槽作用，其约束反力沿接触面公法线指向工件。

3. 光滑圆柱铰链约束

　　如图 1-10 所示，两构件采用圆柱销所形成的联接，当忽略接触处的摩擦时，这类约束称为光滑圆柱铰链约束。

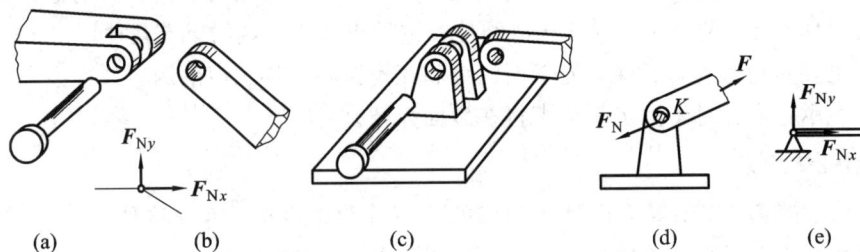

图 1-10　铰链连接的受力分析

　　(1) 中间铰。当圆柱销联接的两构件均不固定时，通常将这种铰链联接称为中间铰，如图 1-10(a)所示。它只限制了构件销孔端的相对移动，不限制构件绕销孔端的相对转动。

　　(2) 固定铰支座。把圆柱销联接的两构件中的一个固定起来时，称为固定铰支座，如图 1-10(c)所示。它限制了构件销孔端的随意移动，不限制构件绕圆柱销中心的转动。

　　图 1-10(d)所示的圆柱销与销孔在构件主动力的作用下，两个光滑圆柱面在 K 点接触，其约束反力必沿接触点的公法线过铰链的中心。由于主动力的方向不同，销与孔的接触点就不同，所以约束反力的方向不确定。

　　综上所述，中间铰和固定铰约束的约束反力过铰链的中心，方向不确定，通常用两个正交的分力 $\boldsymbol{F}_{Nx}$、$\boldsymbol{F}_{Ny}$ 来表示(图 1-10(b)、(e))。

　　必须指出的是，当中间铰或固定铰约束的是二力构件时，其约束反力满足二力平衡条件，沿两约束反力作用点的连线，方向是确定的。

　　如图 1-11(a)所示结构，AB 杆中间作用力 $\boldsymbol{F}$，杆件 AB、BC 不计自重，杆 BC 在 B 端受到中间铰约束，约束反力的方向不确定。在 C 端受到固定铰约束，约束反力的方向不确定,但 BC 杆在此两力作用下处于平衡,是二力构件,该二力必过 B、C 两点的连线(图 $1-11$(b))。

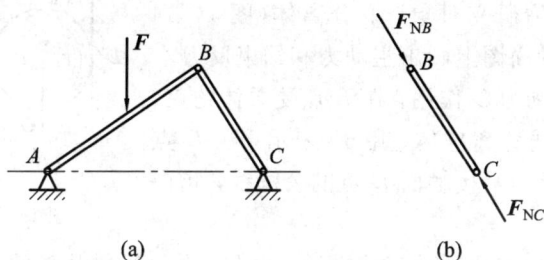

图 $1-11$　支架的受力图

(3) 活动铰支座。如图 $1-12$(a)所示,在固定铰支座的下边安装上滚珠后,称为活动铰支座。活动铰支座只限制构件沿支撑面法线方向的运动,所以活动铰支座约束反力的作用线过铰链中心,垂直于支撑面,一般指向构件画出,用符号 F_N 表示。图 $1-12$(b)为活动铰支座的几种力学简图及约束反力画法。

图 $1-13$(a)所示杆件 AB 在主动力 F 的作用下,其固定铰链支座 A 和活动铰链支座 B 的约束反力如图 $1-13$(b)所示。

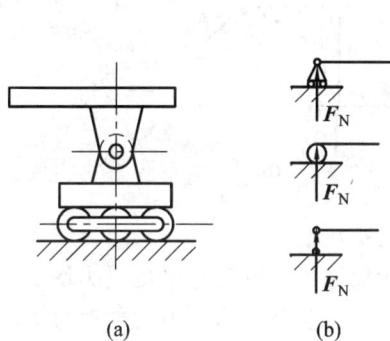

图 $1-12$　活动铰链约束　　　　　　　图 $1-13$　铰链约束

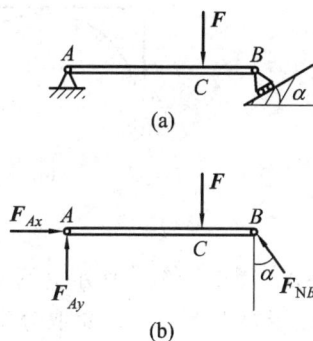

1.3　物体的受力分析和受力图

在求解静力平衡问题时,必须首先分析物体的受力情况,即进行受力分析。可根据问题的已知条件、约束类型和待求量,从相关结构中恰当地选某一物体(或某几个物体组成的系统)为研究对象。

为了清楚地表示物体的受力情况,需把研究对象从与它联系的周围物体中分离出来,单独画出其轮廓简图,这一过程称为解除约束取分离体。被解除约束的物体称为分离体。

在分离体上先按已知条件画上主动力(已知力),再按约束的类型画出全部的约束反力(未知力),即得到物体的受力图。

综上所述,画受力图的步骤是:① 确定研究对象;② 解除约束取分离体;③ 在分离体上画出全部的主动力和约束反力。

例 1-1 图 1-14(a)所示重量为 G 的球体 A，用绳子 BC 系在墙壁上，画球体 A 的受力图。

解 确定球体 A 为研究对象，取分离体(图 1-14(b))，在球体分离体的简图上画出主动力和约束反力。

球体在 A 点受主动力 G 作用；在 B 点受柔体约束，约束反力沿柔体中心线背离球体，用 F_T 表示；在 D 点受光滑面约束，约束反力沿接触面 D 点的公法线，指向球体，用 F_N 表示。

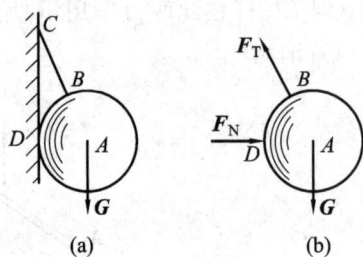

图 1-14 小球的受力图

例 1-2 图 1-15(a)所示的三铰拱桥，由左、右两半拱片铰接而成，画左半拱片 AB 的受力图。

解 确定左拱片 AB 为研究对象取分离体(图 1-15(b))，在分离体上画出主动力 F 和约束反力。

左半拱片 B 端受右半拱 BC 的作用，由于 BC 受两个力处于平衡，所以 BC 对左半拱 B 点的作用力 F_B 沿着 B、C 两点的连线。左半拱 A 端受固定铰支座约束，可用正交分力 F_{Ax}、F_{Ay} 表示(图 1-15(b))。

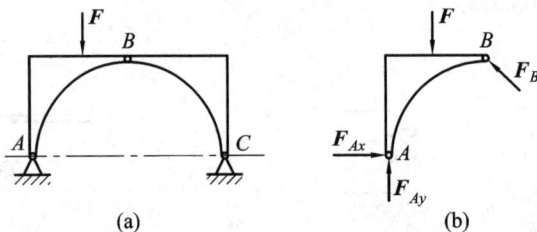

图 1-15 三铰拱桥的受力图

例 1-3 图 1-16(a)所示为活塞连杆机构结构简图，试画活塞 B 的受力图。

解 以活塞 B 为研究对象取分离体(图 1-16(b))。在分离体上画出主动力 F；缸筒壁对活塞 B 的约束视为光滑面，约束反力 F_N 沿法线指向活塞 B。连杆 AB 在 A、B 两点受铰链约束处于平衡，是二力构件，两力过 A、B 两点的连线。因此，连杆 AB 对活塞 B 的约束反力 F_B 沿 A、B 的连线指向 B 销。

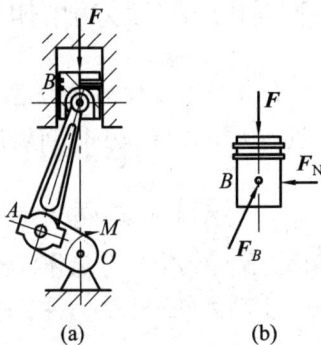

图 1-16 活塞连杆机构

例 1－4 图 1－17(a)所示为凸轮机构结构简图，试画导杆 AB 的受力图。

解 以导杆 AB 为研究对象取分离体(图 1－17(b))。自重不计，凸轮对导杆的作用力 F_R 沿接触面公法线指向导杆；F_R 和主动力 F 使导杆倾斜，与滑道 B、D 点相接触产生了机械作用，故光滑面约束反力 F_{NB}、F_{ND} 沿 B、D 两点处的公法线指向导杆。

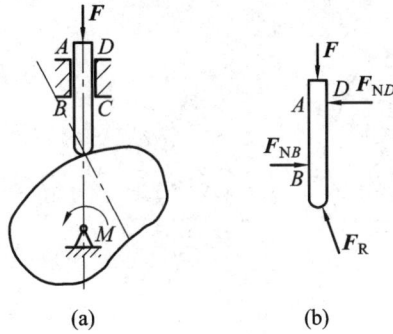

图 1－17　凸轮机构

1.4　平面汇交力系的合成与平衡

　　工程实际中，作用于构件上的力系有各种不同的类型，若按力系中各力的作用线是否在同一平面内来分，力系可分为平面力系和空间力系；若按力系中各力的作用线是否相交于一点或平行来分，力系可分为汇交力系、力偶系、平行力系和任意力系。作用于同一平面内各力的作用线交于一点的力系称为平面汇交力系。

　　由于力是矢量，故平面汇交力系的合成应按矢量运算法则进行。

1.4.1　平面汇交力系合成的几何法

1. 两个汇交力合成的力三角形法则

　　设力 F_1 与 F_2 作用于刚体上的 A 点，由静力学公理可知以 F_1、F_2 为邻边做平行四边形，其对角线即为它们的合力 F_R，并计做 $F_R = F_1 + F_2$，如图 1－18(a)所示。为了方便起见，作图时可省略 AD 与 DC，直接将 F_2 连在 F_1 的末端，通过△ABC 即可求得合力 F_R，如图 1－18(b)所示。此方法就称为求两汇交力合力的力三角形法则。

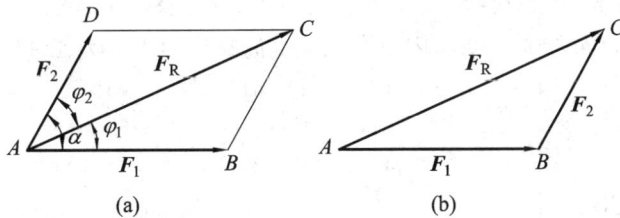

图 1－18　共点力的合成

2. 多个汇交力合成的力多边形法则

设在刚体某平面上有一汇交力系 F_1、F_2、$\cdots$、F_n 的作用，力系作用线汇交于 O 点，其合力 F_R 即可连续使用力的三角形法则来求得（见图 1-19）。其矢量表达式为

$$F_R = F_1 + F_2 + \cdots + F_n = \sum F \tag{1-2}$$

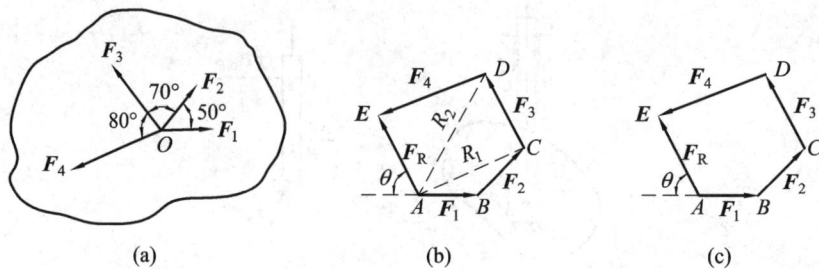

图 1-19　平面汇交力系的合成

由图 1-19 可见，为求合力 F_R 时，只需将各力 F_1、F_2、$\cdots$、F_4 首尾相接，形成一条折线，最后连接封闭边，从首力 F_1 的始端向末力 F_4 的终端所形成的矢量，即为合力 F_R 的大小和方向，此方法称为力的多边形法则。

综上所述，平面汇交力系合成的一般结果为一个合力 F_R，合力 F_R 为力系中各力的矢量和，其作用点仍为各力的汇交点，且合力 F_R 的大小和方向与各力合成的顺序无关。

1.4.2　平面汇交力系合成的解析法

1. 力在直角坐标轴上的投影

1）投影的定义

如图 1-20 所示，设已知力 F 作用于刚体平面内的 A 点，方向由 A 点指向 B 点，且与水平线夹角为 α。在力 F 作用线所在平面内取直角坐标系 Oxy，过力 F 的两端点 A、B 向 x 轴作垂线，垂足 a、b 在轴上截下的线段 ab 就称为力 F 在 x 轴上的投影，记做 F_x。

同理，过力 F 的两端点向 y 轴作垂线，垂足在 y 轴截下的线段 a_1b_1 称为力 F 在 y 轴上的投影，记做 F_y。

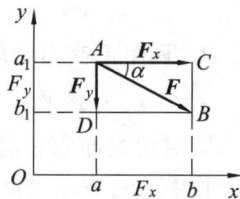

图 1-20　力的正交分解

2）投影的正负规定

力在坐标轴上的投影是代数量，其正负规定为：若投影 ab（或 a_1b_1）的指向与坐标轴正方向一致，则力在该轴上的投影为正，反之为负。

若已知力 F 与 x 轴的夹角为 α，则力 F 在 x 轴、y 轴的投影表示为

$$\left.\begin{array}{l} F_x = \pm F\cos\alpha \\ F_y = \pm F\sin\alpha \end{array}\right\} \tag{1-3}$$

3）已知投影求作用力

由已知力求投影的方法可知，若已知一个力的两个正交投影 F_x、F_y，则这个力 F 的大小和方向为

$$F = \sqrt{F_x^2 + F_y^2}, \quad \tan\alpha = \left|\frac{F_y}{F_x}\right| \tag{1-4}$$

式中 α 表示力 F 与 x 轴所夹的锐角。

2. 力沿坐标轴正交分解

由力的平行四边形公理可知，作用于一点的两个力可以合成一个力。反过来，围绕一个力做平行四边形，可以把一个力分解成两个力。若分解的两个分力相互垂直，则称为正交分解。如图 1-20 所示，过力 F 的两端作轴的平行线，平行线相交点构成的矩形 $ADBC$ 的两边 AC 和 AD，就是力 F 沿 x 轴、y 轴的两个正交分力，记做 F_x 和 F_y。由图可见，正交分力的大小等于力沿其正交轴投影的绝对值，即

$$|F_x| = F\cos\alpha = |F_x|, \qquad |F_y| = F\sin\alpha = |F_y|$$

必须指出，分力是力矢量，而投影是代数量。若分力的指向与坐标轴同向，则投影为正，反之为负。分力的作用点在原力的作用点上，而投影与力的作用点位置无关。

3. 合力投影定理

由力的平行四边形法则可知，作用于刚体平面内的两个力可以合成一个力，其合力符合矢量加法法则。如图 1-21 所示，作用于刚体平面内 A 点的力 F_1、F_2，其合力 F_R 等于力 F_1 和 F_2 的矢量和，即

$$F_R = F_1 + F_2$$

在力作用平面内建立平面直角坐标系 Oxy，合力 F_R 在 x 轴上的投影 F_{Rx} 和分力 F_x、F_y 在 x 轴上的投影分别为 $F_{Rx} = ad$，$F_{1x} = ab$，$F_{2x} = ac$。由图可见，$ac = bd$，$ad = ab + bd$。所以

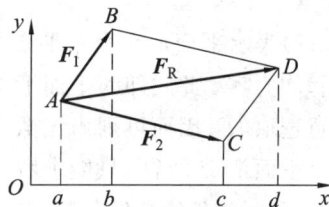

图 1-21　力的分解

$$F_{Rx} = ad = ab + bd = F_{1x} + F_{2x}$$

同理

$$F_{Ry} = F_{1y} + F_{2y}$$

若刚体平面上的一点作用着 n 个力 F_1，F_2，$\cdots$，F_n，按两个力合成的平行四边形法则依次类推，从而得出力系的合力等于各分力矢量的矢量和，即

$$F_R = F_1 + F_2 + \cdots + F_n = \sum F$$

则其合力的投影

$$\left.\begin{array}{l} F_{Rx} = F_{1x} + F_{2x} + \cdots + F_{nx} = \sum F_x \\ F_{Ry} = F_{1y} + F_{2y} + \cdots + F_{ny} = \sum F_y \end{array}\right\} \qquad (1-5)$$

式(1-5)表明，合力在某一轴上的投影等于各分力在同一轴上投影的代数和，此即为合力投影定理。式中的 $\sum F_x$ 是求和式 $\sum\limits_{i=1}^{n} F_{ix}$ 的简便表示法，本书中的求和式均采用这种简便表示法。

4. 平面汇交力系合成的解析法

利用合力投影定理即可求得合力 F_R 的大小和方向，即

$$F_R = \sqrt{\left(\sum F_x\right)^2 + \left(\sum F_y\right)^2}, \quad \tan\alpha = \left|\frac{\sum F_y}{\sum F_x}\right| \qquad (1-6)$$

式中，α 为合力 $\boldsymbol{F}_R$ 与 x 轴所夹的锐角。

5. 平面汇交力系平衡方程及其应用

平面汇交力系平衡的必要和充分条件是力系的合力为零，即

$$\boldsymbol{F}_R = 0$$

1）平面汇交力系平衡的几何条件

由力多边形法则可知，平面汇交力系的合力是由封闭边的大小和方向确定的。合力等于零即封闭边等于零，力多边形自行封闭。故平面汇交力系平衡的几何充要条件是力多边形自行封闭。

2）平面汇交力系平衡的解析条件

由式 $F_R = \sqrt{\left(\sum F_x\right)^2 + \left(\sum F_y\right)^2} = 0$ 可得：

$$\left.\begin{array}{l} \sum F_x = 0 \\ \sum F_y = 0 \end{array}\right\} \tag{1-7}$$

式（1-7）表示平面汇交力系平衡的必要与充分的解析条件是力系中各力在坐标轴上投影的代数和均为零。此式即为平面汇交力系平衡解析方程。应用平衡方程时，由于坐标轴是可以任意选取的，因而可列出无数个平衡方程。但是，其独立的平衡方程只有两个，因此对于一个平面汇交力系，只能求解出两个未知量。

3）平衡方程的应用

例 1-5　如图 1-22 所示，吊钩受三根钢丝绳的拉力作用，已知各力大小分别为 $F_1 = F_2 = 732$ N，$F_3 = 2000$ N，各力的方向如图所示，求此三力的合力 $\boldsymbol{F}_R$ 的大小和方向。

解　在力系汇交点 A 建立坐标系 Axy，求合力 $\boldsymbol{F}_R$ 在两坐标轴上的投影分别为

$$\begin{aligned} F_{Rx} &= \sum F_x = F_1 + 0 - F_3 \cos 30° \\ &= (732 - 1732)\ \text{N} = -1000\ \text{N} \\ F_{Ry} &= \sum F_y = 0 - F_2 - F_3 \sin 30° \\ &= (0 - 732 - 1000)\ \text{N} = -1732\ \text{N} \end{aligned}$$

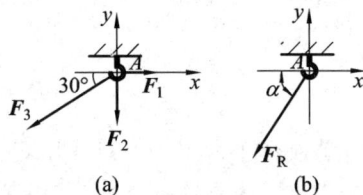

图 1-22　吊钩受力分析

则合力 $\boldsymbol{F}_R$ 的大小为

$$F_R = \sqrt{\left(\sum F_x\right)^2 + \left(\sum F_y\right)^2} = \sqrt{(-1000)^2 + (-1732)^2}\ \text{N} = 2000\ \text{N}$$

由于 F_{Rx}、F_{Ry} 均为负，则合力指向左下方（图 1-22(b)），合力与 x 轴所夹的锐角 α 为

$$\alpha = \arctan\left|\frac{F_{Ry}}{F_{Rx}}\right| = \arctan\left|\frac{-1732}{-1000}\right| = 60°$$

例 1-6　图 1-23(a) 所示支架由杆 AB、BC 组成，A、B、C 三处均为光滑铰链，在铰 B 上悬挂重物 $G = 5$ kN，杆件自重不计，试求杆件 AB、BC 所受的力。

解　（1）受力分析。由于杆件 AB、BC 自重不计，且杆件两端均为铰链约束，故均为二力构件，杆件受

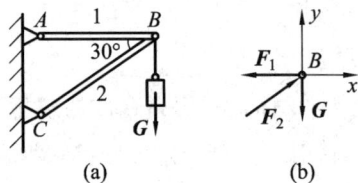

图 1-23　支架受力分析

力必沿杆件的轴线。根据作用与反作用的关系，两杆的 B 端对于销 B 有反作用力 F_1、F_2，销 B 同时受重物 G 作用。

（2）确定研究对象。以销 B 为研究对象取分离体，画受力图如图 1-23(b)所示。

（3）建立坐标系，列平衡方程求解：

$$\sum F_y = 0 \qquad F_2 \sin30° - G = 0$$
$$F_2 = 2G = 10 \text{ kN}$$
$$\sum F_x = 0 \qquad -F_1 + F_2 \cos30° = 0$$
$$F_1 = F_2 \cos30° = 8.66 \text{ kN}$$

例 1-7　图 1-24(a)所示重量为 G 的球放在倾角为 30°的光滑斜面上，并用绳 AB 系住，AB 与斜面平行，试求绳 AB 的拉力 F_T 及球体对斜面的压力 F_N。

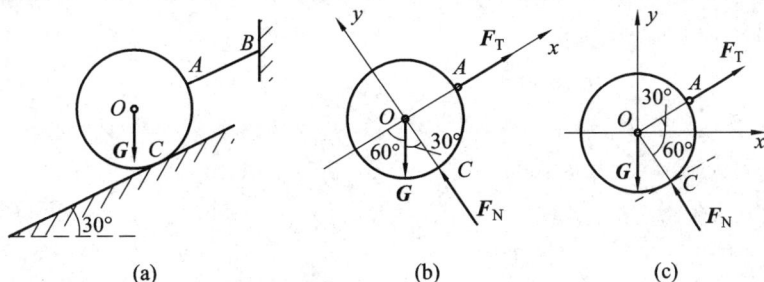

图 1-24　例 1-7 图

解　（1）以球体为研究对象取分离体，画受力图如图 1-24(b)所示。

（2）沿斜面建立坐标系 Oxy，列平衡方程求解：

$$\sum F_x = 0 \qquad F_T - G \sin30° = 0$$
$$F_T = G \sin30° = \frac{G}{2}$$
$$\sum F_y = 0 \qquad F_N - G \cos30° = 0$$
$$F_N = G \cos30° = \frac{\sqrt{3}G}{2}$$

（3）若选图 1-24(c)所示的坐标系列平衡方程，得

$$\sum F_x = 0 \qquad F_T \cos30° - F_N \sin30° = 0$$
$$\sum F_y = 0 \qquad F_T \sin30° + F_N \cos30° - G = 0$$

联立求解方程组得

$$F_T = \frac{G}{2}, \qquad F_N = \frac{\sqrt{3}G}{2}$$

由此可见，列平衡方程求解平面汇交力系平衡问题时，坐标轴应尽量选在与未知力垂直的方向上，这样可以列一个平衡方程式解出一个未知力，避免了求解联立方程组，使计算简便。

例 1-8　图 1-25 所示连杆机构由 AB、BC、AD 组成，A、B、C、D 点均为铰链。若机构在图示位置平衡，且已知角 α 和作用于 A 铰的力 F，试求维持机构平衡时铰 B 上的作

用力 F_1。

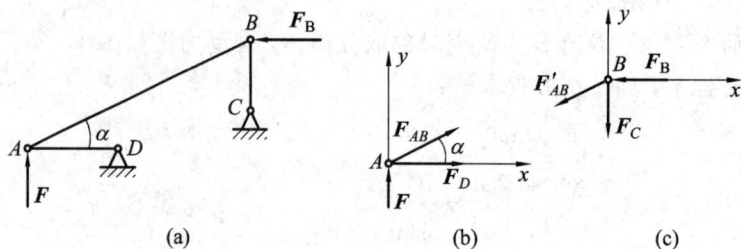

(a)　　　　　　　　(b)　　　　　　　　(c)

图 1-25　连杆机构受力分析

解　(1)受力分析，连杆 AB、BC、AD 不计自重，均受两端铰链约束，是二力杆件。

(2)分别画两销钉 A、B 的受力图(图 1-25(b)、(c))，建立坐标系，列平衡方程。

对于销 A

$$\sum F_y = 0 \qquad\qquad F_{AB}\sin\alpha + F = 0$$

$$F_{AB} = \frac{-F}{\sin\alpha}$$

对于销 B

$$\sum F_x = 0 \qquad\qquad -F'_{AB}\cos\alpha - F_B = 0$$

$$F_B = -F'_{AB}\cos\alpha$$

代入上式得

$$F'_{AB} = -F_{AB}$$

$$F_B = -F\cot\alpha$$

由此可见，画构件受力图时，铰链约束的约束反力可以假定其指向，应用平衡方程解出为负值时，表示其约束反力的指向与实际相反。

1.5　力 矩 和 力 偶

1.5.1　力对点之矩

从生产实践活动中人们认识到，力不仅能使物体产生移动，还能使物体产生转动。例如用扳手拧螺母，扳手连同螺母一起绕螺母的中心线转动。其转动效应的大小不仅与作用力的大小和方向有关，而且与力作用线到螺母中心线的相对位置有关。工程中把力使物体产生的转动效应的量度称为力矩。用图 1-26 所示扳手及受力在螺母中心线的垂直平面上的投影，来说明平面上力对点之距。平面上螺母中线的投影点 O 称为矩心，力作用线到矩心 O 点的距离 d 称为力臂，力使扳手绕 O 点的转动效应取决于力 F 的大小与力臂 d 的乘积及力矩的转向。力对点之矩记做 $M_O(F)$，即

$$M_O(F) = \pm Fd \qquad (1-8)$$

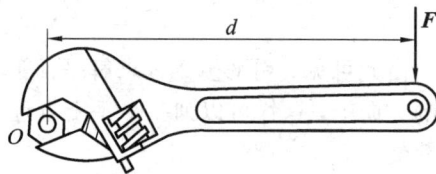

图 1-26　扳手

力对点之矩是一个代数量，其正负规定为：力使物体绕矩心有逆时针转动效应时，力矩为正，反之为负。力矩的单位是 N·m。

1.5.2　合力矩定理

如图 1-27 所示，将作用于刚体平面上 A 点的力 $\boldsymbol{F}$ 沿作用线滑移到 B 点（B 点为任意点 O 到力 $\boldsymbol{F}$ 作用线的垂足），不会改变力 $\boldsymbol{F}$ 对刚体的效应（力的可传性原理）。在 B 点将 $\boldsymbol{F}$ 沿坐标轴方向正交分解为两分力 $\boldsymbol{F}_x$、$\boldsymbol{F}_y$，即 $\boldsymbol{F}=\boldsymbol{F}_x+\boldsymbol{F}_y$，分别计算并讨论力 $\boldsymbol{F}$ 和分力 $\boldsymbol{F}_x$、$\boldsymbol{F}_y$ 对 O 点力矩的关系：

$$M_O(\boldsymbol{F}_x) = F\cos\alpha\, d\,\cos\alpha = Fd\,\cos^2\alpha$$

$$M_O(\boldsymbol{F}_y) = F\sin\alpha\, d\,\sin\alpha = Fd\,\sin^2\alpha$$

$$M_O(\boldsymbol{F}) = Fd = M_O(\boldsymbol{F}_x) + M_O(\boldsymbol{F}_y)$$

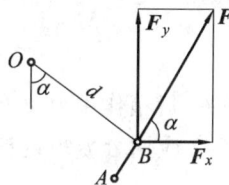

图 1-27　合力矩定理

上式表明，合力对某点的力矩等于力系中各分力对同点力矩的代数和。该定理不仅适用于正交分解的两个分力系，对任何有合力的分力系均成立。若力系有 n 个力作用，则

$$M_O(\boldsymbol{F}_R) = M_O(\boldsymbol{F}_1) + M_O(\boldsymbol{F}_2) + \cdots + M_O(\boldsymbol{F}_n) = \sum M_O(\boldsymbol{F}) \qquad (1-9)$$

式（1-9）即为合力矩定理。

求平面内力对某点的力矩，一般采用以下两种方法：

（1）用力和力臂的乘积求力矩。这种方法的关键是确定力臂 d。需要注意的是，力臂 d 是矩心到力作用线的距离，即力臂一定要垂直力的作用线。

（2）用合力矩定理求力矩。工程实际中，有时力臂 d 的几何关系比较复杂，不易确定，这时可将作用力正交分解为两个分力，然后应用合力矩定理求原力对矩心的力矩。

例 1-9　图 1-28(a)所示的构件 OBC，O 端为铰链支座约束，在 C 点作用力 $\boldsymbol{F}$，已知力 $\boldsymbol{F}$ 的方向角为 α，$OB=l$，$BC=h$，求力 $\boldsymbol{F}$ 对 O 点的力矩。

解　（1）由于力臂 d 的几何关系比较复杂，不易确定，宜采用合力矩定理求力矩，即

$$M_O(\boldsymbol{F}) = M_O(\boldsymbol{F}_{Cx}) + M_O(\boldsymbol{F}_{Cy}) = F\cos\alpha h - F\sin\alpha l = F(h\cos\alpha - l\sin\alpha)$$

（2）用力和力臂的乘积求力矩。在图上过 O 点作力 $\boldsymbol{F}$ 作用线的垂线交于 a 点，找出力臂 d。过 B 点作力线的平行线与力臂延长线交于 b 点，则

$$M_O(\boldsymbol{F}) = -Fd = -F(Ob - ab) = -F(l\sin\alpha - h\cos\alpha) = F(h\cos\alpha - l\sin\alpha)$$

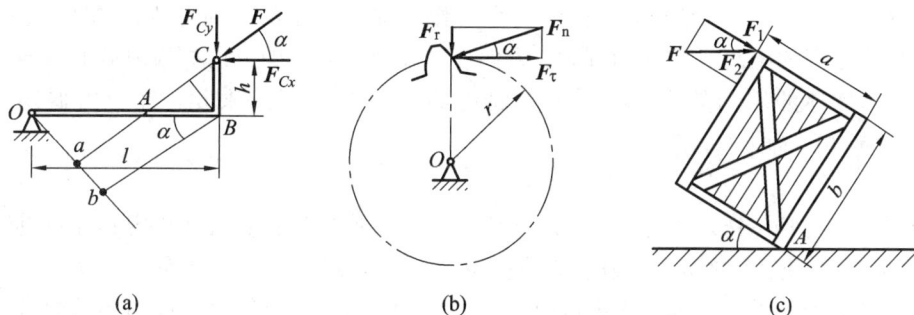

(a)　　　　　　　　　　(b)　　　　　　　　　　(c)

图 1-28　例 1-9 和例 1-10 图

例 1 – 10　图 1 – 28(b)、(c)所示圆柱直齿轮和货箱，已知齿面法向压力 F_n＝1000 N，压力角 α＝20°，分度圆半径 r＝60 mm。已知货箱的作用力 F，尺寸 a、b 和夹角 α，试求齿面法向压力 F_n 对轴心 O 的力矩和货箱作用力 F 对支点 A 的力矩。

解　(1) 该齿轮法向压力 F_n 的力臂没有直接给出，可将法向压力正交分解为圆周力 F_τ 和径向力 F_r，应用合力矩定理得

$$M_O(\boldsymbol{F}_n) = M_O(\boldsymbol{F}_\tau) + M_O(\boldsymbol{F}_r) = F_n \cos\alpha \times r + F_n \sin\alpha \times 0$$
$$= 1000 \times \cos 20° \times 0.06 \text{ N·m} = 56.4 \text{ N·m}$$

(2) 货箱作用力 F 的力臂没有直接给出，可将其作用力沿货箱长宽方向正交分解为 F_1、F_2。应用合力矩定理得

$$M_A(\boldsymbol{F}) = M_A(\boldsymbol{F}_1) + M_A(\boldsymbol{F}_2)$$
$$= -F \cos\alpha b - F \sin\alpha a = -F(b \cos\alpha + a \sin\alpha)$$

1.5.3　力偶及其性质

1. 力偶的定义

在生产实践中，作用力矩可以使物体产生转动效应。另外，经常还可以见到使物体产生转动的例子，如图 1 – 29(a)、(b)所示，司机用手转动方向盘，钳工用双手转动绞杠丝锥攻螺纹。在力学研究中，把使物体产生转动效应的一对大小相等、方向相反、作用线平行的力称为力偶。通常把力偶表示在其作用平面内(见图 1 – 29(c))。

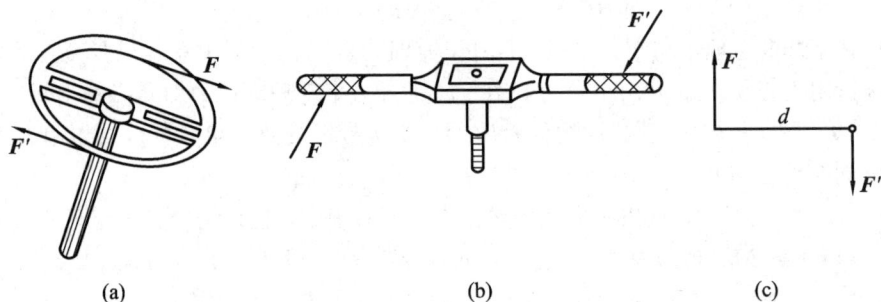

(a)　　　　　　　　　　(b)　　　　　　　　　　(c)

图 1 – 29　力偶

力偶是一个基本力学量，并具有一些独特的性质，它既不平衡，也不能合成为一个合力，只能使物体产生转动效应。力偶中两个力作用线所决定的平面称为力偶的作用平面；两力作用线之间的距离 d 称为力偶臂；力偶使物体产生转动的方向称为力偶的转向。

力偶对物体的转动效应，取决于力偶中的力与力偶臂的乘积，称为力偶矩，记做 $M(\boldsymbol{F}, \boldsymbol{F}')$ 或 M，即

$$M(\boldsymbol{F}, \boldsymbol{F}') = \pm Fd \tag{1 – 10}$$

力偶矩和力矩一样，是代数量。其正负号表示力偶的转向，通常规定：力偶逆时针转向时，力偶矩为正，反之为负。力偶矩的单位是 N·m 或 kN·m。力偶矩的大小、转向和作用平面称为力偶的三要素。三要素中任何一个发生改变，力偶对物体的转动效应就会发生改变。

2. 力偶的性质

根据力偶的定义，力偶具有以下一些性质：

(1) 力偶无合力，在坐标轴上的投影之和为零。力偶不能与一个力等效，也不能用一个力来平衡，力偶只能用力偶来平衡。

力偶无合力，可见它对物体的效应与一个力对物体的效应是不同的。一个力对物体有移动和转动两种效应；而一个力偶对物体只有转动效应，没有移动效应。因此，力与力偶不能相互替代，也不能相互平衡。可以将力和力偶看做是构成力系的两种基本要素。

(2) 力偶对其作用平面内任一点的力矩，恒等于其力偶矩，而与矩心的位置无关。

图 1-30 所示一力偶 $M(\boldsymbol{F}, \boldsymbol{F}') = Fd$，对平面任意点 O 的力矩，用组成力偶的两个力分别对 O 点力矩的代数和度量，记做 $M_O(\boldsymbol{F}, \boldsymbol{F}')$，即

图 1-30　力偶矩

$$M_O(\boldsymbol{F}, \boldsymbol{F}') = F(d+x) - F'x = Fd = M(\boldsymbol{F}, \boldsymbol{F}')$$

以上推证表明，力偶对刚体平面上任意一点 O 的力矩，等于其力偶矩，与矩心到力作用线的距离 x 无关，即与矩心的位置无关。

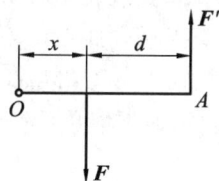

3. 力偶的等效性及等效代换特性

从力偶的以上性质可知，同一平面内的两个力偶，如果它们的力偶矩大小相等，转向相同，则两力偶等效，且可以相互代换，此即为力偶的等效性。

由力偶的等效性，可以得出力偶的等效代换特性：

(1) 力偶可在其作用平面内任意移动，而不改变它对刚体的转动效应。

(2) 只要保持力偶矩的大小和力偶的转向不变，可以同时改变力偶中力的大小和力偶臂的长短，而不会改变力偶对刚体的转动效果。

值得注意的是，以上等效代换特性仅适用于刚体，不适用于变形体。

由力偶的性质及其等效代换特性可见，力偶对刚体的转动效应完全取决于力偶的大小、转向和作用平面。因此表示平面力偶时，可以不表明力偶在平面上的具体位置以及组成力偶的力和力偶臂的值，用一带箭头的弧线表示，并标出力偶矩的值即可。图 1-31 所示是力偶的几种等效代换表示法。

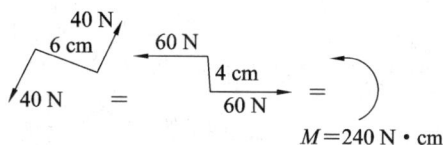

图 1-31　力偶的等效性

4. 力线平移定理

由力的可传性原理知，作用于刚体上的力可沿其作用线在刚体内移动，而不改变其对刚体的作用效应。现在的问题是，能否在不改变作用效应的前提下，将力平行移动到刚体的任意点呢？

图 1-32 描述了力向作用线外任一点的平行移动的过程。欲将作用于刚体上 A 点的力 $\boldsymbol{F}$ 平行移动到刚体内任一点 O，可在 O 点加上一对平衡力 $\boldsymbol{F}'$、$\boldsymbol{F}''$，并使 $\boldsymbol{F}' = \boldsymbol{F}'' = \boldsymbol{F}$，$\boldsymbol{F}$ 和

F''为一等值、反向、不共线的平行力，组成了一个力偶，称为附加力偶，其力偶矩为

$$M(F,F'') = \pm Fd = M_O(F)$$

此式表示，附加力偶矩等于原力F对平移点O的力矩。于是作用于平移点的F'和附加力偶M的共同作用就与作用于A点的力F等效。

由此可以得出：作用于刚体上的力，可平移到刚体上的任意一点，但附加一力偶，其附加力偶矩等于原力对平移点的力矩。此即为力线平移定理。

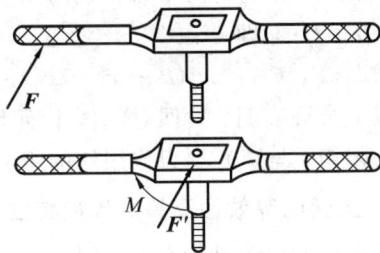

如图$1-33$所示，钳工用丝锥攻螺纹时，如果用单手操作，在绞杠手柄上作用力F，将力F平移到绞杠中心时，必须附加一力偶M才能使绞杠转动。平移后的F'会使丝锥杆变形甚至折断。如果用双手操作，两手的作用力若保持等值、反向和平行，则平移到绞杠中心上的两平移力相互抵消，绞杠只产生转动。所以，用丝锥攻螺纹时，要求双手操作且均匀用力，而不能单手操作。

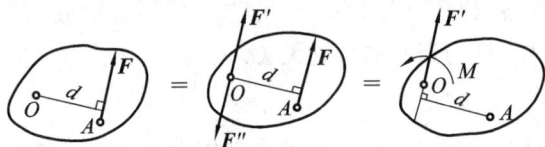

图$1-32$　力线平移定理　　　　　　　　图$1-33$　丝锥攻螺纹

5. 平面力偶系的合成

作用于刚体上的同一平面内的若干个力偶，称为平面力偶系。

从前述力偶的性质可知，力偶对刚体只产生转动效应，且转动效应的大小完全取决于力偶的大小和转向。那么，刚体某一平面内受若干个力偶共同作用时，也只能使刚体产生转动效应。可以证明，其力偶系对刚体转动效应的大小等于各力偶转动效应的总和，即平面力偶系总可以合成一个合力偶，其合力偶矩等于各分力偶矩的代数和。合力偶矩M_R为

$$M_R = M_1 + M_2 + \cdots + M_n = \sum M \qquad (1-11)$$

6. 平面力偶系的平衡

要使平面力偶系平衡，其合力偶矩必等于零。由此可见，平面力偶系平衡的必要与充分条件是：力偶系中各分力偶矩的代数和等于零，即

$$\sum M = 0 \qquad (1-12)$$

例 1-11　图$1-34$所示多孔钻床在汽缸盖上钻四个直径相同的圆孔，每个钻头作用于工件的切削力构成一个力偶，且各力偶矩的大小：$M_1 = M_2 = M_3 = M_4 = 15$ N·m，转向如图所示。试求该钻床作用于汽缸盖上的合力偶矩M_R。

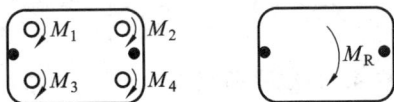

图$1-34$　例$1-11$图

解　取汽缸盖为研究对象，作用于其上的各力偶矩的大小相等、转向相同且在同一平面内，因此合力偶矩为

$$
\begin{aligned}
M_R &= M_1 + M_2 + M_3 + M_4 \\
&= (-15) \times 4\ \text{N} \cdot \text{m} \\
&= -60\ \text{N} \cdot \text{m}
\end{aligned}
$$

例 1-12　图 1-35(a)所示梁 AB 上作用一力偶，其力偶矩 $M=100\ \text{N} \cdot \text{m}$，梁长 $l=5\ \text{m}$，不计梁的自重，求 A、B 两支座的约束反力。

解　(1) 取梁 AB 为研究对象，分析并画受力图(图 1-35(b))。

梁 AB 的 B 端为活动铰支座，约束反力沿支撑面公法线指向受力物体。由力偶的性质可知，力偶只能与力偶平衡，因此 $\boldsymbol{F}_B$ 必和 $\boldsymbol{F}_A$ 组成一力偶与 M 平衡，所以 A 端反力 $\boldsymbol{F}_A$ 必与 $\boldsymbol{F}_B$ 平行、反向，并组成力偶。

(a)　(b)

图 1-35　例 1-12 图

(2) 列平衡方程求解：

$$\sum M = 0$$

$$F_B l - M = 0$$

$$F_A = F_B = \frac{M}{l} = \frac{100\ \text{N} \cdot \text{m}}{5\ \text{m}} = 20\ \text{N}$$

例 1-13　图 1-36(a)所示四杆机构，已知 $AB /\!/ CD$，$AB=l=40\ \text{cm}$，$BC=60\ \text{cm}$，$\alpha=30°$，作用于杆 AB 上的力偶矩 $M_1=60\ \text{N} \cdot \text{m}$，试求维持机构平衡时作用于杆 CD 上的力偶矩 M_2 应为多少？

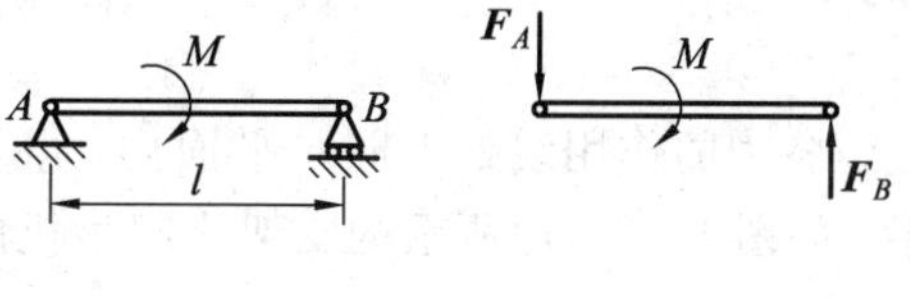

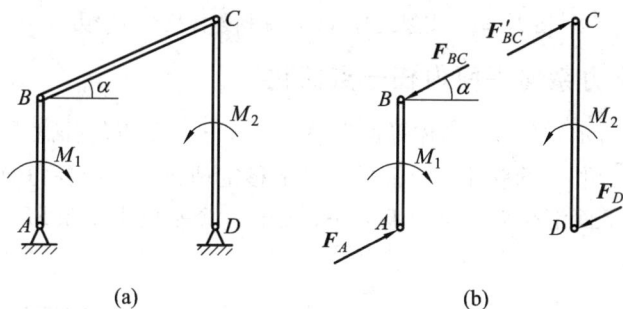

(a)　(b)

图 1-36　四杆机构

解　(1) 受力分析。杆件 BC 两端铰链连接，不计自重，是二力杆。

(2) 分别取杆 AB、CD 为研究对象，取分离体画受力图(图 1-36(b))。杆 AB、CD 作用力偶，只能用力偶平衡。分别列平衡方程得：

对杆 AB

$$\sum M_A = 0$$

$$F_{BC} \cos 30° l - M_1 = 0$$

$$F_{BC} \cos 30° = \frac{M_1}{l} = \frac{60}{0.4}\ \text{N} = 150\ \text{N}$$

对杆 CD

$$\sum M_D = 0$$
$$-F_{BC}\cos30°CD + M_2 = 0$$
$$M_2 = F_{BC}\cos30°CD = 150 \times 0.7 \text{ N} \cdot \text{m} = 105 \text{ N} \cdot \text{m}$$

1.6　平面任意力系的简化

各力的作用线处于同一平面内,既不平行又不汇交于一点的力系,称为平面任意力系。如图 1-37(a)所示的支架式起吊机的受力,图 1-37(b)所示的曲柄连杆机构的受力等,都是平面任意力系的工程实例。

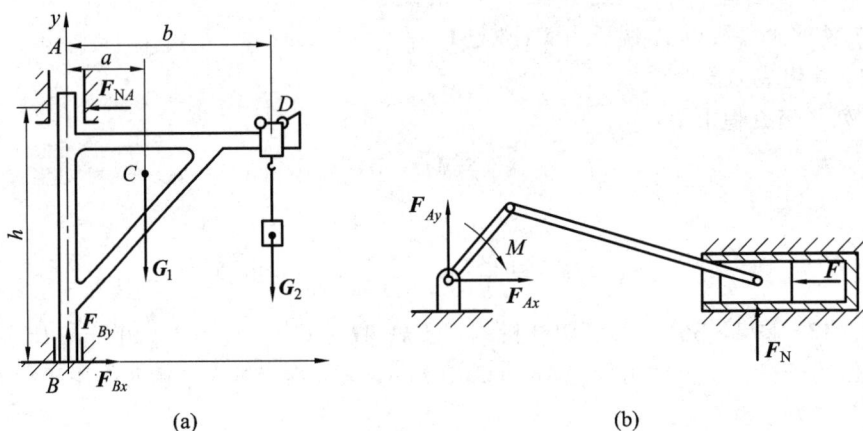

(a)　　　　　　　　　　　　　(b)

图 1-37　支架式起吊机与曲柄连杆机构的受力

1.6.1　平面任意力系向平面内任一点简化

如图 1-38(a)所示,作用于刚体平面上 A_1,A_2,…,A_n 点的任意力系 F_1,F_2,…,F_n,在该平面任选一点 O 作为简化中心,根据力线平移定理将力系中各力向 O 点平移,于是原力系就简化为一个平面汇交力系 F_1',F_2',…,F_n' 和一个平面力偶系 M_1,M_2,…,M_n(见图 1-38(b))。

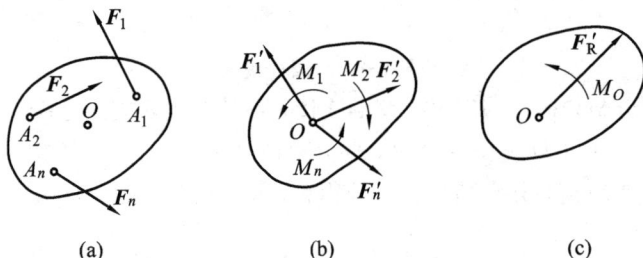

(a)　　　　　　　　　(b)　　　　　　　　　(c)

图 1-38　平面任意力系向平面内任一点的简化

1. 力系的主矢 F_R'

平移力 F_1',F_2',…,F_n' 组成的平面汇交力系的合力 F_R',称为平面任意力系的主矢。由平面汇交力系合成可知,主矢 F_R' 等于各分力的矢量和,并作用在简化中心上(见图 1-38(c))。主矢 F_R' 的大小和方向为

$$F'_R = \sqrt{\left(\sum F'_x\right)^2 + \left(\sum F'_y\right)^2} = \sqrt{\left(\sum F_x\right)^2 + \left(\sum F_y\right)^2}$$

$$\tan\alpha = \left|\frac{\sum F_y}{\sum F_x}\right|$$

(1-13)

2. 力系的主矩 M_O

附加力偶 M_1，M_2，$\cdots$，M_n 组成的平面力偶系的合力偶矩 M_O，称为平面任意力系的主矩。由平面力偶系的合成可知，主矩等于各附加力偶矩的代数和，作用在力系所在平面上（见图 1-38(c)），即

$$M_O = \sum M = \sum M_O(\boldsymbol{F}) \tag{1-14}$$

综上所述，平面任意力系向平面内任一点简化，得到一主矢 $\boldsymbol{F}'_R$ 和一主矩 M_O，主矢的大小等于原力系中各分力投影的代数和的平方和再开方，作用在简化中心上，其大小和方向与简化中心的选取无关。主矩等于原力系各分力对简化中心力矩的代数和，其值一般与简化中心的选取有关。

1.6.2　简化结果的讨论

平面任意力系向平面内任一点简化，得到一主矢和一主矩，但这并不是力系简化的最终结果，因此有必要对主矢和主矩予以讨论。

(1) $F'_R \neq 0$，$M_O \neq 0$：由力线平移定理的逆过程可推知，主矢 $\boldsymbol{F}'_R$ 和主矩 M_O 也可以合成一个力 $\boldsymbol{F}_R$，这个力就是任意力系的合力。所以，力系简化的结果是力系的合力 $\boldsymbol{F}_R$，且大小和方向与主矢 $\boldsymbol{F}'_R$ 相同，其作用线与主矢 $\boldsymbol{F}'_R$ 的作用线平行，并且二者距离 $d = M_O/F'_R$。

(2) $F'_R \neq 0$，$M_O = 0$：此时，力系的简化中心正好选在了力系合力 $\boldsymbol{F}_R$ 的作用线上，主矩等于零，则主矢 $\boldsymbol{F}'_R$ 就是力系的合力 $\boldsymbol{F}_R$，作用线通过简化中心。

(3) $F'_R = 0$，$M_O \neq 0$：此时，表明力系与一个力偶系等效，原力系为一个平面力偶系，在这种情况下，主矩的大小与简化中心的选择无关。

(4) $F'_R = 0$，$M_O = 0$：表明原力系简化后得到的汇交力系和力偶系均处于平衡状态，所以原力系为平衡力系。

例 1-14　图 1-39 所示的正方形平面板的边长为 $4a$，其上 A、O、B、C 点作用力分别为：$F_1 = F$，$F_2 = 2\sqrt{2}F$，$F_3 = 2F$，$F_4 = 3F$。求作用于板上该力系的合力 $\boldsymbol{F}_R$。

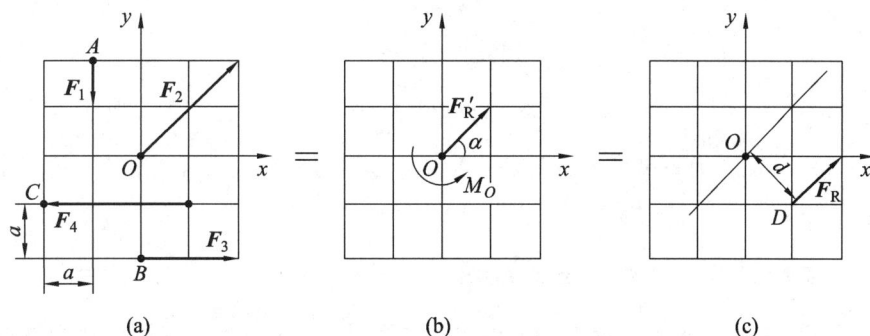

图 1-39　例 1-14 图

解　(1) 选 O 点为简化中心，建立图 $1-39$(a)所示的坐标系，求力系的主矢和主矩。

$$\sum F_x = F_{1x} + F_{2x} + F_{3x} + F_{4x} = 0 + 2F + 2F - 3F = F$$

$$\sum F_y = F_{1y} + F_{2y} + F_{3y} + F_{4y} = -F + 2F + 0 + 0 = F$$

主矢的大小

$$F_R' = \sqrt{\left(\sum F_x\right)^2 + \left(\sum F_y\right)^2} = \sqrt{F^2 + F^2} = \sqrt{2}F$$

主矢的方向

$$\tan\alpha = \left|\frac{\sum F_y}{\sum F_x}\right| = \frac{F}{F} = 1, \quad \alpha = 45°$$

主矩的大小

$$M_O = \sum M_O(\boldsymbol{F}) = F_1 a + F_3 2a - F_4 a = Fa + 4Fa - 3Fa = 2Fa$$

主矩的转向沿逆时针方向。力系向 O 点简化的结果如图 $1-39$(b)所示。

(2) 由于 $F_R' \neq 0$，所以力系可合成一个合力 F_R，即

$$F_R = F_R' = \sqrt{2}F$$

合力 $\boldsymbol{F}_R$ 的作用线到 O 点的距离 d 为

$$d = \frac{M_O}{F_R'} = \frac{2Fa}{\sqrt{2}F} = \sqrt{2}a$$

如图 $1-39$(c)所示，力系的合力 $\boldsymbol{F}_R$ 的作用线通过 D 点。

1.6.3　平面任意力系的平衡条件和平衡方程

由上节的讨论可知，当平面任意力系简化的主矢和主矩均为零时，力系处于平衡。同理，若力系是平衡力系，则该力系向平面任一点简化的主矢和主矩必然为零。因此，平面任意力系平衡的必要和充分条件为

$$F_R' = 0, \quad M_O = 0$$

即

$$F_R' = \sqrt{\left(\sum F_x\right)^2 + \left(\sum F_y\right)^2} = 0, \quad M_O = \sum M_O(\boldsymbol{F}) = 0$$

由此可得平面任意力系的平衡方程为

$$\left.\begin{array}{c} \sum F_x = 0 \\ \sum F_y = 0 \\ \sum M_O(\boldsymbol{F}) = 0 \end{array}\right\} \tag{1-15}$$

式(1-15)是平面任意力系平衡方程的基本形式，也称为一矩式方程。这是一组三个独立的方程，故只能求解出三个未知量。

1.6.4　平面任意力系平衡方程的应用

应用平面任意力系平衡方程求解工程实际问题时，首先要为工程结构和构件选择合适的简化平面，画出其平面简图，即建立起工程结构和构件的平面力学模型；其次是确定研

究对象，取分离体，画其受力图；然后列平衡方程求解。

列平衡方程时要注意坐标轴的选取和矩心的选择。为使求解简便，坐标轴一般选在与未知力垂直的方向上，矩心可选在未知力作用点（或交点）上。

例 1-15 图 1-40(a)所示为高炉加料小车的平面简图，小车由钢丝牵引沿倾角为 α 的轨道匀速上升，已知小车的重量 G 和尺寸 a、b、h、α，不计小车和轨道之间的摩擦，试求钢索的拉力 F_T 和轨道对小车的约束反力。

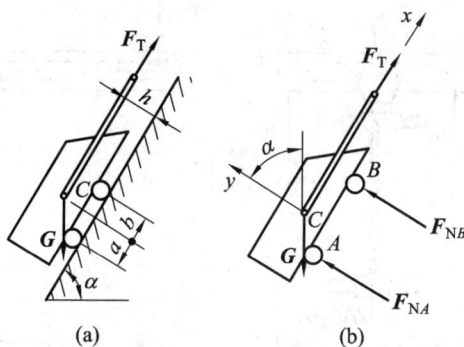

图 1-40 高炉加料小车

解 (1) 以小车为研究对象，取分离体画受力图（图 1-40(b)）。

(2) 沿斜面方向建立坐标系 Cxy，坐标轴与未知力垂直。本例未知力无交点，矩心可选在未知力 F_{NA} 或 F_{NB} 的作用点上，列平衡方程解得：

$$\sum F_x = 0 \qquad F_T - G\sin\alpha = 0$$
$$F_T = G\sin\alpha$$
$$\sum M_A(\boldsymbol{F}) = 0 \qquad F_{NB}(a+b) - F_T h + G\sin\alpha h - G\cos\alpha a = 0$$
$$F_{NB} = \frac{G\cos\alpha a}{a+b}$$
$$\sum F_y = 0 \qquad F_{NA} + F_{NB} - G\cos\alpha = 0$$
$$F_{NA} = G\cos\alpha - \frac{Ga\cos\alpha}{a+b} = \frac{Gb\cos\alpha}{a+b}$$

例 1-16 图 1-41(a)所示为简易起吊机的平面力学简图。已知横梁 AB 的自重 $G_1 = 4$ kN，起吊重量 $G_2 = 20$ kN，AB 的长度 $l = 2$ m，电葫芦距 A 端的距离 $x = 1.5$ m，斜拉杆 CD 的倾角 $\alpha = 30°$。试求 CD 杆的拉力和 A 端固定铰支座的约束反力。

解 (1) 以横梁 AB 为研究对象，取分离体画受力图（图 1-41(b)）。

(2) 将 A 端约束反力正交分解，坐标轴选在 A 端反力的方向上（图 1-41(b)），矩心选在 A 端反力的交点上，列平衡方程求解得：

$$\sum M_A(\boldsymbol{F}) = 0 \qquad F_T\sin30°l - G_2 x - G_1\frac{l}{2} = 0$$
$$F_T = \frac{2G_2 x}{l} + G_1 = 34 \text{ kN}$$
$$\sum F_x = 0 \qquad F_{Nx} - F_T\cos30° = 0$$
$$F_{Nx} = F_T\cos30° = 29.44 \text{ kN}$$

$$\sum F_y = 0 \qquad\qquad F_{Ny} - G_1 - G_2 + F_T \sin30° = 0$$

$$F_{Ny} = G_1 + G_2 - F_T \sin30° = 7 \text{ kN}$$

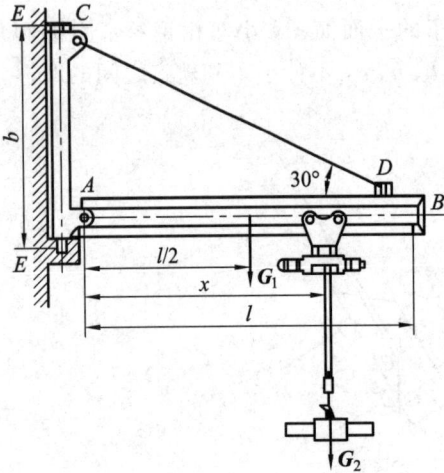

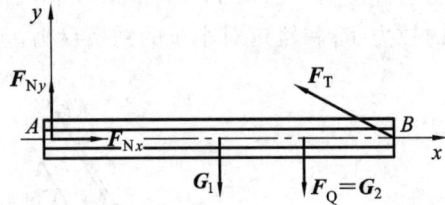

(a) 平面简图   (b) 受力分析图

图 1-41 简易起吊机

由以上例题可以看出,列平衡方程求平面力系平衡问题时,与列投影方程或力矩方程的先后次序无关。在选取了合适的坐标系和矩心后,要注意分析所要列出的投影方程或力矩方程中包含几个未知力。一般先列出包含有一个未知力的方程,从而解出一个未知力,避免了求解联立方程组,使求解过程简便。

1.6.5 平衡方程的其它形式

平面任意力系的平衡方程除了基本形式的一矩式方程外,还有其它两种形式。

1. 二矩式方程

二矩式方程的表达式如下:

$$\left.\begin{aligned}\sum F_x &= 0 \\ \sum M_A(\boldsymbol{F}) &= 0 \\ \sum M_B(\boldsymbol{F}) &= 0\end{aligned}\right\} \tag{1-16}$$

应用二矩式方程时,所选坐标轴 x 不能与矩心 AB 的连线垂直。

2. 三矩式方程

三矩式方程的表达式如下:

$$\left.\begin{aligned}\sum M_A(\boldsymbol{F}) &= 0 \\ \sum M_B(\boldsymbol{F}) &= 0 \\ \sum M_C(\boldsymbol{F}) &= 0\end{aligned}\right\} \tag{1-17}$$

应用三矩式方程时,所选矩心 A、B、C 三点不能在同一直线上。

例如图 1-41(b)所示的简易起吊机横梁 AB 的受力图,应用三矩式方程选取 A、B、C

三点为矩心，列平衡方程求得：

$$\sum M_A(\boldsymbol{F}) = 0 \qquad F_T\sin30°l - G_2 x - G_1\frac{l}{2} = 0$$

$$F_T = \frac{2G_2 x}{l} + G_1 = 34 \text{ kN}$$

$$\sum M_B(\boldsymbol{F}) = 0 \qquad G_1\frac{l}{2} + G_2(l-x) - F_{Ny}l = 0$$

$$F_{Ny} = \frac{G_1}{2} + \frac{G_2(l-x)}{l} = 7 \text{ kN}$$

$$\sum M_C(\boldsymbol{F}) = 0 \qquad F_{Nx}l\tan30° - G_1\frac{l}{2} - G_2 x = 0$$

$$F_{Nx} = \frac{G_1 l/2 + G_2 x}{l\tan30°} = 29.44 \text{ kN}$$

1.6.6 固定端约束和均布载荷

1. 平面固定端约束

在 1.2 节里介绍了常见的三类基本约束模型，工程中还有一类常见的基本约束模型。如图 1-42 所示，外伸阳台插入墙体部分受到的限制作用（图 1-42(a)），车刀固定于刀架部分受到的限制作用（图 1-42(b)），电线杆埋入地底下部分受到的限制作用（图 1-42(c)），以及立柱牢固地浇注进基础部分受到的限制作用等。这些限制作用的共同点是构件一端被固定，既不允许固定端的随意移动，又不允许构件绕其固定端随意转动。将这些工程实例简化的力学模型，称为平面固定端约束，如图 1-42(d)所示。

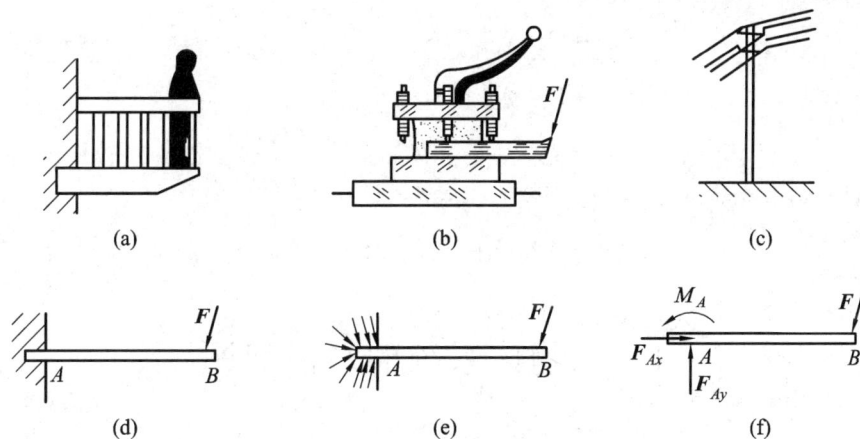

图 1-42　固定端约束

平面固定端的约束反力比较复杂，若把这些约束反力组成的平面任意力系（图 1-42(e)）向固定端 A 简化，可得到一主矢 $\boldsymbol{F}_A$ 和一主矩 M_A。一般情况下，$\boldsymbol{F}_A$ 的方向是未知的，常用两个正交分力 $\boldsymbol{F}_{Ax}$、$\boldsymbol{F}_{Ay}$ 表示。因此，平面固定端约束就有两个约束反力 $\boldsymbol{F}_{Ax}$、$\boldsymbol{F}_{Ay}$ 和一个约束力偶矩 M_A（图 1-42(f)）。$\boldsymbol{F}_{Ax}$、$\boldsymbol{F}_{Ay}$ 限制了构件 A 端的随意移动，而约束力偶矩 M_A 则限制了构件 A 端的随意转动。

2. 均布载荷

载荷集度为常量的分布载荷，称为均布载荷。这里只讨论在一段长度上均匀分布的载荷，其载荷集度 q 是每单位长度上作用力的大小，其单位是 N/m。均匀载荷的简化结果为一合力，常用 F_Q 表示。合力 F_Q 的大小等于均布载荷集度 q 与其分布长度 l 的乘积，即 $F_Q = ql$。合力 F_Q 的作用点在其分布长度的中点上，方向与 q 方向一致。

由合力矩定理可知，均布载荷对平面上任意点 O 的力矩等于均布载荷的合力 F_Q 与矩心 O 到合力作用线距离 x 的乘积，即 $M_O(F_Q) = qlx$。

例 1-17　图 1-43(a)所示为悬臂梁的平面力学简图。已知梁长为 $2l$，作用均布载荷 q，在 B 端作用集中力 $F = ql$ 和力偶 $M = ql^2$，求梁固定端 A 的约束反力。

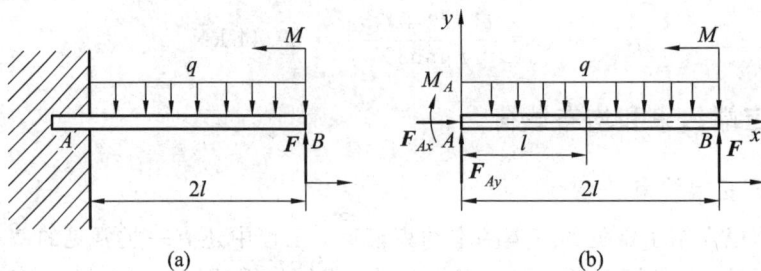

图 1-43　悬臂梁的平面力学简图

解　(1) 取梁 AB 为研究对象，画受力图（图 1-43(b)）。A 端为固定端约束，有两约束反力 F_{Ax}、F_{Ay} 和一约束力偶矩 M_A。

(2) 建立坐标系 Axy，列平衡方程。

$$\sum F_x = 0 \qquad F_{Ax} = 0$$
$$\sum F_y = 0 \qquad F_{Ay} + F - 2ql = 0$$
$$F_{Ay} = 2ql - ql = ql$$
$$\sum M_A(F) = 0 \qquad -M_A - 2qll + F2l + M = 0$$
$$M_A = -2ql^2 + F2l + M = -2ql^2 + 2ql^2 + ql^2 = ql^2$$

1.7　物体系统的平衡问题

1.7.1　静定与静不定问题的概念

由前述平面任意力系的平衡可知，若构件在平面任意力系作用下处于平衡，则无论采用何种形式的平衡方程，都只有三个独立的方程，解出三个未知量。而平面汇交力系和平行力系只有两个独立的方程，平面力偶系只有一个独立的方程。

强调每种力系独立平衡方程的数目，对解题是很重要的。当力系中未知量的数目少于或等于独立平衡方程的数目时，全部未知量可由独立平衡方程解出，这类问题称为静定问题。反之，当力系中未知量的数目多于独立平衡方程的数目时，全部未知量不能完全由独立平衡方程解出，这类问题称为静不定问题。

用静力学平衡方程求解构件的平衡问题时，应先判断问题是否静定，这样至少可以避免盲目求解。

1.7.2　物体系统的平衡问题

工程机械和结构都是由若干个构件通过一定约束连接组成的系统，称为物体系统，简称为物系。求解物系的平衡问题时，不仅要考虑系统以外物体对系统的作用力，同时还要分析系统内部各构件之间的作用力。系统外部物体对系统的作用力，称为物系外力；系统内部各构件之间的相互作用力，称为物系内力。物系外力与内力是个相对概念，当研究整个物系平衡时，由于内力总是成对出现、相互抵消的，因此可以不予考虑。当研究系统中某一构件或部分构件的平衡时，系统中其它构件对它们的作用力就成为这一构件或部分构件的外力，必须予以考虑。

若整个物系处于平衡，那么组成物系的各个构件也处于平衡。因此在求解时，既可选整个系统为研究对象，也可选单个构件或部分构件为研究对象。对于所选的每一种研究对象，一般情况下（平面任意力系）可列出三个独立的平衡方程。分别取物系中 n 个构件为研究对象，最多可列 $3n$ 个独立的平衡方程，解出 $3n$ 个未知量。若所取研究对象中有平面汇交力系（或平行力系、力偶系），则独立平衡方程的数目将相应的减少。现举例说明物系平衡问题的解法。

例 1-18　图 1-44(a)所示为三铰拱桥平面力学简图。已知其上作用均布载荷 q，跨长为 $2a$，跨高为 h。试分别求固定铰支座 A、B 的约束反力和 C 铰所受的力。

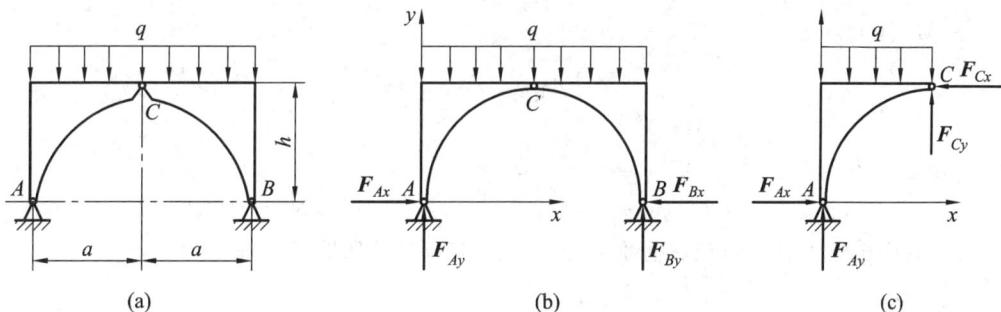

图 1-44　三铰拱桥平面力学简图

解　(1) 取三铰拱整体为研究对象，画受力图（图 1-44(b)）。列平衡方程：

$$\sum M_A(\boldsymbol{F}) = 0 \qquad\qquad F_{By}2a - 2qaa = 0$$
$$F_{By} = qa$$
$$\sum M_B(\boldsymbol{F}) = 0 \qquad\qquad -F_{Ay}2a + 2qaa = 0$$
$$F_{Ay} = qa$$
$$\sum F_x = 0 \qquad\qquad F_{Ax} - F_{Bx} = 0$$
$$F_{Ax} = F_{Bx}$$

（2）取左半拱 AC 为研究对象，画受力图（图 $1-44$(c)），建立坐标系，列平衡方程：

$$\sum M_C(\boldsymbol{F}) = 0 \qquad F_{Ax}h - F_{Ay}a + qa\,\frac{a}{2} = 0$$

$$F_{Ax} = F_{Bx} = \frac{qa^2}{2h}$$

$$\sum F_x = 0 \qquad -F_{Cx} + F_{Ax} = 0$$

$$F_{Cx} = F_{Ax} = \frac{qa^2}{2h}$$

$$\sum F_y = 0 \qquad F_{Cy} + F_{Ay} - qa = 0$$

$$F_{Cy} = -F_{Ay} + qa = 0$$

例 $1-19$　图 $1-45$(a)所示为一静定组合梁的平面力学简图。由杆 AB 和杆 BC 用中间铰 B 联接，A 端为活动铰支座约束，C 端为固定端约束。已知梁上作用均布载荷 $q = 15\ \text{kN/m}$，力偶 $M = 20\ \text{kN} \cdot \text{m}$，求 A、C 端的约束反力和 B 铰所受的力。

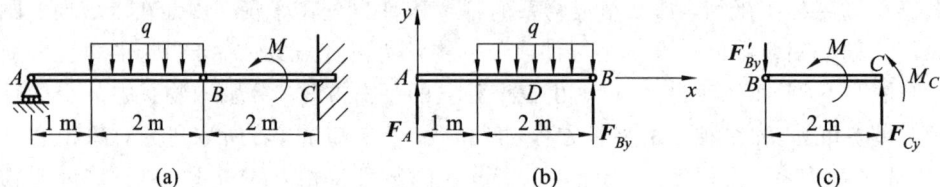

图 $1-45$　静定组合梁的平面力学简图

解　（1）取杆 AB 为研究对象，AB 上作用均布载荷 q，按平行力系画受力图（图 $1-45$(b)），即 B 铰的约束反力确定，与 F_A 和 q 平行。建立坐标系，列平衡方程：

$$\sum M_A(\boldsymbol{F}) = 0 \qquad 3F_{By} - 2q \times 2 = 0$$

$$F_{By} = \frac{4 \times 15}{3}\ \text{kN} = 20\ \text{kN}$$

$$\sum F_y = 0 \qquad F_A + F_{By} - 2q = 0$$

$$F_A = -F_{By} + 2q = (-20 + 30)\ \text{kN} = 10\ \text{kN}$$

（2）取杆 BC 为研究对象，画受力图（图 $1-45$(c)），列平衡方程：

$$\sum F_x = 0 \qquad F_{Cx} = 0$$

$$\sum F_y = 0 \qquad F_{Cy} - F'_{By} = 0$$

$$F_{Cy} = F'_{By} = 20\ \text{kN}$$

$$\sum M_C(\boldsymbol{F}) = 0 \qquad M_C + 2F'_{By} + M = 0$$

$$M_C = -2F'_{By} - M = (-2 \times 20 - 20)\text{kN} \cdot \text{m} = -60\ \text{kN} \cdot \text{m}$$

负号表示 C 端约束力偶矩的实际转向与图相反。

例 $1-20$　图 $1-46$(a)所示为柱塞式水泵的平面力学简图。作用于齿轮 Ⅰ 上的驱动力偶 M_O，通过齿轮 Ⅱ 及连杆 AB 带动柱塞在缸体内作往复运动。已知齿轮的压力角为 α，两齿轮半径分别为 r_1、r_2，曲柄 $O_2A = r_3$，连杆 $AB = 5r_1$，柱塞阻力为 F。不计各构件自重及摩擦，当曲柄 O_2A 处于铅垂位置时，试求作用于齿轮 Ⅰ 上驱动力偶矩 M_O 的值。

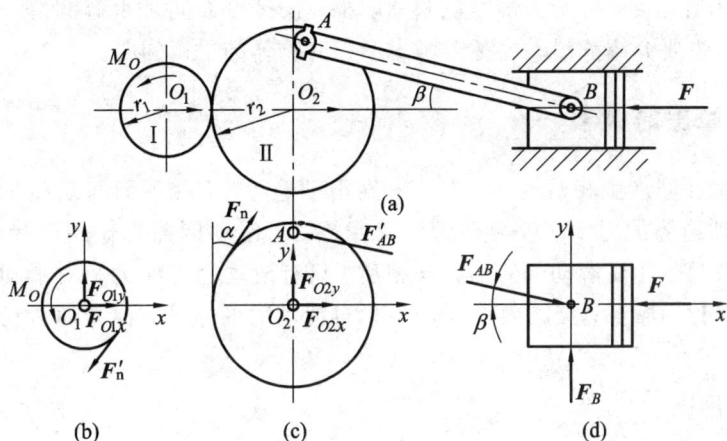

图 1-46 柱塞式水泵的平面力学简图

解 （1）分别取齿轮 1、齿轮 2、柱塞 B 为研究对象，画受力图（图 1-46(b)）、（c)、（d)）。

（2）图 1-46(d) 中，柱塞受平面汇交力系作用，只有两个未知力 F_{AB}、F_B 是可解的。列平衡方程：

$$\sum F_x = 0 \qquad\qquad F_{AB}\cos\beta - F = 0$$

$$F_{AB} = \frac{F}{\cos\beta}$$

（3）由于 F_{AB} 已解出，图 1-46(c) 变为可解，列平衡方程：

$$\sum M_{O2}(\boldsymbol{F}) = 0 \qquad\qquad F_{AB}\cos\beta r_3 - F_n\cos\alpha r_1 = 0$$

$$F_n = \frac{F_{AB}\cos\beta r_3}{r_2\cos\alpha} = \frac{Fr_3}{r_2\cos\alpha}$$

（4）由图 1-46(b) 列平衡方程：

$$\sum M_{O1}(\boldsymbol{F}) = 0 \qquad\qquad M_O - F_n'\cos\alpha r_1 = 0$$

$$M_O = F_n'\cos\alpha r_1 = \frac{Fr_1 r_3}{r_2}$$

1.8 考虑摩擦时构件的平衡问题

在前面研究物体平衡问题时，总是假定物体的接触面是完全光滑的，将摩擦忽略不计。实际上完全光滑的接触面不存在。工程中，一些构件的接触面比较光滑且有良好的润滑条件，摩擦很小而不起主要作用时，为使问题简化可不计摩擦。但在许多工程问题中，摩擦对构件的平衡和运动起着主要作用，因此必须考虑。例如，制动器靠摩擦制动、带轮靠摩擦传递动力、车床卡盘靠摩擦夹固工件等，都是摩擦有用的一面。摩擦也有其有害的一面，它会带来阻力、消耗能量、加剧磨损、缩短机器寿命等。因此，研究摩擦是为了掌握摩擦的一般规律，利用其有用的一面，而限制或消除其有害的一面。

按物体接触面间发生的相对运动形式，摩擦可分为滑动摩擦和滚动摩擦；按两物体接触面是否存在相对运动，可分为静摩擦和动摩擦；按接触面间是否有润滑，可分为干摩擦和湿摩擦。本节主要介绍静滑动摩擦及考虑摩擦时物体的平衡问题。

1.8.1　滑动摩擦的概念

两物体接触面间产生相对滑动或具有相对滑动趋势时，接触面间就存在阻碍物体相对滑动或相对滑动趋势的力，这种力称为滑动摩擦力。滑动摩擦力作用于接触面的公切面上，并与相对滑动或相对滑动趋势的方向相反。只有滑动趋势而无相对滑动的摩擦，称为静滑动摩擦，简称静摩擦；接触面之间产生相对滑动时的摩擦，称为动滑动摩擦，简称动摩擦。

1. 静滑动摩擦

物体接触面间产生滑动摩擦的规律，可通过图 1-47 所示的实验说明。

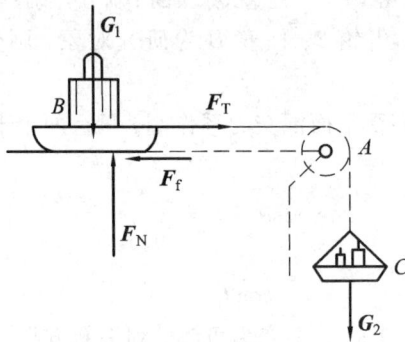

图 1-47　静滑动摩擦实验

当用一个较小的力 F_T 去拉重为 G_1 的物体时，物体将保持平衡。由平衡方程知，接触面间的摩擦力 F_f 与主动力 F_T 大小相等。

当 F_T 逐渐增大时，F_f 也随之增加。此时 F_f 似有约束反力的性质，随主动力的变化而变化。所不同的是，当 F_f 和 F_T 增加到某一临界最大值 $F_{f\,max}$（称为临界摩擦力）时，就不会再增加；若继续增加 F_T，物体将开始滑动。因此，静摩擦力有介于零到临界最大值之间的取值范围，即 $0 < F_f \leqslant F_{f\,max}$。

大量实验表明，临界摩擦力的大小与物体接触面间的正压力成正比，即

$$F_{f\,max} = \mu_s F_N \tag{1-18}$$

式中，F_N 为接触面间的正压力；μ_s 为静滑动摩擦因数，简称静摩擦因数，它的大小与两物体接触面间的材料及表面情况（表面粗糙度、干湿度、温度等）有关，常用材料的静摩擦因数 μ_s 可从一般工程手册中查得。式(1-18)称为库仑定律或静摩擦定律。

摩擦定律给我们指出了利用和减小摩擦的途径，即可从影响摩擦力的摩擦因素与正压力入手。例如，一般车辆以后轮为驱动轮，故设计时应使重心靠近后轮，以增加后轮的正压力。车胎压出的各种纹路，是为了增加摩擦因数，提高车胎和路面的附着能力。如带传动中，用张紧轮或 V 型带增加正压力以增加摩擦力；通过减小接触表面粗糙度、加入润滑剂来减小摩擦因数以减小摩擦力等，都是合理利用静滑动摩擦的工程实例。

由上述可知，静摩擦力也是一种被动且未知的约束反力。其基本性质可用以下三要素表示：

（1）大小：在平衡状态时，$0 < F_f \leqslant F_{f\,max}$，由平衡方程确定，在临界状态下 $F_f = F_{f\,max} = \mu_s F_N$。

（2）方向：始终与相对滑动趋势的方向相反，并沿接触面作用点的切向，不能随意假定。

（3）作用点：在接触面（或接触点）摩擦力的合力作用点上。

2. 动滑动摩擦

继续上述实验，当主动力 F_T 超过 $F_{f\,max}$ 时，物体开始加速滑动，此时物体受到的摩擦阻力已由静摩擦力转化为动摩擦力 F_f'。大量实验表明，动滑动摩擦力 F_f' 的大小与接触面间的正压力 F_N 成正比，即

$$F_f' = \mu F_N \tag{1-19}$$

式中，μ 为动摩擦因数，它是与材料和表面情况有关的常数，一般 μ 值小于 μ_s 的值。

动摩擦力与静摩擦力相比，有两个显著的不同点：

① 动摩擦力一般小于临界静摩擦力，这说明维持一个物体的运动要比使一个物体由静止进入运动要容易些。

② 静摩擦力的大小要由与主动力有关的平衡方程来确定；而动摩擦力的大小则与主动力的大小无关，只要相对运动存在，它就是一个常值。

1.8.2　摩擦角与自锁现象

考虑静摩擦研究物体的平衡时，物体接触面就受到正压力 F_N 和静摩擦力 F_f 的共同反作用。若将此两力合成，其合力 F_R 就代表物体接触面对物体的全部反作用，故 F_R 称为全约束反力，简称为全反力。

全反力 F_R 与接触面法线的夹角为 φ，如图 1-48(a)所示。显然，全反力 F_R 与法线的夹角 φ 随静摩擦力的增加而增大，当静摩擦力达到最大值时，夹角 φ 也达到最大值 φ_m，φ_m 称为摩擦角，如图 1-48(b)所示。由此可知：

$$\tan\varphi_m = \frac{F_{f\,max}}{F_N} = \frac{\mu_s F_N}{F_N} = \mu_s \tag{1-20}$$

式(1-20)表示摩擦角的正切值就等于摩擦因数。摩擦角表示全反力与法线间的最大夹角。若物体与支撑面的静摩擦因数在各个方向都相同，则这个范围在空间就形成一个锥体，称为摩擦锥，如图 1-48(c)所示。若主动力的合力 F_Q 作用在锥体范围内，则约束面必然产生一个与之等值、反向且共线的全反力 F_R 与之平衡。无论怎样增加力 F_Q，物体总能保持平衡。全反力作用线不会超出摩擦锥的这种现象称为自锁。由上述可见，自锁的条件应为

$$\varphi \leqslant \varphi_m \tag{1-21}$$

自锁条件常可用来设计某些结构和夹具，例如，砖块相对于砖夹不相对下滑，脚套钩在电线杆上不自行下滑等，都是自锁现象。而在另外一些情况下，则要设法避免自锁现象的发生，例如，变速器中滑动齿轮的拨动就不允许发生自锁，否则变速器就无法工作。

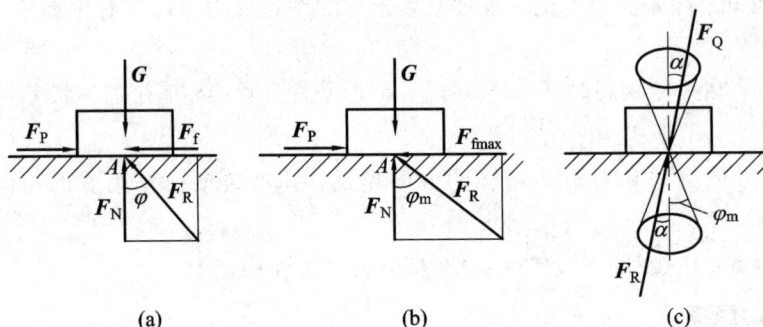

图 1-48　摩擦角与自锁现象

1.8.3　考虑摩擦时构件的平衡问题

求解考虑摩擦时构件的平衡问题，与不考虑摩擦时构件的平衡大体相同。不同的是在画受力图时要画出摩擦力，并要注意摩擦力的方向与滑动趋势的方向相反，不能随意假定摩擦力的方向。

由于摩擦力也是一个未知量，因此在求解时除列出平衡方程外，还需列出补充方程 $F_f \leqslant \mu_s F_N$，所得结果必然是一个范围值。在临界状态下，补充方程 $F_f = F_{f\,max} = \mu_s F_N$，故所得结果也将是平衡范围的极限值。

例 1-21　图 1-49(a)所示为重 G 的物块放在倾角为 α 的斜面上，物块与斜面间的摩擦因数为 μ_s，且 $\tan\alpha > \mu_s$。求维持物块静止时水平推力 F 的大小。

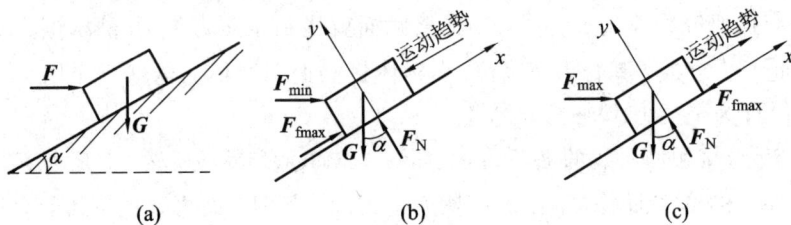

图 1-49　例 1-21 图

解　要使物体维持在斜面上静止，力 F 既不能太大，也不能太小。若力 F 过大，物体将向上滑动；若力 F 过小，则物块向下滑动。因此，F 的数值必须在某一范围内。

(1) 先考虑物块处于下滑趋势的临界状态，即力 F 为最小值 F_{min}，且刚好维持物块不致下滑的临界平衡。画其受力图(图 1-49(b))，沿斜面方向建立坐标系，列平衡方程及补充方程：

$$\sum F_x = 0 \qquad F_{min}\cos\alpha - G\sin\alpha + F_{f\,max} = 0$$

$$\sum F_y = 0 \qquad F_N - F_{min}\sin\alpha - G\cos\alpha = 0$$

$$F_{f\,max} = \mu_s F_N$$

解得

$$F_{min} = \frac{\sin\alpha - \mu_s\cos\alpha}{\cos\alpha + \mu_s\sin\alpha}G$$

然后考虑物块处于上滑趋势的临界状态，即力 $\boldsymbol{F}$ 为最大值 $\boldsymbol{F}_{max}$ 且刚好维持物块不致上滑的临界平衡。画其受力图(图 1-49(c))，列平衡方程及补充方程：

$$\sum F_x = 0 \qquad F_{max}\cos\alpha - G\sin\alpha - F_{f\,max} = 0$$

$$\sum F_y = 0 \qquad F_N - F_{max}\sin\alpha - G\cos\alpha = 0$$

$$F_{f\,max} = \mu_s F_N$$

解得

$$F_{max} = \frac{\sin\alpha + \mu_s\cos\alpha}{\cos\alpha - \mu_s\sin\alpha}G$$

所以，使物体在斜面上处于静止时的水平推力 F 的取值范围为

$$\frac{\sin\alpha - \mu_s\cos\alpha}{\cos\alpha + \mu_s\sin\alpha}G \leqslant F \leqslant \frac{\sin\alpha + \mu_s\cos\alpha}{\cos\alpha - \mu_s\sin\alpha}G$$

例 1-22 图 1-50(a)所示为一制动装置的平面力学简图。已知作用于鼓轮上的转矩为 M，鼓轮与制动片间的静摩擦因数为 μ_s，轮径为 r，制动臂尺寸为 a、b、c。试求维持制动静止所需的最小力 F。

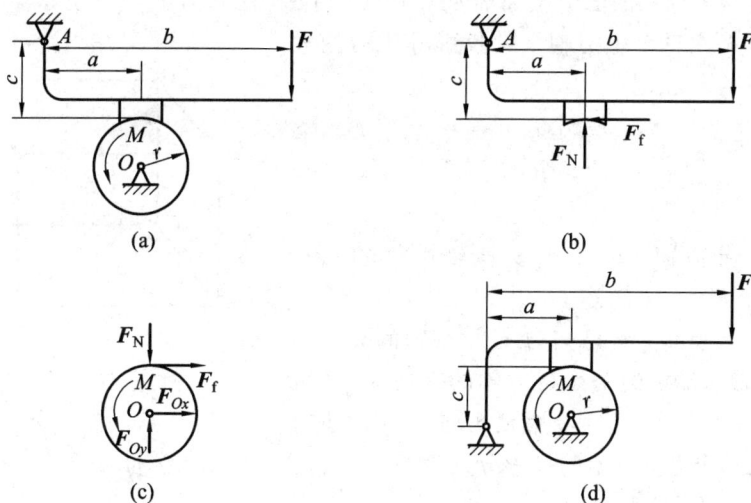

图 1-50 制动装置

解 (1) 分别取制动臂和鼓轮为研究对象，画其受力图(图 1-50(b)、(c))。

(2) 由于所求为力 F 的最小值，故摩擦处于临界状态，对于鼓轮(图 1-50(c))，列平衡方程：

$$\sum M_O(\boldsymbol{F}) = 0 \quad M - F_f r = 0$$

得

$$F_f = \frac{M}{r}$$

列补充方程 $F_f = \mu_s F_N$，所以

$$F_N = \frac{M}{r\mu_s}$$

对于制动臂(图 1-50(b))，列平衡方程：

$$\sum M_A(\boldsymbol{F}) = 0 \qquad -Fb + F_N a - F_f c = 0$$

$$F = \frac{F_N a - F_f c}{b} = \frac{M}{r\mu_s b}(a - \mu_s c)$$

若采用图 1-50(d)所示的制动装置,同理可解得其维持制动静止所需的最小力 F 为

$$F = \frac{F_N a + F_f c}{b} = \frac{M}{r\mu_s b}(a + \mu_s c)$$

由此可见,图 1-50(a)所示的制动装置比图 1-50(d)所示的装置省力,且当 $a \leqslant \mu_s c$ 时,图 1-50(a)的制动装置处于自锁状态。因此,图 1-50(a)所示装置的结构较合理。

1.9 空间力系简介

1.9.1 空间力的投影和力对轴之矩

1. 力在空间直角坐标轴上的投影

1) 一次投影法

设空间直角坐标系的三个坐标轴如图 1-51 所示,已知力 F 与三坐标轴的夹角分别为 α、β、γ,则力 F 在三个坐标轴上的投影等于力的大小乘以该夹角的余弦,即

$$\left.\begin{array}{l} F_x = F\cos\alpha \\ F_y = F\cos\beta \\ F_z = F\cos\gamma \end{array}\right\} \tag{1-22}$$

式中,α、β、γ 分别为力 F 与 x、y、z 轴所夹的锐角。

2) 二次投影法

如图 1-52 所示,若已知力 F 与 z 轴的夹角为 γ,力 F 与 z 轴所确定的平面与 x 轴的夹角为 φ,可先将力 F 在 Oxy 平面上投影,然后再向 x、y 轴进行投影,则力在三个坐标轴上的投影分别为

$$\left.\begin{array}{l} F_x = F\sin\gamma\cos\varphi \\ F_y = F\sin\gamma\sin\varphi \\ F_z = F\cos\gamma \end{array}\right\} \tag{1-23}$$

反过来,若已知力在三个坐标轴上的投影 F_x、F_y、F_z,也可求出力的大小和方向,即

$$\left.\begin{array}{l} F = \sqrt{F_x^2 + F_y^2 + F_z^2} \\ \cos\alpha = \dfrac{F_x}{F}, \cos\beta = \dfrac{F_y}{F}, \cos\gamma = \dfrac{F_z}{F} \end{array}\right\}$$
$$\tag{1-24}$$

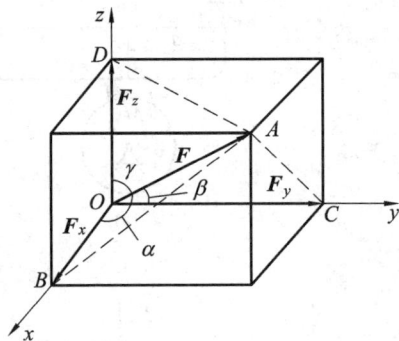

图 1-51 一次投影法

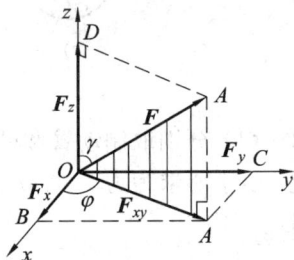

图 1-52 二次投影法

例 1-23 已知斜齿圆柱齿轮上 A 点受到另一齿轮对它作用的啮合力 F_n,F_n 沿齿廓在接触处的公法线作用,且垂直于过 A 点齿面的切面,如图 1-53(a)所示。α 为压力角,β 为斜齿轮的螺旋角。试计算圆周力 F_τ、径向力 F_r、轴向力 F_a 的大小。

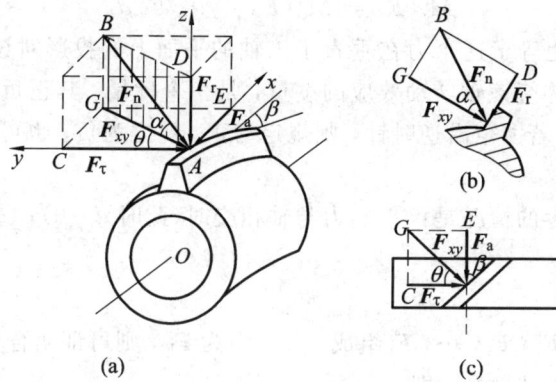

图 1-53　斜齿圆柱齿轮的受力图

解　建立如图 1-53(a)所示的直角坐标系 $Axyz$，先将啮合力 F_n 向平面 Axy 投影得 F_{xy}，其大小为

$$F_{xy} = F_n \cos\alpha$$

向 z 轴投影，得径向力为

$$F_r = F_n \sin\alpha$$

然后将 F_{xy} 向 x、y 轴上投影，如图 1-53(c)所示，因 $\theta=\beta$，得

圆周力　　　　　$F_\tau = F_{xy}\cos\beta = F_n\cos\alpha\cos\beta$

轴向力　　　　　$F_a = F_{xy}\sin\beta = F_n\cos\alpha\sin\beta$

2. 力对轴之矩

在工程实际中，经常遇到构件绕定轴转动的情况，为度量力对绕定轴转动构件的作用效果，引入力对轴之矩的概念。

以推门为例，如图 1-54 所示，门上作用力 F，使其绕固定轴 z 转动。现将力 F 分解为平行于 z 轴的分力 F_z 和垂直于 z 轴的分力 F_{xy}（此分力的大小即为力 F 在垂直于 z 轴的平面 A 上的投影）。由经验可知，分力 F_z 不能使静止的门绕 z 轴转动，所以分力 F_z 对 z 轴之矩为零；只有分力 F_{xy} 才能使静止的门绕 z 轴转动，即 F_{xy} 对 z 轴之矩就是力 F 对 z 轴之矩。现用符号 $M_z(F)$ 表示力 F 对 z 轴之矩，点 O 为平面 A 与 z 轴的交点，d 为点 O 到力 F_{xy} 作用线的距离。因此，力 F 对 z 轴之矩为

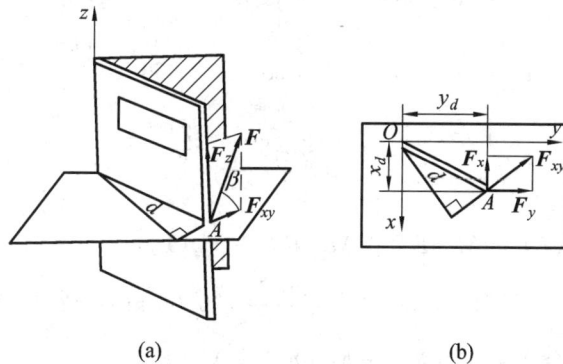

图 1-54　力对轴之矩

$$M_z(\boldsymbol{F}) = M_O(\boldsymbol{F}_{xy}) = \pm F_{xy}d \qquad\qquad (1-25)$$

上式表明，力对轴之矩等于这个力在垂直于该轴的平面上的投影对该轴与平面交点之矩。力对轴之矩是力使物体绕该轴转动效应的度量，是一个标量。其正负号可以按以下方法确定：从 z 轴正端来看，若力矩沿逆时针，则规定为正，反之为负。也可按右手法则来确定其正负号。

力对轴之矩等于零的情况是：① 当力与轴相交时（此时 $d=0$）；② 当力与轴平行时（此时 $|F_{xy}|=0$）。

3. 合力矩定理

如一空间力系由 $\boldsymbol{F}_1,\boldsymbol{F}_2,\cdots,\boldsymbol{F}_n$ 组成，其合力为 $\boldsymbol{F}_R$，则可证明合力 $\boldsymbol{F}_R$ 对某轴之矩等于各分力对同一轴之矩的代数和，即

$$M_z(\boldsymbol{F}_R) = \sum M_z(\boldsymbol{F}) \qquad\qquad (1-26)$$

例 1-24 图 1-55 所示拖架 OC 套在轴 z 上，在 C 点作用一力 $F=1000$ N，图中 C 点在 Oxy 面内。试分别求力 F 对 x、y、z 轴之矩。

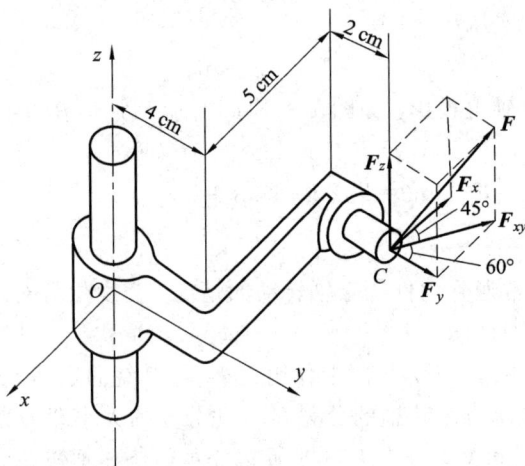

图 1-55　例 1-24 图

解 应用二次投影法，求得各分力的大小为：

$$F_x = F_{xy}\sin60° = F\cos45°\sin60° = \frac{\sqrt{6}F}{4}$$

$$F_y = F_{xy}\cos60° = F\cos45°\cos60° = \frac{\sqrt{2}F}{4}$$

$$F_z = F\sin45° = \frac{\sqrt{2}F}{2}$$

由合力矩定理得：

$$M_x(\boldsymbol{F}) = M_x(\boldsymbol{F}_x) + M_x(\boldsymbol{F}_y) + M_x(\boldsymbol{F}_z)$$

$$= 0 + 0 + \frac{\sqrt{2}\times1000\text{N}}{2}\times0.06\text{ m} = 42.43\text{ N}\cdot\text{m}$$

$$M_y(\boldsymbol{F}) = M_y(\boldsymbol{F}_x) + M_y(\boldsymbol{F}_y) + M_y(\boldsymbol{F}_z)$$

$$= 0 + 0 + \frac{\sqrt{2}\times1000\text{N}}{2}\times0.05\text{ m} = 35.36\text{ N}\cdot\text{m}$$

$$M_z(\mathbf{F}) = M_z(\mathbf{F}_x) + M_z(\mathbf{F}_y) + M_z(\mathbf{F}_z)$$

$$= \left(\frac{\sqrt{6} \times 1000}{4} \times 0.06 - \frac{\sqrt{2} \times 1000}{4} \times 0.05 + 0 \right) \text{N} \cdot \text{m} = 19.07 \text{ N} \cdot \text{m}$$

1.9.2　空间力系的平衡方程

1. 空间力系的简化

设物体作用一空间力系 $\mathbf{F}_1$，$\mathbf{F}_2$，…，$\mathbf{F}_n$，如图 1-56(a)所示。与平面任意力系的简化方法一样，在物体内任取一点 O 作为简化中心，依据力的平移定理，将图中各力移到 O 点，加上相应的附加力偶，就可得到一个作用于简化中心 O 点的空间汇交力系和一个附加的空间力偶系。将作用于简化中心的汇交力系和附加的空间力偶系分别合成，便可得到一个作用于简化中心 O 点的主矢 $\mathbf{F}_R'$ 和一个主矩 M_O。主矢 $\mathbf{F}_R'$ 的大小为

$$F_R' = \sqrt{(\sum F_x)^2 + (\sum F_y)^2 + (\sum F_z)^2}$$

主矩 M_O 的大小为

$$M_O = \sqrt{\left[\sum M_x(F_i)\right]^2 + \left[\sum M_y(F_i)\right]^2 + \left[\sum M_z(F_i)\right]^2}$$

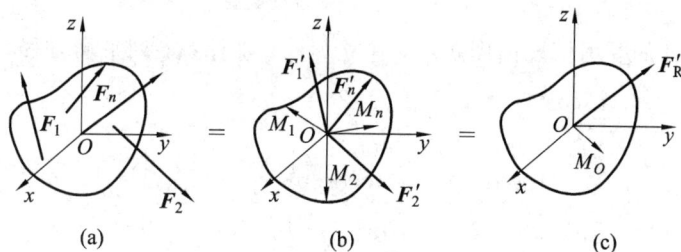

图 1-56　空间力系的简化示意图

2. 空间力系平衡方程及其应用

空间任意力系平衡的充分与必要条件是：该力系的主矢和力系对于任一点的主矩都等于零，即 $F_R' = 0$，$M_O = 0$，亦即

$$\left. \begin{aligned} \sum F_x &= 0 \\ \sum F_y &= 0 \\ \sum F_z &= 0 \\ \sum M_x(\mathbf{F}) &= 0 \\ \sum M_y(\mathbf{F}) &= 0 \\ \sum M_z(\mathbf{F}) &= 0 \end{aligned} \right\} \tag{1-27}$$

于是得到结论，空间任意力系平衡的充分与必要条件是：空间力在坐标轴上的投影的代数和等于零，空间力对坐标轴之矩的代数和等于零。利用这六个平衡方程，可以求解六个未知量。前三个方程称为投影方程式，后三个方程称为力矩方程式。

由上式可推知，空间汇交力系的平衡方程为：各力在三个坐标轴上投影的代数和都等

于零。空间平行力系的平衡方程为：各力在某坐标轴上投影的代数和以及各力对另外二轴之矩的代数和都等于零。

需要指出的是，空间汇交力系、空间平行力系均是空间任意力系的特殊情况。

例 1-25　图 1-57 所示为一脚踏拉杆装置。若已知力 $F_p=500$ N，$AC=CB=CD=20$ cm，$HC=EH=10$ cm，拉杆与水平面成 $30°$ 角，求拉杆的拉力和 A、B 两轴承的约束反力。

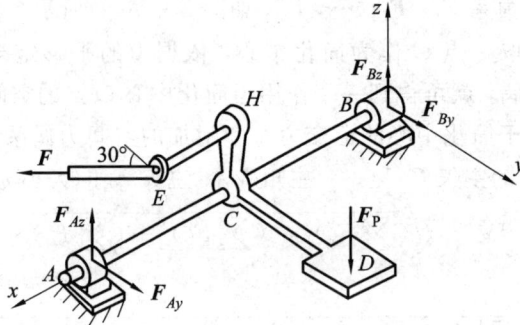

图 1-57　脚踏拉杆装置

解　脚踏拉杆的受力情况由图所示，建立 $Bxyz$ 坐标系，列平衡方程，得

$$\sum M_x(\boldsymbol{F})=0 \quad F\cos30°\times10-F_p\times20=0$$

$$F=\frac{20F_p}{10\cos30°}=\frac{500\times20}{10\cos30°}\ \text{N}=1155\ \text{N}$$

$$\sum M_y(\boldsymbol{F})=0 \quad F_p\times20+30\cdot F\sin30°-F_{Az}\times40=0$$

$$F_{Az}=\frac{20F_p+30F\sin30°}{40}=\frac{20\times500+30\times1155\times\frac{1}{2}}{40}\ \text{N}=683\ \text{N}$$

$$\sum F_z=0 \quad F_{Az}+F_{Bz}-F\sin30°-F_p=0$$

$$F_{Bz}=F\sin30°+F_p-F_{Az}=\left(1155\times\frac{1}{2}+500-683\right)\text{N}=394.5\ \text{N}$$

$$\sum M_z(\boldsymbol{F})=0 \quad F_{Ay}\times40-F\cos\alpha\times30=0$$

$$F_{Ay}=\frac{F\cos\alpha\times30}{40}=\frac{1155\times\left(\frac{\sqrt3}{2}\right)\times30}{40}\ \text{N}=750\ \text{N}$$

$$\sum F_y=0 \quad F_{Ay}+F_{By}-F\cos30°=0$$

$$F_{By}=F\cos30°-F_{Ay}=\left(1155\times\frac{\sqrt3}{2}-750\right)\text{N}=250\ \text{N}$$

1.9.3　轮轴类构件平衡问题的平面解法

当空间任意力系平衡时，它在任意平面上的投影所组成的平面任意力系也是平衡的。因而在机械工程中，常将空间力系投影到三个坐标平面上，画出构件受力图的三视图，分

别列出它们的平衡方程,同样可解出所求的未知量。这种将空间问题简化为三个平面的研究方法,称为空间问题的平面解法。本方法适合于求解轮轴类构件的平衡问题。

例 1-26 某传动轴如图 1-58 所示,已知带紧边拉力 $F_T=5$ kN,松边拉力 $F_t=2$ kN,带轮直径 $D=0.16$ m,齿轮分度圆直径 $d_0=0.10$ m,压力角 $a=20°$。求齿轮圆周力 F_τ,径向力 F_r 和轴承的约束反力。

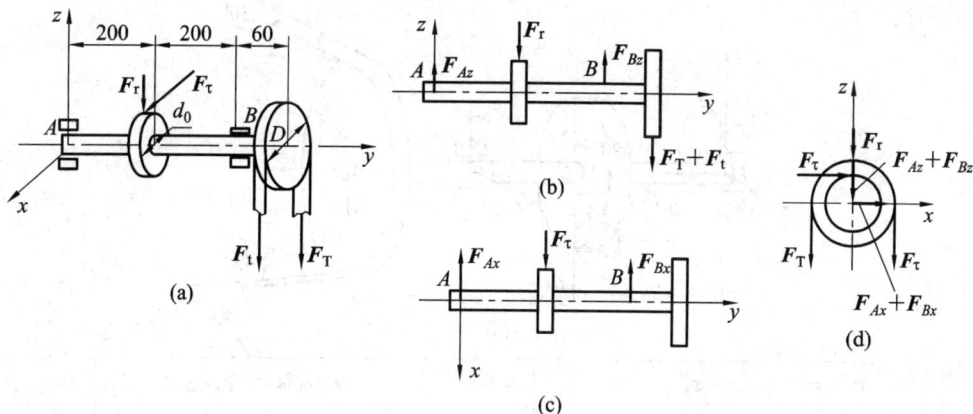

图 1-58 例 1-26 图

解 (1)取传动轴为研究对象,画出它的分离体受力图,并在三个坐标平面进行投影(图 1-58(b)、(c)、(d))。

(2)按平面力系列平衡方程进行计算。

① xz 平面:

$$\sum M_A(\boldsymbol{F})=0 \qquad (F_T-F_t)\frac{D}{2}-F_\tau\frac{d_0}{2}=0$$

$$F_\tau=\frac{(F_T-F_t)\dfrac{D}{2}}{\dfrac{d_0}{2}}=\frac{(5-2)\times\dfrac{0.16}{2}}{\dfrac{0.10}{2}}\ \text{kN}=4.8\ \text{kN}$$

$$F_r=F_\tau\tan\alpha=4.8\ \text{kN}\times\tan20°=1.747\ \text{kN}$$

② yz 平面:

$$\sum M_B(\boldsymbol{F})=0 \qquad -400F_{Az}+200F_r-60(F_T+F_t)=0$$

$$F_{Az}=\frac{60\times(5+2)-200\times1.747}{-400}\ \text{kN}=-0.176\ \text{kN}$$

$$\sum M_A(\boldsymbol{F})=0 \qquad -200F_r+400F_{Bz}-460(F_T+F_t)=0$$

$$F_{Bz}=\frac{200\times1.747+460\times(5+2)}{400}\ \text{kN}=8.92\ \text{kN}$$

③ xy 平面:

由对称性得

$$F_{Ax}=F_{Bx}=\frac{F_\tau}{2}=\frac{4.8\ \text{kN}}{2}=2.4\ \text{kN}$$

例 1-27　一传动轴如图 1-59(a)所示,已知带轮半径 $R=0.6$ m,带轮自重 $G_2=2$ kN;齿轮分度圆半径 $r=0.2$ m,齿轮自重 $G_1=1$ kN,其中 $AC=CB=l=0.4$ m,$BD=l/2$。齿轮啮合点处作用有啮合力 F_n,其三个分量为:圆周力 $F_t=12$ kN,径向力 $F_r=1.5$ kN,轴向力 $F_a=0.5$ kN。带轮有倾角 45°的紧边拉力 F_T,倾角 30°的松边拉力 F_t,$F_T=2F_t$。试求轴承 A、B 两处的约束反力。

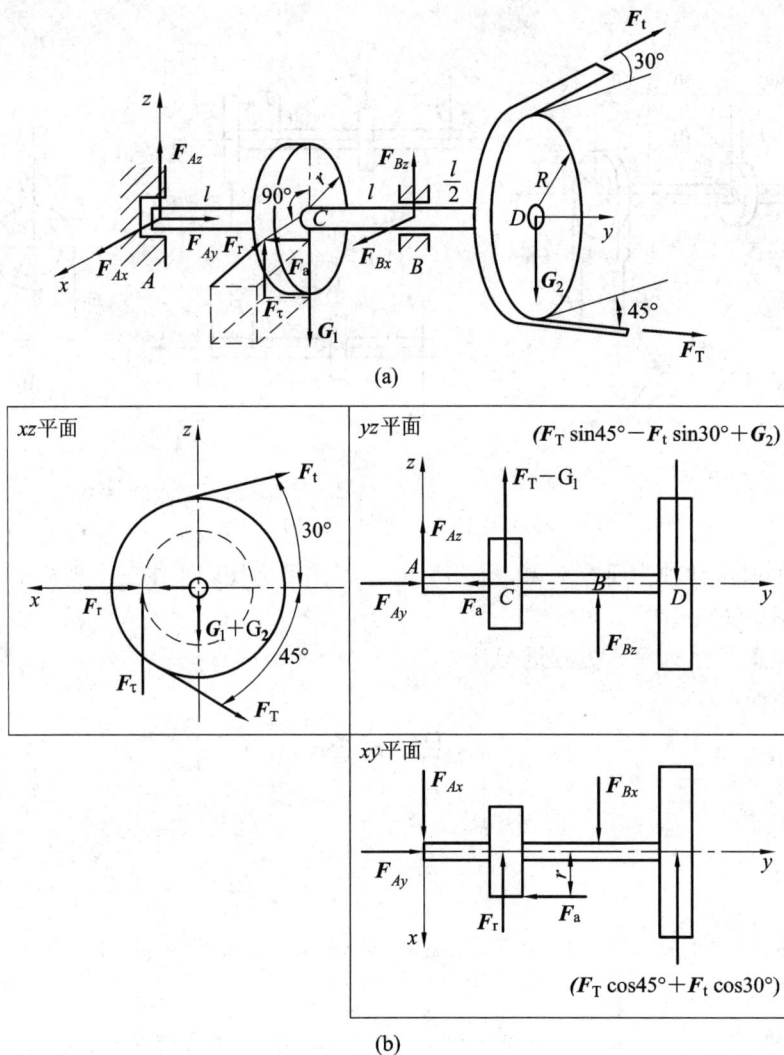

(a)

(b)

图 1-59　例 1-27 图

解　取轮轴为研究对象,画出它的分离体在三个投影面上的受力图,如图 1-59(b)所示。

列平衡方程求解:

① xz 平面:

$$\sum M_A(\boldsymbol{F}) = 0 \qquad -F_\tau r + (F_T - F_t)R = 0$$

$$-12 \times 0.2 + \left(F_T - \frac{F_T}{2}\right) \times 0.6 = 0$$

$$F_T = 8kN, \quad F_t = \frac{F_T}{2} = 4 \text{ kN}$$

② zy 平面：

$\sum M_A(\boldsymbol{F}) = 0$ $F_{Bz} \times 2l + (F_\tau - G_1)l - (F_T \sin45° - F_t \sin30° + G_2) \times 2.5l = 0$

$F_{Bz} \times 0.8 + 11 \times 0.4 - 5.656 \times 1 = 0$

$F_{Bz} = 1.57 \text{ kN}$

$\sum F_z = 0$ $F_{Az} + (F_\tau - G_1) + F_{Bz} - (F_T \sin45° - F_t \sin30° + G_2) = 0$

$F_{Az} = -6.914 \text{ kN}$

③ xy 平面：

$\sum M_A(\boldsymbol{F}) = 0$ $F_r l - F_a r - F_{Bx} \times 2l + (F_T \sin45° + F_t \cos30°) \times 2.5l = 0$

$1.5 \times 0.4 - 0.5 \times 0.2 - F_{Bx} \times 0.8 + 9.12 = 0$

$F_{Bx} = 12.025 \text{ kN}$

$\sum F_x = 0$ $F_{Ax} - F_r + F_{Bx} - (F_T \sin45° + F_t \cos30°) = 0$

$F_{Ax} - 1.5 + 12.025 - 9.12 = 0$

$F_{Ax} = -1.405 \text{ kN}$

$\sum F_y = 0$ $F_{Ay} - F_a = 0$

$F_{Ay} = F_a = 0.5 \text{ kN}$

1.10 物体的重心和平面图形的形心

1.10.1 物体重心的概念

重心在日常生活和工程实际中都有重要意义。首先，重心的位置影响物体的平衡和稳定。例如，飞机在整个飞行过程中，重心应位于确定区域内。为了知道飞机重心的准确位置，从设计、生产到试飞，都要经过多次求测。重心的位置与许多动力学问题有关，例如，转动机械的重心如不在其轴线上，将引起震动，甚至超过材料的许可强度而引起破坏。

地球上物体的重力就是地球对它的吸引力。如将物体分割成许多微小体积，则每个微小体积将受到一个微重力 ΔG_i 作用，其作用点为 (x_i, y_i, z_i)。由于地球远比所研究的物体大，因而可以精确地认为这些微重力构成一个平行力系。这个平行力系的合力即是物体的重力，此平行力系的中心即是物体重心。

1.10.2 重心的坐标公式

如图 1-60 所示，设物体重力作用点的坐标为 $C(x_C, y_C, z_C)$，根据合力矩定理，重力对于 y 轴取矩，有 $G \cdot X_C = \sum (\Delta G_i)x_i$；对于

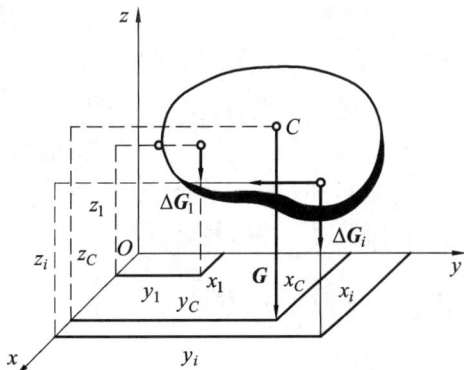

图 1-60 重心的坐标

x 轴取矩，有 $G \cdot Y_C = \sum (\Delta G_i) y_i$。若将物体连同坐标系绕 x 轴逆时针旋转 $90°$，再对 x 轴取矩，则有 $G \cdot Z_C = \sum (\Delta G_i) z_i$。由此可得物体的重心坐标公式为

$$
\left.
\begin{aligned}
x_C &= \frac{\sum \Delta G_i x_i}{\sum \Delta G_i} = \frac{\sum \Delta G_i x_i}{G} \\[2mm]
y_C &= \frac{\sum \Delta G_i y_i}{\sum \Delta G_i} = \frac{\sum \Delta G_i y_i}{G} \\[2mm]
z_C &= \frac{\sum \Delta G_i z_i}{\sum \Delta G_i} = \frac{\sum \Delta G_i z_i}{G}
\end{aligned}
\right\}
\qquad (1-28)
$$

对于均质物体，若用 ρ 表示其密度，ΔV 表示其微体积，则 $\Delta G = \rho \Delta V g$，$G = \rho V g$，代入上式得

$$
\left.
\begin{aligned}
x_C &= \frac{\sum x_i \Delta V_i}{V} = \frac{\int_V x \, \mathrm{d}V}{V} \\[2mm]
y_C &= \frac{\sum y_i \Delta V_i}{V} = \frac{\int_V y \, \mathrm{d}V}{V} \\[2mm]
z_C &= \frac{\sum z_i \Delta V_i}{V} = \frac{\int_V z \, \mathrm{d}V}{V}
\end{aligned}
\right\}
\qquad (1-29)
$$

由上式可见，均质物体的重心与其重量无关，只取决于物体的几何形状。所以，均质物体的重心就是其几何中心，也称为形心。对于均质薄平板，若 δ 表示其厚度，ΔA 表示微体面积，厚度取在 z 轴方向，将 $\Delta V = \Delta A \delta$ 代入式 $(1-29)$，可得其形心的坐标公式为

$$
\left.
\begin{aligned}
x_C &= \frac{\sum x_i \Delta A_i}{A} = \frac{\int_A x \, \mathrm{d}A}{A} \\[2mm]
y_C &= \frac{\sum y_i \Delta A_i}{A} = \frac{\int_A y \, \mathrm{d}A}{A}
\end{aligned}
\right\}
\qquad (1-30)
$$

记 $S_y = \sum x_i \Delta A_i = x_C A$，$S_y$ 称为图形对 y 轴的静矩；$S_x = \sum y_i \Delta A_i = y_C A$，$S_x$ 称为图形对 x 轴的静矩。此即表明，平面图形对某坐标轴的静矩等于该图形各微面积对于同一轴静矩的代数和。上式也称为平面图形的形心坐标公式。

从上式可知，若 x 轴通过图形的形心，则 $y_C = 0$。由此可得出结论：若某轴通过图形的形心，则图形对该轴的静矩为零；若图形对该轴的静矩为零，则该轴必通过图形的形心。

1.10.3　求重心的方法

1. 对称法

对于均质物体，若在几何体上具有对称面、对称轴或对称点，则物体的重心或形心也

必在此对称面、对称轴或对称点上。

　　若物体具有两个对称截面，则重心在两个对称面的交线上；若物体有两根对称轴，则重心在两根对称轴的交点上。例如，球心是圆球的对称点，同时也是它的重心和形心；矩形的形心就在两个对称轴的交点上。

2. 实验法

　　在工程实际中常会遇到外形复杂的物体，应用上述方法计算重心位置很困难，有时只能作近似计算，待产品制成后，再用实验测定进行校核，最终确定其重心位置。常用的实验法有悬挂法和称重法两种。

　　(1) 悬挂法。如果需求薄板或具有对称面的薄零件的重心，可先将薄板用细绳悬挂于任一点 A，如图 1-61(a)所示，过悬挂点 A 在板上画一铅垂线 AA'，由二力平衡原理可知，物体重心必在 AA' 线上；然后再将板悬挂于另一点 B，同样可画出另一直线 BB'，则重心也必在 BB' 上。AA' 与 BB' 的交点 C 就是物体的重心(图 1-61(b))。

　　(2) 称重法。对某些形状复杂或体积较大的物体常用称重法确定其重心位置。如图 1-62 所示，连杆具有两个相互垂直的纵向对称面，其重心必在这两个对称面的交线上，即在连杆的中心线 AB 上。在 AB 线上的准确位置，可用下面方法予以确定：首先称出连杆的重量 G；然后将连杆的一端 B 放在秤上，另一端 A 搁在水平面或刃口上，使其中心线 AB 处于水平位置，读出秤上读数 G_1，并量出 AB 间的距离，由力矩平衡方程 $G_1 l - G x_C = 0$，得

$$x_C = \frac{G_1}{G} l$$

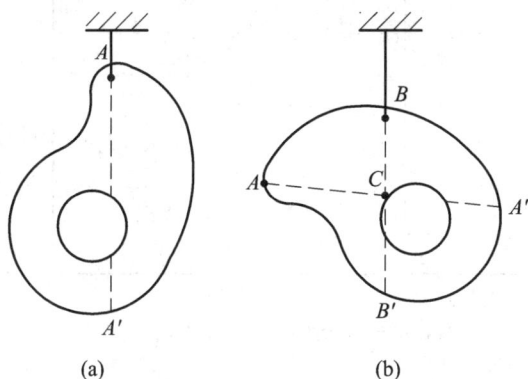

图 1-61　悬挂法

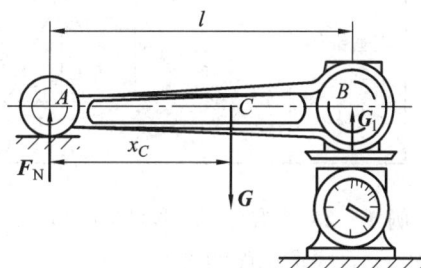

图 1-62　称重法

3. 组合法

　　对于由简单形体构成的组合体，可将其分割成若干个简单形状的物体，当各简单形体重心位置已知时，可利用式(1-28)求出物体的重心位置。这种方法称为组合法或分割法。一般简单形体的重心坐标可在工程手册中查阅。

　　表 1-1 是几种简单的重心坐标公式。

表 1－1　简单形体重心(形心)表

图　　形	重 心 位 置
三角形	$y_C = \dfrac{1}{3}h$
梯形	$y_C = \dfrac{A(a+2b)}{3(a+b)}$
扇形	$x_C = \dfrac{2}{3}\dfrac{r\sin a}{a}$ 对半圆，$a = \dfrac{\pi}{2}$，则 $x_C = \dfrac{4r}{3\pi}$
半圆球体	$z_C = \dfrac{3}{8}r$
正圆锥体	$z_C = \dfrac{1}{4}h$

例 1－28　有一 T 形截面，如图 1－63 所示，$a = 2$ cm，$b = 10$ cm，试求截面的形心坐标。

解　将 T 形截面分割成 Ⅰ、Ⅱ 两块矩形，并建立如图 1－63 所示坐标系，由形心坐标公式得

$$x_C = \frac{A_I \times 0 + A_{II} \times 0}{A_I + A_{II}} = 0$$

$$y_C = \frac{A_I \times y_1 + A_{II} \times y_2}{A_I + A_{II}} = \frac{20 \times 11 + 20 \times 5}{20 + 20}\ \text{cm} = 8\ \text{cm}$$

关于 $x_C = 0$，从图形的对称性也可以直接看得出来。因为 y 轴为对称轴，T 形截面的形心必在 y 轴上，故 $x_C = 0$。

若有一形体从其基本形体中挖去一部分，可把被挖去部分的

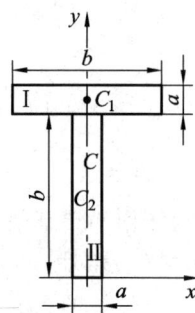

图 1－63　T 形截面

面积看做负值，仍可用相同办法求出形心位置。

思 考 题

1-1 何谓平衡力系、等效力系？何谓力系的合成、力的分解？

1-2 "合力一定比分力大"这种说法对否？为什么？

1-3 试说明下列等式的意义和区别：

(a) $F_1 = F_2$ (b) $F_1 = -F_2$ (c) $\boldsymbol{F}_1 = \boldsymbol{F}_2$ (d) $\boldsymbol{F}_1 = -\boldsymbol{F}_2$

(e) $\boldsymbol{F}_R = \boldsymbol{F}_1 + \boldsymbol{F}_2$ (f) $F_R = F_1 + F_2$

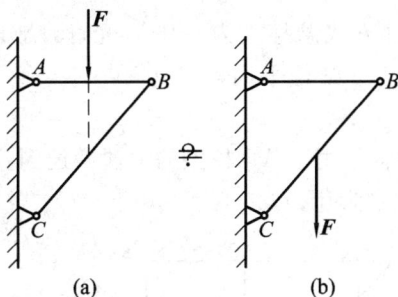

题 1-4 图

1-4 如图所示支架，能否将作用于支架 AB 杆上的力 F，沿其作用线移到 BC 杆（要求 A、C 处支座约束反力的大小及方向保持不变），为什么？

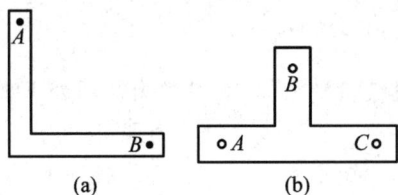

题 1-5 图

1-5 图(a)所示的曲杆，能否在其上 A、B 两点作用力使曲杆处于平衡？图(b)所示构件能否在其上 A、B、C 三点作用力使构件处于平衡？

1-6 指出题 1-6 图所示的结构哪些构件是二力构件？哪些是三力构件？其约束反力的方向能否确定？

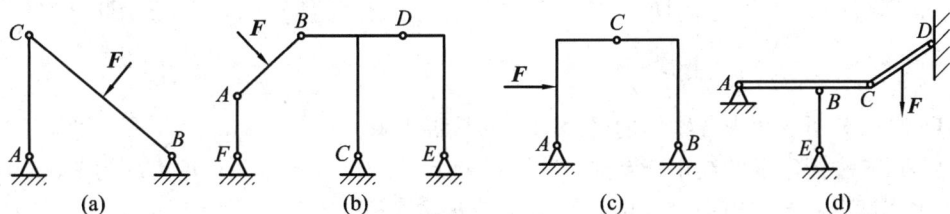

题 1-6 图

1-7 如图所示，力 F 相对于两个不同的坐标系，试分析力 F 在此两个坐标系中的投影有什么不同？分力有什么不同？

1-8　如图所示两刚体平面分别作用一汇交力系，且各力都不等于零。图（a）中的 F_1 与 F_2 共线。试判断两个力系能否平衡？

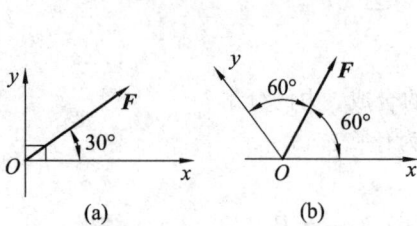

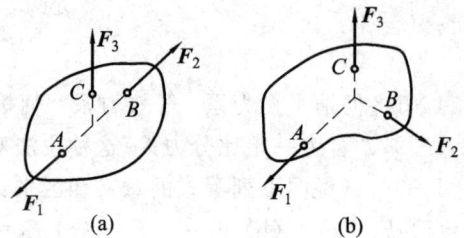

题 1-7 图

题 1-8 图

1-9　如图所示，用三种方式悬挂重为 G 的日光灯，悬挂点 A、B 与重心左右对称，若吊灯绳不计自重，问：_____ 图是平面汇交力系；_____ 图的吊绳受到的拉力最大；_____ 图受到的拉力最小。

1-10　如图所示，能否将作用于 AB 杆上的力偶搬迁到 BC 杆上（要求 A、C 处支座约束反力大小及方向保持不变），为什么？

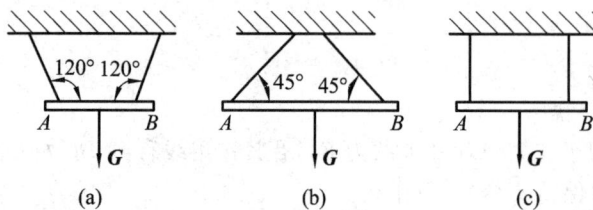

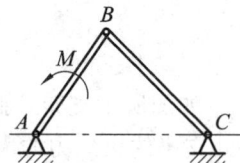

题 1-9 图

题 1-10 图

1-11　如图所示起吊机鼓轮受力偶 M 和 F 力作用处于平衡，轮的状态表明_____。

A. 力偶只能用力偶来平衡　　　　　　B. 力偶可以用一个力平衡

C. 力偶可用力对某点的力矩平衡　　　D. 一定条件下，力偶可用一个力平衡

1-12　图为圆轮受力的两种情况，试分析对圆轮的作用效果是否相同？为什么？

题 1-11 图

题 1-12 图

1-13　分析题图中各物体的受力图画的是否正确。

1-14　题图所示的绞车臂互成 $120°$，三臂上 A、B、C 三点各作用力均为 F，且 $OA=OB=OC$。试分析此三力向绞盘中心 O 点的简化结果。

1-15　如图所示，物体平面 A、B、C 三点各作用力 F，三点构成一等边三角形。试分析物体是否处于平衡状态？

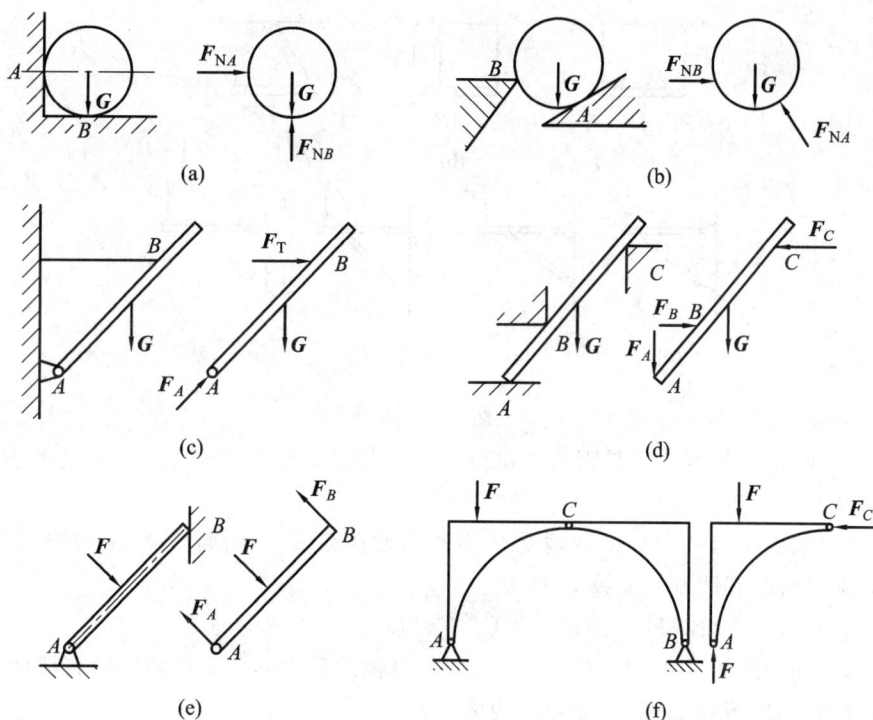

题 1-13 图

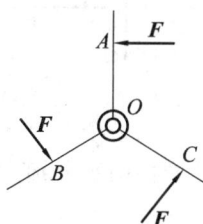

题 1-14 图

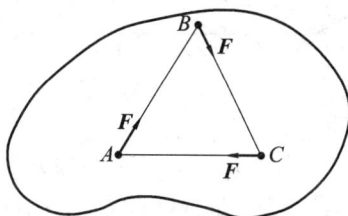

题 1-15 图

1-16 取分离体画受力图时，_____力的指向可以假定，_____力的指向不能假定。

A. 光滑面约束反力　　 B. 柔体约束反力　　 C. 铰链约束反力

D. 活动铰支座反力　　 E. 固定端约束反力　　 F. 固定端约束力偶矩

G. 正压力　　　　　　 H. 摩擦力

1-17 列平衡方程求解平面任意力系时，坐标轴选在_____的方向上，可使投影方程简便；矩心应选在_____点上，可使力矩方程简便。

A. 与已知力垂直　　 B. 与未知力垂直　　 C. 与未知力平行　　 D. 任意

E. 已知力作用点　　 F. 未知力作用点　　 G. 两未知力作用点　　 H. 任意点

1-18 试解释应用二矩式方程时，为什么要附加两矩心 A、B 连线不能与投影轴垂直？应用三矩式方程时，为什么要附加三矩心 A、B、C 三点不能在一条直线上？

1-19 试判断图示结构中哪些是静定问题？哪些是静不定问题？

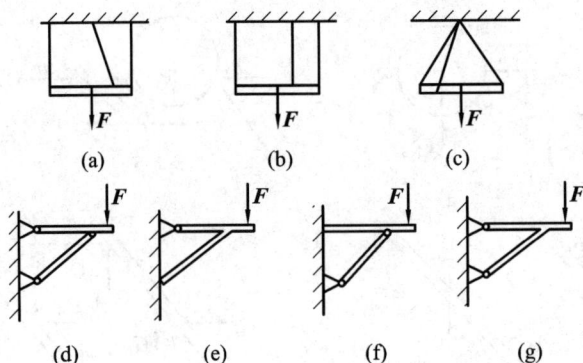

题 1-19 图

1-20　摩擦力是否一定是阻力？试分析图示的坦克行驶时地面对履带的摩擦力方向。当坦克制动时，摩擦力的方向是否改变？

1-21　如图所示重为 G 的物块受 F 力作用靠在墙壁上平衡，若物块与墙间的摩擦因数为 μ_s，则物块受到墙壁的摩擦力 F_f 为 _____。

A.　$F_f = \mu_s F$　　　　B.　$F_f = \mu_s G$　　　　C.　$F_f = G$

1-22　如图所示物块重为 G，与地面间的摩擦因数为 μ_s。欲使物块向右滑动，图中哪种施力方法省力？若要最省力，α 角应为多大？

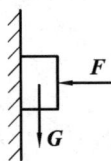

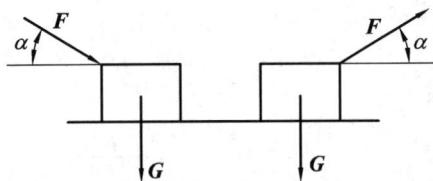

题 1-20 图　　　　　　　题 1-21 图　　　　　　　　题 1-22 图

1-23　如图所示人字架结构放在地面上，A、C 两处的摩擦因数分别为 μ_{s1}、μ_{s2}，设结构处于临界平衡，是否存在 $F_{fA} = \mu_{s1} G$，$F_{fC} = \mu_{s2} G$。

1-24　如图所示平带和 V 形带，两传动带的张紧力 F 相同、摩擦因数 μ_s 相同，试分析两传动带中最大摩擦力的比值与 α 角的关系。

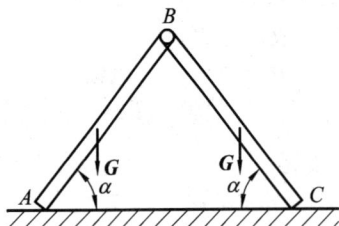

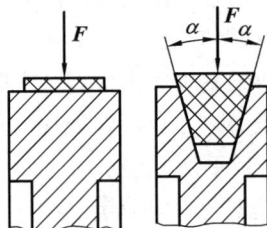

题 1-23 图　　　　　　　　　　题 1-24 图

1-25　空间任意力系向三个互相垂直的坐标平面投影，可得到三个平面力系，每个平面力系可列出三个平衡方程，故共列出九个平衡方程。这样是否可以求解出九个未知量？试说明理由。

1-26 将物体沿过重心的平面切开，两边是否一样重？

1-27 物体的重心是否一定在物体内部？

1-28 物体位置变动时，其重心位置是否变化？如果物体发生了形变，重心位置变不变？

习 题

1-1 分别画出图中标有字母 A、AB 或 ABC 的物体的受力图。

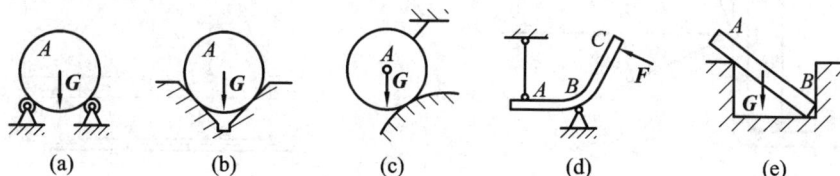

题 1-1 图

1-2 画出图中所示各结构中 AB 杆的受力图。

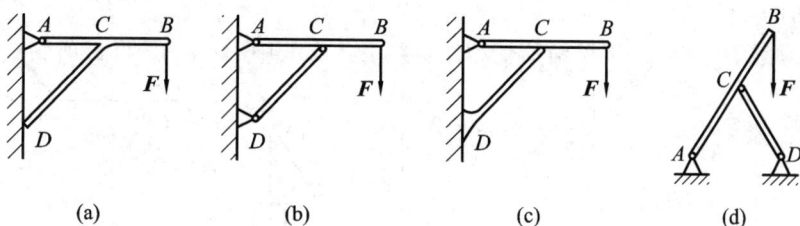

题 1-2 图

1-3 分别画出图(a)中 A 轮和 B 轮、图(b)中 C 球和 AB 杆、图(c)中棘轮 O、图(d)中压板 COB、图(e)中钢管 O 和 AC 杆、图(f)中 AB 杆和 AC 杆的受力图。

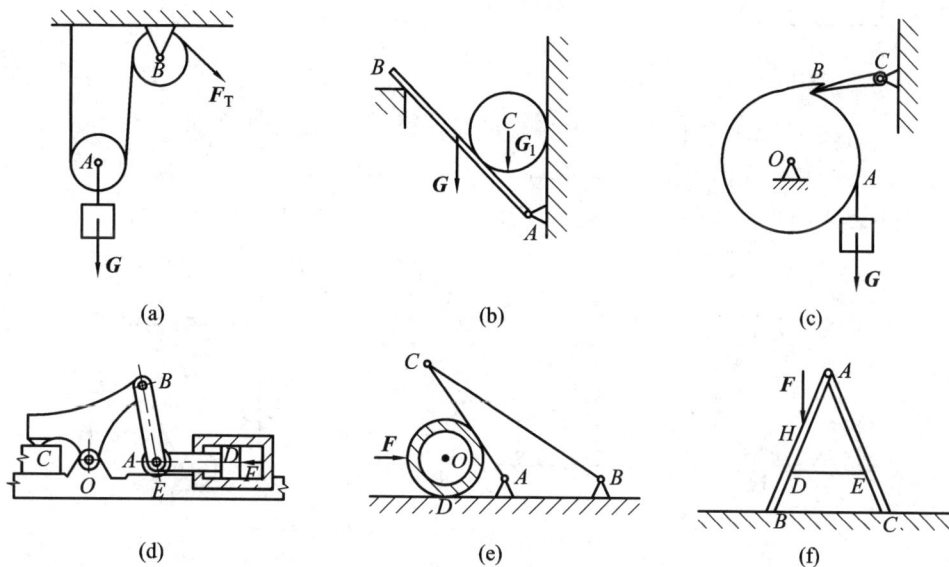

题 1-3 图

1-4 图示三力共拉一碾子，已知 $F_1=1$ kN，$F_2=1$ kN，$F_3=1.73$ kN，试求此力系合力的大小和方向。

1-5 图示铆接薄钢板在孔 A、B、C 三点受力作用，已知 $F_1=200$ N，$F_2=100$ N，$F_3=100$ N。试求此汇交力系的合力。

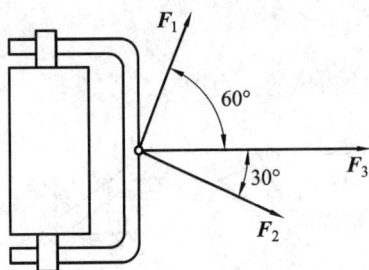

题 1-4 图

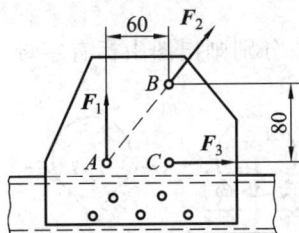

题 1-5 图

1-6 图示圆柱形工件放在 V 形槽内，已知压板的夹紧力 $F=400$ N，试求圆柱形工件对 V 形槽的压力。

1-7 画图示各支架中 A 销的受力图，并求各支架中 AB、AC 杆件所受的力。

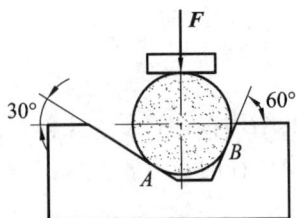

题 1-6 图

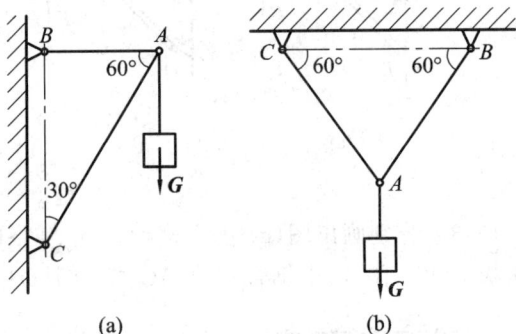

(a)   (b)

题 1-7 图

1-8 图(a)所示为起重机吊起重为 G 的减速箱盖，试画钢绳交点 A 的受力图；图(b)所示为拔桩机的平面简图，试画钢绳交点 B、D 的受力图；图(c)所示为简易起重装置平面简图，定滑轮 A 的半径较小，可忽略不计其尺寸，试画结构中 A 铰的受力图。

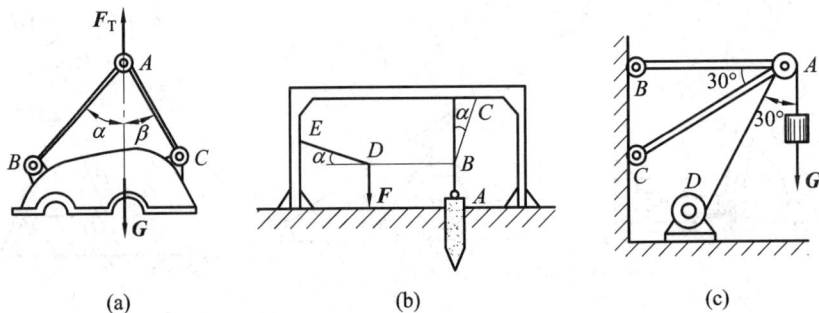

(a)   (b)   (c)

题 1-8 图

1-9　指出如图所示各构件中的二力构件，并分别画图(a)夹具装置中 A 滑块、B 滑块，图(b)连杆机构中 B 铰链、C 铰链，图(c)夹具机构中 C 铰链、B 轮的受力图。

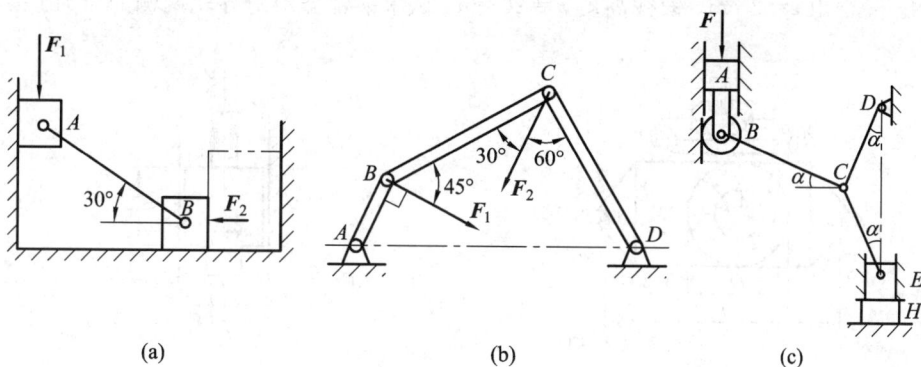

题 1-9 图

1-10　求图所示各杆件的作用力对杆端 O 点的力矩。

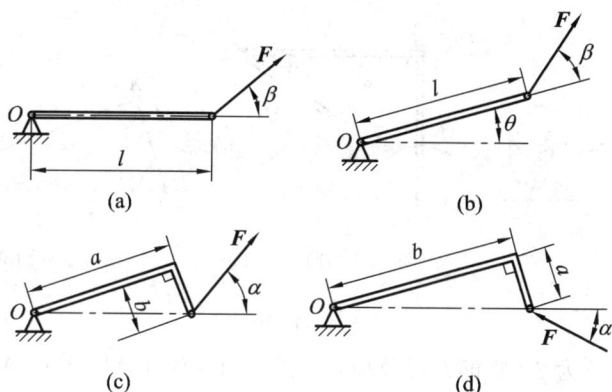

题 1-10 图

1-11　如图所示，已知 r、a、b、α、β，试分别计算带拉力 F_1、F_2 对 A 铰的力矩。

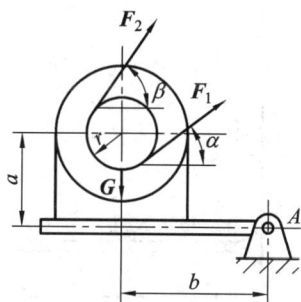

题 1-11 图

1-12　如图所示，用铣床铣一底盘平面，设铣刀端面有八个刀刃，每个刀刃的切削力 $F=400$ N，且作用于刀刃的中点，刀盘外径 $D=160$ mm，内径 $d=80$ mm，底盘用两螺栓 A、B 卡在工作台上，$AB=L=560$ mm。试求 A、B 两螺栓所受的力。

1-13　由于锻锤受到工件的反作用力有偏心，如图所示，因而会使锻锤发生偏斜。这将在导轨上产生很大的压力，从而加速导轨的磨损并影响锻件的精度。已知锻打力 $F=100\ kN$，偏心距 $e=2\ cm$，锻锤高度 $h=20\ cm$，试求锻锤偏斜对导轨两侧的压力。

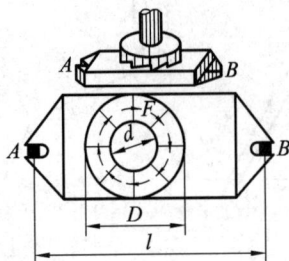　　　　　　　　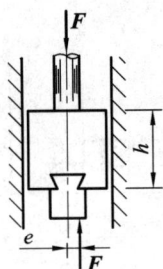

题 1-12 图　　　　　　　　　题 1-13 图

1-14　指出图示各构件中的二力杆，并分别画图(a)中 AB 杆，图(b)中 OA 杆、O_1B 杆，图(c)中 B 滑块、曲柄 OA 的受力图。

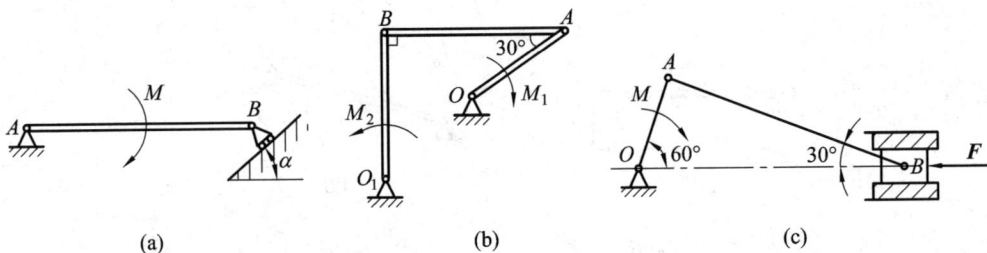

(a)　　　　　　　　(b)　　　　　　　　(c)

题 1-14 图

1-15　图示边长为 $2a$ 的正方形薄板，在板平面内作用 $M=Fa$，A、B、C 三点分别作用力 F_1、F_2、F_3，且 $F_1=F_2=F$，$F_3=\sqrt{2}F$，试求该力系的合力。

1-16　已知图示支架受载荷 G 和 $M=Ga$ 作用，杆件自重不计，试分别求两支架 A 端所受的力。

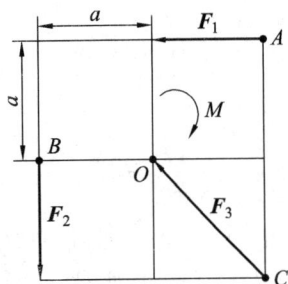　　　　　　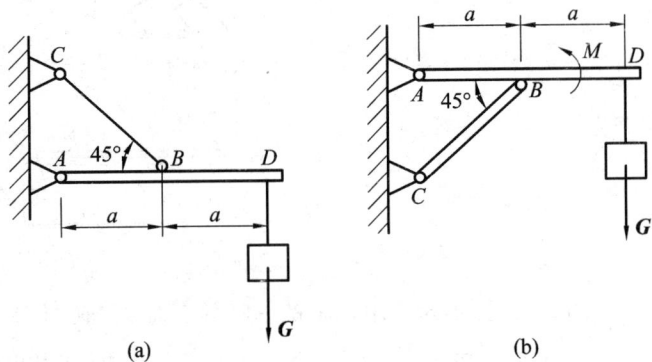

题 1-15 图　　　　　　　　　　　题 1-16 图

1-17 如图所示，已知 F、a，且 $M=Fa$，试求各梁的支座反力。

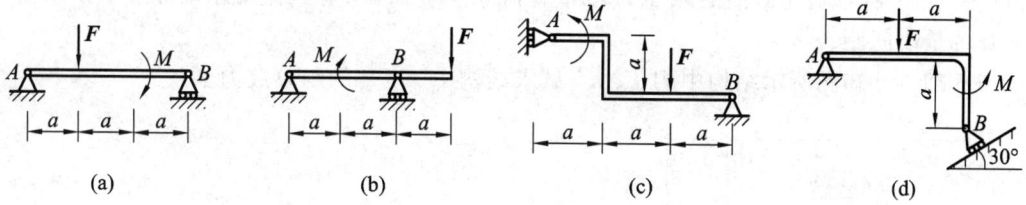

(a)   (b)   (c)   (d)

题 1-17 图

1-18 如图所示，已知 q、a，且 $F=qa$，$M=qa^2$，试求各梁的支座反力。

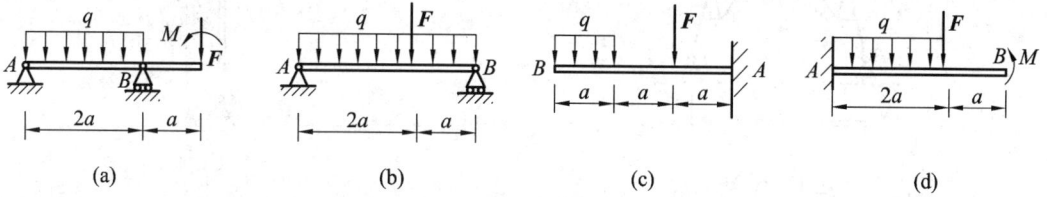

(a)   (b)   (c)   (d)

题 1-18 图

1-19 图示为制动系统的踏板装置。若 $F_N=1700$ N，$a=380$ mm，$b=50$ mm，$\alpha=60°$。求驾驶员作用于踏板的制动力 F。

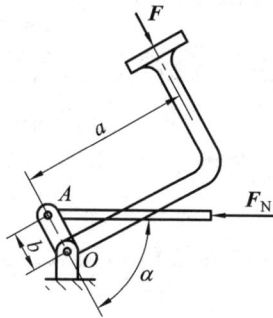

题 1-19 图

1-20 图示为汽车起重机平面简图，已知车重 $G_Q=26$ kN，臂重 $G=4.5$ kN，起重机旋转及固定部分的重量 $G_W=31$ kN。试求图示位置汽车不致翻倒的最大起重量 G_P。

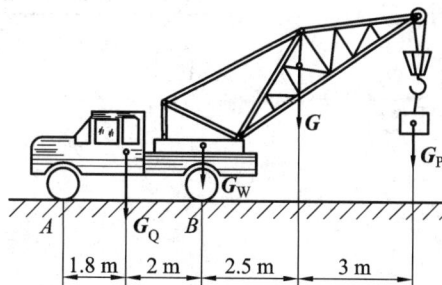

题 1-20 图

1-21　如图所示，自重 $G=160$ kN 的水塔固定在钢架上，A 为固定铰链支座，B 为活动铰链支座。若水塔左侧面受风压为均布载荷 $q=16$ kN/m，为保证水塔平衡，试求钢架 A、B 的最小间距。

1-22　已知图所示结构中的 F、a，试求结构中 A、B 的约束反力。

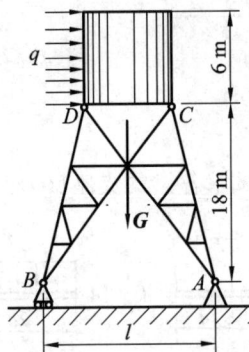

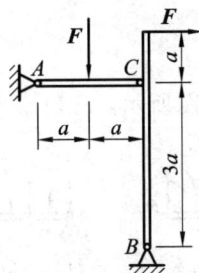

题 1-21 图　　　　　　　　　　　题 1-22 图

1-23　图示各组合梁，已知 q、a，且 $F=qa$，$M=qa^2$。试求各梁 A、B、C、D 处的约束反力。

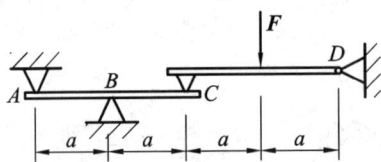

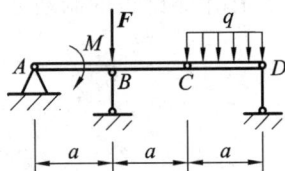

(a)　　　　　　　　　　　　　(b)

题 1-23 图

1-24　曲柄连杆机构在图示位置时，$F=400$ N，试求曲柄 OA 上应加多大的力偶矩 M 才能使机构平衡？

1-25　如图所示汽车地秤，已知砝码重 G_1，$OA=l$，$OB=a$，O、B、C、D 均为光滑铰链，CD 为二力杆，各部分自重不计。试求汽车的称重 G_2。

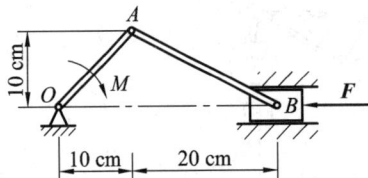

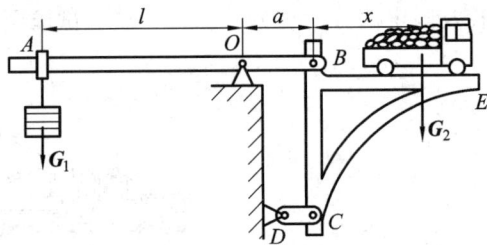

题 1-24 图　　　　　　　　　　题 1-25 图

1-26　图示各结构，画图(a)中整体、AB、BC 的受力图；画图(b)中整体、球体、AB 杆的受力图；画图(c)中整体(B、C 两处不计摩擦)、AB、AC 的受力图；画图(d)中横杆

DEF、竖杆 *ADB*、斜杆 *AEC* 的受力图。

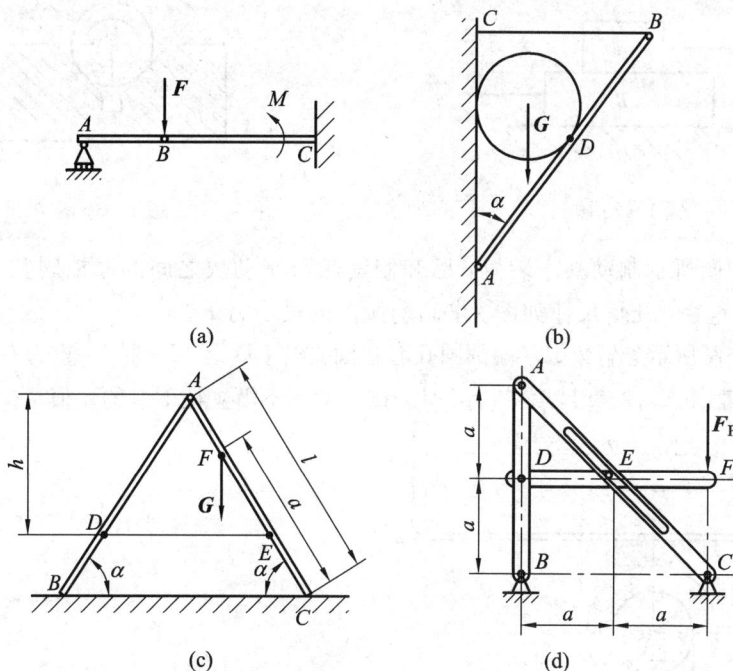

题 1 - 26 图

1 - 27 如图所示，物块重 $G=100$ N，斜面倾角 $\alpha=30°$，物块与斜面间的摩擦因数 $\mu_s=0.38$。求图(a)中物块处于静止还是下滑？若要使物块上滑，求图(b)所示作用于物块的 F 力至少应为多大？

1 - 28 如图所示，重 G 的梯子 *AB* 一端靠在铅垂的墙壁上，另一端放在水平面上，*A* 端摩擦不计，*B* 端摩擦因数为 μ_s。试求维持梯子不致滑倒的最小 a_{min} 角。

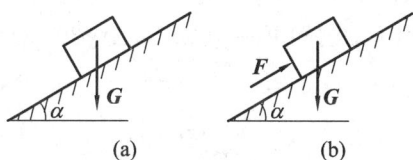

题 1 - 27 图

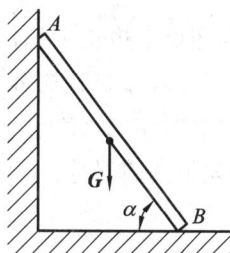

题 1 - 28 图

1 - 29 图示两物块 *A*、*B* 叠放在一起，*A* 由绳子系住。已知 *A* 物重 $G_A=500$ N，*B* 物重 $G_B=1000$ N，*AB* 间的摩擦因数 $\mu_1=0.25$，*B* 与地面间的摩擦因数 $\mu_2=0.2$。试求抽动 *B* 物块所需的最小力 F_{min}。

1 - 30 如图所示，重 $G=400$ N 的棒料，直径 $D=250$ mm，放置在 V 形槽中，作用一力偶矩 $M=1500$ N·m 的力偶才能转动棒料。试求棒料与 V 形槽间的摩擦因数 μ_s。

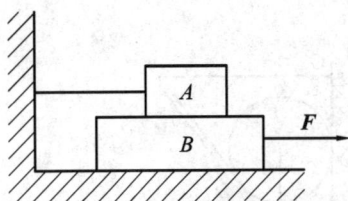

题 1 - 29 图

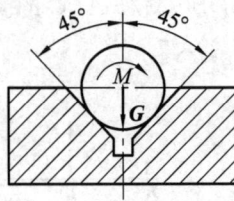

题 1 - 30 图

1 - 31　如图所示制动刹车装置,已知制动轮与制动块之间的摩擦因数 μ_s,鼓轮上悬挂一重为 G 的重物,几何尺寸如图。求制动所需的最小力 F。

1 - 32　如图所示悬臂梁 AB 端部圆孔套在圆立柱 CD 上,B 端挂一重为 G 的重物,梁孔与立柱间的摩擦因数 $\mu_s=0.1$,梁自重不计。试求梁孔不沿立柱下滑的 a 值至少应为多大?

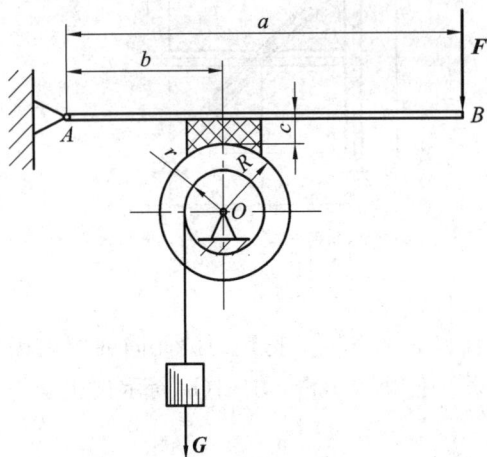

题 1 - 31 图

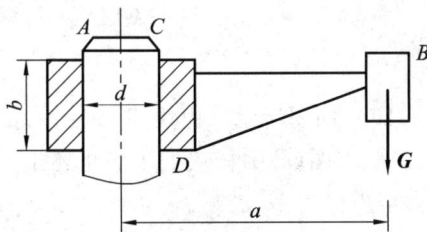

题 1 - 32 图

1 - 33　如图所示边长 $a=12$ cm、$b=16$ cm、$c=10$ cm 的六面体上,作用力 $F_1=2$ kN、$F_2=2$ kN、$F_3=4$ kN,试计算各力在坐标轴上的投影。

1 - 34　斜齿圆柱齿轮传动时,齿轮受力如图所示,已知 $F_n=1000$ N,$\alpha=20°$,$\beta=15°$。试求作用于齿轮上的圆周力、径向力和轴向力。

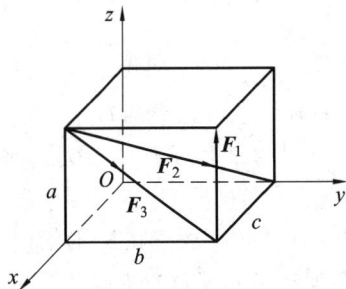

题 1 - 33 图

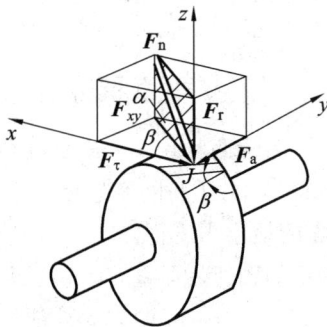

题 1 - 34 图

1-35　如图所示，$F=1000$ N，求 F 对 z 轴的力矩 M_z。

1-36　绞车如图所示，$G=500$ N，求 G 在坐标轴上的投影和对三坐标轴的力矩。

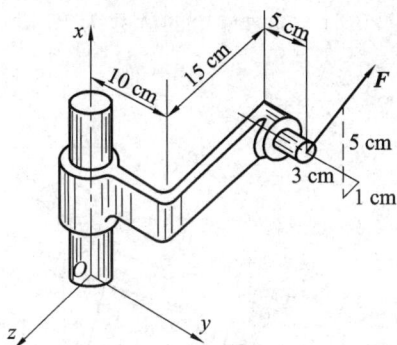

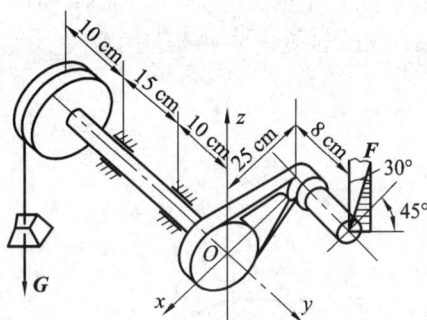

题 1-35 图　　　　　　　　　　题 1-36 图

1-37　图示某传动轴由 A、B 二轴承支承，直齿圆柱齿轮节圆直径 $d=17.3$ cm，压力角 $\alpha=20°$，在法兰盘上作用一力偶矩 $M=1030$ N·m 的力偶。若轮轴上的自重及摩擦不计，求传动轴匀速转动时 A、B 两轴承的约束反力。

1-38　图示传动轴上装有两个带轮，F_{T1} 和 F_{t1} 铅垂向下，F_{T2} 和 F_{t2} 平行并与水平面的夹角 $\beta=30°$，已知 $F_{T1}=2F_{t1}=5000$ N，$F_{T2}=2F_{t2}$，$r_1=200$ mm，$r_2=300$ mm，试求平衡时带拉力 F_{T2} 和 F_{t2} 的大小及两轴承的约束反力。

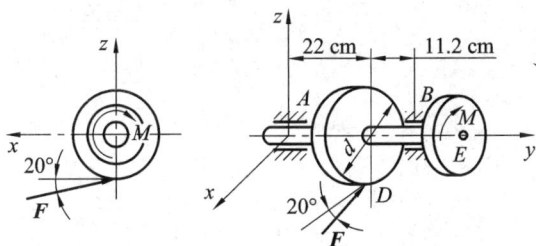

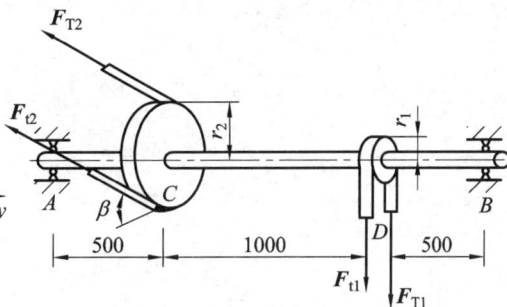

题 1-37 图　　　　　　　　　　题 1-38 图

1-39　求图示平面图形的形心。

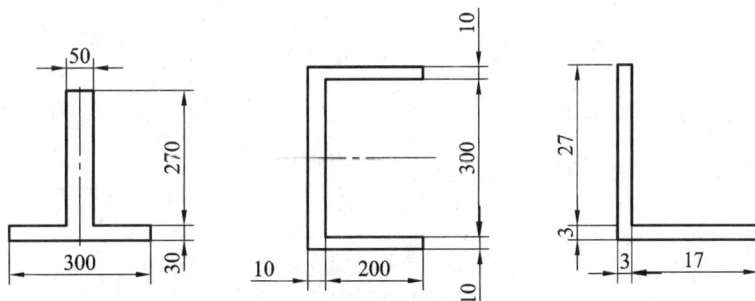

(a)　　　　　　　(b)　　　　　　　(c)

题 1-39 图

1-40　求图示图形阴影部分的形心坐标。

1-41　图示机床总重量为 25 kN,用称重法测量其重心位置。机床的床身水平放置时 $\theta=0°$,拉力计上的读数为 17.5 kN;使床身倾斜 $\theta=20°$时,拉力计上的读数为 15 kN,机身长为 2.4 m。试确定床身重心的位置。

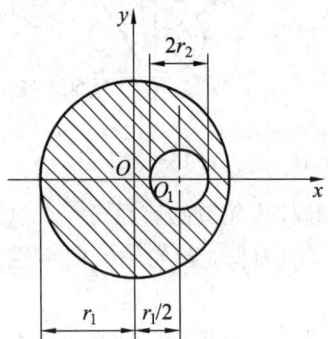

题 1-40 图

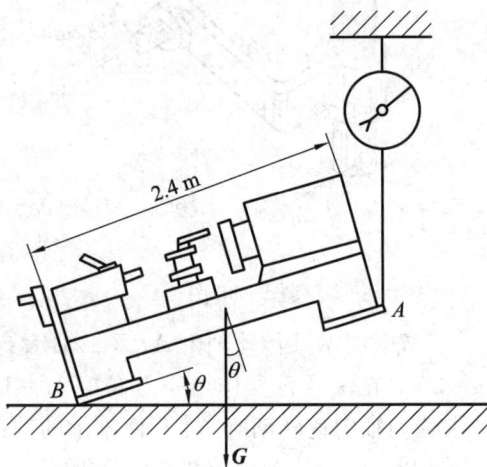

题 1-41 图

项目二　机械设计材料力学知识准备

学习导航

本项目主要学习构件因载荷而发生变形的情况下，如何保证构件仍然能够正常工作。具体内容包括基本概念、四种基本变形、组合变形以及压杆稳定，主要通过对构件变形情况的讲解来使学生明确保证构件正常工作所需的性能。

2.1　材料力学的基本概念

2.1.1　变形固体的基本假设

各种机器设备和工程结构，都是由若干个构件组成的。在生产实践中，必须使组成机器或结构的构件能够安全可靠地工作，才能保证机器或结构的安全可靠性。构件的安全可靠性通常是用构件承受载荷的能力(简称承载能力)来衡量的。把研究构件承载能力的科学也称为材料力学。

构件的承载能力包括以下三方面的要求：

(1) 强度。构件在载荷作用下会产生变形，构件产生显著的塑性变形或断裂将导致构件失效。例如，联接用的螺栓，产生显著的塑性变形后，就丧失了正常的联接功能。所以，把构件抵抗破坏的能力称为构件的强度。

(2) 刚度。构件在正常工作时也不能产生过大的变形。产生了过大变形，就会影响构件的正常工作。例如，传动轴发生较大变形时，轴承、齿轮会加剧磨损，降低寿命，影响齿轮的啮合，使机器不能正常运转。所以，把构件抵抗变形的能力称为构件的刚度。

(3) 稳定性。对于受压的细长杆件，当压力超过某一数值时，压杆原有的直线平衡状态就不能维持。因此，把压杆能够维持原有直线平衡状态的能力称为压杆的稳定性。

要保证构件在载荷作用下安全可靠地工作，就必须使构件具有足够的承载能力。满足承载能力可通过多用材料或选用优质材料来实现。但是，多用材料或选用优质材料会造成浪费或增加生产成本，不符合经济和节约的原则。显然，构件的安全可靠性与经济性是一对主要矛盾。

研究构件承载能力的目的：就是在保证构件既安全又经济的前提下，为构件选择合适的材料、确定合理的截面形状和尺寸，提供必要的理论基础和实用的计算方法。

在静力学分析中，我们忽略了载荷作用下物体形状尺寸的改变，将物体抽象为刚体。在工程实际中，这种不变形的构件(刚体)是不存在的，任何构件在载荷作用下，其形状和尺寸都会发生改变，称为变形。研究构件的承载能力时，构件所发生的变形不能忽略，即使构件产生的变形很微小，也不能忽略。因此可把构件抽象为变形体，也称为变形固体。

在工程实际中，各种构件所用材料的物质结构及性能是非常复杂的。为了便于理论分析，常常略去次要性质，保留其主要属性，对变形固体作以下的基本假设。

（1）均匀连续性假设：假定变形体内部毫无空隙地充满物质，且各点处的力学性能都是相同的。

固体材料都是由微观粒子组成的，材料内部存在着不同程度的孔隙，而且各粒子的性能也不尽相同；同时材料内部不可避免的存在缺陷（杂质和气孔）。但由于我们是从宏观的角度研究构件的强度等问题，材料内部的孔隙与构件的尺寸相比极其微小，且所有粒子的排列又是错综复杂的。所以，整个变形体的力学性能从宏观上看是这些粒子性能的统计平均值，呈均匀性。

（2）各向同性假设：假定变形体材料内部各个方向的力学性能是相同的。

工程中使用的大部分材料，具有各向同性的性能，如多数金属材料。但木材等一些纤维性材料各个方向上的性能显示了各向异性，在此假设上得出的结论只能近似地应用在这类各向异性的材料上。

（3）弹性小变形。在载荷作用下，构件会产生变形。当载荷不超过某一限度时，卸载后变形就完全恢复。这种卸载后能够恢复的变形称为弹性变形。载荷超过某一限度时，卸载后仅能恢复部分变形，另一部分不能恢复的变形称为塑性变形。以后几个项目我们将主要研究微小的弹性变形问题，称为弹性小变形。由于这种弹性小变形与构件的原始尺寸相比较是微不足道的，因此，在确定构件内力和计算变形时均略去不计，而按构件的原始尺寸进行分析计算。

2.1.2　内力、截面法和应力

1. 内力的概念

材料力学的研究对象是构件。因此，对于所研究的对象来说，其他构件和物体作用于其上的力均为外力，包括载荷与约束力。构件在受到外力的作用下，会发生变形，其内部相连各部分的相对位置会发生变化，从而其内部会产生"附加内力"。构件由于外力的作用发生宏观变形而在其内部相连各部分之间产生的"附加内力"称为内力。构件的强度、刚度及稳定性，与内力的大小及其在构件内的分布情况密切相关。

2. 截面法

为了分析构件在某个截面上的内力，将构件假想地沿该截面截开以显示其内力，并由平衡条件建立内力与外力之间的平衡关系以确定内力大小的方法，称为截面法。它是分析内力的基本方法。其步骤为：① 假想沿着某一截面将构件切开分成两部分，任取其中的一部分作为研究对象；② 用作用于该截面上的内力代替另一部分对被研究部分的作用；③ 对所研究的部分建立静力平衡方程，从而确定截面上内力的大小和方向。

3. 应力

如上所述，利用截面法可以求得杆件截面上分布内力的合力（或主矢与主矩）。把内力在截面上的分布密集度称为应力，即单位面积上的内力，应力的方向由内力的方向决定。为了分析问题的方便，通常将应力沿截面的法向与切向分解为两个分量。沿截面法向的应力分量称为正应力，用 σ 表示；沿截面切向的应力分量称为切应力，用 τ 表示。

在国际单位制中，力与面积的基本单位分别用 N 与 m^2 表示时，应力的单位为 Pa（帕），

$1\ Pa=1\ N/m^2$。应力的常用单位为 kPa、MPa、GPa，其关系为

$$1\ kPa=10^3\ Pa \quad 1\ MPa=10^6\ Pa=1\ N/mm^2 \quad 1\ GPa=10^9\ Pa$$

2.1.3　杆件变形的基本形式

工程实际中的构件种类繁多，根据其几何形状，可以简化分类为杆、板、壳、块等。杆件的几何特征是：其纵向(长度方向)尺寸远大于横向(垂直于长度方向)尺寸。垂直于杆长的截面称为横截面，各横截面形心的连线称为轴线。轴线是直线的杆为直杆；各截面大小、形状相同的杆为等截面杆。我们将主要研究是等截面直杆(简称等直杆)的变形及承载能力。

等直杆在载荷作用下，其基本变形的形式有图 2-1(a)所示的轴向拉伸和压缩变形；图(b)所示的剪切变形；图(c)所示的扭转变形；图(d)所示的弯曲变形。

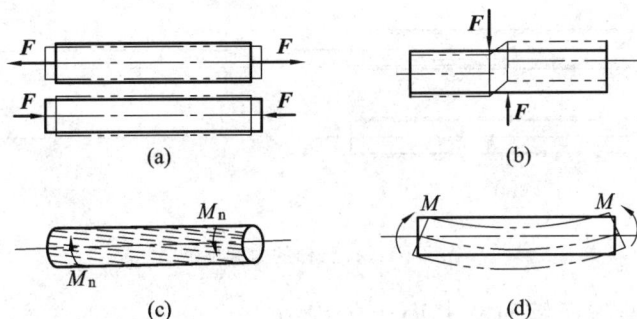

图 2-1　构件基本变形形式

除以上基本变形外，工程中还有一些复杂的变形形式，每一种复杂变形都是由两种或两种以上的基本变形组合而成的，称为组合变形。我们将分章对杆件的基本变形和组合变形进行分析研究。

2.2　轴向拉伸与压缩

2.2.1　轴向拉伸与压缩的概念

1. 工程实例

轴向拉伸与压缩变形是杆件基本变形中最简单常见的一种变形。例如图 2-2(a)所示的支架中，杆 AB、杆 BC 铰接于 B 点，在 B 铰处悬吊重 G 的物体。由静力分析可知：杆 AB 是二力杆件，受到拉伸；杆 BC 也是二力杆件，受到压缩。

2. 力学模型

若将实际拉伸与压缩的杆件 AB、BC 简化，用杆的轮廓线代替实际的杆件，杆件两端的外力(集中力或合外力)沿杆件轴线作用，就得到图 2-3(a)所示的力学模型；或者用杆件的轴线代替杆件，杆件两端的外力沿杆件轴线作用，就得到图 2-3(b)所示的力学模型。

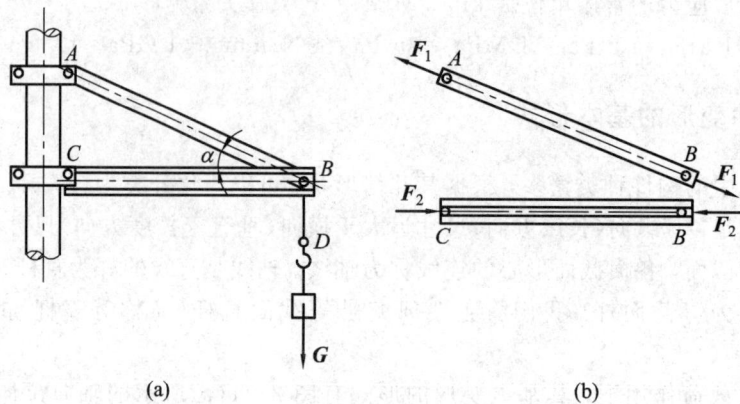

图 2-2　拉压杆的工程实例

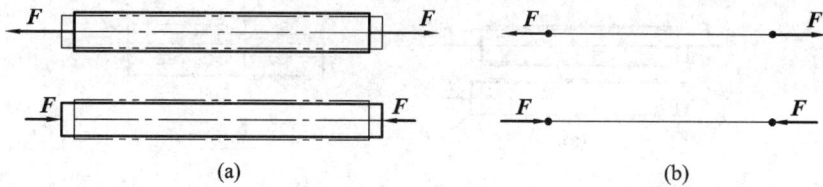

图 2-3　拉压杆的力学模型

2.2.2　轴向拉伸与压缩时横截面上的内力

1. 内力的概念

杆件以外物体对杆件的作用力称为杆件的外力。拉(压)杆在外力(主动力和约束反力)的作用下将产生变形,内部材料微粒之间的相对位置发生了改变,其相互作用力也发生了改变。这种由外力引起杆件内部的相互作用力,简称为内力。

杆件横截面内力随外力的增加而增大,但内力增大是有限度的,若超过某一限度,杆件就会被破坏。所以,内力的大小和分布形式与杆件的承载能力密切相关。为了保证杆件在外力作用下安全可靠地工作,必须弄清楚杆件的内力,因而对各种基本变形的研究都是从内力分析开始的。

2. 拉(压)杆的内力——轴力

图 2-4(a)所示为一受拉杆件的力学模型。为了确定其横截面 m—m 的内力,可以假想地用截面 m—m 把杆件截开,分为左、右二段,取其中任意一段作为研究对象。杆件在外力作用下处于平衡,则左、右两段也必然处于平衡。左段上有力 F 和截面内力作用(图2-4(b)所示),

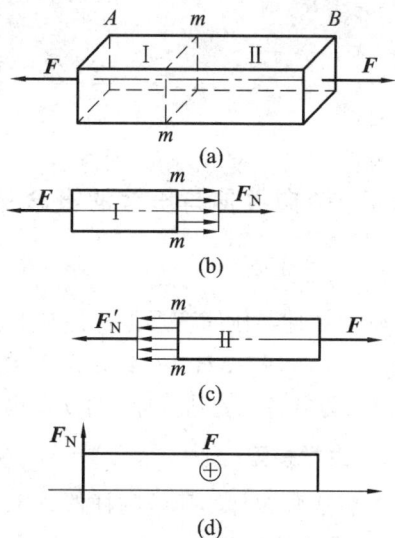

图 2-4　截面法求轴力

由二力平衡条件,该内力必与外力 F 共线,且沿杆件的轴线方向,用符号 F_N 表示,称为轴力。由平衡方程可求出轴力的大小:

$$\sum F_x = 0$$
$$F_N - F = 0$$
$$F_N = F$$

同理,右段上也有外力 F 和左段对应截面的作用力 F_N'(如图 2-4(c)所示),满足平衡方程。因 F_N' 与 F_N 是一对作用与反作用力,必等值、反向和共线。因此无论研究截面左段求出的轴力 F_N,还是研究截面右段求出的内力 F_N',都表示 $m-m$ 截面的内力。拉杆的轴力 F_N 的方向离开截面(指向截面的外法线),规定为正;压杆的轴力指向截面,规定为负。

以上求内力的方法称为截面法,其步骤概括如下:

(1)截——沿欲求内力的截面,假想地用一个截面把杆件分为两段;

(2)取——取出任一段(左段或右段)为研究对象;

(3)代——将另一段对该段截面的作用力用内力代替;

(4)平——列平衡方程式求出该截面内力的大小。

截面法是求内力最基本的方法。值得注意的是,应用截面法求内力时,截面不能选在外力作用点处的截面上。为什么？留给读者思考。

从截面法求轴力可以得出:两外力作用点之间各个截面的轴力都相等。

3. 轴力图

为了能够形象直观地表示出各横截面轴力的大小,我们用平行于杆轴线的 x 坐标表示横截面位置,称为截面坐标 x,用垂直于 x 轴的坐标 F_N 表示横截面轴力的大小,按选定的比例,把轴力表示在 $x-F_N$ 坐标系中,描出的轴力随截面坐标 x 的变化曲线称为轴力图(图 2-4(d)所示)。

例 2-1 图 2-5(a)所示等截面直杆,受轴向作用力 $F_1 = 15$ kN,$F_2 = 10$ kN。试画出杆的轴力图。

解 (1)外力分析。先解除约束,画杆件的受力图(图 2-5(b))。A 端的约束反力 F_R 由平衡方程

$$\sum F_x = 0 \qquad F_R - F_1 + F_2 = 0$$

得

$$F_R = F_1 - F_2 = (15 - 10) \text{ kN} = 5 \text{ kN}$$

(2)内力分析。外力 F_R、F_1、F_2 将杆件分为 AB 段和 BC 段。在 AB 段,用 1—1 截面将杆件截分为两段,取左段为研究对象,右段对截面的作用力用 F_{N1} 来代替。假定该轴力 F_{N1} 为正,由平衡方程

$$\sum F_x = 0 \qquad F_{N1} + F_R = 0$$

得

$$F_{N1} = -F_R$$

AB 段截面的轴力都等于 F_{N1},求出了 1—1 截面的轴力,也就求出了 AB 段之间各个截面的轴力;同理,BC 段之间各个截面的轴力都等于 F_{N2}。画出轴力图如图 2-5(e)所示。

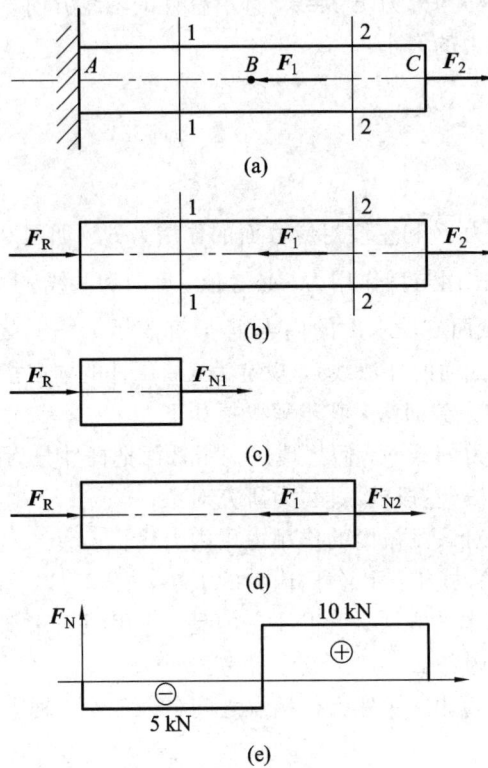

图 2-5 例 2-1 图

由上例可以总结出求截面轴力的简便方法：杆件任意截面的轴力 $F_N(x)$，等于截面一侧左段（或右段）杆件上轴向外力的代数和。左段向左（或右段向右）的外力产生正值轴力，反之产生负值轴力。

例 2-2 已知杆件作用轴向力如图 2-6 所示，$F_1 = 8$ kN，$F_2 = 20$ kN，$F_3 = 8$ kN，$F_4 = 4$ kN，用简便方法求轴力，并画轴力图。

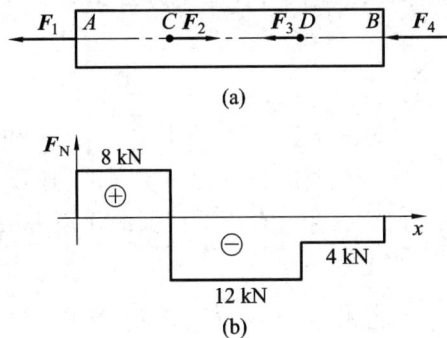

图 2-6 例 2-2 图

解 （1）AC 段内各个截面轴力相同，任一横截面轴力 F_{N1} 等于截面左段杆长上外力的代数和，即

$$F_{N1} = F_1 = 8 \text{ kN}$$

（2）同理，CD、DB 段内横截面的轴力分别为：

$$F_{N2} = F_1 - F_2 = (8 - 20)\ \text{kN} = -12\ \text{kN}$$

$$F_{N3} = F_1 - F_2 + F_3 = (8 - 20 + 8)\ \text{kN} = -4\ \text{kN}$$

（3）建立 $x-F_N$ 坐标，画出轴力图如图 2-6(b)所示。

2.2.3　轴向拉伸与压缩时横截面上的应力

1. 应力的概念

用外力拉伸一根变截面杆件，内力随外力的增加而增大，为什么杆件最终总是从较细的一段被拉断？这是因为，较细一段横截面单位面积上的内力分布较粗一段的内力分布的密度大。因此，判断杆件是否破坏的依据不是内力的大小，而是内力在截面上分布的密集程度。所以把内力在截面上的集度称为应力，其中垂直于截面的应力称为正应力，平行于截面的应力称为切应力。

应力的单位是帕斯卡，简称帕，记做 Pa，即 1 平方米的面积上作用 1 牛顿的力为 1 帕，$1\ \text{N/m}^2 = 1\ \text{Pa}$。

由于应力帕的单位比较小，工程实际中常用千帕(kPa)、兆帕(MPa)、吉帕(GPa)为单位。其中 $1\ \text{kPa} = 10^3\ \text{Pa}$，$1\ \text{MPa} = 10^6\ \text{Pa}$，$1\ \text{GPa} = 10^9\ \text{Pa}$。为运算简便，可采用 N、mm、MPa 的工程单位换算，则 $1\ \text{MPa} = 10^6\ \text{N/m}^2 = 1\ \text{N/mm}^2$。

2. 拉(压)杆横截面上的应力

如图 2-7 所示，在一等截面直杆的表面上，刻划出横向线 ab、cd。作用外力 F 使杆件拉伸，观察 ab、cd 线的变化，ab、cd 线平行向外移动并与轴线保持垂直。由于杆件内部材料的变化无法观察，假设在变形的过程中，横截面始终保持为平面，此即为平面假设。在平面假设的基础上，设想夹在 ab、cd 截面之间无数条纵向纤维随 ab、cd 截面平行地向外移动，产生了相同的伸长量。根据材料的均匀连续性假设可推知，横截面上各点处纵向纤维的变形相同，受力也相同，即轴力在截面上是均匀分布的，且方向垂直于横截面，如图 2-7(b)所示，即横截面存在有正应力，用符号 σ 表示。其应力的分布公式为

$$\sigma = \frac{F_N}{A} \tag{2-1}$$

式中 F_N 表示横截面轴力，A 表示横截面面积。

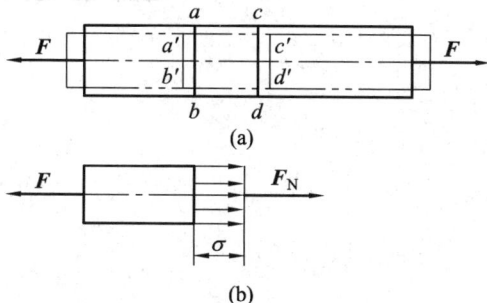

图 2-7　横截面上的应力

2.2.4　轴向拉伸与压缩的强度计算

为了保证拉(压)杆在外力作用下能够安全可靠地工作，必须使杆件横截面的应力不超过其材料的许用应力。当杆件各截面的应力不相等时，只要杆件的最大工作应力不超过材料的许用应力，就保证了杆件具有足够的强度。对于等截面直杆，由于各横截面面积相同，最大工作应力必产生在轴力最大的截面上。为了使构件不失效，保证构件安全工作的准则，必须使最大工作应力不超过材料的允许应力值，这一条件称为强度设计准则。对等截面直杆即为

$$\sigma_{max} = \frac{F_{Nmax}}{A} \leqslant [\sigma] \qquad (2-2)$$

式中[σ]称为许用应力。应用强度准则式(2-2)所进行的运算称为强度计算。强度计算可以解决以下三类问题。

(1)校核强度。已知作用外力 F、横截面积 A 和许用应力[σ]，计算出最大工作应力，检验是否满足强度准则，从而判断构件是否能够安全可靠地工作。

(2)设计截面。已知作用外力 F、许用应力[σ]，由强度准则计算出截面面积 A，即 $A \geqslant \frac{F_{Nmax}}{[\sigma]}$，然后根据工程要求的截面形状，设计出杆件的截面尺寸。

(3)确定许可载荷。已知构件的截面面积 A、许用应力[σ]，由强度准则计算出构件所能承受的最大内力 $F_{N\,max}$，即 $F_{N\,max} \leqslant A \cdot [\sigma]$，再根据内力与外力的关系，确定出杆件允许的最大载荷值[F]。

工程实际中，进行构件的强度计算时，根据有关设计规范，最大工作应力不超过许用应力的 5% 也是允许的。

例 2-3　某铣床工作台进给油缸如图 2-8 所示，缸内工作油压 $p=2$ MPa，油缸内径 $D=75$ mm，活塞杆直径 $d=18$ mm，已知活塞杆材料的[σ]=50 MPa，试校核活塞杆的强度。

解　(1)求活塞杆的轴力：

$$F_N = pA = p\frac{\pi}{4}(D^2 - d^2)$$
$$= 2 \times 10^6 \times \frac{\pi}{4} \times (75^2 - 18^2) \times 10^{-6} \text{ N}$$
$$= 8.3 \times 10^3 \text{ N} = 8.3 \text{ kN}$$

(2)按强度准则校核：

$$\sigma = \frac{F_N}{A} = \frac{8.3 \times 10^3}{\pi \times 18^2 \times 10^{-6}/4} \text{ Pa}$$
$$= 32.6 \times 10^6 \text{ Pa}$$
$$= 32.6 \text{ MPa} < [\sigma]$$

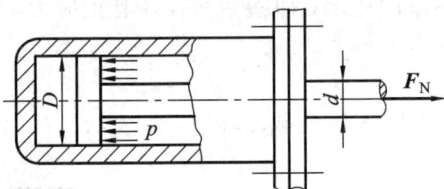

图 2-8　例 2-3 图

活塞杆的强度足够。

例 2-4　三角吊环由斜杆 AB、AC 与横杆 BC 组成，如图 2-9 所示，α=30°，斜钢杆的[σ]=120 MPa，吊环最大吊重 G=150 kN。试按强度条件设计斜杆 AB、AC 的截面直径 d。

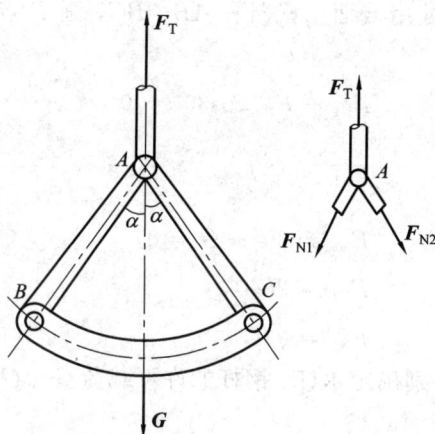

图 2-9　例 2-4 图

解　(1) 对于吊环整体，由二力平衡可知，$F_T = G$。在 A 点临近处用截面法截开杆 AB、AC，并设杆 AB、AC 的轴力分别为 F_{N1}、F_{N2}，画出 A 点的受力图，列平衡方程式求斜杆 AB、AC 的轴力为：

$$\sum F_x = 0 \qquad\qquad -F_{N1}\sin\alpha + F_{N2}\sin\alpha = 0$$

$$F_{N1} = F_{N2}$$

$$\sum F_y = 0 \qquad\qquad G - F_{N1}\cos\alpha - F_{N2}\cos\alpha = 0$$

$$F_{N1} = F_{N2} = \frac{G}{2\cos\alpha} = \frac{\sqrt{3}}{3}G = 86.6 \text{ kN}$$

(2) 由强度准则可知 $A \geqslant F_{N\max}/[\sigma]$，即

$$A = \frac{\pi d^2}{4} \geqslant \frac{F_N}{[\sigma]}$$

$$d \geqslant \sqrt{\frac{4F_N}{\pi[\sigma]}} = \sqrt{\frac{4 \times 86.6 \times 10^3}{\pi \times 120 \times 10^6}} \text{ m} = 30.3 \times 10^{-3} \text{ m} = 30.3 \text{ mm}$$

取斜杆 AB、AC 的截面直径 $d = 30$ mm。

例 2-5　图 2-10 所示的支架，在 B 点处受载荷 G 作用，杆 AB、BC 分别是木杆和钢杆，木杆 AB 的横截面积 $A_1 = 100 \times 10^2$ mm²，许用应力 $[\sigma_1] = 7$ MPa；钢杆 BC 的横截面积 $A_2 = 600$ mm²，许用应力 $[\sigma_2] = 160$ MPa。求支架的许可载荷 $[G]$。

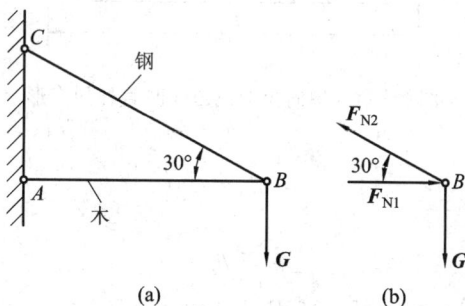

(a)　　　　　　　　　　(b)

图 2-10　例 2-5 图

解 （1）在 B 点临近处用截面法截断杆 AB、BC，画 B 点的受力图，求两杆的轴力 F_{N1}、F_{N2}。

$$\sum F_x = 0 \qquad F_{N1} - F_{N2}\cos30° = 0$$

$$F_{N1} = \frac{\sqrt{3}}{2}F_{N2}$$

$$\sum F_y = 0 \qquad F_{N2}\sin30° - G = 0$$

$$F_{N2} = 2G$$

$$F_{N1} = \sqrt{3}G$$

（2）应用强度准则，分别确定木杆、钢杆的许可载荷 G_1、G_2。

对于木杆

$$\sigma_1 = \frac{F_{N1}}{A_1} = \frac{\sqrt{3}G_1}{A_1} \leqslant [\sigma_1]$$

$$G_1 \leqslant \frac{7\times10^6\times100\times10^2\times10^{-6}}{\sqrt{3}}\ \text{N} = 40.4\times10^3\ \text{N} = 40.4\ \text{kN}$$

对于钢杆

$$\sigma_2 = \frac{F_{N2}}{A_2} = \frac{2G_2}{A_2} \leqslant [\sigma_2]$$

$$G_2 \leqslant \frac{160\times10^6\times600\times10^{-6}}{2}\ \text{N} = 48\times10^3\ \text{N} = 48\ \text{kN}$$

比较 G_1、G_2，得该支架的许可载荷 $[G]=40.4$ kN。

2.2.5 轴向拉伸与压缩的变形

1. 变形与线应变

如图 2-11 所示，等截面直杆的原长为 l，横向尺寸为 b，在轴向外力作用下，纵向伸长到 l_1，横向缩短到 b_1。把拉（压）杆的纵向伸长（或缩短）量称为绝对变形，用 Δl 表示；横向伸长（或缩短）量用 Δb 表示。

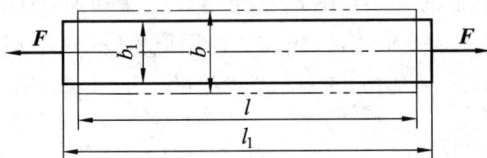

图 2-11 轴向拉伸或压缩时直杆的变形

轴向变形

$$\Delta l = l_1 - l$$

横向变形

$$\Delta b = b_1 - b$$

拉伸时，Δl 为正，Δb 为负；压缩时，Δl 为负，Δb 为正。

绝对变形与杆件的原长有关，不能准确反映杆件的变形程度，消除掉杆长的影响，得

到单位长度的变形量称为相对变形，用 ε、ε' 表示，即

$$\varepsilon = \frac{\Delta l}{l} = \frac{l_1 - l}{l}, \quad \varepsilon' = \frac{\Delta b}{b} = \frac{b_1 - b}{b}$$

ε 和 ε' 都是无量纲的量，又称为线应变，其中 ε 称为纵向应变，ε' 称为横向应变。

实验表明，在材料的弹性范围内，其横向应变与纵向应变的比值为一常数，记做 μ，称为横向变形系数（泊松比），即

$$\left| \frac{\varepsilon'}{\varepsilon} \right| = \mu \quad \text{或} \quad \varepsilon' = -\mu\varepsilon \tag{2-3}$$

几种常用工程材料的 μ 值见表 2-1。

表 2-1　几种常用工程材料的 E、μ 值

材 料 名 称	E/GPa	μ
低碳钢	196～216	0.25～0.33
合金钢	186～216	0.24～0.33
灰铸铁	78.5～157	0.23～0.27
铜合金	72.6～128	0.31～0.42
铝合金	70	0.33

2. 胡克定律

实验表明，对等截面、等内力的拉（压）杆，当应力不超过某一极限值时，杆的纵向变形 Δl 与轴力 F_N 成正比，与杆长 l 成正比，与横截面面积 A 成反比。这一比例关系称为胡克定律。引入比例常数 E，即

$$\Delta l = \frac{F_N l}{EA} \tag{2-4}$$

式中比例常数 E 称为材料的拉（压）弹性模量，其单位是 GPa。各种材料的弹性模量 E 是由实验测定的。几种常用材料的 E 值见表 2-1。

由式（2-4）可知，轴力、杆长、截面面积相同的等直杆，E 值越大，Δl 就越小，所以 E 值代表了材料抵抗拉（压）变形的能力，是衡量材料的刚度指标。拉（压）杆的横截面积 A 和材料弹性模量 E 的乘积与杆件的变形成反比，EA 值越大，Δl 就越小，拉（压）杆抵抗变形的能力就越强。所以，EA 值是拉（压）杆抵抗变形能力的量度，称为杆件的抗拉（压）刚度。

对式（2-4）两边同除以 l，并用 σ 代替 F_N/A，虎克定律可化简成另一种表达式，即

$$\sigma = E\varepsilon \tag{2-5}$$

式（2-5）表明：当应力不超过某一极限值时，应力与应变成正比。

3. 拉（压）杆的变形计算

应用式（2-4）、式（2-5）时，要注意它们的适用条件：应力不超过某一极限值，这一极限值是指材料的比例极限。各种材料的比例极限可由实验测定。对于式（2-4），在杆长 l 内，F_N、E、A 均为常量，否则应分段计算。

例 2-6　图 2-12（a）所示阶梯形钢杆，已知 AB 段和 BC 段横截面面积 $A_1 = 200 \text{ mm}^2$，$A_2 = 500 \text{ mm}^2$，钢材的弹性模量 $E = 200$ GPa，作用轴向力 $F_1 = 10$ kN，$F_2 = 30$ kN，$l = 100$ mm。试求：（1）各段横截面上的应力，（2）杆件的总变形。

解　（1）求杆件各段轴力并画轴力图。

AB 段

$$F_{N1} = F_1 = 10 \text{ kN}$$

BC 段

$$F_{N2} = F_1 - F_2 = (10 - 30) \text{ kN} = -20 \text{ kN}$$

轴力图如图 2-12(b)所示。

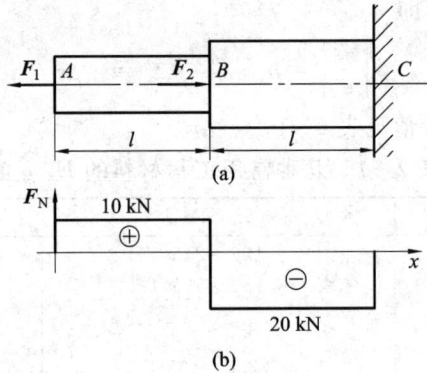

图 2-12　例 2-6 图

（2）求各段杆截面的应力。

AB 段

$$\sigma_1 = \frac{F_{N1}}{A_1} = \frac{10 \times 10^3}{200 \times 10^{-6}} \text{ Pa} = 50 \times 10^6 \text{ Pa} = 50 \text{ MPa}$$

BC 段

$$\sigma_2 = \frac{F_{N2}}{A_2} = \frac{-20 \times 10^3}{500 \times 10^{-6}} \text{ Pa} = -40 \times 10^6 \text{ Pa} = 40 \text{ MPa}$$

（3）计算杆的总变形。由于各段杆长内的轴力不相同，需分段计算，总变形等于各段变形的代数和。

$$\Delta l = \Delta l_1 + \Delta l_2 = \frac{F_{N1} l}{EA_1} + \frac{F_{N2} l}{EA_2}$$

$$= \frac{10 \times 10^3 \times 100 \times 10^{-3}}{200 \times 10^9 \times 200 \times 10^{-6}} + \frac{-20 \times 10^3 \times 100 \times 10^{-3}}{200 \times 10^9 \times 500 \times 10^{-6}} \text{ m}$$

$$= 0.5 \times 10^{-5} \text{ m} = 0.005 \text{ mm}$$

例 2-7　图 2-13 所示的螺栓接头，螺栓内径 $d = 10.1$ mm，拧紧后测得长度为 $l = 80$ mm 内的伸长量 $\Delta l = 0.4$ mm，$E = 200$ GPa。试求螺栓拧紧后横截面的正应力及螺栓对钢板的预紧力。

解　（1）螺栓的线应变为

$$\varepsilon = \frac{\Delta l}{l} = \frac{0.04}{80} = 5.0 \times 10^{-4}$$

（2）由虎克定律式（2-5）求螺栓截面的应力为

$$\sigma = E\varepsilon = (200 \times 10^9 \times 5 \times 10^{-4}) \text{ Pa} = 100 \times 10^6 \text{ Pa} = 100 \text{ MPa}$$

（3）由应力公式（2-1）求得螺栓的预紧力为

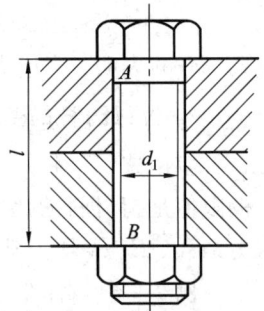

图 2-13　例 2-7 图

$$F = \sigma A = 100 \times 10^6 \times \frac{\pi \times (10.1 \times 10^{-3})^2}{4} \text{ N} = 8.01 \times 10^3 \text{ N} = 8.01 \text{ kN}$$

故螺栓的预紧力为 8.01 kN。

2.2.6 轴向拉伸与压缩的力学性能分析

拉(压)杆的应力是随外力的增加而增大的,在一定应力作用下,杆件是否破坏与材料的性能有关。材料在外力作用下表现出来的性能,称为材料的力学性能。材料的力学性能是通过试验的方法测定的,它是进行杆件强度、刚度计算和选择材料的重要依据。

工程材料的种类很多,常用材料根据其性能可分为塑性材料和脆性材料两大类。低碳钢和铸铁是这两类材料的典型代表,它们在拉伸和压缩时表现出来的力学性能具有广泛的代表性。因此本书主要介绍低碳钢和铸铁在常温(指室温)、静载(指加载速度缓慢平稳)下的力学性能。

工程中通常把实验用的材料按国标中规定的标准(GB228—76),先做成如图 2-14 所示的标准试件,试件中间等直杆部分为试验段,其长度 l 称为标距。标距 l 与直径 d 之比有 $l=5d$ 和 $l=10d$ 两种规格。而对矩形截面试件,标距 l 与截面面积 A 之比有 $l=11.3\sqrt{A}$ 和 $l=5.65\sqrt{A}$ 两种规格。把标准试件测定的性能作为材料的力学性能。

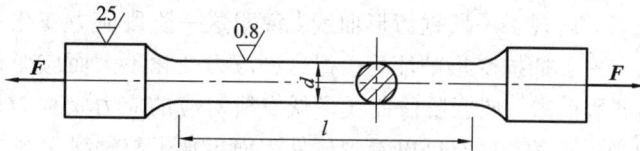

图 2-14 拉压标准试样

试验时,将试件两端装卡在试验机工作台的上、下夹头里,然后对其缓慢加载,直到把试件拉断为止。在试件变形过程中,从试验机的测力刻度盘上可以读出一系列拉力 F 值,同时在变形标尺上读出与每一 F 值相对应的变形 Δl 值。若以拉力 F 为纵坐标,变形 Δl 为横坐标,记录下每一时刻的力 F 和变形 Δl 值,描出力与变形的关系曲线,则该曲线称做 F—Δl 曲线。若消除试件横截面面积和标距对作用力及变形的影响,则 F—Δl 曲线就变成了应力与应变的曲线,或称做 σ—ε 曲线。图 2-15(a)和 2-15(b)分别是低碳钢 Q235 拉伸时的 F—Δl 曲线图和 σ—ε 曲线。

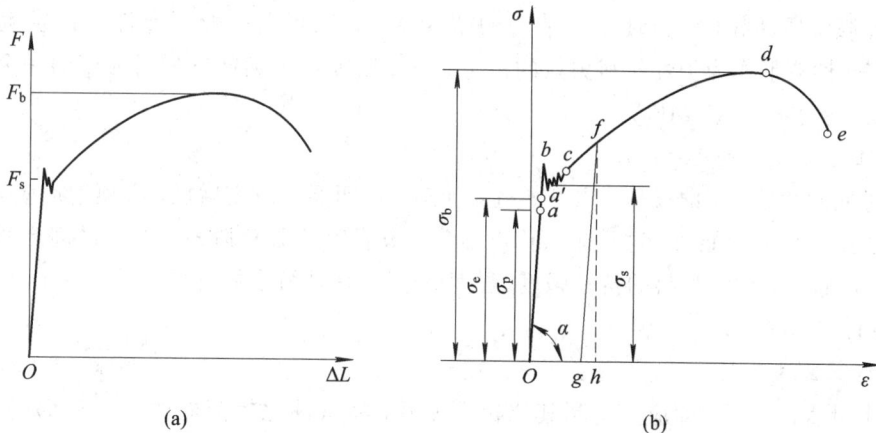

图 2-15 Q235 拉伸曲线

1. 低碳钢拉伸时的力学性能

以 Q235 钢的 σ—ε 曲线为例,我们来讨论低碳钢在拉伸时的力学性能。其 σ—ε 曲线可以分为四个阶级,有两个重要的强度指标:屈服点和抗拉强度。

1) 弹性阶段——比例极限 σ_P

从图上可以看出,曲线 oa 段是直线,这说明试件的应力与应变在此段成正比关系,材料符合胡克定律,即 $\sigma = E\varepsilon$。

直线 oa 的斜率 $\tan\alpha = E$ 是材料的弹性模量,直线部分最高点 a 所对应的应力值记做 σ_P,称为材料的比例极限。Q235 钢的 $\sigma_P \approx 200$ MPa。

曲线超过 a 点时,图上 aa' 已不再是直线,说明应力与应变的正比关系已不存在,材料不符合虎克定律。但在 aa' 段内卸载,变形也随之消失,说明 aa' 段也发生了弹性变形,oa' 段称为弹性阶段。a' 点所对应的应力值记做 σ_e,称为材料的弹性极限。

由于弹性极限与比例极限非常接近,因而工程实际中通常对二者不作严格区分,而近似地用比例极限代替弹性极限。

2) 屈服阶段——屈服点 σ_s

曲线超过 a' 点后,出现了一段锯齿形曲线,说明这一阶段应力变化不大,而应变急剧地增加,材料好像失去了抵抗变形的能力。把这种应力变化不大而应变显著增加的现象称做屈服,bc 段称为屈服阶段。屈服阶段曲线最低点所对应的应力 σ_s 称为材料的屈服点。若试件表面是经过抛光处理的,这时可以看到试件表面出现了与轴线大约成 45°角的条纹线,称为滑移线(图 2-16(a))。一般认为,这是材料内部晶格沿最大切应力方向相互错动滑移的结果,这种错动滑移是造成塑性变形的根本原因。

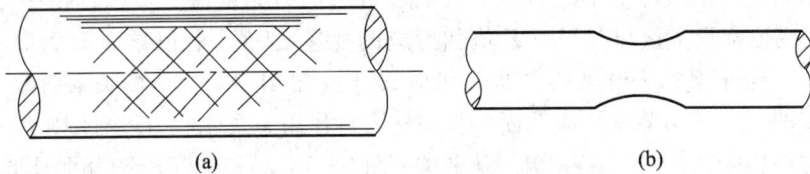

(a)　　　　　　　　　　　　　(b)

图 2-16　滑移线与颈缩

在屈服阶段卸载,将出现不能消失的塑性变形。工程上一般不允许构件发生塑性变形,并把塑性变形作为塑性材料失效的标志,所以屈服点 σ_s 是衡量材料强度的一个重要指标。Q235 钢的 $\sigma_s \approx 235$ MPa。

3) 强化阶段——抗拉强度 σ_b

经过屈服阶段后,曲线从 c 点开始逐渐上升,说明要使应变增加,必须增加应力。材料又恢复了抵抗变形的能力,这种现象称做强化,cd 段称为强化阶段。曲线最高点所对应的应力值,记做 σ_b,称为材料的抗拉强度(强度极限)。它是衡量材料强度的又一个重要指标。Q235 钢的 $\sigma_b \approx 400$ MPa。

4) 缩颈断裂阶段

曲线到达 d 点后,即应力达到其抗拉强度后,在试件比较薄弱的某一局部(材质不均匀或有缺陷处),变形显著增加,有效横截面急剧削弱减小,出现了缩颈现象(图 2-16(b)),试件很快被拉断,所以 de 段称为缩颈断裂阶段。

5）塑性指标

（1）断后伸长率：

$$\delta = \frac{l_1 - l}{l} \times 100\%$$

式中：l_1 为试件拉断后的标距，l 是原标距。一般把 $\delta \geqslant 5\%$ 的材料称为塑性材料，把 $\delta < 5\%$ 的材料称为脆性材料。

（2）断面收缩率：

$$\Psi = \frac{A - A_1}{A} \times 100\%$$

式中：A_1 为试件断口处横截面面积，A 为原横截面面积。试件拉断后，弹性变形消失，只剩下塑性变形。显然 δ、Ψ 值越大，其塑性越好。因此，断后伸长率和断面收缩率是衡量材料塑性的主要指标。Q235 钢的 $\delta = 25\% \sim 27\%$，$\Psi = 60\%$，是典型的塑性材料；而铸铁、混凝土、石料等没有明显的塑性变形，是脆性材料。

6）冷作硬化

在曲线上的强化阶段某一点 f 停止加载，并缓慢地卸去载荷，$\sigma - \varepsilon$ 曲线将沿着与 oa 近似平行的直线 fg 退回到应变轴上 g 点，gh 是消失了的弹性变形，og 是残留下来的塑性变形。若卸载后再重新加载，$\sigma - \varepsilon$ 曲线将基本沿着 gf 上升到 f 点，再沿 fde 线直至拉断。把这种将材料预拉到强化阶段后卸载，重新加载使材料的比例极限提高而塑性降低的现象，称为冷作硬化。工程中通常利用冷作硬化工艺来增强材料的承载能力，如冷拔钢筋等。

2. 低碳钢压缩时的力学性能

图 2-17 所示实线是低碳钢压缩时的 $\sigma - \varepsilon$ 曲线，与拉伸时的 $\sigma - \varepsilon$ 曲线（虚线）相比较，在直线部分和屈服阶段两曲线大致重合，其弹性模量 E、比例极限 σ_P 和屈服点 σ_s 与拉伸时基本相同，因此认为低碳钢的抗拉性能与抗压性能是相同的。

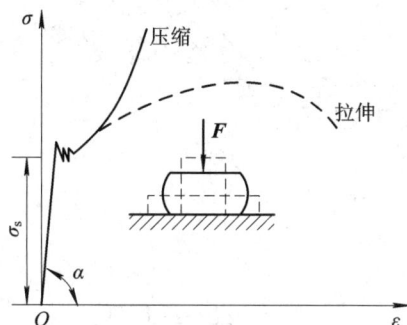

图 2-17　低碳钢压缩曲线

在曲线进入强化阶段以后，试件会越压越扁，先是压成鼓形，最后变成饼状，故得不到压缩时的抗压强度。

3. 其它塑性材料拉伸时的力学性能

图 2-18 是几种塑性材料拉伸时的 $\sigma - \varepsilon$ 曲线图，与低碳钢的 $\sigma - \varepsilon$ 曲线相比较，这些曲线没有明显的屈服阶段。对于没有明显屈服阶段的塑性材料，常用其产生 0.2% 塑性应变所对应的应力值作为名义屈服点，称为材料的屈服强度，用 $\sigma_{0.2}$ 表示。

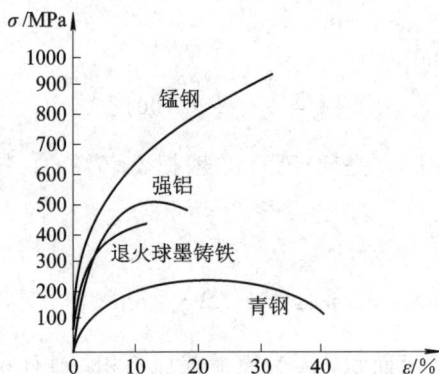

图 2-18　塑性材料拉伸曲线

2.3　剪 切 与 挤 压

2.3.1　剪切与挤压的概念

工程上常用的螺栓、铆钉、销钉、键等称为联接件。如图 2-19 所示的联轴键和图 2-20 所示的铆钉接头中的铆钉。当结构工作时，此类联接件的两侧面上作用大小相等、方向相反、作用线平行且相距很近的一对外力，两力作用线之间的截面发生了相对错动，这种变形称为剪切变形，产生相对错动的截面称为剪切面。

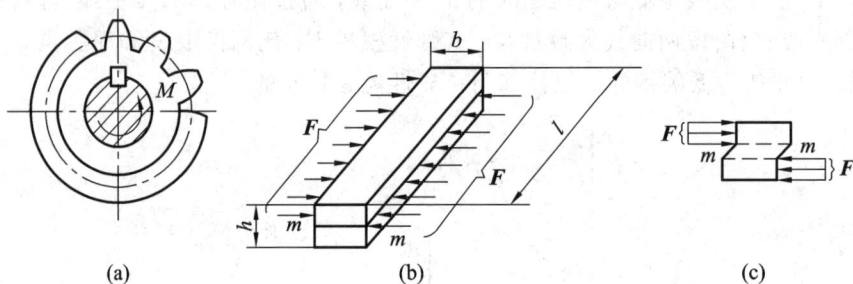

(a)　　　　　　　　(b)　　　　　　　　(c)

图 2-19　联轴键

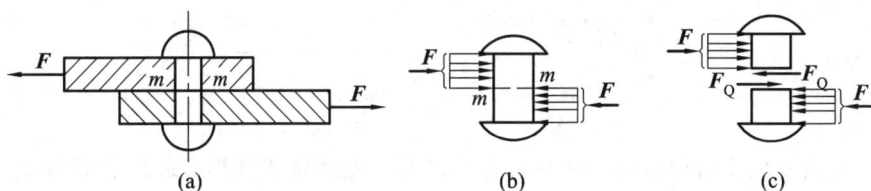

(a)　　　　　　　　(b)　　　　　　　　(c)

图 2-20　铆钉联接

由此得出剪切的受力与变形特点是：沿构件两侧作用大小相等、方向相反、作用线平行且相距很近的两外力，夹在两外力作用线之间的剪切面发生了相对错动。

联接件发生剪切变形的同时，联接件与被联接件的接触面相互作用而压紧，这种现象称为挤压。挤压力过大时，在接触面的局部范围内将发生塑性变形，甚至被压溃。这种因挤压力过大，联接件接触面的局部范围内发生塑性变形或压溃的现象称为挤压破坏。挤压和压缩是两个完全不同的概念，挤压变形发生在两构件相互接触的表面，而压缩则发生在一个构件上。

2.3.2　剪切的实用计算

1. 剪切的实用计算

为了对联接件进行剪切强度计算，需先求出剪切面上的内力。现以图 2-20(a)所示的铆钉接头中铆钉为例进行分析。用截面法假想地将铆钉沿其剪切面 m—m 截开(图 2-20(b))，取任一部分为研究对象(图 2-20(c))，由平衡方程求得

$$F_Q = F$$

这个平行于截面的内力称为剪力，用 F_Q 表示。其平行于截面的应力称为切应力，用符号 τ 表示。剪力在剪切面上的分布比较复杂，工程上通常采用实用计算，即假定剪切面上的切应力是均匀分布的，于是有

$$\tau = \frac{F_Q}{A} \tag{2-6}$$

式中 A 为剪切面面积。为了保证联接件安全可靠地工作，要求切应力 τ 不得超过联接件的许用切应力 $[\tau]$，则相应的剪切强度准则为

$$\tau = \frac{F_Q}{A} \leqslant [\tau] \tag{2-7}$$

式中 $[\tau] = \tau_b / n_\tau$，τ_b 为抗剪强度，是由实际联接构件或模拟受剪构件在类似条件下进行剪断实验，先测得剪断时的剪力 F_Q，然后用假定计算得到的切应力 τ_b，即为抗剪强度。n_τ 为与剪切变形相对应的安全系数。

剪切实用计算中的许用切应力 $[\tau]$ 与拉伸时的许用正应力 $[\sigma]$ 有关，在一般工程规范中，对塑性性能较好的钢材有

$$[\tau] = (0.75 \sim 0.8)[\sigma]$$

应用式(2-7)同样可以解决联接件剪切强度计算的三类问题。但在计算中要注意考虑所有的剪切面，以及每个剪切面上的剪力和切应力。

2. 剪切胡克定律

如图 2-21(a)所示，在杆件受剪部分中的某一点 K 处，取一微小的正六面体，将它放大，剪切变形时，剪切面发生相对错动，使正六面体 $abcdefgh$ 变为平行六面体 $ab'cd'ef'gh'$。

线段 bb' 为相距 $\mathrm{d}x$ 的两截面相对错动滑移量，称为绝对剪切变形。相距一个单位长度的两截面相对滑移量称为相对剪切变形，亦称为切应变，用 γ 表示。因剪切变形时 γ 值很小，所以 $bb'/\mathrm{d}x = \tan\gamma$。切应变 γ 是直角的微小改变量，用弧度(rad)度量。

实验表明：当切应力不超过材料的剪切比例极限 τ_P 时，剪切面上的切应力 τ 与该点处的切应变 γ 成正比(图 2-21(d)所示)，即

$$\tau = G\gamma \tag{2-8}$$

式中 G 称为材料的切变模量。常用碳钢的 $G \approx 80$ GPa，铸铁的 $G \approx 45$ GPa。其它材料的 G 值可从有关设计手册中查得。

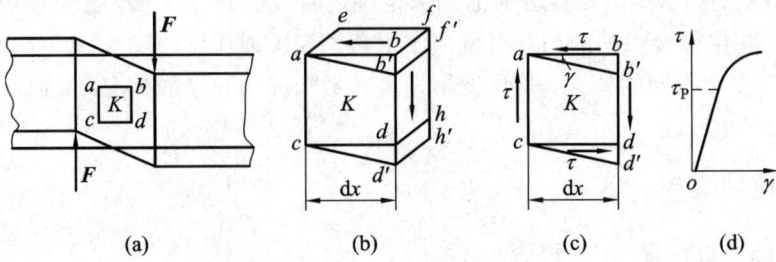

图 2-21　剪切胡克定律示意图

2.3.3　挤压的实用计算

联轴键与键槽相互接触并产生挤压的侧面称为挤压面，把挤压面上的作用力称为挤压力，用 F_{jy} 表示。挤压面上由挤压力引起的应力称为挤压应力，用 σ_{jy} 表示。挤压应力在挤压面上的分布也是比较复杂的。所以工程计算中常采用实用计算，即假定挤压力在挤压面上是均匀分布的。为保证联接件不致因挤压而失效，挤压的强度设计准则为

$$\sigma_{jy} = \frac{F_{jy}}{A_{jy}} \leqslant [\sigma_{jy}] \tag{2-9}$$

式中 A_{jy} 为挤压计算面积。在挤压强度计算中，A_{jy} 要根据接触面的具体情况而定。若接触面为平面，则挤压面积为有效接触面面积。如图 2-22(a)所示的联轴键，挤压面为 $A_{jy} = lh/2$；若接触面是圆柱形曲面，如铆钉、销钉、螺栓等圆柱形联接件，如图 2-22(b)、(c)所示，挤压计算面积按半圆柱侧面的正投影面积计算，亦即 $A_{jy} = dt$。由于挤压应力并不是均匀分布的，而最大挤压应力发生于半圆柱形侧面的中间部分，所以，采用半圆柱形侧面的正投影面积作为挤压计算面积，所得的应力与接触面的实际最大挤压应力大致相近。

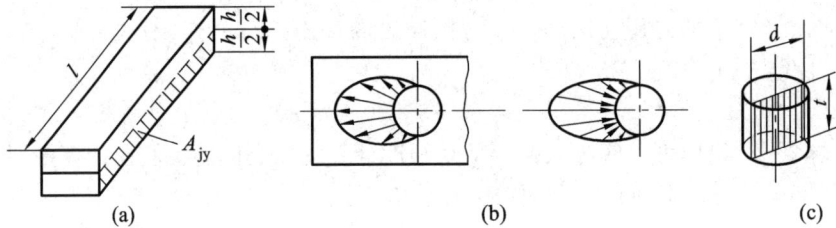

图 2-22　挤压

许用挤压应力 $[\sigma_{jy}]$ 的确定与剪切许用切应力的确定方法相类似，由实验结果通过实用计算确定。设计时可查阅有关设计规范，一般塑性材料的许用挤压应力 $[\sigma_{jy}]$ 与许用正应力 $[\sigma]$ 之间存在如下关系：

$$[\sigma_{jy}] = (1.7 \sim 2.0)[\sigma]$$

不难看出，许用挤压应力远大于许用正应力。但须注意，如果联接件和被联接件的材料不同，应以许用应力较低者进行挤压强度计算。这样，才能保证结构安全可靠地工作。

例 2-8　如图 2-23(a)所示，某齿轮用平键与轴联接(图中未画出齿轮)，已知轴的直径 $d = 56$ mm，键的尺寸为 $l \times b \times h = 80$ mm $\times 16$ mm $\times 10$ mm，轴传递的扭转力矩

$M=1$ kN·m，键的许用切应力$[\tau]=60$ MPa，许用挤压应力$[\sigma_{jy}]=100$ MPa。试校核键的联接强度。

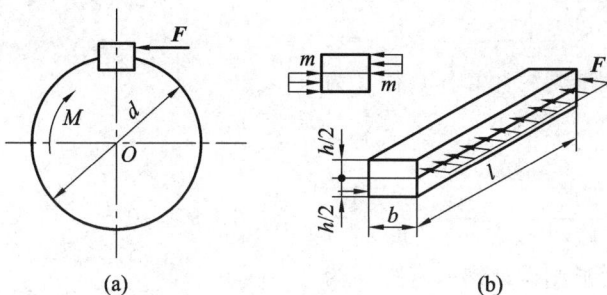

图 2-23　例 2-8 图

解　以键和轴为研究对象，其受力如图 2-23(b)所示，键所受的力由平衡方程得

$$F=\frac{2M}{d}=\frac{2\times 1\times 10^3}{0.056}\text{ N}=35.71\times 10^3\text{ N}=35.71\text{ kN}$$

从图 2-23(b)可以看出，键的破坏可能是沿 m—m 截面被剪断或与键槽之间发生挤压塑性变形。用截面法可求得剪力和挤压力为

$$F_Q=F_{jy}=F=35.71\text{ kN}$$

校核键的强度。键的剪切面积 $A=bl$，挤压面积 $A_{jy}=hl/2$，得切应力和挤压应力分别为

$$\tau=\frac{F_Q}{A}=\frac{35.71\times 10^3}{16\times 80\times 10^{-6}}\text{ Pa}=27.6\times 10^3\text{ Pa}=27.6\text{ MPa}\leqslant[\tau]$$

$$\sigma_{jy}=\frac{F_{jy}}{A_{jy}}=\frac{35.71\times 10^3}{5\times 80\times 10^{-6}}\text{ Pa}=89.3\times 10^3\text{ Pa}=89.3\text{ MPa}\leqslant[\sigma_{jy}]$$

所以键的剪切和挤压强度均满足。

由计算可以看出，键的剪切强度有较大的储备，而挤压强度的储备较少。因此，工程上通常对键只作挤压强度校核。

例 2-9　如图 2-24(a)所示，拖拉机挂钩用插销联接，已知挂钩厚度 $\delta=10$ mm，挂钩的许用切应力$[\tau]=100$ MPa，许用挤压应力$[\sigma_{jy}]=200$ MPa，拉力 $F=56$ kN。试设计插销的直径。

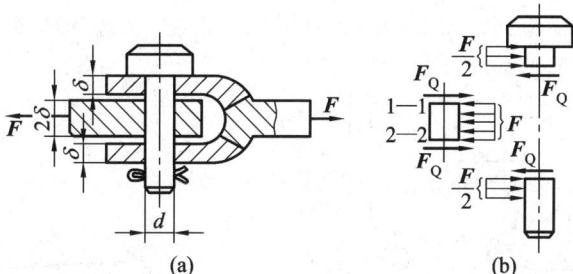

图 2-24　例 2-9 图

解　(1)分析破坏形式。从图 2-24(b)可以看出，插销承受剪切和挤压，它的破坏可能是被剪断和与孔壁间的挤压破坏。

（2）求剪力和挤压力。插销有两个剪切面，用截面法由平衡方程可得

$$F_Q = \frac{F}{2} = 28 \text{ kN}$$

$$F_{jy} = F = 56 \text{ kN}$$

（3）按剪切强度准则设计螺栓直径 d 为

$$A = \frac{\pi d^2}{4} \geqslant \frac{F_Q}{[\tau]}$$

$$d \geqslant \sqrt{\frac{4F_Q}{\pi[\tau]}} = \sqrt{\frac{4 \times 28 \times 10^3}{\pi \times 100 \times 10^6}} \text{ m} = 18.9 \times 10^{-3} \text{ m} = 18.9 \text{ mm}$$

（4）按挤压强度准则设计螺栓直径 d 为

$$A_{jy} = d \times 2\delta \geqslant \frac{F_{jy}}{[\sigma_{jy}]}$$

$$d \geqslant \frac{F_{jy}}{2\delta[\sigma_{jy}]} = \frac{56 \times 10^3}{2 \times 10 \times 10^{-3} \times 200 \times 10^6} \text{ m}$$
$$= 14 \times 10^{-3} \text{ m} = 14 \text{ mm}$$

若要插销同时满足剪切和挤压强度的要求，则其最小直径选择 $d = 18.9$ mm。按此最小直径，再从有关设计手册中查取插销的公称直径 $d = 20$ mm。

2.4　圆轴的扭转

2.4.1　扭转的概念

扭转变形是杆件的基本变形形式之一。通常把发生扭转变形的杆件称为轴，本节只讨论圆轴的扭转问题。

在工程实际中，我们经常会看到一些发生扭转变形的杆件，例如开锁的钥匙，汽车方向盘操纵杆，图 2-25(a)所示机械中的传动轴，图 2-25(b)所示水轮发电机的主轴等。将图 2-25 中机械传动轴的 AB 段和水轮发电机主轴的受力进行简化，可以得到图 2-26 所示的力学模型。

由图可以看出，扭转变形的受力特点是：在垂直于杆件轴线的平面内，作用了一对大小相等，转向相反，作用平面平行的外力偶矩；其变形特点是：纵向线 ab 倾斜了一个微小的角度 γ，A、B 两端横截面绕轴线相对转动了一个角度 φ，称为扭转角。

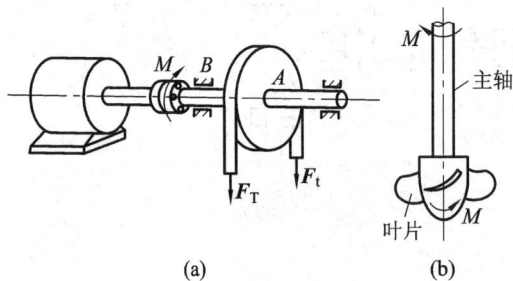

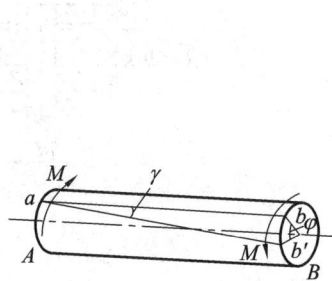

図 2-25　受扭转的轴　　　　　図 2-26　扭转力学模型

2.4.2　圆轴扭转时横截面上的内力

研究圆轴扭转问题的方法与研究轴向拉(压)杆一样，首先要计算作用于轴上的外力偶矩，再分析圆轴横截面的内力，然后计算轴的应力和变形，最后进行轴的强度及刚度计算。

1. 外力偶矩的计算

在工程实际中，作用于轴上的外力偶矩一般并不是直接给出的，而是根据所给定轴的转速 n 和轴传递的功率 P，通过下列公式确定：

$$M = 9549 \frac{P}{n} \tag{2-10}$$

式中：M 为外力偶矩，单位是 N·m；P 为功率，单位是 kW；n 为转速，单位是 r/min。

在确定外力偶矩的转向时应注意，轴上的主动轮的输入功率所产生的力偶矩为主动力偶矩，其转向与轴的转向相同；而从动轮的输出功率所产生的力偶矩为阻力偶矩，其转向与轴的转向相反。

2. 圆轴扭转时的内力——扭矩

圆轴在外力偶矩的作用下，其横截面上将有内力产生，应用截面法可以求出横截面的内力。

以图 2-27 所示圆轴扭转的力学模型为例，应用截面法，假想地用一截面 $m—m$ 将轴截分为两段，取其左段为研究对象。由于轴原来处于平衡状态，因而其左段也必然是平衡的，$m—m$ 截面上必有一个内力偶矩与左端面上的外力偶矩平衡(图 2-27(b))。列力偶平衡方程可得

$$T - M = 0$$
$$T = M$$

T 为 $m—m$ 截面的内力偶矩，称为扭矩。

同理，也可以取截面右段为研究对象，此时求得的扭矩与取左段为研究对象所求得的扭矩大小相等，转向相反(图 2-27(c))。

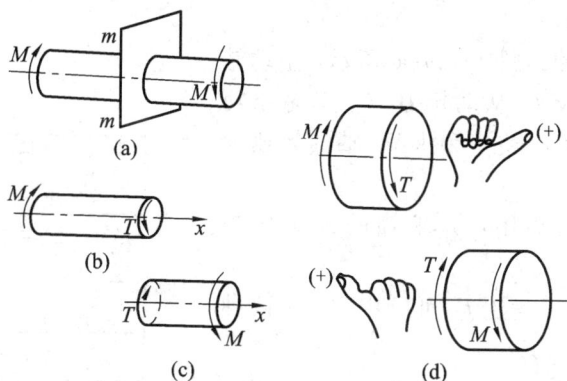

图 2-27　圆轴扭转时横截面上的内力

为了使所取截面左段或右段求得的同一截面上的扭矩相一致，通常用右手法则规定扭矩的正负：以右手手心握轴，四指沿扭矩的方向屈起，拇指的方向离开截面，扭矩为正；

反之为负(图 2 - 27(d))。

2.4.3　扭矩及扭矩图的画法

从上述截面法求横截面扭矩可知,当圆轴两端作用一对外力偶矩使轴平衡时,圆轴各个横截面上的扭矩都是相同的。若轴上作用三个或三个以上的外力偶矩使轴平衡,则轴上各段横截面的扭矩将是不相同的。例如图 2 - 28(a)所示的传动轴,输入一个不变转矩 M_1,设轴输出的力偶矩分别为 $M_2 = M_1/3$,$M_3 = 2M_1/3$。外力偶矩 M_1、M_2、M_3 将轴分为 AB、BC 两段,应用截面法可求出各段横截面的扭矩。

在 AB 段用 I — I 截面将轴分为两段,取左段为研究对象(图 2 - 28(b)),由力偶平衡可得

$$T_1 = M_1$$

求出了 I — I 截面的扭矩,也就求出了 AB 段轴上任意截面的扭矩。同理,在 BC 段用 II - II 截面将轴分为两段,取左段为研究对象(图 2 - 28(c)),由力偶平衡方程 $T_1 + M_2 - M_1 = 0$,可得 BC 段轴上各截面的扭矩为

$$T_2 = M_1 - M_2 = \frac{1}{3}M_1$$

通过上例可总结出求扭矩的简便法则:轴上任一横截面的扭矩等于该截面一侧(左侧或右侧)轴段上所有外力偶矩的代数和。左侧轴段上箭头向上(或右侧轴段上箭头向下)外力偶矩产生正值扭矩,反之为负。

为了能够形象直观地表示出轴上各横截面扭矩的大小,用平行于杆轴线的 x 坐标表示横截面的位置,用垂直于 x 轴的坐标 T 表示横截面扭矩的大小,把各截面扭矩表示在 x—T 坐标系中,描画出截面扭矩随着截面位置变化的曲线,称为扭矩图(图 2 - 28(d))。

图 2 - 28　传动轴

例 2 - 10　传动轴如图 2 - 29(a)所示,主动轮 A 输入功率 $P_A = 50$ kW,从动轮 B、C、D 输出功率分别为 $P_B = 30$ kW,$P_C = 20$ kW,轴的转速为 $n = 300$ r/min。

(1) 画出轴的扭矩图,并求轴的最大扭矩 $T_{\max}$。

(2) 若将轮 A 置于齿轮 B 和 C 中间,则两种布置形式哪一种较为合理?

解　(1) 计算外力偶矩。由公式(2 - 10)可得:

$$M_A = 9549\,\frac{P_A}{n} = 9549\,\frac{50}{300} = 1592 \text{ N} \cdot \text{m}$$

$$M_B = 9549\,\frac{P_B}{n} = 9549\,\frac{30}{300} = 955 \text{ N} \cdot \text{m}$$

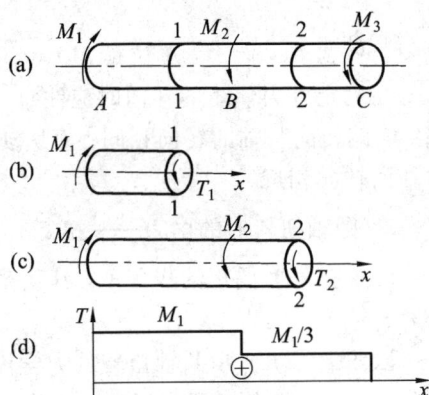

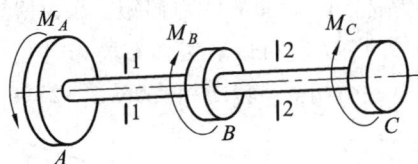

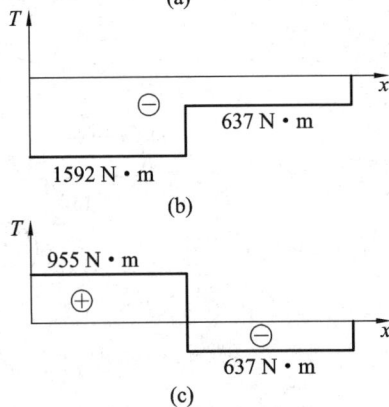

图 2 - 29　例 2 - 10 图

$$M_C = 9549\frac{P_C}{n} = 9549\frac{20}{300} = 637\ \text{N}\cdot\text{m}$$

（2）求各段轴的扭矩。

AB 段：由求扭矩的简便法则，得 1—1 截面扭矩等于该截面左侧轴段上所有外力偶矩的代数和。左侧轴段上作用 M_A，且箭头向下，产生负值扭矩，即得

$$T_1 = -M_A = -1592\ \text{N}\cdot\text{m}$$

BC 段：扭矩 T_2 等于该截面左侧轴段上所有外力偶矩的代数和，即

$$T_2 = -M_1 + M_B = (-1592 + 955)\ \text{N}\cdot\text{m} = -637\ \text{N}\cdot\text{m}$$

（3）画扭矩图。根据各段轴上的扭矩，按比例作扭矩图（图 2-29(b)）。可见，最大扭矩发生在 AB 段，其值为

$$|T|_{max} = 1592\ \text{N}\cdot\text{m}$$

（4）若将轮 A 置于齿轮 B 和 C 中间，轴的扭矩图如图 2-29(c)所示，最大扭矩 $T_{max} = 955\ \text{N}\cdot\text{m}$。

可见，传动轮系上各轮的布置不同，轴的最大扭矩就不同。显然，从力学角度考虑后者的布置较合理。

2.4.4　圆轴扭转时横截面上的应力

为了求得圆轴扭转时横截面上的应力，必须了解应力在截面上的分布规律。为此，先从观察和分析变形现象入手。

取图 2-30(a)所示圆轴，在其表面画出一组平行于轴线的纵向线和横截线（圆周线），表面就形成许多小矩形。在轴上作用外力偶 M（作用面垂直于轴线），可以观察到圆轴扭转变形（图 2-30(b)）的如下现象：

（1）各纵向线倾斜了同一个微小角度 γ，原来轴表面上的小矩形歪斜成平行四边形。

（2）圆周线均绕轴线旋转了一微小的角度，而圆周线的形状、大小及间距均无变化。

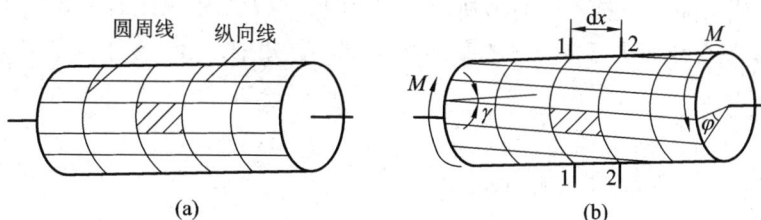

图 2-30　扭转实验

根据观察到的这些现象，推想出圆周线反映了横截面的变形，则可以作出如下平面假设：圆轴在扭转变形时，各横截面仍为垂直于轴线的平面，且形状和大小均不变。由此可以得出：

（1）由于相邻截面相对地转过了一个角度，即横截面间发生旋转式的相对错动，发生了剪切变形，故截面上有切应力存在。又因半径长度不变，故切应力方向必与半径垂直。

（2）由于相邻截面的间距不变，所以横截面上无正应力。

为了求得切应力在横截面上的分布规律，我们从轴中截取出一微段 dx 来研究（图 2-31(a)）。

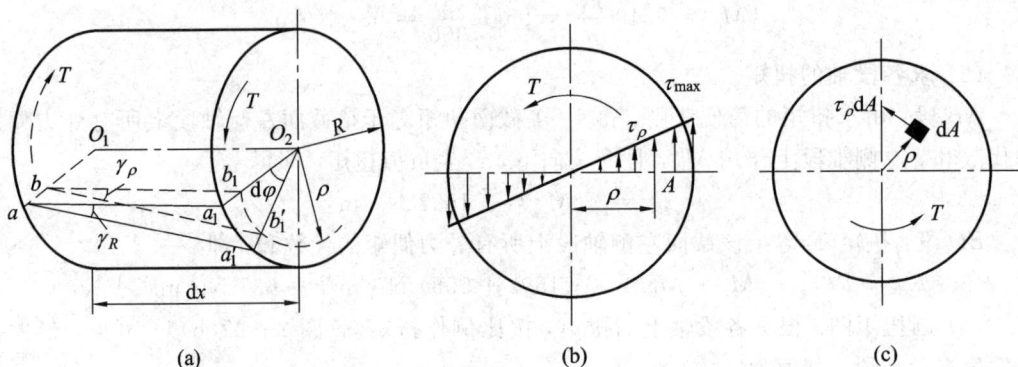

图 2-31　应力在横截面上的分布

设相距为 $\mathrm{d}x$ 的两横截面间的扭转角为 $\mathrm{d}\varphi$。在剪切的弹性范围内，距轴线愈远的点，相对错动的位移愈大，说明该点的切应变愈大，该点的切应力也就愈大。

根据变形的几何关系可得，横截面上距圆心为 ρ 的一点 b_1 相对于 b 的错动位移为

$$b_1 b_1' = \rho \, \mathrm{d}\varphi$$

该点的切应变为

$$\gamma_\rho = \frac{b_1 b_1'}{\mathrm{d}x} = \rho \frac{\mathrm{d}\varphi}{\mathrm{d}x} \tag{a}$$

根据物理关系，即在剪切的弹性范围内，切应力与切应变成正比，从而得出横截面上距轴线为 ρ 一点的切应力为

$$\tau_\rho = G\gamma_\rho = G\rho \frac{\mathrm{d}\varphi}{\mathrm{d}x} \tag{b}$$

此式表明，横截面上的切应力与该点距圆心的半径 ρ 成正比，即切应力呈线性分布，切应力的方向与半径垂直（图 2-31(b)）。

根据静力学关系，如图 2-31(c) 所示，在距圆心为 ρ 处取一微面积 $\mathrm{d}A$，其上作用的微内力为 $\tau_\rho \mathrm{d}A$，整个截面上各点处所有微内力对圆心之矩的总和，等于该截面上的内力扭矩 T，即

$$T = \int_A \rho\tau_\rho \, \mathrm{d}A \tag{c}$$

将 (b) 式代入 (c) 式，得

$$T = \int_A \rho\tau_\rho \, \mathrm{d}A = \int_A G\rho^2 \frac{\mathrm{d}\varphi}{\mathrm{d}x} \, \mathrm{d}A = G \frac{\mathrm{d}\varphi}{\mathrm{d}x} \int_A \rho^2 \, \mathrm{d}A = G \frac{\mathrm{d}\varphi}{\mathrm{d}x} I_\mathrm{P} \tag{d}$$

式中

$$I_\mathrm{P} = \int_A \rho^2 \, \mathrm{d}A$$

I_P 称为横截面对圆心的极惯性矩，其大小与截面形状、尺寸有关，单位是米^4（m^4）或毫米^4（mm^4）。由 (d) 可得

$$\frac{\mathrm{d}\varphi}{\mathrm{d}x} = \frac{T}{GI_\mathrm{P}} \tag{2-11}$$

把式 (2-11) 代入式 (b)，即得横截面上扭转切应力的计算公式为

$$\tau_\rho = \frac{T \cdot \rho}{I_P} \qquad (2-12)$$

最大切应力发生在截面边缘处，即 $\rho = R$ 时，其值为

$$\tau_{max} = \frac{T \cdot R}{I_P} = \frac{T}{W_P} \qquad (2-13)$$

式中 $W_P = \dfrac{I_P}{R}$，称为抗扭截面系数。

必须指出，式(2-13)只适用于圆截面轴，而且横截面上 τ_{max} 不超过材料的剪切比例极限。

2.4.5　极惯性矩和抗扭截面系数

1. 圆截面

如图 2-32 所示，设截面直径为 D，若取微面积为一圆环，即 $dA = 2\pi\rho\,d\rho$，则其极惯性矩为

$$I_P = \int_A \rho^2\,dA = \int_0^{D/2} 2\pi\rho^3\,d\rho = \frac{\pi D^4}{32} \approx 0.1D^4 \qquad (2-14)$$

抗扭截面系数为

$$W_P = \frac{I_P}{R} = \frac{\pi D^3}{16} \approx 0.2D^3 \qquad (2-15)$$

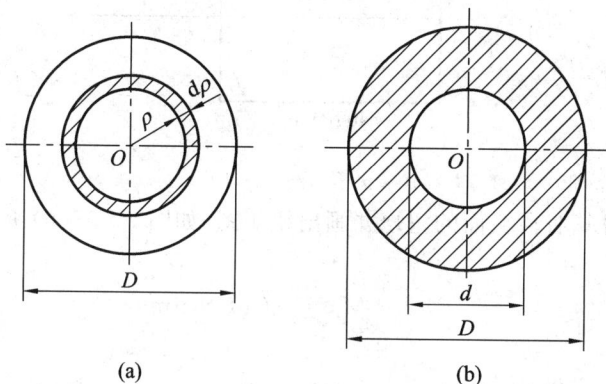

图 2-32　圆环截面

2. 空心圆截面

设外径为 D，内径为 d，并取内外径之比 $d/D = \alpha$。同理可得其极惯性矩为

$$I_P = \frac{\pi}{32}(D^4 - d^4) = \frac{\pi D^4}{32}(1 - \alpha^4) \approx 0.1D^4(1 - \alpha^4) \qquad (2-16)$$

抗扭截面系数为

$$W_P = \frac{\pi D^3}{16}(1 - \alpha^4) \approx 0.2D^3(1 - \alpha^4) \qquad (2-17)$$

2.4.6　圆轴扭转时的变形

圆轴扭转变形的大小是用两横截面绕轴线的相对扭转角 φ 来度量的。由式(2-11)可

知，相距为 dx 的两相邻截面间的扭转角为 $d\varphi = \dfrac{T}{GI_P} dx$。将此微分式进行积分，即得相距

为 l 的两个横截面之间的扭转角为 $\varphi = \displaystyle\int_0^\varphi d\varphi = \int_0^l \dfrac{T}{GI_P} dx$。对于轴长为 l，扭矩为常量的等

截面圆轴，两端截面间的相对扭转角为

$$\varphi = \frac{Tl}{GI_P} \qquad\qquad (2-18)$$

式中 GI_P 称为截面的抗扭刚度。它反映了圆轴抵抗扭转变形的能力。当 T 和 l 一定时，GI_P

愈大，则扭转角 φ 愈小，说明圆轴抵抗扭转变形的能力愈强。

对于阶梯轴或各段扭矩不相等的轴，应分段计算各段的扭转角并求代数和，即可求得

全轴的扭转角。

例 2-11 图 2-33(a) 所示的传动轴，已知 $M_1 = 640$ N·m，$M_2 = 840$ N·m，$M_3 = 200$ N·m，轴材料的切变模量 $G = 80$ GPa。试求截面 C 相对于截面 A 的扭转角。

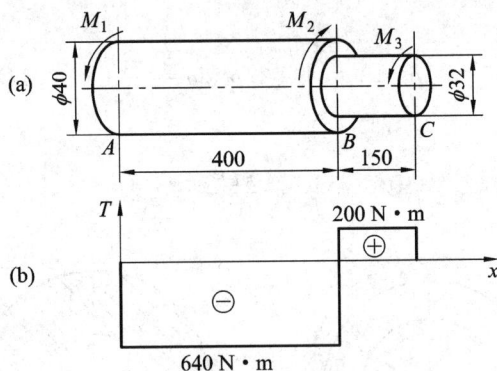

图 2-33 例 2-11 图

解 (1) 分段计算各段截面的扭矩并画出扭矩图（如图 2-33(b) 所示）。

AB 段

$$T_1 = -M_1 = -640 \text{ N·m}$$

BC 段

$$T_2 = -M_1 + M_2 = (-640 + 840) \text{ N·m} = 200 \text{ N·m}$$

(2) 计算扭转角。由于 A、C 两截面间的扭矩 T 和极惯性矩 I_P 不是常量，故应分段计算出 AB 段和 BC 段的相对扭转角进行叠加。

$$\varphi_{AB} = \frac{T_1 l_1}{GI_{P1}} = \frac{-640 \times 400 \times 10^{-3}}{80 \times 10^9 \times 0.1 \times (40 \times 10^{-3})^4} \text{ rad} = -0.013 \text{ rad}$$

$$\varphi_{BC} = \frac{T_2 l_2}{GI_{P2}} = \frac{200 \times 150 \times 10^{-3}}{80 \times 10^9 \times 0.1 \times (32 \times 10^{-3})^4} \text{ rad} = 0.004 \text{ rad}$$

故得

$$\varphi_{AC} = \varphi_{AB} + \varphi_{BC} = (-0.013 + 0.004) \text{ rad} = -0.009 \text{ rad}$$

2.4.7 圆轴扭转时的强度计算

与拉伸（压缩）时的强度计算一样，圆轴扭转时必须使最大工作切应力 τ_{max} 不超过材料

的许用切应力$[\tau]$，故等直圆轴扭转的切应力强度准则为

$$\tau_{\max} = \frac{T_{\max}}{W_P} \leqslant [\tau] \qquad (2-19)$$

对于阶梯轴，由于各段轴上截面的W_P不同，最大切应力不一定发生在最大扭矩所在的截面上，因此需综合考虑W_P和T两个量来确定。

例2-12 某汽车的传动轴AB是由45号无缝钢管制成的，轴的外径$D=90$ mm，壁厚$t=2.5$ mm，传递的最大力偶矩$M=1.5$ kN·m，材料的$[\tau]=60$ MPa。试：

（1）校核轴的强度。

（2）若改用相同材料的实心轴，并要求它和原轴强度相同，试设计其直径。

（3）比较实心轴和空心轴的重量。

解 （1）校核强度。传动轴AB各截面的扭矩为

$$T = M = 1.5 \text{ kN·m}$$

抗扭截面系数为

$$W_P = \frac{\pi D^3}{16}(1-\alpha^4) = \frac{\pi \times 90^3}{16}\left[1-\left(\frac{85}{90}\right)^4\right] = 29\ 280 \text{ mm}^3 = 29.28 \times 10^{-6} \text{ m}^3$$

最大切应力为

$$\tau_{\max} = \frac{T}{W_P} = \frac{1.5 \times 10^3}{29.82} \text{ Pa} = 51.2 \times 10^6 \text{ Pa} = 51.2 \text{ MPa} < 60 \text{ MPa}$$

所以，轴强度足够。

（2）设计实心轴直径D_1。

由于实心轴和原传动轴的扭矩相同，当要求它们的强度相同时，实际上它们的抗扭截面模量相等即可，于是得

$$W_P = \frac{\pi D_1^3}{16} = \frac{\pi}{16}D^3(1-\alpha^4)$$

$$D_1 = D\sqrt[3]{1-\alpha^4} = 90 \times \sqrt[3]{1-\left(\frac{85}{90}\right)^4} = 53 \text{ mm}$$

（3）重量比较。

设实心轴重量为G_1，空心轴重量为G，由于两轴材料、长度相同，那么重量比即为截面积之比：

$$\frac{G_1}{G} = \frac{\pi D_1^2/4}{\pi(D^2-d^2)/4} = \frac{53^2}{90^2-85^2} = 3.21$$

计算结果表明，在等强度条件下，空心轴比实心轴节省材料。因此，空心圆截面是圆轴扭转时的合理截面形状。

2.4.8 圆轴扭转时的刚度计算

式(2-18)两边同除以轴长l，就得到单位轴长的相对扭转角$\theta = \frac{\varphi}{l} = \frac{T}{GI_P}$。对于等截面圆轴，其最大单位轴长的扭转角必在扭矩最大的轴段上产生。

对于轴类构件，除了要满足强度要求外，还要求轴不要产生过大的变形，即要求轴的最大单位轴长的扭转角不超过其许用扭转角，从而得到圆轴扭转的刚度准则为

$$\theta_{\max} = \frac{T_{\max}}{GI_P} \leqslant [\theta]$$

式中，$\theta_{\max}$ 的单位是弧度/米（rad/m），而工程上常用许用扭转角的单位是度/米（°/m）。因此，将最大 $\theta_{\max}$ 的单位（rad/m）换算成 $[\theta]$ 的单位（°/m），则刚度准则即为

$$\theta_{\max} = \frac{T_{\max}}{GI_P} \times \frac{180°}{\pi} \leqslant [\theta] \tag{2-20}$$

单位轴长的许用扭转角 $[\theta]$ 的取值，可查阅有关设计手册。

应用圆轴扭转的刚度准则，可以解决刚度计算的三类问题，即校核刚度、设计截面和确定许可载荷。

例 2-13　图 2-34(a)所示传动轴的转速 $n=300$ r/min，主动轮 C 输入外力矩 $M_C=955$ N·m，从动轮 A、B、D 的输出外力矩分别为 $M_A=159.2$ N·m，$M_B=318.3$ N·m，$M_D=477.5$ N·m，已知材料的切变模量 $G=80$ GPa，许用切应力 $[\tau]=40$ MPa，许用扭转角 $[\theta]=1$ °/m。试按轴的强度和刚度准则设计轴的直径。

解　(1) 计算轴各段的扭矩，画扭矩图。

AB 段　　$T_1 = -M_A = -159.2$ N·m

BC 段　　$T_2 = -M_A - M_B = (-159.2 - 318.3)$ N·m $= -477.5$ N·m

CD 段　　$T_3 = -M_A - M_B + M_C = (-159.2 - 318.3 + 955)$ N·m $= 477.5$ N·m

所画扭矩图如图 2-34(b)所示。由图可知最大扭矩发生在 BC 段和 CD 段，即

$$T_{\max} = 477.5 \text{ N·m}$$

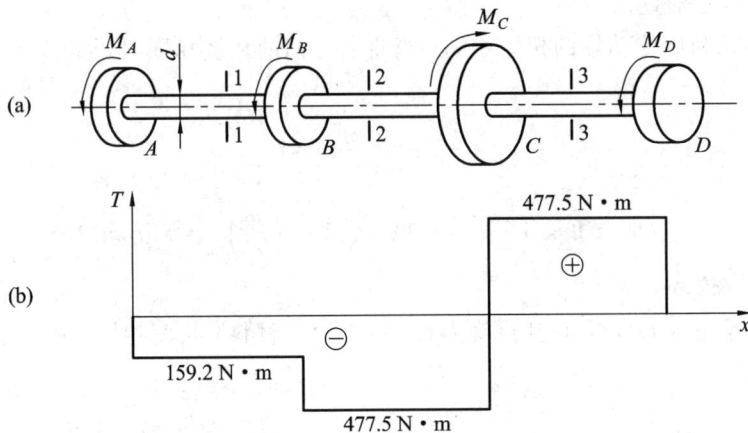

图 2-34　例 2-13 图

(2) 按强度准则设计轴径。

由式 $\tau_{\max} = \dfrac{T_{\max}}{W_P} \leqslant [\tau]$ 和 $W_P = \dfrac{\pi d^3}{16}$ 得

$$d \geqslant \sqrt[3]{\frac{16 \times 477.5}{\pi \times 40 \times 10^6}} \text{ m} = 39.3 \times 10^{-3} \text{ m} = 39.3 \text{ mm}$$

(3) 按刚度准则设计轴径。

由式 $\theta_{\max} = \dfrac{T_{\max}}{GI_P} \times \dfrac{180°}{\pi} \leqslant [\theta]$ 和 $I_P = \dfrac{\pi d^4}{32}$ 得

$$d \geqslant \sqrt[4]{\frac{32T_{max} \times 180}{\pi^2 G[\theta]}} = \sqrt[4]{\frac{32 \times 477.5 \times 180}{\pi^2 \times 80 \times 10^9 \times 1}} \text{ m} = 43.2 \times 10^{-3} \text{ m} = 43.2 \text{ mm}$$

为使轴既满足强度准则又满足刚度准则，可选取较大的值，即取 $d = 44$ mm。

2.5　直梁的弯曲

2.5.1　平面弯曲的概念

1. 工程实例与受力特点

弯曲变形是杆件比较常见的一种变形形式。例如，图 2-35(a)所示的火车轮轴，图 2-36(a)所示的桥式起重机大梁等，在外力作用下其轴线发生了弯曲。这种形式的变形称为弯曲变形。工程中把以发生弯曲变形为主的杆件通常称为梁。一些杆件在载荷作用下不仅发生弯曲变形，还发生扭转等变形，当讨论其弯曲变形时，仍然把这些杆件看做是梁。

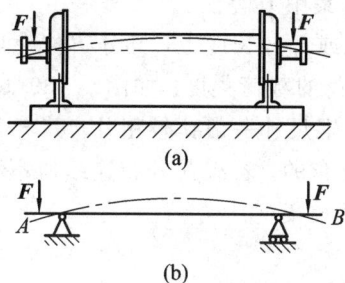

图 2-35　火车轮轴

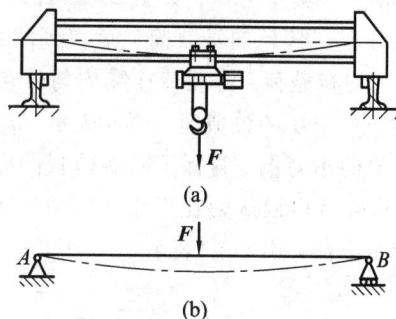

图 2-36　桥式起重机大梁

工程实际中，我们常见到的直梁，其横截面大多有一根纵向对称轴，如图 2-37 所示。梁的无数个横截面的纵向对称轴构成了梁的纵向对称平面(图 2-38 所示)。

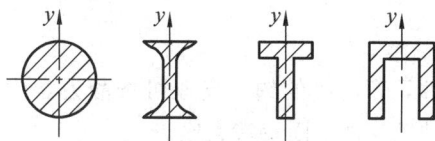

图 2-37　梁常见的截面形状

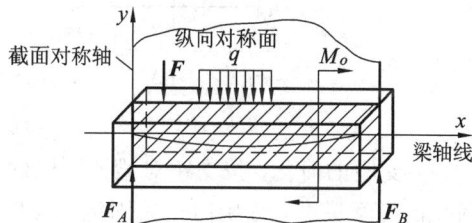

图 2-38　平面弯曲的特征

若梁上的所有外力(包括力偶)作用在梁的纵向对称平面内，梁的轴线将在其纵向对称平面内弯成一条平面曲线。梁的这种弯曲称为平面弯曲，它是最常见最基本的弯曲变形。本章主要讨论直梁的平面弯曲变形。

从以上工程实例可以得出，直梁平面弯曲的受力与变形特点是：外力作用于梁的纵向对称平面内，梁的轴线弯成一条平面曲线。

2. 梁的力学模型

为了便于分析和计算直梁平面弯曲时的强度和刚度,对于梁需建立力学模型。梁的力学模型包括了梁的简化、载荷的简化和支座的简化。

(1) 梁的简化。由前述平面弯曲的概念可知,载荷作用在梁的纵向对称平面内,梁的轴线将弯成一条平面曲线。因此,无论梁的外形尺寸如何复杂,用梁的轴线来代替梁可以使问题得到简化。如图 2-35(a)和图 2-36(a)所示的火车轮轴和起重机大梁,分别用梁的轴线 AB 代替梁进行简化(图 2-35(b)和图 2-36(b))。

(2) 载荷的简化。作用于梁上的外力,包括载荷和支座的约束反力,可以简化为以下三种力的模型。

① 集中力。当力的作用范围远远小于梁的长度时,可简化为作用于一点的集中力。例如火车车厢对轮轴的作用力及起重机吊重对大梁的作用等,都可简化为集中力(如图 2-35和图 2-36 所示)。

② 集中力偶。若分布在很短一段梁上的力能够形成力偶,则可以不考虑分布长度的影响,简化为一集中力偶。如图 2-39(a)所示带有圆柱斜齿轮的传动轴,F_a 为齿轮啮合力中的轴向分力,把 F_a 向轴线简化后得到的力偶,可视为集中力偶。

(3) 均布载荷。将载荷连续均匀分布在梁的全长或部分长度上,其分布长度与梁长比较不是一个很小的数值时,用 q 表示,q 称为均布载荷的载荷集度。如图 2-39(b)所示为薄板轧机的示意图。为保证轧制薄板的厚度均匀,轧辊尺寸一般比较粗壮,其弯曲变形就很小,这样就可以认为在 l_0 长度内的轧制力是均匀分布的。若载荷分布连续但不均匀,则称为分布载荷,用 $q(x)$ 表示,$q(x)$ 称为分布载荷的载荷集度。

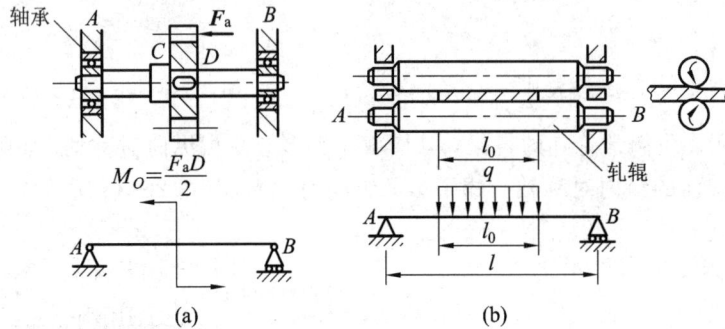

图 2-39　载荷的简化

(4) 支座的简化。按支座对梁的不同约束特性,静定梁的约束支座可按静力学中对约束简化的力学模型,分别简化为固定铰支座、活动铰支座、固定端支座。

3. 静定梁的基本力学模型

通过对梁、载荷和支座进行简化,我们就可以得到梁的力学模型。根据梁所受不同的支座约束,梁平面弯曲时的基本力学模型可分为以下三种形式。

(1) 简支梁:梁的两端分别为固定铰支座和活动铰支座(如图 2-36(b)所示)。

(2) 外伸梁:梁的两支座分别为固定铰支座和活动铰支座,但梁的一端(或两端)伸出支座以外(图如 2-35(b)所示)。

(3) 悬臂梁:梁的一端为固定端约束,另一端为自由端。如图 2-40 所示车刀刀架,刀架限制了车刀的随意移动和转动,可简化为固定端,车刀简化为悬臂梁。

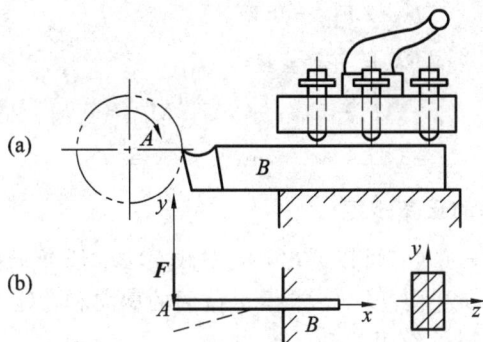

图 2-40　车刀

以上梁的支座反力均可通过静力学平衡方程求得,因此称为静定梁。若梁的支座反力的个数多于独立平衡方程的个数,则支座反力就不能完全由静力学平衡方程式来确定。这样的梁称为静不定梁。

2.5.2　梁弯曲时横截面上的内力

当作用在梁上全部的外力(包括载荷和支座反力)确定后,应用截面法可求出任一横截面上的内力。

1. 用截面法求剪力和弯矩

图 2-41(a)所示的悬臂梁 AB,在其自由端作用一集中力 F,由静力学平衡方程可求出其固定端的约束反力 $F_B=F$,约束力偶矩 $M_B=Fl$。

把距梁左端 A 为 x 处的横截面,称为梁的 x 截面,x 是梁的截面坐标。

为了求出任意 x 截面的内力,假想地用截面 m—m 将梁截分为两段,取左段梁为研究对象,如图 2-41(c)所示。由于整个梁在外力作用下是处于平衡的,所以梁的各段也必处于平衡。要使左段梁处于平衡,那么横截面上必定有一个作用线与外力 F 平行的力 F_Q,和一个在梁纵向对称平面内的力偶矩 M。由平衡方程式得

$$\sum F_y = 0 \qquad F - F_Q = 0$$
$$F_Q = F \qquad (a)$$

这个作用线平行于截面的内力,称为剪力,用符号 F_Q 表示。

$$\sum M_C = 0 \qquad M - Fx = 0$$
$$M = Fx \qquad (b)$$

式中的矩心 C 是 x 截面的形心。这个作用平面垂直于横截面的力偶矩称为弯矩,用符号 M 表示。

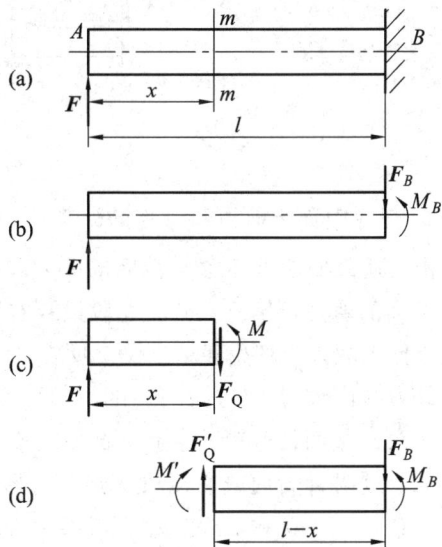

图 2-41　截面法求内力

同理，取 x 截面右段梁为研究对象（如图 2-41(d)所示），列平衡方程式得

$$\sum F_y = 0 \qquad F_Q^{'} - F_B = 0$$

$$F_Q^{'} = F_B = F \qquad\qquad\qquad (c)$$

$$\sum M_C = 0 \qquad -M' - F_B(l-x) + M_B = 0$$

$$M' = M_B - F(l-x) = Fx \qquad\qquad (d)$$

2. 剪力 F_Q、弯矩 M 的正负规定

从图 2-41(c)和图 2-41(d)可以看出，应用截面法求任意 x 截面的剪力和弯矩，无论取 x 截面左段梁还是取 x 截面右段梁，求得 x 截面的剪力和弯矩的数值是相等的，方向是相反的，反映了力的作用与反作用关系。

为了使所取截面左段梁和所取截面右段梁求得的剪力与弯矩，不仅数值相等，而且符号一致，规定剪力和弯矩的正负如下（图 2-42 所示）：

（1）剪力的正负规定：某梁段上左侧截面向上或右侧截面向下的剪力为正，反之为负。

（2）弯矩的正负规定：某梁段上左侧截面顺时针转向或右侧截面逆时针转向的弯矩为正，反之为负。

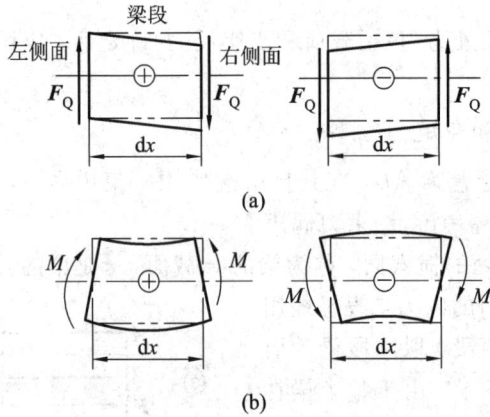

图 2-42　剪力和弯矩正、负规定

3. 任意截面上剪力和弯矩的计算

由上述截面法求任意 x 截面的剪力和弯矩的表达式(a)与(c)、(b)与(d)可以看出：任意 x 截面的剪力，等于 x 截面左段梁或右段梁上外力的代数和；左段梁上向上的外力或右段梁上向下的外力产生正值剪力，反之产生负值剪力。简述为：$Q(x) = x$ 截面左（或右）段梁上外力的代数和，左上右下为正。

任意 x 截面的弯矩，等于 x 截面左段梁或右段梁上外力对 x 截面形心力矩的代数和；左段梁上顺时针转向或右段梁上逆时针转向的外力矩产生正值弯矩，反之产生负值弯矩。简述为：$M(x) = x$ 截面左（或右）段梁上外力矩的代数和，左顺右逆为正。

例 2-14　外伸梁 DB 受力如图 2-43 所示，已知均布载荷集度为 q，集中力偶 $M_C = 3qa^2$。图中 2-2 与 3-3 截面称为 A 点的临近截面，即 $\triangle\rightarrow0$；同样，4-4 与 5-5 截面为 C 点处的临近截面。试求梁指定截面的剪力和弯矩。

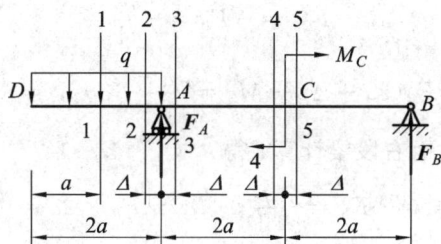

图 2-43　例 2-14 图

解　（1）求梁的支反力，取整个梁为研究对象，画受力图，列平衡方程，得

$$\sum M_B = 0 \qquad\qquad -F_A \times 4a - M_C + q \times 2a \times 5a = 0$$

$$F_A = \frac{7qa}{4}$$

$$\sum F_y = 0 \qquad\qquad F_B + F_A - q \times 2a = 0$$

$$F_B = 2qa - F_A = \frac{qa}{4}$$

（2）求各指定截面的剪力和弯矩。

1—1 截面：由 1—1 截面左段梁上外力的代数和求得该截面的剪力为

$$F_{Q1} = -qa$$

由 1—1 截面左段梁上外力对截面形心力矩的代数和求得该截面的弯矩为

$$M_1 = -qa \times \frac{a}{2} = -\frac{qa^2}{2}$$

由 1—1 截面右段梁上外力的代数和求得该截面的剪力为

$$F_{Q1} = qa - F_B - F_A = qa - \frac{qa}{4} - \frac{7qa}{4} = -qa$$

由 1—1 截面右段梁上外力对截面形心力矩的代数和求得该截面的弯矩为

$$M_1 = F_B \times 5a - M_C + F_A \times a - qa \times \frac{a}{2} = \frac{5qa^2}{4} - 3qa^2 + \frac{7qa^2}{4} - \frac{qa^2}{2} = -\frac{qa^2}{2}$$

由此可见，无论用 1—1 截面一侧左段梁还是右段梁求该截面的剪力和弯矩，其数值相同，符号相同，但外力代数和与外力矩代数和繁简不同。因此，在求指定截面的剪力和弯矩时，选择该截面一侧作用外力较少的梁段求剪力和弯矩较简便。

2—2 截面：取 2—2 截面左段梁计算，得

$$F_{Q2} = -q(2a - \Delta) = -2qa$$

$$M_2 = -q \times 2a(a - \Delta) = -2qa^2$$

式中的 Δ 是一个无穷小量，计算时当作零来处理。

3—3 截面：取 3—3 截面左段梁计算，得

$$F_{Q3} = -q \times 2a + F_A = -2qa + \frac{7qa}{4} = -\frac{qa}{4}$$

$$M_3 = -q \times 2a(a + \Delta) + F_A \times \Delta = -2qa^2$$

4—4 截面：取 4—4 截面右段梁计算，得

$$F_{Q4} = -F_B = -\frac{qa}{4}$$

$$M_4 = F_B(2a + \Delta) - M_C = \frac{qa^2}{2} - 3q a^2 = -\frac{5qa^2}{2}$$

5—5 截面：取 5—5 截面右段梁计算，得

$$F_{Q5} = -F_B = -\frac{qa}{4}, \quad M = F_B \times 2a = \frac{qa^2}{2}$$

由以上计算结果可以得出：

（1）集中力作用处的两侧临近截面的弯矩相同，剪力不同，说明剪力在集中力作用处产生了突变，突变的幅值就等于集中力的大小。

（2）集中力偶作用处的两侧临近截面的剪力相同，弯矩不同，说明弯矩在集中力偶作用处产生了突变，突变的幅值就等于集中力偶矩的大小。

（3）由于集中力的作用截面和集中力偶的作用截面上剪力和弯矩有突变，因此，应用截面法求任一指定截面的剪力和弯矩时，截面不能取在集中力和集中力偶所在的截面上。

2.5.3　剪力图和弯矩图

1. 用剪力、弯矩方程画剪力、弯矩图

由上例可知，一般情况下，梁截面上的剪力和弯矩是随横截面位置的变化而连续变化的。若取梁轴线为 x 轴，以坐标 x 表示横截面的位置，则剪力和弯矩可表示为截面坐标 x 的单值连续函数，即

$$F_Q = F_Q(x)$$
$$M = M(x)$$

此两式分别称为剪力方程和弯矩方程。

为了能够直观地表明梁上各截面上剪力和弯矩的大小及正负，通常把剪力方程和弯矩方程用图像表示，称为剪力图和弯矩图。

剪力图和弯矩图的基本做法是：先求出梁的支反力，沿轴线取截面坐标 x；再建立剪力和弯矩方程；然后应用函数作图法画出 $F_Q(x)$、$M(x)$ 的函数图像，即为剪力图和弯矩图。

例 2-15　台钻手柄杆 AB 用螺纹固定在转盘上（图 2-44(a) 所示），其长度为 l，自由端作用 F 力，试建立手柄杆 AB 的剪力、弯矩方程，并画其剪力、弯矩图。

解　（1）建立手柄杆 AB 的力学模型，为如图 2-44 (b) 所示的悬臂梁，列平衡方程，求出支反力 $F_A = F$，$M_A = Fl$。

（2）列剪力、弯矩方程。

以梁的左端 A 点为坐标原点，选取任意 x 截面（图 2-44(b) 所示），用 x 截面左段梁上的外力求 x 截面的剪力、弯矩，即得到手柄杆 AB 的剪力、弯矩方程为

$$F_Q(x) = F_A = F \quad (0 < x < l)$$
$$M(x) = F_A x - M_A = -F(l - x) \quad (0 < x \leqslant l)$$

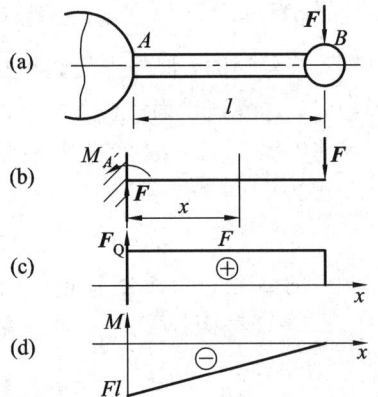

图 2-44　例 2-15 图

（3）画剪力、弯矩图。

由剪力方程 $F_Q(x)=F$ 可知，梁各横截面的剪力均等于 F，且为正值。剪力图为平行于 x 轴的水平线（图 2-44(c)所示）。

由弯矩方程 $M(x)=-F(l-x)$ 可知，截面弯矩是截面坐标 x 的一次函数（直线），确定直线两点的坐标，即 A 端截面的弯矩 $M(0)=-Fl$，B 端截面的弯矩 $M(l)=0$，连接两点坐标即得弯矩方程的直线（图 2-44(d)所示）。

（4）最大弯矩。

由弯矩图可见，手柄杆固定端截面上弯矩值的绝对值最大，即 $|M|_{max}=Fl$。

例 2-16　图 2-45(a)所示的简支梁 AB，在 C 点处作用集中力 F，试画此梁的剪力、弯矩图。

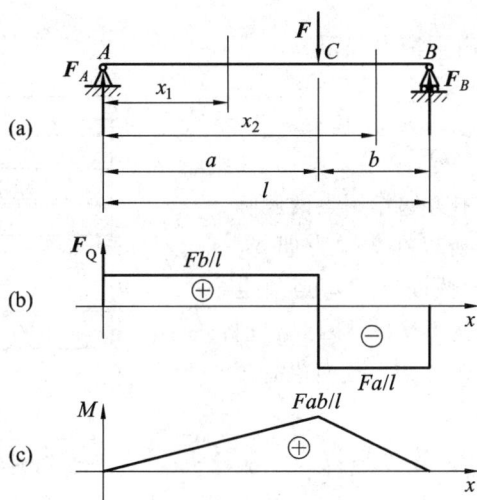

图 2-45　例 2-16 图

解　（1）画受力图，求支反力。由平衡方程 $\sum M_B=0$ 和 $\sum F_y=0$ 得

$$F_A=\frac{Fb}{l}, \quad F_B=\frac{Fa}{l}$$

（2）建立剪力、弯矩方程。由例 2-14 可知，集中力作用点两侧临近截面上剪力有突变，所以集中力 F 作用在梁 AB 中间 C 点，C 点两侧临近截面上的剪力也有突变，剪力方程在 C 点就不连续，因此要把梁 AB 分为 AC、CB 两段来考虑。

在 AC 段（$0<x_1<a$）内取与梁左端 A 相距为任意 x_1 的截面（图 2-45(a)所示），该截面左段梁上只有向上的外力 F_A，根据任意截面 F_Q 和 M 的计算方法及符号规定，任意 x_1 截面上的剪力和弯矩分别为

$$F_Q(x_1)=F_A=\frac{Fb}{l} \quad (0<x_1<a)$$

$$M(x_1)=F_A x_1=\frac{Fb}{l}x_1 \quad (0\leqslant x_1\leqslant a)$$

同理，在 CB 段（$a<x_2<l$）取与原点 A 相距为任意 x_2 截面（图 2-45(a)所示），该截面左段梁上有向上的支反力 F_A 和向下的 F 力，因此任意 x_2 截面上的剪力和弯矩分别为：

$$F_Q(x_2) = F_A - F = -\frac{Fa}{l} \quad (a < x_2 < l)$$

$$M(x_2) = F_A x_2 - F(x_2 - a) = \frac{Fb}{l}x_2 - F(x_2 - a) \quad (a \leqslant x_2 \leqslant l)$$

（3）画剪力、弯矩图。根据函数作图法知，AC 段剪力为常量，弯矩图是斜直线；CB 段剪力也为常量，弯矩图也是斜直线（图 $2-45$(b)、(c) 所示）。

从剪力、弯矩图可见，当 $a > b$ 时，$|F_Q|_{max} = Fa/l$，在 C 截面有最大的弯矩值 $|M|_{max} = Fab/l$；当 $a = b = l/2$，即集中力作用在梁的中点时，梁的中点有最大弯矩值 $|M|_{max} = Fl/4$。

例 2 - 17　图 $2-46$(a) 所示的简支梁 AB，在 C 点处作用集中力偶 M_0，试画此梁的剪力、弯矩图。

解　（1）画受力图，由平衡方程得

$$F_A = -\frac{M_0}{l}, \quad F_B = \frac{M_0}{l}$$

（2）建立剪力、弯矩方程。

由例 $2-14$ 可知，集中力偶作用点两侧临近截面上的弯矩有突变，所以在集中力偶 M_0 作用的 C 点截面两侧临近截面上的弯矩值也有突变，弯矩方程在该点就不连续，因此要把 AB 梁分为 AC、CB 两段来考虑。截面坐标 x 的选取如图 $2-46$(a) 所示。

AC 段内的剪力、弯矩方程分别为：

$$F_Q(x_1) = F_A = -\frac{M_0}{l} \quad (0 < x_1 \leqslant a)$$

$$M(x_1) = F_A x_1 = -\frac{M_0}{l}x_1 \quad (0 \leqslant x_1 < a)$$

CB 段内的剪力、弯矩方程分别为：

$$F_Q(x_2) = F_A = -\frac{M_0}{l} \quad (a \leqslant x_2 < l)$$

$$M(x_2) = F_A x_2 + M_0 \quad (a < x_2 \leqslant l)$$

（3）画剪力、弯矩图。

由剪力、弯矩方程分别绘出剪力、弯矩图如图 $2-46$(b)、(c) 所示。

例 2 - 18　图 $2-47$(a) 所示的简支梁 AB，作用均布载荷 q，试画该梁的剪力、弯矩图。

解　（1）画受力图，由平衡方程得

$$F_A = \frac{ql}{2}, \quad F_B = \frac{ql}{2}$$

（2）建立剪力、弯矩方程。

由于均布载荷作用在全梁上，梁中间没

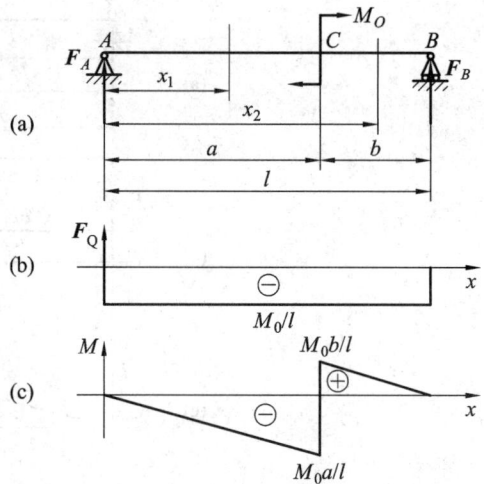

图 $2-46$　例 $2-17$ 图

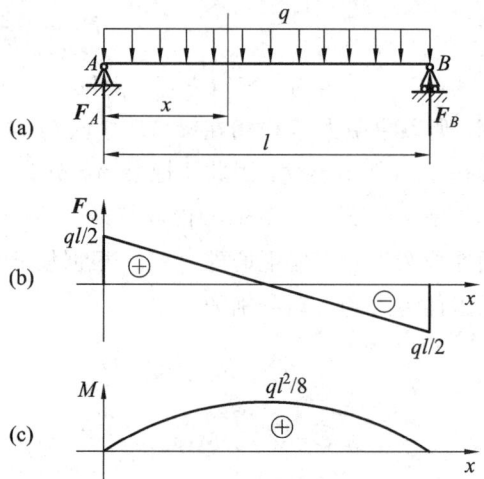

图 $2-47$　例 $2-18$ 图

有集中力或集中力偶将梁分段，所以剪力方程和弯矩方程在全梁上是截面坐标 x 的单值连续函数，因此全梁只有一个剪力方程和一个弯矩方程。选取任意 x 截面坐标如图 2-47(a) 所示，得

$$F_Q(x) = F_A - qx = \frac{ql}{2} - qx \quad (0 < x < l)$$

$$M(x) = F_A x - qx \times \frac{x}{2} = \frac{ql}{2}x - \frac{q}{2}x^2 \quad (0 \leqslant x \leqslant l)$$

（3）画剪力、弯矩图。

剪力方程表示剪力是截面坐标 x 的直线方程，只需确定直线两点的坐标 $F_Q(0) = ql/2$，$F_Q(l) = -ql/2$，作这两点的连线得剪力图（图 2-47(b)所示）。

弯矩方程表示截面弯矩是截面坐标 x 的二次函数，弯矩图曲线为一抛物线，由函数作图法可绘出弯矩图（图 2-47(c)所示）。

从图可见，$|Q|_{max} = ql/2$；最大的弯矩值在梁的中点截面，$|M|_{max} = ql^2/8$。

2. 用内力随外力的变化规律绘制剪力、弯矩图

从上述例题可知，若从梁的左端作图，则剪力、弯矩图随外力存在以下的变化规律：

（1）剪力、弯矩方程在全梁上一般不是截面坐标 x 的连续函数，或者说是分段定义的函数。载荷变化处（集中力、集中力偶作用处，均布载荷的始末端）为 F_Q、M 方程的不连续点，需分段建立方程。

（2）无载荷作用的梁段上，剪力图为水平线，弯矩图为斜直线。

（3）集中力作用处，剪力图有突变，突变的幅值等于集中力的大小，突变的方向与集中力同向；弯矩图有折点。

（4）集中力偶作用处，剪力图不变；弯矩图突变，突变的幅值等于集中力偶矩的大小，突变的方向，集中力偶顺时针向坐标正向突变，反之向坐标负向突变。

（5）均布载荷作用的梁段上，剪力图为斜直线；弯矩图为二次曲线，曲线凹向与均布载荷同向，在剪力等于零的截面，曲线有极值。

尽管用剪力、弯矩方程能够画出剪力、弯矩图，但是应用剪力、弯矩随外力的变化规律绘制剪力、弯矩图，会更加简捷方便。

例 2-19　图 2-48(a)所示外伸梁 AD，作用均布载荷 q，集中力偶 $M_0 = 3qa^2/2$，集中力 $F = qa/2$，试用剪力、弯矩与外力的变化规律画该梁的剪力、弯矩图。

解　（1）求支反力得 $F_A = 3qa/4$，$F_B = -qa/4$。集中力、集中力偶和均布载荷的始末端将梁分为 AC、CB、BD 三段。

（2）画剪力图。

从梁的左端开始，A 点处受集中力 F_A 作用，剪力图沿集中力方向向上突变，突变幅值等于 $F_A = 3qa/4$；AC 段无载荷作用，剪力值保持常量；C 点处受集中力偶作用，剪力值不变；CB 段无载荷作用，剪力值为常量；B 点处受集中力 F_B 作用，剪力图沿力方向向下突变，突变幅值等于 F_B；BD 段受均布载荷 q 作用，剪力图为斜直线，确定出 B 点右侧临近截面（记做 B_+）的剪力 $F_{Q+} = qa/2$，D 点左侧临近截面（记做 D_-）的剪力 $F_{Q-} = -qa/2$，画此两点剪力值坐标的连线；D 点处受 F 力作用，剪力图向上突变回到坐标轴。由此可得图 2-48(b)所示的剪力图。

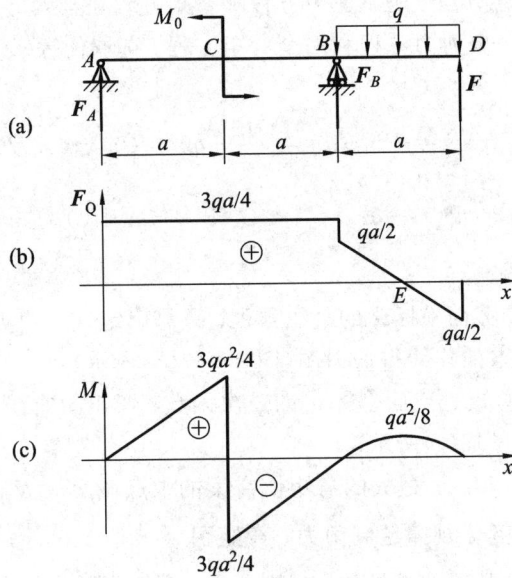

图 2-48 例 2-19 图

(3) 画弯矩图。

从梁的左端开始，A 点处受集中力 F_A 作用，弯矩图有折点；AC 段无载荷作用，弯矩图为直线，确定 A_+、C_- 两截面的弯矩值 $M_{A+}=0$、$M_{C-}=\dfrac{3qa^2}{4}$，过这两点作直线；C 点处受集中力偶作用，弯矩图逆时针向下突变，突变幅值为 M_0，即 $M_{C+}=\dfrac{3qa^2}{4}-\dfrac{3qa^2}{2}=-\dfrac{3qa^2}{4}$；$CB$ 段无载荷作用，弯矩图为直线，确定 C_+、B_- 两截面的弯矩值 $M_{C+}=-\dfrac{3qa^2}{4}$、$M_{B-}=0$，过这两点作直线；B 点处受集中力 F_B 作用，弯矩图有折点；BD 段受均布载荷 q 作用，弯矩图为抛物线，凹向与均布载荷同向向下。确定出 B_+、E、D 截面的弯矩值 $M_{B+}=0$，$M_E=\dfrac{qa}{2}\times\dfrac{a}{2}-\dfrac{qa}{2}\times\dfrac{a}{4}=\dfrac{qa^2}{8}$，$M_D=0$，过这三点的弯矩值坐标点描出抛物线，即得图 2-48(c)所示的弯矩图。

2.5.4 梁纯弯曲时横截面上的应力

在确定了梁横截面的内力之后，还需进一步研究横截面上的应力与截面内力之间的定量关系，从而建立梁的强度设计准则，进行强度计算。

1. 纯弯曲与横力弯曲

火车轮轴的力学模型为图 2-49(a)所示的外伸梁。画其剪力、弯矩图如图 2-49(b)、(c)所示，在其 AC、BD 段内各横截面上有弯矩 M 和剪力 F_Q 同时存在，故梁的此段在弯曲

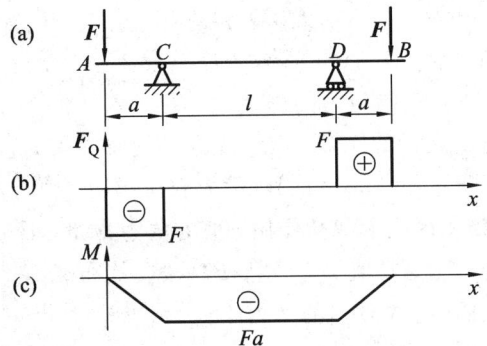

图 2-49 受横力弯曲的梁

变形的同时，还会发生剪切变形，这种变形称为剪切弯曲，也称为横力弯曲。在其 CD 段内各横截面上，只有弯矩 M 而无剪力 F_Q，这种弯曲称为纯弯曲。

2. 纯弯曲正应力公式

1）实验观察和平面假设

如图 $2-50(a)$ 所示，取一矩形截面等直梁，实验前在其表面画两条横向线 mm 和 nn，再画两条纵向线 aa 和 bb，然后在其两端作用外力偶矩 M，梁将发生平面纯弯曲变形。观察其变形，可以看到如下的现象（图 $2-50(b)$ 所示）：

（1）横向线 mm 和 nn 仍为直线且与纵向线正交，并相对转动了一个微小角度。

（2）纵向线 aa 和 bb 弯成了曲线，且 bb 线伸长而 aa 线缩短。

由于梁内部材料的变化无法观察，因此假设横截面在变形过程中始终保持为平面。这就是梁纯弯曲时的平面假设。可以设想梁由无数条纵向纤维组成，且纵向纤维间无相互挤压作用，处于单向受拉或受压状态。

2）中性层与中性轴

由实验观察和平面假设推知：梁纯弯曲时，从凸边纤维伸长连续变化到凹边纤维缩短，其间必有一层纤维既不伸长又不缩短，这一纵向纤维层称为中性层（图 $2-50(c)$ 所示）。中性层与横截面的交线称为中性轴（位置待定）。梁弯曲时，横截面绕中性轴转动了一个角度。

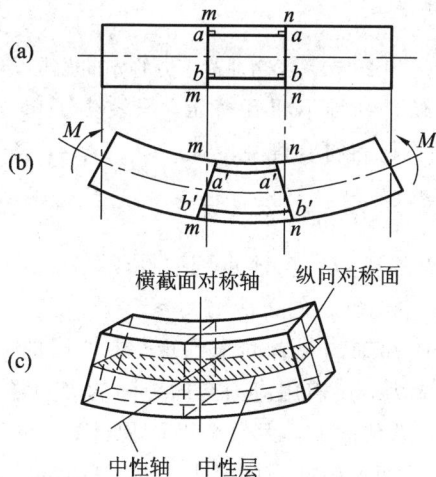

图 $2-50$　纯弯曲变形现象

从上述分析可以得出以下的结论：

（1）纯弯曲时，梁的无数个横截面绕其自身中性轴转动了不同的角度，相距很近的两横截面之间有一相对转角 $d\theta$。

（2）两横截面间的纵向纤维无相互挤压，只发生拉伸或压缩变形，梁的横截面有垂直于截面的正应力。

（3）纵向纤维与横截面保持垂直，截面无切应力。

3）变形的几何关系、物理关系和静力学关系

（1）几何关系。在梁截面建立图 $2-51(b)$ 所示的坐标系，y 轴为截面的对称轴，方向向下；z 轴为中性轴。如图 $2-51(a)$ 所示，截取梁上一微段 dx 进行分析，$m—m$，$n—n$ 截面绕中性轴转动了一相对转角 $d\theta$，设中性层的曲率半径为 ρ，则距中性轴为 y 坐标处的纵

向纤维变形前后的长度分别为

$$bb = O'O' = \rho \, d\theta, \quad b'b' = (\rho + y) \, d\theta$$

其应变为

$$\varepsilon = \frac{b'b' - bb}{bb} = \frac{(\rho + y) \, d\theta - \rho \, d\theta}{\rho \, d\theta} = \frac{y}{\rho} \tag{a}$$

(a)式表明，距中性轴为 y 坐标处纵向纤维的线应变 ε 与 y 坐标成正比。

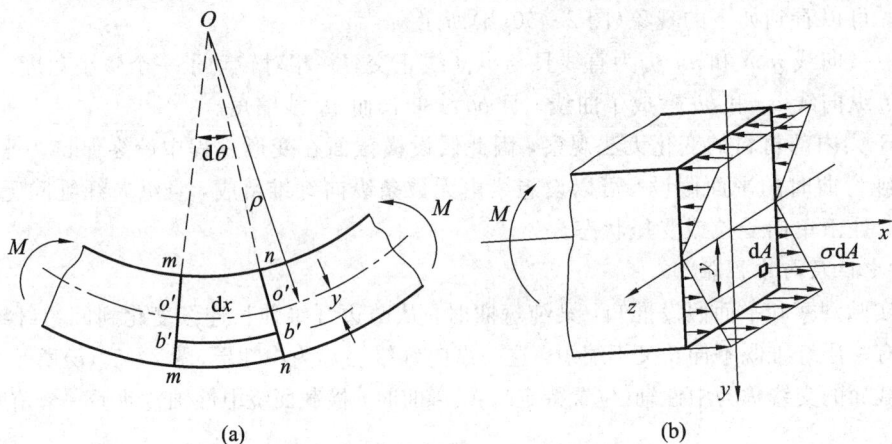

(a)　　　　　　　　　　　(b)

图 2-51　梁弯曲时应力的分布规律

　　(2) 物理关系。因假设纵向纤维不相互挤压，只发生了单向的拉伸或压缩变形，当应力不超过材料的比例极限时，材料符合虎克定律，即 $\sigma = E\varepsilon$，将(a)式代入得

$$\sigma = E \frac{y}{\rho} \tag{b}$$

(b)式表明，横截面上任一点的正应力与该点到中性轴的距离 y 成正比，即正应力呈线性分布(如图 2-51(b)所示)，中性轴上的正应力为零。

　　(3) 静力学关系。由于中性轴的位置尚未确定，中性层的曲率也是未知量，因此不能应用公式(b)计算截面的正应力，还需用应力与内力间的静力学关系来确定。

　　在图 2-51(b)所示梁的横截面上，无数个微面积 dA 上的微内力 $\sigma \, dA$ 组成了一空间平行力系，由于纯弯曲时横截面上轴向力的合力为零，只有弯矩，所以微内力 $\sigma \, dA$ 沿 x 轴方向的总和为零，即

$$\int_A \sigma \, dA = 0 \tag{c}$$

将(b)式代入(c)式，即

$$\int_A E \frac{y}{\rho} \, dA = \frac{E}{\rho} \int_A y \, dA = 0 \tag{d}$$

式中 E/ρ 是常数且不等于零。由形心坐标公式知，积分 $\int_A y \, dA = S_z$ 为截面对 z 轴的静矩。要满足(d)式，截面对 z 轴的静矩必为零，即中性轴通过截面的形心。

　　横截面上微内力对 z 轴力矩的总和等于该截面的弯矩，即

$$M = \int_A y\sigma \, dA \tag{e}$$

将(b)式代入(e)式得

$$M = \int_A \frac{E}{\rho} y^2 \, \mathrm{d}A = \frac{E}{\rho} \int_A y^2 \, \mathrm{d}A$$

令

$$I_z = \int_A y^2 \, \mathrm{d}A \qquad (2-21)$$

则

$$\frac{1}{\rho} = \frac{M}{EI_z} \qquad (2-22)$$

$I_z = \int_A y^2 \, \mathrm{d}A$ 称为截面对中性轴 z 的惯性矩。式(2-22)是研究弯曲变形的基本公式，$1/\rho$ 表示梁轴线(中性层)弯曲的曲率，$1/\rho$ 值愈大，梁弯曲愈甚。EI_z 与 $1/\rho$ 成反比，表示了梁抵抗弯曲变形的能力。所以，EI_z 称为梁的抗弯刚度。

4）正应力公式

将(2-22)式代入(b)式，可得梁纯弯曲时截面的正应力公式，即

$$\sigma = \frac{My}{I_z} \qquad (2-23)$$

式中：σ 表示横截面上任一点处的正应力；M 为横截面上的弯矩；y 表示横截面上该点到中性轴的距离。

由(2-23)式可见，梁截面最大的正应力发生在离中性轴最远的上、下边缘的点上，即

$$\sigma_{\max} = \frac{M y_{\max}}{I_z} \qquad (2-24)$$

令

$$W_z = \frac{I_z}{y_{\max}} \qquad (2-25)$$

W_z 称为截面的抗弯截面系数，则梁截面的最大应力为

$$\sigma_{\max} = \frac{M}{W_z} \qquad (2-26)$$

需要说明的是：公式(2-23)、(2-26)是在平面纯弯曲条件下推导出来的，对于横力弯曲的梁，只要梁的跨长 l 远大于截面高度 $h(l/h>5)$ 时，截面剪力对正应力的分布影响很小，可以忽略不计。因此，对于横力弯曲的正应力计算仍用纯弯曲推导出来的应力公式。

2.5.5 惯性矩和抗弯截面系数

1. 惯性矩的物理意义

由平面图形的形心坐标公式知，截面对 z 轴的静矩 $S_z = \int_A y \, \mathrm{d}A$，积分 $\int_A y \, \mathrm{d}A$ 表示截面所有微面积 $\mathrm{d}A$ 对 z 轴一次矩的代数和。截面惯性矩 $I_z = \int_A y^2 \, \mathrm{d}A$ 表示截面所有微面积对 z 轴二次矩之和。由积分运算知，静矩可正、可负，可为零；而截面对某轴的惯性矩恒为正，其大小不仅与截面面积的形状、大小有关，而且与截面面积的分布有关。本节主要介绍常用截面形状的惯性矩计算。

2. 简单图形的惯性矩和抗弯截面系数

1) 矩形截面

设一矩形截面(图 2-52(a)所示),高度为 h,宽度为 b,确定该截面对中性轴 z 的惯性矩 I_z。

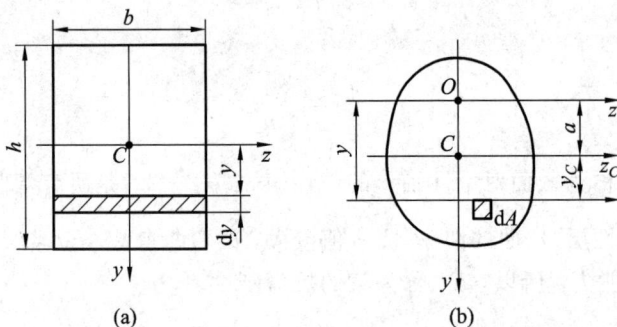

(a)　　　　　　　　　(b)

图 2-52　矩形截面

过截面形心建立坐标 ycz,在距 z 轴为 y 坐标处用 y 坐标的微量 $\mathrm{d}y$ 截取一狭长微面积 $\mathrm{d}A = b\,\mathrm{d}y$,由惯性矩定义 $I_z = \int_A y^2\,\mathrm{d}A$ 得

$$I_z = \int_A y^2\,\mathrm{d}A = \int_{-h/2}^{h/2} y^2 b\,\mathrm{d}y = \frac{bh^3}{12}$$

抗弯截面系数为

$$W_z = \frac{I_z}{y_{\max}} = \frac{bh^3/12}{h/2} = \frac{bh^2}{6}$$

同理可得截面对 y 轴的惯性矩为

$$I_y = \frac{hb^3}{12}$$

2) 圆截面

设圆截面直径为 D,则惯性矩为

$$I_z = \frac{\pi D^4}{64}$$

抗弯截面系数为

$$W_z = \frac{I_z}{y_{\max}} = \frac{\pi D^3}{32} \approx 0.1D^3$$

3) 圆环形截面

设圆环的外径为 D,内径为 d,$\dfrac{d}{D} = \alpha$,则惯性矩为

$$I_z = \frac{\pi D^4}{64}(1 - \alpha^4)$$

抗弯截面系数为

$$W_z = \frac{I_z}{y_{\max}} = \frac{\pi D^3}{32}(1 - \alpha^4) \approx 0.1D^3(1 - \alpha^4)$$

几种常见截面形状的 I_z、W_z 见表 2-2,有关型钢的 I_z、W_z 可以从工程手册中查出。

表 2 - 2 常用截面的几何性质

截面形状	惯性矩	抗弯截面系数
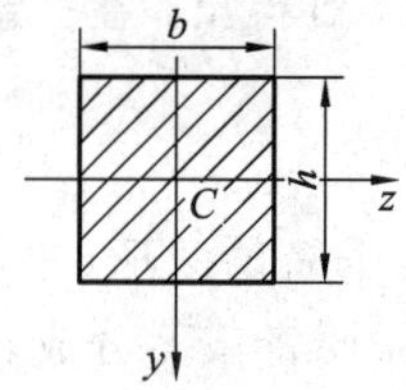	$I_z = \dfrac{bh^3}{12}$ $I_z = \dfrac{hb^3}{12}$	$W_z = \dfrac{bh^2}{6}$
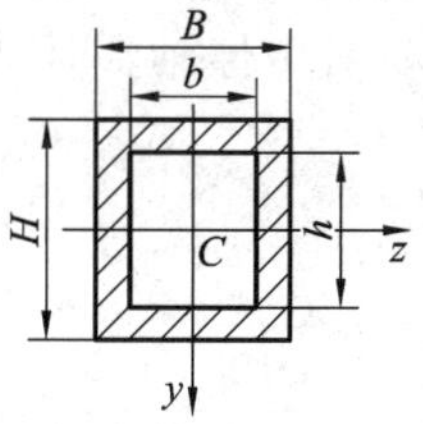	$I_z = \dfrac{BH^3 - bh^3}{12}$ $I_y = \dfrac{HB^3 - hb^3}{12}$	$W_z = \dfrac{BH^3 - bh^3}{6H}$
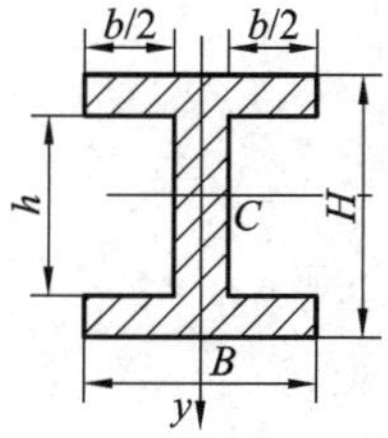	$I_z = \dfrac{BH^3 - bh^3}{12}$	$W_z = \dfrac{BH^3 - bh^3}{6H}$
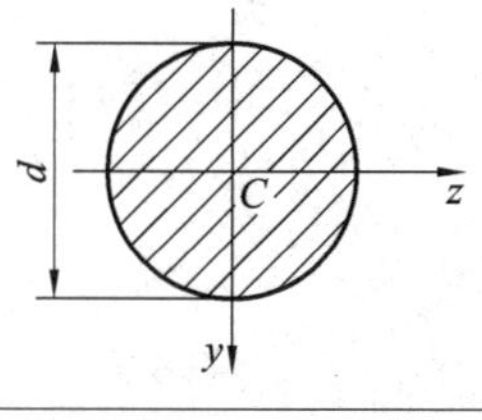	$I_z = I_y = \dfrac{\pi d^4}{64}$	$W_z = \dfrac{\pi d^3}{32}$
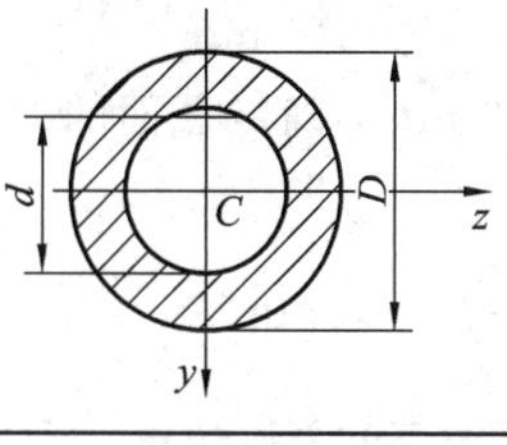	$I_z = I_y = \dfrac{\pi D^4}{64}(1 - \alpha^4)$	$W_z = \dfrac{\pi D^3}{32}(1 - \alpha^4)$

3. 组合截面的惯性矩

1）平行轴定理

同一截面对两条平行轴的惯性矩是不相同的。图 2 - 52(b)所示的任意截面，z_C 轴为截面的形心轴，若 z 轴平行于 z_C 轴，两轴间距为 a，微面积 dA 的坐标 $y = y_C + a$，则截面对 z 轴的惯性矩为

$$I_z = \int_A y^2 \, dA = \int_A (y_C + a)^2 \, dA = \int_A y_C^2 \, dA + 2a \int_A y_C \, dA + a^2 \int_A dA$$

式中 $\int_A y_C \, dA$ 表示截面对形心轴 z_C 的静矩，其值等于零。而 $\int_A dA = A$，则式表示为

$$I_z = I_{zC} + a^2 A \tag{2-27}$$

式(2-27)表明，截面对其形心外某轴 z 的惯性矩等于与之平行的形心轴 z_C 的惯性矩再加上截面面积与两轴距离平方的乘积。此即为平行轴定理。由此不难得出，在一组相互平行的轴中，截面对其形心轴的惯性矩最小。

2）组合截面的惯性矩

工程实际中，一些梁的截面形状并不是简单的图形，而是由几个简单图形（矩形、圆形）组合而成的组合图形。求组合截面对中性轴的惯性矩时，首先需要将截面分成若干个简单图形 $A = A_1 + A_2 + \cdots + A_n$，然后确定组合截面的形心，再计算截面对中性轴的惯性矩。由惯性矩的定义知，组合截面的惯性矩就等于各简单图形面积对中性轴惯性矩的总和，即

$$I_z = \int_A y^2 \, dA = \int_{A_1} y^2 \, dA + \int_{A_2} y^2 \, dA + \cdots + \int_{A_n} y^2 \, dA$$

例 2-20　求图 2-53 所示 T 形截面对其中性轴的惯性矩。

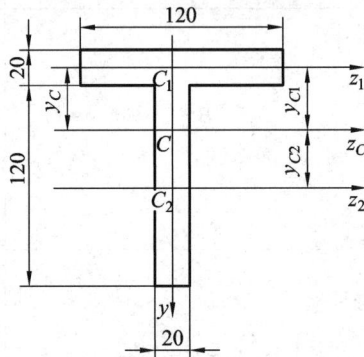

图 2-53　例 2-20 图

解　(1) 将图形分为两矩形：

$$A_1 = 120 \times 20 = 2.4 \times 10^3 \text{ mm}^2, \quad A_2 = 20 \times 120 = 2.4 \times 10^3 \text{ mm}^2$$

(2) 选坐标 $z_1 y$，A_1 的形心坐标 $y_1 = 0$，A_2 的形心坐标 $y_2 = 70$ mm，确定截面的形心坐标 y_C：

$$y_C = \frac{A_1 y_1 + A_2 y_2}{A_1 + A_2} = \frac{24 \times 10^2 \times 0 + 24 \times 10^2 \times 70}{24 \times 10^2 + 24 \times 10^2} = 35 \text{ mm}$$

(3) 过截面形心建立中性轴 z_C，则 A_1、A_2 的形心坐标分别为 $y_{C1} = -35$ mm，$y_{C2} = 35$ mm。

(4) 应用平行轴定理，求截面对中性轴的惯性矩为

$$I_{zC} = \frac{120 \times 20^3}{12} + 120 \times 20 \times 35^2 + \frac{20 \times 120^3}{12} + 20 \times 120 \times 35^2 = 8.84 \times 10^6 \text{ mm}^4$$

2.5.6　梁弯曲时的强度计算

1. 弯曲正应力强度准则

由式(2-26)可知，梁弯曲时截面上的最大正应力发生在截面的上、下边缘处。对于等截面梁来说，全梁的最大正应力一定发生在最大弯矩所在截面的上、下边缘处，这个最大弯矩所在截面一般称为危险截面，其上、下边缘处的点称为危险点。要使梁具有足够的强

度，必须使梁危险截面上危险点处的工作应力不超过材料的许用应力，此即为梁弯曲时的正应力强度准则，即

$$\sigma_{max} = \frac{M_{max}}{W_z} \leqslant [\sigma] \tag{2-28}$$

2. 弯曲正应力强度计算

应用式(2-28)弯曲正应力强度准则，可以解决弯曲正应力强度计算的三类问题，即校核强度、设计截面和确定许可载荷。

值得注意的是，用式(2-28)进行计算时，需具体问题具体分析。工程实际中，为了充分发挥梁的弯曲承载能力，根据塑性材料抗拉与抗压性能相同的特性，即$[\sigma^+]=[\sigma^-]$，一般宜采用上、下对称于中性轴的截面形状；而对脆性材料抗拉与抗压性能不相同的特性，即$[\sigma^+]<[\sigma^-]$，一般宜采用上、下不对称于中性轴的截面形状，其强度设计准则为

$$\left.\begin{array}{l} \sigma_{max}^+ = \dfrac{M_{max}y^+}{I_z} \leqslant [\sigma^+] \\[2mm] \sigma_{max}^- = \dfrac{M_{max}y^-}{I_z} \leqslant [\sigma^-] \end{array}\right\} \tag{2-29}$$

式中y^+为受拉一侧的截面边缘到中性轴的距离，y^-为受压一侧的截面边缘到中性轴的距离。

例 2-21　图2-54所示螺旋压板装置，已知工件受到的压紧力$F=3$ kN，板长为$3a$，$a=50$ mm，压板材料的许用应力$[\sigma]=140$ MPa。试校核压板的弯曲正应力强度。

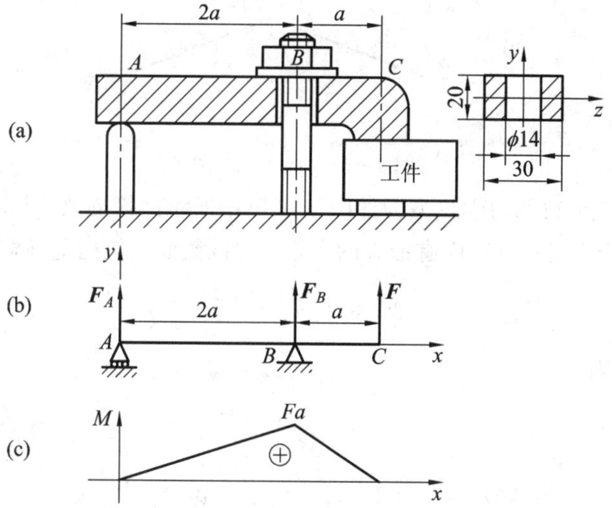

图2-54　例2-21图

解　压板发生弯曲变形，建立压板的力学模型为如图2-54(b)所示的外伸梁。画梁的弯矩图如图2-54(c)所示。由弯矩图可见，B截面弯矩值最大，是梁的危险截面，其值为

$$M_{max} = Fa = 3 \times 0.05 \text{ kN·m} = 0.15 \text{ kN·m}$$

压板B截面的抗弯截面系数最小，其值为

$$I_z = \frac{0.03 \times 0.02^3}{12} - \frac{0.014 \times 0.02^3}{12} = \frac{0.016 \times 0.02^3}{12} \text{ m}^4$$

$$W_z = \frac{I_z}{y_{\max}} = 1.07 \times 10^{-6} \text{ m}^3$$

校核压板的弯曲正应力强度：

$$\sigma_{\max} = \frac{M_{\max}}{W_z} = \frac{0.15 \times 10^3}{1.07 \times 10^{-6}} \text{ Pa} = 140.2 \times 10^6 \text{ Pa} = 140.2 \text{ MPa} > [\sigma]$$

按有关设计规范，压板的最大工作应力不超过许用应力的 5% 是允许的。试计算：

$$\frac{\sigma_{\max} - [\sigma]}{[\sigma]} \times 100\% = \frac{140.2 - 140}{140} \times 100\% = 1.43\% < 5\%$$

所以，压板的弯曲正应力强度满足。

例 2 - 22　图 2 - 55(a)所示桥式起吊机大梁由 32b 工字钢制成，跨长 $l = 10$ m，材料的许用应力 $[\sigma] = 140$ MPa，电葫芦自重 $G = 0.5$ kN，梁的自重不计，求梁能够承受的最大起吊重量 F。

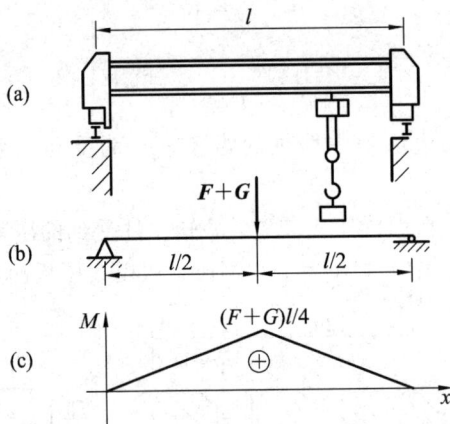

图 2 - 55　例 2 - 22 图

解　建立起吊机大梁的力学模型为如图 2 - 55(b)所示的简支梁，并画出弯矩图。电葫芦移动到梁跨长的中点，梁中点截面有最大的弯矩，故该截面为梁的危险截面，最大弯矩为

$$M_{\max} = \frac{(G + F)l}{4}$$

由强度设计准则

$$\sigma_{\max} = \frac{M_{\max}}{W_z} \leqslant [\sigma]$$

得

$$\frac{(G + F)l}{4} \leqslant [\sigma] \cdot W_z$$

查热轧工字钢型钢表中的 32b 工字钢，得 $W_z = 726.33$ cm³ $= 0.73 \times 10^{-3}$ m³，代入上式得

$$F \leqslant \frac{4[\sigma] \cdot W_z}{l} - G = \frac{4 \times 140 \times 10^6 \times 0.73 \times 10^{-3}}{10} - 0.5 \times 10^3$$

$$= 40.38 \times 10^3 \text{ N} = 40.38 \text{ kN}$$

所以梁能够承受的最大起吊重量为

$$F = 40.4 \text{ kN}$$

例 2 - 23　图 2 - 56 所示 T 形截面铸铁梁，已知 $F_1=9$ kN，$F_2=4$ kN，$a=1$ m，许用拉应力$[\sigma^+]=30$ MPa，许用压应力$[\sigma^-]=60$ MPa，T 形截面尺寸如图 2 - 56(b)所示。已知截面对形心轴 z 的惯性矩 $I_z=763$ cm^4，且 $y_1=52$ mm。试校核梁的正应力强度。

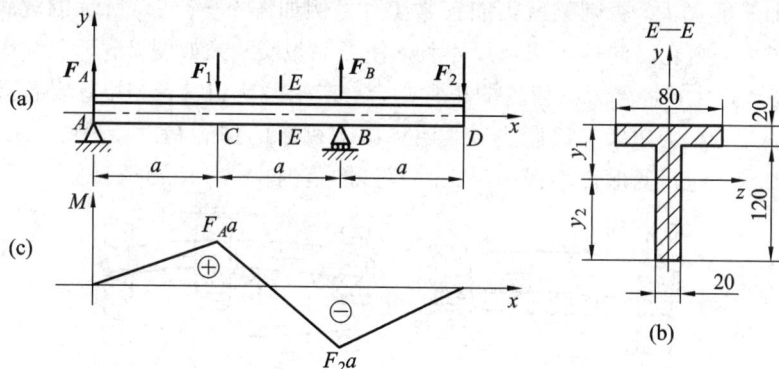

图 2 - 56　例 2 - 23 图

解　求得梁的支反力为

$$F_A = 2.5 \text{ kN}$$

$$F_B = 10.5 \text{ kN}$$

画弯矩图如图 2 - 56(c)所示，最大正值弯矩在 C 截面，$M_C=F_A a=2.5$ kN·m，最大负值弯矩在 B 截面，$M_B=-Fa=-4$ kN·m。

铸铁梁 B 截面上的最大拉应力发生在截面的上边缘各点处，最大压应力发生在截面的下边缘各点处，分别为

$$\sigma_B^+ = \frac{M_B y_1}{I_z} = \frac{4 \times 10^3 \times 0.052}{763 \times 10^{-8}} \text{ Pa} = 27.2 \times 10^6 \text{ Pa} = 27.2 \text{ MPa}$$

$$\sigma_B^- = \frac{M_B y_2}{I_z} = \frac{4 \times 10^3 \times (120+20-52) \times 10^{-3}}{763 \times 10^{-8}} \text{ Pa}$$

$$= 46.2 \times 10^6 \text{ Pa}$$

$$= 46.2 \text{ MPa}$$

铸铁梁 C 截面上的最大拉应力发生在截面的下边缘各点处，最大压应力发生在截面的上边缘各点处，分别为

$$\sigma_C^+ = \frac{M_C y_2}{I_z} = \frac{2.5 \times 10^3 \times (120+20-52) \times 10^{-3}}{763 \times 10^{-8}} \text{ Pa}$$

$$= 28.8 \times 10^6 \text{ Pa}$$

$$= 28.8 \text{ MPa}$$

$$\sigma_C^- = \frac{M_C y_1}{I_z} = \frac{2.5 \times 10^3 \times 0.052}{763 \times 10^{-8}} \text{ Pa} = 17 \times 10^6 \text{ Pa} = 17 \text{ MPa}$$

梁内最大拉应力发生在 C 截面上边缘处，最大压应力发生在 B 截面下边缘处。

$$\sigma_{max}^+ = \sigma_C^+ = 28.8 \text{ MPa} < [\sigma^+]$$

$$\sigma_{max}^- = \sigma_B^- = 46.2 \text{ MPa} < [\sigma^-]$$

所以梁的强度满足。

2.5.7　梁弯曲时的变形及刚度计算

在工程实际中，梁除了应有足够的强度外，还必须具有足够的刚度，即在载荷作用下梁的弯曲变形不能过大，否则梁就不能正常工作。例如图 2-57(a)所示的轧钢机的轧辊，若弯曲变形过大，则轧出的钢板将薄厚不均，使产品报费；又如图 2-57(b)所示的齿轮传动轴，若其变形过大，将会影响齿轮的正常啮合，产生振动和噪音，并造成磨损不均，严重影响它们的使用寿命。如果是机床主轴，还将影响机床的加工精度。因此，工程中对梁的变形有一定要求，即其变形量不得超出工程容许的范围。

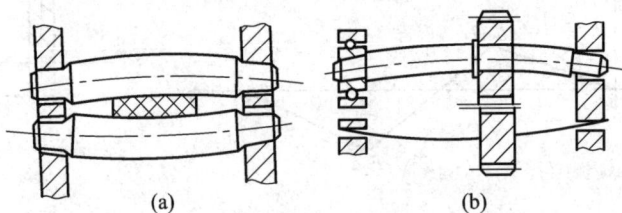

(a)　　　　　　　　(b)

图 2-57　变形实例

1. 挠度和转角

度量梁的变形的基本物理量是挠度和转角。如图 2-58 所示的悬臂梁，在梁的纵向对称平面内作用力 F，其轴线弯成一条平面曲线。变形时，梁的每一个横截面绕其中性轴转动了不同的角度，同时每一个截面形心产生了不等的位移。

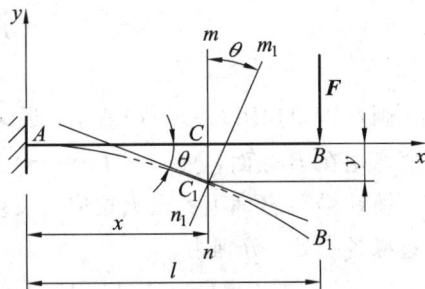

图 2-58　挠度和转角

1）挠度 y

横截面形心在垂直于梁轴线方向的位移称为挠度，用 y 表示。在图示的坐标系中，挠度 y 向上为正，反之为负。实际上由于轴线在中性层上长度不变，所以横截面形心产生垂直位移时，还伴有轴线方向的位移，因其极微小，可略去不计。

2）转角 θ

横截面绕中性轴转过的角度称为截面转角，用 θ 表示。在图示坐标系中，转角 θ 逆时针为正，反之为负。

3）挠曲线方程

梁平面弯曲变形后，其各个横截面形心的连线是一条连续光滑的平面曲线，这条曲线称为挠曲线。若沿梁的轴线建立截面坐标轴 x（图 2-58 所示），挠曲线可表示为截面坐标 x 的单值连续函数，即

$$y = f(x)$$

此式称为挠曲线方程。

因为横截面转角往往很小，所以 $\theta \approx \tan\theta = f'(x)$ 称为转角方程，即梁的挠曲线上任一点的斜率等于该点处横截面的转角。

综上所述，只要确定了梁的挠曲线方程，即可求得任一横截面的挠度和转角。

2. 用积分法求梁的变形

1）挠曲线近似微分方程

在研究梁的纯弯曲正应力公式时，曾得到中性层的曲率式(2-22)为

$$\frac{1}{\rho} = \frac{M(x)}{EI_z}$$

此即为纯弯曲时挠曲线的曲率。由于剪力对梁弯曲变形的影响忽略不计，故可由纯弯曲时的曲率公式建立梁的挠曲线近似微分方程。由数学分析可知，平面曲线的曲率为

$$\frac{1}{\rho} = \pm \frac{y''}{(1 + y'^2)^{3/2}}$$

选取图2-59所示的坐标系，y'' 与 $M(x)$ 始终同号，故上式取正号。在弹性小变形条件下，y' 很小，y'^2 是高阶小量，略去不计，则 $1 + y'^2 \approx 1$，于是得 $1/\rho = y''$。从而得出挠曲线近似微分方程为

$$y'' = \frac{M(x)}{EI_z} \tag{2-30}$$

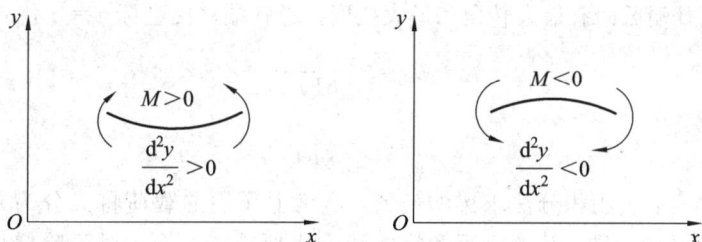

图2-59 挠曲线微分方程

2）用积分法求梁的变形

对于等截面直梁来说，式(2-30)可写为

$$EI_z y'' = M(x)$$

对上式进行积分，即可得到等截面直梁的转角方程为

$$EI_z \theta = EI_z y' = \int M(x)\,\mathrm{d}x + C_1 \tag{2-31}$$

挠曲线方程为

$$EI_z y = \int \left[\int M(x)\,\mathrm{d}x + C_1 \right] \mathrm{d}x + C_2 \tag{2-32}$$

式中的积分常量 C_1 和 C_2 可根据梁的边界条件和挠曲线的光滑连续条件确定。

例2-24 图2-60所示均质等截面悬臂梁 AB，受均布载荷 q 作用，EI_z 为常量，试用积分法求梁的转角方程和挠曲线方程。

解 （1）求支反力，列弯矩方程：

$$F_{Ay} = ql, \qquad M_A = \frac{ql^2}{2}$$

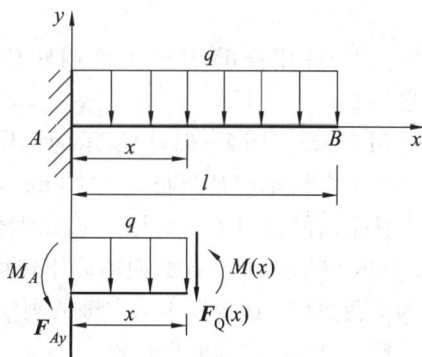

图2-60 例2-24图

$$M(x) = qlx - \frac{1}{2}ql^2 - \frac{1}{2}qx^2$$

（2）列挠曲线近似微分方程并积分，得

$$EI_z\theta = EI_z y' = \frac{1}{2}qlx^2 - \frac{1}{2}ql^2x - \frac{1}{6}qx^3 + C_1$$

$$EI_z y = \frac{1}{6}qlx^3 - \frac{1}{4}ql^2x^2 - \frac{1}{24}qx^4 + C_1x + C_2$$

（3）确定积分常量。根据边界条件，A 端为固定端，当 $x=0$ 时，将 $\theta_A=0$ 代入前式得 $C_1=0$。当 $x=0$ 时，将 $y_A=0$ 代入上式得 $C_2=0$。将积分常量代入以上两式可得转角方程和挠曲线方程为

$$\theta = -\frac{qx}{6EI_z}(x^2 - 3lx + 3l^2)$$

$$y = -\frac{qx^2}{24EI_z}(x^2 - 4lx + 6l^2)$$

（4）求最大转角和最大挠度。应用以上两个方程，很容易求出梁各个截面的转角和挠度。由图中可见，梁 B 端截面有最大转角和最大挠度，把 B 端截面坐标 $x=l$ 代入以上方程得：

$$\theta_B = -\frac{ql^3}{6EI_z}$$

$$y_B = -\frac{ql^4}{8EI_z}$$

值得注意的是：应用积分法求梁的变形，当梁上作用的载荷将梁分为几段时，梁的弯矩方程是分段定义的函数，转角方程和挠曲线方程要分段积分；对于阶梯形梁，由于其抗弯刚度已不是常量，要分段进行积分计算。

应用叠加原理，B 端的转角为

$$\theta_B = \theta_{Bq} + \theta_{BM} = \frac{ql^3}{24EI} + \frac{M_0 l}{6EI}$$

3. 梁的弯曲刚度计算

设计梁时，除了进行强度计算外，还应考虑进行刚度计算，需要把梁的最大挠度和最大转角限制在一定的允许范围内，即梁的刚度设计准则为

$$\left.\begin{array}{l} |y|_{\max} \leqslant [y] \\ |\theta|_{\max} \leqslant [\theta] \end{array}\right\} \qquad (2-33)$$

式中 $[y]$ 为许用挠度，$[\theta]$ 为许用转角，其值可根据梁的工作情况及要求查阅有关设计手册。

例 2-25　图 2-61(a)所示为机床空心主轴的平面简图，已知轴的外径 $D=80$ mm，内径 $d=40$ mm，AB 跨长 $l=400$ mm，$a=100$ mm，材料的弹性模量 $E=210$ GPa，设切削力在该平面的分力 $F_1=2$ kN，齿轮啮合力在该平面分力 $F_2=1$ kN。若轴 C 端的许可挠度 $[y_C]=0.0001l$ mm，B 截面的许用转角 $[\theta_B]=0.001$ rad。设全轴（包括 BC 段工件部分）近似为等截面梁，试校核机床主轴的刚度。

解　（1）求主轴的惯性矩：

$$I = \frac{\pi D^4}{64}(1 - \alpha^4) = \frac{\pi \times (80 \times 10^{-3})^4}{64}\left[1 - \left(\frac{40}{80}\right)^4\right] \text{ m}^4 = 1.88 \times 10^{-6} \text{ m}^4$$

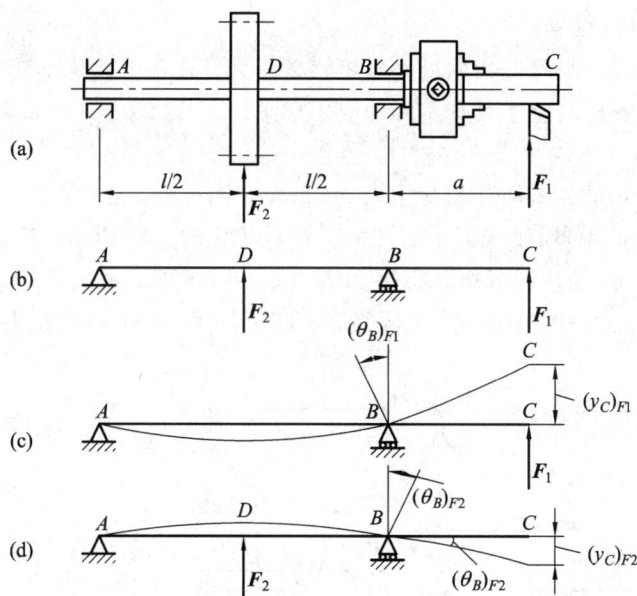

图 2 – 61　例 2 – 25 图

（2）建立主轴的力学模型为如图 2 – 61(b) 所示的外伸梁，分别画出 F_1、F_2 作用在梁上，如图 2 – 61(c)、(d) 所示。然后应用叠加法计算 C 截面的挠度和 B 截面的转角如下：

$$y_C = (y_C)F_1 + (y_C)F_2 = \frac{F_1 a^2 (l+a)}{3EI_z} - \frac{F_2 l^2}{16EI_z} \times a$$

$$= \frac{2 \times 10^3 \times 0.1^2 \times (0.4+0.1)}{3 \times 210 \times 10^9 \times 1.88 \times 10^{-6}} - \frac{1 \times 10^3 \times 0.4^2}{16 \times 210 \times 10^9 \times 1.88 \times 10^6} \times 0.1$$

$$= (8.44 - 2.53) \times 10^{-6} \text{ m} = 5.91 \times 10^{-6} \text{ m}$$

$$\theta_B = (\theta_B)_{F_1} + (\theta_B)_{F_2} = \frac{F_1 al}{3EI_z} - \frac{F_2 l^2}{16EI_z}$$

$$= \left(\frac{2 \times 10^3 \times 0.1 \times 0.4}{3 \times 210 \times 10^9 \times 1.88 \times 10^{-6}} - \frac{1 \times 10^3 \times 0.4^2}{16 \times 210 \times 10^9 \times 1.88 \times 10^{-6}} \right) \text{ rad}$$

$$= (0.676 - 0.253) \times 10^{-4} \text{ rad} = 4.23 \times 10^{-5} \text{ rad}$$

（3）校核主轴的刚度。主轴的许用挠度为

$$[y_C] = 0.0001l = 0.0001 \times 0.4 = 4.0 \times 10^{-5} \text{ m}$$

主轴的许用转角为 $[\theta_B] = 0.001 \text{ rad} = 1.0 \times 10^{-3} \text{ rad}$

$$y_C = 5.91 \times 10^{-6} \text{ m} < [y_C]$$

$$\theta_B = 4.23 \times 10^{-5} \text{ rad} < [\theta_B]$$

所以主轴的刚度满足。

2.5.8　提高梁弯曲时的强度及刚度的措施

在梁的强度、刚度设计中，常遇到如何根据工程实际提高梁弯曲强度、刚度的问题。从梁的弯曲正应力强度准则和刚度准则可以看出：降低梁的最大弯矩、提高梁的抗弯截面系数和减小跨长，都可提高梁的弯曲承载能力。所以，从这几方面可找出提高梁弯曲强度、刚度的几个主要措施。

1. 降低梁的最大弯矩

通过减小梁的载荷来降低梁的最大弯矩意义不大。只有在载荷不变的前提下，通过合理布置载荷和合理安排支座才具有实际的应用意义。

1）集中力远离简支梁中点

图 2-62(a)所示的简支梁作用集中力 F，由弯矩图可见，最大弯矩为 $M_{max}=Fab/l$，若集中力 F 作用在梁的中点，即 $a=b=l/2$，则最大弯矩 $M_{max}=Fl/4$；若集中力 F 作用点偏离梁的中点，$a=l/4$，则最大弯矩 $M_{max}=3Fl/16$；$a=l/6$ 时，最大弯矩 $M_{max}=5Fl/36$；若集中力 F 作用点偏离梁的中点最远，无限靠近支座 A，即 $a\to0$ 时，则最大弯矩 $M_{max}\to0$。

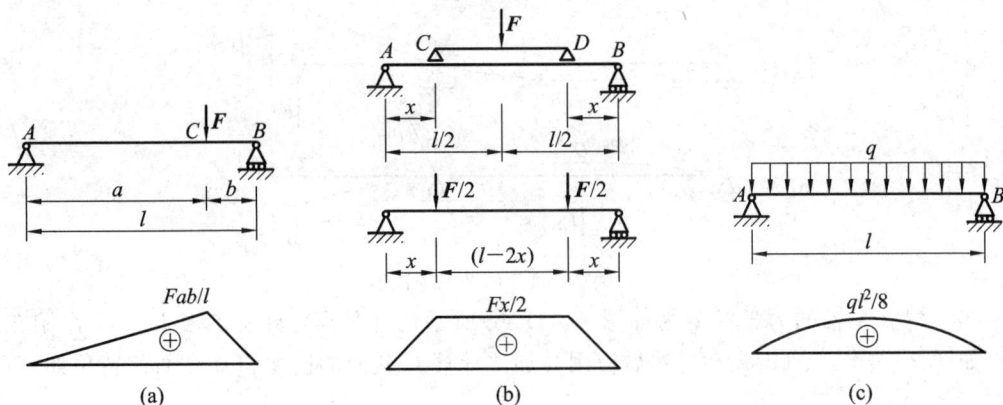

图 2-62　提高梁弯曲强度和刚度的措施

由此可见，集中力偏离简支梁的中点或靠近于支座作用可降低最大弯矩，提高梁的弯曲强度。工程实际中的传动轮靠近于支座安装，是这一措施的应用实例。

2）将载荷分散作用

图 2-62(b)所示简支梁，若必须在中点作用载荷，则可通过增加辅助梁 CD，使集中力在 AB 梁上分散作用。集中力作用于梁中点的最大弯矩为 $M_{max}=Fl/4$，增加辅助梁 CD后，$M_{max}=Fx/2$，若 $x=l/4$，则 $M_{max}=Fl/8$。值得注意的是，附加辅助梁 CD 的跨长要选择的适当，太长会降低辅助梁的强度；太短不能有效提高 AB 梁的强度。

若将作用于简支梁中点的集中力均匀分散作用于梁的跨长上，均布载荷集度 $q=F/l$，由图 2-62(c)可知，梁的最大弯矩为 $M_{max}=ql^2/8=Fl/8$。由此可见，在梁的跨长上分散作用载荷，尽可能地避免集中作用载荷，可降低最大弯矩，提高梁的弯曲强度。

3）简支梁支座向梁内移动

图 2-62(c)所示的简支梁作用均布载荷，在梁的中点有最大弯矩 $M_{max}=ql^2/8$，若将其支座 A、B 同时向梁内移动 x（图 2-63(a)所示），梁中点弯矩值为 $M_C=ql(l-4x)/8$，支座 A、B 截面的弯矩值为 $M_A=-qx^2/2$。若 $x=l/5$，则 $M_C=ql^2/40$，$M_A=ql^2/50$，梁的最大弯矩 $M_{max}=ql^2/40$，仅是简支梁作用均布载荷时最大弯矩值的 1/5。

由以上分析可见，将简支梁支座向梁内移动可使梁中点 C 截面弯矩降低，但支座 A、B 截面的弯矩值会增加。支座移动的合理位置应使 C 截面和 A、B 截面的弯矩值相等，即 $M_C=ql(l-4x)/8=M_A=qx^2/2$，得方程 $x^2+4lx-l^2=0$，解得 $x=(\sqrt{2}-1)l/2\approx0.207l$，是支座安放的合理位置。例如，工程中所采用支座内移的方法支架起的容器罐（图2-63(a)所示）；再如图2-63(b)所示的双杠力学模型，由于其上作用可移动的集中力F，所以支座的合理安放位置距杠端为$x=l/6$处，读者可自己证明。

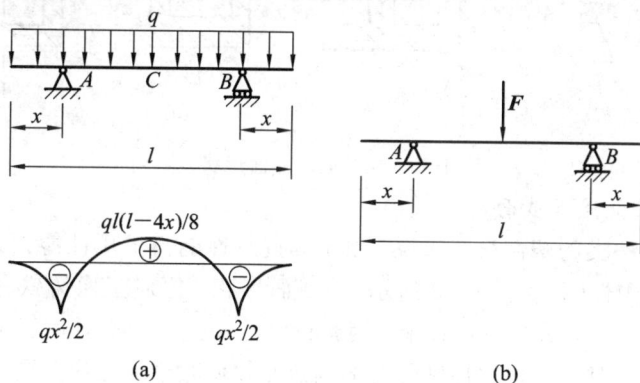

图 2-63　简支梁的支座安放

2. 提高截面惯性矩和抗弯截面系数

通过增加梁的截面面积来提高梁的抗弯截面系数意义不大。只有在截面面积不变的前提下，选择合理的截面形状或根据材料性能选择截面才具有实际的应用意义。

1）选择合理的截面形状

梁的合理截面形状通常用抗弯截面系数与截面面积的比值W_z/A来衡量。当弯矩已定时，梁的强度随抗弯截面系数的增大而提高。因此，为了减轻自重，节省材料，所采用的截面形状应是截面积最小而抗弯截面系数最大的截面形状。几种典型截面的W_z/A值见表2-3。

表 2-3　几种常用截面的 W_z/A 值

截面形状	圆　形	矩　形	环　形	槽　钢	工字钢
$\dfrac{W_z}{A}$	$0.125h$	$0.167h$	$0.205h$	$(0.27\sim0.31)h$	$(0.27\sim0.31)h$

从表2-3可以看出，圆截面W_z/A值最小，矩形次之，因此它们的经济性不够好。从梁的弯曲正应力分布规律来看，在梁截面的上、下边缘处，正应力最大，而靠近中性轴附近正应力很小。因此尽可能使截面面积分布距中性轴较远才能发挥材料的作用，而圆截面恰恰相反，使很大一部分材料没有得到充分地利用。

为充分地利用材料，使截面各点处的材料尽可能地发挥其作用，将实心圆截面改成面积相同的空心圆截面，其抗弯强度可以大大提高。同样对于矩形截面，将其中性轴附近的面积挖掉，放在离中性轴较远处（图2-64(a)所示），就变成了工字型截面。这样材料的使用就趋于合理，提高了经济性。例如，活络扳手的手柄、铁轨、吊车梁等都作成工字形截面。

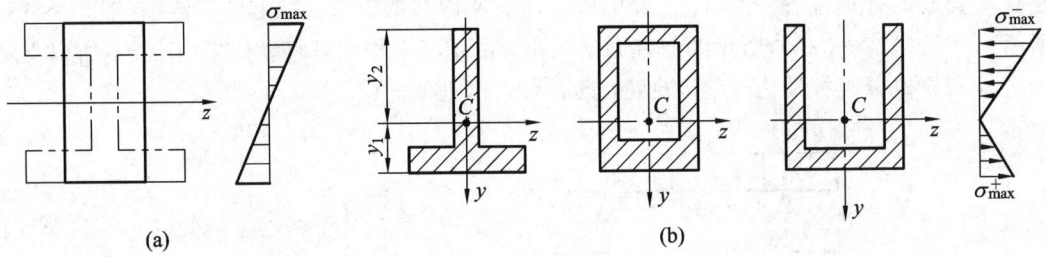

图 2-64 梁的截面形状

2）根据材料性能选择截面

对于像低碳钢一类的塑性材料来说，由于其抗拉性能与抗压性能大致相同，因此适宜选用上、下对称于中性轴（如表 2-3 所示）的截面形状。但对于像铸铁一类的脆性材料来说，由于其抗压性能显著大于抗拉性能，因此适宜选用上、下不对称于中性轴的组合截面形状，如图 2-64(b)所示，其中性轴位置的确定必须使其最大拉应力与最大压应力同时达到相应的许用应力，即 $y^+/y^-=[\sigma^+]/[\sigma^-]$。但在工程实际中要注意此类截面的安放位置，位置颠倒会大大降低梁的强度。

3. 采用等强度梁

等截面直梁的尺寸是由最大弯矩 M_{max} 确定的，但是其它截面的弯矩值较小，截面上、下边缘点的应力也未达到许用应力，材料未得到充分利用。因而从整体来讲，等截面梁不能合理利用材料，故工程中出现了变截面梁，如摇臂钻的摇臂 AB（图 2-65(a)所示），汽车板簧（图 2-65(b)所示），阶梯轴（图 2-65(c)所示）等。它们的截面尺寸随截面弯矩的大小而改变，使各截面的最大应力同时近似地满足强度条件 $\sigma_{max}=M(x)/W_z(x)\leqslant[\sigma]$。由此得出，各截面的抗弯截面系数为

$$W_z(x)\geqslant\frac{M(x)}{[\sigma]}$$

式中 $M(x)$ 为任意截面的弯矩，$W_z(x)$ 为任意截面的抗弯截面系数。

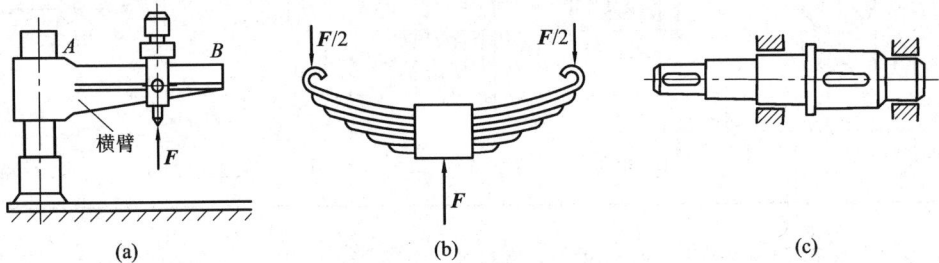

图 2-65 变截面梁

4. 增加约束减小跨长

从梁的变形表可以看出，挠度与长度的三次方量级成比例，而梁转角与梁长度的二次方量级成比例。可见，减少梁的跨长是提高梁刚度的主要措施之一。如果梁的长度无法减小，则可通过增加多余约束，使其成为静不定梁。例如，当车床加工细长工件时，为了提高加工精度，可增加一个中间支架或在工件末端加上尾架顶针（图 2-66(a)所示）；再如镗刀杆加上内支架（图 2-66(b)所示）。

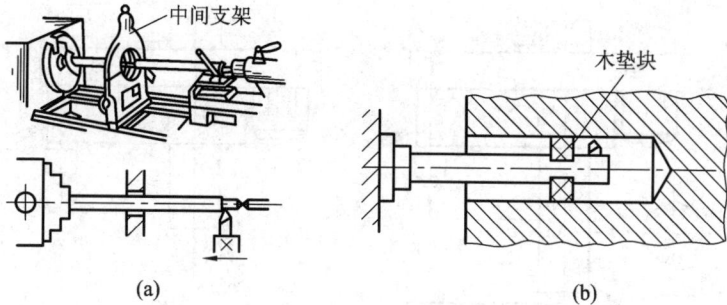

图 2-66　增加约束

　　梁的刚度还取决于材料的弹性模量 E，但是各类钢材的弹性模量值都很接近，采用优质高强度钢材对提高刚度的意义不大。

　　必须指出，工程上对有些梁的刚度要求并不高，而是希望梁在保证强度要求的前提下，能产生较大的弹性变形，以增加其柔度。例如安装在汽车车轴上的减振叠板弹簧(图 2-65(b)所示)，这种等强度梁则属此例。

2.6　组合变形的强度计算

2.6.1　拉伸(压缩)与弯曲组合变形的强度计算

　　前面我们分别研究了杆件拉(压)、扭转和弯曲时的强度和刚度计算。但在工程实际中，多数杆件往往同时发生两种或两种以上的基本变形，把这种变形称为组合变形。本节主要讨论工程上常见的拉伸(或压缩)与弯曲的组合变形以及弯曲与扭转的组合变形。

　　如图 2-67 所示的钻床立柱既发生拉伸变形，又发生弯曲变形，称为拉(压)与弯曲组合变形，简称为拉弯组合变形。现以图 2-67(a)所示的钻床立柱为例来建立拉(压)与弯曲组合变形的强度准则。应用截面法将立柱沿 m—n 截面处截开，取上半段为研究对象。上半段在外力 F 及截面内力作用下处于平衡状态，故截面上有轴向内力 F_N 和弯矩 M，如图 2-67(b)所示。根据平衡方程可得

$$F_N = F$$
$$M = Fe$$

　　所以立柱将发生拉弯组合变形。其截面上各点处既有均匀分布的拉伸正应力，又有不均匀分布的弯曲正应力，截面各点处同时作用的正应力可以进行叠加，如图 2-67(c)所示。截面左侧边缘的点处有最大(压)应力，截面右侧边缘的点处有最大拉应力，其值为

$$\sigma_{max} = \frac{F_N}{A} + \frac{M}{W_z}$$

　　由此可知，拉(压)与弯曲组合变形时的最大正应力必发生在弯矩最大的截面上，该截面称为危险截面，其强度准则为：最大正应力少于或等于其材料的许用应力，即

$$\sigma_{max} = \frac{F_N}{A} + \frac{M_{max}}{W_z} \leqslant [\sigma] \tag{2-34}$$

　　现应用式(2-34)的强度准则举例说明拉(压)与弯曲组合变形的强度计算。

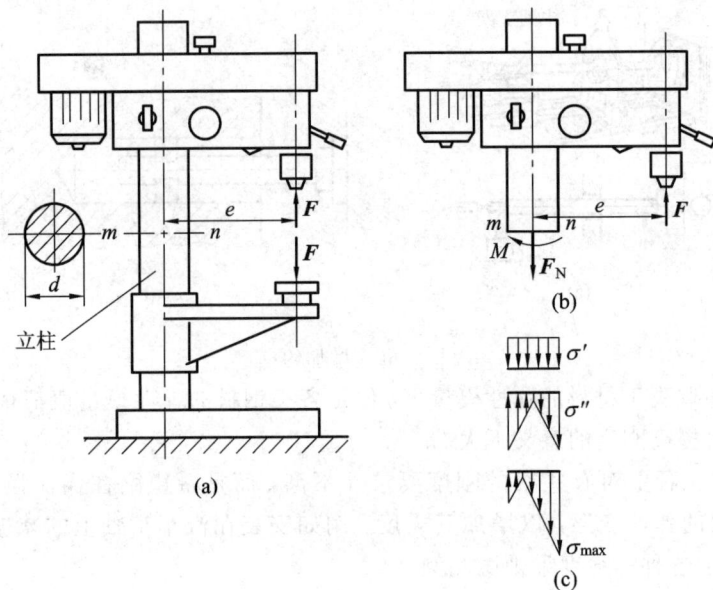

图 2-67 钻床立柱

例 2-26 如图 2-67(a)所示钻床钻孔时,已知钻削力 $F=15$ kN,偏心距 $e=0.4$ m,圆截面铸铁立柱的直径 $d=125$ mm,许用拉应力 $[\sigma^+]=35$ MPa,许用压应力 $[\sigma^-]=120$ MPa,试校核立柱的强度。

解 (1)求内力。由上述分析可知,立柱各截面发生拉弯组合变形,其内力分别为

$$F_N = F = 15 \text{ kN}, \quad M = Fe = 15 \times 0.4 = 6 \text{ kN} \cdot \text{m}$$

(2)强度计算。由于立柱材料为铸铁,其抗压性能优于抗拉性能,故应对立柱截面右侧边缘进行拉应力强度校核,即

$$\sigma_{max}^+ = \frac{F_N}{A} + \frac{M_{max}}{W_z} = \frac{15 \times 10^3}{\frac{\pi \times (125 \times 10^{-3})^2}{4}} + \frac{6 \times 10^3}{0.1 \times (125 \times 10^{-3})^3}$$

$$= 32.5 \times 10^6 \text{ Pa} = 32.5 \text{ MPa} \leqslant [\sigma^+]$$

所以立柱的强度满足。

例 2-27 图 2-68 所示简易起吊机,其最大起吊重量 $F=15.5$ kN,横梁 AB 为工字钢,许用应力 $[\sigma]=170$ MPa,若梁的自重不计,试按正应力强度准则选择工字钢的型号。

解 (1)横梁的变形分析。横梁 AB 可简化为简支梁,由于起吊机电葫芦可在 AB 之间移动,由前述知简支梁跨中点作用集中力,梁跨中点截面有最大弯矩,所以当电葫芦移动到梁跨中点是梁的危险状态。因此应以吊重作用于梁跨中点来计算支反力,为便于分析计算,可将拉杆 BC 的作用力 F_B 分解为 F_x 和 F_y(图 2-68(b)),列平衡方程得

$$F_{Ay} = R_{By} = \frac{F}{2} = 7.75 \text{ kN}$$

$$F_{Ax} = R_{Bx} = R_{By} \times \cot\alpha = 7.75 \times \frac{3.4}{1.5} = 17.57 \text{ kN}$$

力 R_{By}、F 与 F_{Ay} 沿 AB 的横向作用使梁 AB 发生弯曲变形。力 R_{Bx} 与 F_x 沿 AB 的轴向作用使 AB 梁发生轴向压缩变形。所以 AB 梁发生压缩与弯曲的组合变形。

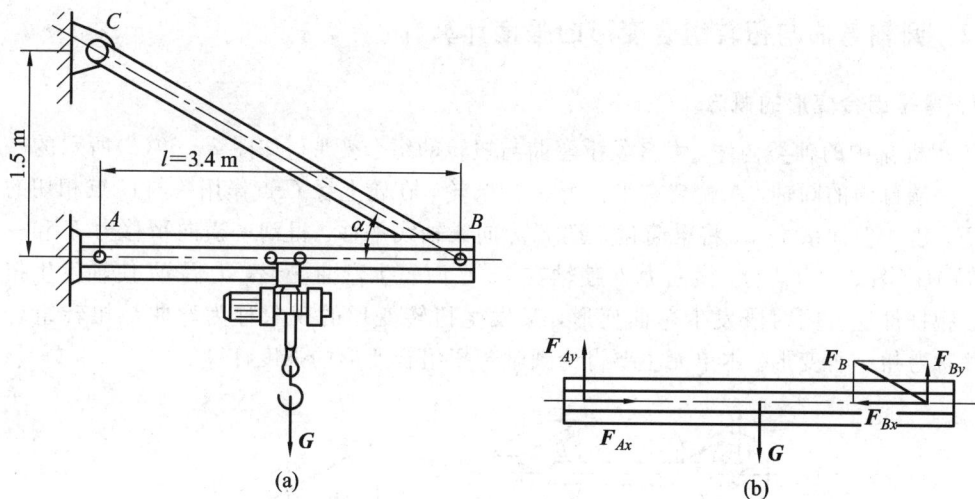

图 2-68　例 2-27 图

（2）横梁内力分析。当载荷作用于梁中点时，横梁 AB 中点截面的弯矩最大，其值为

$$M_{max} = \frac{Fl}{4} = 15.5 \times \frac{3.4}{4} = 13.18 \text{ kN} \cdot \text{m}$$

横梁各截面的轴力为

$$F_N = R_{Bx} = 17.57 \text{ kN}$$

（3）选择工字钢型号。由于在横梁跨长中点的截面上弯矩最大，故此截面为危险截面。最大压应力发生在该截面的上边缘各点处。由强度准则

$$\sigma_{max} = \frac{F_N}{A} + \frac{M_{max}}{W_z} \leqslant [\sigma]$$

确定工字钢型号，因强度准则含有截面 A 和抗弯截面模量 W_z 两个未知量，不易确定。为便于计算，可以先不考虑压缩正应力，只根据弯曲正应力强度准则进行初步选择，然后再按拉（压）与弯曲强度准则进行校核。由弯曲正应力强度准则

$$\sigma_{max} = \frac{M_{max}}{W_z} \leqslant [\sigma]$$

得

$$W_z \geqslant \frac{M_{max}}{[\sigma]} = \frac{13.18 \times 10^3}{170 \times 10^6} = 77.5 \times 10^{-6} \text{ m}^3 = 77.5 \text{ cm}^3$$

查附录型钢表，选 14 号工字钢，其

$$W_z = 102 \text{ cm}^3 = 102 \times 10^{-6} \text{ m}^3, \quad A = 21.5 \text{ cm}^2 = 21.5 \times 10^{-4} \text{ m}^2$$

（4）校核。初选工字钢型号后，再按拉（压）与弯曲组合强度准则校核，即

$$\sigma_{max} = \frac{F_N}{A} + \frac{M_{max}}{W_z} = \left(\frac{17.57 \times 10^3}{21.5 \times 10^{-4}} + \frac{13.18 \times 10^3}{102 \times 10^{-6}} \right) \text{ Pa}$$

$$= 137 \times 10^6 \text{ Pa} = 137 \text{ MPa} \leqslant [\sigma]$$

所以选用 14 号工字钢强度满足。若强度不满足，可以放大工字钢一个号进行校核，直到满足强度准则为止。

2.6.2　圆轴弯曲与扭转组合变形的强度计算

1. 弯扭组合变形的概念

工程机械中的轴类构件，大多发生弯曲与扭转的组合变形。如图 2-69(a)所示的一端固定、一端自由的圆轴，A 端装有半径为 R 的圆轮，在轮上缘 C 点作用一与 C 点相切的水平力 F。建立坐标系 xyz，将梁简化并把 F 力向梁轴线平移，得到一横向平移力 F 和一附加力偶 M_A(图 2-69(b))，横向力 F 使轴在 xz 平面发生弯曲变形，力偶 M 使轴发生扭转变形。把杆件这种同时既发生弯曲变形，又发生扭转变形的现象称为弯曲与扭转组合变形，简称弯扭组合变形。本单元主要讨论圆轴弯扭组合变形的强度计算。

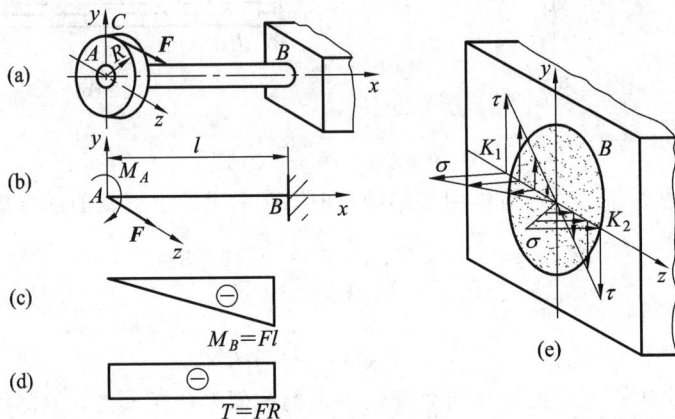

图 2-69　弯扭组合变形

2. 应力分析及强度准则

为了确定轴 AB 危险截面的位置，必须分析轴的内力。分别考虑横向力 F 和力偶 M 的作用(横向力 F 的剪切作用略去不计)，画出轴 AB 的弯矩图(图 2-69(c))和扭矩图(图 2-69(d))。由图可见，圆轴各横截面上的扭矩相同，而弯矩则在固定端 B 截面为最大，故 B 截面为危险截面，其弯矩和扭矩值分别为 $M=Fl$、$T=FR$。

由于在横截面 B 上同时存在弯矩和扭矩，因此该截面上各点相应的有弯曲正应力和扭转切应力，分布如图 2-69(e)所示。由图可知，B 截面上 K_1 和 K_2 两点处，弯曲正应力和扭转切应力同时为最大值，所以这两点称为危险截面上的危险点。危险点上的正应力和切应力分别为：

$$\sigma_{\max} = \frac{M_{\max}}{W}$$

$$\tau_{\max} = \frac{T}{W_{\mathrm{P}}}$$

式中：$M_{\max}$ 和 T 分别为 B 截面上的弯矩和扭矩；W 和 W_{P} 分别表示抗弯截面系数和抗扭系数。

由于弯扭组合变形中危险点上既有正应力，又有切应力，这种情况属于二向应力状态，故正应力与切应力已不能简单地进行叠加。根据应力状态分析和强度理论的讨论结果可知，塑性材料在弯扭组合变形这样的二向应力状态下，须应用第三、第四强度理论建立的强度准则进行强度计算。其第三、第四强度理论的强度准则分别为：

$$\sigma_{xd3} = \sqrt{\sigma^2 + 4\tau^2} \leqslant [\sigma]$$

$$\sigma_{xd4} = \sqrt{\sigma^2 + 3\tau^2} \leqslant [\sigma]$$

式中 σ_{xd3}、σ_{xd4} 分别表示第三、第四强度理论的相当应力。

将圆轴弯扭组合变形的弯曲正应力 $\sigma_{max} = M_{max}/W_z$ 和扭转切应力 $\tau_{max} = T/W_P$ 代入上式，并用圆截面的抗弯截面系数 W_z 代替抗扭截面系数 W_P，$W_P = 2W_z$，即得到圆轴弯扭组合时的强度准则为：

$$\sigma_{xd3} = \frac{\sqrt{M_{max}^2 + T^2}}{W_z} \leqslant [\sigma] \qquad (2-35(a))$$

$$\sigma_{xd4} = \frac{\sqrt{M_{max}^2 + 0.75T^2}}{W_z} \leqslant [\sigma] \qquad (2-35(b))$$

此两式即为圆轴弯扭组合变形时的强度准则。

3. 强度计算

例 2 - 28　图 2 - 70(a)所示传动轴 AB，在轴右端的联轴器上作用外力偶矩 M 驱动轴转动。已知带轮直径 $D = 0.5$ m，皮带拉力 $F_1 = 8$ kN，$F_2 = 4$ kN，轴的直径 $d = 90$ mm，轴间距 $a = 500$ mm。若轴的许用应力 $[\sigma] = 50$ MPa，试按第三强度理论校核轴的强度。

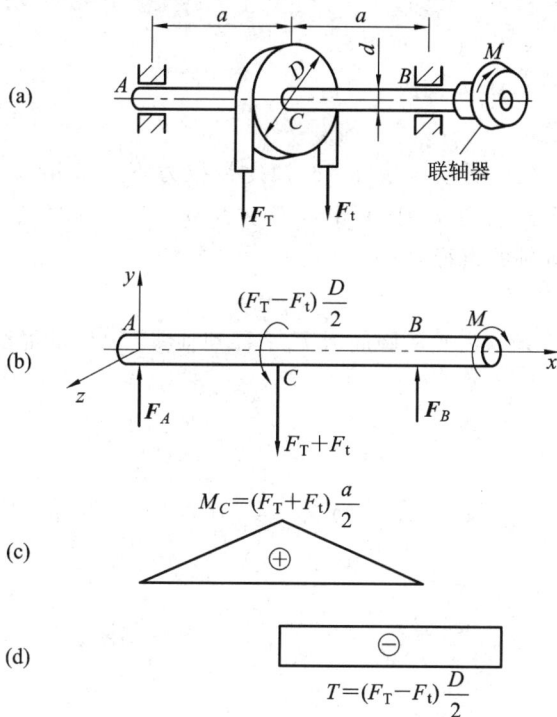

图 2 - 70　例 2 - 28 图

解　(1) 外力分析。

将皮带的拉力平移到轴线，画轴的简图如图 2 - 70(b)所示，作用于轴上的载荷有 C 点

垂直向下的 F_1+F_2 和作用面垂直于轴线的附加力偶矩 $(F_1-F_2)D/2$。其值分别为

$$F_1+F_2 = 8+4 = 12kN$$

$$M = (F_1-F_2)\frac{D}{2} = (8-4)\times\frac{0.5}{2} = 1\ kN \cdot m$$

F_1+F_2 与 A、B 处的支反力使轴产生平面弯曲变形，附加力偶 M 与联轴器上外力偶矩使轴产生扭转变形，因此 AB 轴发生弯扭组合变形。

（2）内力分析。

作轴的弯矩图和扭矩图如图 2 - 70(c)所示，由图可知轴的 C 截面为危险截面，该截面上弯矩 M_C 和扭矩 T 分别为：

$$M_C = (F_1+F_2)\frac{a}{2} = (8+4)\times\frac{0.5}{2} = 3\ kN \cdot m$$

$$T = M = 1\ kN \cdot m$$

（3）校核强度。

由以上分析可知，依据第三强度理论的强度准则计算各截面的相当应力，全轴的最大相当应力在弯矩最大的 C 截面。C 截面上、下边缘的点是轴的危险点，其最大相当应力为

$$\sigma_{xd3} = \frac{\sqrt{M_{max}^2+T^2}}{W_z} = \frac{\sqrt{(3\times10^3)^2+(1\times10^3)^2}}{0.1\times(90\times10^{-3})^3}\ Pa$$
$$= 43.4\times10^6\ Pa$$
$$= 43.4\ MPa < [\sigma]$$

所以轴的强度满足。

例 2 - 29　图 2 - 71(a)所示传动轴，已知皮带拉力 $F_1=5\ kN$，$F_2=2\ kN$，带轮直径 $D=160\ mm$，齿轮的节圆直径 $d=100\ mm$，压力角 $\alpha=20°$，轴的许用应力 $[\sigma]=80\ MPa$。试按第三强度理论设计轴的直径。

解　（1）外力分析。

将皮带的拉力 F_1、F_2、齿轮的圆周力 F_τ 平移到轴线，画轴的简图如图 2 - 71(b)所示，图中附加力偶矩为

$$M_1 = \frac{F_\tau d_0}{2} = M_2 = \frac{(F_1-F_2)D}{2}$$
$$= (5-2)\times\frac{0.16}{2} = 0.24\ kN \cdot m$$

圆周力为

$$F_\tau = \frac{2M_1}{d_0} = \frac{2\times0.24}{0.1} = 4.8\ kN$$

径向力为

$$F_r = F_\tau \cdot \tan20° = 4.8\times0.364 = 1.747\ kN$$

作用于轴上的皮带拉力 F_1、F_2、径向力 F_r 和轴承反力使轴在 xy 平面内发生弯曲变形，圆周力 F_τ 和轴承反力使轴在水平面 xz 平面发生弯曲变形，力偶矩使轴发生扭转变形。因此，轴 AB 将发生双向弯曲与扭转的组合变形，它是弯扭组合变形较常见的一种组合变形。

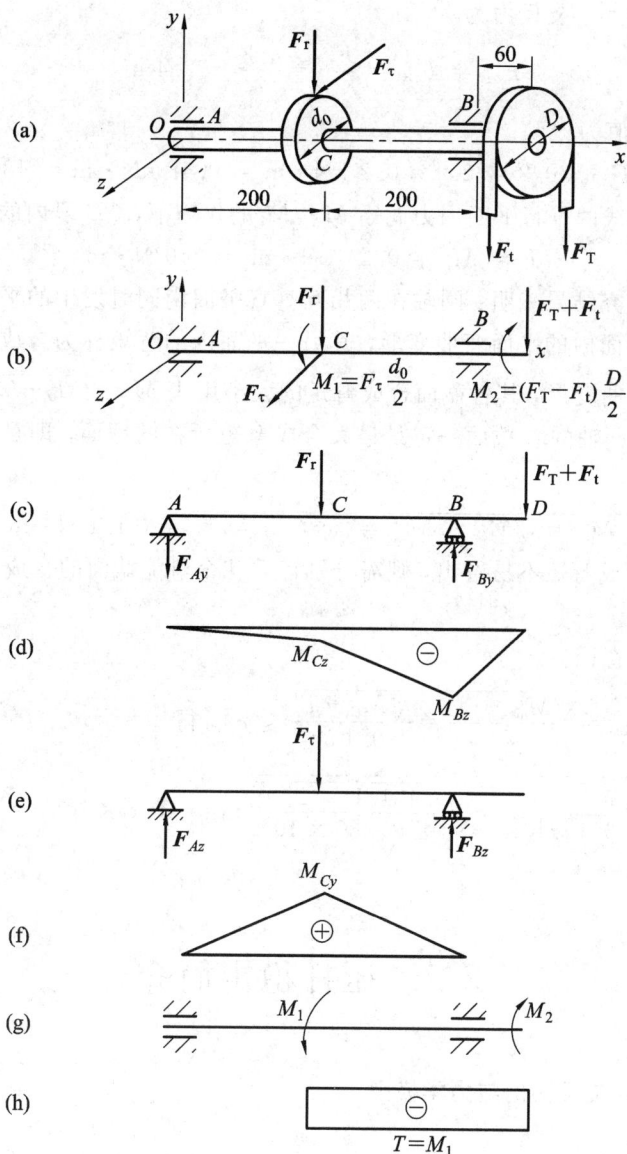

图 2 - 71 例 2 - 29 图

（2）内力分析。

将轴的简图在铅垂面 xy 平面进行投影，求支反力并画轴在该平面内弯曲的弯矩图如图 2 - 71(c)、(d)所示。支反力为

$$F_{Ay} = 0.17 \text{ kN}, \quad F_{By} = 8.92 \text{ kN}$$

C、B 截面的弯矩值为

$$M_{Cz} = F_{Ay} \times 0.2 = 0.034 \text{ kN} \cdot \text{m} = 34 \text{ N} \cdot \text{m}$$

$$M_{Bz} = (F_1 + F_2) \times 0.06 = 7 \times 0.06 = 0.42 \text{ kN} \cdot \text{m} = 420 \text{ N} \cdot \text{m}$$

将轴的简图在水平面 xz 平面进行投影，求支反力并画轴在该平面内弯曲的弯矩图如

图 2-71(e)、(f)所示。支反力为

$$F_{Az} = F_{Bz} = \frac{F_\tau}{2} = \frac{4.8}{2} = 2.4 \text{ kN}$$

C 截面的弯矩值为

$$M_{Cy} = F_{Az} \times 0.2 = 2.4 \times 0.2 \text{ kN} \cdot \text{m} = 0.48 \text{ kN} \cdot \text{m} = 480 \text{ N} \cdot \text{m}$$

轴在垂直于轴线两平行平面内力偶矩 M_1、M_2 的作用下，CD 段内的扭矩 T 为

$$T = M_1 = 0.24 \text{ kN} \cdot \text{m} = 240 \text{ N} \cdot \text{m}$$

材料力学的研究结果表明：圆轴在两相互垂直平面内同时发生的平面弯曲变形，总可以合成为另一个平面内的平面弯曲变形，其另一平面内的弯矩称为合成弯矩，合成弯矩仍使圆轴发生平面弯曲变形，其各截面合成弯矩的大小用式 $M = \sqrt{M_z^2 + M_y^2}$ 计算。

由弯矩图可见，轴的 C 截面一定是最大合成弯矩所在的截面，即是轴的危险截面。最大合成弯矩为

$$M_C = \sqrt{M_{Cz}^2 + M_{Cy}^2} = \sqrt{34^2 + 480^2} = 481.1 \text{ N} \cdot \text{m}$$

若轴的最大合成弯矩不易看出，则需分别计算几个可能截面的合成弯矩并进行比较来确定。

（3）设计轴的直径。

由强度准则 $\sigma_{xd3} = \frac{\sqrt{M_{\max}^2 + T^2}}{W_z} = \frac{\sqrt{M_C^2 + T^2}}{0.1d^3} \leqslant [\sigma]$，得

$$d \geqslant \sqrt[3]{\frac{\sqrt{M_C^2 + T^2}}{0.1[\sigma]}} = \sqrt[3]{\frac{\sqrt{481.1^2 + 240^2}}{0.1 \times 80 \times 10^6}} \text{ m} = 40.6 \times 10^{-3} = 40.6 \text{ mm}$$

所以轴的直径取 $d = 41$ mm。

2.7 压杆稳定简介

1. 压杆稳定的工程实例与力学模型

1）工程实例

工程结构和机械结构中有很多受压杆件，如图 2-72(a)所示桥梁的立柱，图 2-72(b)所示起重机或装载机中的液压挺杆，图 2-72(c)所示螺旋千斤顶的螺杆等。当压力超过某一限度时，其直线平衡形式将不能保持，从而使杆件丧失正常工作能力。这是区别于强度失效和刚度失效的又一种失效形式，称为稳定失效。因此，压杆的稳定性问题在机械及其零部件设计中占有重要地位。

2）力学模型

杆件受轴向压力作用时，实际情况往往比较复杂，排除一些次要因素，将压杆抽象为由均质材料制成、轴线为直线、外加压力的作用线与压杆轴线重合的理想"中心受压直杆"这种力学模型（图 2-73）。在建立这一力学模型时，对于工程实际中的受压杆件的杆端约束必须进行简化，图 2-73 所示为两端铰支的约束模型。除此以外，还有两端固定，一端固定、一端自由，一端固定、一端铰支等约束模型。

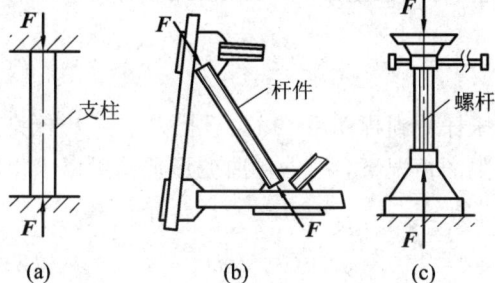

图 2-72　桥梁的立柱　　　　　　　　　　　　　图 2-73　压杆力学模型

2. 压杆稳定的概念

为了研究细长压杆的稳定性问题，可以做如下的实验。如图 2-74 所示，取一根 30 mm×5 mm 的矩形截面松木杆，截成 30 mm 和 1 m 长的两段，分别施加轴向压力。在万能实验机的示力表上就可以看到 30 mm 长的木杆在力达到 6 kN 时，才发生破坏，而 1 m 长的木杆在力只达到 30 N 时，就会突然变弯而丧失其工作能力，如果继续加力，就会发生弯曲折断现象。30 mm 长的杆所受压力符合轴向压缩的极限力 $F = \sigma_b A = 40 \times 30 \times 5$ N = 6000 N，σ_b 为松木的抗压强度。而 1 m 长的松木杆承受的压力远远小于轴向压缩时的极限应力。这说明细长压杆丧失工作能力不是强度不够，而是由于其轴线不能维持原有直线状态的平衡，这种现象称为丧失稳定，简称失稳。

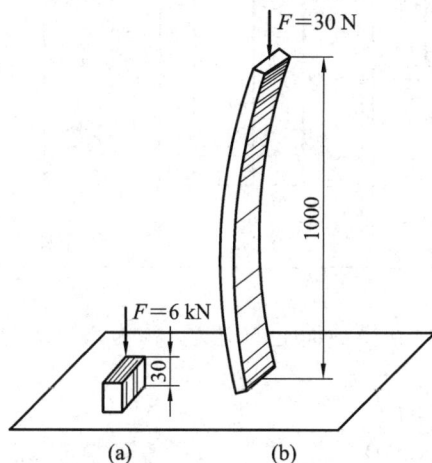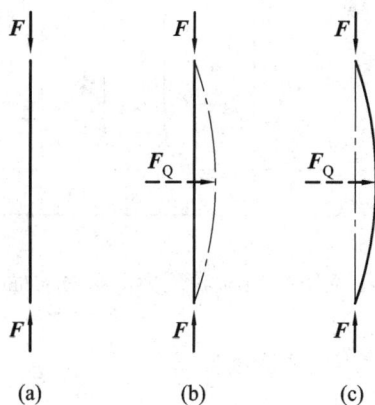

图 2-74　松木杆　　　　　　　　　　　　　　图 2-75　失稳

为了解决这个问题，对于中心受压直杆可以在它受轴向压力时（图 2-75），在杆上施加一微小的横向干扰力 F_Q，以使杆轴发生微小弯曲变形。当干扰力 F_Q 去掉后，杆经过几次摆动后，能恢复其原来的直线平衡位置，这说明受压杆件具有保持其原来直线平衡状态的能力。

当作用在杆件上的轴向压力 F 超过某一限度时，作用干扰力去掉后，杆件就不能恢复到原来的直线平衡位置。通过以上分析不难看出，压杆能否保持稳定与轴向压力的大小密切相关。随着轴向压力的逐渐增大，压杆就会由稳定平衡状态过渡到不稳定平衡状态，这就是说，轴向压力的量变，必将引起压杆平衡状态的质变。压杆从稳定平衡过渡到不稳定平衡状态时的分界压力称为临界力，用 F_{cr} 表示。研究压杆的稳定性，关键是确定压杆的临界力。

3. 压杆的临界应力

1）临界力 F_{cr}

当作用在细长压杆上的压力 $F=F_{cr}$ 时，压杆受到扰动后，撤去干扰力 F_Q，压杆将处于微弯平衡状态，杆内应力不超过材料比例极限的情况下，根据弯曲变形理论可以求出临界力的大小为

$$F_{cr} = \frac{\pi^2 EI}{(\mu l)^2} \tag{2-36}$$

该式即为细长压杆的欧拉公式。式中：I 为杆横截面对中性轴的惯性矩；l 为杆长；μ 为与支承情况有关的长度系数。

由上式可以看出，临界力与压杆的材料、截面形状、截面尺寸、杆长、两端的支承情况有关。实际应用时，要根据实际约束与哪种理想约束相近，或界于哪两种理想约束之间，从而确定实际压杆的长度系数。几种理想杆端约束情况下的长度系数见表 2-4。

表 2-4　不同支座情况下的长度系数

杆端约束情况	两端铰支	一端固定一端自由	两端固定	一端固定一端铰支
挠度曲线形状	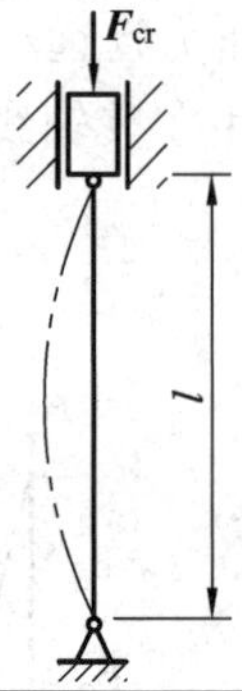	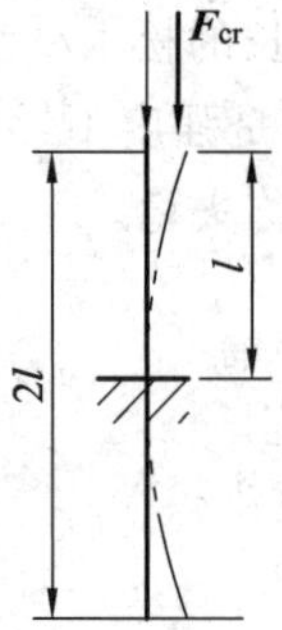	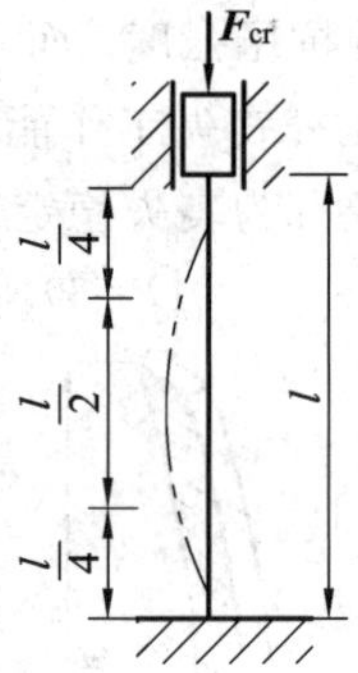	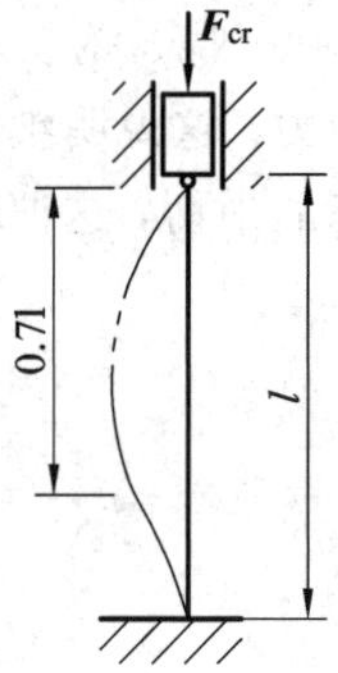
μ	1	2	0.5	0.7

2）临界应力 σ_{cr}

将细长压杆的临界压力除以横截面面积，便得到横截面上的应力，称为临界应力，用 σ_{cr} 表示，则

$$\sigma_{cr} = \frac{F_{cr}}{A} = \frac{\pi^2 EI}{(\mu l)^2 A}$$

令式中的 $\frac{I}{A}=i^2$，i 为压杆截面的惯性半径，代入上式得

$$\sigma_{cr} = \frac{F_{cr}}{A} = \frac{\pi^2 EI}{(\mu l)^2 A} = \frac{\pi^2 E}{\left(\frac{\mu l}{i}\right)^2}$$

令　　　　　　　　　　　　　　$\dfrac{\mu l}{i} = \lambda$ \qquad\qquad (2-37)

λ 称为压杆的柔度,它是一个无量纲的量,代入上式得

$$\sigma_{cr} = \frac{\pi^2 E}{\lambda^2} \qquad (2-38)$$

式(2-38)为欧拉公式的另一种形式。不难看出,λ 值越大,临界应力越小,压杆的稳定性就越差;反之,λ 值越小,其临界力就越大,压杆的稳定性就越好。所以,柔度 λ 是压杆稳定性计算的一个重要参数。

3) 欧拉公式的适用范围

由于欧拉公式是在材料服从胡克定律的条件下推导出来的,故临界应力在不超过材料比列极限条件下才能适用,即

$$\sigma_{cr} = \frac{\pi^2 E}{\lambda^2} \leqslant \sigma_P$$

或

$$\lambda \geqslant \sqrt{\frac{\pi^2 E}{\sigma_P}}$$

令 $\sqrt{\frac{\pi^2 E}{\sigma_P}} = \lambda_P$,$\lambda_P$ 称为与比例极限相对应的柔度,则得欧拉公式的应用范围为

$$\lambda \geqslant \lambda_P$$

对于 Q235A 钢,$E = 206$ GPa,$\sigma_P = 200$ MPa,得 $\lambda_P \approx 100$。因此 Q235A 钢只有在 $\lambda \geqslant 100$ 时,才能应用欧拉公式计算临界力或临界应力。$\lambda \geqslant \lambda_P$ 的压杆一般称为大柔度杆或细长杆,它的失稳属于弹性范围内的失稳。几种常用材料的 λ_P 值见表 2-5。

表 2-5 直线公式的系数 a、b 及柔度 λ_P、λ_S

材 料	a/MPa	b/MPa	λ_P	λ_S
Q235A	304	1.12	100	60
45 钢	578	3.744	100	60
铸铁	332.2	1.454	80	
木材	28.7	0.19	110	40

4) 直线经验公式

对于不能用欧拉公式计算临界应力的压杆,即当压杆的柔度 $\lambda < \lambda_P$ 时,但杆内的工作应力小于屈服点,可应用在实验基础上建立的经验公式。经验公式有直线公式和抛物线公式等。这里仅介绍直线经验公式,即

$$\sigma_{cr} = a - b\lambda \qquad (2-39)$$

式中,a 和 b 是与材料性质有关的常数,其单位为 Pa 或 MPa。一些常用材料的 a、b 值列于表 2-5 中。公式也有一个适用范围,例如对塑性材料制成的压杆,要求其临界应力不得超过材料的屈服点 σ_s,即

$$\sigma_{cr} = a - b\lambda < \sigma_s$$

或

$$\lambda > \frac{a - \sigma_s}{b}$$

令 $\lambda = \frac{a - \sigma_s}{b}$,称为与屈服点相对应的柔度。如 Q235A 钢的 $\sigma_s = 240$ MPa,$a =$

310 MPa，$b=1.12$ MPa，将这些值代入上式，得 $\lambda_s \approx 60$，则直线经验公式的应用范围为

$$\lambda_s < \lambda < \lambda_P$$

柔度在该范围内的压杆称为中长杆或中柔度杆。

对于 $\lambda \leqslant \lambda_s$ 的杆，称为粗短杆或小柔度杆。此类压杆在失稳前应力已达到材料的屈服点，属于强度问题。如果在形式上仍作为稳定性问题来考虑，则其临界应力为

$$\sigma_{cr} = \sigma_s \qquad (2-40)$$

根据以上分析，可将各类柔度压杆的临界应力计算公式归纳如下：

(1) 对于细长杆（$\lambda \geqslant \lambda_P$），用欧拉公式 $\sigma_{cr} = \dfrac{\pi^2 E}{\lambda^2}$ 计算其临界应力。

(2) 对于中短杆（$\lambda_s < \lambda < \lambda_P$），用经验公式 $\sigma_{cr} = a - b\lambda$ 计算其临界应力。

(3) 对于粗短杆，用压缩强度公式 $\sigma_{cr} = \sigma_s$ 计算其临界应力。

例 2-30　用 Q235A 钢制成三根压杆，两端均为铰支，横截面直径 $d=50$ mm，长度分别为 $l_1=2$ m，$l_2=1$ m，$l_3=0.5$ m。已知 Q235A 钢的弹性模量 $E=200$ GPa，$\sigma_s=235$ MPa，试求这三根压杆的临界压力。

解　(1) 计算柔度，确定压杆的临界应力公式。

由于三根压杆的截面直径相同，$I_z = \dfrac{\pi d^4}{64}$，$A = \dfrac{\pi d^2}{4}$，则其圆截面的惯性半径均为 $i_z = \sqrt{\dfrac{I_z}{A}} = \dfrac{d}{4}$，代入柔度的计算公式得

$$\lambda_1 = \frac{\mu l_1}{d/4} = \frac{1 \times 2000 \times 4}{50} = 160$$

$\lambda_1 > \lambda_P = 100$，杆 1 是细长压杆，应用欧拉公式计算临界应力。

$$\lambda_2 = \frac{\mu l_2}{d/4} = \frac{1 \times 1000 \times 4}{50} = 80$$

$\lambda_S = 60 < \lambda_2 < \lambda_P = 100$，杆 2 是中长压杆，应用经验公式计算临界应力。

$$\lambda_3 = \frac{\mu l_3}{d/4} = \frac{1 \times 500 \times 4}{50} = 40$$

$\lambda_3 < \lambda_S = 60$，杆 3 是粗短压杆，其临界应力是材料的屈服点。

(2) 计算各杆的临界压力。

$$F_{cr1} = A\sigma_{cr1} = \frac{\pi d^2}{4}\frac{\pi^2 E}{\lambda_1^2} = \frac{\pi^3 \times 50^2 \times 200 \times 10^3}{4 \times 160^2}$$
$$= 151 \times 10^3 \text{ N} = 151 \text{ kN}$$

$$F_{cr2} = A\sigma_{cr2} = \frac{\pi d^2}{4}(a - b\lambda_2) = \frac{\pi \times 50^2}{4} \times (304 - 1.12 \times 80)$$
$$= 421 \times 10^3 \text{ N} = 421 \text{ kN}$$

$$F_{cr3} = A\sigma_{cr3} = \frac{\pi d^2}{4}\sigma_S = \frac{\pi \times 50^2}{4} \times 235 = 461 \times 10^3 \text{ N} = 461 \text{ kN}$$

4. 提高压杆稳定性的措施

由以上讨论可知，压杆的稳定性取决于压杆的临界应力，压杆临界应力越大，压杆的

稳定性能越好。而压杆稳定性与压杆的截面形状和尺寸、压杆的长度和约束条件以及压杆材料的性质有关。因此，要提高压杆的稳定性，必须从以下几方面予以考虑。

（1）选择合理的截面形状。

由细长压杆和中长压杆的临界应力公式 $\sigma_{cr} = \dfrac{\pi^2 E}{\lambda^2}$，$\sigma_{cr} = a - b\lambda$ 可知，两类压杆的临界应力的大小均与其柔度有关。柔度越小，则临界应力越高，压杆抵抗失稳的能力越强。对于一定长度和支承方式的压杆，在横截面面积一定的前提下，应尽可能使材料远离截面形心，以加大惯性矩，从而减小其柔度。如图 2-76 所示，采用空心截面比实心截面更为合理。但应注意，空心截面的壁厚不能太薄，以防止出现局部失稳现象。

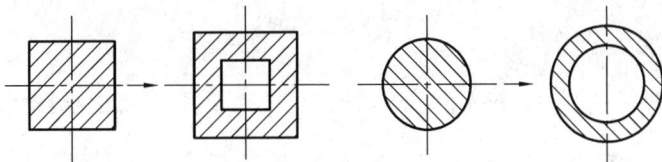

图 2-76　压杆截面形状

另外，压杆的失稳总是发生在柔度大的纵向平面内，因此，最理想的设计应该是使各个纵向平面内有相等或近似相等的柔度。根据 $\lambda = \dfrac{\mu l}{i}$ 可知，当压杆在其两个纵向平面内的约束类型不同时，应采用矩形或工字形截面，使压杆在两个纵向平面内有相等或近似相等的稳定性。

（2）减小杆长，改善两端支承。

由于柔度 λ 与 μl 成正比，因此在工作条件允许的前提下，应尽量减小压杆的长度 l。还可以利用增加中间支承的办法来提高压杆的稳定性。如图 2-77(a)所示两端铰支的细长压杆，在压杆中点处增加一铰支座(图 2-77(b))，其柔度为原来的 1/2。若将压杆的两端铰支约束加固为两端固定端约束(图 2-77(c))，其柔度为两端铰支的 1/2。

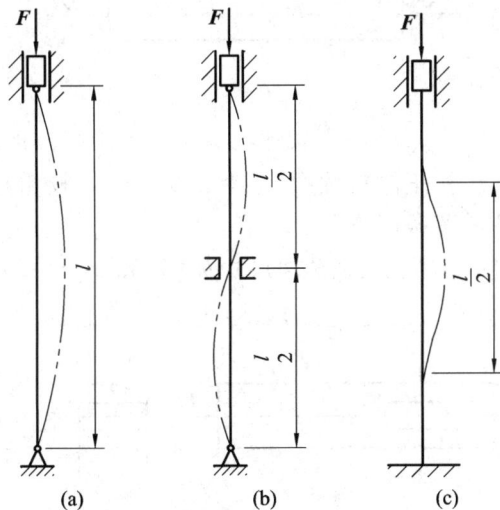

图 2-77　改善支座形状

无论是压杆增加中间支承，还是加固杆端约束，都是提高压杆稳定性的有效方法。因此，压杆在与其他构件联接时，应尽可能制成刚性联接或采用较紧密的配合。

（3）合理选择材料。

对于细长杆，其临界应力 σ_{cr} 与材料弹性模量 E 成正比。但由于各种钢材的弹性模量 E 相差不大，因此，采用高强度钢并不能有效地提高细长压杆的临界力。工程上一般都采用普通碳素钢制造细长压杆，这样既经济又合理。

但对于中长杆，其临界应力 σ_{cr} 与材料的强度有关。材料的强度越高，临界应力 σ_{cr} 也就越高。所以，选用优质钢材，可以提高中长压杆的稳定性。

习　题

2-1　已知 $F_1=20$ kN，$F_2=8$ kN，$F_3=10$ kN，用截面法求图示杆件指定截面的轴力。

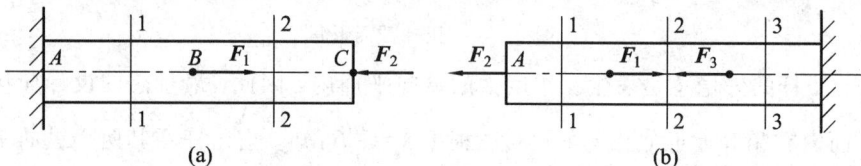

题 2-1 图

2-2　图示杆件，求各段内截面的轴力，并画出轴力图。

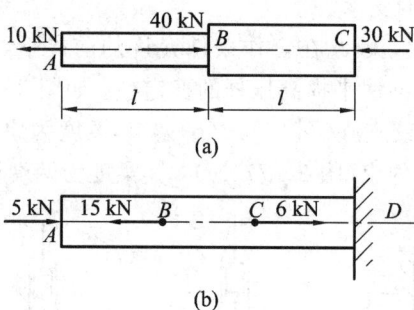

题 2-2 图

2-3　题 2-2(a)图中杆件较细段 $A_1=200$ mm²，较粗段 $A_2=300$ mm²，$E=200$ GPa，$l=100$ mm，求各段截面的应力。

2-4　图示插销拉杆，插销孔处横截面尺寸 $b=50$ mm，$h=20$ mm，$H=60$ mm，$F=80$ kN，试求拉杆的最大应力。

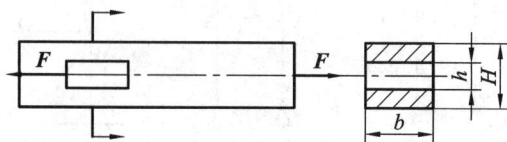

题 2-4 图

2-5　图示油缸盖与缸体采用 6 个内径 $d=10$ mm 的螺栓联接，已知油缸内径

$D=200\ \text{mm}$，油压 $p=1\ \text{MPa}$。若螺栓材料的许用应力 $[\sigma]=80\ \text{MPa}$，试校核螺栓的强度。

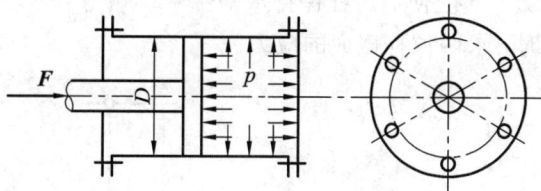

题 2-5 图

2-6 图示钢拉杆受轴向载荷 $F=40\ \text{kN}$，材料的许用应力 $[\sigma]=100\ \text{MPa}$，横截面为矩形，其中 $h=2b$。试设计拉杆的截面尺寸 b、h。

2-7 图示桁架，杆 AB、AC 铰接于 A 点，在 A 点悬吊重物 $G=10\ \text{kN}$，两杆材料相同，$[\sigma]=100\ \text{MPa}$。试设计两杆的直径。

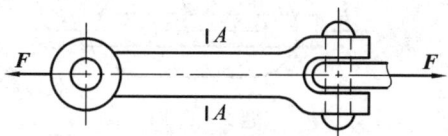

题 2-6 图

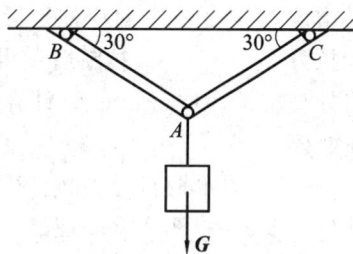

题 2-7 图

2-8 图示支架，杆 AB 为钢杆，横截面 $A_1=600\ \text{mm}^2$，许用应力 $[\sigma_1]=100\ \text{MPa}$；杆 BC 为木杆，横截面 $A_2=200\times10^2\ \text{mm}^2$，许用应力 $[\sigma_2]=5\ \text{MPa}$。试确定支架的许可载荷 $[P]$。

2-9 在圆截面拉杆上铣出一槽如图示，已知杆径 $d=20\ \text{mm}$，$[\sigma]=120\ \text{MPa}$，确定该拉杆的许可载荷 $[F]$。（提示：铣槽的横截面面积近似地按矩形计算。）

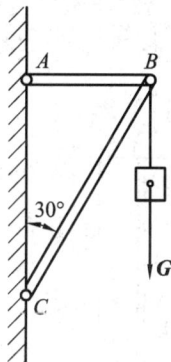

题 2-8 图

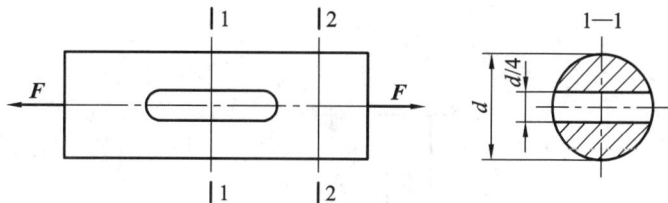

题 2-9 图

2-10 图示拉杆横截面 $b=20\ \text{mm}$，$h=40\ \text{mm}$，$l=0.5\ \text{m}$，$E=200\ \text{GPa}$，测得其轴向线应变 $\varepsilon=3.0\times10^{-4}$。试计算拉杆横截面的应力和杆件的变形。

2-11 图示结构中，杆 1 为钢质杆，$A_1=400\ \text{mm}^2$，$E_1=200\ \text{GPa}$；杆 2 为铜质杆，

$A_2 = 800\ \mathrm{mm}^2$，$E_2 = 100\ \mathrm{GPa}$；横杆 AB 的变形和自重忽略不计。求：

（1）载荷作用在何处，才能使 AB 杆保持水平？

（2）若 $F = 30\ \mathrm{kN}$ 时，求两拉杆截面的应力。

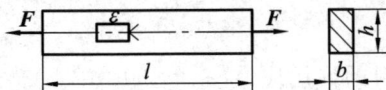

题 2 - 10 图

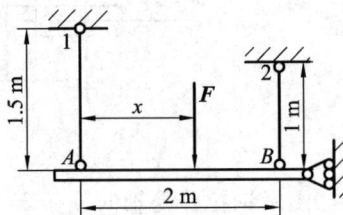

题 2 - 11 图

2 - 12　某钢的拉伸试件，直径 $d = 10\ \mathrm{mm}$，标距 $l_0 = 50\ \mathrm{mm}$。在试验的比例阶段测得拉力增量 $\Delta F = 9\ \mathrm{kN}$、对应伸长量 $\Delta(\Delta l) = 0.028\ \mathrm{mm}$，屈服点时拉力 $F_\mathrm{S} = 17\ \mathrm{kN}$，拉断前最大拉力 $F_\mathrm{b} = 32\ \mathrm{kN}$，拉断后量得标距 $l_1 = 62\ \mathrm{mm}$、断口处直径 $d_1 = 6.9\ \mathrm{mm}$。试计算该钢的 E、σ_S、σ_b、δ 和 Ψ 值。

2 - 13　图示钢制链环的直径 $d = 20\ \mathrm{mm}$，材料的比例极限 $\sigma_\mathrm{P} = 180\ \mathrm{MPa}$、屈服点 $\sigma_\mathrm{S} = 240\ \mathrm{MPa}$、抗拉强度 $\sigma_\mathrm{b} = 400\ \mathrm{MPa}$。若选用安全系数 $n = 2$，链环承受的最大载荷 $F = 40\ \mathrm{kN}$，试校核链环的强度。

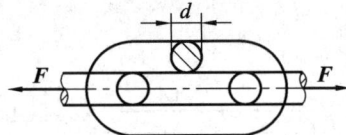

题 2 - 13 图

2 - 14　飞机操纵系统的钢拉索，长 $l = 3\ \mathrm{m}$，承受拉力 $F = 24\ \mathrm{kN}$，钢索的 $E = 200\ \mathrm{GPa}$，$[\sigma] = 120\ \mathrm{MPa}$。若要使钢索的伸长量不超过 $2\ \mathrm{mm}$，问钢索的截面面积至少应有多大？

2 - 15　图示等截面钢杆 AB，已知其横截面面积 $A = 2 \times 10^3\ \mathrm{mm}^2$，在杆轴线 C 处作用 $F = 120\ \mathrm{kN}$ 的轴向力。试求杆件各段横截面上的应力。

2 - 16　图示木制短柱的四角用四个 $40 \times 40 \times 4$ 的等边角钢加固，已知角钢的 $[\sigma_1] = 160\ \mathrm{MPa}$，$E_1 = 200\ \mathrm{GPa}$；木材的 $[\sigma_2] = 12\ \mathrm{MPa}$，$E_2 = 10\ \mathrm{GPa}$。试求该短柱的许可载荷 $[F]$。

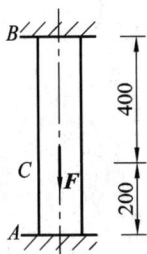

题 2 - 15 图

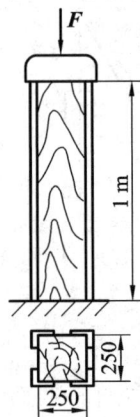

题 2 - 16 图

2-17 图示结构横杆 AB 为刚性杆,不计其变形。已知杆 1、2 的材料、截面面积和杆长均相同,$A = 200 \text{ mm}^2$,$[\sigma] = 100 \text{ MPa}$,试求结构的许可载荷 $[F]$。

2-18 已知每根钢轨长 $l = 8 \text{ m}$,其线膨胀系数 $\alpha_l = 125 \times 10^{-7}/\text{℃}$,$E = 200 \text{ GPa}$,若铺设钢轨时温度为 10℃,夏天钢轨的最高温度为 60℃,为了使轨道在夏天不发生挤压,问铺设钢轨时应留多大的空隙?

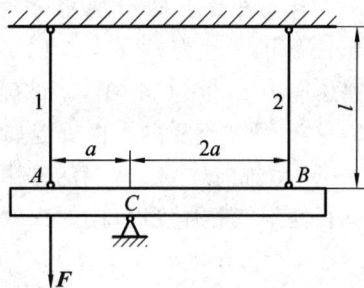

题 2-17 图

2-19 图示剪床需用剪刀切断 $d = 12 \text{ mm}$ 棒料,已知棒料的抗剪强度 $\tau_b = 320 \text{ MPa}$,试求剪刀的切断力 F。

2-20 图示一销钉接头,已知 $F = 18 \text{ kN}$,$t_1 = 8 \text{ mm}$,$t_2 = 5 \text{ mm}$,销钉的直径 $d = 16 \text{ mm}$,销钉的许用切应力 $[\tau] = 60 \text{ MPa}$,许用挤压应力 $[\sigma_{jy}] = 200 \text{ MPa}$。试校核销钉的剪切和挤压强度。

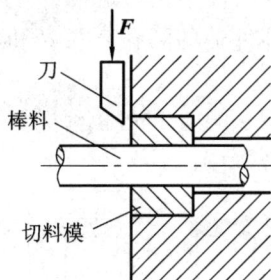

题 2-19 图

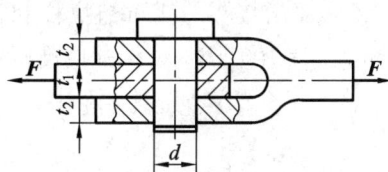

题 2-20 图

2-21 图示的轴与齿轮用普通平键联接,已知 $d = 70 \text{ mm}$,$b = 20 \text{ mm}$,$h = 12 \text{ mm}$,轴传递的转矩 $M = 2 \text{ kN} \cdot \text{m}$,键的许用切应力 $[\tau] = 60 \text{ MPa}$,许用挤压应力 $[\sigma_{jy}] = 100 \text{ MPa}$。试设计键的长度 l。

2-22 图示铆钉接头,已知钢板的厚度 $t = 10 \text{ mm}$,铆钉的直径 $d = 17 \text{ mm}$,铆钉与钢板的许用切应力 $[\tau] = 140 \text{ MPa}$,许用挤压应力 $[\sigma_{jy}] = 320 \text{ MPa}$,$F = 24 \text{ kN}$。试校核铆钉接头强度。

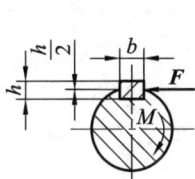

(a)

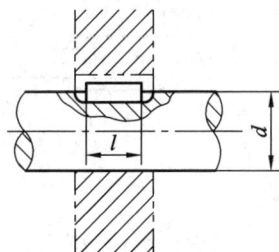

(b)

题 2-21 图

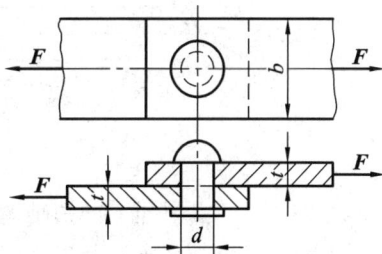

题 2-22 图

2-23　图示手柄与轴用普通平键联接，已知轴的直径 $d=35$ mm，手柄长 $l=700$ mm；键的尺寸为 $l\times b\times h=36$ mm$\times 10$ mm$\times 8$ mm，键的许用切应力$[\tau]=60$ MPa，许用挤压应力$[\sigma_{jy}]=120$ MPa。试确定作用于手柄上的许可载荷$[F]$。

2-24　两块钢板的搭接焊缝如图示，两钢板的厚度 δ 相同，$\delta=12$ mm，左端钢板宽度 $b=120$ mm，轴向加载，焊缝的许用切应力$[\tau]=90$ MPa，钢板的许用应力$[\sigma]=120$ MPa。试求钢板与焊缝等强度时(同时失效称为等强度)，每边所需的焊缝长度 l。

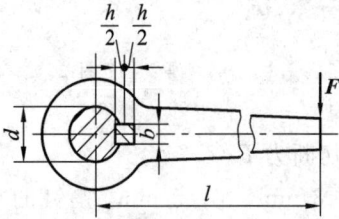

题 2-23 图

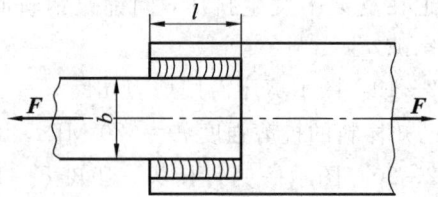

题 2-24 图

2-25　图示冲床的最大冲力 $F=400$ kN，冲头材料的许用正应力$[\sigma]=440$ MPa，钢板的抗剪强度 $\tau_b=360$ MPa。试求在最大冲力作用下所能冲剪的圆孔直径 d 和钢板的最大厚度 t。

2-26　图示接头，已知钢拉杆和销子的材料相同$[\tau]=80$ MPa，$[\sigma_{jy}]=150$ MPa，$d=50$ mm，$F=100$ kN。试按强度准则设计销子的尺寸 h 和 b。

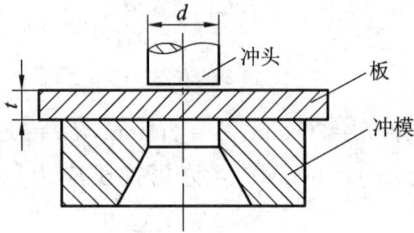

题 2-25 图

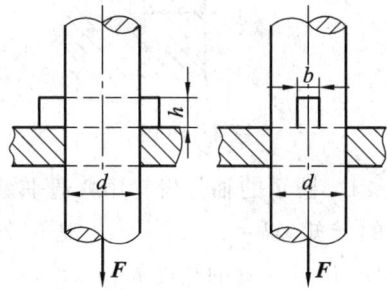

题 2-26 图

2-27　作图示各轴的扭矩图。

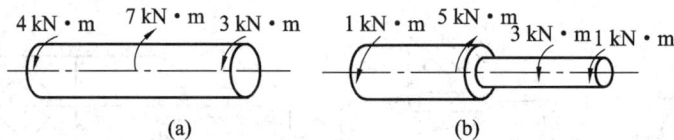

(a)   (b)

题 2-27 图

2-28　图示传动轴，已知轴的转速 $n=100$ r/min，试求：① 轴的扭矩图；② 轴的最大切应力；③ 截面上半径为 25 mm 圆周处的切应力；④ 从强度方向分析三个轮的布置是否合理？若不合理，试重新布置。

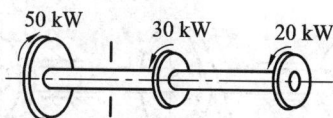

题 2-28 图

2-29 圆轴的直径 $d=50$ mm，转速 $n=120$ r/min，若该轴的最大切应力 $\tau_{max}=60$ MPa，试求轴所传递的功率是多大？

2-30 图示实心轴和空心轴通过牙嵌式离合器连接在一起，已知轴的转速 $n=120$ r/min，传递的功率 $P=14$ kW，材料的许用切应力 $[\tau]=60$ MPa，空心圆截面的内外径之比 $\alpha=0.8$。试确定实心轴的直径 d_1 和空心轴外径 D、内径 d，并比较两轴的截面面积。

2-31 图示船用推进器，一端是实心的，直径 $d_1=28$ cm；另一端是空心的，内径 $d=14.8$ cm，外径 $D=29.6$ cm。若 $[\tau]=50$ MPa，试求此轴允许传递的最大外力偶矩。

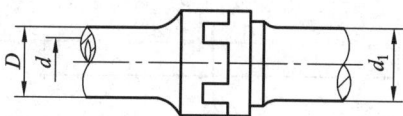

题 2-30 图

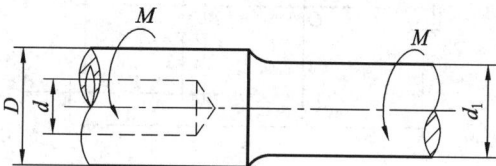

题 2-31 图

2-32 图示圆轴的直径 $d=50$ mm，作用外力偶矩 $M=2$ kN·m，材料的切变模量 $G=80$ GPa。试：① 求横截面上最大切应力和单位轴长的相对扭转角；② 已知 $r_B=15$ mm，求横截面上 A、B、C 三点的切应变。

2-33 图示传动轴的作用外力偶矩 $M_1=3$ kN·m，$M_2=1$ kN·m，直径 $d_1=50$ mm，$d_2=40$ mm，$l=100$ mm，材料的切变模量 $G=80$ GPa。试：

① 画轴的扭矩图；② 求轴的最大切应力 τ_{max}；③ 求 C 截面相对于 A 截面的扭角 φ_{AC}。

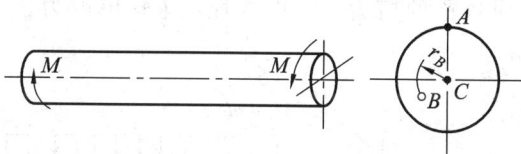

题 2-32 图

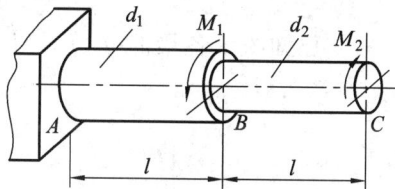

题 2-33 图

2-34 某钢制传动轴的转速 $n=300$ r/min，传递的功率 $P=60$ kW，轴的 $[\tau]=60$ MPa，材料的切变模量 $G=80$ GPa，轴的许用扭转角 $[\theta]=0.5°/m$。试按强度和刚度准则设计轴径 d。

2-35 图示传动轴的直径 $d=40$ mm，许用切应力 $[\tau]=60$ MPa，材料的切变模量 $G=80$ GPa，轴的许用扭转角 $[\theta]=0.5°/m$，轴的转速 $n=360$ r/min。设主动轮 B 由电机拖动的输入功率为 P，从动轮 A、C 的输出功率分别为 $2P/2$、$P/3$。试求在满足强度和刚度条件下轴的最大输入功率 P。

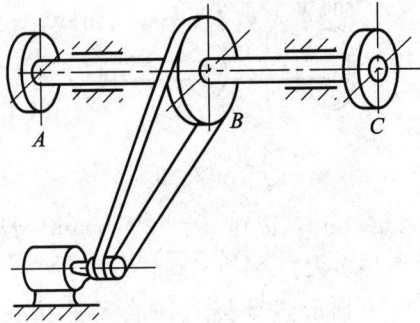

题 2 - 35 图

2 - 36　已知图示各梁的 q、F、l、a，试求各梁指定截面上的剪力和弯矩。

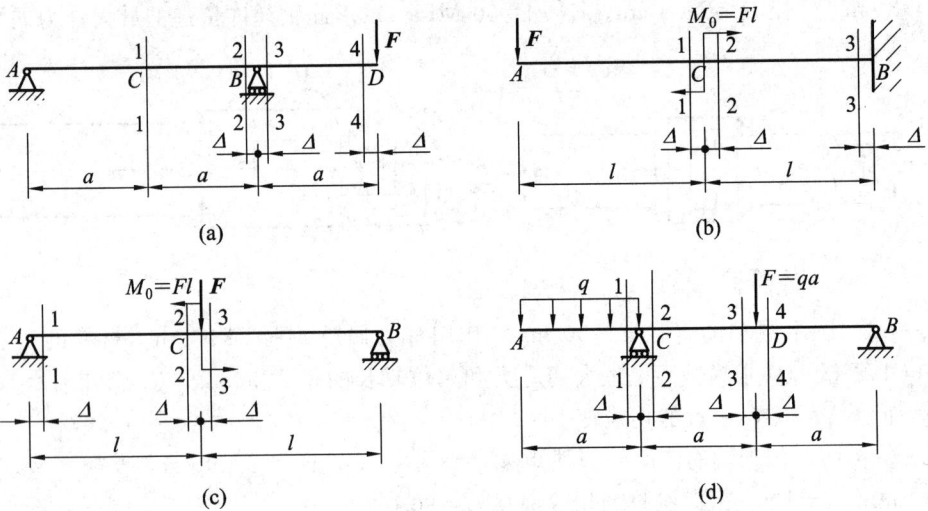

(a)

(b)

(c)

(d)

题 2 - 36 图

2 - 37　已知图示各梁的 q、F、M_0、l，列各梁的剪力、弯矩方程，并画出剪力、弯矩图。

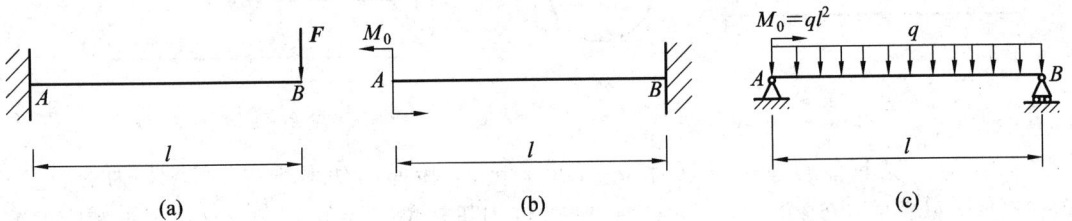

(a)

(b)

(c)

题 2 - 37 图

2 - 38　已知图示各梁的 q、F、M_0、l、a，画出其剪力、弯矩图，并求出最大剪力和最大弯矩值。

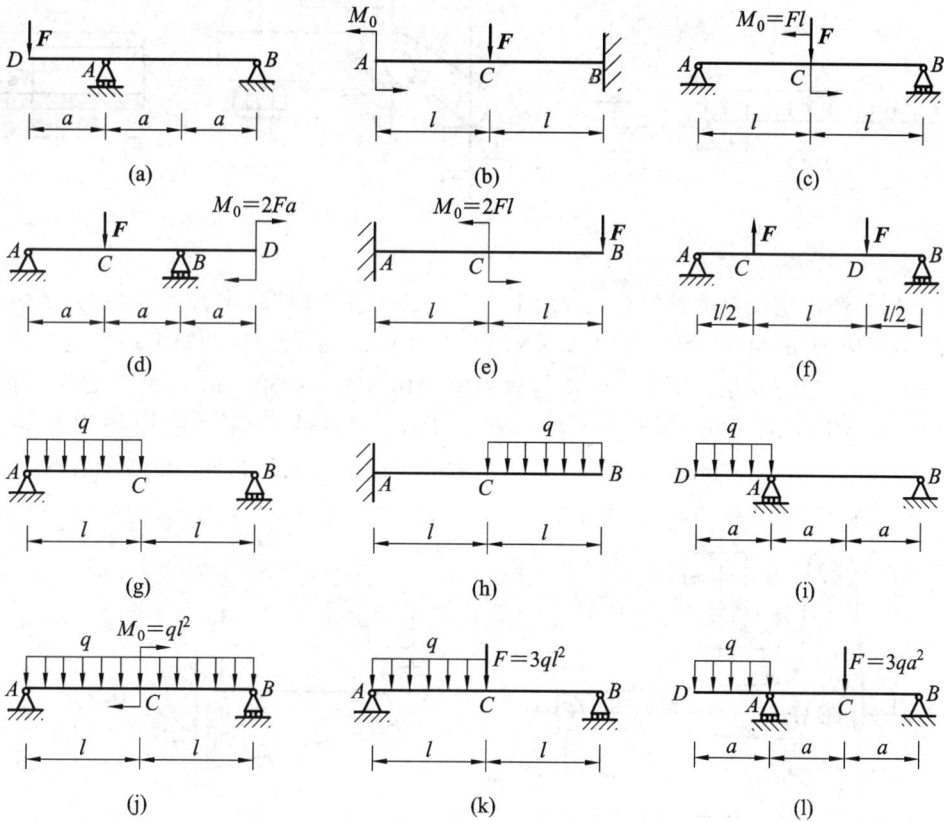

题 2-38 图

2-39 图示圆截面简支梁,已知截面直径 $d=50$ mm,作用力 $F=6$ kN,$a=500$ mm。试确定梁的危险截面,并计算梁的最大弯曲正应力。

2-40 图示空心圆截面外伸梁,已知,$M_0=1.2$ kN·m,$l=300$ mm,$a=100$ mm,$D=60$ mm,$[\sigma]=120$ MPa。试按正应力强度准则设计内径 d。

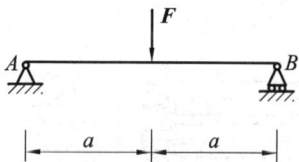

题 2-39 图

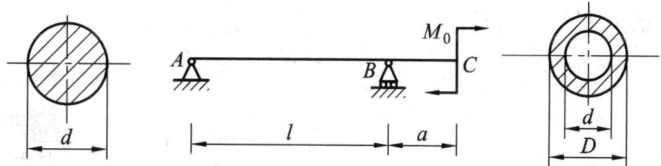

题 2-40 图

2-41 图示简支梁,已知作用均布载荷 $q=4$ kN/m,$l=4$ m,$[\sigma]=160$ MPa,按正应力强度准则为梁选择工字钢型号。

2-42 夹具压板的受力如图示,已知 $A—A$ 截面为空心矩形截面,$F=10$ kN,$a=20$ mm,材料的许用正应力 $[\sigma]=160$ MPa。试校核压板的强度。

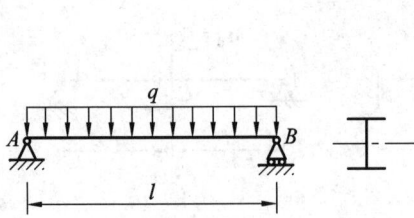

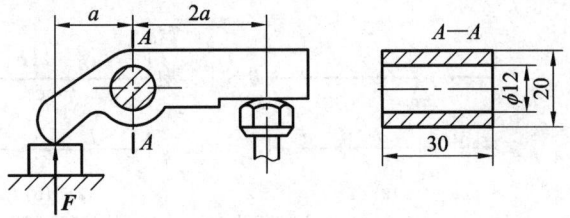

题 2-41 图　　　　　　　　　　　　　题 2-42 图

2-43　图示空气泵的操纵杆，截面Ⅰ—Ⅰ和Ⅱ—Ⅱ为矩形，其高宽比均为 $h/b=3$，材料的许用正应力 $[\sigma]=60$ MPa，$F=20$ kN，$a=340$ mm，试设计这两矩形截面的尺寸。

2-44　T 形铸铁架如图示，已知作用力 $F=10$ kN，$l=300$ mm，材料的许用拉应力 $[\sigma^+]=40$ MPa，许用压应力 $[\sigma^-]=120$ MPa，$n—n$ 截面对中性轴的惯性矩 $I_z=2.0\times10^6$ mm^4，$y_1=25$ mm，$y_2=75$ mm，各截面承载能力大致相同。试校核托架 $n—n$ 截面的正应力强度。

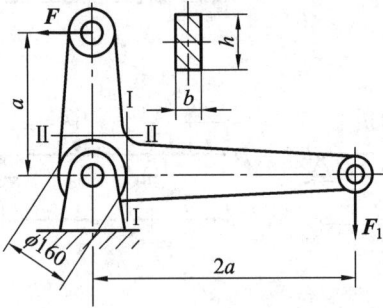

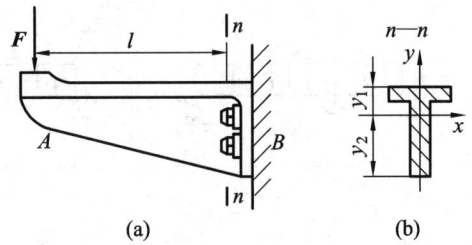

题 2-43 图　　　　　　　　　　　　　题 2-44 图

2-45　图示槽形截面铸铁梁，已知 $F=30$ kN，槽形截面对中性轴 z 的惯性矩 $I_z=40\times10^6$ mm^4，铸铁的许用拉应力 $[\sigma^+]=30$ MPa，许用压应力 $[\sigma^-]=80$ MPa。试按弯曲正应力强度准则校核梁的强度。

2-46　图(a)所示为薄板轧制机示意图，其轧辊的计算简图如图(b)示，已知轧辊直径 $D=700$ mm，材料的许用应力 $[\sigma]=80$ MPa，$a=400$ mm，$l_0=800$ mm。试求轧辊所能承受的轧制许可载荷 $[q]$。

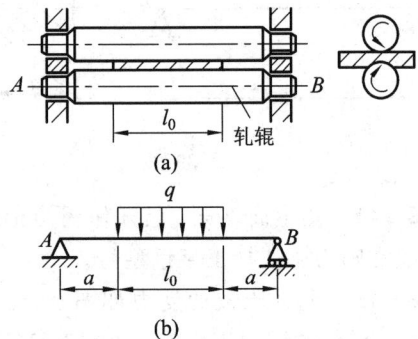

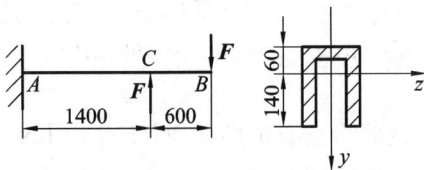

题 2-45 图　　　　　　　　　　　　　题 2-46 图

2-47 图示桥式起吊机大梁由 32a 工字钢制成，梁跨 $l=8$ m，许用正应力$[\sigma]=$ 160 MPa，许用切应力$[\tau]=90$ MPa。若梁的最大起吊重量 $F=50$ kN，试按正应力强度准则校核梁的强度。

2-48 图示外伸钢梁受均布载荷作用，已知 $q=12$ kN/m，材料的许用正应力$[\sigma]=$ 160 MPa，许用切应力$[\tau]=90$ MPa，试选择此钢梁的工字钢型号。

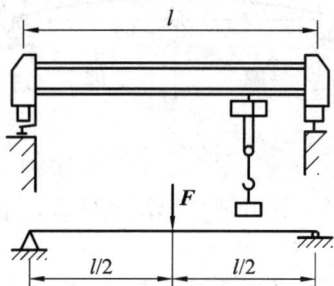

题 2-47 图

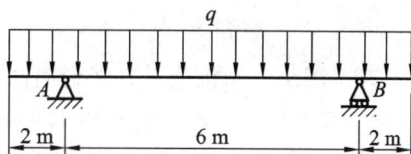

题 2-48 图

2-49 图示桥式起重机大梁为 32a 工字钢，材料的弹性模量 $E=200$ GPa，梁跨 $l=8$ m，梁的许可挠度$[y]=l/500$。若起重机的最大载荷 $F=20$ kN，试校核梁的刚度。

2-50 图示简支梁由两槽钢组成，槽钢材料的弹性模量 $E=200$ GPa，梁跨 $l=4$ m，许可挠度$[y]=l/400$。若梁承受的载荷 $F=20$ kN，$q=10$ kN/m，试按刚度设计准则为梁选择槽钢型号。

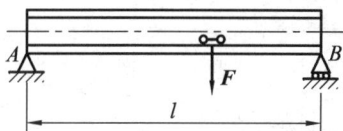

题 2-49 图

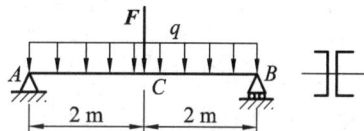

题 2-50 图

2-51 已知图示静不定梁的 EI_z、M_0、q、F、l，用变形比较法求梁的支座反力。

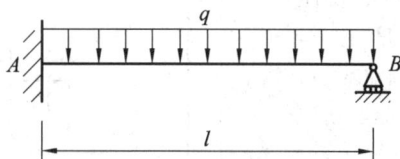

(a)

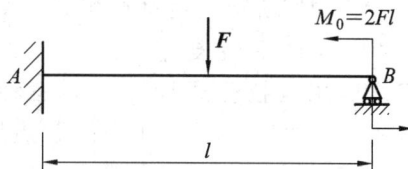

(b)

题 2-51 图

2-52 图示一受均布载荷 q 作用的梁 AB，其 A 端固定，B 端支承于 CD 梁的中点上，已知二梁的抗弯刚度 EI 相同，跨长均为 l。求此二梁的支座反力。

2-53 三支点梁跨度 $l=200$ mm，中间支座的同轴度相差 $\delta=0.1$ mm，梁截面为圆形，直径 $d=60$ mm，$E=200$ GPa。试求梁截面上最大的装配应力。

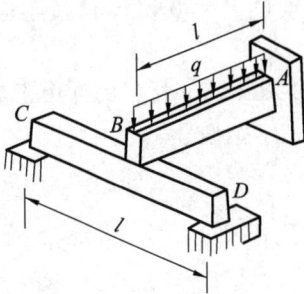

题 2-52 图

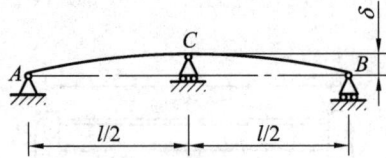

题 2-53 图

2-54　图示轧钢机滚道升降台简图，钢坯 D 重 F，在升降台 AB 上可从 A 移动到 C，欲提高梁的弯曲强度，试确定支座 B 的合理安放位置 x 值。

2-55　图示桥式起吊机的横梁 AB 的平面简图，原设计最大起吊重量为 100 kN，现需吊起重 $F=150$ kN 的设备，采用图示方法。试求 x 的最大值等于多少才能安全起吊。

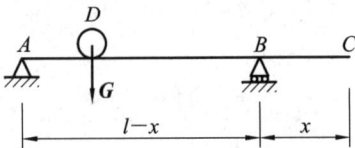

题 2-55 图

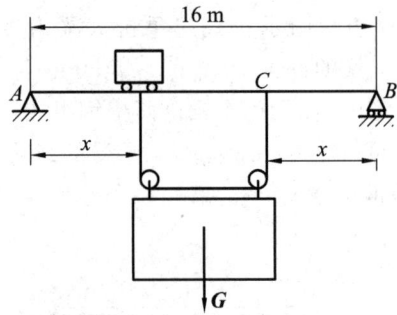

题 2-54 图

2-56　三根圆截面压杆，其直径均为 $d=160$ mm，材料均为 Q235A 钢，$E=200$ GPa，$\lambda_P=100$，$\lambda_S=60$。已知压杆两端均为铰支，长度分别为 $l_1=2$ m，$l_2=3.2$ m，$l_3=4.8$ m，试求各压杆的临界应力。

2-57　如图所示三根材料相同、截面不同的细长压杆，两端均为球形铰支座，杆材料的弹性模量 $E=200$ GPa。试用欧拉公式计算下列三种情况的临界力：① 圆截面，$d=25$ mm，$l=1$ m；② 矩形截面，$h=2b=40$ mm，$l=1$ m；③ 16 号工字钢，$l=2$ m。

2-58　一矩形截面木柱，其约束在两相互垂直的纵向平面内均简化为两端铰支，截面尺寸为 120 mm×200 mm，长度 $l=4$ m，木材的 $E=10$ GPa，$\lambda_P=110$。试求木柱的临界应力。

2-59　由 Q235A 钢制成 20a 工字钢压杆，两端为球铰，杆长 $l=4$ m，弹性模量 $E=200$ GPa，试求压杆的临界

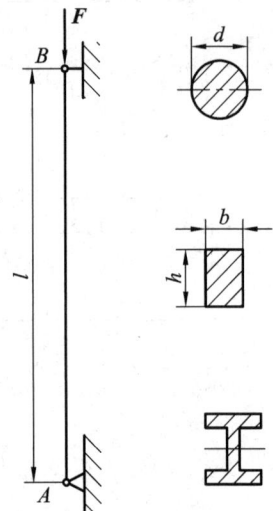

题 2-57 图

应力和临界力。

2－60　已知某型号柴油机的挺杆两端均为铰支，直径 $d=8$ mm，长度 $l=257$ mm，钢材料 $E=210$ GPa，$\lambda_P=100$，$\lambda_S=60$。若挺杆所受最大压力 $F_{max}=1.76$ kN，规定稳定安全系数 $[n_W]=3.2$，试校核挺杆的稳定性。

2－61　千斤顶的最大承载重量 $F=150$ kN，螺杆小径 $d=52$ mm，长度 $l=500$ mm，材料为 45 钢。试求螺杆的安全系数。

2－62　25a 工字钢压杆长 $l=7$ m，两端固定，材料为 Q235 钢，$E=200$ GPa，规定稳定安全系数 $[n_W]=2$。试求压杆的许可轴向压力 $[F]$。

2－63　如图所示托架中，$F=10$ kN，杆 AB 的外径 $D=50$ mm，内径 $d=40$ mm，两端为球铰，材料为 Q235A，$E=200$ GPa，规定稳定安全系数 $[n_W]=3.0$。试校核 AB 杆的稳定性。

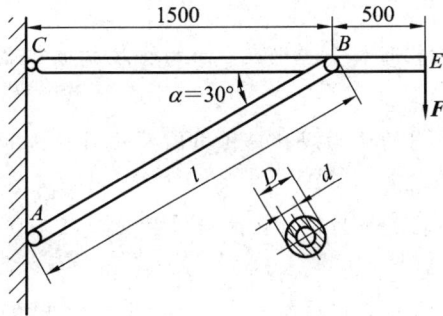

题 2－63 图

项目三　机械设计机构知识准备

学习导航

本项目主要为学生从事机械设计及机械设计相关领域产品的使用、设计、开发及改造提供必要的基础知识和基本技能。主要介绍机械常用机构(如平面连杆机构、凸轮机构、齿轮机构及轮系)的运动特性分析、工程应用、相关参数的选择与计算及各机构设计的一般步骤和方法,对间歇运动机构的工作原理、特点及应用也作了初步介绍。

知识要点

(1) 平面四杆机构的基本形式及演化;平面四杆机构的工作特性;平面四杆机构设计的基本问题。

(2) 凸轮机构从动件常用的运动规律;利用图解法设计尖顶、滚子从动件盘形凸轮轮廓曲线的方法。

(3) 渐开线直齿圆柱齿轮、斜齿轮、直齿圆锥齿轮以及蜗轮蜗杆传动的啮合原理及几何尺寸计算。

(4) 棘轮机构、槽轮机构的工作原理、特点、功用及使用场合。

(5) 轮系的类型及应用;轮系传动比的计算。

3.1　平　面　机　构

3.1.1　平面运动副的概念

机构是用来传递运动和力的构件系统。在机构中,各构件之间都以一定的方式联接起来。两个构件之间直接接触并能产生一定相对运动的联接,称为运动副。如:轴与轴承、活塞与汽缸、车轮与钢轨、一对齿轮的啮合等所形成的联接都构成了运动副。

两构件只能在同一平面内相对运动的运动副称为平面运动副。

3.1.2　平面运动副的类型

两个构件之间组成运动副时,它们之间的接触形式有点、线、面三种。运动副分类的方法有多种,按组成运动副的两个构件之间的接触形式,通常把运动副分为低副和高副。

1. 低副

在平面机构中,两个构件之间通过面接触而组成的运动副称为低副。根据两个构件之间的相对运动形式,低副又可分为转动副和移动副。若组成运动副的两个构件只能沿某一轴线作相对转动,则这种运动副称为转动副,或称回转副,又称铰链,如图 3-1(a)所示。

若组成运动副的两个构件只能沿着某一直线作相对移动,则这种运动副称为移动副,如图 3-1(b)所示。

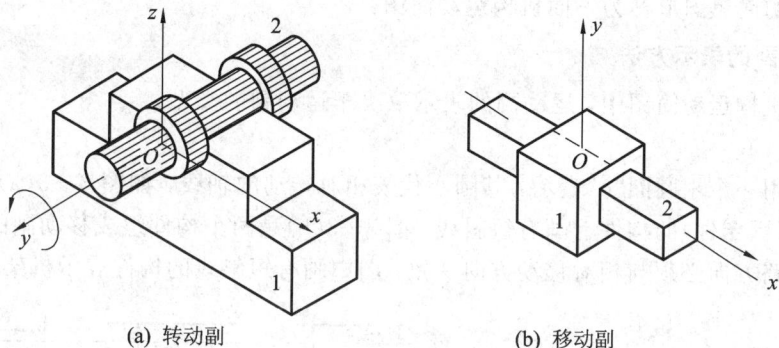

(a) 转动副　　　　　　　　(b) 移动副

图 3-1　低副

2. 高副

两构件以点或线接触的运动副称为高副。如图 3-2 所示的车轮与钢轨、凸轮与从动杆的接触及齿轮的啮合等都属于点接触的高副。

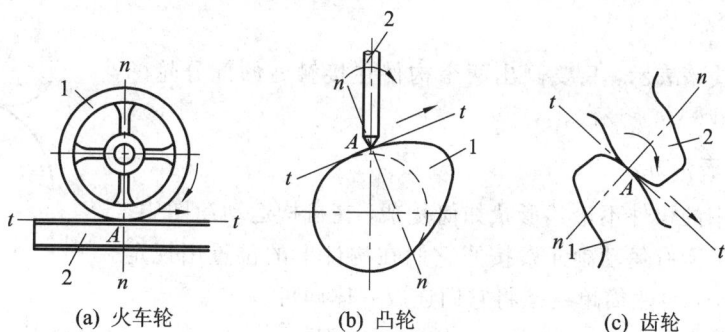

(a) 火车轮　　　　　　(b) 凸轮　　　　　　(c) 齿轮

图 3-2　高副

平面运动副及其特性列于表 3-1 中。

表 3-1　平面机构常用运动副及其特性

运动副类型		引入约束数		保留自由度数		特　　点
		转动	移动	转动	移动	
低副	转动副	0	2	1	0	两构件之间通过面接触，能承受较大压力，易于润滑，寿命较长；形状简单，容易制造
	移动副	1	1	0	1	
高副	凸轮副	0	1	1	1	两构件之间通过点或线接触，单位压力较大，容易磨损；具有较多自由度，所以比低副易获得复杂的运动规律
	齿轮副	0	1	1	1	

3.1.3　平面机构运动简图

如前所述，机构是由许多构件通过运动副联接而成的。在分析和研究机构的运动时，为了使问题简化，可以不考虑构件的形状、截面尺寸、组成构件的零件数目等与运动无关的因素，用规定的符号和简单的线条表示运动副和构件，并按一定的比例表示各运动副之间的相对位置,绘制机构的简单图形。这种能够准确表示机构的组成和各个构件之间的相对运动关系的简单图形称为平面机构运动简图。

1. 运动副的表示方法

在平面机构运动简图中,运动副的表示取决于运动副的类型。

1) 低副

转动副用一个小圆圈"o"表示,其圆心代表相对转动的轴线,如图3-3(a)所示,图中在代表机架(固定件)的构件上画有短斜线。图3-3(b)是两个构件组成移动副的表示方法,移动副的导路方向必须与相对移动方向一致,图中画有短斜线的构件表示机架。

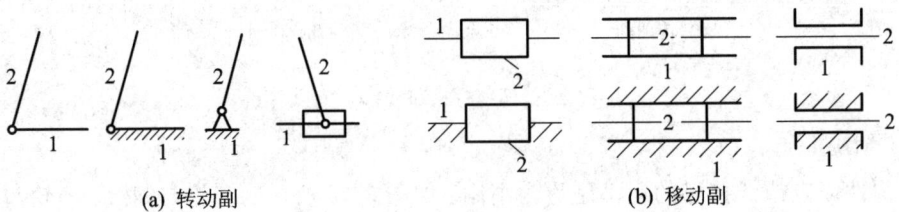

(a) 转动副　　　　　　　　　　　　　　(b) 移动副

图 3-3　低副的表示

2) 高副

高副用曲线来表示,只要画出两个构件在接触处的部分轮廓曲线即可,如图3-4所示。

2. 构件的表示方法

平面机构中的构件不论其形状如何复杂,在机构运动简图中,只需将构件上的所有运动副元素按照它们在构件上的位置用规定的符号表示出来,再用简单线条将它们连成一体即可。

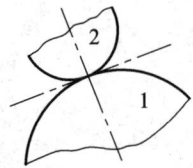

图 3-4　高副的表示

当一个构件上的两个运动副元素均为转动副时,则该构件用通过两个转动副的几何中心所连的线段来表示,如图3-5(a)所示。当构件具有一个转动副,而另一个为移动副时,构件的表示方法如图3-5(b)所示。习惯上,图3-5(b)常用图3-5(c)来表示。

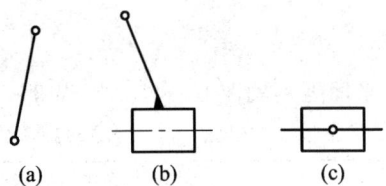

(a)　　　　(b)　　　　(c)

图 3-5　具有两个运动副元素的构件

如图3-6(a)所示,具有3个转动副元素的构件可用三角形来表示;当在构件上的三个转动副元素中心位于一条直线上,使该构件呈杆状时,可用图3-6(b)来表示。

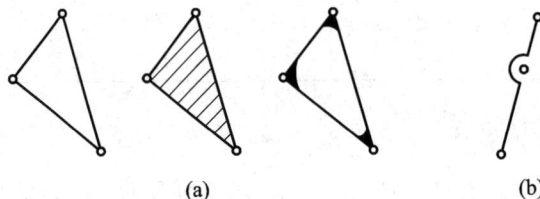

(a)　　　　　　　　　　　　　　(b)

图 3-6　具有三个运动副元素的构件

对于机械中常用的构件和零件，还可采用习惯画法。如图 3-7 所示，用点画线画出一对节圆来表示一对相互啮合的齿轮，用完整的轮廓曲线来表示凸轮、滚子。其他零部件的表示方法可直接用国家标准 GB/T4460—1984 规定的简单图形来表示，需要时可以查阅。

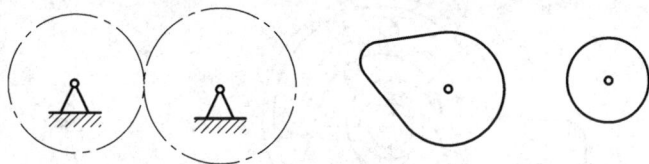

图 3-7　凸轮、滚子及齿轮的习惯画法

3. 构件的分类

一般机构中的构件分为以下三类：

（1）机架。机构中相对固定不动的构件称为机架。它是用来支承活动构件的，常作为参考坐标系。

（2）原动件。机构中运动规律已知（由外界给定）的构件称为原动件，它一般与机架相联。在机构运动简图中，原动件常用箭头标注。

（3）从动件。机构中除原动件与机架以外的其余构件称为从动件。

任何机构中，必有一个构件为机架，另有一个或几个原动件，其余的都是从动件。

4. 绘制机构运动简图的步骤

绘制机构运动简图时，首先观察机构的运动情况，分析机构的结构特点，找出机架和原动件；其次按照运动传递的顺序，确定构件的数目、运动副的类型和数目；最后按规定的符号和一定的比例绘制。具体绘图步骤如下：

（1）分析机构的组成，确定原动件、从动件和机架。

（2）由原动件开始，沿着运动传递的顺序，确定运动副的类型、数目及构件的数目，并测出各运动副间的相对位置尺寸。

（3）选择合适的视图平面，一般选择与各构件运动平面相互平行的平面作为绘制机构运动简图的视图平面。

（4）选择合适的比例尺，根据各运动副的相对位置，采用规定的符号绘图，用 1、2、3 …标明不同的构件，用 A、B、C…标明不同的转动副，用箭头标明原动件。长度比例尺为

$$\mu_l = \frac{构件实际尺寸(mm)}{构件图示尺寸(mm)}$$

下面举例说明机构运动简图的绘制方法。

例 3-1　试绘制图 3-8(a)所示颚式破碎机主体机构的运动简图。

解　（1）颚式破碎机主体机构由机架 1、偏心轴 2（原动件）、动颚 3（执行件）和肘板 4 共四个构件组成。当偏心轴绕轴线 A 转动时，驱使输出构件动颚 3 作平面运动，从而将矿石轧碎。

（2）偏心轴 2 与机架 1 组成转动副 A，偏心轴 2 与动颚 3 组成转动副 B，肘板 4 与动颚 3 组成转动副 C，肘板 4 与机架 1 组成转动副 D。整体机构共有四个转动副。

（3）图 3-8(a)已清楚地表达出各构件间的运动关系，所以选择此平面作为视图平面。

　　(4) 选定转动副 A 的位置,然后根据各转动副中心间的尺寸,按适当的比例尺确定转动副 B、C 及 D 的位置;再用规定的符号绘制出机构运动简图,如图 3-8(b)所示。

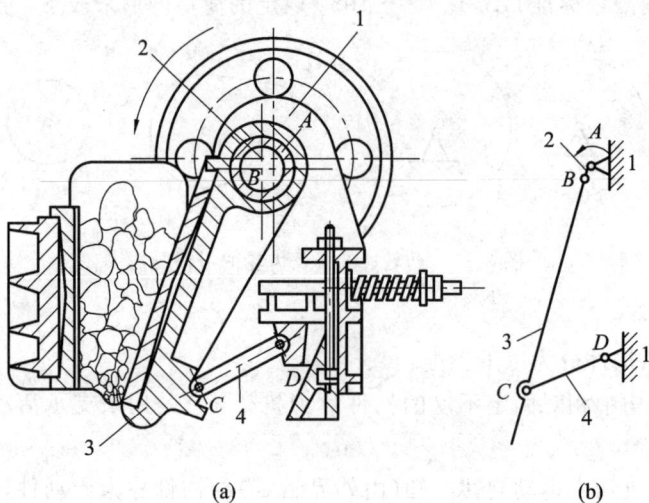

图 3-8　颚式破碎机及其机构运动简图

例 3-2　绘制图 3-9(a)所示单缸内燃机的机构运动简图。

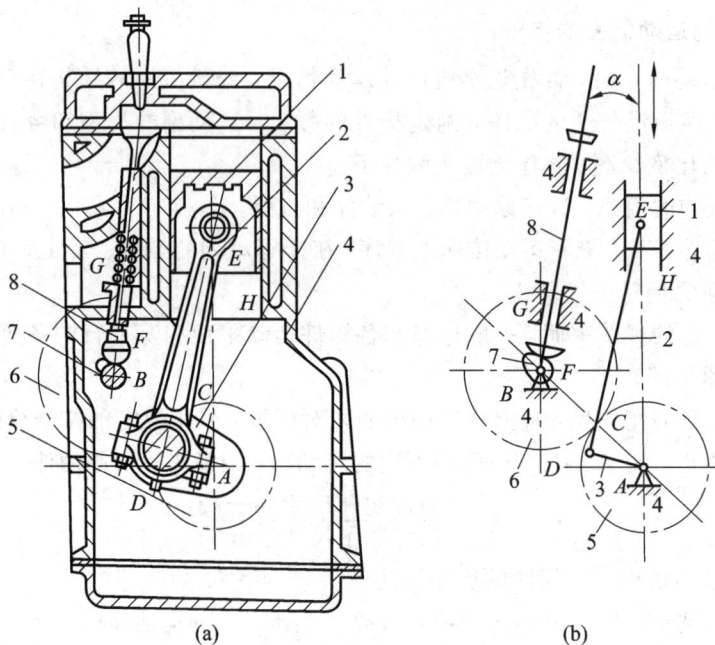

图 3-9　内燃机及其机构运动简图

　　解　(1) 内燃机由三个机构组成,活塞 1 是原动件,推杆 8 是执行件,缸体 4 是机架,其余为传动件。

　　(2) 曲柄滑块机构中活塞 1 与缸体 4 组成移动副,活塞 1 与连杆 2、连杆 2 与曲轴 3、曲轴 3 与缸体 4 分别组成转动副。

齿轮机构中，齿轮 5 与缸体 4、齿轮 6 与缸体 4 分别组成转动副，齿轮 5 与齿轮 6 组成齿轮副。

凸轮机构中凸轮 7 与缸体 4 组成转动副，推杆 8 与缸体 4 组成移动副，凸轮 7 与推杆 8 组成凸轮副。

（3）图 3.9(a)已清楚地表达出各构件间的运动关系，故选此平面作为视图平面。

（4）先绘出滑块导路中心线及运动副 A 的位置，然后根据构件尺寸和各运动副之间的尺寸，按适当的比例尺，用构件和运动副的规定符号，绘制出机构的运动简图，如图 3－9(b)所示。

3.1.4　平面机构的自由度

1. 自由度

如图 3－10 所示，在直角坐标系 xOy 中，有一个作平面运动的自由构件 1，该构件具有 3 个独立的运动，即其上任一点 A 沿 x 轴和 y 轴方向的移动以及在 xOy 平面内绕 A 点的转动。

构件相对于参考系所具有的独立运动称为构件的自由度，自由度也是指确定构件位置的独立运动参数的数目。

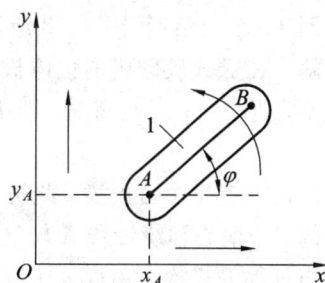

图 3－10　构件自由度

在某一瞬时，构件 1 的位置由其上任一点 A 的坐标$(x_A，y_A)$和与 x 轴的夹角 φ 来确定。显然，一个作平面运动的自由构件具有 3 个自由度。

2. 约束

当一个构件与其他构件组成运动副之后，构件的某些相对运动就要受到限制，自由度就会随之减少。这种对组成运动副的两个构件之间的相对运动所加的限制称为约束。

当两个构件相互接触组成转动副时，引入两个约束，即约束了 2 个移动自由度，只保留 1 个转动自由度，两个构件只能作相对转动。

当两个构件相互接触组成移动副时，也引入两个约束，即约束了沿一轴方向的移动和在平面内的转动 2 个自由度，只保留沿另一轴方向移动的自由度，两个构件之间只能作相对移动。

在平面机构中，每个低副引入两个约束，使机构失去 2 个自由度。

如图 3－2(b)所示，当两个构件之间组成高副时，引入一个约束，即只约束了沿接触处公法线 $n-n$ 方向移动的自由度。构件 1 相对于构件 2 既可沿接触点 A 的公切线 $t-t$ 方向作相对移动，又可在接触点 A 绕垂直于运动平面的轴线作相对转动，即保留了绕接触处转动和沿接触处公切线方向移动 2 个自由度。

在平面机构中，每个高副引入一个约束，使机构失去 1 个自由度。

3. 平面机构自由度的计算

机构相对于机架所具有的独立运动数目，称为机构自由度。

如果一个平面机构有 n 个活动构件（机架除外），则在未用运动副联接之前，这些活动构件的自由度总数为 $3n$。当用运动副将构件联接起来组成机构后，机构中各构件具有的自

由度数则随之减少。若机构中有 P_L 个低副、P_H 个高副，则平面机构的自由度的计算公式为

$$F = 3n - 2P_L - P_H \qquad\qquad (3-1)$$

4. 机构具有确定运动的条件

机构若要运动，其自由度必须大于零。同时，只有机构输入的独立运动数目与机构的自由度数相等，该机构才能有确定的运动。因此，机构具有确定运动的条件是：机构的原动件数目必须等于机构的自由度数。

由于机构原动件的运动是由外界给定的，属已知条件，所以只需算出该机构的自由度，就可判断机构的运动是否确定。

例 3-3　试计算图 3-8 所示颚式破碎机主体机构的自由度。

解　在颚式破碎机的主体机构中，有三个活动构件，即 $n=3$；组成的运动副是四个转动副，即 $P_L=4$；没有高副，即 $P_H=0$。由计算公式可得机构的自由度为

$$F = 3n - 2P_L - P_H = 3 \times 3 - 2 \times 4 = 1$$

该机构有 1 个自由度，此机构原动件（偏心轴）的数目与机构的自由度相等，故运动是确定的。当偏心轴绕轴线 A 转动时，动颚与肘板就能按照一定的规律运动。

当算得的机构自由度等于 0 时，说明机构中活动构件的自由度总数与运动副引入的约束总数相等，自由度全部被取消，构件之间不可能存在任何相对运动，它们与固定件形成一刚性桁架。

例如在图 3-11(a)中，五个构件用六个转动副相连，其机构自由度为 0($F=3n-2P_L-P_H=3\times4-2\times6=0$)，显然，它是一个静定的桁架。如图 3-11(b)所示的三角架其自由度也等于 0；而如图 3-11(c)所示的机构，其自由度 $F=3n-2P_L-P_H=3\times3-2\times5=-1$，说明该机构的约束过多，称为超静定桁架。

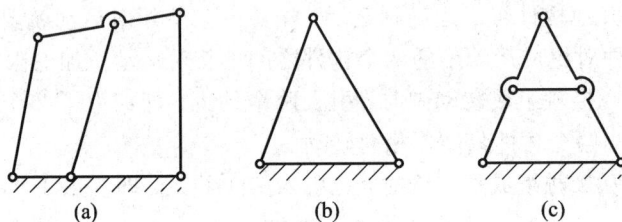

| (a) | (b) | (c) |

图 3-11　桁架

5. 注意事项

1) 复合铰链

两个以上构件在一处组成的转动副称为复合铰链。图 3-12(a)所示三个构件在 B 处即构成复合铰链。由图 3-12(b)可知，它们由构件 3 与 4、2 与 4 共组成两个转动副。同理，当 K 个构件用复合铰链相联接时，其组成的转动副数目应等于 $K-1$ 个。在计算机构的自由度时，应特别注意是否存在复合铰链，并正确确定运动副的数目。

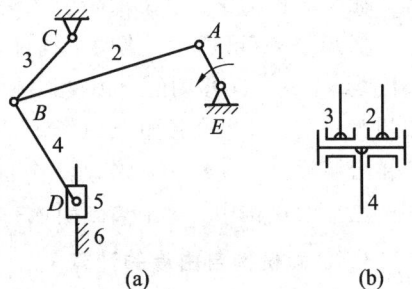

| (a) | (b) |

图 3-12　复合铰链

例 3-4 计算图 3-12(a)所示机构的自由度。

解 机构中有五个活动构件，即 $n=5$，在 A、B、C、D 处组成六个转动副和一个移动副，其中 B 处为复合铰链，是两个转动副，即 $P_L=7$，高副数 $P_H=0$。按公式计算得机构的自由度为

$$F = 3n - 2P_L - P_H = 3 \times 5 - 2 \times 7 = 1$$

即该机构只有一个自由度，其原动件数与自由度数相等，满足机构具有确定运动的条件，有确定的相对运动。

2）局部自由度

与整个机构运动无关的构件自由度，称为局部自由度。在计算机构自由度时，局部自由度应略去不计。图 3-13(a)所示为一滚子从动件凸轮机构，当原动件凸轮 2 转动时，通过滚子 3 驱使从动件 4 以一定运动规律在机架 1 中作往复运动。显然，在该机构中，无论滚子 3 绕其轴是否转动或转动快慢，都不影响从动件 4 的运动。因此，滚子绕其中心的转动是属于局部自由度。在计算机构自由度时，可将滚子与从动件视为一个整体，如图 3-13(b)所示，以消除局部自由度。这时，该机构中 $n=2$、$P_L=2$、$P_H=1$，其自由度为

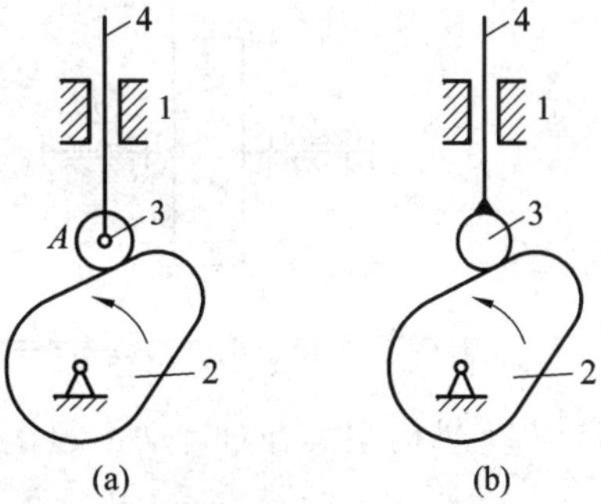

图 3-13 局部自由度

$$F = 3n - 2P_L - P_H = 3 \times 2 - 2 \times 2 - 1 = 1$$

局部自由度不影响整个机构的运动关系，但它们（如滚子、滚动轴承、滚轮等）可使高副接触处的滑动摩擦变成滚动摩擦，减少磨损。所以，在机械中常常会有局部自由度出现。

3）虚约束

机构中与其他约束重复，不起独立限制运动作用的约束，称为虚约束。在计算机构自由度时，虚约束应略去不计。虚约束常出现在下列场合：

（1）两构件上联接点的运动轨迹相互重合。如图 3-14(a)所示的平行四边形机构，$AB /\!/ EF /\!/ CD$ 且相等，平行四边形 $ABEF$ 或 $ABCD$ 以 AB 为原动件，以 A 点为圆心做圆周运动时，构件 EF 和 CD 必然分别以 F、D 点为圆心做等同的圆周运动，同时构件 BC 做平动，其上任一点的轨迹形状相同。由于构件 5 及转动副 E、F 是否存在对整个机构的运动都不产生影响，所以，构件 5 和转动副 E、F 引入的约束不起限制作用，是虚约束，在计算机构自由度时应将其去除。注意：如果构件 5 不平行于构件 1 和 3，如图 3-14(b)所示，则 EF 是真实约束，使机构不能动。

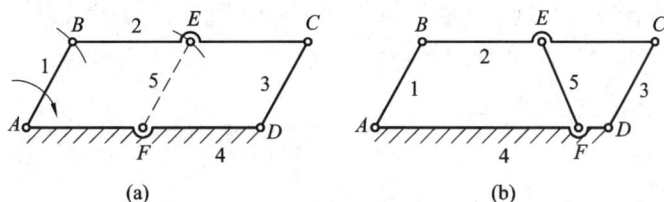

图 3-14 平行四边形机构中的虚约束

（2）两个构件之间组成多个轴线重合的转动副。这时只有一个转动副起作用，其余都

为虚约束。如两个轴承支承一根轴只能看做一个转动副，如图 3 - 15 所示，齿轮轴 1 与机架 2 在 A、B 两处组成了转动副，但只有一个转动副起约束作用，故另一个转动副为虚约束。

（3）两个构件组成同一导路或多个导路平行的移动副。这时只有一个移动副起作用，其余都是虚约束。例如，图 3 - 16 中构件 1 与构件 2 组成三个移动副 A、B、C，其中有两个虚约束，因为只需一个约束，压板就能沿其导路运动。

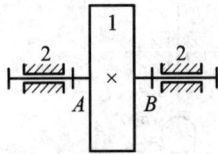

图 3 - 15　两个构件组成多个转动副

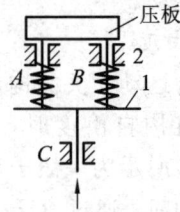

图 3 - 16　两个构件组成多个移动副

（4）机构中具有对运动不起作用的对称部分。例如图 3 - 17 所示的行星轮系，中心轮 1 通过两个完全相同的行星齿轮 2 和 2′ 驱动内齿轮 3，但 2 或 2′ 中只有一个齿轮起传递运动的独立作用，另一个没有此作用，是虚约束。

虚约束对机构的运动不起约束作用，但它可以增强构件的刚性和使构件受力均衡，保证机构运转平稳。但是，在计算机构自由度时，必须排除虚约束，才能得出正确结果。

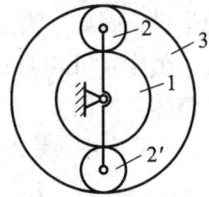

图 3 - 17　两个构件组成多个转动副

例 3 - 5　计算图 3 - 18(a) 所示筛料机构的自由度。

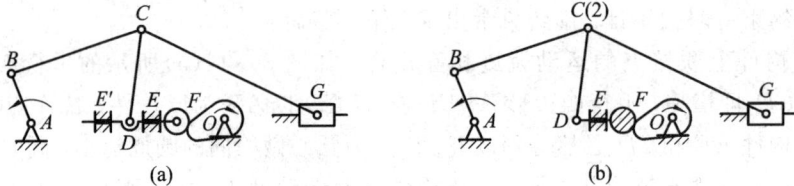

图 3 - 18　筛料机构

解　由分析可知，机构中滚子的转动为局部自由度；顶杆 DF 与机架组成两导路重合的移动副 E、E'，故其中之一为虚约束；C 处为复合铰链。去除局部自由度和虚约束，按图 3 - 18(b) 所示机构计算自由度。其中：$n = 7$，$P_L = 9$，$P_H = 1$，自由度为

$$F = 3n - 2P_L - P_H = 3 \times 7 - 2 \times 9 - 1 = 2$$

3.2　铰链连杆机构

3.2.1　铰链四杆机构的类型

所有构件全部用低副联接而成的平面机构称为平面连杆机构。按机构中构件数目的多

少，平面连杆机构可分为二杆机构、四杆机构、五杆机构等。由四个构件组成的平面四杆机构不仅应用广泛，而且往往是多杆机构的基础。例如图 3-19 所示的插床机构，可看做是由 $ABCD$ 和 DEF 两个四杆机构组成的。当四杆机构中的运动副都是转动副时，称为铰链四杆机构。

图 3-20 所示的铰链四杆机构是四杆机构的基本形式。在此机构中，AD 为机架，AB、CD 两杆与机架相连，称为连架杆，而 BC 杆称为连杆。在连架杆中，能作整周回转的称为曲柄，而只能在某一定角度范围内摇摆的则称为摇杆。

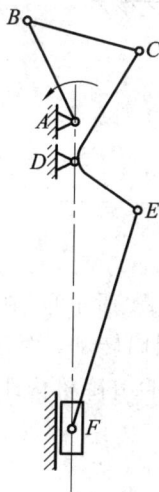

图 3-19　插床机构

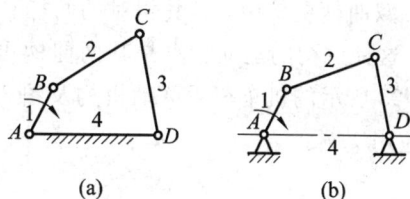

图 3-20　铰链四杆机构

铰链四杆机构根据其两连架杆运动形式的不同，又可分为三种形式：曲柄摇杆机构、双曲柄机构和双摇杆机构。

1. 曲柄摇杆机构

在铰链四杆机构中，若两个连架杆中一个为曲柄，另一个为摇杆，则此四杆机构称为曲柄摇杆机构。在这种机构中，当曲柄为原动件（主动件）时，可将连续转动转变成往复摆动；当摇杆为原动件时，可将往复摆动转变为连续转动。

图 3-21 所示的雷达天线俯仰机构和图 3-22 所示的缝纫机踏板机构等均是曲柄摇杆机构的应用实例。

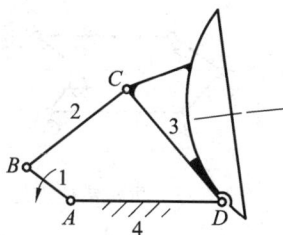

1—曲柄；2—连杆；3—摇杆；4—机架

图 3-21　雷达天线俯仰机构

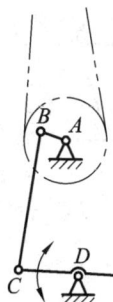

图 3-22　缝纫机踏板机构

2. 双曲柄机构

在铰链四杆机构中，若两个连架杆都是曲柄，则称其为双曲柄机构。这种机构的运动特点是当主动曲柄连续转动时，从动曲柄也能作连续转动。图 3-23 所示的惯性筛的四杆机构 ABCD 便是双曲柄机构。此机构中当主动曲柄 AB 等速转动时，从动曲柄 CD 作变速转动，从而使筛子 6 具有较大变化的加速度，被筛的物料颗粒将因惯性作用而被筛分。

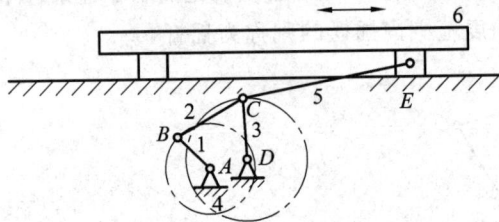

1—原动曲柄；2、5—连杆；3—从动曲柄；
4—机架；6—筛子

图 3-23　惯性筛

在双曲柄机构中，若其相对的两杆平行且相等（如图 3-24 所示），则称为平行四边形机构。这种机构的运动特点是其两曲柄可以相同的角速度同向转动，而连杆作平移运动。图 3-25 所示的机车车轮联动机构及图 3-26 所示的摄影平台升降机构即为平行四边形机构的应用实例。

对于图 3-24 所示的平行四边形机构，在运动过程中，当两曲柄与连杆共线时，在主动曲柄转向不变的条件下，从动曲柄会出现转动方向不确定的现象。为了避免这种现象，常用增加回转构件质量的办法以产生较大的惯性力，使从动曲柄转向不变。或者采用增加平行构件的方法（如图 3-25、图 3-27 所示），以保持从动曲柄的转向不变。

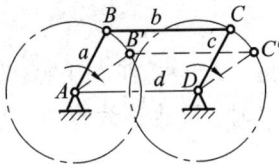

图 3-24　平行四边形机构

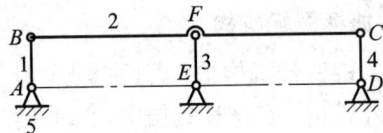

1、3、4—曲柄；2—连杆；5—支架

图 3-25　机车车轮联动机构

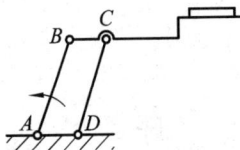

图 3-26　摄影平台升降机构

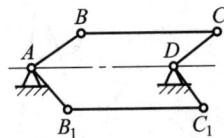

图 3-27　机构错位排列

3. 双摇杆机构

若铰链四杆机构中两连架杆都是摇杆，则称其为双摇杆机构。图 3-28 所示为双摇杆机构在鹤式起重机中的应用。当摇杆 AB 摆动时，另一摇杆 CD 随之摆动，使得悬挂在 E

点上的重物在近似的水平直线上运动,避免重物平移时因不必要的升降而消耗能量。

在双摇杆机构中,若两摇杆长度相等,则形成等腰梯形机构。图 3-29 所示的汽车前轮的转向机构即为其应用实例。

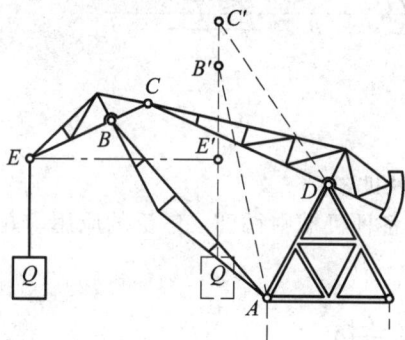

图 3-28　鹤式起重机中的双摇杆机构　　　　图 3-29　汽车前轮转向机构

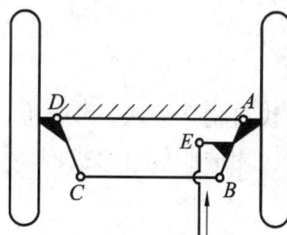

3.2.2　铰链四杆机构的演化形式

在实际机器中,还广泛采用其他各种形式的四杆机构。这些四杆机构可认为是通过改变某些构件的形状、改变构件的相对长度、改变某些运动副的尺寸或者选择不同的构件作为机架等方法,由铰链四杆机构的基本形式演化而成的。

铰链四杆机构的演化,不仅是为了满足运动方面的要求,还往往是为了改善受力状况以及满足结构设计上的需要等。各种演化机构的外形虽然各不相同,但是它们的运动性质以及分析和设计方法却常常是相同或类似的,这就为连杆机构的研究提供了方便。

1. 曲柄滑块机构

在图 3-30(a)所示的曲柄摇杆机构中,当曲柄 1 绕轴 A 回转时,铰链 C 将沿圆弧 $\beta\beta$ 往复运动。现如图 3-30(b)所示,设将摇杆 3 做成滑块形式,并使其沿圆弧导轨 $\beta\beta$ 往复运动,显然其运动性质并未发生改变,但此时铰链四杆机构已演化为曲线导轨的曲柄滑块机构。

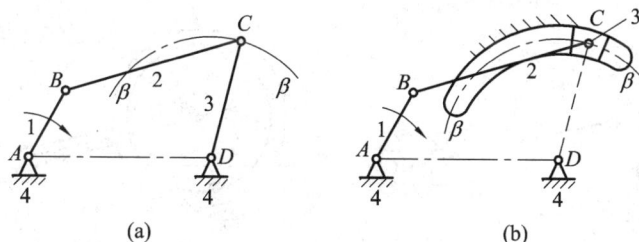

(a)　　　　　　　　　　(b)

图 3-30　铰链四杆机构的演化

又如在图 3-30(a)所示的铰链四杆机构中,设将摇杆 3 的长度增至无穷大,则铰链 C 运动的轨迹 $\beta\beta$ 将变为直线,而与之相应的图 3-30(b)中的曲线导轨将变为直线导轨,于是铰链四杆机构将演化成为常见的曲柄滑块机构,如图 3-31 所示。其中图 3-31(a)所示为具有一偏距 e 的偏置曲柄滑块机构;而图 3-31(b)所示为没有偏距的对心曲柄滑块机构。

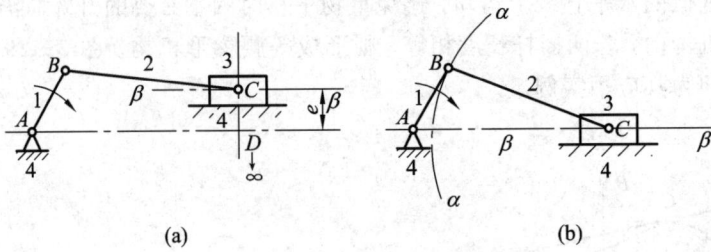

图 3-31　曲柄滑块机构

曲柄滑块机构在冲床、内燃机、空气压缩机等各种机械中得到了广泛的应用。图 3-32 为内然机中应用的曲柄滑块机构。

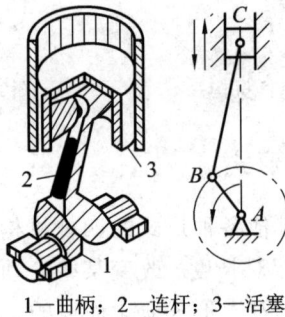

1—曲柄；2—连杆；3—活塞

图 3-32　内燃机中的曲柄滑块机构

2. 偏心轮机构

在图 3-33(a)所示的曲柄滑块机构中，当曲柄 AB 的尺寸较小时，由于结构的需要常将曲柄改作成如图 3-33(b)所示的一个几何中心不与其回转中心相重合的圆盘，此圆盘称为偏心轮，其回转中心与几何中心间的距离称为偏心距(它等于曲柄长)，这种机构则称为偏心轮机构。显然，此偏心轮机构与图 3-33(a)所示的曲柄滑块机构的运动特性完全相同。而此偏心轮机构则可认为是将图 3-33(a)所示的曲柄滑块机构中的转动副 B 的半径扩大，使之超过曲柄的长度演化而成的。这种机构在各种机床和夹具中广为采用。

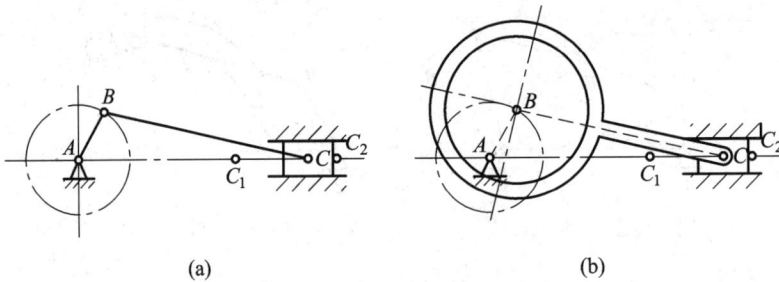

图 3-33　偏心轮机构

3. 导杆机构

在图 3-34 所示的曲柄滑块机构中，若改选构件 AB 为机架，则构件 4 将绕轴 A 转动，而构件 3 则将以构件 4 为导轨沿该构件相对移动。将构件 4 称为导杆，由此而演化成的四杆机构称为导杆机构（如图 3－34(b)所示）。

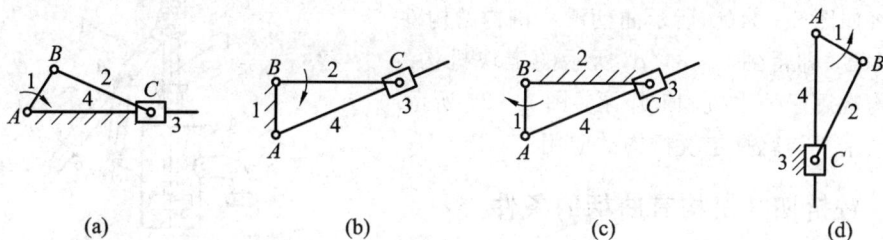

图 3－34　滑块四杆机构

　　在导杆机构中，如果其导杆能作整周转动，则称其为回转导杆机构。图 3－35 所示为回转导杆机构在一小型刨床中的应用实例。

　　在导杆机构中，如果导杆仅能在某一角度范围内往复摆动，则称为摆动导杆机构。图 3－36(a)所示为一种牛头刨床的导杆机构，图 3－36(b)为其主机构运动简图。

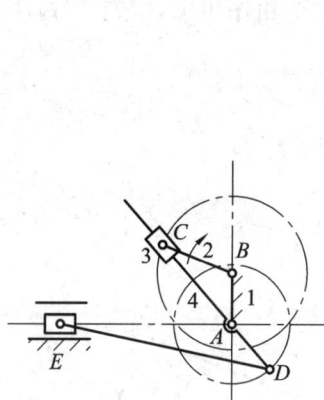

图 3－35　转动导杆机构

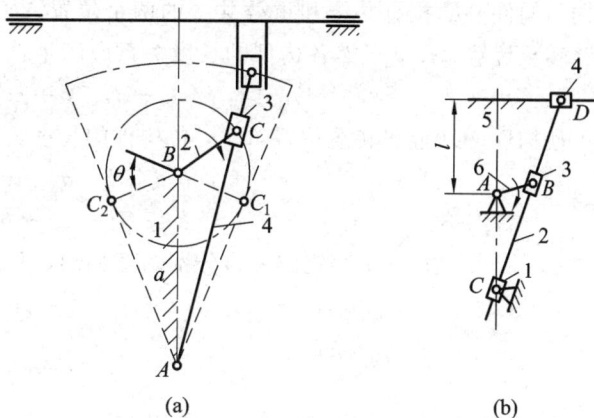

图 3－36　牛头刨床的导杆机构

4. 摇块机构

　　同样，在图 3－34(a)所示的曲柄滑块机构中，若改选构件 BC 为机架，则将演化成为曲柄摇块机构（如图 3－34(c)所示）。其中滑块 3 仅能绕点 C 摇摆。图 3－37 所示的液压作动筒即为此种机构的应用实例。液压作动筒的应用很广泛，图 3－38 所示的自卸卡车的举升机构即为其应用的又一实例。

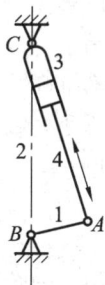

图 3－37　液压作动筒

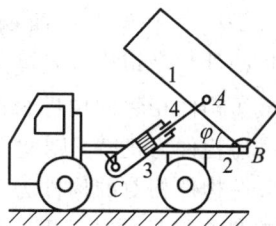

图 3－38　卡车自动卸料机构

5. 定块机构

若将如图 3-34(a)所示曲柄滑块机构的构件
3 取为机架,即得到 3-34(d)所示的定块机构。
这种机构常用于抽水机和液压泵,图 3-39 所示
的手摇抽水机筒就是定块机构的应用。

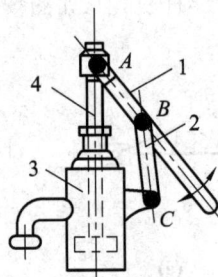

图 3-39　手摇抽水机筒

3.2.3　铰链四杆机构有曲柄的条件

在铰链四杆机构中,有的连架杆能作整周回
转而成为曲柄,有的则不能。下面分析铰链四杆
机构中存在曲柄的条件。

在图 3-40 所示的铰链四杆机构中,设分别以 a、b、c、d 表示机构中各构件的长度,
且设 $a<d$。如果构件 a 为曲柄,则 AB 能绕轴 A 相对机架作整周转动。为此构件 AB 应能
占据与构件 AD 拉直共线和重叠共线的两个位置 AB' 及 AB''。由图可见,为了使构件 AB
能够转至位置 AB',显然各构件的长度关系应满足:

$$a+d \leqslant b+c \tag{3-2}$$

为了使构件 AB 能够转至位置 AB'',各构件的长度关系应满足:

$$b \leqslant (d-a)+c \tag{3-3}$$

$$c \leqslant (d-a)+b \tag{3-4}$$

将式 (3-2)、式(3-3)、式(3-4)分别两两相加,得

$$a \leqslant c$$
$$a \leqslant b$$
$$a \leqslant d$$

同理,当设 $a>d$ 时,亦可得出

$$d+a \leqslant b+c$$
$$d+b < a+b$$
$$d+c < a+b$$

及
$$d \leqslant c$$
$$d \leqslant b$$
$$d \leqslant a$$

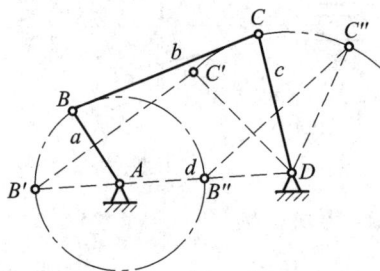

图 3-40　铰链四杆机构

通过以上分析,即可得出铰链四杆机构有曲柄的条件为:① 连架杆和机架中必有一杆
是最短杆;② 最短杆与最长杆长度之和不大于其它两杆长度之和。

由此可见,机构中是否有曲柄存在,取决于机构中各构件间的相对长度和机架的
选取。当最长构件与最短构件长度之和小于或等于其余两构件长度之和时:

(1) 取最短构件相邻的构件为机架,则此机构为曲柄摇杆机构;

(2) 取最短构件为机架,则此机构为双曲柄机构;

(3) 取最短构件相对的构件为机架,此机构为双摇杆机构。

当最短构件与最长构件长度之和大于其余两构件长度之和时,则不论取任何构件为机
架,均构成双摇杆机构。

铰链四杆机构基本类型的判别见表 3-2。

表 3 – 2 铰链四杆机构基本类型的判别

$l_{max}+l_{min}\leqslant l'+l''$			$l_{max}+l_{min}>l'+l''$
曲柄摇杆机构	双曲柄机构	双摇杆机构	双摇杆机构
取最短构件相邻的构件为机架	取最短构件为机架	取最短构件相对的构件为机架	取任意构件为机架

3.2.4 平面连杆机构的工作特性

1. 急回特性

图 3 - 41 所示为一曲柄摇杆机构,设曲柄 AB 为主动件,在其转动一周的过程中,曲柄有两次与连杆共线,即图中的 B_1C_1 和 B_2C_2 两个位置。此时,铰链中心 A 与 C 之间的距离 AC_1 和 AC_2 分别为最短和最长,这时从动摇杆 CD 分别位于两极限位置 C_1D 和 C_2D。摇杆在两极限位置的夹角 ψ 称为摇杆的摆角。

如图 3 - 41 所示,当曲柄以等角速度 ω_1 顺时针转过 $\alpha_1=180°+\theta$ 时,摇杆由 C_1D 位置摆到 C_2D,摆角为 ψ,设所需时间为 t_1,摇杆的平均速度为 v_1。当曲柄继续转过 $\alpha_2=180°-\theta$ 时,摇杆又从 C_2D 位置回到 C_1D,摆角仍然是 ψ,设所需时间为 t_2,摇杆的平均速度为 v_2。由于曲柄是等速转动的,相应的曲柄转角不等,即 $\alpha_1>\alpha_2$,所以有 $t_1>t_2$,$v_1<v_2$。这种从动件往复摆动所需时间不等的性质称为急回特性。在生产中,常利用慢行程为工作行程,快行程为空回行程,这样既可保证加工质量,又能缩短非生产时间,提高生产率。

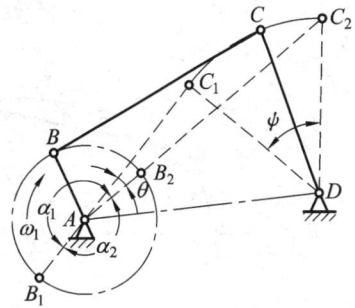

图 3 - 41 曲柄摇杆机构

为了表明从动件的急回特性,常用行程速比系数 K 来表示:

$$K=\frac{t_1}{t_2}=\frac{\alpha_1}{\alpha_2}=\frac{180°+\theta}{180°-\theta} \tag{3-5}$$

$$\theta=180°\frac{K-1}{K+1} \tag{3-6}$$

其中 θ 为摇杆处于两极限位置时曲柄所夹的锐角,称为极位夹角 θ。$\theta=0°$ 时,机构没有急回特性。θ 越大,K 值越大,机构的急回特性越显著,但是机构的传动平稳性也会下降。通常取 $K=1.2\sim2.0$。

对于一些要求具有急回特性的机械,如牛头刨床、往复式输送机等,常常根据需要先确定 K 值,然后根据式(3-6)算出极位夹角 θ,再确定机构各杆的尺寸。

2. 压力角与传动角

在图 3 - 42 所示的四杆机构中,通过分析从动件 CD 上 C 点的受力,可知由主动件 AB

经过连杆 BC(为二力杆)传递到从动件 CD 上点 C 的力 F 如图 3-42 所示(不计摩擦)。将 F 分解为沿点 C 速度方向的分力 F_t,及沿 CD 方向的分力 F_n。其中 F_n 只能使铰链 C、D 产生径向压力,而 F_t 才是推动从动件 CD 运动的有效分力。由图可见,$F_t=F\cos\alpha=F\sin\gamma$,式中 α 是作用于点 C 的力 F 与速度方向之间所夹的锐角,称为机构在此位置的压力角。而 $\gamma=90°-\alpha$ 是压力角的余角(即连杆 BC 与从动杆 CD 所夹的锐角),称为机构在此位置的传动角。由上式可见,γ 角越大,则有效分力 F_t 越大,而 F_n 越小,因此对机构的传力性能越好。所以,在连杆机构中常用其传动角的大小及变化情况来表示机构的传力性能。

在机构的运动过程中,其传动角 γ 的大小是变化的。为了保证机构传动良好,设计时通常应使 $\gamma\geqslant40°$;在传递力矩较大时,则应使 $\gamma\geqslant50°$。对于一些具有短暂冲击载荷的机器,可以让连杆机构在其传动角比较大的位置进行工作,以节省动力。例如在图 3-43 所示的冲床中,使冲头(即滑块)在接近于下极限点位置时开始冲压较为有利,因为此时冲床具有较大的传动角 γ,故可省力。

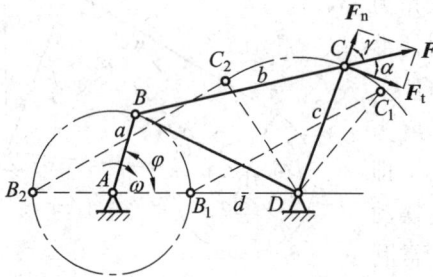

图 3-42　四杆机构

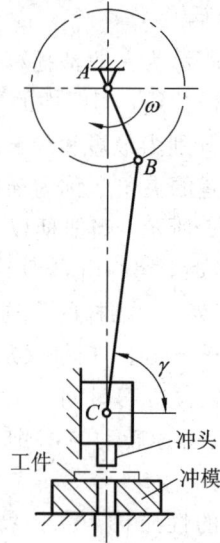

图 3-43　冲床机构

3. 死点

在图 3-44 所示的曲柄摇杆机构中,设摇杆 CD 为主动件,当机构处于图示的两个虚线位置之一时,连杆与曲柄在一条直线上(即两者夹角 $\delta=180°$),出现传动角 $\gamma=0°$ 的情况。这时主动件 CD 通过连杆作用于从动件 AB 上的力恰好通过其回转中心,所以将不能使构件 AB 转动而出现"顶死"现象。机构的此种位置称为死点位置。由上述可见,铰链四杆机构中是否存在死点位置,决定于从动件是否与连杆共线。

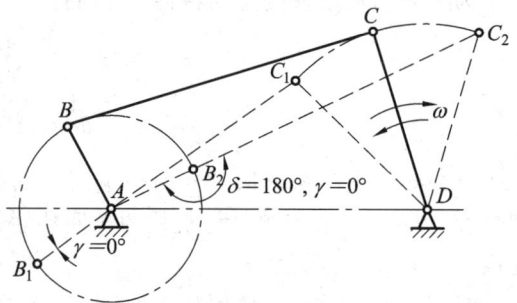

图 3-44　曲柄摇杆机构的死点

对于传动机构，死点位置是有害的，它会使机构的从动件出现卡死或运动不确定现象。为了使机构能够顺利地通过死点，继续正常运转，可以采用多组相同机构错位排列的办法，即将两组以上的机构组合起来，而使各组机构的死点相互错开。如图 3-45 所示的蒸汽机车车轮联动机构，就是由两组曲柄滑块机构 EFG 与 $E'F'G'$ 组成的，而两者的曲柄位置相互错开 90°；也常采用加大回转构件质量以加大惯性力的办法，借助惯性力的作用使机构越过死点，如图 3-46 所示，缝纫机主轴右端的皮带轮做得较大，它除了传递运动外，还兼有储存能量的飞轮作用。

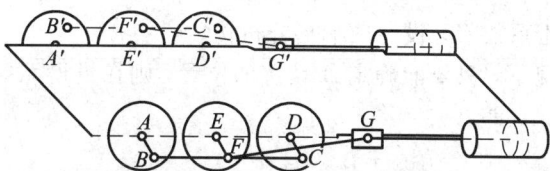

图 3-45 蒸汽机车车轮联动机构

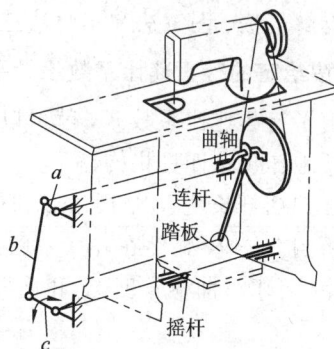

图 3-46 缝纫机机构

在工程实践中，也常常利用机构的死点来实现一定的工作要求。例如图 3-47 所示的飞机起落架机构，在机轮放下时，杆 BC 与杆 CD 成一直线，此时虽然机轮上可能受到很大的力，但由于机构处于死点，经杆 BC 传给杆 CD 的力通过其回转中心，所以起落架不会反转(折回)，这样可使降落更加可靠。图 3-48 所示为夹紧机构，是利用机构的死点位置来固定工件的。把工件放到被夹紧的位置，用力按下手柄，使夹具上的三点成为一条直线，此时机构处于死点位置，工件被夹紧，无论工件的反作用力有多大，都不会使夹具自动松脱，保证工件在被加工时夹紧的牢固些。如要卸下工件，只要给手柄上一个与力 F 方向相反的力，机构脱离死点状态，工件就可以轻松放下。

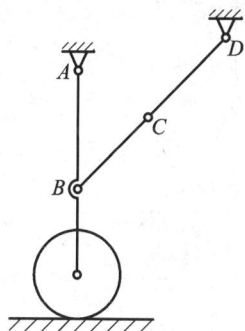

图 3-47 飞机起落架机构

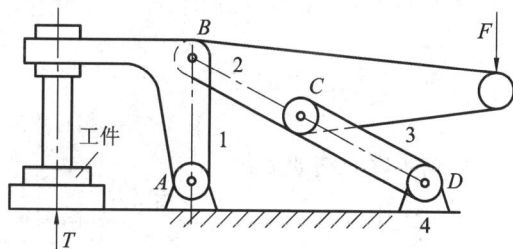

图 3-48 夹紧机构

4. 机构的维护

虽然连杆机构的运动副之间为面接触，单位面积所受的压力较小，但在载荷的长期作用下仍会有较大的磨损。所以，要定期检查运动副的润滑和磨损情况，以避免运动副严重磨损后间隙增大，进而导致运动精度丧失、承载能力下降。

不仅对连杆机构存在维护的问题,所有机构的运动副都是维护的重点,都需要定期进行维护。维护机构的主要工作有清洁、检查、测试调整间隙、紧固紧固件、更换易损件、加润滑剂等。在对运动副进行润滑时,润滑油种类的选择、用量的多少都要根据具体情况来定,这样才能达到最好的润滑效果。

3.2.5　平面四杆机构的设计

机构设计就是根据给定条件选择机构的形式,并确定机构的尺寸参数。连杆机构的设计方法有解析法、图解法和实验法三种。在此只介绍比较形象、简明的图解法与实验法。

1. 按给定的行程速比系数设计平面四杆机构

知道了行程速比系数 K,就可以计算出极位夹角 θ,再根据其他一些限制条件,可用作图法方便地作出该四杆机构。

设已知摇杆长度 l_{CD}、摆角 ψ 和行程速比系数 K,设计曲柄摇杆机构。

分析图 3-49,显然在 l_{CD}、ψ 已知的情况下,只要能确定 A 铰链的位置,则在量得 l_{AC_1} 和 l_{AC_2} 后,可求得曲柄长度 l_{AB} 和连杆长度 l_{BC},即

$$l_{AB} = \frac{l_{AC_2} - l_{AC_1}}{2}, \quad l_{BC} = \frac{l_{AC_1} + l_{AC_2}}{2}$$

l_{AD} 可直接量得。由于 A 点是极位夹角的顶点,即 $\angle C_1 A C_2 = \theta$,如过 A、C_1 和 C_2 三点作辅助圆,由几何知识可知,在该圆上任取一点 A 为顶点,其圆周角也是 θ,且过辅助圆心 O 的圆心角 $\angle C_1 O C_2 = 2\theta$。显然,当求得极位夹角 θ 后,用作图法容易作出辅助圆并得到圆心 O,则问题迎刃而解。

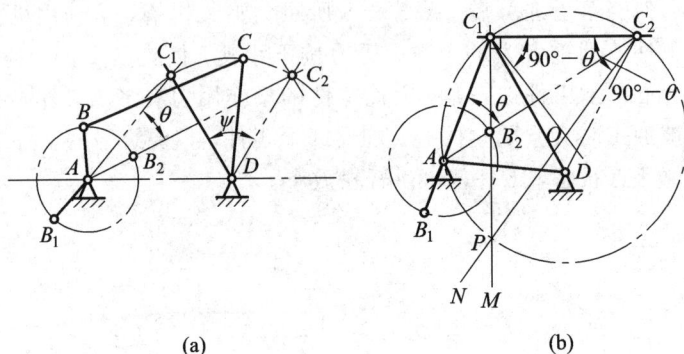

(a)　　　　　　　　　　　　　　(b)

图 3-49　按行程速比系数设计四杆机构

作图步骤归纳如下:

(1)计算。按式(3-6)求得 θ:

$$\theta = 180° \frac{K-1}{K+1}$$

(2)作摇杆的两个极限位置。任选摇杆回转中心 D 的位置,按一定的长度比例尺 μ_l,根据已知 l_{CD} 及摆角 ψ 作出摇杆的两个极限位置 $C_1 D$ 和 $C_2 D$(见图 3-49(b))。

(3)作辅助圆。连接 C_1、C_2,并作与 $C_1 C_2$ 成 $90° - \theta$ 角的两条直线,设它们交于 O 点,则 $\angle C_1 O C_2 = 2\theta$。以 O 点为圆心、OC_1(或 OC_2)为半径作辅助圆。

(4)在辅助圆上任取一点 A 为铰链中心,并连接 AC_1 和 AC_2,量得 l_{AC1} 和 l_{AC2} 的长度,

据此可求出曲柄和连杆的长度。

（5）求其他杆件的长度。机架长度 l_{AD} 可直接量得，乘以比例尺 μ_l 即为实际尺寸。

因 A 点是在辅助圆上任选的一点，所以实际可有无穷多解。若能给定其他辅助条件，如曲柄长度 l_{AB}、机架长度 l_{AD} 或最小传动角 $\gamma_{\min}$ 等，则可有唯一的解。实际设计时，多数都有相应的辅助条件，如果没有辅助条件，可以根据实际情况自行确定。

若已知滑块行程 s、偏距 e 和行程速比系数 K 的情况，则可设计偏置曲柄滑块机构。

如果已知机架长度 l_{AC} 和行程速比系数 K，由图 3-50 可以看出，摆动导杆机构的极位夹角 θ 与导杆的摆角 ψ 相等，则设计摆动导杆机构的实质，就是确定曲柄长度 l_{AB}。

设计方法和步骤：

（1）计算 θ。

$$\theta = 180° \frac{K-1}{K+1}$$

（2）作导杆的两极限位置。任选一点为固定铰链 C 点的中心，按 $\psi=\theta$ 作导杆的两极限位置 Cm 和 Cn，使 $\angle mCn=\psi$。

（3）确定 A 点及曲柄长度。作摆角 ψ 的平分线，并在其上取 $CA=l_{AC}$，得曲柄回转中心 A 点的位置；过 A 作 Cm 线（Cn 线）的垂线 AB_1（AB_2），垂足为 B_1（B_2），即得曲柄长度 $l_{AB}=\mu_l \cdot AB_1$。

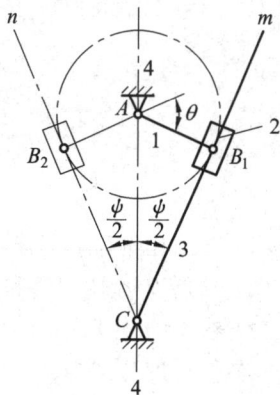

图 3-50 摆动导杆机构

画出滑块，则设计完成。

2. 按连杆的几个位置设计平面四杆机构

在生产实践中，经常要求一个构件在运动过程中能达到某些特定的位置。如图 3-51 所示的造型机翻台机构，当翻台处于位置 I 时，在砂箱内填砂造型；造型结束时，液压缸活塞杆驱动四杆机构 AB_1C_1D，使翻台转至位置 II，这时托台上升，托住砂箱并起模，这就要求翻台能实现 B_1C_1 和 B_2C_2 两个位置。再如图 3-52 所示的加热炉炉门启闭机构，要求加热工件时炉门关闭，加热后炉门开启，开启后炉门应放到水平位置并将 G 面朝上，能作为一个平台使用。为使炉门实现这两个位置，可将有一定位置要求的构件（翻台和炉门）视作该四杆机构中的连杆，此类问题可用作图法设计，具体设计方法如下。

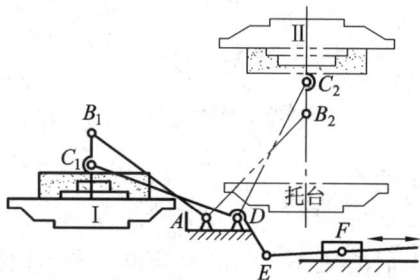

图 3-51 造型机翻台机构

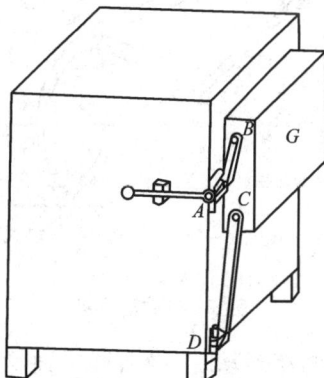

图 3-52 加热炉炉门启闭机构

已知：连杆 BC 的长度 l_{BC} 及其两个位置 B_1C_1、B_2C_2。

分析：由图 3-53 可知，如能确定固定铰链 A 和 D 的中心位置，便可确定各构件的长度。由于连杆上 B、C 两点的轨迹分别在以 A 和 D 为圆心的圆周上，因此 A、D 两点必然分别位于 B_1B_2、C_1C_2 和中垂线 b_{12} 和 c_{12} 上。据此，可得设计方法和步骤如下：

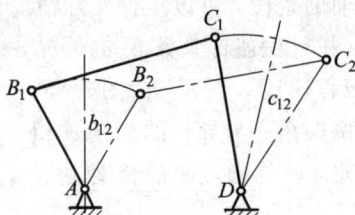

图 3-53　按连杆位置来设计四杆机构

(1) 选用比例尺 μ_l，按已知条件画出连杆的两个位置 B_1C_1 和 B_2C_2。

(2) 分别连接 B_1、B_2 和 C_1、C_2 点，并作它们的中垂线 b_{12} 和 c_{12}。

(3) 在 b_{12} 上任取一点 A，在 c_{12} 任取一点 D，连接 $ABCD$，则 $ABCD$ 即为所求的四杆机构。各杆长度分别为：

$$l_{AB} = \mu_l \cdot AB_1, \qquad l_{CD} = \mu_l \cdot C_1D, \qquad l_{AD} = \mu_l \cdot AD$$

在已知构件两个位置的情况下，由于 A、D 两点在 b_{12} 和 c_{12} 上是任取的，故有无数解。若给出其他辅助条件，如机架长度 l_{AD} 及其位置等，就可得出唯一解。另外，如果给定连杆长度及其三个位置，则答案也是唯一的。

3. 按给定的轨迹设计平面四杆机构

有些机器工作时，要求某个点能按一定轨迹运动。如图 3-54 所示的搅拌机，为使容器内物料搅拌均匀，要求搅拌杆上的 E 点能按 $\alpha-\alpha$ 封闭曲线运动。又如图 3-55 所示的水稻插秧机，要求秧爪上的 E 点能按 $\beta-\beta$ 轨迹运动，以便秧爪能顺利取秧和将秧苗插入土中。这就是按给定的轨迹设计四杆机构。这类设计常用实验法来解决。

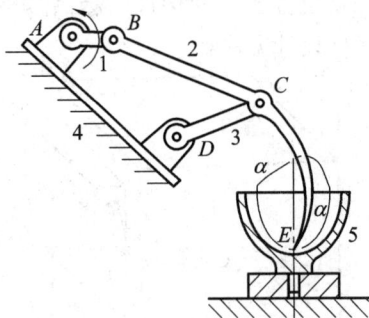

图 3-54　搅拌机

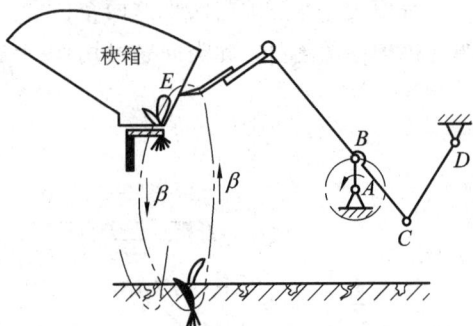

图 3-55　水稻插秧机

四杆机构运动时，连杆作平面复杂运动，它上面的任一点都能描绘出一条封闭曲线，这种曲线称为连杆曲线。连杆曲线的形状随该点在连杆上的位置和各构件的相对长度不同而不同。图 3-56 所示为某连杆曲线图谱中的一页，该图谱是由取不同杆长用实验的方法作出连杆上不同点的轨迹曲线编成册的。设计时，读者可先从图谱中查出与要求点的轨迹相似的曲线，如图 3-56 中的 $\beta-\beta$ 曲线，该曲线是连杆上 E 点的轨迹；由该页中可查出形成该曲线的四杆机构各杆长度的相对值，并量得 E 点在连杆上的位置；再根据已知轨迹与相似曲线 $\beta-\beta$ 的比例大小，计算出各构件的实际长度尺寸，以此确定该机构的运动简图。这样便设计出了基本符合要求的四杆机构。

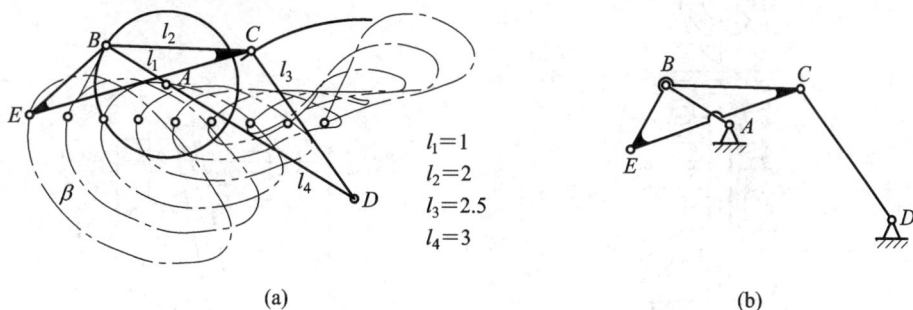

$l_1=1$
$l_2=2$
$l_3=2.5$
$l_4=3$

(a)　　　　　　　　　　　　　　(b)

图 3-56　连杆曲线图谱

3.3　凸　轮　机　构

3.3.1　概述

在各种机器中，特别是在各种自动化机器和自动控制系统中，凸轮机构的应用十分广泛。

1. 凸轮机构的组成

凸轮机构是由凸轮、从动件和机架组成的。凸轮是一个具有曲线轮廓或凹槽的主动件，一般作等速连续转动，也有的作往复移动；从动件则作往复直线运动或摆动。图 3-57 所示为内燃机配气凸轮机构：主动件是凸轮 1，从动件是气阀 2，机架 3 是气阀上下移动的导路。当具有变化向径的凸轮轮廓与气阀上端平面接触时，等速转动的凸轮可迫使从动件 2(气阀)按一定的规律启闭气门；而当凸轮圆弧轮廓与气阀上端面接触时，尽管凸轮继续等速转动，从动件气阀却静止不动，此时气阀是关紧的。

2. 凸轮机构的特点及应用

凸轮机构的主要优点是：只要适当地设计出凸轮轮廓，就可以使从动件实现各种预期的运动规律；结构简单紧凑，易于设计。其主要缺点是：凸轮与从动件为高副接触，所以接触应力较大，不便润滑，磨损较快。因此，凸轮机构多用于传递动力不大的场合。

3. 凸轮机构的类型

凸轮机构有以下几种分类方法。

(1) 按凸轮的形状不同可把凸轮分为三种。

① 盘形凸轮. 如图 3-57、图 3-58 所示，这种凸轮是一个绕定轴回转、轮廓向径变化的盘形构件。它是凸轮最基本的形式。

② 移动凸轮。如图 3-59 所示，它是具有曲线轮廓并作往复直线移动的构件。

③ 圆柱凸轮。如图 3-60 所示，它是在圆柱面上开有曲线凹槽或在圆柱端面上制出曲线轮廓的构件。

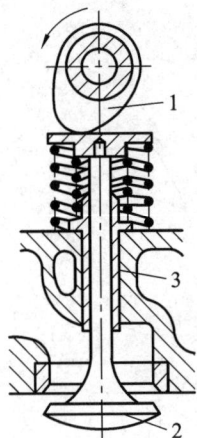

1—凸轮；2—气阀；3—机架

图 3-57　内燃机配气机构

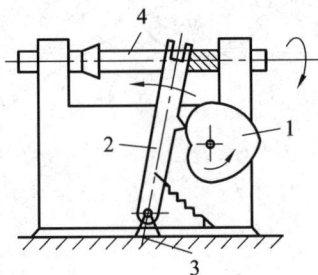

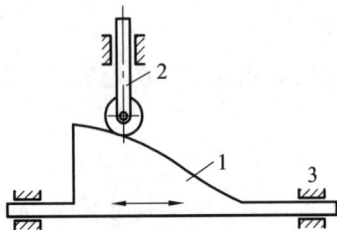

1—凸轮；2—从动件；3—机架；4—绕线轴

图 3-58　绕线机

1—凸轮；2—从动件；3—机架

图 3-59　送料机构

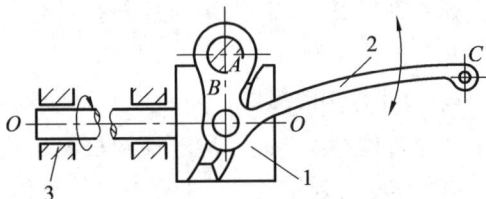

图 3-60　缝纫机挑线机

(2) 按从动件结构形式不同可分为三类。

① 尖顶从动件。如图 3-58 所示，它是结构最简单的从动件，它的尖顶可以与任何形状的凸轮轮廓保持接触以实现任意预定的运动规律。但它易于磨损，故适用于低速和轻载的凸轮机构中。

② 滚子从动件。如图 3-59 所示，它是用滚子来代替尖顶，把滑动摩擦变成滚动摩擦，因此磨损小，可承受较大载荷，应用较广。

③ 平底从动件。如图 3-57 所示，它是用平底代替尖顶，所以受力情况较好，结构简单；另外，凸轮与平底之间形成楔形油膜，便于润滑和减少磨损。它常用于高速凸轮机构中，但不能与内凹或凹槽轮廓接触。

(3) 按从动件运动形式可分为两种。

① 直动从动件。如图 3-57 所示，从动件作往复直线移动。当从动件导路通过盘状凸

轮回转中心时，称为对心直动从动件；当从动件导路不通过盘状凸轮回转中心时，称为偏置直动从动件。从动件导路与回转中心之间的距离称为偏距，用 e 表示。

② 摆动从动件。如图 3-58 所示，从动件作往复摆动。

另外，按从动件与凸轮保持接触的方式，凸轮机构可分为力封闭凸轮机构（依靠弹性力或重力与凸轮保持接触，如图 3-57 与图 3-59 所示）和形封闭凸轮机构（依靠凸轮和从动件的几何形状保持接触，如图 3-60 所示）。

3.3.2 从动件常用运动规律

凸轮机构从动件的运动规律取决于凸轮轮廓曲线的形状。如果对从动件的运动规律要求不同，就需要设计不同轮廓曲线的凸轮。因此，凸轮机构设计的主要任务就在于根据工作要求和条件选定从动件的运动规律，绘制凸轮的轮廓曲线。由于工作要求的多样性，因而要求从动件满足的运动规律也是多种多样的。

1. 凸轮与从动件之间的运动关系

在一般情况下，从动件作往复直线运动或摆动，凸轮绕定轴等速转动。从动件的运动规律直接与凸轮轮廓曲线上各点向径的变化有关，而轮廓曲线上各点向径的变化是随凸轮的转角变化的。因此，需建立从动件的位移、速度、加速度随凸轮转角的变化关系，把这种运动关系称为运动规律。如果以函数的形式表示，则称为从动件的运动方程。如果以图像表示，则称为从动件运动线图。由于等速转动的凸轮其转角的变化与时间成正比，故上述关系也可表示为运动参数随时间变化的关系。根据运动方程或运动线图即可绘出凸轮的轮廓曲线。

图 3-61 所示为尖顶对心移动从动件盘形凸轮机构，该凸轮的轮廓曲线就是根据图 3-62 中的从动件的位移线图绘制的，其具体的绘制方法将在下一节中讨论。在图 3-61 中，以凸轮最小向径 r_b 所做的圆叫做基圆，r_b 称为基圆半径。

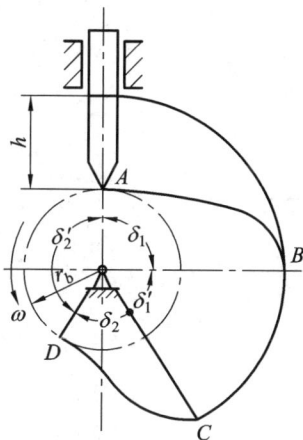

图 3-61 凸轮机构

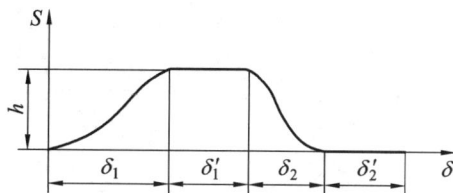

图 3-62 位移线图

当凸轮按逆时针方向转过角 δ_1 时，从动件被推到最高位置，这个过程叫做推程，角 δ_1 叫做推程角，从动件上升的最大位移通常以 h 表示。廓线 BC 段为圆弧，凸轮转过这段圆弧时从动件停止不动，这个行程称为远停程，对应的凸轮转角 δ_1' 称为远停程角。经过轮廓的 CD 段，从动件由最高位置回到最低位置，这个过程称为回程，凸轮的转角 δ_2 称为回程角。从动件经过廓线圆弧 DA 段时静止不动，称为近停程，对应的凸轮转角 δ_2' 称为近停程角。当凸轮连续转动时，从动件将重复上述的"升—停—降—停"的运动循环。

2. 从动件常用运动规律

在设计凸轮时，要考虑多方面因素，选择最适合的从动件运动规律，以满足机器工作的要求。下面介绍从动件常用的几种运动规律。

1）等速运动规律

设凸轮以等角速度 ω 转动，当凸轮转过推程角 δ_1 时，从动件等速上升最大位移 h，则从动件推程为

$$\left. \begin{array}{l} s = \dfrac{h}{\delta_1}\delta \\[2mm] v = \dfrac{h}{\delta_1}\omega \\[2mm] a = 0 \end{array} \right\}$$

回程时从动件运动方程的不同点，只是位移 s 由最大值 h 逐渐减小到零，而速度为负值。

图 3-63 所示为从动件等速运动规律的运动线图（图(a)为推程的运动线图，图(b)为回程的运动线图）。由图可知，从动件在运动开始和停止的瞬间，速度由零突变到 v，或由 v 突变到零，其加速度在理论上为 ∞ 和 $-\infty$，因而所产生的惯性力在理论上会达到无穷大，由此产生的冲击称为刚性冲击。实际上由于材料的弹性变形，加速度和惯性力都不会达到无穷大，但刚性冲击仍对机构的工作极为不利。因此，等速运动规律只适合于低速轻载或特殊需要的凸轮机构中。

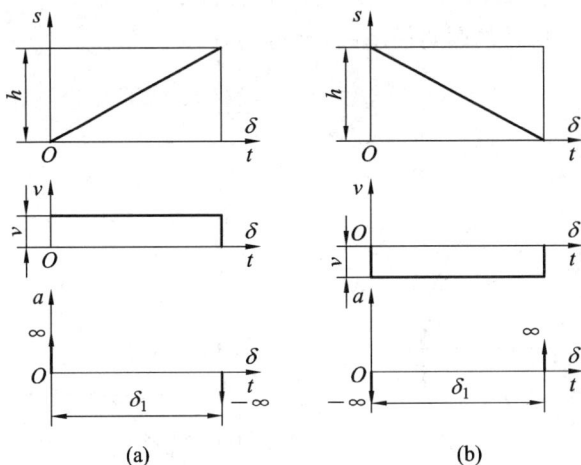

图 3-63　等速运动规律

2）等加速等减速运动规律

这种运动规律是从动件在一个推程或者回程中，前半段为等加速运动，后半段为等减速运动，通常加速度和减速度的绝对值相等。在推程中从动件的运动方程为：

等加速段

$$\left.\begin{array}{l} s = \dfrac{2h}{\delta_1{}^2}\delta^2 \\[2mm] v = \dfrac{4h}{\delta_1{}^2}\omega\delta \\[2mm] a = \dfrac{4h}{\delta_1{}^2}\omega^2 \end{array}\right\}$$

等减速段

$$\left.\begin{array}{l} s = h - \dfrac{2h}{\delta_1{}^2}(\delta_1 - \delta)^2 \\[3mm] v = \dfrac{4h}{\delta_1{}^2}\omega(\delta_1 - \delta) \\[3mm] a = -\dfrac{4h}{\delta_1{}^2}\omega^2 \end{array}\right\}$$

回程时从动件的运动方程,前半段为等加速,速度和加速度均为负值,后半段为等减速,速度为负值而加速度为正值。

由以上两组方程不难看出,这种运动规律的位移曲线均由两段抛物线所组成,只不过两段抛物线有上凹下凹的不同而已。现以图 3-64(a)为例,当推程角 δ_1 和最大位移 h 已知时,位移曲线可用下述方法作图:

(1)划出坐标轴并以横轴代表凸轮转角 δ,以纵轴代表从动件位移 s,选择适当的长度比例尺 μ_l(m/mm)和角度比例尺 μ_δ(度/mm)。

(2)在横轴上按所选角度比例尺 μ_δ 截取 δ_1 和 $\delta_1/2$,在纵轴上按所选长度比例尺 μ_l 截取 h 和 $h/2$。

(3)将 $\delta_1/2$ 和 $h/2$ 对应等分为相同份数,得分点 1、2、3…和 1′、2′、3′…,现以三等分为例。

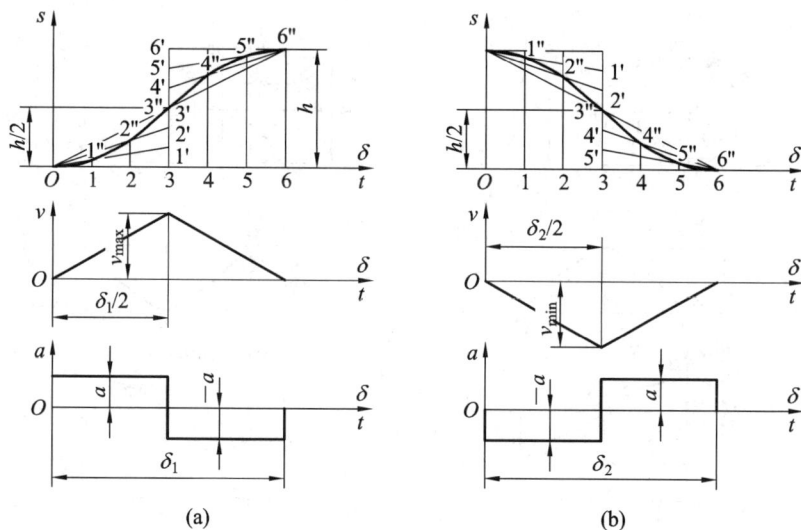

图 3-64 等加速等减速运动规律

（4）由抛物线顶点 O 与各点 $1'$、$2'$、$3'$ 分别作射线，与过同名点 1、2、3 所作纵轴平行线相交，得交点 $1''$、$2''$、$3''$。

（5）用光滑的曲线连接顶点 O 与各交点 $1''$、$2''$、$3''$，即得等加速段的位移曲线。

用同样的方法可得推程等减速段及回程（图 3 - 64(b)）等加速、等减速段的位移曲线。

由加速度线图可见，这种运动规律当有远停程和近停程时，在推程和回程的两段及中点，其加速度存在有限突变，惯性力为有限值，由此而产生的冲击为柔性冲击。因此，等加速等减速运动规律多用于中速轻载的场合。

3）简谐运动规律

这种运动规律的加速度是按余弦曲线变化的，所以又称为余弦加速度运动规律。其推程的运动方程为：

$$s = \frac{h}{2}\Big[1 - \cos\Big(\frac{\pi}{\delta_1}\delta\Big)\Big]$$

$$v = \frac{\pi h \omega}{2\delta_1}\sin\Big(\frac{\pi}{\delta_1}\delta\Big)$$

$$a = \frac{\pi^2 h \omega^2}{2\delta_1^2}\cos\Big(\frac{\pi}{\delta_1}\delta\Big)$$

由以上运动方程可知，余弦加速度运动规律的速度曲线是正弦曲线，位移曲线是简谐运动曲线，所以这种运动规律又称为简谐运动规律。所谓简谐运动，就是当一个质点在直径为 h 的圆周上作等速圆周运动时，该点在直径 h 上的投影所作的变速运动。

简谐运动规律的位移曲线、速度曲线和加速度曲线如图 3 - 65 所示，其位移曲线的画法如下：

（1）按选定的比例尺 μ_l 和 μ_δ 在 s 轴上量取推程 h，在 δ 轴上量取推程角 δ_1（图(a)）或回程角 δ_2（图(b)）。

（2）以推程 h 为直径在 s 轴上作半圆，把这个半圆与推程角 δ_1 或回程角 δ_2 对应分为相

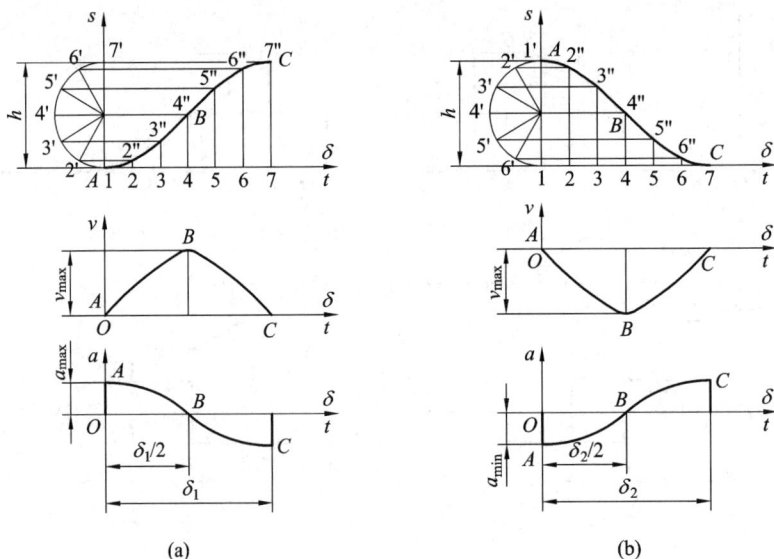

图 3 - 65　简谐运动规律

同等份(注意回程半圆上分点的排列与推程相反),得分点 1′、2′、3′…和 1、2、3…(1 和 1′点与 A 点重合)。

(3) 过半圆上各分点 1′、2′、3′…作直线平行于 δ 轴,与过 δ_1 或 δ_2 同名等分点 1、2、3…所作的 δ 轴垂线相交,得交点 1″、2″、3″…。

(4) 将所得各交点用光滑的曲线连接起来,即得所求的位移曲线。

由加速度曲线可见,这种运动规律在推程或回程的始点及终点,从动件有停息时(停程角不为零)该点才有柔性冲击。如果从动件作无停息的往复运动(停程角为零),则得到连续余弦曲线,运动中完全消除了柔性冲击,在这种情况下可用于高速。

3.3.3　凸轮的轮廓曲线设计

1. 图解法设计凸轮轮廓曲线的原理

凸轮轮廓的设计是凸轮机构设计的主要内容。如根据工作要求已选定了从动件的运动规律,并已知凸轮的转向和基圆半径,就可以进行轮廓曲线的设计。设计方法有图解法和解析法两种,本单元主要介绍用图解法设计盘形凸轮的基本方法和具体步骤。

图 3-66 所示为尖顶对心移动从动件盘形凸轮机构。从动件处于最低位置时与凸轮在 A_0 点接触,当凸轮以角速度 ω 转过角 δ_1 时,向径 $O1″$ 即转到 $O1′$ 的位置,于是从动件被凸轮轮廓推动上升了一段位移 $A_0 1′$。凸轮继续转动,从动件可得位移 $A_0 2′$、$A_0 3′$、…。现假设给整个机构加上一个公共角速度 −ω,则凸轮便停止不动,而从动件连同导路沿 −ω 方向转到虚线位置 1、2、3、…,同时从动件沿导路移动与转角相对应的位移 $A_0 1″$、$A_0 2″$、$A_0 3″$…。由图可见:$A_0 1′ = A_0 1″$,$A_0 2′ = A_0 2″$,…,显然在这种复合运动中尖顶的运动轨迹就是凸轮的轮廓曲线。因此,如果已知从动件的运动规律并已画出了其位移线图,则可以把凸轮看做固定不动的,从位移线图中得到对应凸轮每一转角的从动件位移 $A_0 1″$、$A_0 2″$、$A_0 3″$、…,从而确定出 1″、2″、3″、…各点,并以光滑的曲线连接,即得所求的凸轮轮廓曲线。上述设计凸轮轮廓曲线的方法称为反转法。

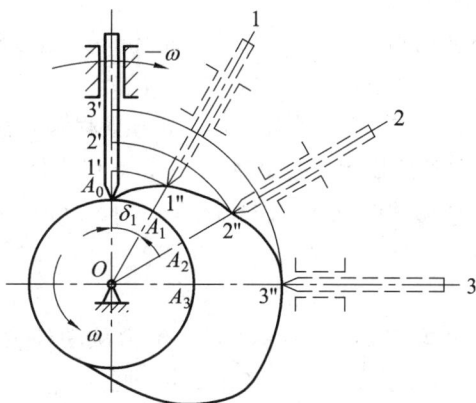

图 3-66　反转法

2. 尖顶对心移动从动件盘形凸轮轮廓曲线的设计

如图 3-67(b)所示,设在此凸轮机构中,已知凸轮逆时针回转,其基圆半径为 $r_b = 30$ mm,从动件的运动规律如下所示:

凸轮转角	0°~180°	180°~300°	300°~360°
从动件的运动规律	等速上升 30 mm	等加速等减速下降回到原处	停止不动

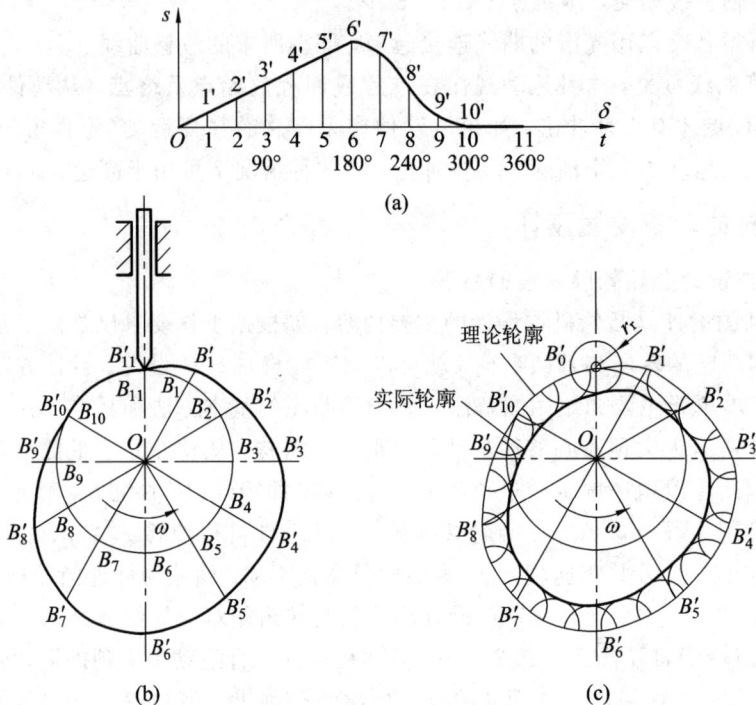

图 3-67　对心移动从动件盘形凸轮机构轮廓的绘制

现就该盘形凸轮轮廓曲线的作图方法介绍如下：

（1）选取适当的比例尺作位移线图。

选取长度比例尺和角度比例尺为：$\mu_l = 0.002$(m/mm)，$\mu_\delta = 6$(度/mm)。

按角度比例尺在横轴上由原点向右量取 30 mm、20 mm、10 mm，分别代表推程角 180°、回程角 120°、近停程角 60°。每 30°取一分点等分推程和回程，得分点 1、2、…，停程不必取分点。在纵轴上按照长度比例尺向上量取 15 mm 代表推程位移 30 mm。

按已知运动规律画出从动件的位移线图如图 3-67(a)所示，得到与各点转角对应的从动件位移 $11'$、$22'$、$33'$…。

（2）作基圆，取分点。

如图 3-67(b)所示，任取点 O 为圆心，以点 B_0 为从动件尖端的最低位置，取 $OB = r_b/\mu_l = 0.03/0.002 = 15$(mm)，以 OB 为半径作基圆。圆周上点 B_0 即为轮廓曲线的起始点，按 $-\omega$ 方向取推程角、回程角和近停程角，并分成与位移线图对应的相同等份，得分点 B_1、B_2、…、B_{11}，B_{11} 与 B_0 点重合。

（3）画轮廓曲线。

连接 OB_1 并在其延长线上截取 $B_1B_1' = 11'$，得点 B_1'，同样在 OB_2 的延长线上取 $B_2B_2' = 22'$，…，直到 B_{11}'。将 B_0、B_1'、B_2'、…、B_{11}' 用光滑曲线连接起来，即得所求的凸轮轮廓曲线。

3. 滚子对心移动从动件盘形凸轮轮廓曲线的设计

滚子从动件与尖顶从动件的不同点只是在从动件的端部装上半径为 r_r 的滚子。由于滚子的中心是从动件上的一个定点，此点的运动就是从动件的运动。在应用反转法绘制凸轮的轮廓曲线时，滚子中心的轨迹完全相当于尖顶从动件尖顶的轨迹。因此，按前述已知条件绘制滚子从动件盘形凸轮的作法如下：

（1）把滚子中心看做尖顶从动件的尖顶，按给定的运动规律，用绘制尖顶从动件盘形凸轮轮廓的方法画出一个轮廓曲线，如图 3-67(c)所示。此滚子中心经过的轮廓曲线称为凸轮的理论轮廓曲线。

（2）在已画出的理论轮廓曲线上选一系列点作为圆心，以滚子半径为半径作若干个滚子圆，此圆族的内包络线即为所求的凸轮轮廓曲线。

必须指出，滚子从动件盘形凸轮的基圆仍然指的是理论轮廓曲线的基圆，即以理论轮廓曲线的最小向径为半径所作的圆。

4. 偏置从动件盘形凸轮轮廓曲线的设计

有时由于结构上的需要或为了改善受力情况，可采用偏置从动件盘形凸轮机构，如图 3-68(a)所示，其从动件的中心线偏离凸轮回转中心 O 的距离 e 称为偏距。若以 O 为圆心、以 e 为半径作圆称为偏距圆，则凸轮转动时，从动件的中心线必始终与偏距圆相切。因此在应用反转法设计凸轮轮廓时，从动件中心线依次占据的位置必然都是偏距圆的切线。图 3-68(a)所示的凸轮机构，若已知凸轮为顺时针转动，基圆半径为 r_b，偏距为 e，则从动件的运动规律如下所示：

凸轮转角	0~120°	120°~180°	180°~300°	300°~360°
从动件的运动规律	等加速等减速上升 h	停止不动	等速下降回到原处	停止不动

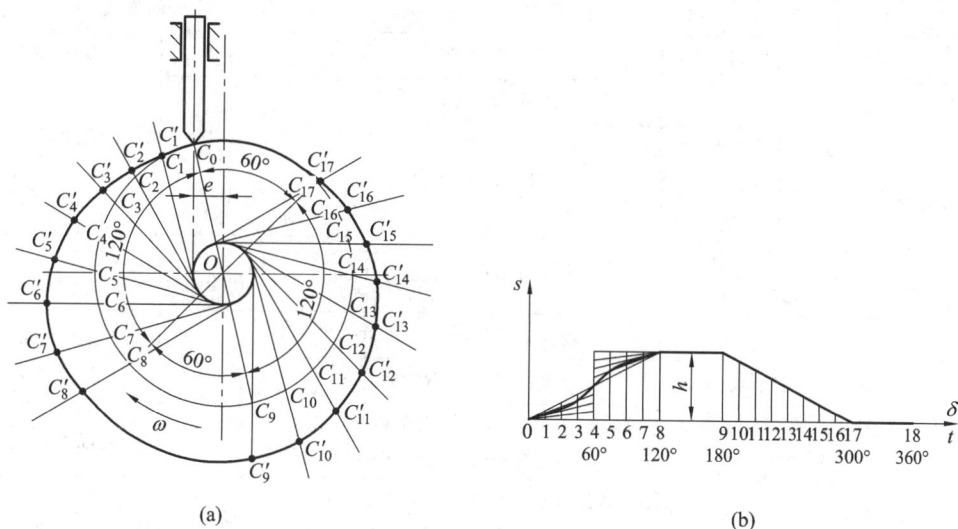

(a)　　　　　　　　(b)

图 3-68　偏置尖顶从动件盘形凸轮

其轮廓曲线的作图步骤如下：

（1）选取比例尺 μ_l、μ_δ，按规定的从动件运动规律作位移线图，定出分点 1、2、…、18，如图 3-68(b)所示。

（2）任选一点 O 为圆心，以 r_b/μ_l 为半径作基圆，以 e/μ_l 为半径作偏距圆。再作导路的中心线切于偏距圆并与基圆交于 C_0 点，此点即为从动件尖端的最低位置，也就是凸轮轮廓曲线的起始点。

（3）自 OC_0 开始沿 $-\omega$ 方向依次划分推程角 δ_1、远停程角 δ_1'、回程角 δ_2 和近停程角 δ_2'，对应位移线图上的分点定出基圆上各分点 C_1、C_2、…、C_{18}。

（4）过基圆上各点作偏距圆的切线，在这些切线上截取各分点对应的从动件位移，得 C_1'、C_2'、…、C_{17}'（C_{17}' 与 C_{17} 重合，C_{18} 与 C_0 重合）。用光滑曲线连接这些点，即得所求的凸轮轮廓曲线。

5. 同图解法绘制凸轮轮廓应注意的事项

（1）应用反转法绘制轮廓曲线时，一定要沿 $-\omega$ 方向在基圆周上按位移线图的顺序截取分点，否则将不符合给定的运动规律。

（2）从动件位移、基圆半径、偏距、滚子半径等有关长度尺寸必须用同一比例尺画出。

（3）取的分点越多，所得的凸轮轮廓越准确。实际作图时取分点的多少可根据对凸轮工作准确性的要求适当选取。

（4）连接各分点的曲线必须光滑。

3.3.4　凸轮机构常用材料

凸轮机构在工作中，由于工作情况及机构本身的特点，多数承受冲击载荷，凸轮和从动件表面易产生磨损，因此必须合理地选择材料及热处理方法，以保证凸轮表面具有较高的硬度且心部具有较好的韧性。表 3-3 中列出了凸轮常用材料及热处理方法，可根据工作条件进行选择。

表 3-3　凸轮和从动件接触端常用材料及热处理

工作条件	凸　　轮		从动件接触端	
	材料	热处理	材料	热处理
低速轻载	40、45、50	调质 HB220～260	45	表面淬火 HRC40～45
	HT200 HT250 HT300	HB170～250		
	QT500-1.5 QT600-2	HB190～270	尼龙	
中速中载	45	表面淬火 HRC40～50	20Cr	渗碳淬火，渗碳层深 0.8～1 mm，HRC55～60
	45、40Cr	表面高频淬火 HRC52～58		
	15、20、20Cr 20CrMnTi	渗碳淬火，渗碳层深 0.8～1.5 mm，HRC56～62		
高速重载或靠模凸轮	40Cr	高频淬火，表面 HRC56～60，心部 HRC45～50	T8 T10 T12	淬火硬度 HRC58～62
	38CrMoAl 35CrAl	氮化，表面硬度 HV700～900 （约 HRC60～67）		

注：对一般中等尺寸的凸轮机构，$n \leqslant 100$ r/min 为低速，100 r/min $< n <$ 200 r/min 为中速，$n >$ 200 r/min 为高速。

3.3.5　凸轮在轴上的固定方法

凸轮机构工作时，必须与机器其它部分的运动相协调，因此在设计时应考虑装配要求，使凸轮在轴向和周向都能准确定位。一般在凸轮上刻有 0 度线或其它标志作为其加工和装配的依据。图 3-69 所示为凸轮在轴上常见的几种固定形式。图(a)为靠键固定，不能作周向调整。图(b)是在初调时用螺钉定位，然后配钻销孔装入销钉，不能作轴向和周向调整。图(c)为应用细齿离合器联接，可按齿距调整角度。图(d)为用开口锥形套筒定位，调整灵活，但不能用于受力较大的场合。图(e)为用带有圆弧槽孔的法兰盘联接，这种结构调整的角度有限。

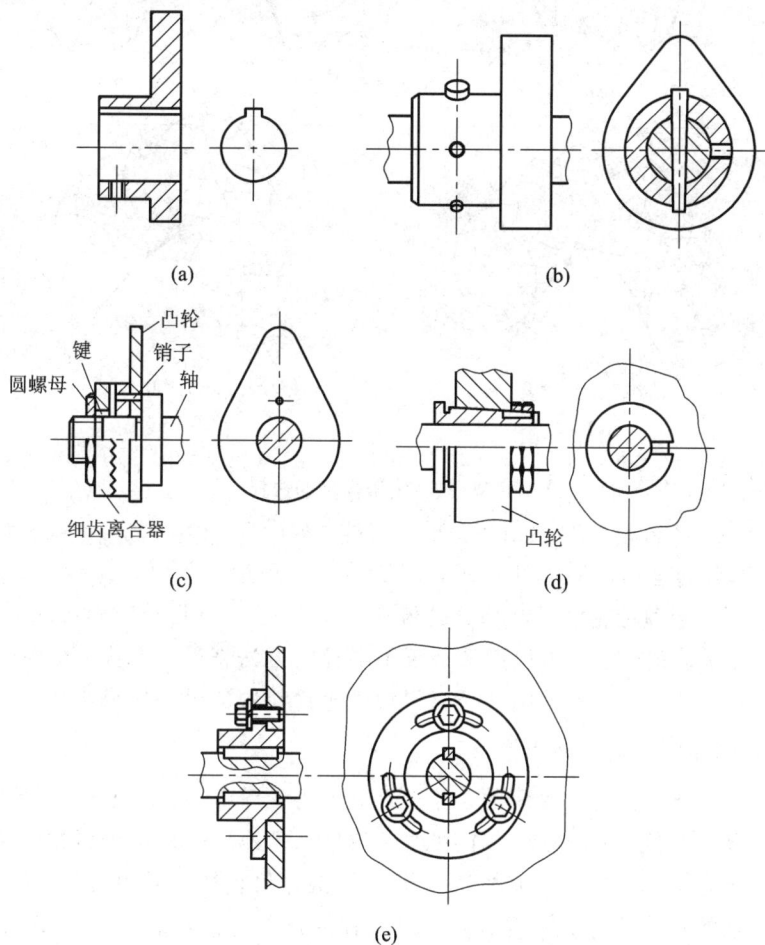

图 3-69　凸轮在轴上的固定方法

3.3.6　凸轮机构设计中的几个问题

1. 滚子半径与运动失真

当采用滚子从动件时，如果滚子的大小选择不当，则从动件就不能实现预期的运动规律，这种现象称为运动失真。

运动失真与滚子半径和理论轮廓曲线的最小曲率半径的相对大小有关。因为对于外凸的凸轮轮廓，其实际廓线的曲率半径 ρ_a 等于理论廓线的曲率半径 ρ 与滚子半径 r_r 之差，即 $\rho_a = \rho - r_r$。

$\rho_{min} > r_r$ 时，$\rho_a > 0$，实际廓线为一圆滑曲线，如图 3-70(b)所示。

当 $\rho_{min} = r_r$ 时，实际廓线上出现尖点，极易磨损，磨损后会改变原来的运动规律。

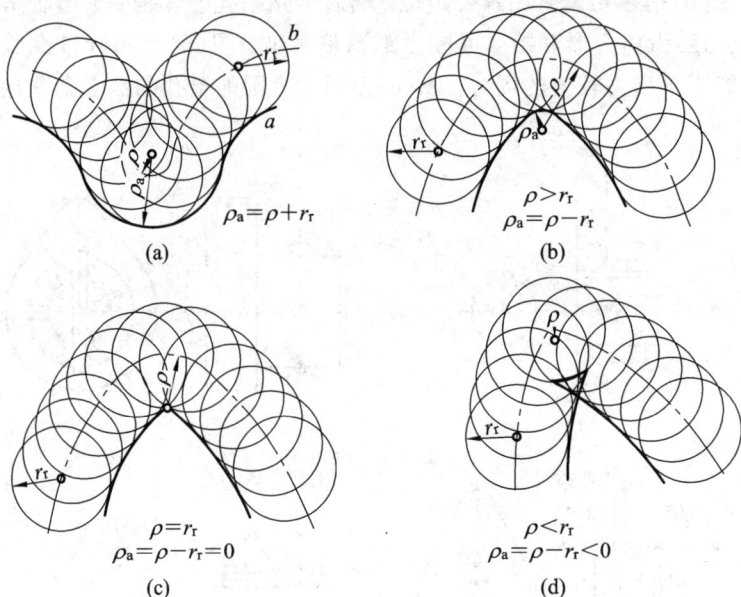

图 3-70　滚子半径的选择

当 $\rho_{min} < r_r$ 时，实际廓线是两条相交的包络线，如图 3-70(d)所示，实际加工时将被切掉，从而使这部分的运动规律无法实现，即从动件出现运动失真。为避免出现以上问题，滚子半径 r_r 必须小于理论轮廓外凸部分的最小曲率半径 ρ_{min}。设计时建议取 $r_r \leqslant 0.8\rho_{min}$。

若出现运动失真的情况，可以用减小滚子半径的方法来解决。若由于滚子结构等原因不能减小其半径，可适当增大基圆半径 r_b 以增大理论轮廓的最小曲率半径。

2. 凸轮机构的压力角及许用值

图 3-71 所示凸轮机构在推程的某个位置，当不计摩擦时，凸轮作用于从动件的推力 F 必沿接触点 B 的法线 n—n 方向。作用力 F 与从动件速度 v 所夹的锐角 α 称为凸轮机构在图示位置的压力角，其意义与前述连杆机构的压力角相同。由图可见，压力角 α 越大，推动从动件运动的有效分力 $F_r = F \cos\alpha$ 越小，有害分力 $F_t = F \sin\alpha$ 越大，由此引起的摩擦阻力也越大。当压力角 α 达到某一数值时，有效分力 F_r 已不能克服有害分力 F_t 所引起的摩擦阻力，这时无论 F 多大也不能使从动件运动，这种现象称为自锁。因此，凸轮机构在设计中常对压力角的最大值加以限制，规定压力角的许用值用[α]表示，称为许用压力角。凸轮机构的实际压力角不应超过此许用值，一般推荐许用压力角[α]的数值如下：

移动从动件的推程：[α]$\leqslant 30° \sim 40°$

摆动从动件的推程：[α]$\leqslant 40° \sim 50°$

在回程时，从动件通常靠自重或弹簧力的作用而下降，不会出现自锁现象，故压力角可取大些，一般推荐$[\alpha]\leqslant70°\sim80°$。

由于轮廓曲线上各点的曲率不同，所以机构在运动中压力角是变化的，应使凸轮机构的最大压力角$\alpha_{\max}$不超过许用值。

凸轮轮廓设计好以后，为确保运动性能，必须检验凸轮轮廓上最大压力角是否超过许用值。在凸轮轮廓曲线比较陡的地方选几个点，过这些点作法线$n-n$和从动件速度方向线v所夹的锐角α。若$\alpha_{\max}$超过许用值，则可增大基圆半径，重新设计凸轮轮廓，直到$\alpha_{\max}\leqslant[\alpha]$为止。法线$n-n$的作法如图$3-72$所示，设$E$点为校核点，任选较小的半径$r$作圆，交廓线于$F$、$G$两点，分别以$F$、$G$为圆心，仍以$r$为半径作圆，与中间圆交于$H$、$I$和$J$、$K$，连接$H$、$I$和$J$、$K$，两线的延长线交点$D$，该点即为轮廓曲线上$E$点的曲率中心，$n-n$即为其法线。

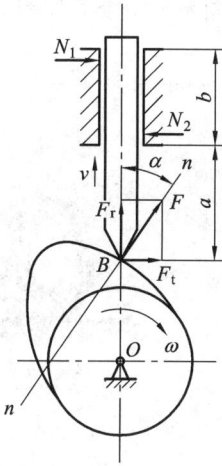

图 3-71 凸轮机构的压力角

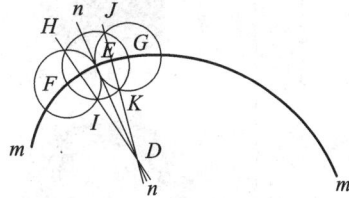

图 3-72 求法线的图解法

3. 凸轮基圆半径的确定

由上述可知，从机构的传力性能来考虑，压力角越小越好。但是压力角不仅与传力性能有关，而且与基圆半径有关。当凸轮转过相同转角δ，从动件上升相同位移s时，在大小不同的两个基圆上，基圆越小，其廓线越陡，压力角越大；基圆较大，其廓线较缓，压力角较小。显然在相同条件下，减小压力角必使基圆半径增大，从而使整个机构的尺寸增大。因此，在设计中必须适当处理这一矛盾。一般情况下，如果对机构的尺寸没有严格要求，则可将基圆取大一些，以减小压力角，使机构有良好的传力性能。如果要求减小机构尺寸，则所选的基圆应保证最大压力角不超过许用值。对于装配在轴上的盘形凸轮，一般基圆半径可初步取为：

$$r_b \geqslant (1.6 \sim 2)r_s + r_r$$

式中：r_s——凸轮轴半径；

r_r——滚子半径。

按初步的基圆半径设计凸轮轮廓，然后校核机构的推程最大压力角。

在移动从动件盘形凸轮机构中，最大压力角一般出现在推程的起始位置或从动件产生最大速度的位置附近，应在此附近取点进行压力角校核。

3.4　齿轮机构几何尺寸计算

3.4.1　概述

齿轮机构是现代机械中应用最为广泛的一种传动机构,可以用来传递空间任意两轴的旋转运动和动力,或将转动转换为移动。其结构为几何体外(或内)均匀分布有大小一样的轮齿。它的主要特点是:能够传递任意两轴间的运动和动力,传动比准确,传动平稳可靠,机械效率高(高达 0.99),结构紧凑,使用寿命长,工作安全可靠,适用的圆周速度和功率范围广(圆周速度可高达 300 m/s,功率可从几瓦到 10 万千瓦);但需要专门设备制造,加工成本高,加工精度和安装精度较高,且不适宜远距离传动。

齿轮传动的类型很多,通常按两轮轴线间的位置及齿向不同分类,如图 3-73 所示。

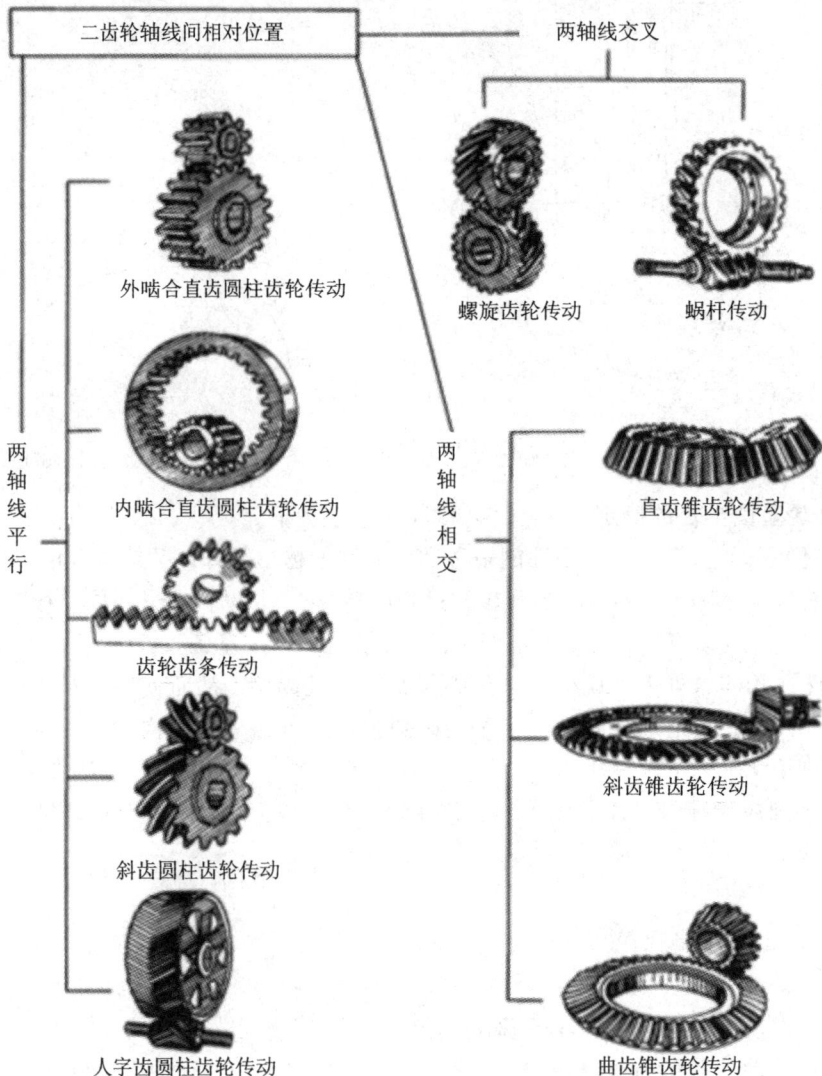

图 3-73　齿轮传动的类型

齿轮传动也可按齿廓曲线分类，常用的有渐开线齿轮、摆线齿轮、圆弧齿轮和抛物线齿轮。其中渐开线齿轮制造容易、便于安装、互换性好，因而应用最广。本知识点也将重点介绍渐开线齿轮机构的几何尺寸计算。

3.4.2　渐开线与渐开线齿廓

1. 渐开线的形成

如图 3-74 所示，当一直线 KN 沿一圆周作纯滚动时，直线 KN 上任一点 K 的轨迹就是渐开线。此圆称为渐开线的基圆，半径用 r_b 表示。直线 KN 称为渐开线的发生线，θ_K 称为渐开线在 K 点的展角。

2. 渐开线的性质

根据渐开线的形成方法，可知渐开线具有下列一些特性：

（1）发生线沿基圆滚过的直线长度与基圆上被滚过的圆弧长度相等，即 $\overline{KN} = \overset{\frown}{NA}$。

（2）发生线 KN 是渐开线在任一点 K 的法线，因此发生线上任一点的法线必切于基圆。

（3）渐开线齿廓上某点的法线与该点的速度方向线所夹的锐角 α_K 称为该点的压力角。由图 3-74 可知：

$$\cos\alpha_K = \frac{\overline{ON}}{\overline{OK}} = \frac{r_b}{r_K} \tag{3-7}$$

上式表明，渐开线各点的压力角不相等。r_K 越大（即 K 点离圆心 O 越远），其压力角越大；反之越小。基圆上的压力角等于零。

（4）渐开线的形状取决于基圆的大小。如图 3-75 所示，基圆半径相等，则渐开线相同；基圆半径越小，则渐开线越弯曲；基圆半径越大，则渐开线越平直；基圆半径为无穷大时，渐开线将变成直线，它就是渐开线齿条的齿廓。

（5）基圆内无渐开线。

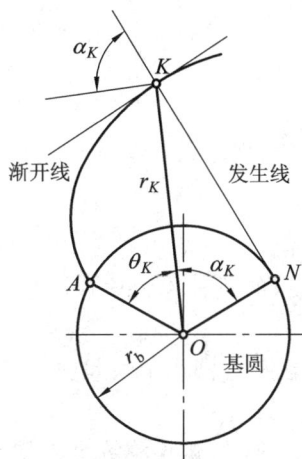

图 3-74　渐开线的形成

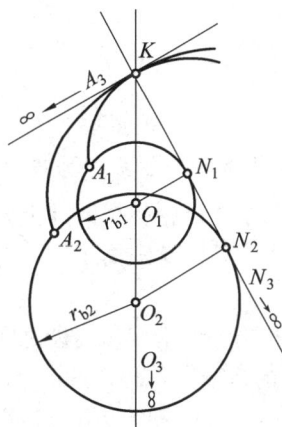

图 3-75　渐开线的形状受基圆大小的影响

3. 齿廓啮合基本定律

齿轮传动要求准确平稳,即要求在传动过程中,瞬时传动比保持不变,以免产生冲击、振动和噪声。

齿轮传动是依靠主动轮的轮齿依次拨动从动轮的轮齿来实现的。若两轮的齿数分别为 z_1 和 z_2,则两轮的转数之比 i 为

$$i = \frac{n_1}{n_2} = \frac{z_2}{z_1}$$

对一对齿轮,i 恒定不变。但是,这并不能保证每一瞬时的传动比(即两轮的角速度之比)亦为常数。传动的瞬时传动比是否保持恒定,与齿轮的齿廓曲线有关。

齿廓形状必须符合下述条件:不论齿廓在哪个位置接触,过接触点所作齿廓公法线必须与两齿轮的连心线相交于固定点 P,这就是齿廓啮合的基本定律。

3.4.3 渐开线标准直齿圆柱齿轮的基本参数和几何尺寸

为了进一步研究齿轮的啮合原理和齿轮设计问题,有必要熟悉齿轮各部分的名称、符号及其计算公式。图 3-76 所示为直齿圆柱齿轮的一部分。

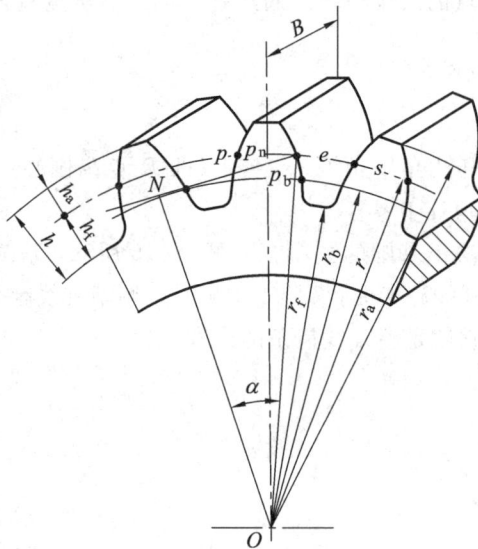

图 3-76　标准渐开线齿轮各部分名称和符号

1. 齿轮各部分的名称和基本参数

(1) 齿数。在齿轮整个圆周上轮齿的数目称为该齿轮的齿数,用 z 表示。

(2) 齿厚。沿任意圆周于同一轮齿两侧齿廓上所量得的弧长称为该圆周上的齿厚,以 s_k 表示。

(3) 齿槽宽。齿轮相邻两齿之间的空间称为齿槽;在任意圆周上所量得齿槽的弧长称为该圆周上的齿槽宽,以 e_k 表示。

(4) 齿距。沿任意圆周上所量得相邻两齿同侧齿廓之间的弧长称为该圆周上的齿距,以 p_k 表示。由图 3-76 可知,在同一圆周上的齿距等于齿厚与齿槽宽之和,即

$$p_k = s_k + e_k$$

(5) 齿顶圆。包含齿轮所有齿顶端的圆称为齿顶圆，用 r_a 和 d_a 分别表示其半径和直径。

(6) 齿根圆。包含齿轮所有齿槽底的圆称为齿根圆，用 r_f 和 d_f 分别表示其半径和直径。

(7) 分度圆和模数。在齿顶圆和齿根圆之间，规定一直径为 d 的圆，作为计算齿轮各部分尺寸的基准，并把这个圆称为分度圆。在分度圆上的齿厚、齿槽宽和齿距，通称为齿厚、齿槽宽和齿距，分别用 s、e 和 p 表示，并且 $p=s+e$，对于标准齿轮，$s=e$。

分度圆的大小是由齿距和齿数决定的，因为分度圆的周长 $\pi d = pz$，于是得

$$d = \frac{p}{\pi}z$$

式中，π 是无理数，为便于计算，把 $\frac{p}{\pi}$ 的比值制定成一个简单的有理数列，并把这个比值称为模数，用 m 表示，因此，

$$m = \frac{p}{\pi}$$

于是得

$$d = mz$$

模数 m 是齿轮尺寸计算中重要的参数，其单位是 mm。模数 m 越大，则齿轮的尺寸越大，轮齿所能承受的载荷也越大。齿轮的模数在我国已经标准化，见表 3-4。

表 3-4 渐开线齿轮标准模数系列表（GB/T 1357—1987）

第一 系列	0.1 0.12 0.15 0.2 0.25 0.3 0.4 0.5 0.6 0.8 1 1.25 1.5 2 2.5 3 4 5 6 8 10 12 16 20 25 32 40 50
第二 系列	0.35 0.7 0.9 1.75 2.25 2.75 (3.25) 3.5 (3.75) 4.5 5.5 (6.5) 7 9 (11) 14 18 22 28 (30) 36 45

注：① 选取时优先选用第一系列，括弧内的模数尽可能不用。

② 对斜齿轮，该表所示为法面模数。

(8) 压力角。渐开线齿廓在不同的圆周上有不同的压力角。通常所说的齿轮压力角，是指分度圆上的压力角，以 α 表示，国家标准中规定分度圆上的压力角为标准值，$\alpha=20°$。

(9) 齿顶高、齿根高和全齿高。在图 3-76 中，轮齿被分度圆分为两部分：分度圆和齿顶圆之间的部分称为齿顶，其径向高度称为齿顶高，以 h_a 表示；位于分度圆和齿根圆之间的部分称为齿根，其径向高度称为齿根高，以 h_f 表示。轮齿在齿顶圆和齿根圆之间的径向高度称为全齿高，以 h 表示。标准齿轮轮齿的尺寸与模数成正比。

齿顶高 $h_a = h_a^* m$

齿根高 $h_f = (h_a^* + c^*)m$

全齿高 $h = h_a + h_f = (2h_a^* + c^*)m$

以上各式中，h_a^* 为齿顶高因数，c^* 为顶隙因数。这两个因数在国标中已规定了标准值，正常齿制：$h_a^* = 1$，$c^* = 0.25$；短齿制：$h_a^* = 0.8$，$c^* = 0.3$。当一对齿轮啮合时，一个齿轮的齿顶圆到另一个齿轮的齿根圆的径向距离称为顶隙，用 c 表示，$c = c^* m$。顶隙有利于润滑油的流动。

标准齿轮是指模数 m、压力角 α、齿顶高因数 h_a^* 和顶隙因数 c^* 均为标准值，且其齿厚

等于齿槽宽，即 $s=e$ 的齿轮。z、m、α、h_a^*、c^* 是直齿圆柱齿轮最基本的五个参数。

2. 齿轮几何尺寸计算

外啮合渐开线标准直齿圆柱齿轮几何尺寸的计算公式见表 3-5，由该表中的公式可知，一个标准直齿圆柱齿轮的基本参数 z、m、α、h_a^*、c^* 确定后，其主要尺寸及齿廓形状就完全确定了。

表 3-5　　渐开线标准直齿圆柱齿轮几何尺寸的计算公式

名　　称	代号	计算公式
齿厚	s	$s=p/2=\pi m/2$
齿槽宽	e	$e=p/2=\pi m/2$
齿距	p	$p=\pi m$
齿顶高	h_a	$h_a=h_a^* m=m$
齿根高	h_f	$h_f=(h_a^*+c^*)m=1.25m$
全齿高	h	$h=h_a+h_f=(2h_a^*+c^*)m=2.25m$
分度圆直径	d	$d=mz$
基圆直径	d_b	$d_b=d\cos\alpha$
齿顶圆直径	d_a	$d_a=d+2h_a=m(z+2h_a^*)$
齿根圆直径	d_f	$d_f=d-2h_f=m(z-2h_a^*-2c^*)$
标准中心距	a	$a=(d_1+d_2)/2=[m(z_1+z_2)]/2$

3. 内齿轮与齿条

图 3-77 所示为一内齿圆柱齿轮，内齿轮的轮齿分布在空心圆柱体的内表面上，其齿廓形状有以下特点：

(1) 内齿轮的齿厚相当于外齿轮的齿槽宽，内齿轮的齿槽宽相当于外齿轮的齿厚。

(2) 内齿轮的齿顶圆在它的分度圆之内，齿根圆在它的分度圆以外。

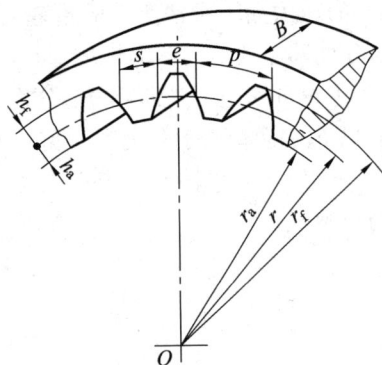

图 3-77　内齿轮各部分尺寸

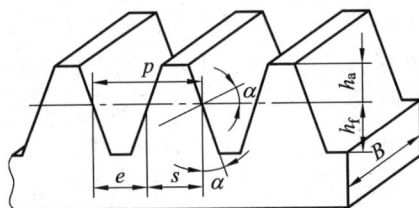

图 3-78　齿条各部分尺寸

图 3-78 所示为一齿条，其齿廓形状有以下特点：

① 其齿廓是直线，齿廓上各点的法线相互平行，而齿条移动时，各点的速度方向、大小均一致，故齿条齿廓上各点的压力角相同。齿廓的压力角等于齿形角，数值为标准压力角值。

② 齿条可视为齿数无穷多的齿轮，分度圆无穷大成为分度线。任意与分度线平行的直线上的齿距均相等，即 $p_k = \pi m$。

4. 公法线长度 W_k

用测量公法线长度的方法来检验齿轮的精度，既简便又准确，同时避免了采用齿顶圆作为测量基准而造成顶圆精度无谓的提高。

所谓公法线长度，是指齿轮卡尺跨过 k 个齿所量得的齿廓间的法向距离。

如图 3-79 所示，卡尺的卡脚与齿廓相切于 A、B 两点（图中卡角跨三个齿），设跨齿数为 k，卡脚与齿廓切点 A、B 的距离 AB 即为所量得的公法线长度，用 W_k 表示，由图可知：

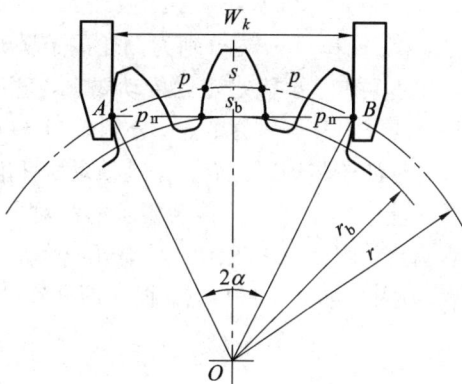

图 3-79　公法线长度的测量

$$W_k = (k-1)p_n + s_b = (k-1)p_b + s_b$$

3.4.4　渐开线标准直齿圆柱齿轮的啮合传动

1. 渐开线齿轮啮合传动的特点

1）渐开线齿轮能满足定比传动的要求

所谓定比传动，就是在轮齿啮合的任意瞬时，主、从动轮角速度之比为一定值，即

$$i_{12} = \frac{n_1}{n_2} = \frac{\omega_1}{\omega_2} = C$$

齿轮传动的传动比不等于定值时，将引起瞬时角速度的变化，从而产生冲击，影响齿轮传动的平稳性。

定比传动对齿廓形状的要求可用图 3-80 来进行分析与说明。

设两轮齿廓 J_1 与 J_2 在 K 点啮合，两轮的角速度分别为 ω_1 与 ω_2，则 J_1 上 K 点的速度 $v_{K1} = \omega_1 \overline{O_1 K}$，方向垂直于 $O_1 K$；J_2 上 K 点的速度 $v_{K2} = \omega_2 \overline{O_2 K}$，方向垂直于 $O_2 K$。

过 K 点作两齿廓的公法线 $n—n$ 交两轮中心连线 $O_1 O_2$ 于 P 点，根据齿廓啮合传动的连续性与次序性要求，v_{K1} 和 v_{K2} 在 $n—n$ 上的分速度必须相等，即

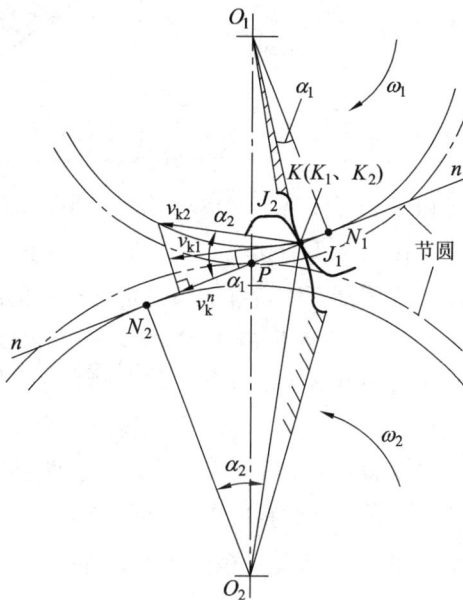

图 3-80　定比传动对齿廓形状的要求

$$v_{K1}^n = v_{K1} \cos\alpha_1 \qquad v_{K2}^n = v_{K2} \cos\alpha_2$$

$$\Rightarrow v_{K1} \cos\alpha_1 = v_{K2} \cos\alpha_2$$

$$\Rightarrow \omega_1 \overline{O_1 K} \cos\alpha_1 = \omega_2 \overline{O_2 K} \cos\alpha_2$$

再由图中几何关系容易证得：

$$i_{12} = \frac{\omega_1}{\omega_2} = \frac{\overline{O_2 N_2}}{\overline{O_1 N_1}} = \frac{r_{b2}}{r_{b1}} = \frac{\overline{O_2 P}}{\overline{O_1 P}} = \frac{r'_1}{r'_2}$$

式中，r'_1、r'_2 和 r_{b1}、r_{b2} 分别为两轮的节圆半径和基圆半径。

　　由上可知，要满足定比传动要求，过接触点所作的公法线必须与两轮中心连线交于一个固定点 P，P 点称为节点。分别以 O_1 与 O_2 为圆心，过节点 P 所作的两个相切的圆称为节圆。一对齿轮传动时，节圆作纯滚动。标准齿轮正确安装时，分度圆与节圆重合。

　　凡能满足上述定比传动要求的一对齿廓称为共轭齿廓。下面简单证明，渐开线齿廓是共轭齿廓。图 3-81 表示一对渐开线齿廓在 K 点接触，过 K 点作两齿廓的公法线 n—n 交两轮中心连线 $\overline{O_1 O_2}$ 于 P 点。根据渐开线的性质，n—n 将同时相切于两轮的基圆。

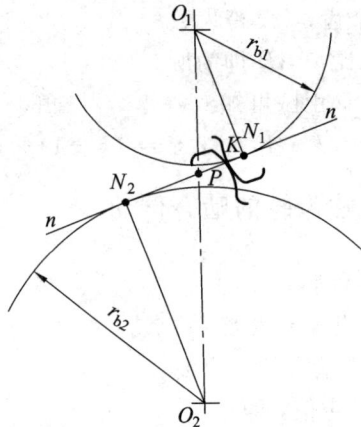

图 3-81　渐开线齿廓能满足定比传动要求

　　由于渐开线齿廓制成后基圆大小已确定，当 O_1 与 O_2 位置确定后，两基圆的位置及其同一方向上的内公切线 n—n 的位置也必然随之确定，故必通过 $\overline{O_1 O_2}$ 上的固定点 P。这就简单证明了渐开线齿廓能满足定比传动的要求。

　　2）渐开线齿廓有利于保证齿轮传动的平稳性

　　一对渐开线齿廓在任何位置啮合时，接触点的公法线都是同一条直线 $N_1 N_2$，这说明一对渐开线齿廓从开始啮合到脱离啮合中所有啮合点均在 $N_1 N_2$ 上。因此，$N_1 N_2$ 是两齿廓接触点的轨迹线，称为啮合线。由于啮合线与公法线是同一条直线，故齿廓间的正压力不变，从而保证了齿轮传动的平稳性。

2. 渐开线齿轮正确啮合的条件

　　一对渐开线齿轮要正确啮合，必须满足一定的条件。

　　如图 3-82 所示，一对渐开线齿轮在任何位置啮合时，它们的啮合点都应在啮合线 $N_1 N_2$ 上。前一对轮齿在啮合线上的 K 点相啮合时，后一对轮齿必须正确地在啮合线上的 K' 点进入啮合；而 KK' 是齿轮 1 的法向齿距，又是齿轮 2 的法向齿距。由此可知，两齿轮要正确啮合，它们的法向齿距必须相等。法向齿距与基圆齿距相等，通常以 p_b 表示基圆齿距。于是有：

$$p_{b1} = p_{b2}$$

又 $p_b = p \cos\alpha$，由此可以推出两齿轮正确啮合条件为

$$m_1 \cos\alpha_1 = m_2 \cos\alpha_2$$

式中，m_1、m_2、α_1、α_2 分别为两齿轮的模数和压力角。由于齿轮模数 m 和压力角 α 都是标准化了的，所以要满足上式，则有

$$\left.\begin{array}{l} m_1 = m_2 = m \\ \alpha_1 = \alpha_2 = \alpha \end{array}\right\}$$

即渐开线直齿圆柱齿轮的正确啮合条件为：两齿轮的模数和压力角必须分别相等，且都等于标准值。

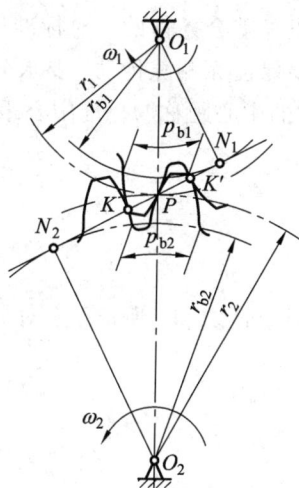

图 3-82　渐形线齿轮的正确啮合条件

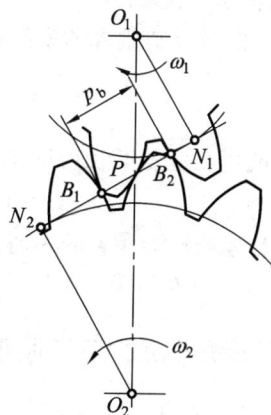

图 3-83　轮齿的啮合过程

3. 连续传动的条件

1）渐开线齿轮的啮合过程

如图 3-83 所示，为一对渐开线齿轮的啮合过程。轮 1 为主动轮，轮 2 为从动轮，两轮的传动方向如图所示。开始进入啮合时，先是主动轮的齿根部分与从动轮的齿顶部分接触，啮合的起点为从动轮的齿顶圆与啮合线 $N_1 N_2$ 的交点 B_2。随着传动的进行，主动轮轮齿上的啮合点逐渐向齿顶部分移动，而从动轮轮齿上的啮合点逐渐向齿根部分移动。啮合的终点为主动轮的齿顶圆与啮合线 $N_1 N_2$ 的交点 B_1。

从一对齿轮的啮合过程来看，啮合点实际的轨迹只是啮合线 $N_1 N_2$ 上的一段 $B_1 B_2$，故把 $B_1 B_2$ 称为实际啮合线段，N_1、N_2 称为啮合极限点。

2）连续传动条件

要使齿轮连续传动，就必须在前一对齿轮还未脱离啮合时，后一对齿轮已经进入了啮合。显然，必须使 $B_1 B_2 \geqslant p_b$，即要求实际啮合段 $B_1 B_2$ 大于或等于基圆齿距 p_b，如图 3-83 所示。因此，齿轮连续传动条件为

$$\varepsilon = \frac{B_1 B_2}{p_b} \geqslant 1$$

式中 ε 称为啮合度，它表明同时参与啮合轮齿的对数。$\varepsilon = 1$ 表明始终有一对轮齿啮合，$\varepsilon = 2$ 表明始终有两对轮齿啮合，而 $\varepsilon = 1.5$ 表明在齿轮转过一个基圆齿距的时间内有 50% 的时间是两对齿啮合，有 50% 的时间是一对齿啮合。

实际中为了确保齿轮传动的连续性，ε 的值应不小于其许用值$[\varepsilon]$，即

$$\varepsilon \geqslant [\varepsilon]$$

式中许用值$[\varepsilon]$的大小是随着齿轮传动的使用要求和制造精度而定的，一般可在 1.05～1.35 范围内选取。

4. 标准安装条件

齿轮安装时，为了避免冲击、振动，理论上齿轮传动应为无侧隙传动。由于一对齿轮传动相当于一对节圆作纯滚动，因此，要使一对齿轮作无侧隙传动，就应使一个齿轮节圆上的齿厚等于另一个齿轮节圆上的齿槽宽。对于满足正确啮合条件的一对标准齿轮，其分度圆上的齿厚与齿槽宽相等，即 $s=e=\pi m/2$。所以，要保证无侧隙传动，要求分度圆与节圆重合。分度圆与节圆重合的安装称为标准安装，此时的中心距称为标准中心距，即

$$a = r_1' + r_2' = r_1 + r_2 = \frac{m(z_1 + z_2)}{2}$$

标准安装时两齿轮应留有径向间隙，即顶隙 c 为

$$c = (h_a^* + c^*)m - h_a^* m = c^* m$$

一对齿轮啮合时，两轮的中心距总是等于两轮节圆半径之和。所以，一对标准渐开线齿轮按标准中心距安装时，其分度圆与节圆重合。

3.4.5　渐开线齿轮的切齿原理与根切现象

1. 渐开线齿轮的切齿原理

齿轮加工方法很多，有铸造法、热轧法、冲压法、粉末冶金法和切制法，其中最常用的是切制法。按其加工原理，切制法又可分为仿形法和范成法（展成法）两种。

1）仿形法

这种方法的特点是所采用的成形刀具在其轴向剖面内，刀刃的形状和被切齿轮齿槽的形状相同。常用的刀具有盘状铣刀和指状铣刀。

图 3-84 所示为用盘状铣刀切制齿轮的情况。切制时，铣刀转动，同时齿轮毛坯随铣床工作台沿平行于齿轮轴线的方向直线移动，切出一个齿槽后，由分度机构将轮坯转过 $360°/z$ 再切制第二个齿槽，直至整个齿轮加工结束。

图 3-85 所示为用指状铣刀加工齿轮的情况。其加工方法与用盘形铣刀相似。指状铣刀常用于加工大模数（一般 $m>20$ mm）的齿轮，并可以切制人字齿轮。

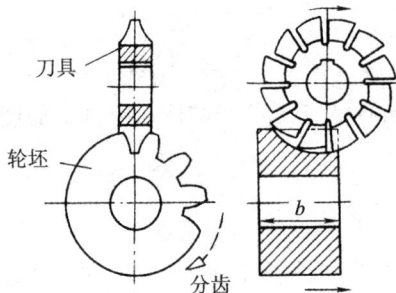

图 3-84　盘状铣刀加工齿轮　　　　　图 3-85　指状铣刀加工齿轮

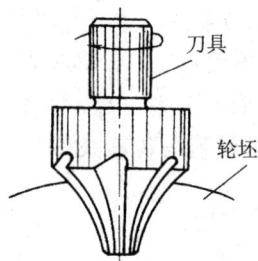

　　仿形法的优点是加工简单,不需要专门的齿轮加工设备。其缺点是:由于铣制相同模数不同齿数的齿轮是用一组有限数目的齿轮铣刀来完成的,因此所选铣刀不可能与要求齿形准确吻合,加工出的齿形不够准确,轮齿的分度有误差,制造精度较低;由于切削是断续的,生产效率低。所以,仿形法常用于单件、修配或少量生产及齿轮精度要求不高的齿轮加工。

　　2) 范成法

　　范成法是目前齿轮加工中最常用的一种方法。它是运用一对相互啮合齿轮的共轭齿廓互为包络的原理来加工齿廓的。用范成法加工齿轮时,常用的刀具有齿轮型刀具(如齿轮插刀)和齿条型刀具(如齿条插刀、滚刀)两大类。

　　(1) 齿轮插刀加工。

　　图 3-86 所示为用齿轮插刀加工齿轮的情况。齿轮插刀是一个具有刀刃的渐开线外齿轮。插齿时,插刀与轮坯严格地按定比传动作展成运动(即啮合运动,如图 3-86(b)所示),同时插刀沿轮坯轴线方向作上下往复的切削运动。另外,为了切出轮齿的整个高度,插刀还需要向轮坯中心移动,作径向运动。

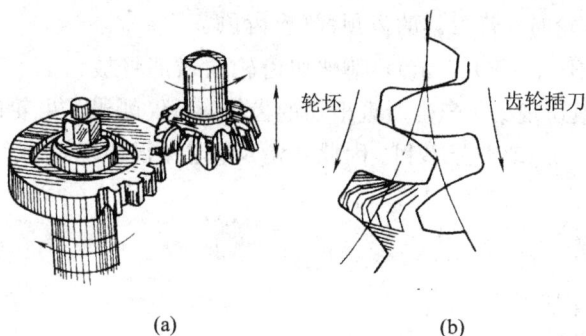

(a)　　　　　　　　　　(b)

图 3-86　用齿轮插刀加工齿轮

　　(2) 齿条插刀加工。

　　图 3-87 所示为用齿条加工齿轮的情况。切制齿廓时,刀具与轮坯的展成运动相当于齿条与齿轮的啮合传动,其切齿原理与用齿轮插刀加工齿轮的原理相同。

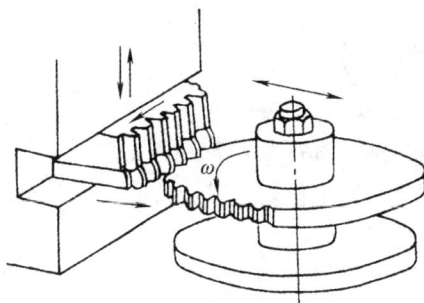

图 3-87　用齿条插刀加工齿轮

　　(3) 齿轮滚刀加工。

　　以上两种刀具加工齿轮,其切削是不连续的,不仅影响生产率的提高,还限制了加工精度。因此，在生产中更广泛地采用齿轮滚刀来切制齿轮。图 3-88 所示为用齿轮滚刀切制齿轮的情况。滚刀形状像一螺旋，它的轴向剖面为一齿条。当滚刀转动时，相当于齿条作轴向移动，滚刀转一周，齿条移动一个导程的距离。所以用滚刀切制齿轮的原理和齿条插刀切制齿轮的原理基本相同。滚刀除了旋转之外，还沿着轮坯的轴线慢慢地进给，以便切出整个齿宽。

　　用范成法加工齿轮时，只要刀具和被加工齿轮的模数 m 和压力角 α 相同，则不管被加工齿轮的齿数多少，都可以用同一把齿轮刀来加工，而且生产效率较高。所以，在大批生产中多采用范成法。

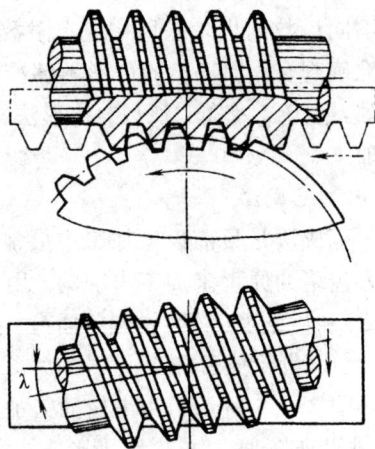

图 3-88　用齿轮滚刀加工齿轮

2. 根切现象与不发生根切时的最少齿数

1）根切现象

　　用范成法加工齿轮时，若刀具的齿顶线（或齿顶圆）超过极限点 N（如图 3-89 所示），则被切齿轮的根部将被切去一部分（如图 3-90 所示），这种现象称为根切现象。产生严重根切的齿轮，不仅削弱了齿轮的抗弯强度，甚至导致传动的不平稳性，对传动十分不利。因此，应尽量避免根切现象的产生。

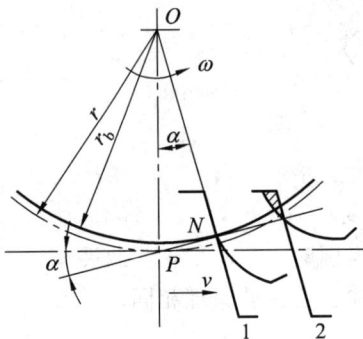

图 3-89　根切现象的产生

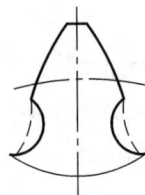

图 3-90　根切现象

　　2）不发生根切时的最少齿数

　　图 3-91 所示为齿条插刀加工标准齿轮的情况。此时，刀具的分度线必须与被切齿轮的分度圆相切。要使被切齿轮不发生根切，则刀具的齿顶线不得超过啮合极限点 N 点，即

$$h_a^* m \leqslant NM$$

由 $\triangle PNO$ 和 $\triangle PMN$ 知

$$MN = PN \sin\alpha = r \cdot \sin^2\alpha = \frac{mz \cdot \sin^2\alpha}{2}$$

由以上两式整理可得

$$z \geqslant \frac{2h_a^*}{\sin^2\alpha}$$

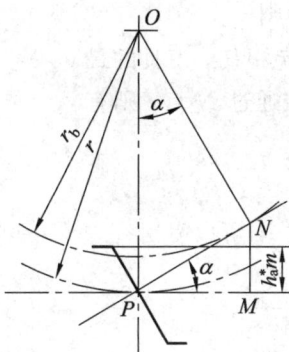

图 3-91 不发生根切时的最少齿数

因此，切制标准齿轮时，为了保证无根切现象，被切齿轮的最少齿数应为

$$z_{\min} = \frac{2h_a^*}{\sin^2 \alpha} \qquad (3-8)$$

当 $\alpha = 20°$，$h_a^* = 1$ 时，$z_{\min} = 17$。

3.4.6 渐开线变位齿轮传动简介

1. 变位齿轮的概念

如图 3-92 所示，当刀具在双点画线位置时，因其顶线超过了 N_1 点，所以被切齿轮必将发生根切。但如将刀具移出一段距离，至实线位置，因刀具的顶线不超过 N_1 点，就不会再发生根切了。以切制标准齿轮的位置为基准，刀具由基准位置沿径向移开的距离称为变位量，用 $X(X=xm$，单位为 mm) 表示。其中 m 为模数，x 称为变位因数。规定刀具离开轮坯中心的变位因数为正，反之为负。对应于 $x>0$、$x=0$、$x<0$ 的变位分别称为正变位、标准齿轮及负变位。

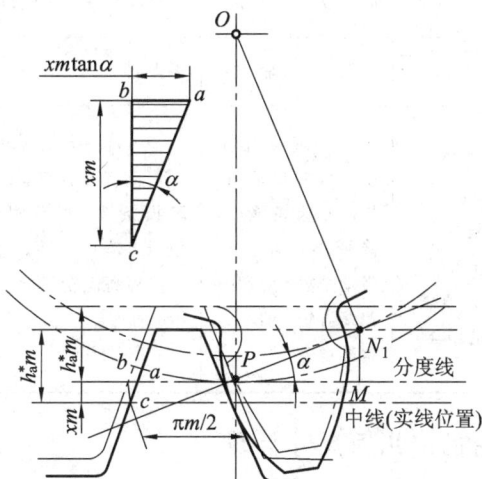

图 3-92 变位的概念

2. 不发生根切的最小变位系数

由图 3-93 可以看出，要避免根切，刀具的最小移动量为 $x_{min}m$，刀具的齿顶线通过 N 点，则有

$$\frac{mz \cdot \sin^2\alpha}{2} = (h_a^* - x_{min})m$$

又根据式(3-8)有 $z_{min} = \dfrac{2h_a^*}{\sin^2\alpha}$，可以得出

$$x_{min} = h_a^* \frac{z_{min} - z}{z_{min}}$$

3. 变位齿轮传动与标准齿轮传动的特点比较

变位齿轮与标准齿轮传动特点比较见表 3-6。

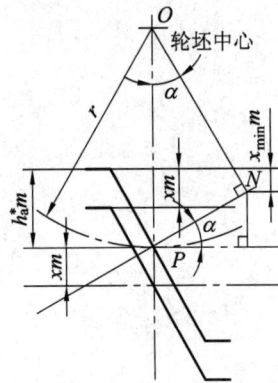

图 3-93　切制变位齿轮

表 3-6　变位齿轮与标准齿轮传动特点比较

传动类型 比较项目	标准齿轮传动 $x_\Sigma = x_1 + x_2 = 0$	高度变位齿轮传动 $x_\Sigma = x_1 + x_2 = 0$	角度变位齿轮传动	
			正角度变位(正传动)	负角度变位(负传动)
变位因数	$x_1 = 0,\ x_2 = 0$	$x_1 = -x_2$	$x_\Sigma = x_1 + x_2 > 0$	$x_\Sigma = x_1 + x_2 < 0$
中心距	$a' = a$	$a' = a$	$a' > a$	$a' < a$
中心距变动因数	$y = 0$	$y = 0$	$y > 0$	$y < 0$
啮合角	$\alpha' = \alpha$	$\alpha' = \alpha$	$\alpha' > \alpha$	$\alpha' < \alpha$
齿顶高变动因数	$\Delta y = 0$	$\Delta y = 0$	$\Delta y > 0$	$\Delta y < 0$
全齿高	$h = (2h_a^* + c^*)m$	$h = (2h_a^* + c^*)m$	$h = (2h_a^* + c^* - \Delta y)m$	$h = (2h_a^* + c^* - \Delta y)m$
齿数限制条件	$z_1 \geqslant z_{min},\ z_2 \geqslant z_{min}$	$z_1 + z_2 \geqslant 2z_{min}$	无限制	$z_1 + z_2 \geqslant 2z_{min}$
主要特点及应用	设计计算简单，互换性好，但齿数受根切的限制，小齿轮容易损坏。应用于无特殊要求、要求互换的场合	小齿轮采用正变位可避免根切，提高小齿轮强度，降低小齿轮根滑动系数。应用于修复齿轮、缩小结构等场合	提高齿轮强度，改善磨损条件，避免根切，便于拼凑中心距。应用于需提高齿轮强度及 $a' \neq a$ 的场合	重合度略有增加，但齿轮强度下降。应用于需拼凑中心距的场合

3.4.7　斜齿圆柱齿轮机构几何尺寸计算

1. 斜齿圆柱齿轮齿廓曲面的形成及啮合特点

直齿圆柱齿轮的齿廓实际上是由与基圆柱相切作纯滚动的发生面上的一条与基圆柱轴线平行的任意直线 KK 展成的渐开线曲面。如图 3-94(a)所示，当发生面绕基圆柱作纯滚

动时,发生面上与基圆柱的轴线相平行的直线 KK 在空间的运动轨迹就形成了直齿轮的渐开线齿面,简称渐开面。

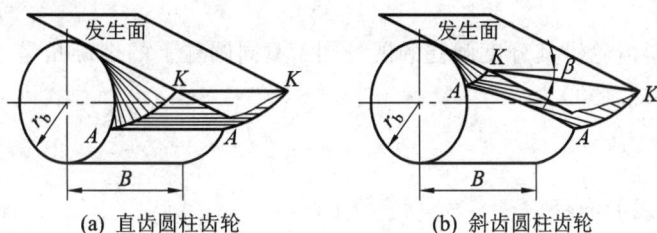

(a) 直齿圆柱齿轮 (b) 斜齿圆柱齿轮

图 3-94 渐开线齿面的形成

斜齿轮齿面形成的原理和直齿轮一样,也是发生面绕基圆柱作纯滚动,所不同的是形成渐开面的直线 KK 不再与轴线平行,而是与轴线方向偏斜了一个角度 β,如图 3-94(b) 所示,所形成的曲面称为渐开线螺旋面。该曲面与任意一个以轮轴为轴线的圆柱面的交线都是螺旋线。由斜齿轮齿面的形成原理可知,在端平面上,斜齿轮与直齿轮一样具有准确的渐开线齿形。

渐开线螺旋面齿廓有以下特点:

(1)相切于基圆柱的平面与齿廓曲面的交线为斜直线,它与基圆柱母线的夹角恒为 β,β 称为基圆柱上的螺旋角。

(2)端面与齿廓曲面的截交线为渐开线。

(3)基圆柱面以及它同轴的圆柱面与齿廓曲面的截交线都是螺旋线,但其螺旋角不等。

(4)如图 3-95 所示,一对斜齿轮啮合时,两齿廓由从动轮前端面与主动轮齿根的 B 点开始接触,接触线由短逐渐变长,而后又逐渐变短,直至变为从动轮齿根与主动轮齿顶接触点 A 时退出。由此可知,斜齿轮的齿廓是逐渐进入和逐渐退出啮合的。当其齿廓前端面脱离啮合时,齿廓的后端面仍在啮合中,所以斜齿轮的啮合过程比直齿轮长,同时啮合的轮齿对数也比直齿轮多,即其重合度较大。因此,斜齿轮传动平稳,承载能力强,噪声和冲击小,适用于高速、大功率的齿轮传动。

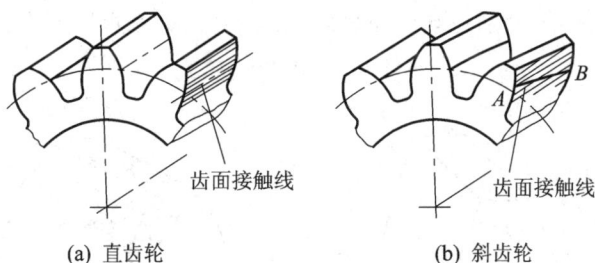

(a) 直齿轮 (b) 斜齿轮

图 3-95 直齿轮和斜齿轮的齿廓接触线

2. 斜齿圆柱齿轮的主要参数和几何尺寸计算

由于斜齿轮的齿廓为渐开线螺旋面,因此它在垂直于齿轮轴线的端面上的参数,与在垂直于齿廓螺旋面方向上的法面上的参数是不同的,所以斜齿轮上的参数有端面和法面之分。与轴线垂直的平面称为端面，与螺旋线垂直的平面称为法面。端面中的参数和法面中的参数分别加以下标"t"和"n"，其中法面参数为标准值。具体如下所述：

1）螺旋角 β

图 3-96 是斜齿轮沿其分度圆柱的展开图。不同圆柱上的螺旋角是不同的。分度圆柱上的螺旋角（简称螺旋角）为

$$\beta = \arctan \frac{\pi d}{P_z}$$

式中 P_z——螺旋线的导程。

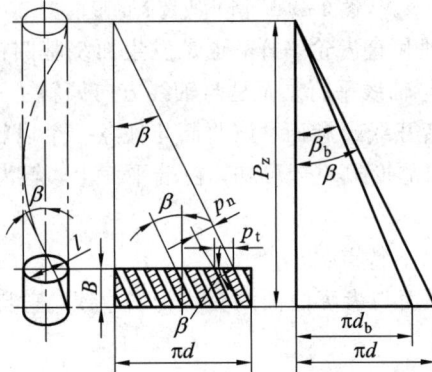

图 3-96　斜齿轮展开图

2）法面模数与端面模数

由图 3-96 可知，法面齿距与端面齿距有如下关系：

$$p_n = p_t \cos\beta$$

式子两边同除以 π，可以得到法面模数与端面模数之间的关系：

$$m_n = m_t \cos\beta$$

3）法面压力角与端面压力角

为便于分析斜齿轮的法面压力角与端面压力角之间的关系，用斜齿条来说明。在图 3-97 中，$\triangle aca$ 和 $\triangle bcb$ 分别在端面和法面上，从几何关系可以导出：

$$\tan\alpha_n = \tan\alpha_t \cos\beta$$

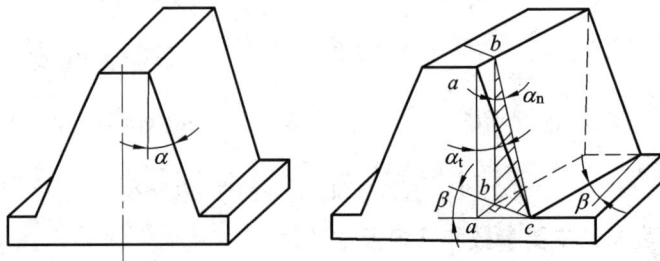

图 3-97　直齿条与斜齿条

无论在端面还是法面中，齿高和顶隙都是相同的，因此

$$h_a = h_{an}^* m_n$$

$$c = c_n^* m_n$$

4）正确啮合条件

斜齿轮的正确啮合条件除应满足两轮模数和压力角对应相等外，两轮的螺旋角还应大小相等，旋向相反（内啮合旋向相同），即斜齿轮传动的正确啮合条件为

$$\left.\begin{array}{l} m_{n1} = m_{n2} = m_n \\ \alpha_{n1} = \alpha_{n2} = \alpha_n \\ \beta_1 = \pm \beta_2 \end{array}\right\}$$

只需将直齿圆柱齿轮几何尺寸计算公式中的各参数视作端面参数，再进行必要的端面—法向参数换算，即可方便地进行平行轴标准斜齿轮的几何尺寸计算，具体计算公式如表 3-7 所示。

表 3-7 外啮合标准斜齿圆柱齿轮的几何尺寸计算公式

名　称	符号	公　式
法面模数	m_n	取标准值，与直齿轮相同
法面压力角	α_n	取标准值，$\alpha_n = 20°$
螺旋角	β	一般 $\beta = 8° \sim 20°$
端面模数	m_t	$m_t = \dfrac{m_n}{\cos\beta}$
端面压力角	α_t	$\tan\alpha_t = \dfrac{\tan\alpha_n}{\cos\beta}$
分度圆直径	d	$d = m_t \cdot z = \dfrac{m_n \cdot z}{\cos\beta}$
齿顶高	h_a	$h_a = m_n$
齿根高	h_f	$h_f = 1.25 m_n$
全齿高	h	$h = h_a + h_f = 2.25 m_n$
齿顶圆直径	d_a	$d_a = d + 2h_a = m_n\left(\dfrac{z}{\cos\beta} + 2\right)$
齿根圆直径	d_f	$d_f = d - 2h_f = m_n\left(\dfrac{z}{\cos\beta} - 2.5\right)$
中心距	a	$a = \dfrac{1}{2}(d_1 + d_2) = \dfrac{m_n}{2\cos\beta}(z_1 + z_2)$

注：在标准斜齿圆柱齿轮中 $h_{an}^* = 1$，$c_n^* = 0.25$。

例 3 - 16　在一对标准斜齿圆柱齿轮传动中，已知传动的中心距 $a=190$ mm，齿数 $z_1=30$，$z_2=60$，法向模数 $m_n=4$ mm。试计算其螺旋角 β、基圆柱直径 d_b、分度圆直径 d 及齿顶圆直径 d_a 的大小。

解
$$\cos\beta=\frac{m_n(z_1+z_2)}{2a}=\frac{4(30+60)}{2\times190}=0.9474$$

所以
$$\beta=18°40'$$

$$\tan\alpha_t=\frac{\tan\alpha_n}{\cos\beta}=\frac{\tan20°}{\cos18°40'}=0.3842$$

所以
$$\alpha_t=21°1'$$

$$d_1=\frac{m_nz_1}{\cos\beta}=\frac{4\times30}{0.9474}=126.662(\text{mm})$$

$$d_2=\frac{m_nz_2}{\cos\beta}=\frac{4\times60}{0.9474}=253.325(\text{mm})$$

$$d_{a1}=d_1+2m_n=(126.662+8)=134.662(\text{mm})$$

$$d_{a2}=d_2+2m_n=(253.325+8)=261.325(\text{mm})$$

$$d_{b1}=d_1\cos\alpha_t=126.662\times0.9335=118.239(\text{mm})$$

3.4.8　直齿圆锥齿轮机构几何尺寸计算

1. 锥齿轮传动的特点和应用

锥齿轮用于传递两相交轴的运动和动力。其传动可看成是两个锥顶共点的圆锥体相互作纯滚动，如图 3 - 98 所示。两轴交角 Σ 由传动要求确定，可为任意值，常用轴交角 $\Sigma=90°$。

锥齿轮有直齿、斜齿和曲线齿之分，其中直齿锥齿轮最常用，斜齿锥齿轮已逐渐被曲线齿锥齿轮代替。与圆柱齿轮相比，直齿锥齿轮的制造精度较低，工作时振动和噪声都较大，适用于低速轻载传动；曲线锥齿齿轮传动平稳，承载能力强，常用于高速重载传动，但其设计和制造较复杂。这里只讨论两轴交角 $\Sigma=90°$ 的直齿圆锥齿轮传动。

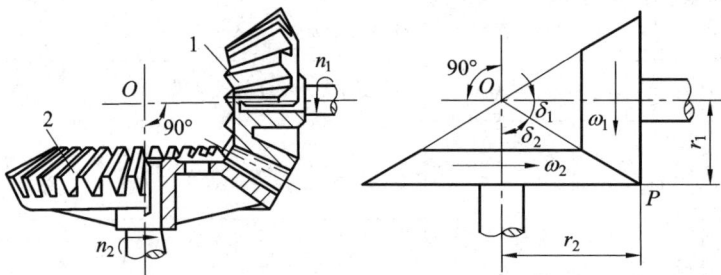

图 3 - 98　直齿锥齿轮传动

2. 直齿锥齿轮的啮合传动

1）基本参数的标准值

直齿锥齿轮传动的基本参数及几何尺寸是以轮齿大端为标准的。

规定锥齿轮大端模数 m 与压力角 α 为标准值。大端模数由表 3-8 查取。

表 3-8　锥齿轮模数系列(GB/T12368—1990)

0.1	0.35	0.9	1.75	3.25	5.5	10	20	36
0.12	0.4	1	2	3.5	6	11	22	40
0.15	0.5	1.125	2.25	3.75	6.5	12	25	45
0.2	0.6	1.25	2.5	4	7	14	28	50
0.25	0.7	1.375	2.75	4.5	8	16	30	—
0.3	0.8	1.5	3	5	9	18	32	—

当 $m \leqslant 1$ mm 时，齿顶高因数 $h_a^* = 1$，顶隙因数 $c^* = 0.25$；当 $m > 1$ mm 时，齿顶高因数 $h_a^* = 1$，顶隙因数 $c^* = 0.2$。

2）正确啮合条件

直齿锥齿轮的正确啮合条件为两锥齿轮的大端模数和压力角分别相等且等于标准值，即

$$\left. \begin{array}{c} m_1 = m_2 = m \\ \alpha_1 = \alpha_2 = \alpha \end{array} \right\}$$

3）传动比

一对标准直齿锥齿轮啮合时，其传动比 i_{12} 为

$$i_{12} = \frac{\omega_1}{\omega_2} = \frac{z_2}{z_1} = \frac{R \sin\delta_2}{R \cos\delta_1}$$

式中，δ_1 和 δ_2 分别为两轮的分度圆锥角。当轴交角 $\Sigma = \delta_1 + \delta_2 = 90°$ 时，传动比为

$$i_{12} = \cot\delta_1 = \tan\delta_2$$

4）几何尺寸计算

图 3-99 所示为标准直齿圆锥齿轮的各部分名称，其几何尺寸计算公式见表 3-9。

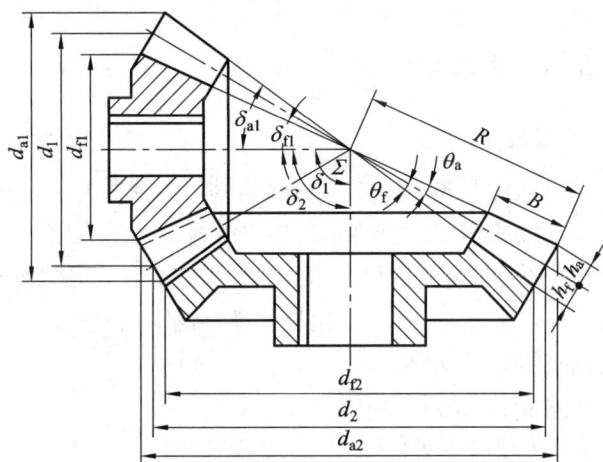

图 3-99　标准直齿圆锥齿轮几何尺寸计算

表 3-9 $\Sigma = 90°$ 的标准直齿圆锥齿轮几何尺寸计算公式

名　称	符　号	计　算　公　式
模数	m	一般取大端模数为标准值
传动比	i_{12}	$i_{12}=\dfrac{z_2}{z_1}=\tan\delta_2=\cot\delta_1$
分度圆锥角	δ_1、δ_2	$\delta_1=90°-\delta_2$，$\delta_2=\arctan\left(\dfrac{z_2}{z_1}\right)$
分度圆直径	d	$d=mz$
齿顶高	h_a	$h_a=m$
齿根高	h_f	$h_f=1.2m$
全齿高	h	$h=2.2m$
顶隙	c	$c=0.2m$
齿顶圆直径	d_a	$d_a=d+2m\cos\delta$
齿根圆直径	d_f	$d_f=d-2.4m\cos\delta$
锥距	R	$R=\dfrac{m}{2}\sqrt{z_1^2+z_2^2}$
齿顶角	θ_a	$\theta_a=\arctan\left(\dfrac{h_a}{R}\right)$
齿根角	θ_f	$\theta_f=\arctan\left(\dfrac{h_f}{R}\right)$
顶锥角	δ_a	$\delta_a=\delta+\theta_a$
根锥角	δ_f	$\delta_f=\delta-\theta_f$

3.4.9　蜗轮蜗杆机构几何尺寸计算

1. 蜗杆传动的特点及应用

蜗杆传动实际上是一对轴交角 $\Sigma = 90°$ 的交错轴斜齿轮传动，它由蜗杆和蜗轮组成，如图 3-100 所示。为取得大传动比，可将小斜齿轮的齿数 z_1 取得很少，此时螺旋角 β_1 必须取得很大，这就是蜗杆；将大斜齿轮齿数 z_2 取得很多，螺旋角 β_2 必然较小，此称为蜗轮。一般情况下，蜗杆为主动件，蜗轮为从动件。蜗杆传动广泛应用在机床、汽车、仪器、起重机械、冶金机械及其他机械制造工业中。

蜗杆传动与齿轮传动相比，具有如下特点：

（1）传动比大。蜗杆传动的单级传动比在传递动力时，$i=50\sim80$，常用的为 $i=15\sim50$。分度传动时 i 可达 1000，因而结构紧凑。

（2）传动平稳。因蜗杆形如螺杆，其齿是一条连续的螺旋线，故传动平稳，噪声小。

（3）有自锁性。当蜗杆的导程角小于轮齿间的当量摩擦角时，可实现自锁。

（4）传动效率低。蜗杆传动由于齿面间相对滑动速度大，齿面摩擦严重，故在制造精度和传动比相同的情况下，蜗杆传动的效率比齿轮传动低。

（5）制造成本高。为了降低摩擦，减小磨损，提高齿面抗胶合能力，蜗轮齿圈常用贵重的铜合金制造，因此成本较高。

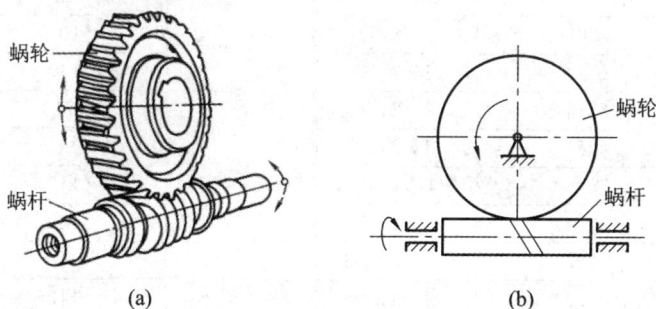

图 3-100　蜗杆传动

2. 蜗杆传动的类型

蜗杆传动按照蜗杆的形状不同可分为圆柱蜗杆传动(图 3-101(a))、环面蜗杆传动(图 3-101(b))和锥面蜗杆传动(图 3-101(c))三种类型。

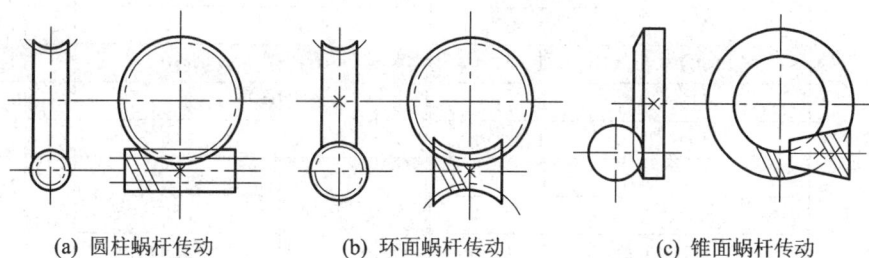

(a) 圆柱蜗杆传动　　(b) 环面蜗杆传动　　(c) 锥面蜗杆传动

图 3-101　蜗杆传动类型

普通圆柱蜗杆传动中应用最广的是阿基米德蜗杆，它的蜗杆在包含其轴线的平面内的齿形就是一个标准齿条，在垂直于其轴线的平面内的齿形是一条阿基米德螺旋线。这里只讨论 $\Sigma = 90°$ 的圆柱蜗杆传动中的普通蜗杆(阿基米德蜗杆)传动。

3. 蜗杆传动的主要参数

1) 模数和压力角

为便于设计和加工，GB/T10088—1988 中将中间平面的蜗杆轴向模数 m_{x1} 和压力角 α_{x1} 规定为标准值，模数标准值参看表 3-10，标准压力角 $\alpha_{x1}=20°$。与齿条齿轮啮合传动相似，蜗杆与蜗轮啮合时的正确啮合条件为

$$\left.\begin{array}{c} m_{x1} = m_{t2} = m \\ \alpha_{x1} = \alpha_{t2} = \alpha \\ \beta = \gamma \end{array}\right\}$$

式中，m、α、β、γ 分别为蜗轮的模数、压力角、螺旋角和导程角。

表 3 - 10　　圆柱蜗杆的模数 m 和分度圆直径 d_1 的搭配值

模数 m/mm	分度圆直径/mm	蜗杆头数 z_1	模数 m/mm	分度圆直径/mm	蜗杆头数 z_1
1	18	1(自锁)	6.3	(80)	1, 2, 4
1.25	20	1		112	1(自锁)
	22.4	1(自锁)	8	(63)	1, 2, 4
1.6	20	1, 2, 4		80	1, 2, 4, 6
	28	1(自锁)		(100)	1, 2, 4
2	(18)	1, 2, 4		140	1(自锁)
	22.4	1, 2, 4	10	(71)	1, 2, 4
	(28)	1, 2, 4		90	1, 2, 4, 6
	35.5	1(自锁)		(112)	1
2.5	(22.4)	1, 2, 4		160	1(自锁)
	28	1, 2, 4, 6	12.5	(90)	1, 2, 4
	(35.5)	1, 2, 4		112	1, 2, 4
	45	1(自锁)		(140)	1, 2, 4
3.15	(28)	1, 2, 4		200	1(自锁)
	35.5	1, 2, 4, 6	16	(112)	1, 2, 4
	(45)	1, 2, 4		140	1, 2, 4
	56	1(自锁)		(180)	1, 2, 4
4	(31.5)	1, 2, 4		250	1(自锁)
	40	1, 2, 4, 6	20	(140)	1, 2, 4
	(50)	1, 2, 4		160	1, 2, 4
	71	1(自锁)		(224)	1, 2, 4
5	(40)	1, 2, 4		315	1(自锁)
	50	1, 2, 4, 6	25	(180)	1, 2, 4
	(63)	1, 2, 4		200	1, 2, 4
	90	1(自锁)		(280)	1, 2, 4
6.3	(50)	1, 2, 4		400	1(自锁)
	63	1, 2, 4, 6			

2) 蜗杆导程角 γ

将蜗杆分度圆柱展开如图 3-102 所示，蜗杆分度圆柱上的导程角 γ 大小为

$$\tan\gamma = \frac{z_1 p_{a1}}{\pi d_1} = \frac{z_1 m}{d_1}$$

式中，p_{a1} 为蜗杆轴向齿距，$p_{a1}=\pi m$，单位是 mm；γ 为导程角，单位是°。蜗杆传动的效率与导程角有关，导程角越大，传动效率越高。γ 角的范围一般为 $3.5°\sim33°$，见表 3-11。

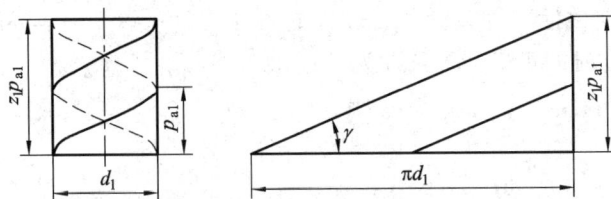

图 3-102　蜗杆平面展开图

表 3 - 11　蜗杆导程角 γ 的推荐范围

蜗杆头数 z_1	1	2	4	6
蜗杆导程角 γ	3°～8°	8°～16°	16°～30°	28°～33.5°

注：括弧中的数字尽可能不用。

3）蜗杆分度圆直径 d_1

导程角 γ 大，虽然传动效率高，但会使蜗杆的强度、刚度降低。因此，在蜗杆轴刚度允许的情况下，设计蜗杆传动时，当要求传动效率高时，d_1 可选小值；而当要求强度和刚度大时，d_1 选大值。

4）蜗杆头数 z_1、蜗轮齿数 z_2 和传动比 i

蜗杆头数 z_1 的选择与传动比、传动效率及制造的难易程度等有关。传动比大或要求自锁的蜗杆传动，常取 $z_1=1$；在动力传动中，为了提高传动效率，往往采用多头蜗杆。

蜗轮齿数根据传动比和蜗杆头数来确定：$z_2=iz_1$。传递动力时，为增加传动平稳性，蜗轮齿数宜多取些，z_2 不应少于 28 齿。但齿数越多，蜗轮尺寸越大，蜗杆轴越长，因而刚度小。z_1、z_2 的推荐值见表 3 - 12。

表 3 - 12　蜗杆头数 z_1 和蜗轮齿数 z_2 的推荐值

传动比 i	5～8	7～16	15～32	30～83
蜗杆头数 z_1	6	4	2	1
蜗轮齿数 z_2	30～48	28～64	30～64	30～83

蜗杆传动的传动比为主动蜗杆角速度与从动蜗轮角速度之比值，即

$$i_{12}=\frac{\omega_1}{\omega_2}=\frac{n_1}{n_2}=\frac{z_2}{z_1}$$

式中：ω_1、ω_2 分别为主动蜗杆和从动蜗轮的角速度，单位为 rad/s；n_1、n_2 分别为主动蜗杆和从动蜗轮的转速，单位为 r/min。

4. 蜗杆传动的几何尺寸计算

圆柱蜗杆传动的主要几何尺寸计算见表 3 - 13。

表 3 - 13　普通圆柱蜗杆传动的几何尺寸计算公式

名　称	符　号	蜗　杆	蜗　轮
齿顶高	h_a	$h_a=h_a^* m$	
齿根高	h_f	$h_f=(h_a^*+c^*)m$	
全齿高	h	$h=h_a+h_f=(2h_a^*+c^*)m$	
分度圆直径	d	由表 3 - 10 选取	$d_2=mz_2$
齿顶圆直径	d_a	$d_{a1}=d_1+2h_a$	$d_{a2}=d_2+2h_a$
齿根圆直径	d_f	$d_{f1}=d_1-2h_f$	$d_{f2}=d_2-2h_f$
蜗杆导程角	γ	$\tan\gamma=mz_1/d_1$	—
蜗轮螺旋角	β	—	$\beta=\gamma$
中心距	a	$a=(d_1+d_2)/2$	

3.5　间歇机构简介

将原动件的连续运动转换成从动件的周期性时动时停的运动机构称为间歇机构。间歇运动机构广泛应用于各种自动机械上。本部分简要介绍棘轮机构和槽轮机构这两种常用的间歇运动机构。

3.5.1　棘轮机构

1. 棘轮机构的工作原理

棘轮机构按其工作原理可分为齿式棘轮机构和摩擦式棘轮机构两大类，如图 3-103 所示。

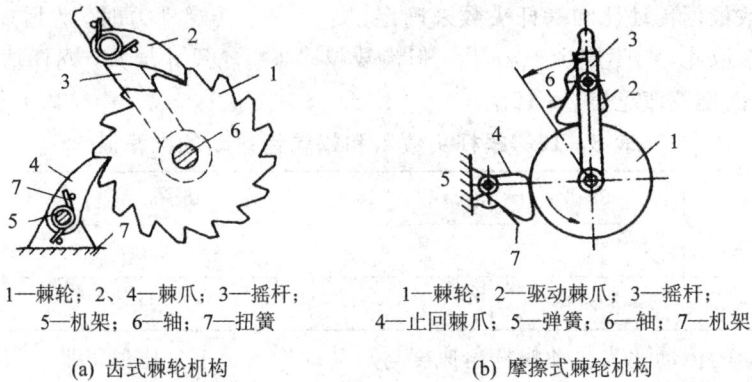

1—棘轮；2、4—棘爪；3—摇杆；　　　　　1—棘轮；2—驱动棘爪；3—摇杆；
5—机架；6—轴；7—扭簧　　　　　　4—止回棘爪；5—弹簧；6—轴；7—机架

(a) 齿式棘轮机构　　　　　　　　　　(b) 摩擦式棘轮机构

图 3-103　棘轮机构

图 3-103(a)所示为齿式棘轮机构，该机构由棘轮、摇杆、棘爪、机架及辅助装置组成。棘轮 1 固定在轴 6 上，摇杆 3 空套在轴 6 上，可自由摆动。当摇杆作顺时针摆动时，与摇杆 3 用回转副相联的驱动棘爪 2 将插入齿槽推动棘轮转过一定的角度。当摇杆逆时针方向摆动时，棘爪 2 在棘轮的齿上滑过，而止回棘爪 4 将阻止棘轮作逆时针转动，从而在摇杆作往复摆动时，实现棘轮作单向间歇转动。扭簧 7 的作用是使止回棘爪 4 与棘轮 1 始终保持接触。

图 3-103(b)所示为结构最简单的摩擦式棘轮机构。它由棘轮 1、摇杆 3、棘爪 2、4 和机架 5 及辅助装置组成。其传动过程与齿式棘轮机构相似，即把摇杆的往复摆动转换为棘轮的单向间歇运动，但它是靠偏心楔块(即棘爪)2 和棘轮 1 之间的摩擦楔紧作用来工作的。

2. 棘轮机构的类型

除按工作原理可将棘轮机构分为齿式和摩擦式两大类外，按结构和功能还可将棘轮机构分为以下几种：

1) 外啮合和内啮合棘轮机构

图 3-103 所示棘轮机构，棘爪 2 装在棘轮的外面，称为外啮合齿式棘轮机构。图 3-104(a)所示的棘轮机构，棘爪装在从动轮的内部，称为内啮合齿式棘轮机构。比如自行车后轴上的所谓"飞轮"，即是典型的内啮合齿式棘轮机构。图 3-104(b)所示的是摩擦式滚珠或滚柱内啮合棘轮机构，在自行车的倒蹬闸以及一些机床中得到了较广泛的应用。

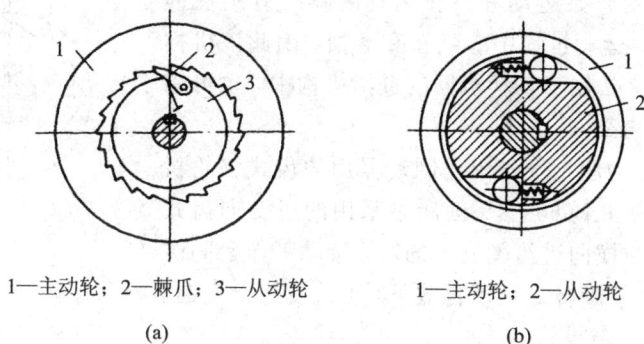

1—主动轮；2—棘爪；3—从动轮　　　1—主动轮；2—从动轮

(a)　　　　　　　　　　　　(b)

图 3-104　内啮合棘轮机构

2）单动式和双动式棘轮机构

图 3-103 和图 3-104 所示的棘轮机构，都是当原动件按某一方向摆动时，才能推动棘轮转动，故称为单动式棘轮机构。如图 3-105 所示的棘轮机构具有两个棘爪，摇杆往复摆动时都可推动棘轮机构转动，故称为双动式棘轮机构。

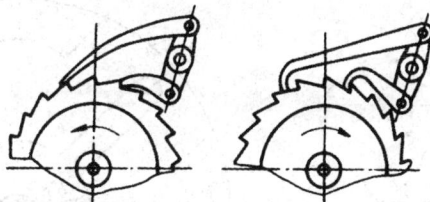

图 3-105　双动式棘轮机构

3）可变向棘轮机构

以上介绍的棘轮机构，棘轮都只能按一个方向作单向间歇运动。图 3-106(a)所示的棘轮机构，根据工作需要可使棘轮作双向间歇运动，称为可变向（单动）棘轮机构。单向转动棘轮机构的棘轮齿形多为锯齿形，可变向棘轮机构的齿形多为对称梯形。

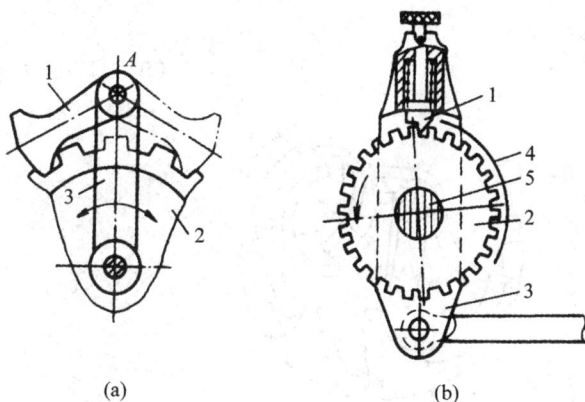

(a)　　　　　　　　　　　　(b)

图 3-106　可变向棘轮机构

3. 棘轮机构的特点与应用

齿式棘轮机构结构简单、制造方便、运行可靠，易实现小角度的间隙转动，转角调节方便；其缺点是棘轮开始运动和终止运动的瞬时有刚性冲击，运动平稳性差，运动过程中有噪音和磨损。因此该机构不能用于高速传动，常用于各种机器的进给机构中，也可用作制动器和超越离合器。

　　图 3 - 107 所示为起重设备中作制动器用的齿式棘轮机构。图 3 - 106(b)为在 B665 牛头刨床中采用的可变向齿式棘轮机构。棘轮 2 与横向进给丝杠 5 固联，带动工作台间隙进给，抓起棘爪 1，并旋转 180°后再放下，可改变进给方向。转动遮板 4 可调节进给量。

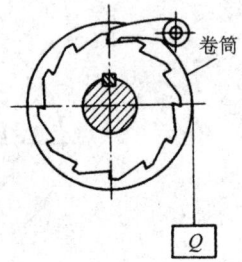

图 3 - 107　棘轮止动器

3.5.2　槽轮机构

1. 槽轮机构的工作原理

　　常用的槽轮机构有内啮合和外啮合两种形式，均用于传递平行轴之间的间隙运动，如图 3 - 108(a)、(b)所示。图 3 - 108(c)所示球面槽轮机构用于传递两交错轴之间的间隙运动。

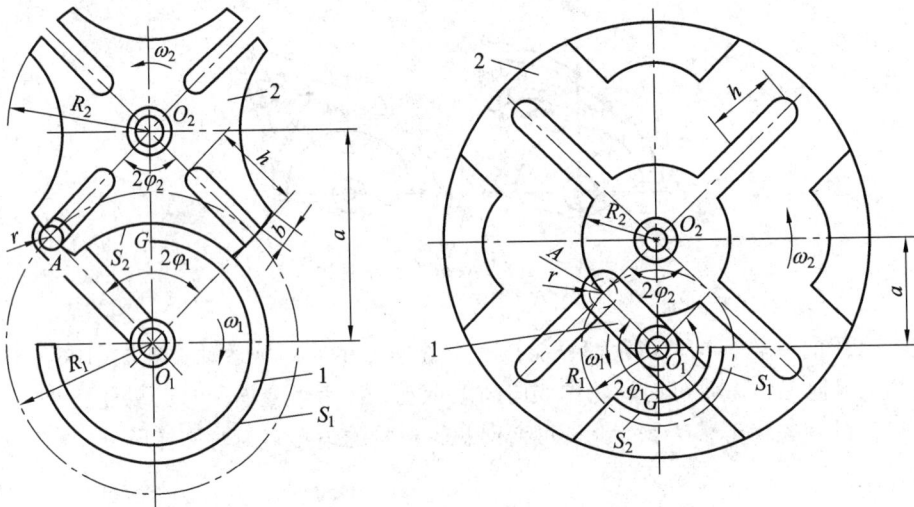

(a) 外槽轮机构

(b) 内槽轮机构

1—拨盘；2—槽轮

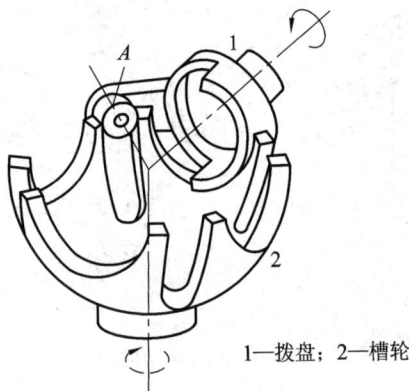

(c) 球面槽轮机构

图 3 - 108　槽轮机构

　　槽轮机构主要由带有圆销的拨盘1、具有径向槽的槽轮2、机架及其它辅助装置组成。当原动拨盘1作顺时针等速转动时，从动槽轮2作间隙运动。当拨盘1的圆销未进入槽轮2的径向槽时，槽轮2由于其内挖的锁止弧被拨盘1外凸的圆弧锁住而静止不动。图3-108(a)所示为圆销开始进入槽轮2的径向槽的位置，锁止弧刚好被松开，槽轮2开始受圆销的作用而作逆时针转动。圆销脱出径向槽的同时，槽轮2又因其另一内挖的锁止弧被拨盘1外凸的圆弧锁住而静止不动，直到圆销进入槽轮2的另一个径向槽时，两者将重复上述过程。为了使槽轮2能准确地实现预期的间隙运动，不因制造误差影响其运动精度，往往需要附加专门的定位装置。

　　内槽轮机构的结构及工作原理与外槽轮机构相似，只是拨盘与槽轮同向转动。拨盘上还可以安装两个以上的圆销，称为多圆销机构。

　　2. 槽轮机构的特点与应用

　　槽轮机构结构简单，工作可靠，槽轮在进入或退出啮合时比棘轮平稳，但仍然存在柔性冲击。槽轮在转动的过程中其角速度和角加速度有较大的变化。槽轮的槽数一般取 $z = 4 \sim 8$。槽数过小时，其动力特性较差。对于同一槽轮，槽轮每次转过的转角是不可调的。槽数受结构的限制不能过多，所以在转角太小的场合下，不宜使用槽轮机构。

　　基于上述特点，槽轮机构一般用于转速较高、间隙转过较大固定转角的分度装置中。对于转速过高、从动系统转动惯量较大的场合，不宜选用槽轮机构。

　　图3-109所示为电影放映机中的槽轮机构。为了适应人眼的视觉暂留现象，要求影片作间隙移动。槽轮2上有4个径向槽，拨盘1每转一周，圆销将拨动槽轮转过四分之一周，影片移过一幅画面并作一定时间的停留。图3-110所示为转塔车床刀架的转位机构。为了能自动按照零件加工工艺的要求改变需要的刀具，采用了槽轮机构。由于刀架(与槽轮固联)六个孔中装有六种刀具(图中未画出)，故槽轮2上有6个径向槽。当拨盘1转动一周时，圆销将拨动槽轮转过六分之一周，刀架也随着转过60°，从而将下一工序的刀具转换到工作位置。

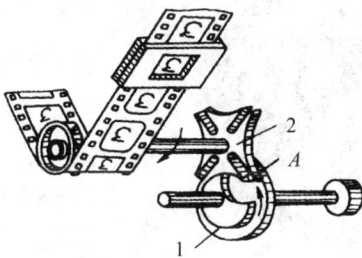

1—拨盘；2—槽轮

图3-109　电影放映机中的槽轮机构

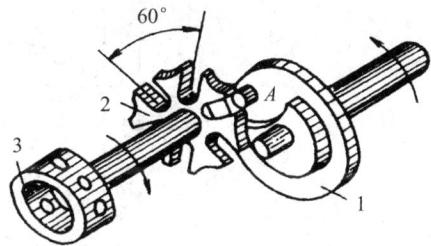

1—拨盘；2—槽轮；3—刀架

图3-110　刀架转位机构

3.6　齿轮系传动比计算

3.6.1　概述

　　在机械传动中，仅用一对齿轮往往不能满足生产上的多种要求，而通常是由一系列相互啮合的齿轮联合组成的齿轮传动系统来完成工作。这种多齿轮的传动装置称为轮系。

轮系分为两大类:定轴轮系和周转轮系(行星轮系)。若轮系中同时含有定轴轮系和周转轮系,则称为混合轮系。

1. 定轴轮系

当轮系运转时,若其中各齿轮的轴线相对于机架的位置都是固定不变的,则该轮系称为定轴轮系。定轴轮系分为平面定轴轮系(如图 3-111 所示)和空间定轴轮系(如图 3-112 所示)。平面定轴轮系是指完全由平行轴线齿轮(圆柱齿轮)组成的定轴轮系;空间定轴轮系是指轮系中包含有非平行轴线齿轮的定轴轮系。

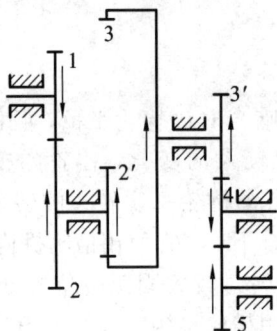

图 3-111　平面定轴轮系

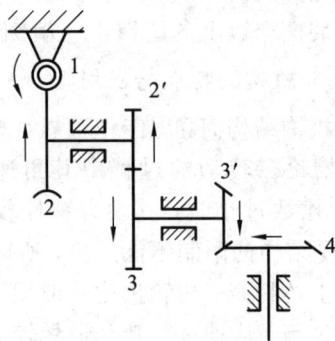

图 3-112　空间定轴轮系

2. 周转轮系

在传动时,周转轮系中至少有一个齿轮的轴线不是固定的,它绕另一齿轮的固定轴线转动,如图 3-113 中齿轮 2 的轴线绕着齿轮 1 的轴线在旋转。

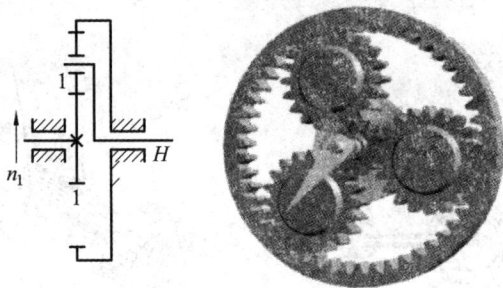

图 3-113　周转轮系

3.6.2　定轴轮系传动比计算

1. 轮系的传动比

在轮系中,输入轴和输出轴角速度(或转速)之比,称为轮系的传动比,常用字母 i 表示,并在其右下角用下标表明其对应的两轴。设 1 轮为轮系的首轮,K 为末轮,则该轮系的传动比为

$$i_{1K} = \frac{\omega_1}{\omega_K} = \frac{n_1}{n_K}$$

轮系传动比的计算,包括计算其传动比的大小和确定输出轴的转向两个内容。

2. 传动比的计算

图 3-114(a)所示为一对外啮合圆柱齿轮,两轮转向相反,其传动比规定为负,可表示为

$$i_{12} = \frac{n_1}{n_2} = -\frac{z_2}{z_1}$$

图 3-114(b)所示为一对内啮合圆柱齿轮,两轮转向相同,其传动比规定为正,可表示为

$$i_{12} = \frac{n_1}{n_2} = \frac{z_2}{z_1}$$

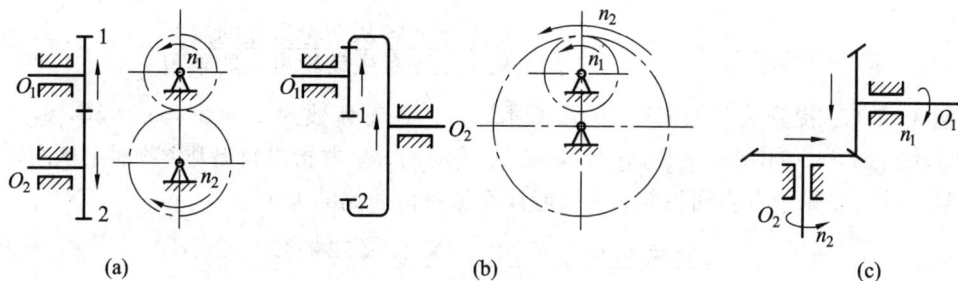

图 3-114 不同类型的简单定轴轮系

转向的确定除了用上述正负号表示外,也可用画箭头的方法。对外啮合齿轮,可用反方向箭头表示(图 3-114(a));内啮合时,则用同方向箭头表示(图 3-114(b));对锥齿轮传动,可用两箭头同时指向或背离啮合处来表示两轴的实际转向(图 3-114(c))。

如图 3-115 所示定轴轮系,各轮齿数为 z_1、z_2、z_3、z_3'、z_4;轴 Ⅰ、Ⅱ、Ⅲ、Ⅳ 的转速分别为 n_1、n_2、n_3、n_4。为确定其传动比的大小,可由该轮系中各对齿轮的传动比求出,即

$$i_{12} = \frac{n_1}{n_2} = \frac{z_2}{z_1}; \quad i_{23} = \frac{n_2}{n_3} = \frac{z_3}{z_2}$$

$$i_{3'4} = \frac{n_{3'}}{n_4} = \frac{z_4}{z_{3'}}$$

$$i_{14} = \frac{n_1}{n_4} = \frac{n_1}{n_2}\frac{n_2}{n_3}\frac{n_{3'}}{n_4}$$

$$= i_{12}i_{23}i_{3'4} = \frac{z_2}{z_1}\frac{z_3}{z_2}\frac{z_4}{z_{3'}}$$

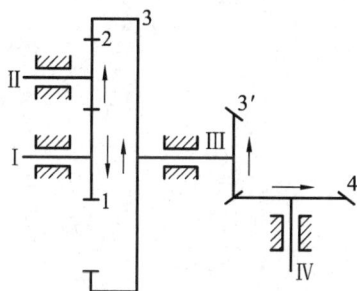

图 3-115 空间定轴轮系

因图示轮系中含有空间齿轮传动(锥齿轮传动),故只能用画箭头的方法确定其转向。

设输入轴 Ⅰ 的转向为已知,如图示箭头方向;然后,按其传动路线逐一画箭头表示转向关系,最后即确定输出轴 Ⅳ 的转向,如图 3-115 所示。

由以上分析可推得确定定轴轮系传动比的一般计算公式。设轮 1 为首轮,轮 k 为末轮,其间共有 $k-1$ 对相啮合齿轮,则可得定轴轮系传动比的计算方法:

（1）定轴轮系的总传动比等于组成该轮系的各对齿轮传动比的连乘积，即

$$i_{1k} = i_{12}i_{23}i_{34}\cdots i_{(k-1)k}$$

（2）定轴轮系总传动比的大小，等于各对啮合齿轮中所有从动齿轮齿数的连乘积与所有主动齿轮齿数的连乘积之比，即

$$i_{1k} = \frac{\omega_1}{\omega_k} = \frac{n_1}{n_k} = \frac{\text{从首轮至末轮所有从动轮齿数的乘积}}{\text{从首轮至末轮所有主动轮齿数的乘积}}$$

（3）定轴轮系主、从动轮的转向，可用两种方法判定。画箭头的方法用于包含空间齿轮传动的一般情况。如定轴轮系中主、从动轮轴线相互平行，则其传动比有正、负之分，其含义为主、从动轮转向相同或相反。对全部由圆柱齿轮组成的定轴轮系，其传动比的正、负决定于外啮合齿轮的对数 m，因为有一对外啮合齿轮，两轴转向即改变一次，因此可用 $(-1)^m$ 判定。此时，可直接由下式计算：

$$i_{1k} = \frac{\omega_1}{\omega_k} = \frac{n_1}{n_k} = (-1)^m \frac{\text{从 1 至 } k \text{ 各从动轮齿数的乘积}}{\text{从 1 至 } k \text{ 各主动轮齿数的乘积}}$$

例 3 - 7 一提升装置如图 3 - 116 所示。其中各轮齿数为 $z_1 = 20$，$z_2 = 50$，$z_{2'} = 16$，$z_3 = 30$，$z_{3'} = 1$，$z_4 = 40$，$z_{4'} = 18$，$z_5 = 52$。试求传动比 i_{15}，并指出当提升重物时手柄的转向。

解 因为轮系中有空间齿轮，故只能计算轮系传动比的大小

$$i_{15} = \frac{z_2 z_3 z_4 z_5}{z_1 z_{2'} z_{3'} z_{4'}} = \frac{50 \times 30 \times 40 \times 52}{20 \times 16 \times 1 \times 18} = 541.67$$

当提升重物时，主动轮转向 1 的转向用画箭头的方法确定，如图中箭头所示。

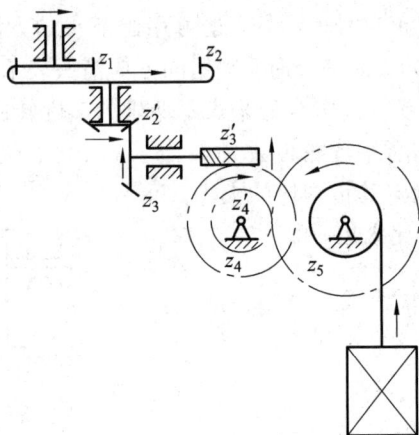

图 3 - 116 提升装置

3.6.3 周转轮系传动比计算

1. 周转轮系的组成及类型

在如图 3 - 117 所示的轮系中，齿轮 1、3 及构件 H 各绕其固定轴线 O_1、O_3 和 O_H 转动（三轴线重合）。齿轮 2 空套在固定于构件 H 的轴上。当构件 H 转动时，齿轮 2 一方面绕自己的轴线 O_2 转动（自传），同时又随构件 H 绕固定轴线 O_H 转动（公转），此轮系即为周转轮系。

(a) 差动轮系　　(b) 行星轮系　　(c) 转化轮系

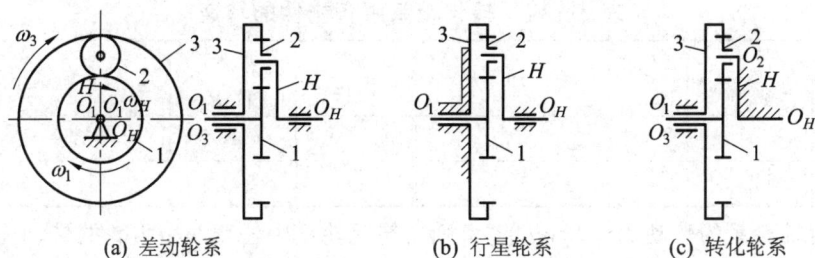

图 3-117　周转轮系的类型

在周转轮系中，轴线位置固定的齿轮称为中心轮(或太阳轮)，见图中的齿轮 1 和 3。轴线位置绕另一固定轴线回转，即兼有自传和公转的齿轮称为行星轮，如图中齿轮 2。支承行星轮并绕固定轴线回转的构件称为转臂(或行星架)，用 H 表示。

注意：在周转轮系中，必须保证转臂和中心轮回转轴线共线，否则轮系不能回转。通常以中心轮和转臂作为该机构的输入和输出构件，故它们是周转轮系的基本构件。

如图 3-117(a)所示的周转轮系，它的两个中心轮都能转动，机构的自由度为 2，称其为差动轮系。

如图 3-117(b)所示的周转轮系，只有一个中心轮能转动，机构的自由度为 1，称其为行星轮系。

如图 3-117(c)所示的周转轮系，转臂 H 固定不动(即 $\omega_H = 0$)，行星轮 2 只能绕固定轴线 O_2 自转，该轮系被转化为定轴轮系。

2. 周转轮系传动比计算

从周转轮系的组成可以看出，周转轮系与定轴轮系的根本差别是周转轮系中有转动着的系杆，使得行星轮既有自转，又有公转。所以周转轮系的传动比就不能直接用定轴轮系的公式来进行计算。

为了解决周转轮系的传动比计算，设法将周转轮系转化为定轴轮系。根据相对运动原理，假如给整个周转轮系加上一个公共转速"$-n_H$"，则各构件之间的相对运动关系保持不变。但这时系杆"静止不动"了($n_H - n_H = 0$)，于是周转轮系就转化为定轴轮系了。这个经过一定条件转化得到的假想定轴轮系，称其为原轮系的转化轮系。转化轮系既然为定轴轮系，就可以用定轴轮系的传动比计算公式列出转化轮系中各构件转速之间的关系，并由此得到周转轮系各构件的转速关系，进而求出其传动比。

图 3-118 所示的周转轮系，当给整个轮系加上"$-n_H$"转动后(图 3-119 所示)，各构件转速变化见表 3-14。

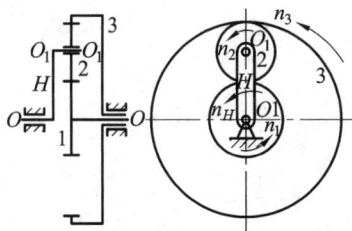

图 3-118　周转(差动)轮系　　　　图 3-119　转化轮系

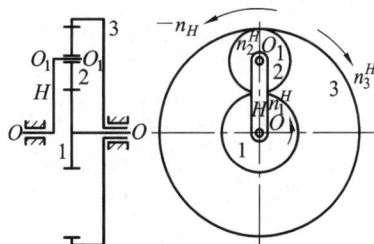

表 3 – 14   转化轮系中各构件的转速

构件代号	原来转速	转化轮系中的转速	构件代号	原来转速	转化轮系中的转速
1	n_1	$n_1^H = n_1 - n_H$	3	n_3	$n_3^H = n_3 - n_H$
2	n_2	$n_2^H = n_2 - n_H$	H	n_H	$n_H^H = n_H - n_H = 0$

利用定轴轮系的传动比计算公式，可列出转化轮系中任意两个齿轮的传动比。

在图 3 – 119 中所示的转化轮系中，齿轮 1、齿轮 3 的传动比为

$$i_{13}^H = \frac{n_1^H}{n_3^H} = \frac{n_1 - n_H}{n_3 - n_H} = -\frac{z_3}{z_1}$$

式中，i_{13}^H 表示在转化轮系中齿轮 1、齿轮 3 的传动比；"－"表示在转化轮系中齿轮 1 和齿轮 3 的转向相反。

根据上述原理，可以写出计算周转轮系传动比的一般表达式。设周转轮系中任意两个齿轮 G 与 K 的转速为 n_G 和 n_K，则它们与系杆转速 n_H 之间的关系为

$$i_{GK}^H = \frac{n_G - n_H}{n_K - n_H} = (-1)^m \frac{\text{从齿轮 } G \text{ 至齿轮 } K \text{ 所有从动齿轮齿数的乘积}}{\text{从齿轮 } G \text{ 至齿轮 } K \text{ 所有主动齿轮齿数的乘积}}$$

式中，m 为从齿轮 G 到 K 之间外啮合齿轮的对数。

在使用上式时应特别注意：

(1) 公式只适用于圆柱齿轮组成的行星轮系。对于由圆锥齿轮组成的行星轮系，当两太阳轮和行星架的轴线互相平行时，仍可用转化轮系法来建立转速关系式，但正、负号应按画箭头的方法来确定。而且，不能应用转化机构法列出包括行星轮在内的转速关系。

(2) 将已知转速代入公式时，注意"＋"、"－"号。一方向带正号，另一方向必须代负号。求得的转速若为正，说明与正方向一致；若为负，说明与负方向一致。

例 3 – 8   在如图 3 – 120 所示的差动轮系中，已知 $z_1 = 15$，$z_2 = 25$，$z_2' = 20$，$z_3 = 60$，$n_1 = 200$ r/min，$n_3 = 50$ r/min，转向如图中箭头所示。求转臂 H 的转速 n_H。

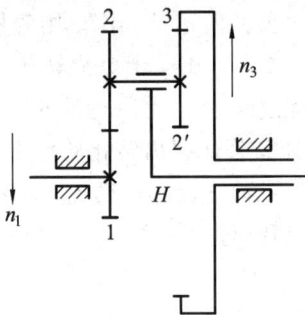

图 3 – 120   差动轮系

解   设转速 n_1 为正，因 n_3 的转向与 n_1 相反，故转速 n_3 为负，则有

$$i_{13}^H = \frac{n_1 - n_H}{n_3 - n_H} = (-1) \frac{z_2 \cdot z_3}{z_1 z_2'}$$

$$\frac{200 - n_H}{-50 - n_H} = -\frac{25 \times 60}{15 \times 20}$$

因此 $n_H = -8.33$ r/min。

负号表示 n_H 的转向与 n_1 转向相反，与 n_3 转向相同。

例 3-9 在如图 3-121 所示的锥齿轮组成的周转轮系中，已知 $z_1 = 48$，$z_2 = 42$，$z_2' = 18$，$z_3 = 21$，$n_1 = 100$ r/min，$n_3 = 80$ r/min，转向如图中箭头所示。求转臂 H 的转速 n_H。

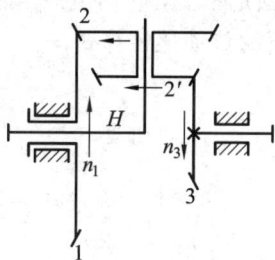

图 3-121 锥齿轮组成的周转轮系

解 已知 n_1 与 n_3 转向相反，若取 n_1 为正，则 n_3 为负值，其传动比 i_{13}^H 也为负值，即

$$i_{13}^H = \frac{n_1 - n_H}{n_3 - n_H} = -\frac{z_2 \cdot z_3}{z_1 \cdot z_2'}$$

$$\frac{100 - n_H}{-80 - n_H} = -\frac{42 \times 21}{48 \times 18}$$

则 $n_H = 9.167$ r/min。

求得的 n_H 为正值，表示转臂 H 的转向与轮 1 的转向相同。

3.6.4 复合轮系传动比计算

复合轮系是指由定轴轮系和周转轮系组成的轮系。计算复合轮系传动比时，不能将整个轮系按求定轴轮系或周转轮系传动比的方法来计算，而应将复合轮系中的定轴轮系和周转轮系区分开，分别列出它们的传动比计算公式，最后联立求解。

计算复合轮系的传动比时，关键是将定轴轮系和周转轮系正确地划分出来。首先把其中的周转轮系找出来。方法是：先找出行星轮和系杆(要注意有时候系杆不一定是杆状)，再找出与行星轮相啮合的太阳轮，行星轮、太阳轮和系杆便构成一个周转轮系。找出所有的周转轮系，剩余的就是定轴轮系。

例 3-10 如图 3-122 所示的轮系中，已知各齿轮齿数分别为 $z_1 = 20$，$z_2 = 40$，$z_3 = 20$，$z_4 = 30$，$z_5 = 80$，求传动比 i_{1H}。

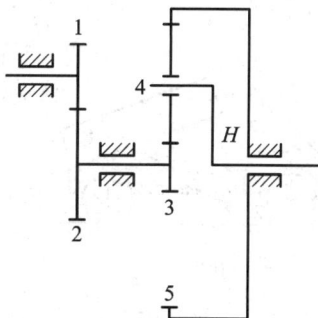

图 3-122 复合轮系

解 (1)分析轮系。

齿轮 4 的几何轴线绕齿轮 3 和齿轮 5 的轴线转动,齿轮 4 为行星轮,支持齿轮 4 的 H 为行星架,与齿轮 4 相啮合的齿轮 3、5 为中心齿轮,故齿轮 3、4、5 和行星架 H 组成了行星轮系。而齿轮 1、2 的几何轴线固定不变,它们组成定轴轮系。

(2)列出参与组合的各个轮系的传动比计算式。

其中定轴轮系的传动比为

$$i_{12} = \frac{n_1}{n_2} = -\frac{z_2}{z_1}$$

代入已知数据得

$$n_1 = -2n_2 \tag{a}$$

行星轮系的传动比为

$$i_{35}^H = \frac{n_3 - n_H}{n_5 - n_H} = (-1)^1 \frac{z_4 z_5}{z_3 z_4} = -\frac{z_5}{z_3} \tag{b}$$

代入已知数据得

$$n_3 = 5n_H$$

因 $n_3 = n_2$,故联立方程(a)、(b)后,得

$$n_1 = -10n_H$$

即

$$i_{1H} = -10$$

计算结果为负值,说明行星架 H 的转向与齿轮 1 的转向相反。

习 题

3-1 什么是运动副?运动副有哪些类型?各有什么特点?

3-2 铰链四杆机构的基本形式有哪些?它们的主要区别是什么?

3-3 铰链四杆机构存在曲柄的条件是什么?

3-4 铰链四杆机构有哪几种演化方式?

3-5 绘制图中所示机构的机构运动简图。

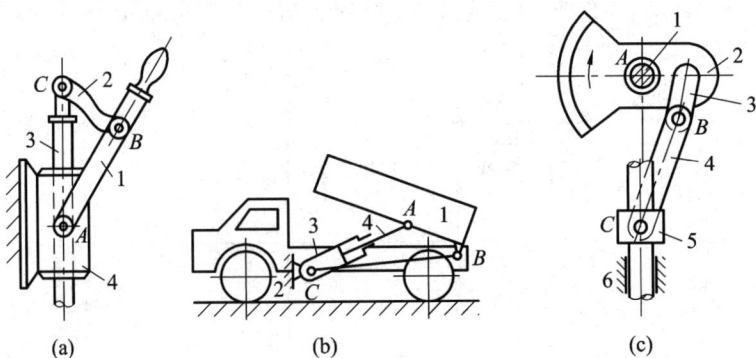

(a) (b) (c)

题 3-5 图

3-6 计算如图所示的平面机构的自由度。

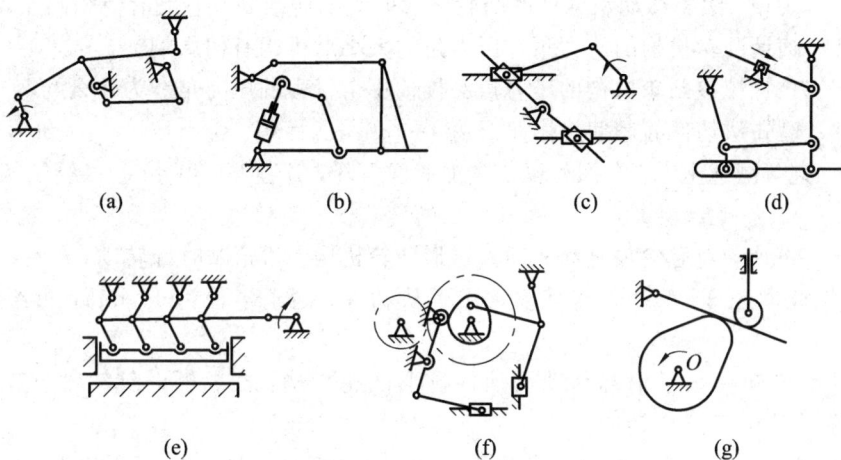

题 3 - 6 图

3 - 7 根据图中所示的尺寸和机架判断铰链四杆机构的类型。

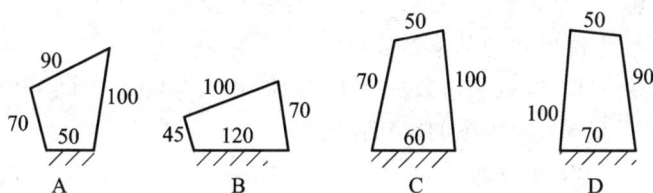

题 3 - 7 图

3 - 8 在曲柄摇杆机构中,已知曲柄的长度 $l_{AB}=3$ mm,连杆的长度 $l_{BC}=60$ mm,摇杆的长度 $l_{CD}=55$ mm,机架的长度 $l_{AD}=45$ mm。

① 当曲柄与机架的夹角 $\varphi=110°$,画出机构的位置图。

② 以曲柄为主动件时,画出该机构的压力角。

3 - 9 设计一曲柄摇杆机构,已知摇杆的长度 $l_{CD}=75$ mm,行程速比 $K=1.5$,机架的长度 $l_{AD}=100$ mm,摇杆的一个极限位置与机架的夹角为 $45°$,求曲柄 AB 和连杆 BC 的长度 l_{AB} 和 l_{BC}。

3 - 10 判断图中所示机构是否具有急回特性? 若有,请用图解法求 θ 并计算 K 值。

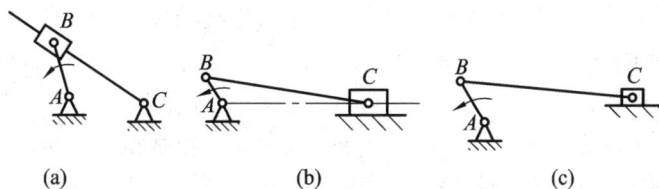

题 3 - 10 图

3 - 11 凸轮机构的工作特点是什么?

3 - 12 凸轮机构中常用的从动件末端结构有哪些? 各有何特点?

3 - 13 凸轮机构中常用的从动件的运动规律有哪些? 各有何规律?

3-14 尖顶、滚子移动从动件的凸轮轮廓曲线如何绘制？它们有何相同点和不同点？

3-15 何谓凸轮机构的压力角？压力角的大小对机构有何影响？

3-16 怎样校核凸轮机构的压力角？校核哪个行程的压力角？为什么？

3-17 已知从动件的运动规律如下：$\delta_1=180°$，$\delta_1'=30°$，$\delta_2=120°$，$\delta_2'=30°$，从动件在推程以等加速等减速上升，在回程以余弦加速度下降，升程 $h=30$ mm。试绘制从动件的位移线图。

3-18 设计一对心尖顶直动从动件盘形凸轮机构。凸轮顺时针转动，$r_b=40$ mm，从动件运动规律同题 3-17。若将其改为滚子从动件，滚子半径为 10 mm，再绘制其轮廓曲线。

3-19 已知一滚子偏置移动从动件盘形凸轮机构：凸轮顺时针转动，基圆半径为 40 mm，从动件位于凸轮转向相反一侧，偏距为 10 mm，滚子半径为 10 mm。推程角为 120°，从动件以余弦加速度运动规律上升 30 mm，远停程角为 60°，回程角为 120°，从动件以等加速等减速运动规律回到原处，近停程角为 60°。试：① 绘制其轮廓曲线；② 校核压力角。

3-20 选择题

(1) 决定渐开线齿廓形状的基本参数是（　　　）。

A. 模数　　　　　B. 模数和齿数　　　　C. 模数和压力角　　　　D. 模数、齿数和压力角

(2) 渐开线齿廓上压力角为零的点在齿轮的（　　　）上。

A. 基圆　　　　　B. 齿根圆　　　　C. 分度圆　　　　D. 齿顶圆

(3) 正常齿制标准直齿圆柱齿轮的齿全高等于 9 mm，则该齿轮的模数为（　　　）。

A. 2 mm　　　　　B. 3 mm　　　　C. 4 mm　　　　D. 8 mm

(4) 有四个直齿圆柱齿轮：① $m_1=5$ mm，$z_1=20°$，$\alpha_1=20°$；② $m_2=2.5$ mm，$z_2=40$，$\alpha_2=20°$；③ $m_3=5$ mm，$z_3=40$，$\alpha_3=20°$；④ $m_4=2.5$ mm，$z_4=40$，$\alpha_4=15°$。下列选项中，两个齿轮的渐开线齿廓形状相同的是（　　　）。

A. ①和②　　　　　B. ①和③　　　　C. ②和③　　　　D. ③和④

(5) 某工厂加工一个模数为 20 mm 的齿轮，为了检查齿轮尺寸是否符合要求，加工时一般测量项目为（　　　）。

A. 齿距　　　　　B. 齿厚　　　　C. 分度圆弦齿厚　　　　D. 公法线长度

(6) 两个标准直齿圆柱外齿轮的分度圆直径和齿顶圆直径分别相等，一个是短齿，一个是正常齿。那么，如下关于模数 m、齿数 z、齿根圆直径 d_f 和齿顶圆上渐开线曲率半径 ρ_a 的论断中，错误的是（　　　）。

A. 短齿 $m>$ 正常齿 m　　　　　　B. 短齿 $z<$ 正常齿 z

C. 短齿 $d_f<$ 正常齿 d_f　　　　　D. 短齿 $\rho_a>$ 正常齿 ρ_a

(7) 压力角为 20° 的齿轮，跨 4 齿测量的公法线长度为 43.68 mm，跨 5 齿测量的公法线长度为 55.49 mm，该齿轮的模数为（　　　）。

A. 3 mm　　　　　B. 4 mm　　　　C. 5 mm　　　　D. 8 mm

(8) 一标准齿轮机构，若安装中心距比标准中心距大，则啮合角的大小将（　　　）。

A. 等于压力角　　　B. 小于压力角　　　C. 大于压力角　　　D. 不确定

(9) 齿轮与齿条啮合传动时，不论安装距离有否变动，下列结论中不正确的是（　　　）。

A. 齿轮的节圆始终等于分度圆

B. 啮合角始终等于压力角

C. 齿条速度等于齿轮分度圆半径与角速度的乘积

D. 重合度不变

(10) 用齿条插刀加工标准直齿圆柱齿轮时，齿坯上与刀具中线相切的圆是（　　　　）。

A. 基圆　　　　　　B. 分度圆　　　　　C. 齿根圆　　　　　　D. 齿顶圆

(11) 某齿条型刀具(滚刀)模数为 5 mm，加工齿数为 46 的直齿圆柱齿轮。加工时，刀具中线到齿轮坯中心距离为 120 mm，这样加工出来的齿轮分度圆直径应为（　　　　）。

A. 230 mm　　　　B. 232.5 mm　　　　C. 235 mm　　　　　D. 240 mm

(12) 齿轮泵采用齿数为 10 的一对直齿圆柱齿轮，为了避免根切，两个齿轮应是（　　　　）。

A. 正常齿制标准齿轮　　　　　　　　B. 短齿制标准齿轮

C. 正变位齿轮　　　　　　　　　　　D. 负变位齿轮

(13) 斜齿圆柱齿轮啮合时两齿廓接触情况是下列中的（　　　　）。

A. 点接触　　　　　　　　　　　　　B. 与轴线平行的直线接触

C. 不与轴线平行的直线接触　　　　　D. 螺旋线接触

(14) 铣刀加工标准斜齿圆柱齿轮时，选择铣刀号所依据的齿数是（　　　　）。

A. 实际齿数 z　　　　　　　　　　　B. 当量齿数 z_V

C. 最少齿数 z_{min}　　　　　　　　　D. 假想(相当)齿数 z'

(15) 对轴交角 $\Sigma = 90°$ 的直齿圆锥齿轮传动，下列传动比公式中不正确的是（　　　　）。

A. $i_{12} = \dfrac{d_2}{d_1}$　　　　B. $i_{12} = \dfrac{z_2}{z_1}$　　　　C. $i_{12} = \tan\delta_2$　　　　D. $i_{12} = \tan\delta_1$

(16) 分度圆锥角为 90°的直齿圆锥齿轮的当量齿轮是（　　　　）。

A. 直齿条　　　　B. 直齿轮　　　　　C. 斜齿条　　　　　D. 斜齿轮

(17) 阿基米德圆柱蜗杆上，应符合标准数值的模数是（　　　　）。

A. 端面模数　　　B. 法向模数　　　　C. 轴向模数　　　　D. 齿顶圆模数

3-21　已知 C6150 车床主轴箱内一对外啮合标准直齿圆柱齿轮，其齿数 $z_1 = 21$、$z_2 = 66$，模数 $m = 3.5$ mm，压力角 $\alpha = 20°$，正常齿。试确定这对齿轮的传动比、分度圆直径、齿顶圆直径、齿全高、中心距、分度圆齿厚和分度圆齿槽宽。

3-22　一对外啮合正常齿标准斜齿轮，$a = 250$ mm，$z_1 = 23$，$z_2 = 98$，$m = 4$ mm。试计算这两个齿轮的参数 m_t、a、β、z 及其几何尺寸。

3-23　一对直齿圆锥齿轮传动，已知 $m = 4$ mm，$z_1 = 26$，$z_2 = 46$，$h_a^* = 1$，$\Sigma = 90°$。试计算其主要几何尺寸。

3-24　已知一蜗杆蜗轮机构，$z_1 = 2$，$z_2 = 39$，$m = 4$ mm，$d_1 = 40$ mm。试计算蜗杆直径系数 q，蜗杆轴向齿距 p_{ax}，导程角 γ 和蜗杆蜗轮机构中心距 a。

3-25　棘轮机构有哪些类型？齿式棘轮机构和摩擦式棘轮机构的工作原理有何异同？用于何种场合？

3-26　棘轮机构是如何实现间歇运动的？

3-27　槽轮机构是如何实现间歇运动的？

3-28　在图示轮系中，已知 $n_1=1440$ r/min，各齿轮齿数分别为 $z_1=20$、$z_2=40$、$z_2'=20$、$z_3=30$、$z_3'=20$、$z_4=40$。试求 n_4 并说明其转向。

3-29　如图所示轮系中，已知蜗杆为单头且右旋，转速 $n_1=1440$ r/min，转动方向如图所示，其余各齿轮齿数分别为：$z_2=40$、$z_2'=20$、$z_3=30$、$z_3'=18$、$z_4=54$，试计算齿轮 4 的转速 n_4，并在图中标出齿轮 4 的转动方向。

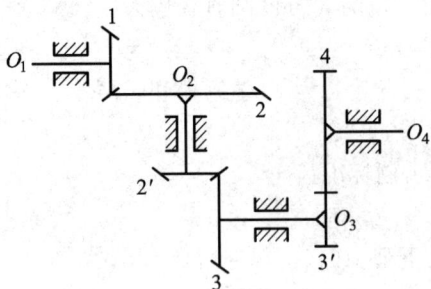

题 3-28 图

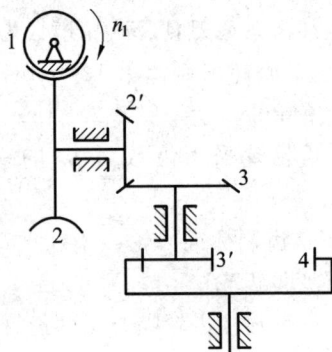

题 3-29 图

3-30　如图所示轮系，已知各轮齿数：$z_a=20$，$z_g=30$，$z_f=50$，$z_b=80$。试求 n_H 的大小和方向。

3-31　在图示的轮系中，已知 $n_1=300$ r/min，各轮齿数为 $z_1=z_a=20$，$z_2=z_g=30$，$z_b=80$。试求 n_H 的大小，并说明 n_H 的转向。

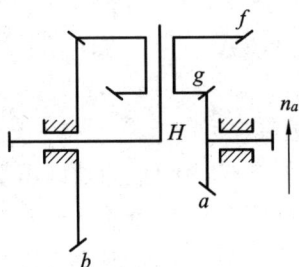

题 3-30 图

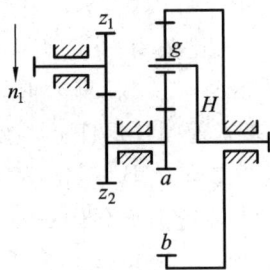

题 3-31 图

项目四　联接件与弹簧的设计

学习导航

　　机器都是由多个零件、部件联接而成的。按组成联接的零件在工作中的相对位置是否变化，联接可分为动联接和静联接。组成联接的零件工作时相对位置发生变化的联接，称为动联接。例如轴与滑动轴承的联接，车床主轴箱中滑移齿轮与轴的联接等。组成联接的零件工作时相对位置不发生变化的联接，称为静联接，例如减速器中齿轮与轴的联接，箱盖与箱体的联接等。

　　按拆开联接时是否需要破坏联接件，联接又可分为可拆联接和不可拆联接两类。键联接、花键联接、销联接和螺纹联接等属于可拆联接，而铆接、焊接和粘接等属于不可拆联接。

　　过盈联接是利用材料本身的弹性变形，在一定装配过盈量下使被联接件套装起来的联接。采用不同的过盈量，可得到可拆联接或不可拆联接。

　　联接的应用广泛，大多数的联接零件都有国家标准或部颁标准，有的还有行业规范。目前已实施的标准联接零件有平键、螺栓、螺母、销、铆钉等。因此，设计联接时应尽量遵循有关标准和规范，以便简化设计，提高设计质量，降低设计和生产成本。

4.1　键联接和销联接的选型设计

　　本节主要介绍键联接的类型和特点，平键联接的尺寸选择和强度校核，花键联接的类型、特点和定心方式，销联接等。其它联接可参考有关资料。

　　在各种机器上都有很多转动零件，如飞轮、齿轮、带轮、凸轮和蜗轮等。这些零件和轴大多数采用键或花键联接，如图 4-1 所示。键联接的功用是联接转动零件与轴，以传递运动和动力。

　　键是一种标准零件。键的材料通常采用抗拉强度不小于 600 MPa 的钢（常用 45 钢）。根据键联接的结构和承受载荷的不同，键联接可分为松键联接和紧键联接两类。

1. 松键联接

　　松键联接分为平键联接和半圆键联接两类。

1）平键联接

　　平键分为普通平键、导向平键和薄型平键三种。

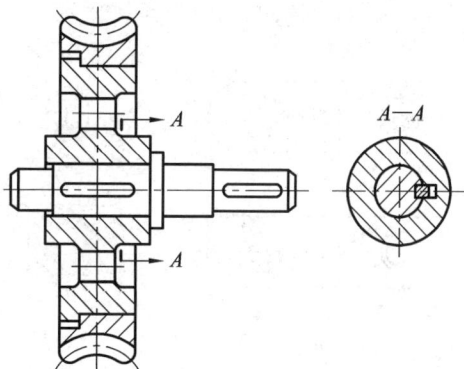

图 4-1　普通平键联接

（1）普通平键。普通平键的上顶平面与下底平面互相平行，两侧面也互相平行。其端部结构有圆头（A 型）、平头（B 型）和单圆头（C 型）三种，如图 4 - 2 所示。采用普通圆头平键时，轴上的键槽宜用端铣刀加工（图 4 - 3（a））。其优点是键在键槽中的固定较好，但键端部应力集中较大。采用普通平头平键时，轴上的键槽宜用圆盘铣刀加工（图 4 - 3（b））。其优点是键槽端部应力集中较小，但键在键槽中的轴向固定不好。单圆头平键常用在轴的端部联接中。装配时，一般先将键放入轴上键槽内，然后推上轮毂，构

图 4 - 2　普通平键的主要结构形式

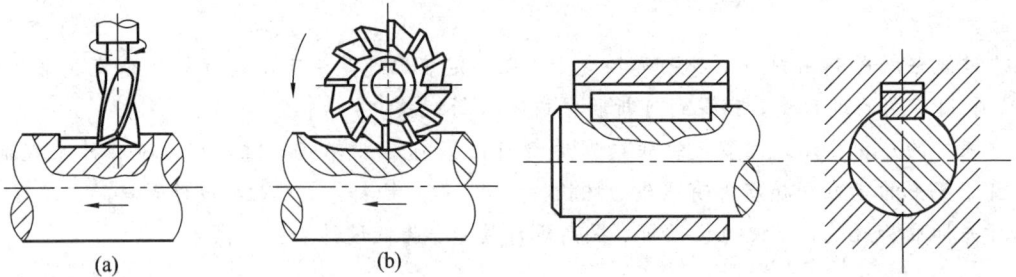

成平键联接，如图4 - 4 所示。这种联接，键的上顶面与轮毂键槽的底面之间留有间隙，而键的两侧面与轴、轮毂键槽的侧面配合紧密。为了方便装拆，轴上键槽一般制成与键的形状一样的，而轮毂键槽开通。工作时，依靠键和槽侧面的挤压来传递运动和转矩，因此平键的侧面为工作面。平键联接由于结构简单，装拆方便和对中性好，因而获得了广泛的应用。

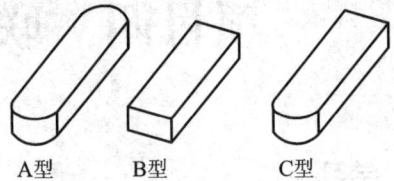

图 4 - 3　键槽的加工方法　　　　　　　图 4 - 4　普通平键联接

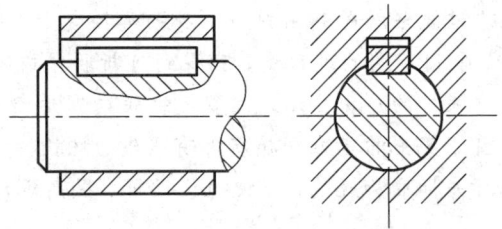

（2）导向平键和滑键。导向平键是加长的普通平键。其端部形状有 A 型和 B 型两种，如图 4 - 5 所示。导向平键联接时将键用螺钉固定在轴上的键槽中，转动零件的轮毂在轴上沿轴向滑动。为了拆卸方便，在键的中部装有起键用的螺钉孔。导向平键联接适用于轴上零件的轴向移动量不大的场合，如变速箱中的滑移齿轮。

当轴上零件的轴向移动量很大时，导向平键将很长，不易制造，这时可采用滑键，如图 4 - 6 所示。滑键联接时将滑键固定在轮毂上，并与轮毂一起在轴的键槽中滑动。

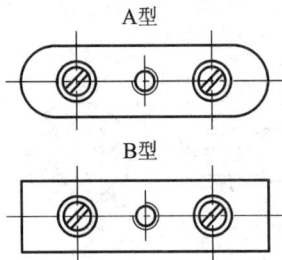

图 4 - 5　导向平键　　　　　　　　　　图 4 - 6　滑键

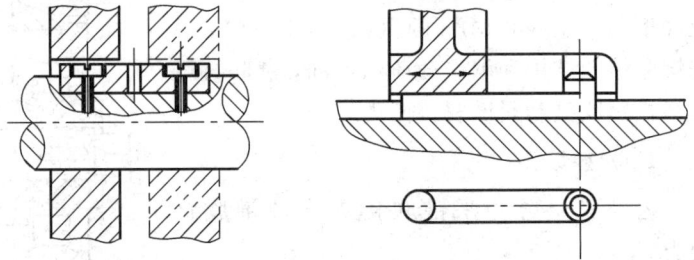

（3）薄型平键。其结构与普通平键相似，只是键高比普通平键小，约为普通平键的 60%～70%。这种键适用于传动的转矩不大、薄壁结构、空心轴、径向尺寸受限制的场合。

薄型平键已有国家标准(GB1567—79)。

　　2) 半圆键联接

　　半圆键(图 4-7(a))的上表面为一平面,下表面为半圆形弧面,两侧面互相平行。装配时半圆键放在轴上半圆形的键槽内,然后推上轮毂(图 4-7(b))。这种联接,键的上表面与轮毂键槽的底面间留有间隙,键的侧面和轴、轮毂键槽的侧面贴合。工作时,依靠键和键槽侧面的挤压来传递运动和转矩,因此半圆键的侧面是工作面。

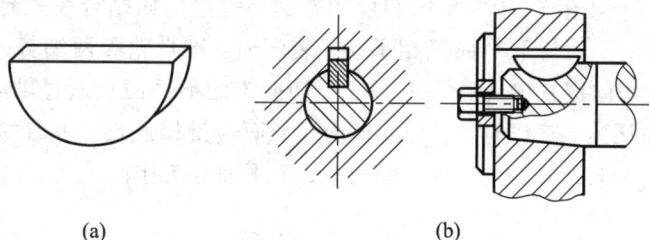

(a)　　　　　　　　　　　　　(b)

图 4-7　半圆键联接

　　半圆键结构紧凑,装拆方便,能在轴上的键槽中摆动,以适应轮毂键槽底面的偏斜。但轴上键槽较深,降低了轴的强度。半圆键联接适用于轻载、轮毂宽度较窄和轴端处的联接,尤其是用圆锥形轴的联接。

　　2. 紧键联接

　　紧键联接分为楔键联接和切向键联接两类。

　　1) 楔键联接

　　楔键如图 4-8 所示,键的顶面有 1:100 的斜度,两侧面互相平行。楔键分为普通楔键(图 4-8(a))和钩头楔键(图 4-8(b))两种,它们均为标准件。这种键的侧面不与键槽侧壁接触,键的顶面和底面分别与轮毂槽和轴槽的底面紧密结合。因此键与轴、轮毂之间产生了很大的压力。工作时,靠挤压力在接触面上所产生的摩擦力来传递运动和转矩,并可承受不大的单方向的轴向力。由此可见,楔键的顶面和底面为工作面。楔键联接的应用如图 4-9 所示。

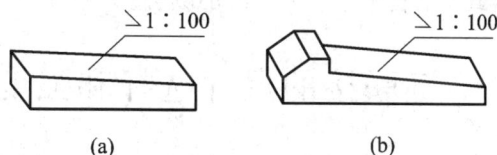

(a)　　　　　　　　　　　　　(b)

图 4-8　楔键联接

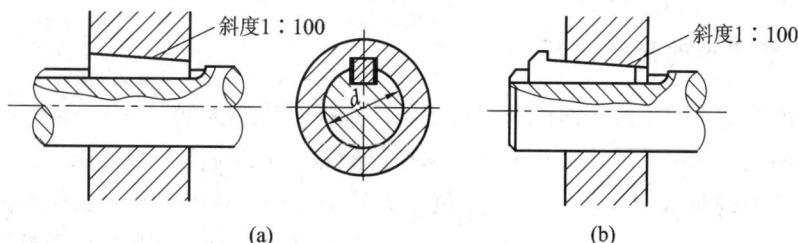

(a)　　　　　　　　　　　　　(b)

图 4-9　楔键联接的应用

　　由于楔键在装配时被打入轴和轮毂之间的键槽内,所以使套在轴上的零件向键所在的方向移动一微小的距离,造成轴和轴上零件的中心线不重合,即产生偏心。另外,当受大冲击、变载荷作用时,楔键联接容易松动。因此,楔键联接只适用于对中性要求不高、转速较低的场合,如农业机械、建筑机械等。

　　钩头楔键的钩头是供拆卸楔键时用的,但易发生人身事故,所以应加装防护罩。

　　2) 切向键联接

　　切向键是由两个具有 1∶100 单面斜度的普通楔键沿斜面贴合在一起组成的(图 4 - 10(a))。该组合体的上平面与下平面互相平行。装配时,键自轮毂两端打入,楔紧在轴与轮毂的键槽中,组成切向键联接(图 4 - 10(b))。切向键的下平面在通过轴心线的平面内,上平面与轮毂槽底面压紧。工作时,靠切向键上、下面与键槽底面的挤压力和轮毂接触面上的摩擦力传递运动和转矩。因此,切向键的上、下平面为工作面。

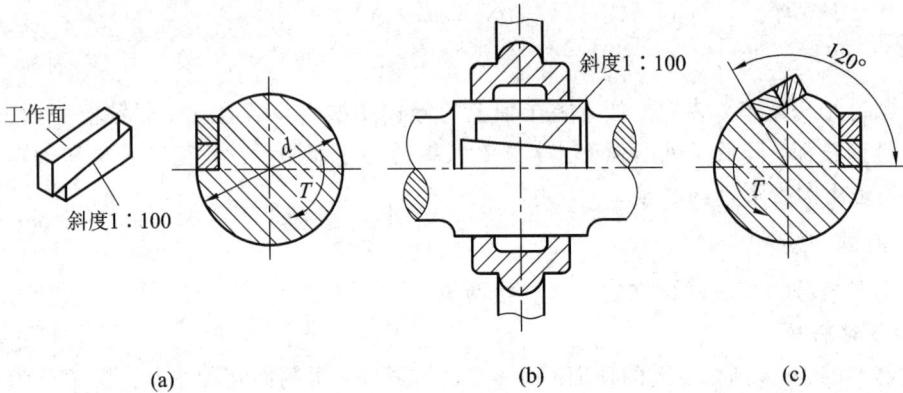

图 4 - 10　切向键联接

　　一副切向键只能传递单方向的转矩,当需要传递两个方向的转矩时,应装两副切向键,并在轴上互成 120°～ 130°分布(图 4 - 10(c))。切向键的键槽对轴的强度削弱较大。另外,切向键联接还将使装在轴上的零件与轴产生偏移。故切向键联接适用于对中性和运动精度要求不高、低速、重载、轴径大于 100 mm 的场合。

4.2　平键联接的尺寸选择和强度校核

　　平键联接的设计是在轴和轮毂的尺寸确定后进行的。因为键是标准件,所以首先应根据工作要求和轴径选择键的类型和尺寸,然后进行强度校核。

4.2.1　平键联接的尺寸选择

　　(1)键的类型选择。按工作要求和使用特性选择合适的类型。

　　(2)键的尺寸选择。尺寸选择主要是选择键的宽度 b、高度 h 和键长 L。由表 4 - 1 可见,这些尺寸都与轴径 d 有关。键长 L 值则有一个范围,具体键长根据轮廓的长度 L_1 确定。一般取 $L = L_1 - (5 \sim 10)$ mm,且 $L_{\max} \leqslant 2.5d$。确定的键长值要符合键长 L 的长度系列。

表 4 - 1　键

键和键槽的截面尺寸(GB1096-79)

普通平键的形式与尺寸(GB1096-79)

标记示例：圆头普通平键(B型)，$b=16$ mm，$h=10$ mm，$l=100$ mm
标记为：键 B16×100　GB1096—79
A型普通平键 A 可以不写出。

轴径 d	键			键　　　　　　　　　　　　　槽									
	b (h9)	h (h11)	L (h14)	宽度极限偏差					t		t_1		半径 r
				较松联接		一般联接		较紧联接	尺寸	偏差	尺寸	偏差	
				轴 H9	毂 D10	轴 N9	毂 JS9	轴毂 P9					
12～17	5	5	10～56	+0.030	+0.078	0	±0.015	−0.012	3.0	+0.1 0	2.3	+0.1 0	0.16～0.25
17～22	6	6	14～70	0	+0.030	−0.030		−0.042	3.5		2.8		
22～30	8	7	18～90	+0.036	+0.048	0	±0.018	−0.015	4.0		3.3		
30～38	10	8	22～110	0	+0.040	−0.036		−0.051	5.0		3.3		
38～44	12	8	28～140	+0.043	+0.120	0	±0.0215	−0.022	5.0		3.3		0.25～0.4
44～50	14	9	36～160	0	+0.050	−0.043		−0.061	5.5		3.8		
50～58	16	10	45～180						6.0		4.3		
58～65	18	11	50～200						7.0	+0.2 0	4.4	+0.2 0	
65～75	20	12	56～220	+0.052	+0.149	0	±0.026	−0.022	7.5		4.9		
75～85	22	14	63～250	0	+0.065	−0.052		−0.074	9.0		5.4		
85～95	25	14	70～280						9.0		5.4		0.4～0.6
95～110	28	16	80～320						10.0		6.4		
110～130	32	18	90～360	+0.062 0	+0.180 +0.080	0 −0.062	±0.031	−0.026 −0.080	11.0		7.4		
L 系列	6, 8, 10, 12, 14, 16, 18, 20, 22, 25, 28, 32, 36, 40, 45, 50, 56, 63, 70, 80, 90, 100, 110, 125, 140, 160, 180, 200, 220, 250, 280, 320, 360, 400, 450, 500												

注：① 轴径小于 12 mm 或大于 130 mm 的键尺寸可查有关手册。
　　② 在工作图中，轴槽深用 t 或 $(d-t)$ 标注，毂槽深用 t_1 或 $(d+t_1)$ 标注。但 $(d-t)$ 的偏差应取负号。

4.2.2　平键联接的强度计算

普通平键联接的受力情况如图 4-11 所示。普通平键联接的失效形式是键联接材料中强度较弱的工作表面被挤压破坏，其次是平键的剪切破坏。在通常情况下，挤压破坏是其主要失效形式。因此，强度校核按挤压的强度条件进行。

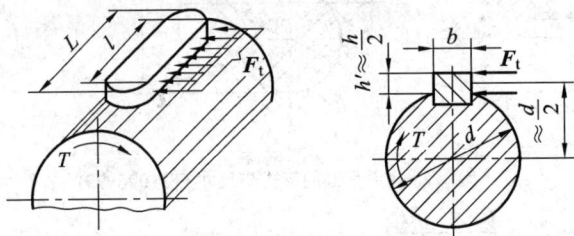

图 4-11　普通平键联接的受力情况

设轴传递的转距为 T(N·m)，则键联接挤压面上所承受的力 $F_t = 2000\ T/d$，式中轴的直径 d 的单位为 mm。设载荷 F_t 沿键的工作长度均匀分布，则挤压强度条件是

$$\sigma_p = \frac{F_t}{h'l} = \frac{2000T}{h'ld} = \frac{4000T}{hld} \leqslant [\sigma]_p \quad (\text{MPa}) \tag{4-1}$$

式中：σ_p——工作表面的挤压力(MPa)；

　　　F_t——作用力(N)；

　　　T——传递的转矩(N·m)；

　　　d——轴的直径(mm)；

　　　h'——键与轮毂的接触高度；

　　　l——键的工作长度(mm)，A 型键 $l = L - b$，B 型键 $l = L$，C 型键 $l = L - b/2$；

　　　$[\sigma]_p$——较弱材料的许用挤压应力(MPa)，其值见表 4-2。

表 4-2　键连接的许用应力 $[\sigma]_p$ 和许用压强 $[P]$　　　　　　(MPa)

许用值	联接工作方式	零件材料	载荷性质		
			静	轻微冲击	冲击
$[\sigma]_p$	静联接	钢	125~150	100	50
		铸铁	70~80	53	27
$[p]$	动联接	钢	50	40	30

注：① 动联接是指有相对滑动的导向键联接。

　　② 如与键有相对滑动的被联接件表面经过淬火，则动联接的 $[P]$ 可提高 2~3 倍。

经校核平键联接的强度不够时，可以采取下列措施：① 适当增加键和轮毂的长度，但一般键长不超过 $2.5d$，否则挤压力沿键长分布的不均匀性将增大；② 采用双键，在轴上相隔 180°配置，由于制造误差可能会使得键上载荷分布不均匀，所以在强度校核时只按 1.5 个键计算。对采用导向平键或滑键的动联接，其失效形式主要是在载荷作用下相对滑动引起的。设计时，应使工作表面的强度小于或等于其许用值，即

$$p = \frac{F_t}{hl} = \frac{4000T}{dlh} \leqslant [p] \quad (\text{MPa}) \tag{4-2}$$

式中：$[p]$——较弱材料的许用强度(MPa)，见表 4-2。

例 4 - 1 现有一钢制直齿圆柱齿轮通过 A 型平键装在直径 d=40 mm 的轴上。已知 b=12 mm，键长 L=70 mm。拟将该齿轮和轴装在具有轻微冲击的传动中，若齿轮和轴的强度足够，试计算该键能传递的最大转矩 T。

解 (1) 确定许用挤压应力$[\sigma]_p$。按联接结构的材料和工作的载荷有轻微冲击，查表4-2得

$$[\sigma]_p = 100 \text{ MPa}$$

(2) 确定键联接能传递的最大转矩 T。由式(4-1)得

$$T \leqslant \frac{[\sigma]_p hld}{4000}$$

其中 $$l = L - b = 70 - 12 = 58 \text{ mm}$$

故 $$T \leqslant 100 \times 8 \times 58 \times 40/4000 = 464 \text{ N} \cdot \text{m}$$

该键联接能传递的最大转矩为 464 N·m。

例 4 - 2 试选择一铸铁齿轮与钢轴的平键联接。已知传递的转矩 T=1250 N·m，载荷有轻微冲击，与齿轮配合处的轴径 d=80 mm，轮毂长度为 120 mm。

解 该联接为静联接。

(1) 尺寸选择。为了便于装配和固定，选用圆头平键（A 型）。根据轴的直径 d=80 mm，由表 4-1 查得：键宽 b=22 mm；键高 h=14 mm。根据轮毂长度 120 mm，查得键长 L=110 mm。

(2) 强度校核。该联接中轮毂材料的强度最弱。从表 4-2 中查得$[\sigma]_p$=53 MPa。键的工作长度 $l=L-b$=110-22=88 mm。

按式(4-1)校核键联接的强度：

$$\sigma_p = \frac{4000T}{hld} = \frac{4000 \times 1250}{14 \times 88 \times 80} = 50.73 \text{ MPa} < [\sigma]_p$$

所选的键强度足够。

该键的标记为：键 22×110GB1096—79。

(3) 键槽尺寸。该平键联接键宽极限偏差按一般联接由表 4-1 查得：

轴槽深 $\qquad d-t = 71^{0}_{-0.2} \text{ mm}$

轴槽宽 $\qquad b = 22^{0}_{-0.052} \text{ mm}$

轮毂槽深 $\qquad d+t_1 = 85.4^{+0.2}_{0} \text{ mm}$

轮毂槽宽 $\qquad b = 22 \pm 0.026 \text{ mm}$

轴、轮毂键槽及其尺寸见图 4-12。

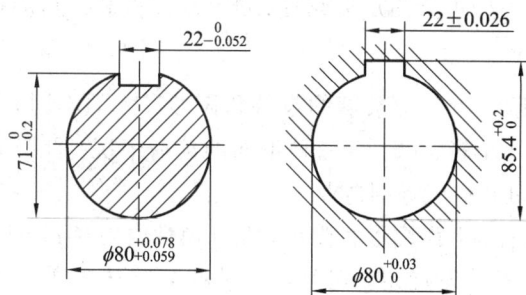

图 4-12 键槽的剖面尺寸

4.3　花键联接的类型和选用

花键联接是由在轴上加工出的外花键齿和在轮毂孔壁上加工出的内花键齿所构成的联接，如图4-13所示。花键联接齿的侧面是工作面，工作时靠齿的侧面挤压传递转矩。

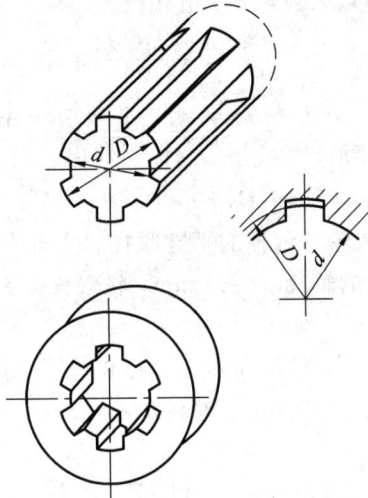

图 4-13　花键联接

4.3.1　花键联接的类型

花键联接具有下列特点：

(1) 由于多个键齿同时参与工作，受挤压的面积大，所以承载能力高。

(2) 轴上零件与轴的对中性好，沿轴向移动时导向性好。

(3) 键齿槽浅，对轴的强度消弱较小。

(4) 花键加工复杂，需专用设备。故对大批生产是适用的，但单件、小批量生产的成本较高。

花键联接广泛用于载荷较大、定心精度要求高的各种机械设备中，如汽车、飞机、拖拉机、机床等。

花键联接按齿形的不同可分为矩形花键、键开线花键和三角形花键三种。

1.　矩形花键

矩形花键键齿的端面为矩形。按键的齿数和齿形尺寸的不同，矩形花键有轻、中、重三种系列，它们分别适用于轻、中、重三种不同的载荷情况。此外，矩形花键还有补充系列，适用于汽车、拖拉机和机床等制造业。

矩形花键的齿侧为直线，齿廓形状简单。其互换性由内径 d、大径 D 和键（槽）宽 B 三个联接尺寸及相互的位置关系确定。但是，要同时保证三个联接尺寸是困难的，在 GB/T1144—2001 中规定以内径 d 为定心尺寸，用它来保证同轴度要求。采用内径 d 定心，使内、外花键的内径均可通过磨削来得到高的定心精度和稳定性。外径定心和齿侧定心由于定心精度和稳定性较差,已停止使用。矩形花键的定心方式如图 4 - 14 所示。

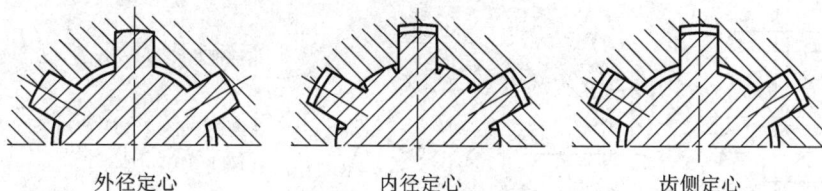

图 4 - 14　矩形花键

2. 渐开线花键

渐开线花键采用渐开线作为花键齿廓,可用加工齿轮的方法来获得齿形。其工艺性好,与矩形花键相比,它具有自动定心、齿面接触好、强度高、寿命长等特点。所以,渐开线花键有取代矩形花键的趋势,在航天、航空、造船、汽车等行业中,应用渐开线花键越来越多。渐开线花键内、外键齿的齿廓曲线的压力角为 30°和 45°两种。其中,前者主要用于重载和尺寸较大的联接;而后者则用于轻载和小直径的静联接,特别适用于薄壁零件的联接。渐开线花键的标准为 GB/T3478.2008。与矩形花键相比,渐开线花键键齿的根部较厚,齿根圆角也较大,所以承载能力大;工作时键齿上有径向分力,适于对中,使各齿承载均匀。渐开线花键适用于载荷较大、定心精度要求高、尺寸较大的联接。

渐开线花键用齿形定心,如图 4 - 15 所示。齿形定心方式充分发挥了渐开线花键联接的特点,所以应用最广。外径定心适用于径向载荷较大的动联接。分度圆的同心圆定心方式适用于径向载荷较小、要求传动平稳的动联接。

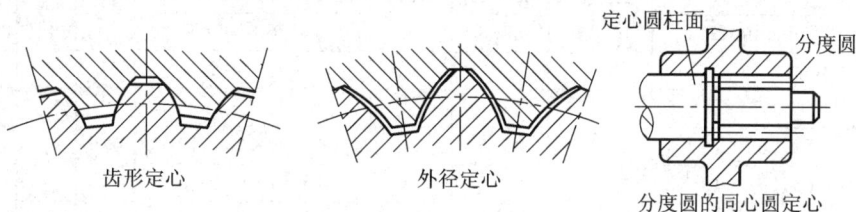

图 4 - 15　渐开线花键

3. 三角形花键

三角形花键的内花键齿形为等腰三角形,外花键齿廓曲线为压力角等于 45°的渐开线。三角形花键键齿细小,齿数多,对轴的强度消弱小,多用于轻载和薄壁零件的静联接。

三角形花键联接采用齿形定心,如图 4 - 16 所示。

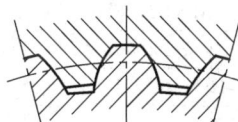

图 4 - 16　三角形花键

4.3.2　花键联接的选用

由于花键已标准化,所以设计花键联接首先是根据使用要求、工作条件和被联接零件的结构、尺寸选择花键的类型,确定花键的尺寸(矩形花键的尺寸及公差见表 4 - 3),然后再校核强度。

表 4-3　矩形花键尺寸、公差(GB/T 1144—2001)　　　　mm

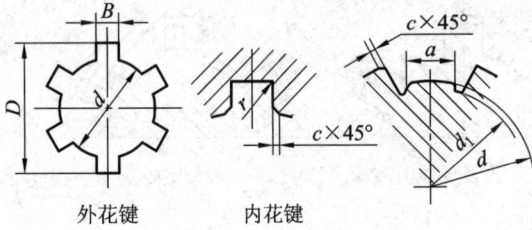

外花键　　内花键

标记示例

花键规格　$N \times d \times D \times B$　例如 $6 \times 23 \times$
26×6

花键副　$6 \times 23(\text{H7/f7}) \times 26(\text{H10/a11}) \times$
$6(\text{H11/d10})$　GB/T 1144—2001

内花键　$6 \times 23\text{H7} \times 26\text{H10} \times 6\text{H11}$
GB/T1144—2001

外花键　$6 \times 23\text{f7} \times 26\text{a11} \times 6\text{d10}$
GB/T1144—2001

基本尺寸系列和键槽截面尺寸

小径 d	轻系列					中系列				
	规格 $N \times d \times D \times B$	c	r	参考		规格 $N \times d \times D \times B$	c	r	参考	
				d_{1min}	a_{min}				d_{1min}	a_{min}
18						$6 \times 18 \times 22 \times 5$	0.3	0.2	16.6	1
21						$6 \times 21 \times 25 \times 5$			19.5	2
23	$6 \times 23 \times 26 \times 6$	0.2	0.1	22	3.5	$6 \times 23 \times 28 \times 6$			21.2	1.2
26	$6 \times 26 \times 30 \times 6$			24.5	3.8	$6 \times 26 \times 32 \times 6$			23.6	1.2
28	$6 \times 28 \times 32 \times 7$			26.6	4	$6 \times 28 \times 34 \times 7$	0.4	0.3	25.3	1.4
32	$8 \times 32 \times 36 \times 6$	0.3	0.2	30.3	2.7	$8 \times 32 \times 38 \times 6$			29.4	1
36	$8 \times 36 \times 40 \times 7$			34.3	3.5	$8 \times 36 \times 42 \times 7$			33.4	1
42	$8 \times 42 \times 46 \times 8$			40.5	5	$8 \times 42 \times 48 \times 8$			39.4	2.5
46	$8 \times 46 \times 50 \times 9$			44.6	5.7	$8 \times 46 \times 54 \times 9$			42.6	1.4
52	$8 \times 52 \times 58 \times 10$			49.6	4.8	$8 \times 52 \times 60 \times 10$	0.5	0.4	48.6	2.5
56	$8 \times 56 \times 62 \times 10$			53.5	6.5	$8 \times 56 \times 65 \times 10$			52	2.5
62	$8 \times 62 \times 68 \times 12$	0.4	0.3	59.7	7.3	$8 \times 62 \times 72 \times 12$			57.7	2.4
72	$10 \times 72 \times 78 \times 12$			69.6	5.4	$10 \times 72 \times 82 \times 12$			67.4	1
82	$10 \times 82 \times 88 \times 12$			79.3	8.5	$10 \times 82 \times 92 \times 12$	0.6	0.5	77	2.9
92	$10 \times 92 \times 98 \times 14$			89.6	9.9	$10 \times 92 \times 102 \times 14$			87.3	4.5
102	$10 \times 102 \times 108 \times 16$			99.6	11.3	$10 \times 102 \times 112 \times 16$			97.7	6.2

内、外花键的尺寸公差带

内花键				外花键			装配形式
d	D	B			D	B	
		拉削后不热处理	拉削后热处理				
一般用公差带							
H7	H10	H9	H11	f7	d10		滑动
				g7	a11	f9	紧滑动
				h7		h10	固定

精密传动用公差带						
H5	H10	H7、H9	f5	a11	d8	滑动
			g5		f7	紧滑动
			h5		h8	固定
H6			f6		d8	滑动
			g6		f7	紧滑动
			h6		d8	固定

注：① N——齿数；D——大径；B——键宽或键槽宽。

② d_1 和 a 值仅适用于展成法加工。

花键联接的主要失效形式，对于静联接为齿面挤压破坏，对于动联接为齿面磨损。其强度条件为：

对于静联接

$$\sigma_p = \frac{2000T}{\psi z h L_1 d_m} \leqslant [\sigma]_p \quad (\text{MPa}) \tag{4-3}$$

对于动联接

$$p = \frac{2000T}{\psi z h L_1 d_m} \leqslant [p] \quad (\text{MPa}) \tag{4-4}$$

式中：T——工作转矩（N·m）；

ψ——载荷不均匀系数，一般取 0.7~0.8；

z——花键的齿数；

h——花键的工作高度，对矩形花键，$h = \frac{1}{2}(D+d) - 2C$，其中 D、d 分别为外花键大径、内花键小径；C 为齿顶的圆角半径。对渐开线花键：$h = m$；对于三角形花键：$h = 0.8m$，m 为渐开线齿的模数；

L_1——齿的工作长度（mm）；

d_m——平均直径，矩形花键 $d_m = (D+d)/2$，渐开线花键和三角形花键 d_m 为键齿分度圆直径；

$[\sigma]_p$、$[p]$——许用挤压应力、许用压强（MPa），其值见表 4-4。

表 4-4　花键联接的许用挤压应力及许用压强 　　　　　（MPa）

项目	联接工作方式	使用和制造情况	齿面未经热处理	齿面经热处理
许用挤压应力 $[\sigma]_p$	静联接	不良	35~50	40~70
		中等	60~100	100~140
		良好	80~120	120~200
许用压强 $[p]$	空载下的动联接	不良	15~20	20~35
		中等	20~30	30~60
		良好	25~40	40~70
	动载荷作用下的动联接	中等	—	3~10
		中等	—	5~15
		良好	—	10~50

4.4　销联接的类型和选用

4.4.1　销的分类

销联接用来固定零件间的相互位置，构成可拆联接；也可用于轴和轮廓或其它零件的联接，传动较小的载荷；有时还用作安全装置中的过载剪切元件。

销是标准件，其基本形式有圆柱销和圆锥销两种，见表 4 - 5。圆柱销联接不宜经常装拆，否则会降低定位精度和联接的紧固性。圆柱销和圆锥销孔均需铰制，铰制的圆柱销孔直径有四种不同配合精度，可根据使用要求选择。

表 4 - 5　常用销的类型、特点和应用

类　型		图　形	标准	特点和应用
圆柱销	圆柱销		GB1111—86	只能传递不大的载荷。内螺纹圆柱销多用于盲孔，弹性圆柱销用于冲击、振动的场合
	内螺纹圆柱销		GB120—86	
	弹性圆柱销		GB8711—86	
圆锥销	圆锥销	◁1：50	GB117—86	在联接件受横向力时能自锁。螺纹供拆卸用
	内螺纹圆锥销	◁1：50	GB118—86	
	螺尾锥销	◁1：50	GB881—86	
	开口销		GB91—86	工作可靠，拆卸方便，用于锁定其它紧固件

4.4.2　销联接的应用

销的类型可按工作要求进行选择。用于联接的销，可根据联接的结构特点按经验确定直径，必要时再做强度校核。定位销一般不受载荷或受很小载荷，其直径按结构确定，数目不得少于两个。安全销直径按销的剪切强度进行计算。销的材料一般采用 35 或 45 钢，许用剪应力取为 80 MPa。

4.5　螺 纹 联 接

螺纹联接是利用带螺纹的零件把需要相对固定的零件连接在一起，是一种可拆联接。其结构简单，装拆方便，工作可靠，且大多数螺纹零件已标准化，故其生产效率高，成本低，广泛应用于各类工程结构中。

4.5.1 螺纹联接

1. 螺纹的主要参数

现以图 4-17 所示的三角形螺纹为例说明螺纹的主要参数：

(1) 大径(d，D)：螺纹的最大直径，即外螺纹牙顶圆柱直径(d)，内螺纹牙底圆柱直径(D)。它是螺纹的公称直径。

(2) 小径(d_1，D_1)：螺纹的最小直径，即外螺纹牙底圆柱直径(d_1)，内螺纹牙顶圆柱直径(D_1)。它是外螺纹危险剖面的直径，螺纹强度计算时要利用这一直径。

(3) 中径(d_2，D_2)：轴向剖面内牙厚等于牙间宽的假想圆柱直径，是决定螺纹配合的主要参数。一般取 $d_2=(d_1+d)/2$。

(4) 螺距(P)：在中径线上，相邻两牙对应点之间的轴向距离。

(5) 导程(S)：同一螺纹线上，相邻两牙在中径线上对应点之间的轴向距离。对于单线螺纹 $S=P$，对于双线螺纹 $S=2P$。

(6) 螺纹线数(n)：螺纹螺旋线数目，也称头数。

(7) 螺纹升角(λ)：圆柱面上螺纹线的切线与垂直于螺纹轴线平面间的夹角，通常指的是中径圆柱上的螺旋线升角。其计算式为

$$\tan\lambda=\frac{S}{\pi d_2}=\frac{nP}{\pi d_2}$$

(8) 牙型角(α)：在轴向剖面内螺纹牙型两侧边之间的夹角。

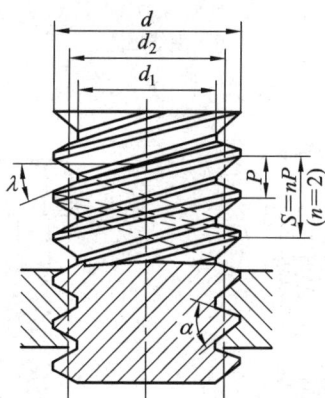

图 4-17 螺纹的主要参数

2. 螺纹的形成、类型、特点和应用

如图 4-18(a)所示，将一底边长等于 πd_2 的直角三角形绕在直径为 d_2 的圆柱体上，同时使底边与圆柱体底边重合，则此直角三角形的斜边在圆柱的表面上形成一条螺旋线。用不同形状的车刀沿螺旋线可切出三角形、矩形、梯形和锯齿形螺纹，如图 4-18(b)、(c)、(d)、(e)所示。

圆柱体上沿一条螺旋线切制的螺纹，称为单线螺纹(图 4-19(a))；也可沿二条、三条螺旋线分别切制出双线螺纹及三线螺纹(图 4-19(b)、(c))。单线螺纹主要用于联接，多线

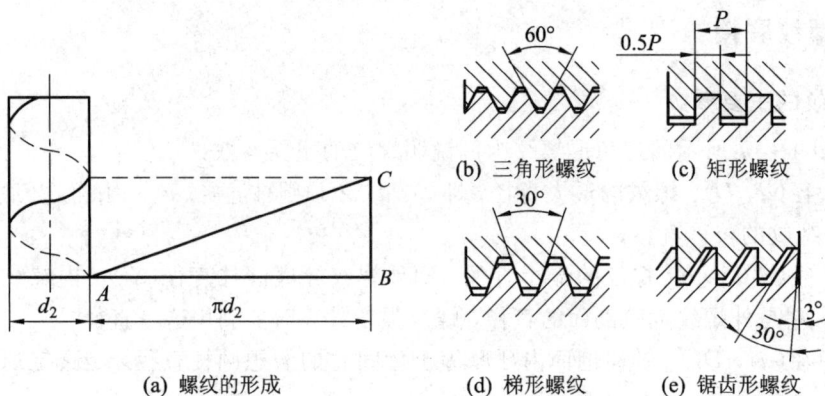

(a) 螺纹的形成   (b) 三角形螺纹   (c) 矩形螺纹

(d) 梯形螺纹   (e) 锯齿形螺纹

图 4-18   螺纹的形成及螺纹的主要类型

螺纹主要用于传动。按螺纹旋线绕行方向的不同,又有右旋螺纹和左旋螺纹之分,如图 4-20 所示。通常采用右旋螺纹,左旋螺纹仅用于有特殊要求的场合。

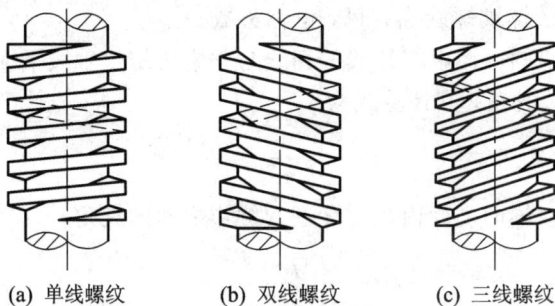

(a) 单线螺纹   (b) 双线螺纹   (c) 三线螺纹

图 4-19   螺纹的线数

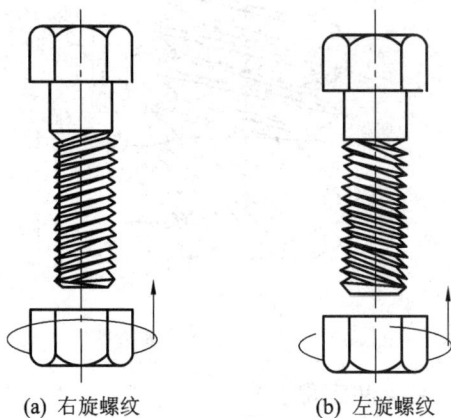

(a) 右旋螺纹   (b) 左旋螺纹

图 4-20   螺纹的旋向

螺纹有外螺纹和内螺纹之分。在圆柱体外表面上形成的螺纹,称为外螺纹;在圆孔的表面上形成的螺纹,称为内螺纹。

3. 常用螺纹

常用螺纹可分为联接和传动两大类。其中联接螺纹还可分为普通螺纹、管螺纹和锥螺纹等。普通螺纹又可分为粗牙和细牙两类。公称直径相同时,细牙螺纹螺距小,升角小,自锁性好，也有一定的密封作用，螺杆强度高，适用于受冲击、振动和变载荷的联接以及薄壁零件的联接。细牙螺纹比粗牙螺纹的耐磨性差，不宜经常拆卸；也可制成微调装置。传动螺纹可分为矩形螺纹、梯形螺纹、锯齿形螺纹。

常用螺纹的类型、牙型、特点和应用见表 4 - 6。前四种螺纹主要用于联接，后三种螺纹主要用于传动。表中除矩形螺纹外，其余螺纹都已标准化。

表 4 - 6　常用螺纹

类　型	牙　型	特点和应用
普通螺纹	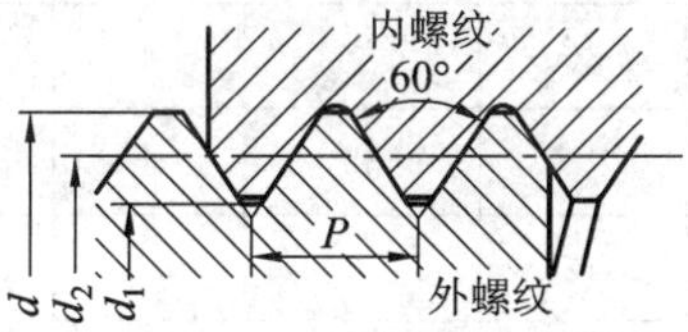	牙形角 60°，牙根较厚，牙根强度较高。当量摩擦系数大
英寸制螺纹	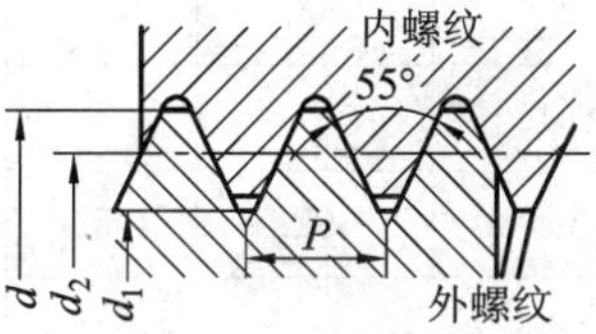	牙形角 55°（英制），也有 60°（美制）的，尺寸单位是英寸。螺距以每英寸牙数反映，也有粗牙、细牙之分。多在修配英美等国家的机件时使用
管螺纹	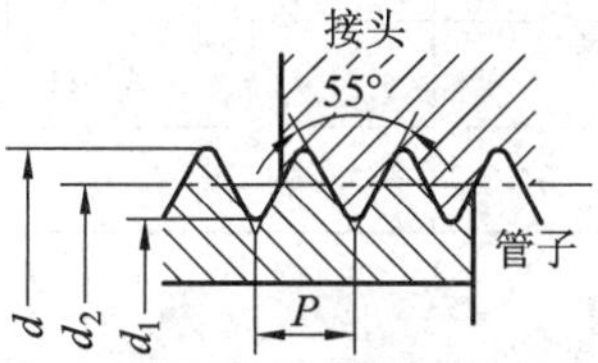	牙型角 55°，牙顶呈圆弧。旋合螺纹间无径向间隙，紧密性好。公称直径近似为管子孔径，以英寸为单位。多用于压力在 1.57 MPa 以下的管子联接
锥螺纹	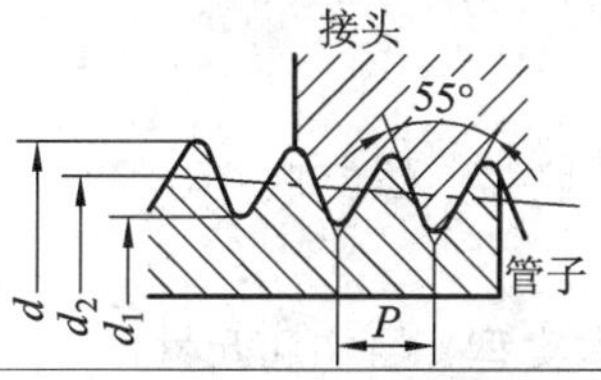	与管螺纹相似，但螺纹分布在 1∶16 的圆锥表面上，紧密性更好。通常用于高温、高压条件下工作的管子联接。当与内圆柱管螺纹配用时，在 1 MPa 压力下已足够紧密
矩形螺纹	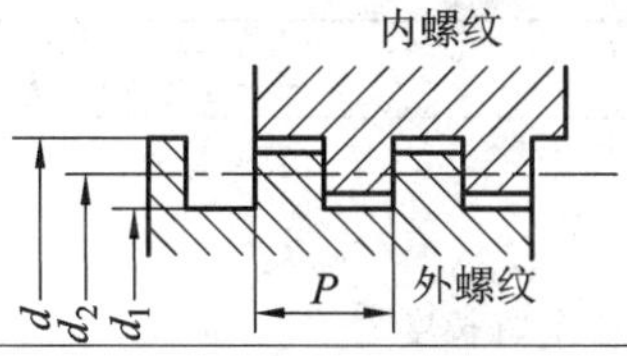	螺纹牙的截面通常为正方形，牙厚为螺距的一半。牙根强度较低，难于精确加工，磨损后松动，间隙难以补偿，对中精度低。但当量摩擦系数最小，效率较其他螺纹高，故用于传动
梯形螺纹	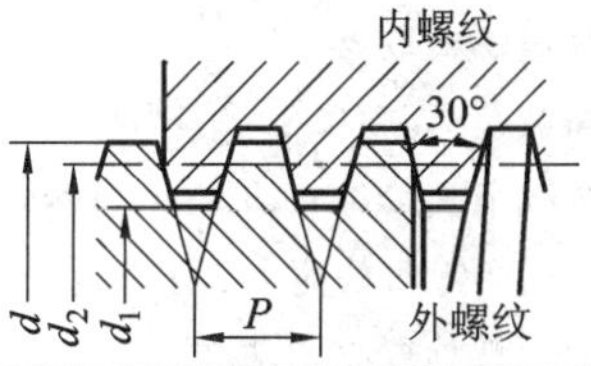	牙型角 30°。效率比矩形螺纹低，但可避免矩形螺纹的缺点。广泛用于传动
锯齿形螺纹	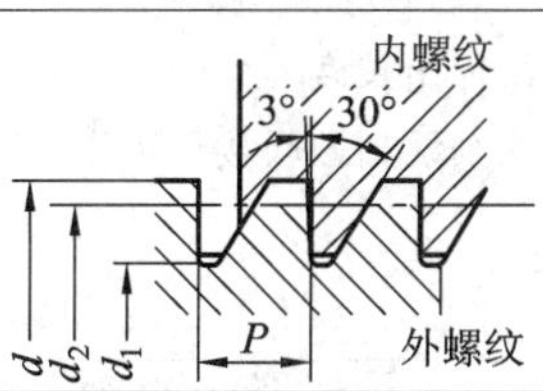	工作面的牙边倾斜角为 3°；非工作面的牙边倾斜角为 30°。综合了矩形螺纹效率高和梯形螺纹牙根强度高的特点。但只能用于单向受力的传动

普通三角形螺纹基本尺寸见表 4-7。

表 4-7　普通三角形螺纹基本尺寸

公称直径/d		螺距 /P	中径/d_2	小径/d_1	公称直径/d		螺距/P	中径/d_2	小径/d_1
第一系列	第二系列				第一系列	第二系列			
6		1	5.350	4.917	30		3.5	27.727	26.211
8		1.25	7.188	6.647		33	3.5	30.727	26.211
10		1.5	9.026	8.376	36		4	33.402	31.670
12		1.75	10.863	10.106		39	4	36.402	34.670
	14	2	12.701	11.835	42		4.5	39.077	37.129
16		2	14.701	13.835		45	4.5	42.077	40.129
	18	2.5	16.376	15.294	48		5	44.752	42.582
20		2.5	18.376	17.294		52	5	48.752	46.587
	22	2.5	20.376	19.294	56		5.5	52.428	50.046
24		3	22.051	20.725		60	5.5	56.428	54.046
	27	3	25.051	23.725	64		6	60.103	57.505

4.5.2　螺纹联接的基本类型和螺纹联接件

1. 螺纹联接的基本类型

螺纹联接的基本类型有螺栓联接、双头螺柱联接、螺钉联接、紧定螺钉联接。它们的结构和尺寸关系见表 4-8。

表 4-8　螺纹联接的基本类型、结构和尺寸

类　　型	构　　造	主要尺寸关系
螺栓联接		螺纹余留长度 l_1 　普通螺栓联接 　静载荷 $l_1 \geqslant (0.3 \sim 0.5)d$ 　变载荷 $l_1 \geqslant 0.75d$ 　冲击、弯曲载荷 $l_1 \geqslant d$ 　配合螺栓联接 l_1 尽可能小 螺纹伸出长度 $l_2 \approx (0.2 \sim 0.3)d$ 螺栓轴线到被联接件边缘的距离 $e = d + (3 \sim 6)$

类　型	构　　造	主要尺寸关系
双头螺柱联接	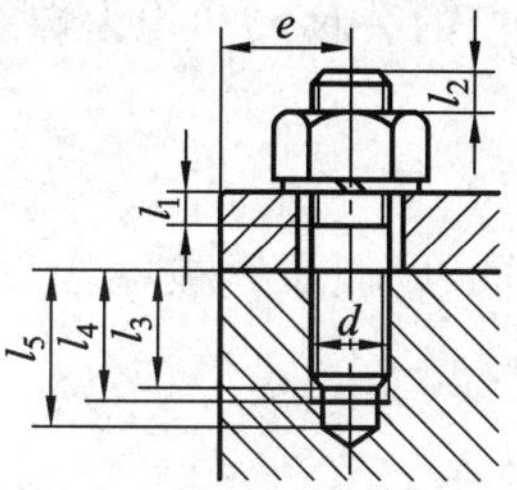	螺纹旋入深度 l_3 　钢或青铜 $l_3 \approx d$ 　铸铁 $l_3 \approx (1.25 \sim 1.5)d$ 　铝合金 $l_3 \approx (1.25 \sim 2.5)d$ 螺纹孔深度 $l_4 \approx l_2 + (2 \sim 2.5)P$ 钻孔深度 $l_5 \approx l_4 + (0.2 \sim 0.3)d$ l_1、l_2、e 同上
螺钉联接	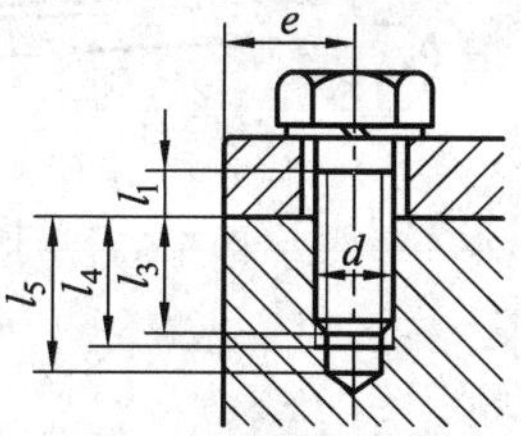	l_1、l_3、l_4、l_5、e 同上
紧定螺钉联接	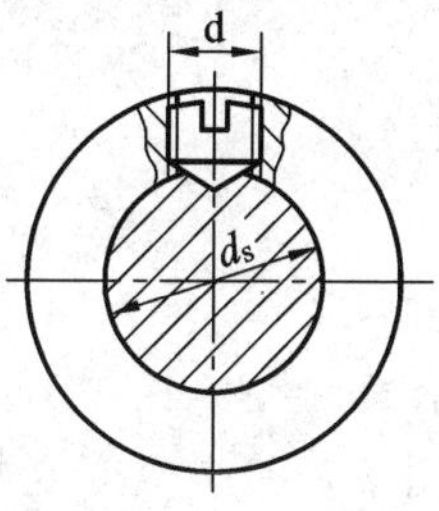	$d \approx (0.2 \sim 0.3)d_s$ 转矩大时取大值

1）螺栓联接

螺栓联接是将螺栓穿过被联接件的孔，然后拧紧螺母，将被联接件联接起来。螺栓联接分为普通螺栓联接和配合螺栓联接。前者螺栓杆与孔壁之间有间隙，后者螺栓杆与孔壁之间没有间隙，常采用基孔制过渡配合。螺栓联接无须在被联接件上切制螺纹孔，所以结构简单，装拆方便，应用广泛。这种联接适用于被联接件不太厚并能从被联接件两边进行装配的场合。

2）双头螺柱联接

双头螺柱联接多用于被联接件较厚，材料较软，且又要经常拆装的场合。使用时将螺柱的长螺纹一段拧入带内螺纹的较厚被联接件中，另一端用螺母拧紧。

3）螺钉联接

螺钉联接是将螺钉直接拧入带内螺纹的被联接件中，省去了螺母，结构简单。但螺钉联接不宜用于经常装拆的场合，以免损坏螺纹后影响整个被联接零件。

4）紧定螺钉联接

这种联接是将紧定螺钉拧在被联接件之一的螺纹孔中，并以其末端顶住另一被联接件的表面或顶入相应凹坑，以固定两个零件的相互位置。这种联接多于轴与轴上零件的联接，并能传递较小的力矩或转矩。

2. 螺纹联接件

螺纹联接件有螺栓、双头螺柱、螺钉、紧定螺钉、螺母、垫圈、防松零件等。它们多为标准件，其结构、尺寸在国家标准中都有规定。它们的公称尺寸均为螺纹大径 d，设计时应根据标准选用。

1）螺纹联接的预紧

大多数螺纹联接在装配时，都需要将螺母拧紧，以便压紧被联接件。这种在施加工作载荷前，螺栓受到的拉力称为预紧力。

预紧力不可过大，重要的螺栓联接，其预紧力大小要严格控制。预紧螺母时施加的力矩 T 与预紧力 Q_0 有如关系式：

$$T = (0.1 \sim 0.3)Q_0 d \quad (N \cdot m) \quad (4-5)$$

上式适用于无润滑状态的 M16～M64 粗牙螺纹。一般可取 $T=0.2Q_0 d$，式中 d 为螺栓的直径。力矩 T 可通过测力矩扳手（见图 4-21）等工具进行度量。

图 4-21 测力矩扳手

重要的螺栓联接应尽量不采用小于 M12～M16 的螺栓，以避免装配时由于预紧力过大而被拧断。

预紧的作用如下：

① 提高联接的可靠性、紧密性，增强放松能力。

② 增大被联接件间的摩擦力，以提高横向承载能力。

2）螺纹联接的防松

理论上讲，螺栓联接具有自锁性。在静载荷作用下，工作温度变化不大时，这种自锁性可以防止螺母松脱。但如果联接是在冲击、振动、变载荷作用下或工作温度变化很大，则螺栓联接就可能松动。联接松脱往往会造成严重事故，因此设计螺栓联接时应考虑防松的措施。

防松的方法很多，常用的几种防松方法见表 4-9。

表 4-9 常用防松方法

摩擦阻力防松	弹簧垫圈 弹簧垫圈材料为弹簧钢，装配后垫圈被压平，其弹力能使螺纹间保持压紧力和摩擦力	对顶螺母 利用两螺母的对顶作用使螺栓始终受到附加的拉力和附加的摩擦力。由于多用一个螺母，且工作并不十分可靠，目前较少采用	弹性圆螺母 在螺纹旋入处嵌入纤维或尼龙弹性圈来增加摩擦力。该弹性圈还起防止液体泄漏的作用

续表

机械防松	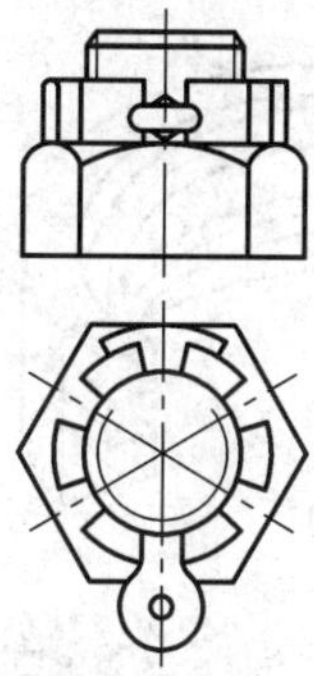 槽形螺母和开口销 槽形螺母拧紧后，用开口销穿过螺栓尾部小孔和螺母的槽，也可以用普通螺母拧紧后再配钻开口销孔	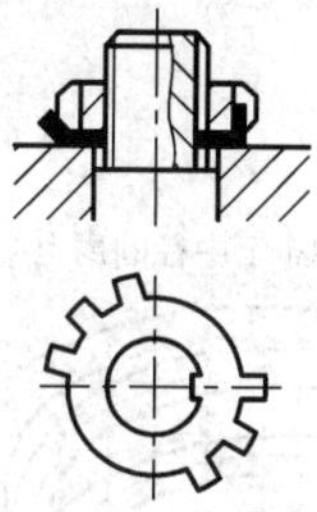 圆螺母及止动垫圈 使垫圈内嵌入螺栓(轴)的槽内，拧紧螺母后将垫圈外舌之一褶嵌于螺母的一个槽内	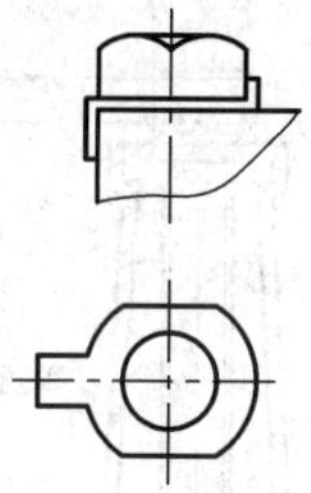 单耳止动垫圈 将垫圈褶边以固定紧螺母和被联接件的相对位置
其它防松	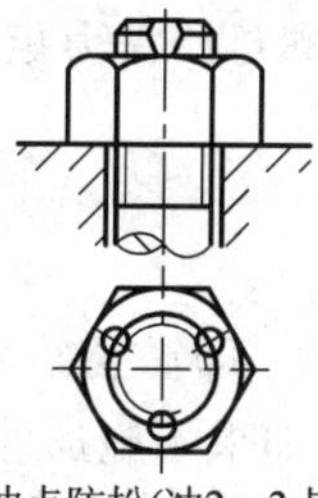 冲点防松(冲2～3点)	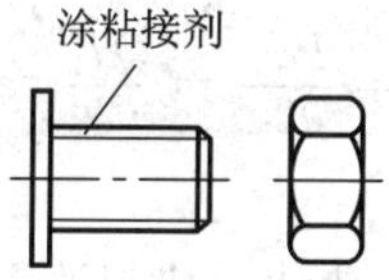 利用粘接剂防松	通常将厌氧性粘接剂涂于螺纹旋合表面，拧紧螺母后粘接剂能自行固化，防松效果良好

4.5.3　螺旋副的受力分析、自锁和效率

1. 螺旋副的工作特点

1) 受力分析

如图 4 - 22(a)、(b)所示为矩形螺旋副($\alpha=0°$)。为了便于分析，设螺母在转矩 T 及轴向载荷 Q 作用下等速回转并沿 Q 的方向移动。将螺母视为滑块，并假定 Q 作用于中径圆周上。根据螺旋副形成原理，将螺杆沿中径展开，会得到一个斜面。当旋转螺母时，可视为滑块沿斜面上升或下降，如图 4 - 22(c)所示。

由理论力学可知，滑块承受轴向载荷 Q，并沿斜面匀速上升需水平推力，其大小 F 为

$$F = Q \tan(\lambda + \rho) \tag{4-6}$$

F 相当于旋紧螺母时，在中径 d_2 处施加的切向力，故拧紧螺母所需力矩 T 为

$$T = \frac{Fd_2}{2} = Q \tan(\lambda + \rho) d_2/2 \tag{4-7}$$

同理可知：滑块承受载荷 Q 沿斜面匀速下滑时，所需水平支持力大小为

$$F = Q \tan(\lambda - \rho) \tag{4-8}$$

式中：ρ——摩擦角，$\rho = \arctan f$(其中 f 为摩擦系数)；

λ——螺旋升角。

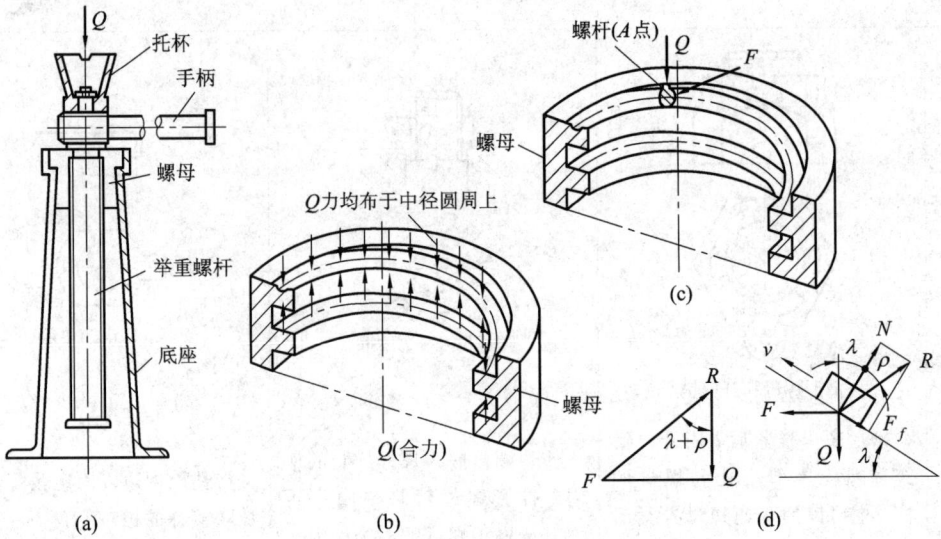

图 4 - 22　矩形螺旋副的受力分析

力 F 相当于拧松螺母时在中径 d_2 处施加的切向力，故拧松螺母所需力矩为

$$T = \frac{Fd_2}{2} = \frac{Qd_2}{2} \tan(\lambda - \rho) \tag{4-9}$$

2）自锁

由式(4-8)可见，当 $\lambda < \rho$ 时，要让滑块匀速下滑，F 为负值。即需要给滑块施加一大小与 F 相等、方向相反的外力，滑块才会匀速下滑。换句话说，如果不施加外力 $-F$，无论载荷 Q 有多大，滑块都不会自动下滑，这种现象称为自锁。由此得出螺纹自锁条件为

$$\lambda < \rho \tag{4-10}$$

为了保证自锁，通常取 $\lambda < 4.5°$。

3）效率

在旋紧螺母推动载荷 Q 上升时，螺母转一周，推力 F 作功为 A_1，即

$$A_1 = F\pi d_2 = Q \tan(\lambda + \rho)\pi d_2$$

这时重物上升距离为导程 S，其有效功为

$$A_2 = QS = Q\pi d_2 \tan\lambda$$

因此，螺纹的传动效率为

$$\eta = \frac{A_2}{A_1} = \frac{Q\pi d_2 \tan\lambda}{Q\pi d_2 \tan(\lambda + \rho)} = \frac{\tan\lambda}{\tan(\lambda + \rho)} \tag{4-11}$$

可见：螺纹升角越大，效率越高。但 λ 过大时，加工困难。一般推荐 $\lambda < 25°$。

2. 其它螺纹(牙形角 $a \neq 0$)

牙形角 $a \neq 0$ 的螺纹副有三角形($a = 60°$)、梯形($a = 30°$)和锯齿形($a = 3°$)螺纹。它们工作时与矩形螺纹相近，故可套用矩形螺纹的公式，用当量摩擦系数 f_v 代替 f，用当量摩擦角 ρ_v 代替 ρ，其中 $f_v = f/\cos\dfrac{a}{2}$，$\rho_2 = \arctan f_v$。

螺纹拧紧时所需力为

$$F = Q \tan(\lambda + \rho_v) \tag{4-12}$$

效率为

$$\eta = \frac{\tan\lambda}{\tan(\lambda + \rho_v)} \tag{4-13}$$

放松螺纹时所需力为

$$F = Q\tan(\lambda - \rho_v) \tag{4-14}$$

自锁条件为

$$\lambda < \rho_v \tag{4-15}$$

分析上述几个公式,可得出以下结论:

① 为了提高效率,常采用多头螺纹,因为其螺旋升角 λ 较大。

② 为了联接可靠,常采用三角形螺纹,因为其当量摩擦角 ρ_v 较大。要求自锁时,常采用细牙螺纹。

③ 为了提高传动效率,常采用矩形、梯形和锯齿形螺纹。它们的效率都比三角形螺纹高,因为其当量摩擦角 ρ_v 小。

不同螺纹的当量摩擦系数值如下:

矩形 $\alpha = 0°$ 　　　　$f_v = f$

梯形 $\alpha = 30°$ 　　　$f_v = 1.035f$

三角形 $\alpha = 60°$ 　　$f_v = 1.155f$

锯齿形 $\alpha = 3°$ 　　　$f_v = 1.001f$

4.5.4　螺栓强度计算

螺栓强度计算的目的是求出螺栓的直径,或校核螺栓危险截面的强度。对于成组使用时,先找出受载最大的螺栓,算出其所受载荷,按强度计算求出直径。为了便于制造、装配,同组的其他螺栓通常也采用与其相同的直径。螺栓强度计算分为普通螺栓和配合螺栓两大类。

1. 普通螺栓的强度计算

螺纹联接的破坏形式虽然很多,但最常发生的破坏形式是螺杆部分被拉断。在一般情况下,只要螺杆部分强度足够,其它部分都能满足强度要求。因此在设计时只需按强度计算确定螺纹小径,然后按标准选择螺栓及相应的螺母和垫圈的尺寸。普通螺栓联接按承受载荷前是否预紧,分为松联接和紧联接两类。

螺栓的材料及其力学性能如表 4-10 所示。螺栓联接件的许用应力和安全系数如表 4-11 所示。

表 4-10　螺栓的材料及其力学性能

钢号	抗拉强度 σ_b	屈服强度 σ_s
10	335	205
Q215	335~410	215
Q235	375~460	235
25	450	275
35	530	315
45	600	355
40C$_r$	785	980

表 4 – 11　螺栓联接件的许用应力和安全系数

联接情况		联接的受载情况	许用应力和安全系数
普通 螺栓 联接	松联接	轴向静载荷	$[\sigma] = \sigma_b / S$
	紧联接	轴向静载荷 横向静载荷	$[\sigma] = \sigma_s / S$，控制预紧力时，$S = 1.2 \sim 1.5$；不 严格控制预紧力时，可查表 4 – 12
配合螺栓联接		横向静载荷	$[\tau] = \sigma_s / S$，被联接件为钢时，$[\sigma]_p = \sigma_b / 1.25$； 被联接件为铸铁时，$[\sigma]_p = \sigma_b / (2 \sim 2.5)$

1) 松联接

装配时未拧紧螺母的螺栓联接称为松联接。松联接在装配时不拧紧螺母，所以只在承受工作载荷时螺栓才受到拉力，此类应用较少。如图 4 – 23 所示，设钓钩尾所用螺栓承受轴向载荷为 Q，则螺栓正常工作(不被拉断)的强度条件为

$$\sigma = \frac{4Q}{\pi d_1^2} \leqslant [\sigma] \tag{4-16}$$

或

$$d_1 \geqslant \sqrt{\frac{4Q}{\pi [\sigma]}} \tag{4-17}$$

式中：$[\sigma]$——松螺栓联接件的许用应力，其值 $[\sigma] = \sigma_s / S$(MPa)，见表 4 – 11；

σ_s——螺栓材料的屈服极限(MPa)，见表 4 – 10；

S——安全系数，其值一般为 1.2～1.7。未淬火钢 S 取大值；对起重钓钩应取 $S = 3 \sim 5$。

按式(4 – 17)求得螺纹小径 d_1 后，即可查标准选出螺栓的公称直径。

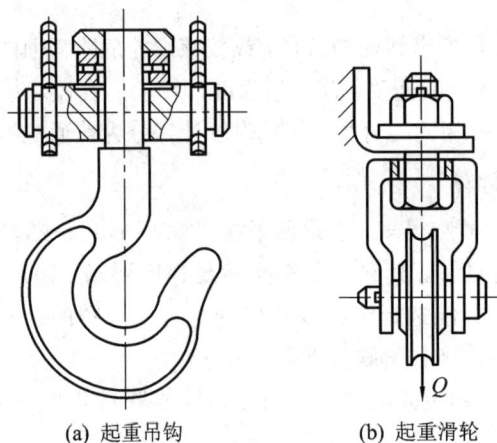

(a) 起重吊钩　　　　(b) 起重滑轮

图 4 – 23　起重吊钩与起重滑轮

2) 紧螺栓联接

装配时，螺栓需要预紧的称为紧联接。有的紧螺栓联接工作时只受横向载荷作用，有的则受轴向工作载荷。下面按这两种情况分别研究螺栓的强度计算。

(1) 受横向载荷作用的螺栓联接。

① 预紧力的计算。图 4 – 24 所示螺栓与被联接件的孔壁间有间隙。拧紧螺母后，螺栓的预紧力 Q_0 使被联接件相互压紧，当被联接件受到横向工作载荷 R 作用时(图 4 – 24(a))，在被联接件的接合面间将产生摩擦力，这个摩擦力将阻止其相对滑动，从而达到传递工作

载荷的目的。因此,这种连接正常工作(被联接件彼此不产生相对滑动)的条件为

$$Q_0 fmz \geqslant CR$$

或

$$Q_0 \geqslant \frac{CR}{fmz} \quad (\text{N}) \tag{4-18}$$

式中:f——被联接件接合面间的摩擦系数,钢或铸铁零件表面取 $f = 0.12 \sim 0.16$;

　　　m——被联接件接合面的对数;

　　　z——联接螺栓的数目;

　　　C——联接的可靠性系数,通常取 $C = 1.1 \sim 1.3$。

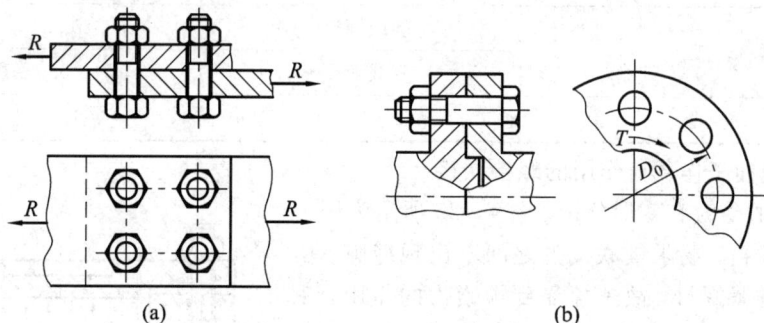

图 4-24　只受预紧力的紧螺栓联接

由式(4-18)可知,当 $f = 0.15$、$m = 1$、$z = 1$、$C = 1.2$ 时,$Q_0 = 8R$。其预紧力为横向工作载荷的 8 倍,因此计算出的螺栓尺寸将很大。为了提高可靠性,常采用附加的销、套筒和键等来承受横向载荷,如图 4-31 所示。

图 4-24(b)所示的受转矩作用的紧螺栓联接的预紧力按式(4-18)计算时,式中的横向载荷 $R = 2000T/D_0$。D_0 为螺栓所在圆周的直径;T 为传递的转矩(N·m)。

② 螺栓强度的计算。横向载荷作用的普通螺栓联接,在拧紧螺母时,螺栓受到拉伸和扭转的复合作用,故应按拉扭组合状态进行计算。但为了计算简便,同时考虑扭转对螺栓强度的影响,需将拉伸应力提高 30%,即

$$\sigma = \frac{1.3 Q_0}{\dfrac{\pi d_1^2}{4}} = \frac{5.2 Q_0}{\pi d_1^2} \leqslant [\sigma] \quad \text{MPa} \tag{4-19}$$

由式(4-19)可得设计公式为

$$d_1 \geqslant \sqrt{\frac{5.2 Q_0}{\pi [\sigma]}} \quad (\text{mm}) \tag{4-20}$$

式中[σ]为紧螺栓联接的许用应力(MPa),可从表 4-11、表 4-12、表 4-13 中选取参数后确定。

表 4-12　紧联接螺栓的安全系数 S(不控制预紧力时)

材　　料	静　载　荷		
	M6～M16	M16～M30	M30～M60
碳　钢	4～3	3～2	2～1.3
合金钢	5～4	4～2.5	2.5

由表 4 - 11 可知，σ_s 和 S 均可从表中直接选取，然后确定出 $[\sigma]$，按式 (4 - 20) 计算螺纹小径；而不控制预紧力时，因 $[\sigma]$ 随 S 变化，而 S 又随 d 变化，故可采用试算法。所谓试算法，就是先假定一个螺栓的公称直径 d，按 d 查表 4 - 11 选取安全系数 S；然后按表 4 - 10、表 4 - 11 求出许用应力 $[\sigma]$，将 $[\sigma]$ 代入式 (4 - 20) 进行计算。如算出的公称直径略小于或等于原先假设的公称直径，计算可结束。否则，需要重新假设螺栓直径，按上述步骤继续进行计算，直到计算出的螺栓直径与原先假设的螺栓直径基本相符为止。

表 4 - 13　　剩余预紧系数

联　接　情　况		K
紧　固	静载荷	0.2～0.6
	变载荷	0.6～1
紧　密		1.5～1.8

(2) 受轴向工作载荷作用的螺栓联接。

① 联接的受力和变形分析。图 4 - 25 所示为压力容器的螺栓联接，要求被联接件之间不出现缝隙。由于工作前已拧紧螺母，故螺栓受到预紧力的作用，工作时又受到被联接件的工作拉力 F。由于螺栓与被联接件都是弹性件，故可用静力平衡和变形协调条件来分析其受力情况。

图 4 - 26(a) 所示为螺母与被联接件彼此刚好贴合时的情况，此时因螺母未拧紧，故螺母、被联接件均

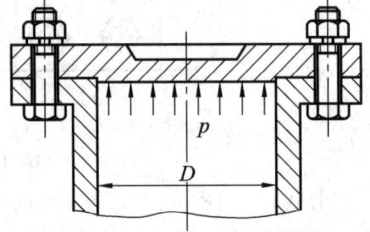

图 4 - 25　压力容器的螺栓联接

无受力也无变形。图 4 - 26(b) 所示为拧紧螺母后还没有承受工作载荷时的情况，这时螺栓在 Q_0 作用下的拉伸变形量为 δ_1，被联接件在 Q_0 作用下的压缩变形量为 δ_2。图 4 - 26(c) 所示为联接受到工作载荷 F 作用时的情况，这时螺栓又伸长 $\Delta\delta_1$，螺栓的总变形量为 $\delta_1 + \Delta\delta_1$；被联接件由于螺栓的伸长得到一定的弹性恢复，其压缩量减少了 $\Delta\delta_2$，被联接件中的变形由 δ_2 减少到 $\delta_2 - \Delta\delta_2$。与此同时，作用在联接件上的预紧力也相应地减少到 Q_0'，Q_0' 称为剩余预紧力 (也称残余预紧力)。因此，螺栓承受的总拉伸载荷 Q 应为

$$Q = F + Q_0' \tag{4 - 21}$$

从以上分析可见，要保证连接可靠，在被联接件之间不出现缝隙 (如图 4 - 26(d) 所示)，必须存在剩余预紧力 Q_0' 和剩余变形量 $\delta_2 - \Delta\delta_2$。剩余预紧力可按下式计算：

$$Q_0' = KF \tag{4 - 22}$$

将式 (4 - 22) 代入式 (4 - 21)，可得

$$Q = (1 + K)F \tag{4 - 23}$$

式中 K 为剩余预紧系数，其值见表 4 - 13。

② 螺栓的强度计算。在紧螺栓联接中，螺栓受到拉应力和扭转剪应力的复合作用。因此，螺栓强度计算如下：

$$\sigma = \frac{1.3Q}{\dfrac{\pi d_1^2}{4}} = \frac{5.2Q}{\pi d_1^2} \leqslant [\sigma] \tag{4 - 24}$$

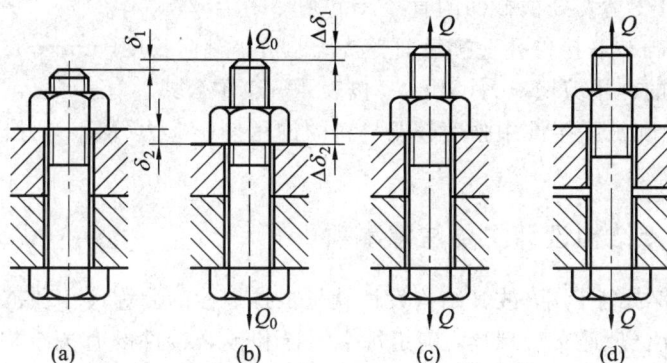

图 4 - 26　螺栓与被联接件的受力与变形

由上式可得设计公式为

$$d_1 \geqslant \sqrt{\frac{5.2Q}{\pi[\sigma]}} \qquad\qquad (4-25)$$

2. 配合螺栓的强度计算

配合螺栓联接中螺栓杆与被联接件的螺栓孔壁间没有间隙(图 4 - 27)。当被联接件受到工作载荷(横向载荷或转矩)时,螺栓受到两种作用:一是螺栓杆在被联接件的接合面处受到联接件的剪切应力;二是螺栓杆与被联接件的螺栓孔壁接触表面的挤压作用,产生挤压应力。配合螺栓联接也需要拧紧螺母,但预紧力较小,在强度计算时可忽略不计。配合螺栓的抗剪强度条件为

$$\tau = \frac{F}{m\,\dfrac{\pi d_0^2}{4}} = \frac{4F}{m\pi d_0^2} \qquad\qquad (4-26)$$

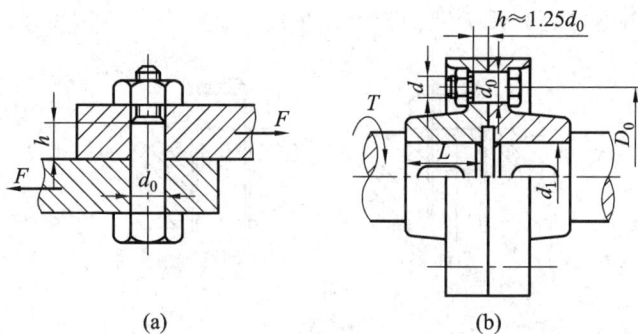

图 4 - 27　配合螺栓联接

螺栓杆与被联接件螺栓孔壁接触面的挤压强度条件为

$$\sigma_{\mathrm{p}} = \frac{F}{d_0 h} \leqslant [\sigma]_{\mathrm{p}} \quad \mathrm{MPa} \qquad\qquad (4-27)$$

上述两式中:F——单个螺栓所受的横向载荷(N)。对于图 4 - 27(b)所示情况,$F = \dfrac{2T}{D_0 Z}$。

T 为螺栓联接所承受的转矩,D_0 为螺栓所在圆周的直径,Z 为螺栓个数;

m——螺栓杆剪切面的数目;

d_0——螺栓杆受剪切处横截面的直径(mm);

h——螺栓杆与被联接件孔壁接触面受挤压的最小轴向长度(mm);

$[\tau]$——螺栓的许用剪切应力(MPa),按表 4-11 中公式计算;

$[\sigma]_p$——螺栓和被联接件中强度较弱材料的许用挤压应力(MPa),按表 4-11 中公式计算。

4.5.5 螺栓联接结构设计主要注意事项

螺栓联接大多成组使用,故其结构设计就是根据螺栓的公称尺寸和被联接件的结构形状,在被联接件上合理地布置螺栓,确定每个螺栓和被联接件的有关结构尺寸。为了获得合理的螺栓连接的结构,应注意以下几个问题:

(1)为了装拆方便,应留有必要的安装和拆除紧固件的空间,如螺栓与箱体、螺栓与螺栓之间的扳手空间(图 4-28)、紧固件装拆时的活动空间等。

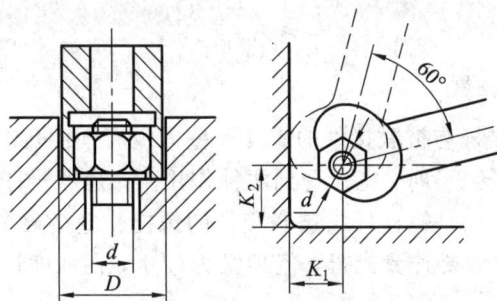

图 4-28 扳手空间

(2)为了联接可靠,避免产生附加载荷,螺栓头、螺母与被联接件接触表面均应平整,并保证螺栓轴线与接触面垂直。为此常将被联接件支承面制成凸台或凹坑(鱼眼坑),如图 4-29(a)所示。有的场合还采用斜垫圈或球面垫圈,如图 4-29(b)所示。

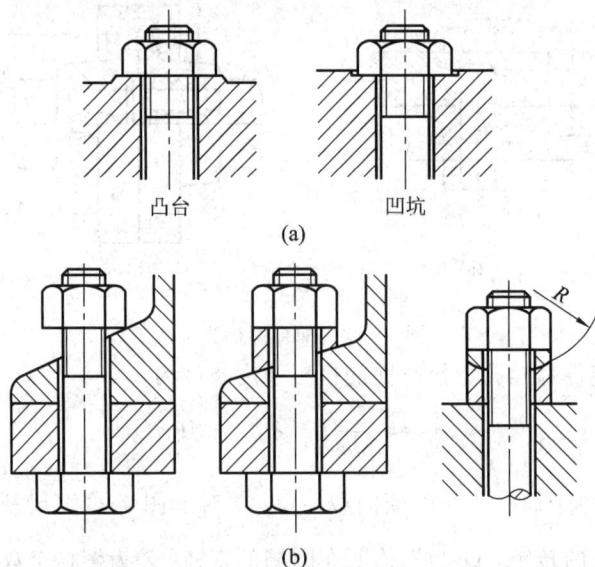

凸台   凹坑

(a)

(b)

图 4-29 支承面结构

（3）螺栓联接的螺纹预留长度 l_1、螺纹伸出长度 l_2、螺纹旋入深度 l_3、螺纹孔深度 l_4、钻孔深度 l_5 及螺栓轴线到被联接件边缘的距离 e 等尺寸，都应按表 4-8 的尺寸关系确定。

（4）根据联接的重要程度，对螺栓联接采用必要的防松装置。

（5）在联接的接合面上，合理地布置螺栓。

① 为了使接合面受力比较均匀，螺栓在接合面上应对称布置（共同的对称轴线），如图 4-30 所示。

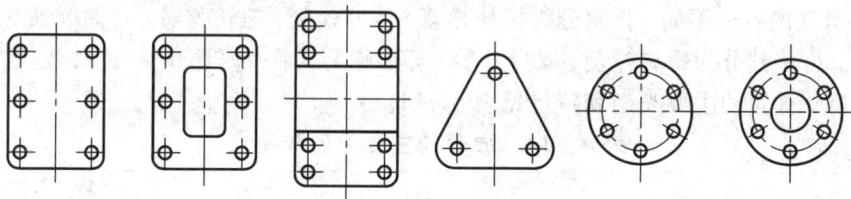

图 4-30 螺栓组的布置

② 为了便于画线钻孔，螺栓应布置在同一圆周上，并取易于等分圆周的螺栓个数，如 3、4、6、8、12。

③ 为了防止螺栓受载严重不均，沿外力作用方向不宜成排地布置八个以上的螺栓。

④ 为了减少螺栓承受的载荷，对承受弯矩或转矩作用的螺栓组联接，应尽可能将螺栓布置在靠近接合面的边缘。

（6）对承受横向载荷较大的螺栓组，可采用卸载装置承受部分横向载荷，如图 4-31 所示。

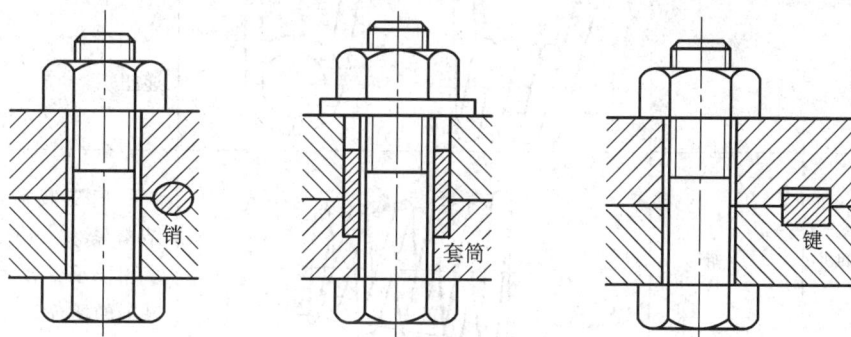

图 4-31 受横向载荷螺栓联接的减载装置

4.6 弹 簧

弹簧是靠弹性变形工作的弹性零件。在外载荷作用下，弹簧能够产生较大的弹性变形并吸收一定的能量，当外载荷卸除后，弹簧又能迅速地恢复原来的形状，并放出吸收的能量。由于弹簧具有变形和储能的特点，因此广泛应用于各种机械中。

4.6.1 弹簧的功用和类型

1. 弹簧的功用

（1）控制运动（如凸轮机构、离合器、阀门及各种调速器中的控制弹簧，打字机中的复位弹簧,各种卡子等)。

(2) 缓冲和吸振(如电梯、车辆中的缓冲弹簧,精密设备中的隔振弹簧等)。

(3) 储存能量(如机械式钟表、仪器和玩具中的弹簧,武器发射机构中的弹簧)。

(4) 测量力的大小(如弹簧秤、测力器中的弹簧)。

(5) 保持零件之间接触良好(如簧片触点、电源插座中的插套等)。

2. 弹簧的类型

按所承受的载荷不同,弹簧分为拉伸弹簧、压缩弹簧、扭转弹簧、弯曲弹簧。按弹簧的形状不同,可将其分为螺旋弹簧、碟形弹簧、环形弹簧、平面涡卷弹簧(亦称盘簧)、片弹簧和板弹簧等。弹簧的主要类型和特点见表 4-14。

表 4-14　弹簧的主要类型和特点

类型		承载形式	简图	特点及应用
螺旋弹簧	圆柱形	压缩	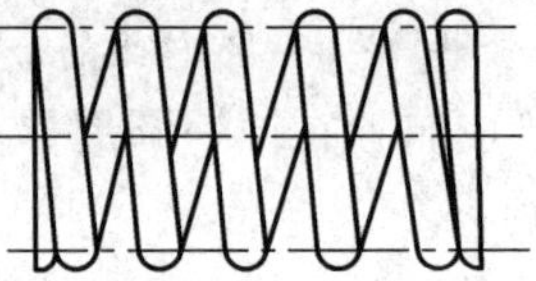	刚体稳定,用金属丝按螺旋线卷绕而成,制造简便,应用广泛
		拉伸		
		扭转	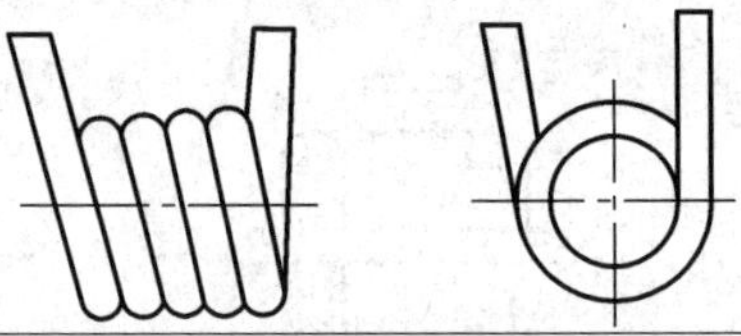	用于压紧、储能或传递扭矩
	圆锥形	压缩	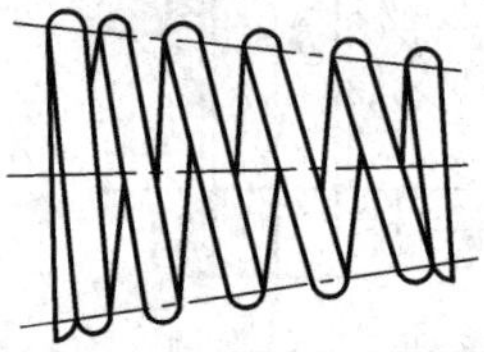	刚度随载荷而变化,结构紧凑,稳定性好,多用于承受较大载荷和减振的场合
碟形弹簧		压缩	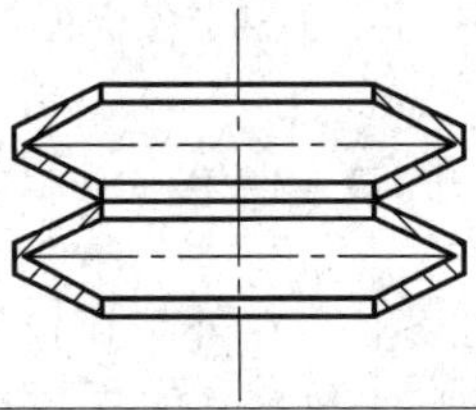	由冲压成型的带锥钢板组成,刚度大,用于轴向尺寸受限制、外载荷又很大的缓冲减振装置中,有变刚度性能
环形弹簧		压缩	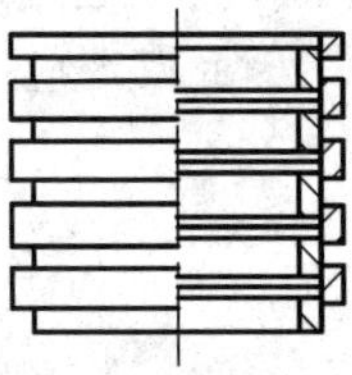	由带有配合圆锥面的外圆环和内圆环组成,缓冲吸振能力强,用于重型机械的缓冲装置

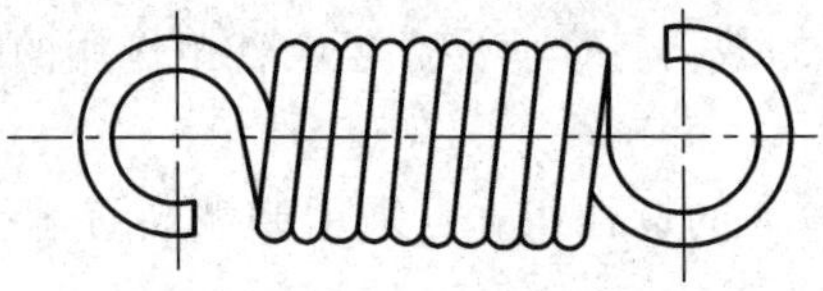

类型	承载形式	简图	特点及应用
平面涡卷弹簧	扭转	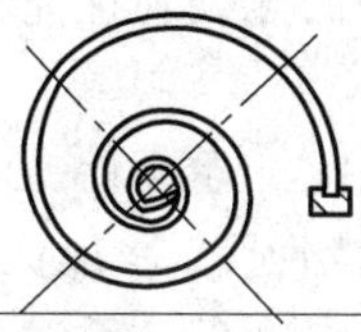	由钢带盘绕而成，轴向尺寸很小，常用于仪器和钟表的储能装置
板弹簧	弯曲	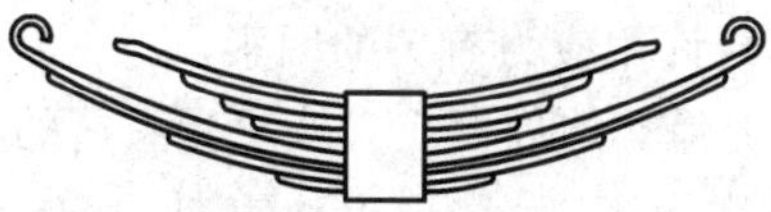	由许多长度不同的钢板叠合而成，变形大，吸振能力强，多用于车辆的悬架装置
片弹簧	弯曲	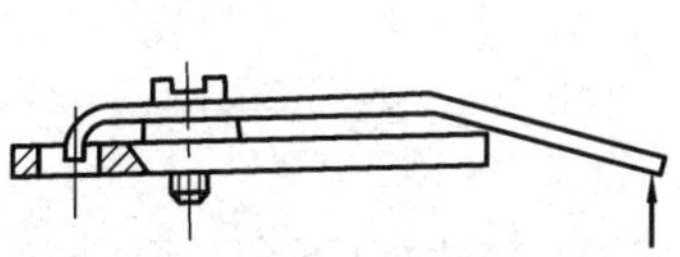	由单片钢板或铜板制成，一般要预先折弯，多用于压紧零件或做弹簧触点

4.6.2　弹簧的制造、材料和许用应力

1. 弹簧的制造和制造精度

圆柱螺旋弹簧的制造工艺过程为：卷绕、两端加工（压簧两端面的加工，拉簧、扭簧两端钩环的制作）、热处理和工艺性能试验。

弹簧的大批生产是在卷簧机上进行的，小批生产则用普通机床或者手工卷制。弹簧丝直径 $d \leqslant 8$ mm 时，常用冷卷法，卷前要热处理，卷后要低温回火。直径 $d > 8$ mm 时，采用热卷法，热卷后应进行淬火和低温回火处理。弹簧成型后，要进行表面质量检验及工艺性试验，以鉴定弹簧的质量。

为了提高压缩弹簧的承载能力，可通过强压处理使之强化。经强压处理的弹簧，不宜在高温、长期振动和有腐蚀性介质的环境中工作。受变载荷的弹簧，可通过喷丸处理提高其疲劳强度。

弹簧的制造精度按受力后变形量公差分为三级，如表 4 - 15 所示，一般可选用 2 级精度。

表 4 - 15　弹簧制造精度

制造精度	受力后变形量公差	用　途　举　例
1 级	10%	在工作受力变形量范围内，要求校准的弹簧。如：测量仪器、测力仪等的弹簧
2 级	20%	要求按弹簧特性曲线调整的弹簧。如：安全阀、减压阀、止回阀及调节机构的弹簧
3 级	30％	不需按载荷调整的弹簧。如：泵的吸入和压出弹簧、制动器的压紧弹簧、缓冲器的弹簧

2. 弹簧的材料和许用应力

弹簧在机械中常受冲击性的交变载荷，所以要求弹簧材料应具有高的弹性极限、疲劳极限、一定的冲击韧性和塑性、良好的热处理性能。常用的弹簧材料有碳素弹簧钢、合金弹簧钢、不锈钢和铜合金。

选择材料时应充分考虑弹簧的用途、重要性、工作条件(载荷的大小及性质，工作温度和周围介质的情况)、加工方法和经济性等。一般优先选用碳素弹簧钢。

弹簧的许用应力与材料的品质、热处理方法、载荷性质、工作条件、重要程度及弹簧丝尺寸都有关系。下面说明与许用应力有关的因素。

(1) 载荷性质。圆柱螺旋弹簧的许用应力按所受载荷的情况分为三类：

Ⅰ类——受变载荷作用次数在 10^6 次以上或重要的弹簧，如内燃机弹簧、电磁制动器弹簧。

Ⅱ类——受变载荷作用次数在 $10^3 \sim 10^6$ 次范围内及承受冲击载荷的弹簧，如一般车辆弹簧等。

Ⅲ类——受变载荷作用次数在 10^3 次以下和受静载荷的一般弹簧，如摩擦式安全离合器弹簧等。

拉伸弹簧的许用应力为压缩弹簧的 80%。

(2) 重要程度。对于重要的弹簧(其损坏要影响整机工作)应降低许用应力的数值。

(3) 表面处理。弹簧经强压、喷丸处理后，表中许用应力数值可提高 20%。

(4) 直径大小。线材直径 d 越小，组织越细密，抗拉强度极限 σ_b 也越高。碳素弹簧钢丝的抗拉强度 σ_b 与 d 之间的关系见表 4-16。

表 4-16　碳素弹簧钢丝的抗拉强度　　　　　　　MPa

直径 d /mm	抗拉强度 σ_b			直径 d /mm	抗拉强度 σ_b		
	B 级	C 级	D 级		B 级	C 级	D 级
1.80	1520~1810	1760~2110	2010~2300	4.00	1320~1620	1520~1760	1620~1860
2.00	1470~1760	1710~2010	1910~2200	4.50	1320~1170	1520~1760	l620~1860
2.20	1420~1710	1660~1960	1810~2110	5.00	1320~1570	1470~1710	1570~1810
2.50	1420~1710	1660~1960	1760~2060	5.50	1270~1520	1470~1710	1570~1810
2.80	1370~1670	1620~1910	1710~2010	6.00	1230~1460	1420~1660	1520~1760
3.00	1370~1670	1570~1860	1710~1960	6.30	1220~1470	1420~1610	—
3.20	1320~l620	1570~1810	1660~1910	7.00	1170~1420	1370~1570	—
3.50	1320~1620	1570~1810	1660~1910	8.00	1170~1420	1370~1570	—

注：碳素弹簧钢丝按用途分为三级：B 级用于低应力弹簧；C 级用于中等应力弹簧；D 级用于高应力弹簧。

4.6.3　圆柱形螺旋弹簧的结构、参数和尺寸

1. 弹簧的端部结构

压缩弹簧的两端各有 $\frac{3}{4} \sim 1\frac{1}{4}$ 圈的支承圈，工作时不参加变形，故又称死圈或支撑圈。

它的端部有并紧磨平 YⅠ型和并紧不磨平 YⅡ型两种,见图 4 - 32。为了使弹簧端面和轴线垂直,重要用途的压缩弹簧应采用并紧磨平 YⅠ型。磨平部分的长度不小于 $\frac{3}{4}$ 圈,末端厚度约为 $d/4$(d 为弹簧丝直径)。

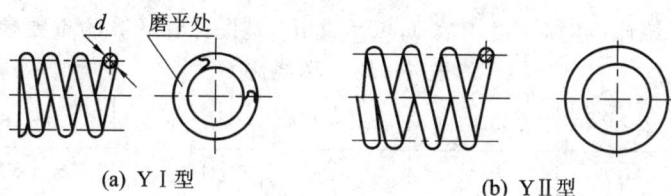

(a) YⅠ型　　　　　　　　　　(b) YⅡ型

图 4 - 32　压缩弹簧的端部结构

　　拉伸弹簧的各圈间并紧,端部制有钩环,用于安装和加载。图 4 - 33 为拉伸弹簧端部结构的几种型式。其中,LⅠ型和 LⅡ型制造方便,应用较广;缺点是,工作时在挂钩过渡处将产生很大的弯曲应力,一般只用于直径 $d \leqslant 10$ mm 的弹簧丝及载荷小和不重要的场合。LⅦ型和 LⅧ型挂钩不与弹簧丝联成一体,适用于受载荷较大或变载荷的场合,缺点是成本较高。

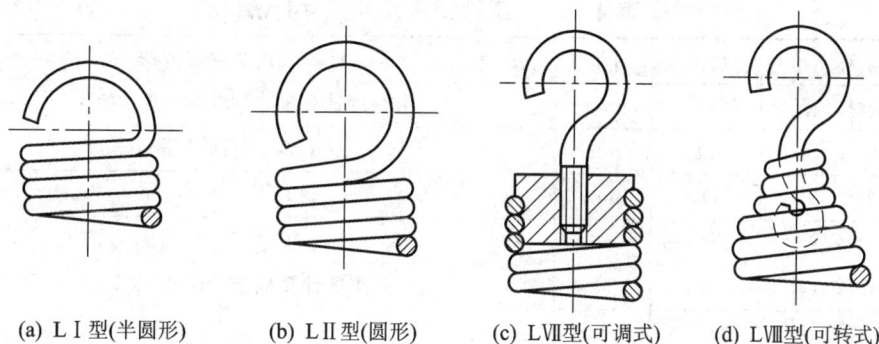

(a) LⅠ型(半圆形)　　(b) LⅡ型(圆形)　　(c) LⅦ型(可调式)　　(d) LⅧ型(可转式)

图 4 - 33　拉伸弹簧的端部结构

2. 弹簧的参数和尺寸

图 4 - 34 所示为一圆柱形螺旋压缩弹簧,其主要参数有:

(1) d——弹簧丝直径(mm),碳素弹簧钢丝的直径见表 4 - 16。

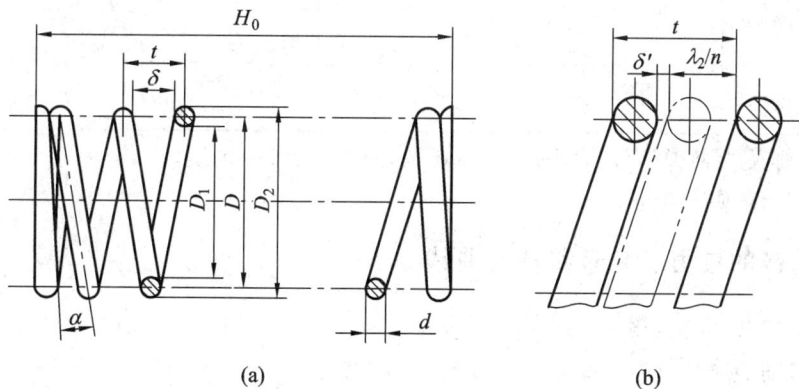

(a)　　　　　　　　　　　　　(b)

图 4 - 34　圆柱形螺旋弹簧的尺寸

(2) D——弹簧中径(mm)，是弹簧外径和内径的平均值，是计算参数，见表 4-17。

表 4-17　螺旋弹簧中经系列　　　　　　　　　　mm

5	6	7	8	9	10	12	16	20	25	30	35	40	45	50	55	60	70	80

(3) C——环绕比(亦称弹簧指数)，$C=D/d$，是设计和计算的重要参数，见表 4-18。

表 4-18　环绕比 C

d/mm	0.2~0.4	0.45~1.0	1.1~2.2	2.5~6.0	7.0~16	>18
C	7~14	5~12	5~10	4~9	4~8	4~16

(4) t——节距(mm)，由图 4-34(b)知

$$t = d + \frac{\lambda_2}{n} + \delta' = (0.25 \sim 0.5)D$$

式中：λ_2 为弹簧在最大工作载荷 F_2 作用下的变形量；n 为弹簧的有效圈数；δ' 为承载后的剩余间隙，通常取 $\delta' \geqslant 0.1d$。

圆柱形螺旋压缩弹簧的参数和几何尺寸计算见表 4-19。

表 4-19　压缩弹簧几何尺寸计算

名称	代号	单位	计算公式及确定方法
弹簧丝直径	d	mm	由强度计算确定，应符合尺寸系列
中径	D	mm	$D=Cd$，最后取标准值
外径	D_2	mm	$D_2 = D + d$
内径	D_1	mm	$D_1 = D - d$
工作圈数	n		由刚度计算确定，要求 $n \geqslant 2.5$
总圈数	n_1		$n_1 = n + (1.5 \sim 2.5)$
节距	t	mm	$t = d + \dfrac{\lambda_2}{n} + \delta'$
间距	δ	mm	$\delta = t - d$
螺旋升角	α	(°)	$\alpha = \arctan \dfrac{t}{\pi d}$，一般 $\alpha = 5° \sim 9°$
自由高度	H_0	mm	YⅠ型 $H_0 = n\delta + (n_1 - 0.5)d$　YⅡ型　$H_0 = n\delta + (n_1 + 1)d$
展开长度	L	mm	$L = \dfrac{\pi D n_1}{\cos\alpha} \approx \pi D n_1$

圆柱形螺旋拉伸弹簧没有间距 δ，计算展开长度与自由高度时，应计入钩环部分尺寸，其余尺寸与压缩弹簧相同。

4.6.4　弹簧的应力、变形和特性曲线

1. 弹簧的应力与变形

1) 弹簧的应力

图 4-35 为圆柱形螺旋压缩弹簧，承受轴向载荷 F，运用截面法分析可知，弹簧丝截

面受剪力 $Q(=F)$ 及扭矩 $T(=FD/2)$ 的作用，扭矩引起的切应力为

$$\tau = \frac{T}{W_T} = \frac{FD/2}{\frac{\pi d^3}{16}} = \frac{8FD}{\pi d^3} = \frac{8FC}{\pi d^2} \qquad (4-28)$$

式中：W_T——弹簧丝横截面的抗扭截面系数。

若考虑弹簧丝呈螺旋状曲率及剪力 Q 引起切应力的影响，引入曲率系数 K，则弹簧的强度条件为

$$\tau = K\frac{8FC}{\pi d^2} \leqslant [\tau] \qquad (4-29)$$

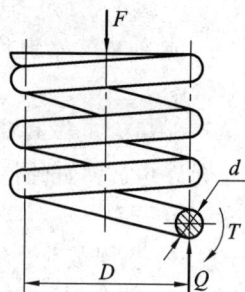
图 4-35 圆柱形螺旋弹簧的受力分析

式中：$[\tau]$——弹簧材料的许用切应力；

K——弹簧曲度系数，$K = \frac{4C-1}{4C-4} + \frac{0.615}{C}$，也可查表 4-20。

表 4-20 弹簧曲度系数

C	4	5	6	7	8	9	10	12	14
K	1.4	1.31	1.25	1.21	1.18	1.16	1.14	1.12	1.1

2）弹簧的变形

弹簧受轴向载荷 F 后产生的变形量为

$$\lambda = \frac{8FD^3 n}{Gd^4} = \frac{8FC^3 n}{Gd} \qquad (4-30)$$

式中：G——弹簧材料的切变模量（钢为 8×10^4 MPa，青铜为 4×10^4 MPa）。

设计时，有效圈数 n 是根据变形量 λ_2 决定的，即

$$n = \frac{Gd\lambda_2}{8F_2 C^3} \qquad (4-31)$$

如果 $n<15$ 圈，则取 n 为 0.5 的倍数；如果 $n>15$ 圈，则 n 取整数。λ_2 和 F_2 见图 4-36。

3）弹簧的刚度

弹簧产生单位变形所需的载荷称为弹簧刚度 k，即

$$k = \frac{F}{\lambda} = \frac{Gd^4}{8D^3 n} = \frac{Gd}{8C^3 n} \qquad (4-32)$$

由式（4-32）可知，k 为常数，载荷与变形成直线关系。当其他条件相同时，C 越大，弹簧刚度越小，即弹簧越软，工作时，会引起颤动；C 越小，弹簧刚度越大，卷绕困难，并在内侧引起过大的应力。所以，环绕比应在 4~16 之间，常用范围为 $C=5~8$，一般可按弹簧钢丝直径 d，由表 4-19 中取值。此外，刚度 k 还与 G、d、n 有关，设计时应综合考虑这些因素的影响。

2. 弹簧的特性曲线

弹簧的特性曲线是表示弹簧所受载荷 F 与变形量 λ 之间的关系曲线。等节距的圆柱螺旋弹簧在弹性范围内工作，载荷与变形成正比，特性曲线为直线。图 4-36 为压缩弹簧的特性曲线，其中：

H_0——弹簧不受载荷时的自由高度。

F_1——最小载荷，即弹簧在安装时所受的预加压力。F_1 使弹簧可靠地稳定在安装位置上。通常取 $F_1 = (0.2 \sim 0.5)F_2$。

F_2——最大工作载荷。弹簧在 F_2 作用下产生的应力不允许超过弹簧的许用切应力 $[\tau]$。F_2 一般由工作要求给定。

F_{lim}——极限载荷。在 F_{lim} 作用下，弹簧丝的应力不得超过材料的剪切弹性极限。Ⅰ类载荷 $F_{lim} = 1.25F_2$，Ⅱ类载荷 $F_{lim} = 1.2F_2$，Ⅲ类载荷 $F_{lim} = F_2$。

H_1、H_2、H_{lim}——分别为在 F_1、F_2、F_{lim} 作用下的弹簧高度。

λ_1、λ_2、λ_{lim}——分别为在 F_1、F_2、F_{lim} 作用下的变形量。

h——弹簧的工作行程，$h = \lambda_2 - \lambda_1 = H_1 - H_2$。

圆柱螺旋拉伸弹簧的特性曲线与压缩弹簧的特性曲线相似。

弹簧的工作特性曲线应画在弹簧工作图中，作为检验和试验的依据之一。

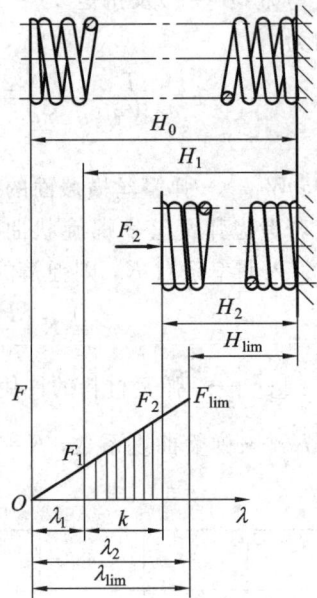

图 4-36　圆柱形螺旋压簧的特性曲线

4.6.5　片弹簧简介

片弹簧是由一定宽度、厚度和长度的金属薄片制成的，在电气设备中广泛用于制作开关和压紧元件，常常在制造时预先加以折弯（见图 4-37、图 4-38）。

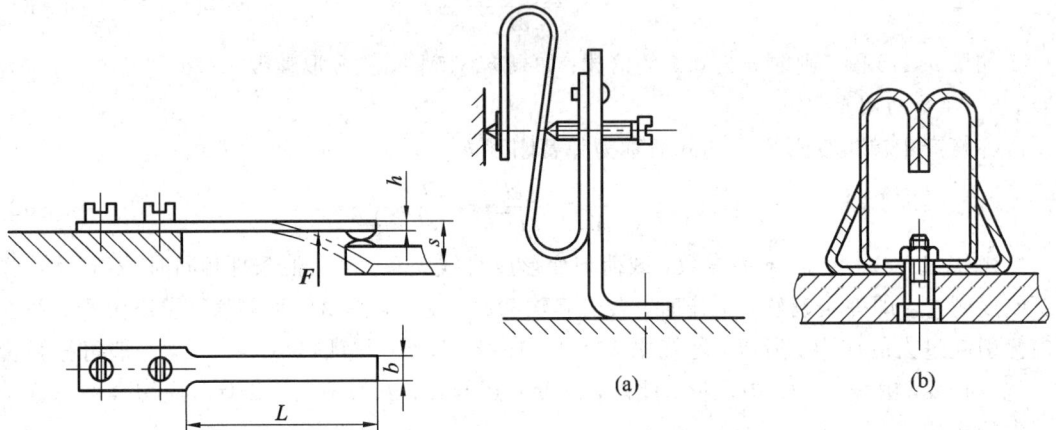

图 4-37　片弹簧

图 4-38　片弹簧的两种应用实例
（a）检波器弯片弹簧；（b）均匀接触的插座弹簧

对于图 4-37 所示的片弹簧，在自由状态时是有弯曲形状的，在工作状态时将其拉直。当外力 $F \geqslant \dfrac{Ebh^3 s}{4L^3}$ 时，片弹簧才开始变形。式中，L、b、h 分别为片弹簧的长度、宽度和高度；s 为挠度；E 为片弹簧材料的弹性模量。这种结构接触可靠，抗振性好，应用广泛。

思　考　题

4-1　联接有哪些类型？请举例说明。

4-2　键联接有哪些类型？各应用在什么场合？

4-3　如何确定平键尺寸：键宽 b、键高 h、键长 L？如何进行强度计算？

4-4　如果经计算平键联接的强度不够，可采取哪些方法解决？

4-5　花键和平键相比有什么特点？

4-6　销有哪些类型？其功用如何？

4-7　螺纹的主要参数有哪些？它们之间有哪些关系？

4-8　为什么紧固零件上常用三角形螺纹，而不用其他螺纹？

4-9　为什么三角形螺纹多用于联接，而梯形、锯齿形、矩形螺纹多用于传动？

4-10　与粗牙普通三角形螺纹比较，细牙螺纹的特点是什么？它在应用上有何不同？

4-11　螺栓、双头螺柱、螺钉和紧定螺钉等四种螺纹联接在结构上有何差别？在应用方面各有什么特点？

4-12　普通螺栓联接和铰制孔螺栓联接在承受载荷上有什么区别？在强度检验方面有何不同？

4-13　普通螺栓联接，当横向载荷很大时，为了连接可靠从结构上可采用哪些措施？

4-14　弹簧有哪些功用？基本形式有哪几种？

4-15　找出实际中使用的三个弹簧，说明它们的类型、结构和功用。

4-16　增大圆柱螺旋弹簧中径 D 和弹簧丝直径 d 对弹簧的强度和刚度有什么影响？如果弹簧强度不够，增加弹簧圈数可以吗？

习　　题

4-1　有一圆柱形螺旋拉伸弹簧，测得弹簧外径 $D_2 = 44$ mm，弹簧丝直径 $d = 4$ mm，弹簧有效圈数 $n = 8$，材料为 C 级碳素弹簧钢丝，载荷性质属于 Ⅱ 类。试求此弹簧可承受的最大工作载荷和相应的变形。

4-2　一减速器的输出轴与铸钢齿轮拟用平键联接。已知配合直径 $d = 80$ mm，齿轮轮毂长 $L_1 = 90$ mm，传递的转矩 $T = 900$ N·m，载荷有轻微冲击。试选择合适的平键。

4-3　某机械输出轴端装一刚性凸缘联轴器。已知传递的最大转矩 $T = 400$ N·m（设为静载荷），联轴器材料为铸铁，轮廓长 $L_1 = 70$ mm，与其相配的轴直径 $d = 50$ mm。试选择联轴器与轴的平键联接的类型和尺寸，并校核其强度。

4-4　试选择车床主轴箱内的齿轮与轴的花键联接。已知传递的转矩 $T = 180$ N·m，齿轮轮毂长 $L_1 = 65$ mm，要求花键轴的外径小于 38 mm。轴及齿轮采用钢并经热处理，HRC≤40。

4-5　一套筒联轴器用圆锥销与轴联接，已知轴的直径为 32 mm，套筒外径为 50 mm，圆锥销的材料为 35 钢，许用剪切应力为 80 MPa，传递的扭矩 $T = 70$ N·m，载荷平稳。试确定销的尺寸。

4-6　图 4-23(b)所示的松螺栓联接中,已知最大的起重载荷为 140 kN。试选择螺栓材料,确定螺栓直径。

4-7　如图所示的螺栓联接,螺栓数 $z=1$,当拧紧螺母的预紧力时,不严格控制预紧力,试确定螺栓材料和螺栓直径。

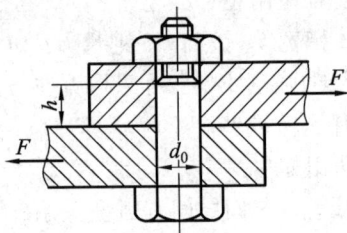

题 7 图

4-8　受横向载荷 $R=6400$ N 的紧螺栓联接,接合面对数 $m=1$,接合面间摩擦系数 $f=0.16$,螺栓数 $z=2$。试求螺栓的公称直径。

4-9　一气缸内径 $D=180$ mm,缸内气压 $p=1.5$ MPa,缸盖与缸体用 8 个螺栓联接,安装时控制预紧力。试确定螺栓的材料和直径。

4-10　如图所示的三块钢板采用两个 M16 螺栓联接以传递横向载荷,设接合面间的摩擦系数为 0.16,联接螺栓的许用应力 $[\sigma]=120$ MPa。试求该螺栓联接所能传递的横向载荷。

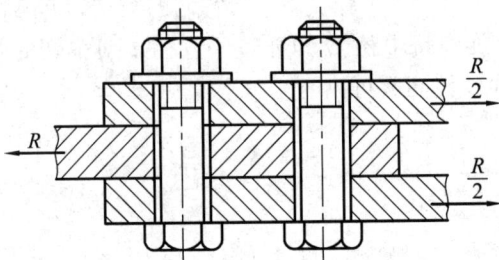

题 10 图

4-11　凸缘联轴器的两个半联轴器采用 HT300 制造,用配合螺栓联接,螺栓分布圆直径 $D_0=250$ mm,螺栓杆和孔壁的接触面受挤压的长度 $h_{min}=1.25d_0$,螺栓数目 $z=6$,受剪面数目 $m=1$,传递的转矩 $T=4800$ N·m,载荷系数 $K=1.25$,求螺栓直径。

项目五 传动装置设计

学习导航

传动装置是连接原动机和执行系统的中间装置。其根本任务是将原动机的运动和动力按执行系统的需要进行转换并传递给执行系统。传动装置的具体功能包括以下几个方面：① 减速或增速；② 变速；③ 增大转矩；④ 改变运动形式；⑤ 分配运动和动力；⑥ 实现某些操纵和控制功能。

5.1 带传动设计

5.1.1 概述

1. 带传动的组成与工作原理

带传动是由主动带轮 1、从动带轮 2 和紧套在带轮上的传动带 3 所组成的，如图 5-1 所示。由于传动带张紧在带轮上，故带与带轮的接触面上产生正压力，当主动轮旋转时，依靠带与带轮接触面上所产生的摩擦力驱动从动轮转动。

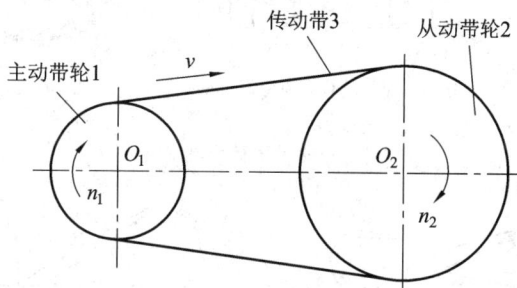

图 5-1 带传动组成

2. 带传动的特点及应用

由于带传动是利用具有挠性的传动带作为中间物，并通过摩擦力来传动，因此，带传动具有以下特点：

（1）传动带具有良好的弹性，能缓和冲击，吸收振动，故带传动运转平稳且无噪声。

（2）适用于两轴中心距较大的场合。

（3）由于带具有弹性和依靠摩擦力传动，所以带与带轮之间存在滑动，故不能保证恒定的传动比。但当发生过载时，带在轮上打滑，可以防止其他零件的损坏，起到安全保护的作用。

（4）结构简单，成本低廉，但传动的外廓尺寸较大。

(5) 带需张紧,故作用在轴和轴承上的力较大,传动效率较低。

带传动主要用于要求传动平稳,传动比不要求准确的 100 kW 以下中小功率的远距离传动。带的速度一般为 5～25 m/s;传动比可达 7;效率约为 0.94～0.96。

3. 带传动的类型

按传动带横截面形状的不同,带传动可分为以下几种类型:

(1) 平带传动。平带的横截面为矩形(图 5-2(a)),常用的平带为橡胶帆布带。平行带传动的形式一般有三种:最常用的是两轴线平行,两带轮转向相同的开口传动(图5-1)、两轴线平行,两带轮转向相反的交叉传动(图 5-3(a))和两轴在空间交错呈 90°的半交叉传动(图 5-3(b))。

(2) V 带传动(即三角带传动)。V 带的横截面为梯形,其工作面为侧面。V 带传动由一根或数根 V 带和带轮组成(图 5-2(b))。V 带与平带相比,由于正压力作用在楔形截面上,其摩擦力较大,能传递较大的功率,故 V 带传动在机械中得到了广泛的应用。

(3) 圆形带传动。圆带的截面为圆形,一般用皮革或棉绳制成(图 5-2(c))。圆带传动只能传递较小的功率,如缝纫机、弹棉机中的圆带传动。

(4) 同步带传动。同步带传动(图 5-2(d))是靠带内侧的齿与带轮的齿相啮合来传递运动和动力的。同步带传动的传动比较准确,且传动比范围较大(可达 10～20),速度较高(可达 40～80 m/s),传递功率较大(可达 200 kW),传动效率也比较高(0.96～0.98)。

(a) 平行带传动　　(b) 三角带传动　　(c) 圆型带传动　　　　(d) 同步带传动

图 5-2　带传动种类

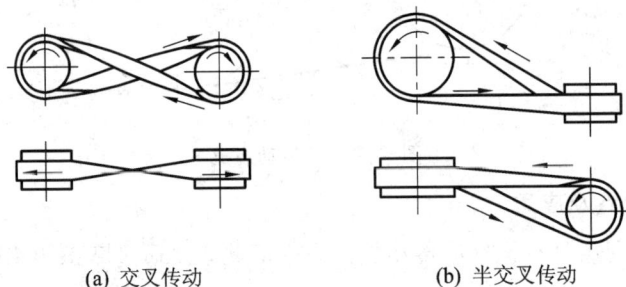

(a) 交叉传动　　　　　　　　　　(b) 半交叉传动

图 5-3　带传动形式

5.1.2　普通 V 带结构及国家标准

在带传动中,应用最广泛的是 V 带传动,而 V 带又分为普通 V 带、窄 V 带、宽 V 带、齿形 V 带、汽车 V 带、大锲角 V 带和接头 V 带等。

1. V 带的结构

标准普通 V 带都制成无接头的环形。如图 5-4 所示，它是由抗拉体、顶胶、底胶和包布组成的。抗拉体是承受负载拉力的主体，分帘布芯和绳芯两种类型，前者制造方便，后者柔韧性好。顶胶和底胶分别承受带弯曲时的拉伸和压缩。包布主要起保护作用。

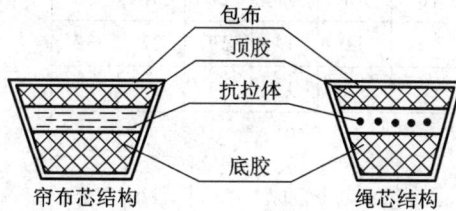

图 5-4　普通 V 带的结构

当 V 带弯曲时，带中保持其原长度不变的周线称为节线，由全部节线构成节面。带的节面宽度称为节宽 b_d，V 带受纵向弯曲时，该宽度保持不变。

2. V 带的标准

普通 V 带已标准化，其周线长度 L_d 为带的基准长度。普通 V 带的基准长度系列见表 5-1。

表 5-1　普通 V 带的长度系列和带长修正系数 K_L（GB/T13575.1—92）

基准长度	K_L					基准长度	K_L			
L_d/mm	Y	Z	A	B	C	L_d/mm	Z	A	B	C
200	0.81					2000	1.08	1.03	0.98	0.88
224	0.82					2240	1.10	1.06	1.00	0.91
250	0.84					2500	1.30	1.09	1.03	0.93
280	0.87					2800		1.11	1.05	0.95
315	0.89					3150		1.13	1.07	0.97
355	0.92					3550		1.17	1.09	0.99
400	0.96	0.79				4000		1.19	1.13	1.02
450	1.00	0.80				4500			1.15	1.04
500	1.02	0.81				5000			1.18	1.07
560		0.82				5600				1.09
630		0.84	0.81			6300				1.12
710		0.86	0.83			7100				1.15
800		0.90	0.85			8000				1.18
900		0.92	0.87	0.82		9000				1.21
1000		0.94	0.89	0.84		10 000				1.23
1120		0.95	0.91	0.86		11 200				
1250		0.98	0.93	0.88		12 500				
1400		1.01	0,96	0.90		14 000				
1600		1.04	0.99	0.92	0.83	16 000				
1800		1.06	1.01	0.95	0.86					

普通 V 带两侧楔角 φ 为 $40°$，相对高度 h/b_d 约为 0.7，并按其截面尺寸不同将其分为七种型号，见表 $5-2$。

表 5-2　普通 V 带横截面尺寸（GB11544—89）　　　　　　（mm）

型 号	Y	Z	A	B	C	D	E
顶宽 b	6	10	13	17	22	32	38
节宽 b_d	5.3	8.5	11	14	19	27	32
高度 h	4.0	6.0	8.0	11	14	19	25
楔角 φ				$40°$			
每米质量 q /(kg·m^{-1})	0.04	0.06	0.10	0.17	0.30	0.60	0.87

5.1.3　带传动的受力分析和应力分析

1. 带传动的受力分析

带传动时，需将传动带紧套在两个带轮的轮缘上，这时，传动带就受到一个初拉力 F_0 作用。

带不传动时，带两边的拉力都等于初拉力 F_0（图 $5-5(a)$）；传动时（图 $5-5(b)$），由于带与带轮间摩擦力的作用，带两边的拉力不再相等。绕入主动轮的一边，拉力由 F_0 增加到 F_1，称为紧边；带绕出主动轮的一边，拉力由 F_0 减少到 F_2，称为松边。设环形带的总长度不变，并考虑带为弹性体，则紧边拉力的增加量 $F_1 - F_0$ 等于松边拉力的减少量 $F_0 - F_2$，即

$$F_1 - F_0 = F_0 - F_2$$
$$F_1 + F_2 = 2F_0 \qquad\qquad (5-1)$$

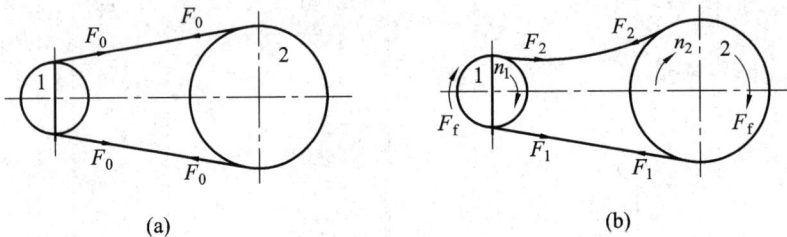

(a)　　　　　　　　　　(b)

图 $5-5$　带传动的受力分析

松边和紧边的拉力差，即为带传动的有效圆周力 F。在数值上，F 等于任一带轮与带接触弧上的摩擦力的总和 F_f，即

$$F = F_f = F_1 - F_2 \qquad\qquad (5-2)$$

有效圆周力 $F(\text{N})$、带速 $v(\text{m/s})$ 和带传递的功率 $P(\text{kW})$ 之间的关系为

$$P = \frac{Fv}{1000} \qquad\qquad (5-3)$$

由式$(5-1)$和式$(5-2)$得

$$
\left.\begin{aligned}
F_1 &= F_0 + \frac{F}{2} \\
F_2 &= F_0 - \frac{F}{2}
\end{aligned}\right\} \tag{5-4}
$$

由式(5-4)可知，带两边拉力 F_1 和 F_2 的大小取决于初拉力 F_0 和带传递的有效圆周力 F。又由式(5-3)可知，在带传动的传动能力范围内，F 的大小与传递的功率 P 及带速 v 有关。当传递的功率增大时，带两边的拉力差值也相应增大。带两边拉力的这种变化，实际上反映了带与带轮接触面上摩擦力的变化。显然，当其它条件不变且初拉力 F_0 一定时，摩擦力有一极限值。当带所传递的有效圆周力超过这个极限值时，带与带轮之间将发生显著的相对滑动，这种现象称为打滑。打滑将使带的磨损加剧，传动效率降低，以致使带传动丧失工作能力。

在带传动中，当带在带轮上即将打滑尚未打滑时，摩擦力达到临界值，此时带所能传递的有效圆周力亦达到最大值。临界状态下 F_1 与 F_2 之间的关系可用著名的欧拉公式表示为

$$
F_1 = F_2 \mathrm{e}^{f_v \alpha} \tag{5-5}
$$

式中：$f_v = \dfrac{f}{\sin \alpha/2}$ 为当量摩擦因数；f 为带与带轮之间的摩擦因数；φ 为带的楔角；α 为小带轮的包角；e 为自然对数的底。

将式(5-2)和式(5-4)分别代入式(5-5)，整理后，可得出带所能传递的最大有效圆周力为

$$
\left.\begin{aligned}
F_{\max} &= F_1 \left(1 - \frac{1}{\mathrm{e}^{f_v \alpha}} \right) \\
F_{\max} &= 2 F_0 \, \frac{1 - \dfrac{1}{\mathrm{e}^{f_v \alpha}}}{1 + \dfrac{1}{\mathrm{e}^{f_v \alpha}}}
\end{aligned}\right\} \tag{5-6}
$$

分析式(5-6)可知，带所能传递的最大有效圆周力 $F_{\max}$ 与初拉力 F_0、带和带轮之间的当量摩擦因数 f_v 及包角 α 的大小有关。F_0、f_v 和 α 中任一值的增大，都会使 $F_{\max}$ 随之增大。上式表明了提高带传动能力的途径。增大初拉力虽可提高带的传动能力，但初拉力 F_0 过大时，会使带因过分拉伸而降低使用寿命，同时会产生过大的压轴力。V 带的当量摩擦因数 $f_v = \dfrac{f}{\sin 20°} \approx 3f$，故 V 带的传动能力远高于平带。在实际工作中，一般要求 $\alpha_1 \geqslant 120°$，至少不小于 $90°$。

2. 带传动的应力分析

带传动时，带中存在以下三种应力：

（1）拉应力。

$$
\left.\begin{aligned}
\text{紧边拉应力：} \sigma_1 &= \frac{F_1}{A} \\
\text{松边拉应力：} \sigma_2 &= \frac{F_2}{A}
\end{aligned}\right\} \tag{5-7}
$$

式中，A 为带的横剖面面积。

（2）离心应力。当带绕过带轮作圆周运动时，由于自身质量将产生离心力，离心力只发生在两轮包角部分，但由此引起的拉力却作用于带的全长，其拉应力为

$$\sigma_c = \frac{qv^2}{A} \qquad (5-8)$$

式中，q 为带每米长的质量。

（3）带绕过带轮时产生的弯曲应力。带绕过带轮时，因弯曲而产生弯曲应力（MPa），由材料力学公式可得

$$\sigma_{bb1} = \frac{2Ey_0}{d} \qquad (5-9)$$

式中：d 为带轮直径（mm）；E 为带的弹性模量（MPa）；y_0 为带的中性层到最外层的垂直距离（mm）。

显然，两带轮直径不相等时，带在小带轮上产生的弯曲应力较大。图 5-6 所示为带工作时的应力分布情况，各截面应力的大小用自该处引出的径向线或垂直线的长度来表示。由图可知，带工作时，其上各截面在不同位置所承受的应力是变化的，最大应力发生在紧边绕上小带轮处，其值为

$$\sigma_{max} = \sigma_1 + \sigma_{bb1} + \sigma_c$$

由此可见，带是在变应力状态下工作的，故当其传递一定的有效圆周力，在应力循环次数达到一定数值后将产生疲劳破坏。

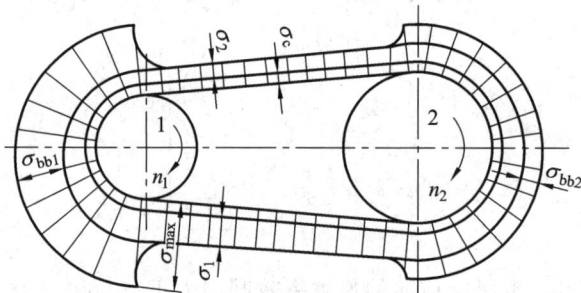

图 5-6　带的应力分布

5.1.4　带传动的弹性滑动及传动比

1. 弹性滑动

由于传动带是弹性体，受拉后将产生弹性变形。如图 5-3 所示，带在绕过主动轮时，所受的拉力由 F_1 降低到 F_2，则带将逐渐缩短，带的速度 v 低于主动轮的圆周速度 v_1，带与带轮之间必将发生相对滑动。同样的现象也会发生在从动轮上，但情况相反，带将逐渐伸长，也会沿轮面滑动，这时带的速度 v 高于从动轮的圆周速度 v_2。这种由于带的弹性变形而引起的带与带轮间的滑动称为弹性滑动。

弹性滑动和打滑是两个截然不同的概念。弹性滑动是由于带的弹性及松紧边拉力差引起的，只要传递圆周力，出现松紧边，就一定会产生弹性滑动，因而带的弹性滑动是不可避免的；而打滑是由于过载引起的，是应当避免的。

2. 传动比

由于带的弹性滑动，使从动轮圆周速度 v_2 低于主动轮圆周速度 v_1，其降低程度称为滑动率，用 ε 表示，即

$$\varepsilon = \frac{v_1 - v_2}{v_1} \times 100\% \tag{5-10}$$

式中，

$$v_1 = \frac{\pi d_1 n_1}{60 \times 1000}(\text{m/s})$$

$$v_2 = \frac{\pi d_2 n_2}{60 \times 1000}(\text{m/s})$$

d_1、d_2 分别为主、从动轮的基准直径（mm）；n_1、n_2 分别为主、从动轮的转速（r/min）。

将 v_1、v_2 代入式（5-10），整理得带传动的传动比为

$$i = \frac{n_1}{n_2} = \frac{d_{d2}}{d_{d1}(1-\varepsilon)} \tag{5-11}$$

V 带传动的滑动率较小（$\varepsilon = 0.01 \sim 0.02$），在一般计算中可不予考虑。

5.1.5　普通 V 带传动的设计

1. 失效形式和计算准则

从对带传动的应力分析可知，带传动的主要失效形式有两种，即打滑和疲劳破坏。针对带传动的主要失效形式，带传动的设计准则应为：在保证带传动不打滑的条件下，具有一定的疲劳寿命。

2. 单根 V 带所能传递的功率

1) 单根 V 带的基本额定功率

保证带传动不打滑的条件是：带传递的有效圆周力 F 小于或等于其所能传递的最大有效圆周力，即

$$F \leqslant F_{\max} \tag{5-12}$$

要保证带传动具有一定的疲劳寿命，应使带所受最大应力小于带的许用应力 $[\sigma]$，即

$$\left. \begin{array}{l} \sigma_{\max} = \sigma_1 + \sigma_{bb1} + \sigma_c \leqslant [\sigma] \\ \sigma_1 \leqslant [\sigma] - \sigma_{bb1} - \sigma_c \end{array} \right\} \tag{5-13}$$

由式（5-6）得

$$F_{\max} = F_1\left(1 - \frac{1}{\mathrm{e}^{f_v\alpha}}\right) = \sigma_1 A\left(1 - \frac{1}{\mathrm{e}^{f_v\alpha}}\right)$$

由式（5-12）和式（5-13）可得带传动在既不打滑又具有一定疲劳寿命时，单根 V 带所能传递的功率为

$$P_0 = ([\sigma] - \sigma_{bb1} - \sigma_c)\left(1 - \frac{1}{\mathrm{e}^{f_v\alpha}}\right)\frac{Av}{1000} \tag{5-14}$$

在载荷平稳、包角 $\alpha_1 = \pi$、带长 L_d 为特定长度、抗拉体为化学纤维绳芯结构的条件下，由试验测得许用应力 $[\sigma]$，并由式（5-14）求得单根普通 V 带所能传递的功率 P_0 见表 5-3。P_0 称为单根 V 带的基本额定功率。

表 5-3　单根普通 V 带的基本额定功率　　　　　　　　kW

带型	小带轮基准直径 D_1/mm	小带轮转速 n_1/(r/min)						
		400	730	800	980	1200	1460	2800
Z	50	0.06	0.09	0.10	0.12	0.14	0.16	0.26
	63	0.08	0.13	0.15	0.18	0.22	0.25	0.41
	71	0.09	0.17	0.20	0.23	0.27	0.31	0.50
	80	0.14	0.20	0.22	0.26	0.30	0.36	0.56
A	75	0.27	0.42	0.45	0.52	0.60	0.68	1.00
	90	0.39	0.63	0.68	0.79	0.93	1.07	1.64
	100	0.47	0.77	0.83	0.97	1.14	1.32	2.05
	112	0.56	0.93	1.00	1.18	1.39	1.62	2.51
	125	0.67	1.11	1.19	1.40	1.66	1.93	2.98
B	125	0.84	1.34	1.44	1.67	1.93	2.20	2.96
	140	1.05	1.69	1.82	2.13	2.47	2.83	3.85
	160	1.32	2.16	2.32	2.72	3.17	3.64	4.89
	180	1.59	2.61	2.81	3.30	3.85	4.41	5.76
	200	1.85	3.05	3.30	3.86	4.50	5.15	6.43
C	200	2.41	3.80	4.07	4.66	5.29	5.86	5.01
	224	2.99	4.78	5.12	5.89	6.71	7.47	6.08
	250	3.62	5.82	6.23	7.18	8.21	9.06	6.56
	280	4.32	6.99	7.52	8.65	9.81	10.74	6.13
	315	5.14	8.34	8.92	10.23	11.53	12.48	4.16
	400	7.06	11.52	12.10	13.67	15.04	15.51	

2) 额定功率增量

考虑传动比 $i \neq 1$ 时,带在大轮上的弯曲应力较小,故在寿命相同的条件下,可增大传递的功率。K_a 为包角修正系数,考虑 $\alpha \neq 180°$ 时对传动能力的影响见表 5-4;ΔP_0 为功率增量,其值见表 5-5;K_L 为带长度修正系数,考虑带长与特定长度不同时对传动能力的影响见表 5-1。

表 5-4　包角修正系数 K_α

包角 α_1	180°	170°	160°	150°	140°	130°	120°	110°	100°	90°
K_α	1.00	0.98	0.95	0.92	0.89	0.86	0.82	0.78	0.74	0.69

3) 许用功率

在带的实际工作条件与上述特定条件不同时,需对 P_0 进行修正。修正后即得与实际条件相符的单根普通 V 带所能传递的功率,称该功率为许用功率$[P_0]$,即

$$[P_0] = (P_0 + \Delta P_0)K_\alpha K_L \tag{5-15}$$

表 5-5 单根普通 V 带的基本额定功率的增量 kW

带型	小带轮转速 n_1(r/min)	传 动 比 i								
		1.00~1.01	1.02~1.04	1.05~1.08	1.09~1.12	1.13~1.18	1.19~1.24	1.25~1.34	1.35~1.51	1.52~1.99	≥2.0
Z	400	0.00	0.00	0.00	0.00	0.00	0.00	0.00	0.00	0.01	0.01
	730	0.00	0.00	0.00	0.00	0.00	0.00	0.01	0.01	0.01	0.02
	800	0.00	0.00	0.00	0.00	0.01	0.01	0.01	0.01	0.02	0.02
	980	0.00	0.00	0.00	0.01	0.01	0.01	0.01	0.02	0.02	0.02
	1200	0.00	0.00	0.01	0.01	0.01	0.01	0.02	0.02	0.02	0.03
	1460	0.00	0.00	0.01	0.01	0.01	0.02	0.02	0.02	0.02	0.03
	2800	0.00	0.01	0.02	0.02	0.03	0.03	0.03	0.04	0.04	0.04
A	400	0.00	0.01	0.01	0.01	0.02	0.03	0.03	0.04	0.04	0.05
	730	0.00	0.01	0.02	0.03	0.04	0.05	0.06	0.07	0.08	0.09
	800	0.00	0.01	0.02	0.03	0.04	0.05	0.06	0.08	0.09	0.10
	980	0.00	0.01	0.03	0.04	0.05	0.06	0.07	0.08	0.10	0.11
	1200	0.00	0.02	0.03	0.05	0.07	0.08	0.10	0.11	0.13	0.15
	1460	0.00	0.02	0.04	0.06	0.08	0.09	0.11	0.13	0.15	0.17
	2800	0.00	0.04	0.08	0.11	0.15	0.19	0.23	0.26	0.30	0.34
B	400	0.00	0.01	0.03	0.04	0.06	0.07	0.08	0.10	0.11	0.13
	730	0.00	0.02	0.05	0.07	0.10	0.12	0.15	0.17	0.20	0.22
	800	0.00	0.03	0.06	0.08	0.11	0.14	0.17	0.20	0.23	0.25
	980	0.00	0.03	0.07	0.10	0.13	0.17	0.20	0.23	0.26	0.30
	1200	0.00	0.04	0.08	0.13	0.17	0.21	0.25	0.30	0.34	0.38
	1460	0.00	0.05	0.10	0.15	0.20	0.25	0.31	0.36	0.40	0.46
	2800	0.00	0.10	0.20	0.29	0.39	0.49	0.59	0.69	0.79	0.89
C	400	0.00	0.04	0.08	0.12	0.16	0.20	0.23	0.27	0.31	0.35
	730	0.00	0.07	0.14	0.21	0.27	0.34	0.41	0.48	0.55	0.62
	800	0.00	0.08	0.16	0.23	0.31	0.39	0.47	0.55	0.63	0.71
	980	0.00	0.09	0.19	0.27	0.37	0.47	0.56	0.65	0.74	0.83
	1200	0.00	0.12	0.24	0.35	0.47	0.59	0.70	0.82	0.94	1.06
	1460	0.00	0.14	0.28	0.42	0.58	0.71	0.85	0.99	1.14	1.27
	2800	0.00	0.27	0.55	0.82	1.10	1.37	1.64	1.92	2.19	2.47

3. V 带传动设计计算的内容

1) 已知条件

设计带传动的已知条件包括传动的用途、工作情况和原动机种类,传递的功率,主、从动轮的转速 n_1、n_2(或传动比),外部尺寸及安装位置要求等条件。

2) 设计内容

带传动设计计算的主要内容包括确定带的型号、基准长度和根数;确定带轮的材料、结构尺寸;确定传动中心距及作用在轴上的力等。

4. V 带传动的设计步骤及参数选择

V 带传动设计计算的一般步骤如下:

(1) 计算功率。

设 P 为传动的名义功率(额定功率),K_A 为工作情况系数(表 5-6),则计算功率为

$$P_c = K_A P \tag{5-16}$$

表 5-6　工作情况系数 K_A

载荷性质	工作机	原动机					
		电动机(交流启动、三角启动、直流并励)、四缸以上的内燃机			电动机(联机交流启动、直流复励或串励)、四缸以下的内燃机		
		每天工作小时数/h					
		<10	10~16	>16	<10	10~16	>16
载荷变动很小	液体搅拌机、通风机和鼓风机(≤7.5 kW)、离心式水泵和压缩机、轻负荷输送机	1.0	1.1	1.2	1.1	1.2	1.3
载荷变动小	带式输送机(不均匀负荷)、通风机(>7.5 kW)、旋转式水泵和压缩机(非离心式)、发电机、金属切削机床、印刷机、旋转筛、锯木机和木工机械	1.1	1.2	1.3	1.2	1.3	1.4
载荷变动较大	制砖机、斗式提升机、往复式水泵和压缩机、起重机、磨粉机、冲剪机床、橡胶机械、振动筛、纺织机械、重载输送机	1.2	1.3	1.4	1.4	1.5	1.6
载荷变动很大	破碎机(旋转式、颚式等)、磨碎机(球墨、棒磨、管磨)	1.3	1.4	1.5	1.5	1.6	1.8

(2) 选择 V 带型号。

根据计算功率 P_c 和小带轮转速 n_1,由图 5-7 选取 V 带的型号,临近两种型号的交界线时,可按两种型号同时计算,分析比较后决定取舍。

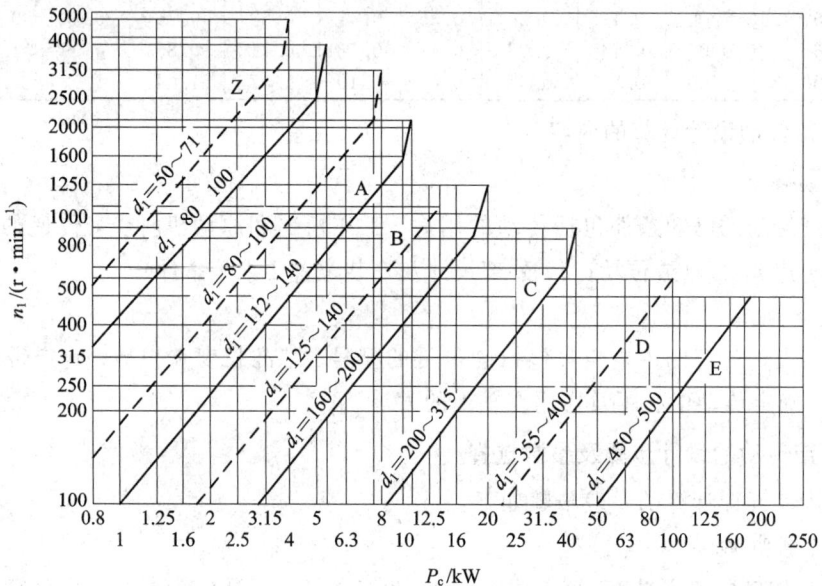

图 5-7　普通 V 带选型图

（3）确定带轮基准直径。

小带轮的基准直径 d_{d1} 应大于或等于表 5-7 列出的该型号带轮的最小基准直径 d_{dmin}，以免带的弯曲应力过大而导致其寿命降低。

由式（5-11）可得大轮基准直径为

$$d_{d2} = \frac{n_1}{n_2} d_{d1} \qquad (5-17)$$

d_{d1}、d_{d2} 应符合表 5-7 中的基准直径系列。

表 5-7　普通 V 带轮最小基准直径　　　　　（mm）

型　　号	Y	Z	A	B	C
最小基准直径 d_{dmin}	20	50	75	125	200

注：普通 V 带轮的基准直径（mm）系列是：20 22.4 25 28 31.5 35.5 40 45 50 56 63 67 71 75 80 85 90 95 100 106 112 118 125 132 140 150 160 170 180 200 212 224 236 250 265 280 300 315 355 375 400 425 450 475 500 530 560 600 630 670 710 750 800 900 1000 等。

（4）验算带速。

$$v = \frac{\pi d_{d1} n_1}{60 \times 1000}$$

一般 v 应在 5～25 m/s 范围内。

（5）确定中心距和 V 带的基准长度。

如果中心距未给出，可按下式初选中心距 a_0，即

$$0.7(d_{d1} + d_{d2}) < a_0 < 2(d_{d1} + d_{d2}) \qquad (5-18)$$

初定带长 L_0 可按几何长度计算公式求得，即

$$L_0 = 2a_0 + \frac{\pi}{2}(d_{d1} + d_{d2}) + \frac{(d_{d2} - d_{d1})^2}{4a_0} \qquad (5-19)$$

根据初定的 L_0，由表 5-1 选取相近的基准长度 L_d。

传动的实际中心距可近似按下式确定：

$$a \approx a_0 + \frac{L_d - L_0}{2} \qquad (5-20)$$

考虑 V 带的安装、调整和张紧，中心距应留有调整余量，其变化范围为

$$\left.\begin{array}{l} a_{min} = a - 0.015 L_d \\ a_{max} = a + 0.03 L_d \end{array}\right\} \qquad (5-21)$$

（6）验算小带轮的包角。

小带轮包角为

$$\alpha_1 = 180° - \frac{d_{d2} - d_{d1}}{a} \times 57.3° \qquad (5-22)$$

对于 V 带，一般要求 $\alpha_1 \geqslant 120°$，至少应使 $\alpha_1 > 90°$；否则应增大中心距或加张紧轮。

（7）确定 V 带根数。

V 带根数 Z 可按下式计算：

$$Z = \frac{P_c}{[P_0]} = \frac{P_c}{(P_0 + \Delta P_0) K_a K_L} \qquad (5-23)$$

为了使每根 V 带受力均匀，带的根数不宜太多，通常取 $Z < 10$。

（8）计算初拉力 F_0。

初拉力 F_0 的大小对带传动的正常工作及寿命影响很大。初拉力不足，易出现打滑；初拉力过大，则 V 带寿命降低，轴上压力增大。

单根 V 带合适的初拉力可按下式计算：

$$F_0 = \frac{500 P_c}{Zv}\left(\frac{2.5}{K_a} - 1\right) + qv^2 \tag{5-24}$$

式中：P_c 为计算功率（kW）；Z 为 V 带的根数；v 为 V 带的速度（m/s）；K_a 为包角修正系数，见表 5-4；q 为 V 带每米长的质量（kg/m），见表 5-2。

由于新带易松弛，所以对于非自动张紧的 V 带传动，安装新带时的初拉力应为上述初拉力的 1.5 倍。

V 带张紧在带轮上后，要测量初拉力 F_0，通常在带和带轮切点跨距的中点加一垂直带轮上部外公切线的载荷 G（图 5-8），跨距每 100 mm 产生的挠度 y 为 1.6 mm 时，初拉力即为所需值。载荷 G 值见表 5-8。

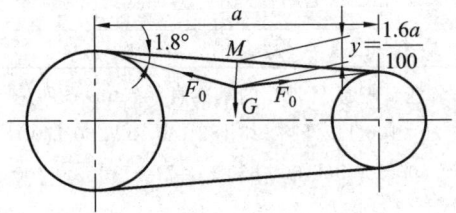

图 5-8　预紧力的控制

表 5-8　载荷 G 值　　　　　　　　　　（N/根）

带型	Z	A	B	C	D	E
G	5～6	9～11	15～19	25～32	52～69	77～97

（9）计算轴上压力。

V 带作用在轴上的压力 F，可近似按两边的初拉力 F_0 的合力来计算，如图 5-9 所示。

$$F_y = 2 Z F_0 \sin\frac{\alpha_1}{2} \tag{5-25}$$

式中：Z 为 V 带根数；F_0 为单根 V 带初拉力；α_1 为小带轮包角。

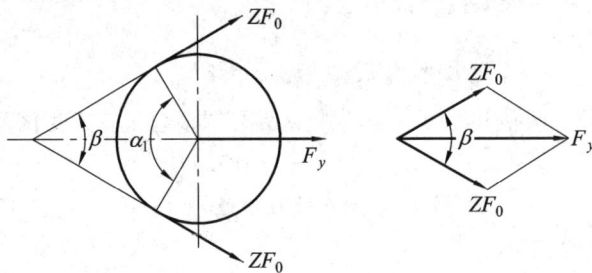

图 5-9　带传动作用在轴上的力

（10）带轮的结构设计（从略）。

5.1.6　带传动的张紧、安装和维护

1. 带传动的张紧

V 带工作一段时间后会因永久性伸长而松弛，影响带传动的正常工作。为了保证带传动具有足够的工作能力，应采用张紧装置来调整带的张紧力。带传动常用张紧装置及方法见表 5-9。

表 5-9 带传动常用张紧装置及方法

张紧方法		示意图	说明
用调节轴的位置张紧	定期张紧	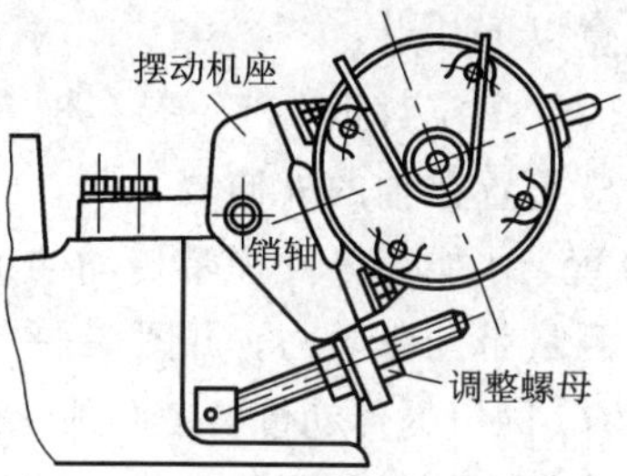	用于垂直或接近垂直的传动。 旋转调整螺母，使机座绕转轴转动，将带轮调到合适位置，使带获得所需张紧力，然后固定机座位置
	定期张紧	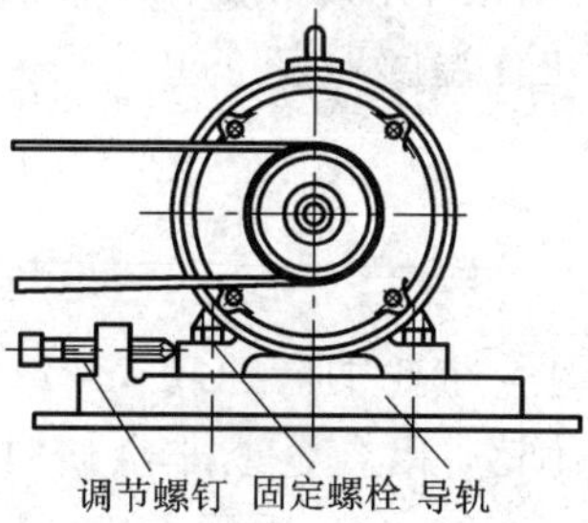	用于水平或接近水平的传动。 放松固定螺栓，旋转固定螺钉，可使带轮沿导轨移动，调节带的张紧力，当带轮调到合适位置，使带获得所需张紧力，然后拧紧固定螺栓
	自动张紧	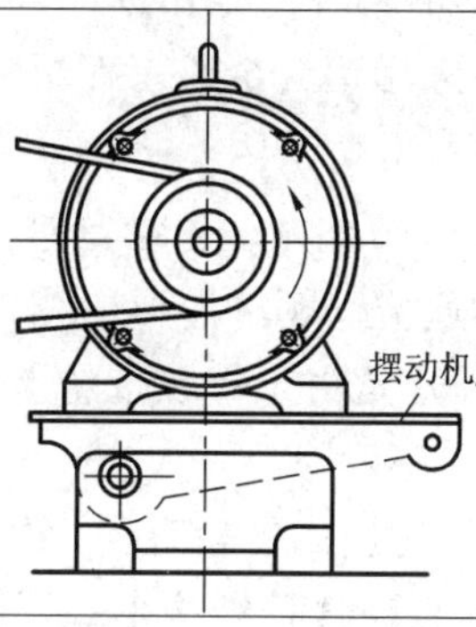	用于小功率传动。 利用自重自动张紧传动带
用张紧轮张紧	定期张紧	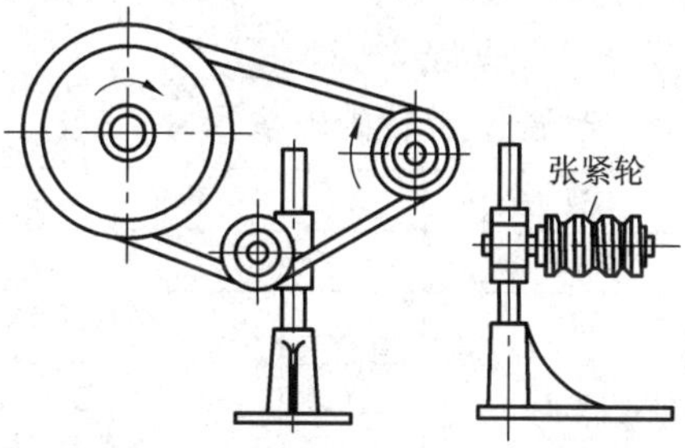	用于固定中心距传动。 张紧轮安装在带的松边。为了不使小带轮的包角减小过多，应将张紧轮尽量靠近大带轮
	自动张紧	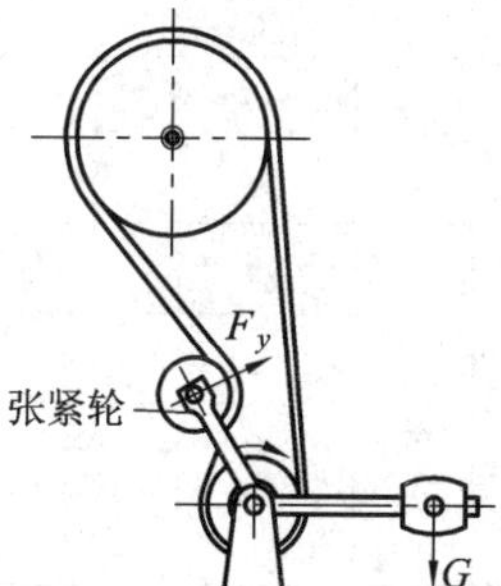	用于中心距小，传动比大的场合，但寿命短，适宜平行带传动。 张紧轮可安装在带松边的外侧，并尽量靠近小带轮处，这样可以增大小带轮上的包角

2. 带传动的安装与维护

带传动的正确安装、使用和维护可以使带传动发挥应有的传动能力，延长使用寿命。带传动在安装、使用和维护方面，应注意以下几点：

(1) 安装时，主动带轮与从动带轮的轮槽应对正。带轮装在轴上不应有摆动。

(2) 为了便于传动带的装拆，带轮应布置在轴的外伸端。

(3) 传动带在带轮轮槽中有正确位置，才能充分发挥带传动的工作能力。

(4) 对重要的带传动，安装时还要测量带的张紧力，见图 5-8。

(5) 为了使各根传动带受载比较均匀，同组的传动带长度必须一样，且新旧带不能混用。

(6) 带传动装置应有防护罩，以免发生意外事故和保护带传动的工作环境。

(7) 传动带不应和酸、碱、油接触，工作温度不宜超过 60℃。

5.1.7 V 带轮的材料及结构设计

1. V 带轮的材料

带传动一般安装在传动系统的高速级，带轮的转速较高，故要求带轮要有足够的强度。带轮常用灰铸铁铸造，有时也采用铸钢、铝合金或非金属材料。当带轮的圆周速度 $v<25$ m/s 时，采用 HT150；当 $v=25\sim30$ m/s 时，采用 HT200；速度更高时，可采用铸钢或钢板冲压后焊接；传递功率较小时，可采用铝合金或工程塑料。

2. V 带轮的结构与尺寸

带轮的结构一般由轮缘、轮毂、轮辐等部分组成。轮缘是带轮具有轮槽的部分。轮槽的形状和尺寸与相应型号的带截面尺寸相适应。规定梯形轮槽的槽角为 32°、34°、36°和 38°等四种，都小于 V 带两侧面的夹角 40°。这是由于带在带轮上弯曲时，截面变形将使其夹角变小，以使胶带能紧贴轮槽两侧。

在 V 带轮上，与所配用 V 带的节宽 b_d 相对应的带轮直径，称为带轮的基准直径，以 d_d 表示。V 带轮的设计主要是根据带轮的基准直径选择结构形式，根据带的型号确定轮槽尺寸。普通 V 带轮轮缘的截面图及各部分尺寸见表 5-10。

表 5-10　普通 V 带轮的轮槽尺寸　　(mm)

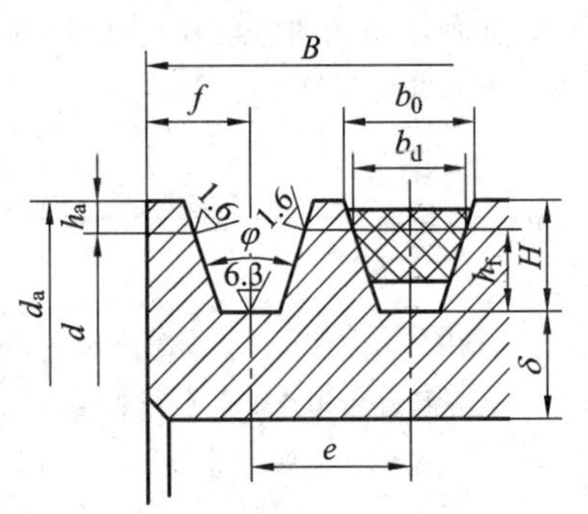

槽型			Y	Z	A	B	C
b_d			5.3	8.5	11	14	19
h_{amin}			1.6	2.0	2.75	3.5	4.8
e			8±0.3	12±0.3	15±0.3	19±0.4	25.5±0.5
f			6	7	9	11.5	16
h_f			4.7	7.0	8.7	10.8	14.3
δ_{min}			5	5.5	6	7.5	10
φ	32°	对应的 d	≤60	—	—	—	—
	34°		—	≤80	≤118	≤190	≤315
	36°		>60	—	—	—	—
	38°		—	>80	>118	>190	>315

注：δ_{min} 是轮缘最小壁厚推荐值。

带轮直径 $d<200$ mm 时，可采用实心式(图 5-10(a))；带轮直径 $d<400$ mm 时，可采用腹板式(图 5-10(b))；带轮直径 $d>400$ mm 时，一可采用轮辐式(图 5-10(c))。

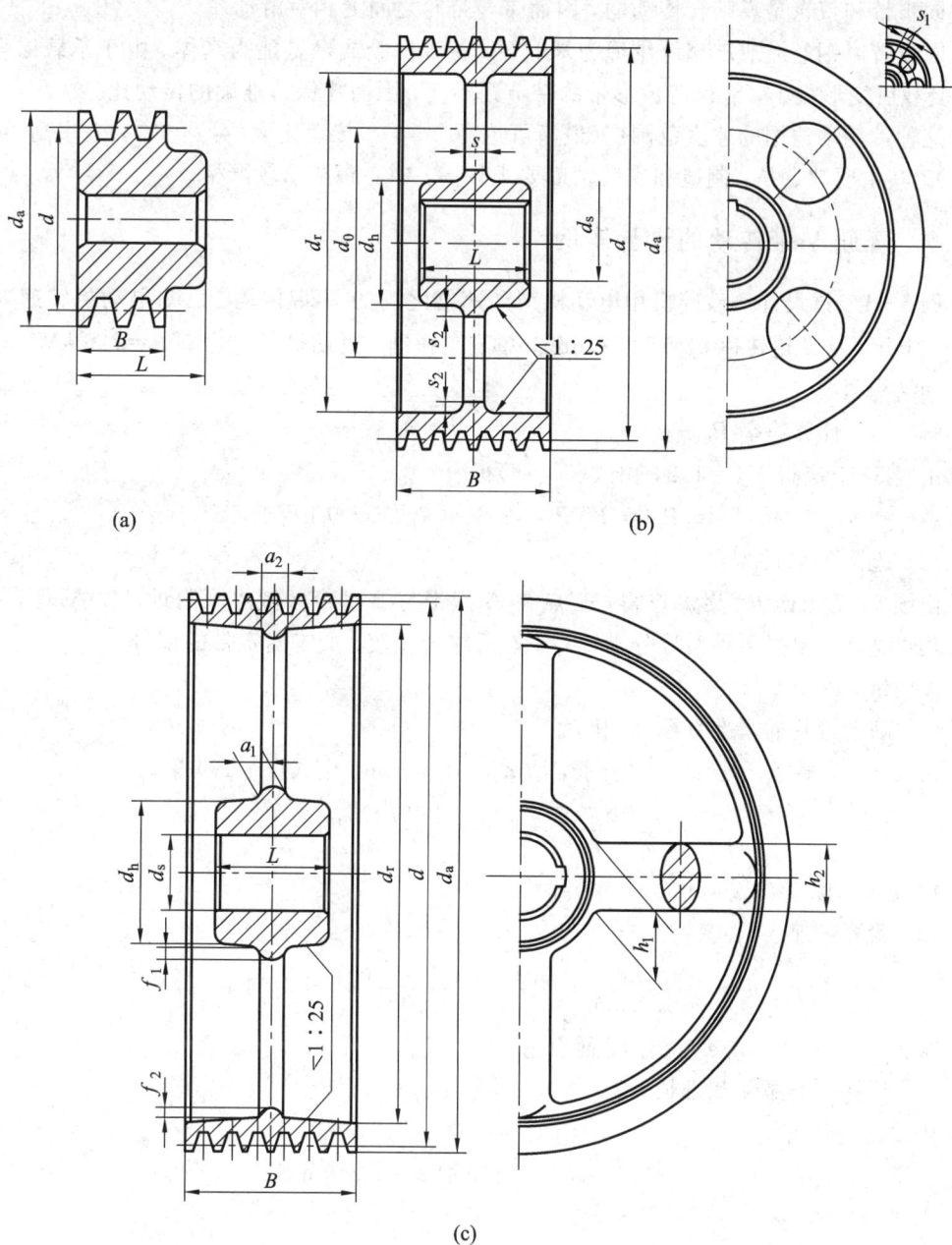

(a)　　　　(b)

(c)

$$d_h=(1.8\sim2)d_s,\ d_0=\frac{d_h+d_r}{2},\ d_r=d_a-2(H+\delta),$$

$$s=(0.2\sim0.3)B,\ s_1\geqslant1.5s,\ s_2\geqslant0.5s,\ L=(1.5\sim2)d_s$$

$$h_1=290\sqrt[3]{P/(nA)},\ P\ 为传递的功率(kW)；n\ 为带轮转速(r/min)；A\ 为轮辐数$$

$$h_2=0.8h_1,\ a_1=0.4h_1,\ a_2=0.8a_1,\ f_1=0.2h_1,\ f_2=0.2h_2$$

图 5-10　V带轮的结构形式

5.1.8 同步带传动简介

同步带和带轮是靠啮合传动的,因而带与带轮之间无相对滑动。

同步带以钢丝绳或玻璃纤维绳为承载层,氯丁橡胶或聚氨酯为基体。由于承载层强度高,受载后变形极小,能保持齿形带的带节距不变,因而能保持准确的传动比。

这种带传动适用的速度范围广(最高可达 40 m/s),传动比大(可达 10),效率高(可达 98%)。其主要缺点是:制造和安装精度要求较高,中心距要求较严格。

5.1.9 普通 V 带传动的设计实例

例 5 – 1 试设计一破碎机用电动机与减速器之间的 V 带传动。已知电动机转速 $n_1 = 1440$ r/min,从动轮转速 $n_2 = 720$ r/min,单班工作制,电动机额定功率 $P = 7.5$ kW,要求该传动结构紧凑。

解 (1) 计算功率 P_c。

由表 5 – 6 查得 $K_A = 1.2$,由式(5 – 16)得

$$P_c = K_A P = 1.2 \times 7.5 = 9 \text{ kW}$$

(2) 选择 V 带的型号。

由图 5 – 7 根据 P_c 及 n_1 查得,交点在 A 型带与 B 型带区域界限附近,故 A 型带或 B 型带均可选用。根据两种型号分别计算,然后综合比较,最终确定带的型号。

A 型带

(3) 确定带轮的基准直径 d_{d1} 和 d_{d2}。

由表 5.7,根据 $d_{d1} \geqslant d_{dmin}$ 的要求,取 $d_{d1} = 100$ mm。由式(5 – 17)得

$$d_{d2} = \frac{d_{d1} n_1}{n_2} = 100 \times \frac{1440}{720} = 200 \text{ mm}$$

由表 5.7 取 $d_{d2} = 200$ mm。

(4) 验算带速。

$$v = \frac{\pi d_1 n_1}{60 \times 1000} = \frac{3.14 \times 100 \times 1440}{60 \times 1000} = 7.54 \text{ m/s}$$

带速 v 在 5~25 m/s 范围内,故合适。

(5) 计算中心距 a 和带长 L_d。

由式(5 – 18)得

$$210 < a_0 < 600,\text{取 } a_0 = 250 \text{mm}$$

由式(5 – 19)得

$$L_0 = 2a_0 + \frac{\pi}{2}(d_{d1} + d_{d2}) + \frac{(d_{d2} - d_{d1})^2}{4a_0}$$

$$= \left[2 \times 250 + \frac{3.14(100 + 200)}{2} + \frac{(200 - 100)^2}{4} \times 250 \right]$$

$$= 981 \text{ mm}$$

由表 5 – 1 取 $L_d = 1000$ mm。

由式(5 – 20)得

$$a = a_0 + \frac{L_d - L_0}{2} = \left[250 + \frac{1000 - 981}{2}\right] = 259.5 \text{ mm}$$

由式(5-21)得

$$a_{\min} = a - 0.015 L_d = 259.5 - 0.015 \times 1000 = 244.5 \text{ mm}$$

$$a_{\max} = a + 0.03 L_d = 259.5 + 0.03 \times 1000 = 189.5 \text{ mm}$$

(6)验算小带轮包角 α_1。

由式(5-22)得

$$\alpha_1 = 180° - \frac{d_2 - d_1}{a} \times 57.3° = 180° - \frac{200 - 100}{259.5} \times 57.3° = 157.9° > 120°$$

(7)确定 V 带的根数 Z。

依次查表 5-3、表 5-5、表 5-4 和表 5-1，得 $P_0 = 1.31$ kW，$\Delta P_0 = 0.17$ kW，$K_a = 0.94$，$K_L = 0.89$，由式(5-23)得

$$Z = \frac{P_c}{(P_0 + \Delta P_0)K_a K_L} = \frac{9}{(1.31 + 0.17) \times 0.94 \times 0.89} = 7.2$$

取 $Z = 8$。

(8)计算初拉力 F_0。

由表 5-2 查得 $q = 0.10$ kg/m，由式(5-24)得

$$F_0 = \frac{500 P_c}{Zv}\left(\frac{2.5}{K_a} - 1\right) + qv^2 = \frac{500 \times 9}{8 \times 7.54}\left(\frac{2.5}{0.94} - 1\right) + 0.10 \times 7.54^2 = 115.7 \text{ N}$$

(9)计算轴上的力 F_Q。

由式(5-25)得

$$F_Q = 2 Z F_0 \sin\frac{\alpha_1}{2} = 2 \times 8 \times 115.7 \times \sin\frac{157.9°}{2} = 1814.35 \text{ N}$$

B 型带

按 A 型带计算方法，可得 B 型带与 A 型带对应项目的计算结果如下：

(3)带轮的基准直径：$d_1 = 125$ mm，$d_2 = 250$ mm。

(4)带速：$v = 9.54$ m/s，合适。

(5)计算中心距 a、带长 L_d：

$$L_d = 1120 \text{ mm}$$

$$a = 244.5 \text{ mm}$$

$$a_{\min} = 227.7 \text{ mm}$$

$$a_{\max} = 278.1 \text{ mm}$$

(6)小带轮包角 α_1：$\alpha_1 = 147.2° > 120°$，合适。

(7)带的根数：$Z = 5$。

(8)带的初拉力：$F_0 = 173.91$ N。

(9)轴上的力：$F_Q = 1668.53$ N。

本例选用 A 型带和 B 型带均可，但综合考虑、比较其结构紧凑性、带的根数及压轴力，选用 B 型带更合适。

(10)带轮结构设计(从略)。

5.2 链 传 动 设 计

5.2.1 概述

常见的链传动是由安装在相互平行的主动轴与从动轴上的两个链轮和链所组成的,如图 5-11 所示。

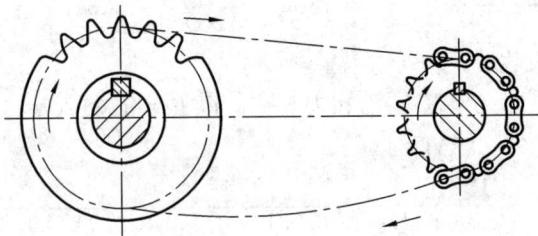

图 5-11　链传动的组成

链传动靠链和链轮轮齿的啮合来传递运动和动力。它能保证两链轮间的平均传动比为常数,但瞬时传动比是变化的。

链传动与带传动相比,其结构紧凑,作用在轴上的载荷较小,承载能力大,效率高。但链传动对安装精度要求较高,制造费用较昂贵,工作时有噪音(无声链除外)。链传动适于两轴相距较远,工作条件恶劣(如农业机械、建筑机械、铸造机械等)的传动。

一般链传动的功率 $P \leqslant 100$ kW,传动比 $i \leqslant 6$,低速时可达到 10,链速 $v \leqslant 12 \sim 15$ m/s,最大可达 40 m/s。

机械中用于传动的链称为传动链,此外还有起重链和牵引链。本单元仅介绍传动链。

5.2.2 滚子链和链轮

1. 滚子链的结构

套筒滚子链的结构如图 5-12 所示,由内链板 1、外链板 2、销轴 3、套筒 4 和滚子 5 组成。内链节由内链板与套筒组成,内链板与套筒之间为过盈配合联接;套筒与滚子之间为间隙配合,滚子可绕套筒自由转动。外链节由外链板和销轴组成,它们之间以过盈配合联接在一起。内链节和外链节之间用套筒和销轴以间隙配合相联,构成活动铰链。当链条弯曲时,套筒能够绕销轴自由转动,起着铰链的作用。

链条工作时,链条与链轮轮齿相啮合。由于滚子是活套在套筒上的,故滚子与轮齿为滚动摩擦,可减轻它们之间的磨损。链板均制成∞形,以减轻链条的重量,并使其横截面强度大致相同。

套筒滚子链上相邻两销轴中心的距离称为节距,用 p 表示,它是链传动最主要的参数。节距越大,链的各元件尺寸越大,链所能传递的功率也越大;当链轮齿数一定时,节距增大将使链轮直径增大。因此,在传递功率较大时,为使链传动的外廓尺寸不致过大,可采用小节距的双排链(图 5-13)或多排链。多排链由单排链组合而成,其承载能力与排数接近正比,但限于链的制造和装配精度,各排链受载大小难以一致,故排数不宜过多,四排以上的套筒滚子链目前很少应用。

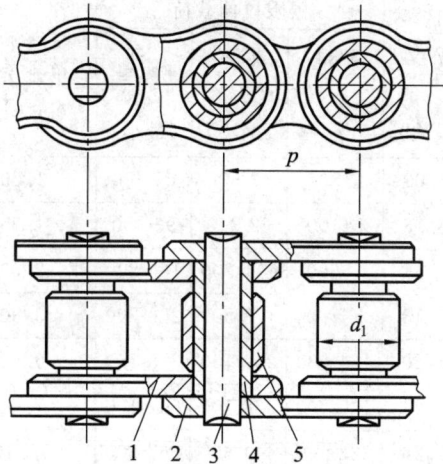

图 5 - 12　套筒滚子链的结构

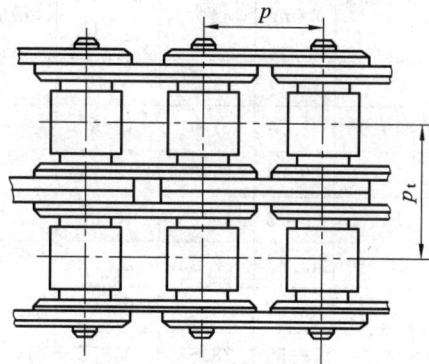

图 5 - 13　双排套筒滚子链

　　链条的长度以节数来表示。当链节数为偶数时，联接链节的形状与外链节相同(图 5 - 14(a)、(b))。为便于拆装，其中一侧的外链板与销轴为过渡配合，常用开口销(图 5 - 14(a))或弹簧卡片(图 5 - 14(b))来固定。当链节数为奇数时，必须把两个内链节相互直接联接，因此需要采用过渡链节(图 5 - 14(c))。这种链节的链板工作时要受到附加的弯曲应力，强度较差，所以应尽量避免使用奇数链节。

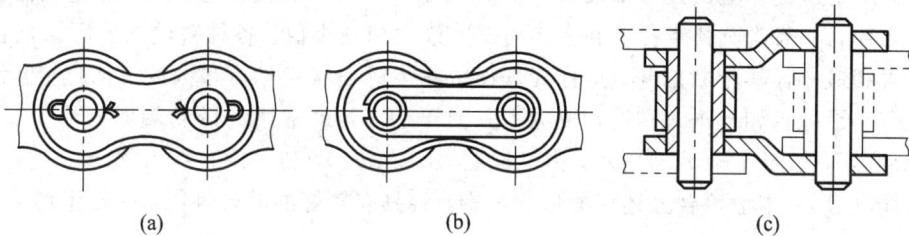

(a)　　　　　　　　(b)　　　　　　　　(c)

图 5 - 14　套筒滚子链的接头形式

　　滚子链已有国家标准(GB6076—85)，其主要尺寸见表 5 - 11。

表 5 - 11　传动用短节距精密滚子链的主要尺寸

链号	节距 p/mm	排距 p_t/mm	滚子外径 d_0/mm (最大)	内链节内宽 b_1/mm (最小)	销轴直径 d_2/mm (最大)	内链板高度 h_2/mm (最大)	极限拉伸载荷			单排质量 q/(kg·m^{-1})
							单排 F_Q/N (最小)	双排 F_Q/N (最小)	三排 F_Q/N (最小)	
05B	8.00	5.64	5.00	3.00	2.31	7.11	4400	7800	11 100	0.18
06B	9.525	10.24	6.35	5.72	3.23	8.26	8900	16 900	24 900	0.40
08A	12.70	14.38	7.95	7.85	3.96	2.07	13800	27 600	4 1400	0.60
08B	12.70	13.92	8.51	7.75	4.45	11.81	17800	31 100	44 500	0.70

链号	节距 p/mm	排距 p_t/mm	滚子外径 d_0/mm（最大）	内链节内宽 b_1/mm（最小）	销轴直径 d_2/mm（最大）	内链板高度 h_2/mm（最大）	极限拉伸载荷			单排质量 q/(kg·m^{-1})
							单排 F_Q/N（最小）	双排 F_Q/N（最小）	三排 F_Q/N（最小）	
10A	15.875	18.11	10.61	9.40	5.08	15.09	21800	43 600	65 400	1.00
12A	19.05	22.78	11.91	12.57	5.94	18.08	31100	62 300	93 400	1.50
16A	25.40	29.29	15.88	15.75	7.92	24.13	55600	111 200	166 800	2.60
20A	31.75	35.76	19.05	18.90	9.53	30.18	86700	173 500	260 200	3.80
24A	38.10	45.44	22.23	25.22	11.10	36.20	124 600	249 100	373 700	5.60
28A	44.45	48.87	25.40	25.22	12.70	42.24	169 000	338 100	507 100	7.50
32A	50.80	58.55	28.58	31.55	14.27	48.26	222 400	444 800	667 200	10.10
40A	63.50	71.55	39.68	37.85	19.84	60.33	347 000	693 900	1 040 900	16.10
48A	76.20	87.83	47.63	47.35	23.80	72.39	500 400	1 000 800	1 501 300	22.60

2. 滚子链链轮

对链轮齿形的基本要求是：链条滚子能平稳、自由地进入啮合和退出啮合；啮合时滚子与齿面接触良好；允许链条节距有较大的增量；齿形应简单，便于加工。

1) 端面齿形和轴面齿形

套筒滚子链链轮端面齿形如图 5-15(a)所示。国家标准仅规定了滚子链链轮齿槽的齿面圆弧半径 r_c、齿沟圆弧半径 r_i 和齿沟角 α 的最大和最小值。各种链轮的实际端面齿形均应在最大和最小齿槽形状之间。这样处理使链轮齿廓曲线设计有很大的灵活性，但齿形应保证链节能平稳自如地进入和退出啮合，并便于加工。最常用的链轮端面齿形是"三圆弧一直线齿形"，如图 5-15(b)所示，由三段圆弧 $\overgroup{aa}$、$\overgroup{ab}$、$\overgroup{cd}$ 和一段直线 bc 组成。这种"三圆弧一直线"齿形基本上符合上述齿槽形状范围，且具有较好的啮合性能，并便于加工。

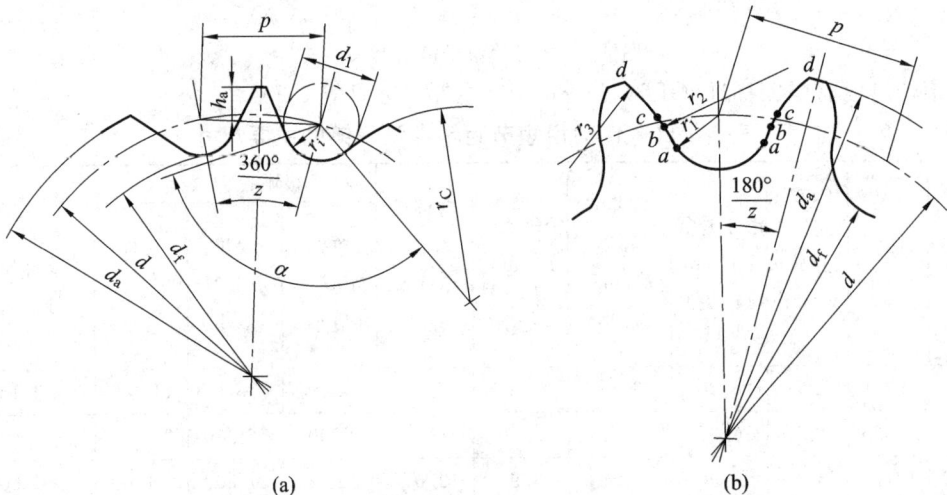

(a)　　　　　　　　　　　　　　　　(b)

图 5-15　套筒滚子链链轮端面齿形

套筒滚子链链轮轴向齿廓如图 5 - 16 所示，齿形两侧呈圆弧状，以便于链节进入或退出啮合。

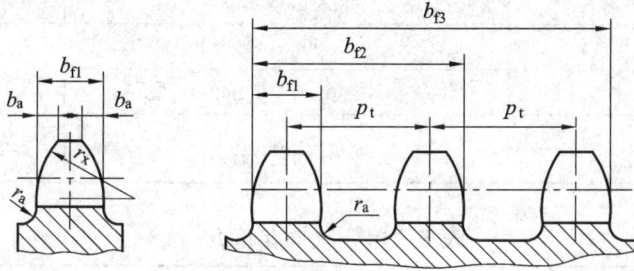

图 5 - 16　滚子链链轮轴向齿廓

2）链轮的主要尺寸

链轮的主要尺寸及计算公式见表 5 - 12。根据 GB1244—85 的规定，链轮的齿槽形状如图 5 - 15 所示，齿槽尺寸见表 5 - 13。轴向齿廓如图 5 - 17 所示，轴向齿廓尺寸见表 5 - 14。

表 5 - 12　链轮的主要尺寸及计算公式

名　称	代　号	计 算 公 式	备　注
分度圆直径	d	$d = p / \sin\left(\dfrac{180°}{z}\right)$	
齿顶圆直径	d_a	$d_{amax} = d + 1.25p - d_1$ $d_{amin} = d + \left(1 - \dfrac{1.6}{z}\right)p - d_1$ 若为三圆弧一直线齿形，则 $d_a = p\left(0.54 + \cos\dfrac{180°}{z}\right)$	可在 $d_{amax} \sim d_{amin}$ 范围内任意选取，但选用 d_{amax} 时，应考虑采用展成法加工有发生顶切的可能性
分度圆弦齿高	h_a	$h_{amax} = \left(0.625 + \dfrac{0.8}{z}\right)p - 0.5d_1$ $h_{amin} = 0.5(p - d_1)$ 若为三圆弧一直线齿形，则 $h_a = 0.27p$	h_a 是为简化放大齿形图的绘制而引入的辅助尺寸。 h_{amax} 相当于 d_{amax} h_{amin} 相当于 d_{amin}
齿根圆直径	d_f	$d_f = d - d_1$	
齿侧凸缘（或排间槽）直径	d_g	$d_g \leqslant p\cos\dfrac{180°}{z} - 0.14h_2 - 0.76$ 式中：h_2 为内链板高度，见表 5 - 11	

注：d_a、d_g 值取整数，其它尺寸精确到 0.01 mm。

表 5 - 13　齿 槽 尺 寸

名称	代号	计算公式	
		最大齿槽形状	最小齿槽形状
齿面圆弧半径/mm	r_c	$r_{cmin}=0.008d_0(z^2+180)$	$r_{Cmax}=0.12d_0(z+2)$
齿沟圆弧半径/mm	r_i	$r_{imax}=0.505d_0+0.069\times\sqrt[3]{d_0}$	$r_{imin}=0.505d_0$
齿沟角/(°)	α	$\alpha_{min}=120°-\dfrac{90°}{Z}$	$\alpha_{max}=140-\dfrac{90°}{Z}$

表 5 - 14　轴向齿廓尺寸

名　　称		代　号	计算公式	
			$p\leqslant12.7$ mm	$p>12.7$ mm
齿宽	单排	b_{f1}	$0.93b_1$ *	$0.95b_1$
	双排、三排		$0.91b_1$	$0.93b_1$
	四排以上		$0.88b_1$	$0.93b_1$
倒角宽		b_a	$b_a=(0.1\sim0.15)p$	
倒角半径		r_X	$r_X\geqslant p$	
齿侧凸缘（或排间槽）圆角半径		r_a	$r_a\approx0.04p$	
链轮总齿宽		b_{fn}	$b_{fn}=(n-1)p+b_{f1}$（n 为排数）	

注：b_1 为内链节内宽。

3) 链轮结构和材料

链轮的具体结构形式由链轮直径大小而定。直径较小的链轮制成实心式（图 5 - 17(a)）或腹板式（图 5 - 17(b)）；直径中等的链轮制成孔板式；直径较大的链轮制成组合式结构，通过焊接、螺栓联接（图 5 - 17(c)）、铆接等方式将轮缘和轮毂联成一体。

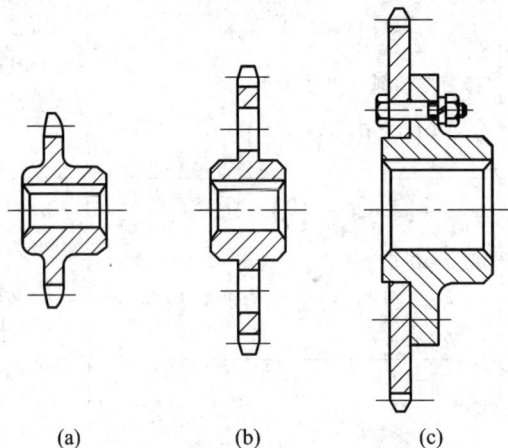

(a)　　　　　(b)　　　　　(c)

图 5 - 17　链轮结构

选择链轮材料时，可参考表 5 - 15 中各种材料的应用范围，根据链轮的工件条件，综合考虑确定。一般首先应保证链轮轮齿具有足够的强度和较好的耐磨性，同时注意降低成本。小链轮采用的材料性能应比大链轮所用的材料好，因为小链轮啮合次数比大链轮多，磨损较重，受冲击较大。链轮常用材料列于表 5-15。

表 5-15 链轮常用材料及齿面硬度

材 料	齿面硬度	应 用 范 围
15, 20	渗碳淬火 50～60HRC	$z \leqslant 25$ 的高速、重载、有冲击载荷的链轮
35	正火 160～200HBS	$z > 25$ 的低速、轻载、平稳传动的链轮
45, 50, ZG45	淬火 40～45HRC	低、中速、轻、中载，无激烈冲击、振动和易磨损工作条件下的链轮
15Cr, 20Cr	渗碳淬火 50～60HR	$z < 25$ 的大功率传动链轮，高速、重载的重要链轮
35SiMn, 35CrMo, 40Cr	淬火 40～45HRC	高速、重载、有冲击、连续工作的链轮
Q235、Q275	140HBS	中速、传递中等功率的链轮，较大链轮
灰铸铁(不低于 HT200)	260～280HBS	载荷平稳、速度较低、齿数较多($z > 50$)的从动链轮
夹布胶木	—	传递功率小于 6 kW、速度较高、要求传动平稳、噪声小的链轮

5.2.3 滚子链传动的设计

1. 主要失效形式

链传动有多种失效形式。

（1）链条疲劳破坏。在传动中链条所受拉力是周期性变化的，经过一定的循环次数，链板将会产生疲劳断裂或套筒滚子表面产生疲劳剥落。这种疲劳破坏是闭式链传动的主要失效形式。

（2）链条铰链磨损。传动时，链条的销轴和套筒之间既要承受较大压力，又有相对转动，导致链条磨损，使链条的实际节距变长，最后产生跳齿和脱链。磨损是开式链传动的主要失效形式。

（3）链条铰链的胶合。在润滑不足或链轮转速过高时，链条销轴和套筒的工作表面会产生胶合。

（4）链条的过载拉断。低速($v < 0.6$ m/s)重载时，若载荷超过链条的静力强度，则链条会被拉断。

还应说明，链轮齿廓的磨损或变形也可能导致链传动失效，但一般链轮的寿命为链条寿命的两倍以上，故链传动设计都是以链条的寿命和强度为依据进行的。

2. 设计步骤和方法

1）功率曲线图及许用功率

链传动有多种失效形式。在一定的使用寿命下，从一种失效形式出发，可得出一个极限功率表达式。为了清楚，常用线图来表示。在图 5-18 所示的极限功率曲线中，1 是在正常润滑条件下，铰链磨损限定的极限功率；2 是链板疲劳强度限定的极限功率；3 是套筒、滚子冲击疲劳强度限定的极限功率；4 是铰链胶合限定的极限功率。图中阴影部分 5 为实际使用的区域。若润滑密封不良及工况恶劣，磨损将很严重，其极限功率将大幅度下降，如图中虚线 6 所示。

图 5-19 所示为 A 系列滚子链的额定功率曲线。它是在特定条件下制定的，即：① 两轮共面；② 小轮齿数 $z_1 = 19$；③ 链长 $L_p = 100$ 节；④ 载荷平稳；⑤ 按推荐的方式润滑（图 5-19）；⑥ 工作寿命为 15 000 h；⑦ 链条因磨损而引起的伸长量不超过 3%。

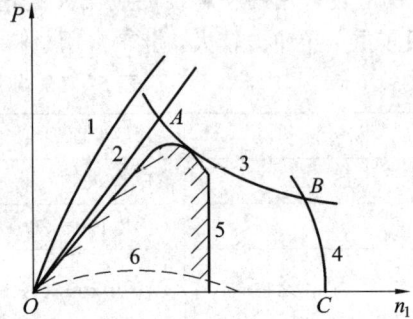

图 5-18　极限功率曲线图

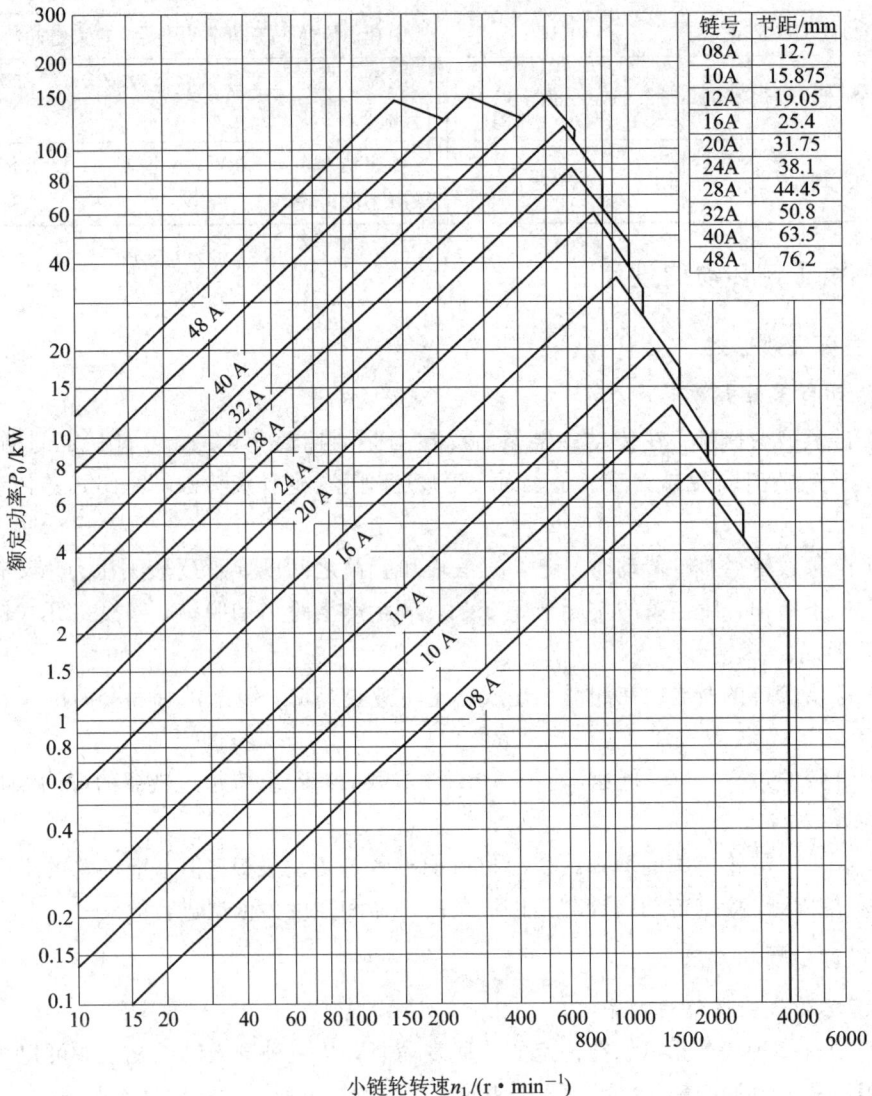

链号	节距/mm
08A	12.7
10A	15.875
12A	19.05
16A	25.4
20A	31.75
24A	38.1
28A	44.45
32A	50.8
40A	63.5
48A	76.2

图 5-19　单排 A 系列滚子链额定功率曲线图

图 5-20 表明了当采用图 5-20 推荐的润滑方式时，链条的额定功率 P_0、小轮转速 n_1

和链号三者之间的关系。若润滑不良或不能采用推荐的润滑方式，应将图中 P_0 值降低；当链速 $v \leqslant 1.5$ m/s 时，降至 50%；当 1.5 m/s $< v \leqslant 7$ m/s 时，降至 25%。当 $v > 7$ m/s 且润滑不良时，传动不可靠。

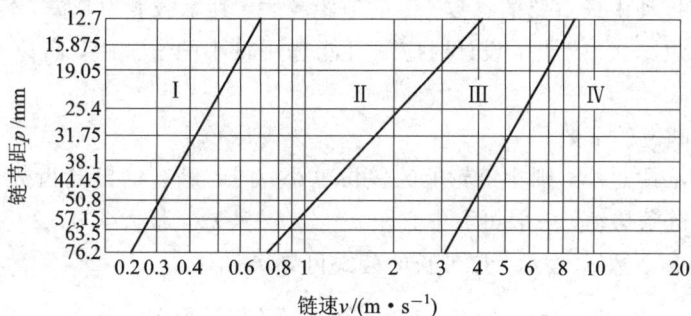

I—人工定期润滑；II—滴油润滑；III—油浴或飞溅润滑；IV—压力喷油润滑

图 5-20 推荐的润滑方式

实际工作条件与上述特定条件不同时，应对 P_0 加以修正。因此，实际工作条件下链条所允许传递的功率，即许用功率 $[P_0]$ 可表示为

$$[P_0] = P_0 K_Z K_L K_m \tag{5-26}$$

式中，K_Z 为小链轮齿数 $Z \neq 19$ 时的修正系数，见表 5-16；K_L 为链长 $L_p \neq 100$ 节的修正系数，见表 5-16；K_m 为多排链系数，见表 5-17。

表 5-16 修正系数 K_Z 和 K_L

在图 5-20 中的位置	位于额定功率曲线顶点左侧（链板疲劳）	位于额定功率曲线顶点右侧（滚子套筒冲击疲劳）
小链轮齿数系数 K_Z	$(z_1/19)^{1.08}$	$(z_1/19)^{1.5}$
链长系数 K_L	$(L_p/100)^{0.26}$	$(L_p/100)^{0.5}$

表 5-17 修正系数 K_m

排数	1	2	3	4	5	6
K_m	1.0	1.7	2.5	3.3	4.0	4.6

2) 主要参数的选择

(1) 链轮齿数及传动比。

由上节可知，为使链传动的运动平稳，小链轮齿数不宜过少。对于滚子链，可按链速由表 5-18 选取 z_1；然后按传动比确定大链轮齿数，$z_2 = iz_1$。一般 Z_2 不宜大于 120，过多易发生跳齿和脱链现象。

表 5-18 小链轮齿数 z_1

链 速	低 速	中 速	高	速
$v/(\text{m} \cdot \text{s}^{-1})$	<0.6	$0.6 \sim 8$	>8	>25
z_1	$\geqslant 13 \sim 15$	$\geqslant 17 \sim 19$	$\geqslant 19 \sim 23$	$\geqslant 35$

一般链条节数为偶数，而链轮齿数常取奇数，这样可使磨损较均匀。

滚子链的传动比 i 通常小于 6，推荐 $i = 2 \sim 3.5$。若传动比 i 过大，则链条在小链轮上的包角过小(通常要求包角大于 120°),小链轮同时参与啮合的齿数就会过少,从而使链轮轮齿磨损加快;传动比过大,还会使传动装置外廓尺寸加大。

(2) 链的节距。

链节距是链传动中最重要的参数,链的节距越大,其承载能力越高,传动的不均匀性、附加载荷和冲击也越大。因此,设计时应尽可能选用较小的链节距,高速重载时可选用小节距多排链。

(3) 中心距和链的节数。

若链传动中心距过小,则小链轮上的包角也小,同时啮合的链轮齿数也减少;若中心距过大,则易使链条抖动。一般可取中心距 $a=(30\sim50)p$,最大取 $a_{max}=80p$。

链条长度用链节数 L_p 表示,按带长的公式可导出:

$$L_p = \frac{2a}{p} + \frac{z_1+z_2}{2} + \frac{p}{a}\left(\frac{z_2-z_1}{2\pi}\right)^2 \tag{5-27}$$

由此算出的链的节数须圆整为整数,最好取为偶数。

运用式(5-27)可得由节数 L_P 求中心距 a 的公式:

$$a = \frac{p}{4}\left[\left(L_p - \frac{z_2+z_1}{2}\right) + \sqrt{\left(L_p - \frac{z_1+z_2}{2}\right)^2 - 8\left(\frac{z_2-z_1}{2\pi}\right)^2}\right] \tag{5-28}$$

为了便于安装链条和调节链的张紧程度,一般中心距设计成可调节的。若中心距不能调节而又没有张紧装置,则应将计算的中心距减小 $(2‰\sim4‰)a$,这样可使链条有小的初垂度,以保持链传动的张紧。

3) 设计计算

设计链传动时应满足:

$$\left.\begin{aligned}P_c \leqslant [P_0] = P_0 K_Z K_L K_m \\ \frac{P_c}{K_Z K_L K_m} \leqslant P_0\end{aligned}\right\} \tag{5-29}$$

式中:计算功率为 $P_c = K_A P$;K_A 为工作情况系数,见表 5-19;P 为名义功率(kW)。

表 5-19　工作情况系数 K_A

载 荷 种 类	原 动 机	
	电动机或汽轮机	内 燃 机
载荷平稳	1.0	1.2
中等冲击	1.3	1.4
较大冲击	1.5	1.7

当 $v=0.6$ m/s 时,主要失效形式为链条的过载拉断,设计时必须验算静力强度的安全系数,即

$$\frac{F_Q}{K_A F_1} \geqslant S \tag{5-30}$$

式中:F_Q 为链的极限拉伸载荷;F_1 为紧边拉力;S 为安全系数,$S=4\sim8$。

链作用在轴上的压力 F_y 可近似取为

$$F_y = (1.2\sim1.3)F_1 \tag{5-31}$$

有冲击和振动时取大值。

例 5-2　试设计一螺旋输送机用套筒滚子链传动，选用 $P=5.5$ kW，$n_1=1450$ r/min 的电动机驱动、载荷平稳，传动比 $i=3.2$。

解　(1) 确定链轮齿数。假定 $v=3\sim8$ m/s，由表 5-18 选 $z_1=21$；大链轮齿数 $z_2=iz_1=3.2\times21=67.2$，取 $z_2=67$。实际传动比为

$$i=\frac{67}{21}=3.19$$

误差远小于 $\pm5\%$，故允许。

(2) 计算链条节数。初定中心距 $a_0=40p$，由式 (5-27) 得

$$L_p=2\frac{a_0}{P}+\frac{z_1+z_2}{2}+\frac{p}{a_0}\left(\frac{z_2-z_1}{2\pi}\right)^2$$

$$=2\times\frac{40p}{p}+\frac{21+67}{2}+\frac{p}{40p}\left(\frac{67-21}{2\pi}\right)^2\approx125$$

取链节数为偶数，故选取 $L_p=126$ 节。

(3) 计算功率。由表 5-19 查 $K_A=1.0$，故

$$P_c=K_AP=1.0\times5.5=5.1\text{ kW}$$

(4) 确定链条节距。由式 (5-29) 得

$$P_0=\frac{P_c}{K_ZK_LK_m}$$

考虑到此链传动工作图 5-18 所示曲线 2 的左侧 (即可能出现链板疲劳破坏)，由表 5-16 得

$$K_Z=\left(\frac{z_1}{19}\right)^{1.08}=\left(\frac{21}{19}\right)^{1.08}=1.11$$

$$K_L=\left(\frac{L_p}{100}\right)^{0.26}=\left(\frac{126}{100}\right)^{0.26}=1.06$$

采用单排链，$K_m=1.0$，故

$$P_0=\frac{5.5}{1.11\times1.06\times1.0}=4.67\text{ kW}$$

由图 5-19 查得当 $n_1=1450$ r/min 时，08A 链条能传递的功率为 6.8 kW (>4.67 kW)，故采用 08A 链条，节距 $p=12.7$ mm。

(5) 实际中心距。将中心距设计成可调节的，不必计算实际中心距，可取

$$a\approx a_0=40p=40\times12.7\text{ mm}=508\text{ mm}$$

(6) 验算链速。

$$v=\frac{z_1pn_1}{60\times1000}=\frac{21\times12.7\times1450}{60\times1000}=6.45\text{ m/s}$$

符合原来的假定。

(7) 选择润滑方式。按 $p=12.7$ mm，$v=6.45$ m/s，由图 5-20 查得应采用油浴或飞溅润滑。

(8) 作用在轴上的压力。由式 (5-31) 得 $F_y=(1.2\sim1.3)F_1$，取 $F_y=1.3F_1$，则

$$F_1=1000\frac{P_c}{v}=1000\times\frac{5.5}{6.45}=853\text{ N}$$

$$F_y=1.3F_1=1.3\times853=1110\text{ N}$$

（9）链轮主要尺寸（略）。

5.3 齿轮传动设计

5.3.1 齿轮传动的失效形式和设计准则

1. 轮齿的失效形式

常见的轮齿失效形式有轮齿折断和齿面损伤，后者又分为齿面点蚀、胶合、磨损和塑性变形。

1）轮齿折断

齿轮工作时，若轮齿危险截面处的弯曲应力超过极限值，轮齿将发生折断。轮齿折断一般发生在齿根部分。

轮齿的折断形式有两种。一种是由于短时过载或冲击载荷而产生的过载折断。另一种是当齿根处的交变应力超过了材料的疲劳极限时，齿根圆角处将产生疲劳裂纹（图 5 - 21 (a)），随着啮合的继续，裂纹不断扩展，最终导致轮齿的弯曲疲劳折断。直齿圆柱齿轮传动一般在齿根处发生正齿折断；斜齿圆柱齿轮和人字齿轮（接触线倾斜），其齿根裂纹往往沿倾斜方向扩展，发生轮齿的局部折断（图 5.21(b)）。

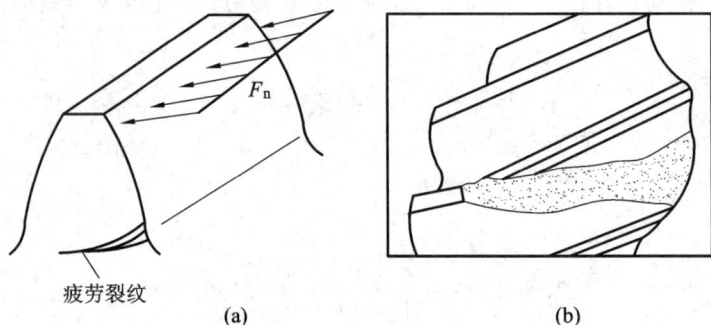

图 5 - 21 轮齿折断

为防止过载折断，应当避免过载和冲击；为防止弯曲疲劳折断，应对轮齿进行轮齿弯曲疲劳强度计算。

2）齿面点蚀

轮齿工作时，齿面接触应力是按脉动循环变化的。当这种交变接触应力重复次数超过一定限度后，轮齿表层或次表层就会产生不规则的细微的疲劳裂纹，疲劳裂纹蔓延扩展使金属脱落而在齿面形成麻点状凹坑，即为齿面点蚀（图 5 - 22）。轮齿在啮合过程中，因为在节线处同时啮合轮齿对数少，接触应力大，且在节点处齿廓相对滑动速度小，油膜不易形成，摩擦力大，所以点蚀大多出现在靠近节线的齿根表面上。

对于软齿面（齿面硬度≤350HBS）的闭式齿轮传

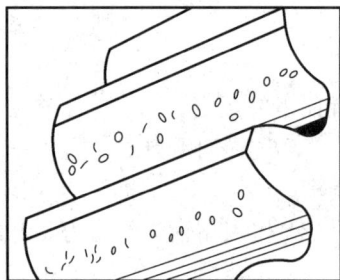

图 5 - 22 齿面点蚀

动,常因齿面疲劳点蚀而失效。在开式齿轮传动中,因齿面磨损较快,点蚀还来不及出现或扩展就被磨掉,所以一般看不到点蚀现象。

3) 齿面胶合

对于高速、重载齿轮传动,因啮合区产生很大的摩擦热,导致局部温度过高,使齿面油膜破裂,两接触齿面金属粘着,随着齿面的相对运动,金属从齿面上被撕落而引起严重的粘着磨损,这种现象称为齿面胶合(图 5 - 23(a))。此外,在低速、重载齿轮传动中,由于局部齿面啮合处压力很高,且速度低,不易形成油膜,使接触表面油膜被刺破而粘着,也产生胶合破坏,称之为冷胶合。

提高齿面硬度,减小齿面的表面粗糙度和齿轮模数,降低齿面间的相对滑动,采用抗胶合能力强的润滑油(如硫化钠)等,均可减缓或防止齿面胶合。

4) 齿面磨损

当轮齿工作面间落入灰尘、硬屑等磨料性物质时,会引起齿面磨损。磨损后,正确的齿廓形状遭到破坏,引起冲击、振动和噪声,且齿厚减薄,最后导致轮齿因强度不足而折断。齿面磨损是开式齿轮传动的主要失效形式(图 5 - 23(b))。

(a) 齿面胶合　　　　　　　　　　　　　　(b) 齿面磨损

图 5 - 23　齿面磨损

提高齿面硬度,改善密封和润滑条件,在油中加入减摩添加剂,保持润滑油的清洁等,均能提高抗齿面磨损的能力。

5) 齿面塑性变形

齿面较软的轮齿,载荷及摩擦力又很大时,轮齿在啮合过程中,齿面表层的材料就会沿着摩擦力的方向产生局部塑性变形,使齿廓失去正确的形状(图 5 - 24),导致失效。

提高齿面硬度,采用黏度较大的润滑油,可减轻或防止齿面产生塑性变形。

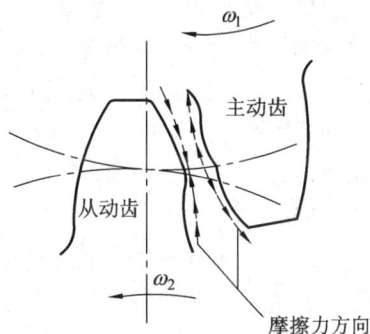

图 5 - 24　塑性变形

2. 设计准则

轮齿的失效形式很多,但对某些具体情况而言,它们不可能同时发生,可以针对其主要失效形式确定相应的设计准则。

闭式齿轮传动:对软齿面(硬度≤350HBS)齿轮,其主要失效形式是齿面点蚀,其次是轮齿折断,故通常按齿面接触疲劳强度进行设计,然后按齿根弯曲疲劳强度进行校核;对硬齿面(硬度>350HBS)齿轮,其主要失效形式是轮齿折断,其次是齿面点蚀,此时可按齿根弯曲疲劳强度进行设计,然后再按齿面接触疲劳强度进行校核。

对于开式齿轮传动,其主要失效形式是齿面磨损和轮齿折断,因磨损尚无成熟的计算方法,故通常只按轮齿折断进行齿根弯曲疲劳强度设计,并通过适当增大模数的方法来考虑磨损的影响。

5.3.2　齿轮常用材料及热处理

1. 齿轮对材料的要求

由轮齿的失效形式可知,设计齿轮传动时,应使轮齿的齿面具有较高的抗磨损、抗点蚀、抗胶合及抗塑性变形的能力,而齿根则要求有较高的抗折断能力。因此,对轮齿材料性能的基本要求为齿面硬、齿心韧。

2. 常用材料及热处理选择

常用的齿轮材料是钢,其次是铸铁,有时也采用非金属材料。

1) 钢

齿轮常用钢材为优质碳素钢、合金钢和铸钢,一般多用锻件或轧制钢材。较大直径(d>400~600 mm)的齿轮不易锻造,可采用铸钢,例如 ZG310—570、ZG340—640、ZG40Cr等。因铸钢收缩率大,内应力也大,故加工前应进行正火或回火处理。齿轮按不同的热处理方法所获得的齿面硬度,分为软齿面和硬齿面两类。

(1) 软齿面齿轮:齿面硬度≤350HBS,热处理后切齿。常用材料为45钢、50钢等正火处理或45钢、40Cr、35SiMn等作调质处理。为了使大、小齿轮的寿命接近相等,推荐小齿轮的齿面硬度比大齿轮高30~50HBS。热处理后切齿精度可达8级,精切时可达7级。这类齿轮常用于对强度与精度要求不高的传动中。

(2) 硬齿面齿轮:齿面硬度>350HBS,一般用锻钢经正火或调质处理后切齿,再作表面硬化处理,最后进行磨齿等精加工,精度可达5级或4级。表面硬化的方法可采用表面淬火、渗碳淬火及氮化处理等。硬齿面齿轮常用的材料为 40Cr、20Cr、20CrMnTi、38CrMoAlA等。这类齿轮由于齿面硬度和承载能力高于软齿面齿轮,故常用于高速、重载、精密的传动中。

2) 铸铁

铸铁的抗弯和耐冲击性能较差,但价格低廉、浇铸简单、加工方便,主要用于低速、工作平稳、传递功率不大和对尺寸与重量无严格要求的开式齿轮。常用材料有 HT200、HT300、HT350和QT500—7等。

3) 非金属材料

对高速、小功率、精度不高及要求低噪声的齿轮传动,常用非金属材料(如夹布胶木、尼龙等)做小齿轮,大齿轮仍用钢或铸铁制造。

常用齿轮材料及其力学性能见表5-20。常用齿轮材料配对示例见表5-21。设计时应根据工作条件、尺寸大小、毛坯制造及热处理方法等因素综合考虑后选用。

表 5 - 20　　齿轮常用材料及其力学性能

材　料	热处理	剖面尺寸		力学性能		硬　度	
		直径 d/mm	壁厚 s/mm	σ_b/MPa	σ_s/MPa	HBS	HRC（表面淬火）
45	正火	≤100	≤50	590	300	169～217	40～50
		101～300	51～150	570	200	162～217	
	调质	≤100	≤50	650	380	229～286	
		101～300	51～150	630	350	217～255	
42SiMn	调质	≤100	≤50	790	510	229～286	45～55
		101～200	51～100	740	460	217～269	
		201～300	101～1 50	690	440	217～255	
40MnB	调质	≤200	≤100	740	490	241～286	45～55
		201～300	101～150	690	440	241～286	
38SiMnMo	调质	≤100	≤50	740	590	229～286	45～55
		101～300	51～150	690	540	217～269	
35CrMo	调质	≤100	≤50	740	540	207～269	40～45
		101～300	51～150	690	490	207～269	
40Cr	调质	≤100	≤50	740	540	241～286	48～55
		101～300	51～150	690	490	241～286	
20Cr	渗碳淬火、渗氮	≤60		640	400		56～62
20CrMnTi	渗碳淬火、渗氮	15		1080	840		56～62
38CrMoA1A	调质，渗氮	30		980	840	229	HV>850
ZG310—570	正火			570	320	163～207	
ZG340—640	正火			640	350	179～207	
HT300				300		187～255	
HT350				350			197～269
HT400				400		207～269	
QT450—10				490	350	147～241	
QT500—7				590	420	229～302	
夹布胶木				100		25～35	

表 5 - 21　齿轮材料配对示例

工作情况		小齿轮	大齿轮
闭式齿轮	软齿面	45 调质 220~250HBS	45 正火 170~210HBS
	中硬齿面	38SiMnMo 调质 332~360HBS	38SiMnMo 调质 298~332HBS
	硬齿面	40Cr 表面淬火 50~55HRC	45 表面淬火 40~50HRC
		20CrMnTi 渗碳淬火 56~62HRC	20CrMnTi 渗碳淬火 56~62HRC

5.3.3　直齿圆柱齿轮传动的设计计算

1. 轮齿受力分析

为了计算齿轮的强度、设计轴和轴承，首先应分析轮齿上所受的力。如图 5 - 25 所示，当略去齿面间的摩擦力时，轮齿上的法向力 F_n 应沿啮合线方向且垂直于工作齿面。在分度圆上，F_n 可分解为两个互相垂直的分力：切于分度圆上的圆周力 F_t 和沿半径方向的径向力 F_r。

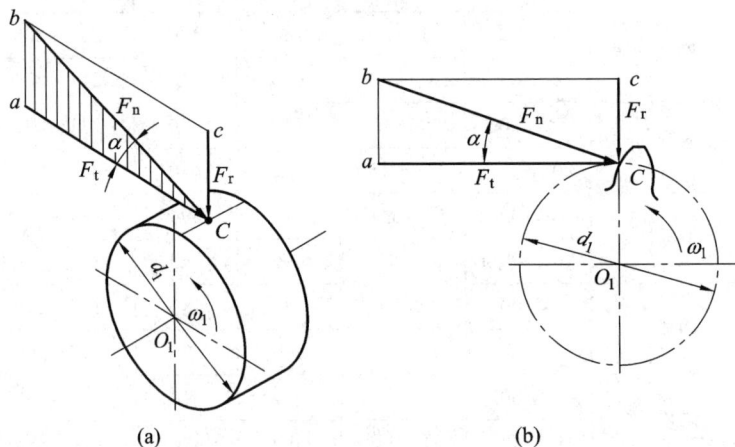

图 5 - 25　直齿圆柱齿轮的受力分析

由图 5 - 25 可知：

$$\left.\begin{array}{l} F_t = \dfrac{2T_1}{d_1} \\[2mm] F_r = F_t \tan\alpha \\[2mm] F_n = \dfrac{F_t}{\cos\alpha} = \dfrac{2T_1}{d_1 \cos\alpha} \end{array}\right\} \tag{5-32}$$

式中，T_1 为主动齿轮传递的名义转矩，

$$T_1 = 9.55 \times 10^6 \frac{P_1}{n_1}$$

P_1 为主动齿轮传递的功率(kW)；n_1 为主动齿轮的转速(r/min)；d_1 为主动齿轮的分度圆直径(mm)；α 为分度圆压力角(°)。

作用在主动轮和从动轮上的各对分力等值反向。主动轮上的圆周力 F_{t1} 方向与主动轮回转方向相反；从动轮上的圆周力 F_{t2} 方向与从动轮回转方向相同。两轮的径向力 F_{r1} 和 F_{r2} 分别指向各自的轮心，如图 5 - 26 所示。

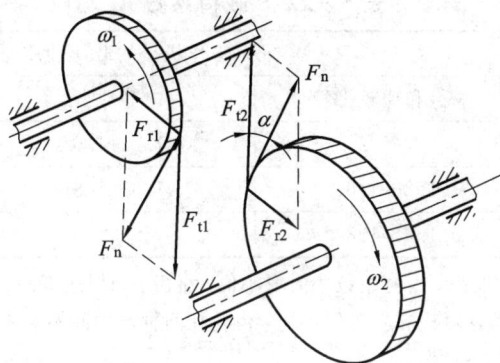

图 5-26 直齿圆柱齿轮各力的方向

2. 计算载荷

按式(5-32)计算的 F_n、F_t、F_r 均是作用在轮齿上的名义载荷,在实际传动中会受到很多因素的影响,故应将名义载荷修正为计算载荷。进行齿轮的强度设计或核算时,应按计算载荷进行。与圆周力对应的计算载荷为

$$F_c = KF_t \tag{5-33}$$

式中,载荷系数 K 用以考虑以下因素的影响:

(1)考虑原动机和工作机的工作特性、轴和联轴器系统的质量与刚度以及运行状态等外部因素引起的附加动载荷。

(2)考虑齿轮副在啮合过程中因制造及啮合误差(基圆齿距误差、齿形误差和轮齿变形等)和运转速度而引起的内部附加载荷。

(3)考虑由于轴的变形和齿轮制造误差等引起载荷沿齿宽方向分布不均匀的影响。如图 5-27 所示,当齿轮相对轴承布置不对称时,齿轮受载前,轴无弯曲变形,轮齿啮合正常;齿轮受载后,轴产生弯曲变形(图 5-28(a)),两齿轮随之倾斜,使得作用在齿面上的载荷沿接触线分布不均匀(图 5-28(b))。当齿宽系数 b/d_1 较小,齿轮在两支承中间对称布置或轴的刚性大时,K 取小值;反之,K 取大值。

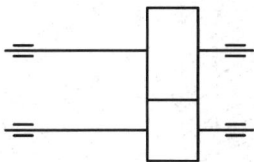

图 5-27 齿轮在两轴承之间不对称布置

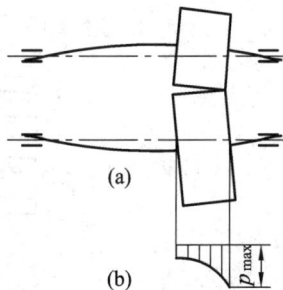

图 5-28 齿轮受载荷分布不均匀

(4)考虑同时参与啮合的各对轮齿间载荷分配不均匀的影响。载荷系数 K 可由表 5-22 查取。

表 5 - 22　载荷系数 K

原 动 机	工作机械的载荷性质		
	平稳和比较平稳	中等冲击	大的冲击
电动机、汽轮机	1～1.2	1.2～1.6	1.6～1.8
多缸内燃机	1.2～1.6	1.6～1.8	1.9～2.1
单缸内燃机	1.6～1.8	1.8～2.0	2.2～2.4

注：斜齿、圆周速度低、精度高、齿宽系数小时取小值；直齿、圆周速度高、精度低、齿宽系数大时取大值。齿轮在两轴承之间且对称布置时取小值，齿轮在两轴承之间不对称布置及悬臂布置时取大值。

3. 齿面接触疲劳强度计算

齿面接触疲劳强度计算是针对齿面疲劳点蚀失效的一种计算方法。因为齿面点蚀多发生在节点附近，所以取节点处接触应力为计算依据。其实质是使齿面节点处所产生的最大实际接触应力不大于齿轮的许用接触应力。齿面接触应力的计算公式是以弹性力学中的赫兹(Hertz)公式为依据推导出来的。对于渐开线标准直齿圆柱齿轮传动，其齿面接触疲劳强度的计算公式讨论如下。

（1）接触疲劳强度校核公式为

$$\sigma_H = Z_H Z_E \sqrt{\frac{2KT_1(u\pm1)}{bd_1^2 u}} \leqslant [\sigma_H] \tag{5-34}$$

$$[\sigma_H] = \frac{\sigma_{Hlim}}{S_{Hmin}} Z_N \tag{5-35}$$

式中：Z_H——节点区域系数，考虑节点齿廓形状对接触应力的影响，其值可在图 5 - 29 中查取（标准直齿圆柱齿轮 $\alpha=20°$时，$Z_H=2.5$）；

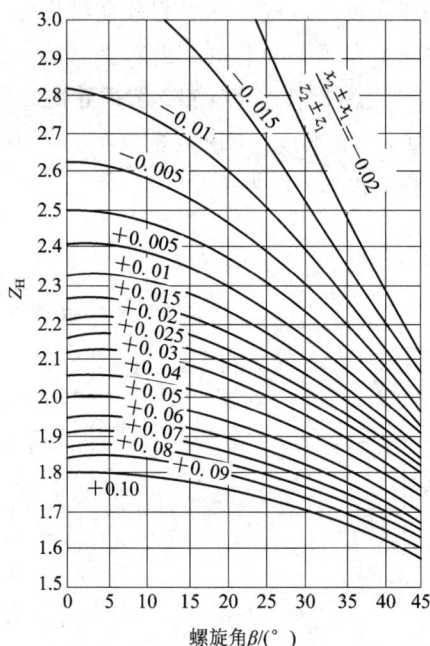

图 5 - 29　节点区域系数 Z_H

Z_E——材料系数($\sqrt{\text{MPa}}$),可查表5-23;

u——齿数比;

$[\sigma_H]$——接触疲劳许用应力;

σ_{Hlim}——试验齿轮的接触疲劳极限(MPa),可由图5-30查得。

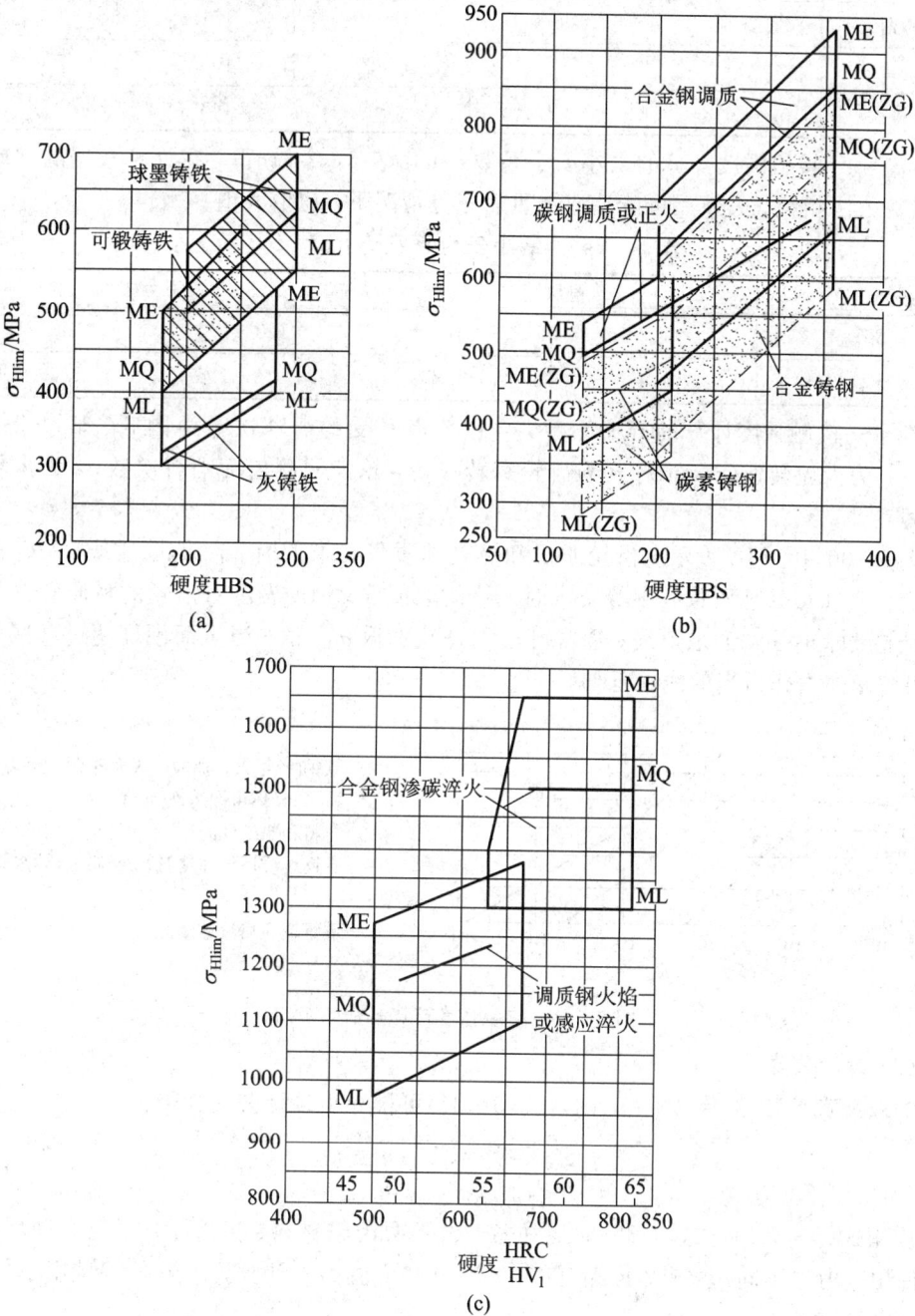

(a)

(b)

(c)

图5-30 齿面接触疲劳极限 σ_{Hlim}

表 5-23   材料系数 Z_E $\sqrt{MPa}$

小轮材料	大 轮 材 料				
	锻钢	铸钢	球墨铸铁	灰铸铁	加布胶木
锻钢	189.8	188.9	186.4	162.0	56.4
铸钢	—	188.0	180.5	161.4	—
球墨铸铁	—	—	173.9	156.6	—
灰铸铁	—	—	—	143.7	—

S_{Hmin}——接触强度计算的最小安全系数,可由表 5-24 查得,在计算数据的准确性较差、计算方法粗糙、失效后可能造成严重后果等情况下,应取大值。

表 5-24   最小安全系数 S_{Hmin} 和 S_{Fmin}

安全系数	静强度		疲劳强度	
S_{Hmin}	1.0	1.3	1.0~1.2	1.3~1.6
S_{Fmin}	1.4	1.8	1.4~1.5	1.6~3.0

Z_N——接触强度计算的寿命系数,可按轮齿经受的循环次数由图 5-31 查得。$N=60nat$,n 为齿轮转速(r/min);a 为齿轮每转一转,轮齿同侧齿面啮合次数;t 为齿轮总工作时间。

图 5-30 中,ML 表示对齿轮质量和热处理质量要求低时 σ_{Hlim} 的取值线;MQ 表示对齿轮的材质和热处理质量有中等要求时 σ_{Hlim} 的取值线;ME 表示对齿轮的材质和热处理质量有严格要求时 σ_{Hlim} 的取值线;通常可按 MQ 线选取 σ_{Hlim} 值。当齿面硬度超过其区域范围时,可将图向右作适当的线性延伸。

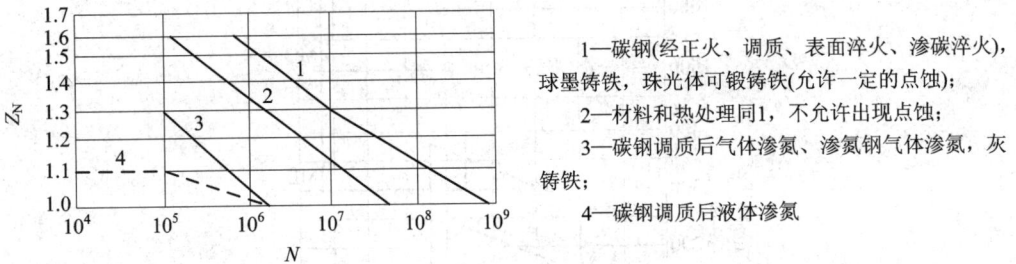

1—碳钢(经正火、调质、表面淬火、渗碳淬火),球墨铸铁,珠光体可锻铸铁(允许一定的点蚀);
2—材料和热处理同1,不允许出现点蚀;
3—碳钢调质后气体渗氮、渗氮钢气体渗氮,灰铸铁;
4—碳钢调质后液体渗氮

图 5-31 接触强度计算寿命系数 Z_N

(2) 设计公式。

如取齿宽系数 $\Psi_d = b/d_1$,则由式(5-34)可推导出设计公式如下:

$$d_1 \geqslant \sqrt[3]{\left(\frac{Z_H Z_E}{[\sigma_H]}\right)^2 \frac{2KT_1(u \pm 1)}{\psi_d u}} \quad (mm) \tag{5-36}$$

应用式(5-34)和式(5-36)时应注意:由于两齿轮材料、齿面硬度、应力循环次数不同,许用应力也不同,故应以 $[\sigma_{H1}]$ 和 $[\sigma_{H2}]$ 中较小值代入计算;式中"+"号用于外啮合,"-"号用于内啮合。

4. 齿根弯曲疲劳强度计算

齿根弯曲疲劳强度计算是针对轮齿疲劳折断进行的。

1) 计算依据

由齿轮传动受力分析及实践证明，轮齿可看做一悬臂梁。齿根处的危险截面，可用30°切线法来确定，即作与轮齿对称中心成30°夹角并与齿根圆角相切的斜线，两切点的连线为危险截面的位置。危险截面的齿厚为 s_F。为了简化计算，通常假设全部载荷作用于只有一对轮齿啮合时的齿顶。如图5-32所示，略去齿面摩擦，将 F_n 移至轮齿的对称线上，并分解为互相垂直的两个分力：切向分力 $F_n\cos\alpha_F$ 和径向分力 $F_n\sin\alpha_F$。切向分力使齿根产生弯曲应力和切应力，径向分力使齿根产生压应力。由于弯曲应力起主要作用，其余应力影响很小，故进行齿根弯曲疲劳强度计算时，应以危险截面拉伸侧的弯曲应力作为计算依据。

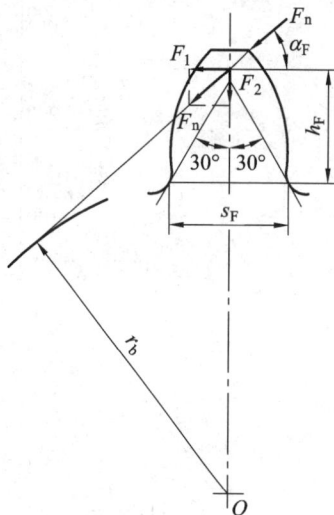

2) 强度计算

(1) 齿根弯曲疲劳强度校核公式如下：

$$\sigma_{bb} = \frac{2KT_1Y_{FS}}{bd_1m} \leqslant [\sigma_{bb}] \qquad (5-37)$$

$$[\sigma_{bb}] = \frac{\sigma_{bb\,lim}Y_NY_{ST}}{S_{F\,min}} \qquad (5-38)$$

图5-32　齿根危险截面

式中：Y_{FS}——复合齿形系数，查图5-33；

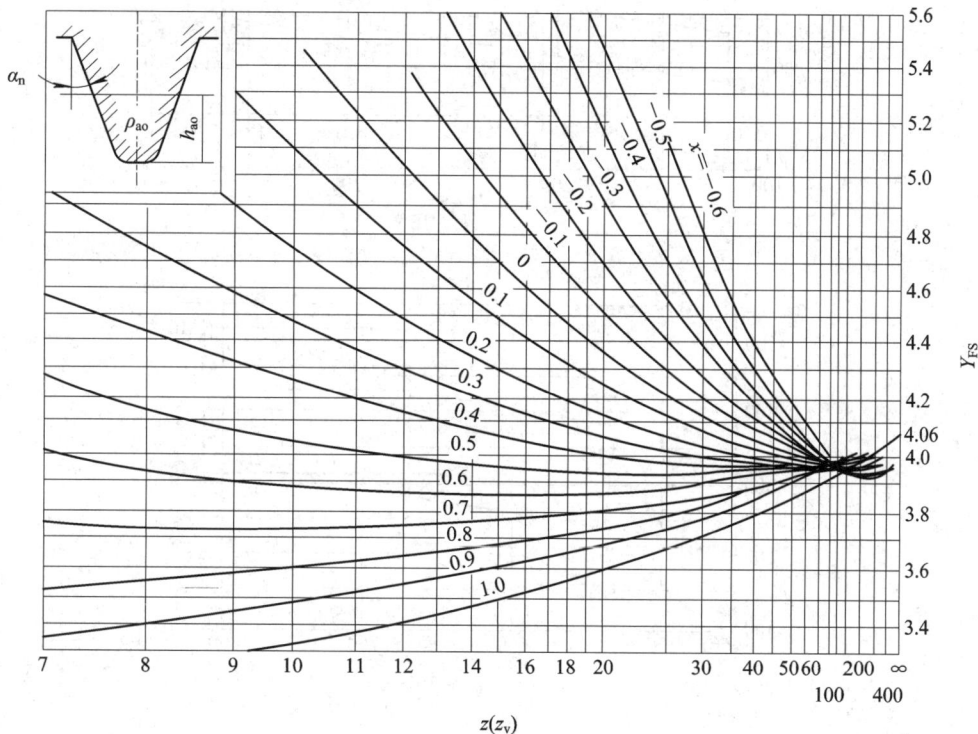

$\alpha_n=20°,\ h_a/m_n=1,\ h_{ao}/m_n=1.25,\ \rho_{ao}/m_n=0.38$

图5-33　外齿轮的复合齿形系数 Y_{FS}

$[\sigma_{bb}]$——许用弯曲应力；

$\sigma_{bb\,lim}$——试验齿轮的弯曲疲劳极限，查图 5-34，查图说明同 $\sigma_{H\,lim}$；

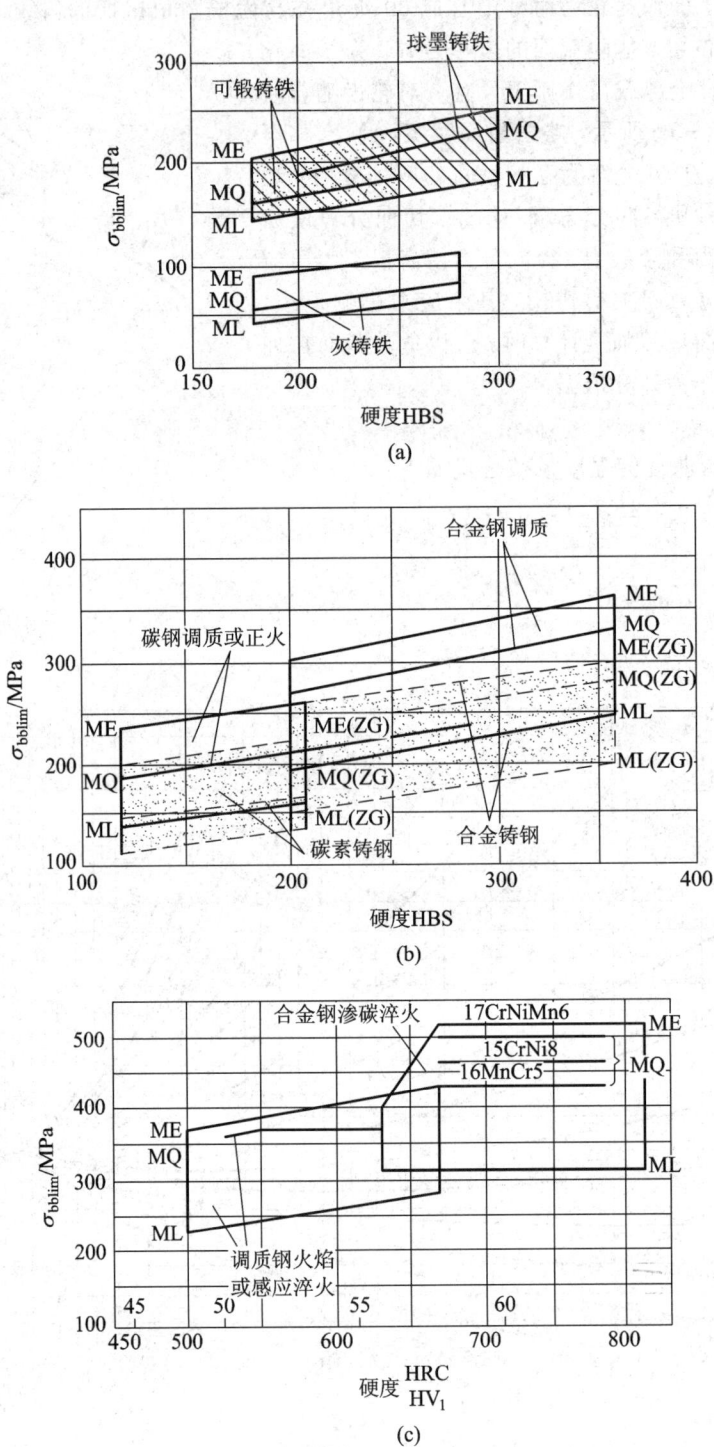

(a)

(b)

(c)

图 5-34　齿根弯曲疲劳极限 $\sigma_{bb\,lim}$

Y_N——弯曲强度计算的寿命系数，查图 5 - 35，查图说明同 Z_N；

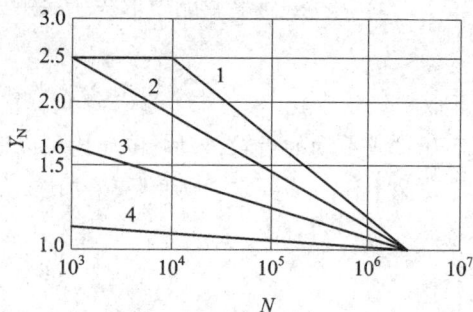

1—碳钢(经正火、调质)，球墨铸铁，珠光体可锻铸铁；

2—碳钢经表面淬火、渗碳淬火；

3—碳钢调质后气体氮化、渗氮钢气体氮化，灰铸铁；

4—碳钢调质后液体氮化

图 5 - 35　弯曲强度计算寿命系数 Y_N

Y_{ST}——试验齿轮的应力修正系数，按国家标准取 $Y_{ST} = 2.0$；

S_{Fmin}——弯曲强度计算的最小安全系数，见表 5 - 24，有关说明同 S_{Hmin}。

（2）轮齿弯曲疲劳强度的设计公式。以 $b = \psi_d d_1$、$d_1 = m z_1$ 代入式（5 - 37），得设计公式为

$$ m \geqslant \sqrt[3]{\frac{2 K T_1}{\psi_d z_1^2} \frac{Y_{FS}}{[\sigma_{bb}]}} \qquad (5 - 39) $$

应用式（5 - 37）和式（5 - 39）时应注意：由于大、小齿轮的复合齿形系数 Y_{FS} 和许用弯曲应力 $[\sigma_{bb}]$ 是不相同的，故进行轮齿弯曲强度校核时，大、小齿轮应分别计算；此外，大、小齿轮 $Y_{FS}/[\sigma_{bb}]$ 的值可能不同，进行设计计算时应将两者中的较大值代入式（5 - 39）中，求得 m 后，应按表 3 - 4 圆整成标准值。

5.4　直齿圆柱齿轮传动设计

齿轮传动设计主要是：选择齿轮材料和热处理方式，确定主要参数、几何尺寸、结构形式、精度等级等，最后绘出零件工作图。

5.4.1　直齿圆柱齿轮传动的参数选择

1. 齿轮 z_1、z_2 和模数 m

按齿轮强度条件计算出的模数，应按表 3 - 4 圆整成标准模数。对于传递动力的齿轮，其模数一般应大于 1.5 mm。普通减速器、机床及汽车变速器中的齿轮模数，一般在 2～8 mm 之间。

为使轮齿避免根切，标准直齿圆柱齿轮的最少齿数为 17；若允许少量根切或采用变位齿轮，则可减少至 14 或 12，甚至更少。为了保证齿面磨损均匀，宜使 z_1、z_2 互为质数。

对于闭式硬齿面齿轮、开式齿轮和铸铁齿轮传动，应取较小齿数和较大的模数，以提高轮齿的弯曲强度。一般取 $z_1 > 17 \sim 25$，当承载能力取决于接触强度时，z_1 大些为好。

2. 传动比 i

对于一般齿轮传动，常取单级传动比 $i \le 5 \sim 7$；当 $i > 7$ 时，宜采用多级传动，以免传动装置的外廓尺寸过大。对于开式或手动的齿轮传动，传动比可以取更大些，$i_{max} = 8 \sim 12$。

一般齿轮传动，若对传动比不作严格要求，则实际传动比 i 允许有 $\pm 2.5\%$($i \le 4.5$)或 $\pm 4\%$($i > 4.5$ 时)的误差。

3. 齿宽系数 Ψ_d

由齿轮的强度计算公式可知，轮齿越宽，承载能力越高，因此轮齿不宜过窄；但增大齿宽又会使齿面上的载荷分布更趋不均匀，故齿宽系数应取得适当。一般圆柱齿轮的齿宽系数可参考表 5-25 选取。其中，闭式传动的支承刚性好，Ψ_d 可取大值；开式传动以及轴的刚性差时，Ψ_d 应取小值。

表 5-25　圆柱齿轮的齿宽系数 Ψ_d

齿轮相对轴的位置	大齿轮或两齿轮齿面硬度≤350HBS	两齿轮齿面硬度>350HBS
对称布置	0.8～1.4	0.4～0.9
不对称布置	0.6～1.2	0.3～0.6
悬臂布置	0.3～0.4	0.2～0.5

注：① 载荷稳定时取大值，轴与轴承的刚度较大时取大值，斜齿轮与人字齿轮取大值。
　　② 对于金属切削机床的齿轮传动，Ψ_d 取小值；传递功率不大时，Ψ_d 可小到 0.2。

圆柱齿轮的计算齿宽 $b = \Psi_d d_1$，并加以圆整。为了防止两齿轮因装配后轴向错位而导致啮合宽度减小，小齿轮的齿宽应在计算齿宽 b 的基础上加大约 $5 \sim 10$ mm。

5.4.2　设计步骤

齿轮传动设计主要是计算齿面的接触疲劳强度和齿根的弯曲疲劳强度，但设计步骤随具体情况而定。现将一般步骤简述如下。

1. 软齿面(硬度≤350HBS)闭式齿轮传动

(1) 选择齿轮材料、热处理方式及精度等级。
(2) 合理选择齿轮参数，按接触疲劳强度设计公式算出小齿轮分度圆直径 d_1。
(3) 计算齿轮的主要尺寸。
(4) 校核所设计的齿轮传动的弯曲疲劳强度。
(5) 确定齿轮的结构尺寸。
(6) 绘制齿轮的零件工作图。

2. 齿面(硬度>350HBS)闭式齿轮传动

(1) 选择齿轮材料、热处理方式及精度等级。
(2) 合理选择齿轮参数，按弯曲疲劳强度设计公式求出模数 m，并圆整为标准模数。
(3) 计算齿轮的主要尺寸。
(4) 校核齿面的接触疲劳强度。

（5）确定齿轮的结构尺寸。

（6）绘制齿轮的零件工作图。

3. 开式齿轮传动

（1）选择齿轮材料、热处理方式及精度等级，常选钢与铸铁配对。

（2）合理选择齿轮参数，按式（5-39）求出模数 m，并加大 $10\%\sim20\%$，按表 3-4 取标准模数。

（3）计算齿轮的主要尺寸。

（4）确定齿轮的结构尺寸。

（5）绘制齿轮的零件工作图。

例 5-3　设计单级标准直齿圆柱齿轮减速器的齿轮传动。已知传递功率 $P=6$ kW，主动轮转速 $n_1=960$ r/min，齿数比 $u=2.5$，载荷平稳，单向运转，预期寿命 10 年（每年按 300 天计），单班制，原动机为电动机。

解　减速器是闭式传动，通常采用齿面硬度 $\leqslant350$HBS 的软齿面钢制齿轮。根据计算准则，应按齿面接触疲劳强度设计，确定齿轮传动的参数、尺寸，然后验算轮齿的弯曲疲劳强度。计算步骤如下：

（1）选择材料、热处理方式及精度等级。

① 选择齿轮材料、热处理方式。该齿轮传动无特殊要求，可选一般齿轮材料，由表 5-20 和表 5-21 并考虑 $\text{HBS}_1=\text{HBS}_2+30\sim50$HBS 的要求，小齿轮选用 45 钢，调质处理，齿面硬度 $229\sim286$HBS；大齿轮选用 45 钢，正火处理，齿面硬度 $169\sim217$HBS。

② 选定精度等级。减速器为一般齿轮传动，估计圆周速度不大于 5 m/s，初选 8 级精度。

（2）按齿面接触疲劳强度设计。

· 确定公式中的各参数值：

① 选择齿数。选小齿轮齿数 $z_1=24$，$z_2=uz_1=60$。

② 确定极限应力 $\sigma_{H\lim}$。由图 5-30，按齿面硬度中间值 255HBS，查得小齿轮 $\sigma_{H\lim}=600$ MPa；由图 5-30，按齿面硬度中间值 200HBS，查得大齿轮 $\sigma_{H\lim}=550$ MPa。

③ 计算应力循环次数 N，确定寿命系数 Z_N：

$$N_1=60an_1t=60\times1\times960\times10\times300\times8=1.38\times10^9$$

$$N_2=\frac{N_1}{u}=\frac{1.38\times10^9}{2.5}=5.52\times10^8$$

查图 5-31 得，$Z_{N1}=Z_{N2}=1$。

④ 计算许用应力。由表 5-24 查得，$S_{H\lim}=1$。由式（5-35）得

$$[\sigma_{H1}]=\frac{\sigma_{H\lim}}{S_{H\min}}Z_{N1}=\frac{600\times1}{1}=600\text{ MPa}$$

$$[\sigma_{H2}]=\frac{\sigma_{H\lim}}{S_{H\min}}Z_{N2}=550\text{ MPa}$$

⑤ 选取载荷系数 K。由表 5-22，按原动机和工作机特性，选 $K=1$。

⑥ 计算小齿轮传递的转矩。

$$T_1=9.55\times10^6\frac{P_1}{n_1}=9.55\times10^6\times\frac{6}{960}=59687.5\text{ N·mm}$$

⑦ 选取齿宽系数。查表 5 - 25，因齿轮对称布置，取 $\Psi_d = 1.2$。

⑧ 节点区域系数 Z_H。由图 5 - 29 查得，$Z_H = 2.5$。

⑨ 确定材料系数 Z_E。由表 5 - 23 查得，$Z_E = 189.8 \sqrt{\text{MPa}}$。

· 计算 d_1 和 v：

① 小齿轮分度圆直径为

$$d_1 \geqslant \sqrt[3]{\left(\frac{Z_H Z_E}{[\sigma_H]}\right)^2 \frac{2KT_1(u+1)}{\psi_d u}}$$

$$= \sqrt[3]{\left(\frac{2.5 \times 189.8}{550}\right)^2 \frac{2 \times 1 \times 59687.5 \times (2.5+1)}{1.2 \times 2.5}}$$

$$= 46.96 \text{ mm}$$

② 圆周速度为

$$v = \frac{\pi d_1 n_1}{60 \times 1000} = \frac{\pi \times 46.96 \times 960}{60 \times 1000} = 2.36 \text{ m/s} < 5\text{m/s}$$

故 8 级精度合适。

③ 模数 m 为

$$m = \frac{d_1}{z_1} = \frac{46.96}{24} = 1.957 \text{ mm}$$

取标准模数 $m = 2$ mm。

（3）计算齿轮的主要尺寸。

① 齿轮的分度圆直径为

$$d_1 = mz_1 = 2 \times 24 = 48 \text{ mm}$$
$$d_2 = mz_2 = 2 \times 60 = 120 \text{ mm}$$

② 中心距为

$$a = \frac{d_1 + d_2}{2} = \frac{48 + 120}{2} = 84 \text{ mm}$$

③ 齿宽为

$$b = \Psi_d d_1 = 1.2 \times 48 = 57.6 \text{ mm}$$

取 $b_2 = 58$ mm，$b_1 = b_2 + 5 \sim 10$ mm $= 64$ mm。

（4）验算轮齿弯曲疲劳强度。

① 确定极限应力 $\sigma_{bb \lim}$。由图 5 - 34，按齿面硬度中间值 255HBS，查得小齿轮 $\sigma_{bb \lim 1} = 225$ MPa；由图 5 - 34，按齿面硬度中间值 200HBS，查得大齿轮 $\sigma_{bb \lim 2} = 215$ MPa。

② 确定寿命系数 Y_{N1} 和 Y_{N2}。查图 5 - 35 得，$Y_{N1} = Y_{N2} = 1$。

③ 确定最小安全系数 $S_{F \min}$。查表 5 - 24 得，$S_{F \min 1} = S_{F \min 2} = 1.4$。

④ 确定许用应力 $[\sigma_{bb}]$。由式(5 - 38)得：

$$[\sigma_{bb1}] = \frac{\sigma_{bb \lim 1} Y_{N1} Y_{ST1}}{S_{F \min 1}} = \frac{225 \times 1 \times 2}{1.4} = 321.4 \text{ MPa}$$

$$[\sigma_{bb2}] = \frac{\sigma_{bb \lim 2} Y_{N2} Y_{ST2}}{S_{F \min 2}} = \frac{215 \times 1 \times 2}{1.4} = 307.1 \text{ MPa}$$

⑤ 确定复合齿形系数 Y_{FS1} 和 Y_{FS2}。查图 5 - 33，$Y_{FS1} = 4.21$，$Y_{FS2} = 4.00$。

⑥ 计算齿根弯曲应力：

$$\sigma_{bb1} = \frac{2KT_1 Y_{FS1}}{bd_1 m} = \frac{2 \times 1 \times 59687.5 \times 4.21}{58 \times 48 \times 2} = 90.3 \text{ MPa} < [\sigma_{bb1}]$$

$$\sigma_{bb2} = \sigma_{bb1} \frac{Y_{FS2}}{Y_{FS1}} = 90.3 \times \frac{4.0}{4.21} = 85.8 \text{ MPa} < [\sigma_{bb2}]$$

所以轮齿弯曲强度足够。

5.5　平行轴斜齿圆柱齿轮传动

斜齿圆柱齿轮传动的特点是传动平稳、噪声小及承载能力高,因此常用于速度较高的传动系统中。

5.5.1　受力分析

图 5-36 所示为斜齿圆柱齿轮在节点 C 处的受力情况。若略去齿面间的摩擦力,作用在与齿面垂直的法向平面内的法向力 F_n 可分解为三个互相垂直的分力:圆周力 F_t、径向力 F_r 和轴向力 F_a。由图 5-36 可知:

$$\left.\begin{array}{l} F_t = \dfrac{2T_1}{d_1} \\[3mm] F_r = \dfrac{F_t \tan\alpha_n}{\cos\beta} \\[3mm] F_a = F_t \tan\beta \end{array}\right\} \qquad (5-40)$$

式中:α_n 为法向压力角,对标准斜齿轮,$\alpha_n = 20°$;β 为分度圆柱上的螺旋角。

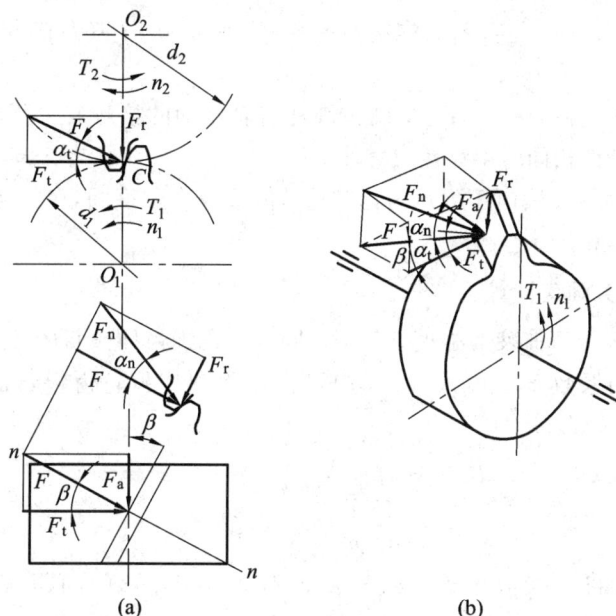

图 5-36　斜齿圆柱齿轮传动的受力分析

作用在主、从动轮上的各对分力大小相等。各分力的方向可用下列方法来判断:

(1)圆周力 F_t:主动轮上的圆周力是阻力,其方向与主动轮回转方向相反;从动轮上的圆周力是驱动力，其方向与从动轮回转方向相同。

（2）径向力 F_r：其方向分别指向各自的轮心（内齿轮为远离轮心方向）。

（3）轴向力 F_a：其方向决定于轮齿螺旋线方向和齿轮回转方向，可用"主动轮左、右手法则"来判断——左旋用左手，右旋用右手，握住主动轮轴线，以四指弯曲方向代表主动轮转向，拇指的指向即为主动轮的轴向力方向，从动轮轴向力方向与其相反。

5.5.2　强度计算

由于在斜齿圆柱齿轮传动中，作用于齿面上的力仍垂直于齿面，因而斜齿圆柱齿轮的强度计算是按法向进行分析的。因此，可以通过其当量直齿轮对斜齿圆柱齿轮进行强度分析和计算。

1. 齿面接触疲劳强度计算

斜齿圆柱齿轮传动齿面接触疲劳强度计算时，考虑到倾斜的齿面接触线对提高接触强度有利，故引入螺旋角系数 $Z_\beta = \sqrt{\cos\beta}$。

由式（5-34）可得斜齿圆柱齿轮传动齿面接触疲劳强度的计算公式。

（1）校核公式：

$$\sigma_H = Z_H Z_E Z_\beta \sqrt{\frac{2KT_1(u\pm1)}{bd_1^2 u}} \leqslant [\sigma_H] \tag{5-40}$$

（2）设计公式。取 $b = \psi_d d_1$，代入式（5-40），可得齿面接触疲劳强度设计公式为

$$d_1 \geqslant \sqrt[3]{\left(\frac{Z_H Z_E Z_\beta}{[\sigma_H]}\right)^2 \frac{2KT_1}{\psi_d} \frac{u\pm1}{u}} \tag{5-41}$$

式（5-40）和式（5-41）中，Z_β 为螺旋角系数，$Z_\beta = \sqrt{\cos\beta}$；其余符号的意义与直齿圆柱齿轮相同。

由上述公式可知，在同样条件下，斜齿圆柱齿轮传动的接触疲劳强度比直齿圆柱齿轮传动高，或在其它条件相同时斜齿轮尺寸小。

斜齿轮以法向模数及法向压力角为标准值，但参数中分度圆直径、中心距等都是端面尺寸，设计时注意换算。

2. 齿根弯曲疲劳强度计算

斜齿圆柱齿轮齿根弯曲疲劳强度计算时，同样考虑到齿面倾斜的接触线对提高弯曲强度有利，引入螺旋角系数 Y_β。由式（5-37）可得斜齿圆柱齿轮齿根弯曲疲劳强度的计算公式。

（1）校核公式：

$$\sigma_{bb} = \frac{2KT_1}{bd_1 m_n} Y_{FS} Y_\beta \leqslant [\sigma_{bb}] \tag{5-42}$$

（2）设计公式。将 $b=\psi_d d_1$，$d_1 = m_n z_1/\cos\beta$ 代入式（5-42），可得斜齿圆柱齿轮齿根弯曲疲劳强度设计公式为

$$m_n \geqslant \sqrt[3]{\frac{2KT_1\cos^2\beta Y_\beta}{\psi_d z_1^2} \frac{Y_{FS}}{[\sigma_{bb}]}} \tag{5-43}$$

式（5-42）和式（5-43）中，Y_{FS} 为复合齿形系数，按当量齿数 $z_v = z/\cos^3\beta$ 可由图 5-33 查

得；β 为螺旋角；Y_β 为螺旋角系数，一般 $Y_\beta = 0.85 \sim 0.92$，β 角大时取小值，反之取大值；m_n 为法向模数；其余符号的意义与直齿圆柱齿轮相同。

在应用式(5-42)和式(5-43)时应注意：由于大、小齿轮的 σ_{bb} 和 [σ_{bb}] 值均可能不相同，故进行轮齿弯曲疲劳强度校核时，大、小齿轮应分别计算；另外，$Y_{FS1}/[\sigma_{bb1}]$ 和 $Y_{FS2}/[\sigma_{bb2}]$ 的值可能不同，进行设计计算时应取两者中的大值代入。

3. 斜齿圆柱齿轮传动设计

1) 参数选择

斜齿轮法向参数是标准值，参数选择原则基本上同直齿轮。在选择最少齿数和螺旋角时，可参考以下分析。

斜齿圆柱齿轮不产生根切的最少齿数比直齿轮少，其计算公式为

$$z_{\min} \geqslant 17\cos^3\beta \tag{5-44}$$

随着 β 角的增加，不产生根切的最少齿数将减小，取少齿数可得到较紧凑的传动结构。增大螺旋角 β，可增加重合度系数，使运动平稳，提高齿轮承载能力；但螺旋角过大，会导致轴向力增加，使轴承及传动装置的尺寸也相应增大，同时使传动效率有所降低。一般可取 $\beta = 8° \sim 20°$。对于人字齿轮或两对左右对称配置的斜齿圆柱齿轮，由于轴向力互相抵消，可取 $\beta = 25° \sim 40°$。

2) 斜齿圆柱齿轮传动设计

斜齿圆柱齿轮设计的步骤同直齿圆柱齿轮。

例 5-4　如图 5-37 所示，1 为电动机，2、6 为联轴器，3 为减速器，4 为高速级齿轮传动，5 为低速级齿轮传动，7 为滚筒。试设计带式输送机减速器的高速级齿轮传动。已知输入功率 $P_1 = 40$ kW，主动轮转速 $n_1 = 960$ r/min，齿数比 $u = 3.2$，由电动机驱动，预期寿命 15 年，双班制。

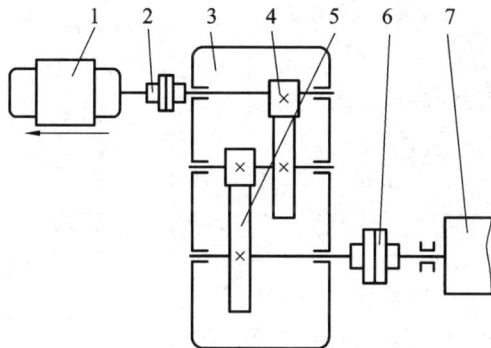

图 5-37　带式输送机

解

(1) 确定齿轮传动方案、材料、热处理方式及精度等级。

① 确定齿轮传动方案。按图 5-37 所示的传动方案，选用斜齿圆柱齿轮传动。

② 选择齿轮材料及热处理方式。考虑此减速器的功率较大，故大、小齿轮都选硬齿面。

由表 5-20 选得大、小齿轮的材料均为 40Cr，并经调质及表面淬火，齿面硬度为 48～

55HRC。

③ 精度等级。因采用表面淬火，轮齿的变形不大，不需磨削，初选 8 级精度。

（2）按齿面接触疲劳强度设计。

• 确定公式中的各参数值：

① 选齿数。选小齿轮齿数 $z_1 = 24$，$z_2 = uz_1 = 24 \times 3.2 = 76.8$，取 $z_2 = 77$。

② 选取螺旋角 β。初选螺旋角 $\beta = 14°$。

③ 确定极限应力 $\sigma_{H\,lim}$。由图 5 - 30，按齿面硬度中间值 52HRC，查得齿轮 $\sigma_{H\,lim1} = \sigma_{H\,lim2} = 1200$ MPa。

④ 计算应力循环次数 N，确定寿命系数 Z_N。

$$N_1 = 60ant = 60 \times 1 \times 960 \times 15 \times 300 \times 8 \times 2 = 4.147 \times 10^9$$

$$N_2 = \frac{N_1}{u} = \frac{4.147 \times 10^9}{3.2} = 1.296 \times 10^9$$

查图 5 - 31 得，$Z_{N1} = Z_{N2} = 1$。

⑤ 计算许用应力。由表 5 - 24 查得，$S_{H\,min} = 1$。由式（5 - 35）得

$$[\sigma_{H1}] = [\sigma_{H2}] = \frac{\sigma_{H\,lim}}{S_{H\,min}} Z_N = \frac{1200 \times 1}{1} = 1200 \text{ MPa}$$

⑥ 确定节点区域系数 Z_H。由图 5 - 29 查得，$Z_H = 2.433$。

⑦ 确定材料系数 Z_E。由表 5 - 23 查得，$Z_E = 189.8 \sqrt{\text{MPa}}$。

⑧ 确定螺旋角系数 Z_β。$Z_\beta = \sqrt{\cos\beta} = 0.985$。

⑨ 确定载荷系数 K。由表 5 - 22 取 $K = 1.1$。

⑩ 计算小齿轮传递的转矩。

$$T_1 = 9.55 \times 10^6 \frac{P_1}{n_1} = 9.55 \times 10^6 \times \frac{40}{960} = 397917 \text{ N} \cdot \text{mm}$$

⑪ 齿宽系数。由表 5 - 25，取 $\psi_d = 0.60$。

• 计算 d_1 和 v。

① 算小齿轮分度圆的直径 d_1。

$$d_1 \geqslant \sqrt[3]{\left(\frac{Z_H Z_E Z_\beta}{[\sigma_H]}\right)^2 \frac{2KT_1(u+1)}{\psi_d u}}$$

$$= \sqrt[3]{\left(\frac{2.433 \times 189.8 \times 0.985}{1200}\right)^2 \cdot \frac{2 \times 1.1 \times 397917 \times (3.2+1)}{0.6 \times 3.2}}$$

$$= 65.04 \text{ mm}$$

② 计算圆周速度 v。

$$v = \frac{\pi d_1 n_1}{60 \times 1000} = \frac{\pi \times 65.04 \times 960}{60 \times 1000} = 3.27 \text{ m/s} < 5 \text{ m/s}$$

故，8 级精度合适。

③ 模数 m_n。

$$m_n = \frac{d_1 \cos\beta}{z_1} = \frac{65.04 \times \cos 14°}{24} = 2.63 \text{ mm}$$

按表 3 - 4，取标准模数 $m_n = 3$ mm。

（3）主要参数与尺寸。

① 中心距 a。

$$a = \frac{m_n(z_1 + z_2)}{2\cos\beta} = \frac{3(24 + 77)}{2\cos14°} = 156.1 \text{ mm}$$

圆整后取 $a = 156$ mm。

② 修改螺旋角 β。

$$\beta = \arctan\frac{m_n}{2a}(z_1 + z_2) = 13°47'43''$$

③ 小齿轮直径为

$$d_1 = \frac{m_n z_1}{\cos\beta} = \frac{3 \times 24}{\cos13°47'43''} = 74.14 \text{ mm}$$

④ 轮齿宽度为

$$b = \psi_d d_1 = 0.6 \times 74.14 = 44.5 \text{ mm}$$

取 $b = 45$ mm，$b_1 = b_2 + 5$ mm $= 50$ mm。

（4）验算轮齿弯曲疲劳强度。

• 计算许用应力[σ_{bb}]：

① 确定极限应力 $\sigma_{bb\ lim}$。由图 5-34，按齿面硬度中间值 52HRC，查得齿轮 $\sigma_{bb\ lim1} = \sigma_{bb\ lim2} = 360$ MPa。

② 确定寿命系数 Y_{N1} 和 Y_{N2}。查图 5-35 得，$Y_{N1} = Y_{N2} = 1$。

③ 确定最小安全系数 $S_{F\ min}$。查表 5-24 得，$S_{F\ min} = 1.4$。

④ 确定许用应力[σ_{bb}]。

$$[\sigma_{bb1}] = [\sigma_{bb2}] = \frac{\sigma_{bb\ lim1} Y_{N1} Y_{ST1}}{S_{F\ min}} = \frac{360 \times 1 \times 2}{1.4} = 514 \text{ MPa}$$

• 计算轮齿弯曲应力：

① 计算当量齿数。

$$z_{v1} = \frac{z_1}{\cos^3\beta} = \frac{24}{\cos^3 13°47'43''} = 26.2$$

$$z_{v2} = \frac{z_2}{\cos^3\beta} = \frac{77}{\cos^3 13°47'43''} = 84.1$$

② 确定复合齿形系数 Y_{FS1} 和 Y_{FS2}。查图 5-33，得 $Y_{FS1} = 4.18$，$Y_{FS2} = 3.98$。

③ 确定螺旋角系数 Y_β。取 $Y_\beta = 0.85$。

• 计算齿根弯曲应力：

$$\sigma_{bb1} = \frac{2KT_1}{bd_1 m_n} Y_{FS1} Y_\beta = \frac{2 \times 1.1 \times 397917}{45 \times 74.1 \times 3} \times 4.18 \times 0.85$$

$$= 311 \text{ MPa} < 514 \text{ MPa}$$

$$\sigma_{bb2} = \sigma_{bb1} \frac{Y_{FS2}}{Y_{FS1}} = 311 \times \frac{3.98}{4.18} = 296.1 \text{ MPa} < 514 \text{ MPa}$$

此设计符合要求。

5.6　直齿锥齿轮传动

5.6.1　受力分析

图 5-38 所示为直齿锥齿轮的受力情况，略去摩擦力，法向力可视为集中作用于分度锥齿宽中点处的法向截面内，法向力可分解为三个相互垂直的分力：圆周力 F_t、径向力 F_r 和轴向力 F_a。

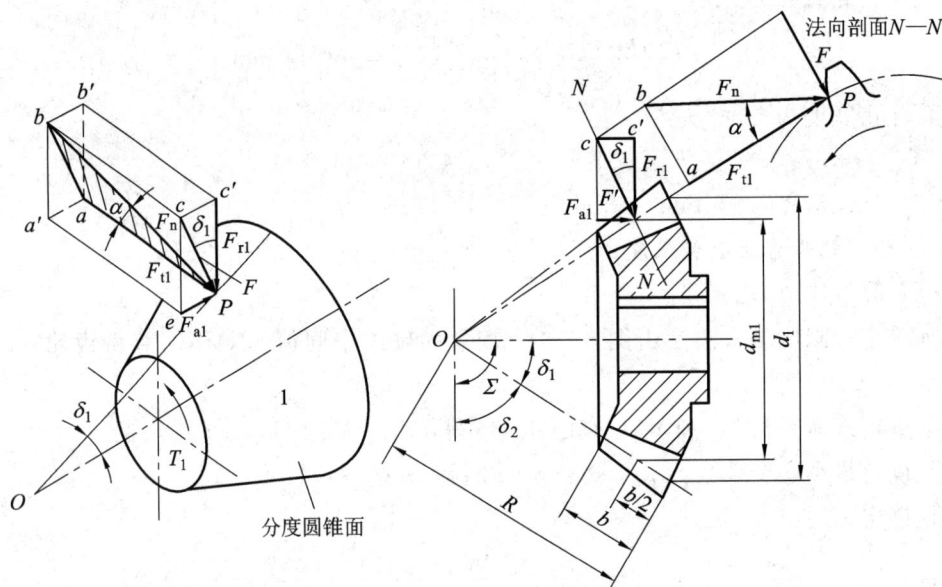

图 5-38　直齿锥齿轮传动的作用力

由图 5-38 可知：

$$\left.\begin{array}{l} F_{t1} = \dfrac{2T_1}{d_{m1}} = F_{t2} \\[2mm] F_{r1} = F_{t1}\tan\alpha\,\cos\delta_1 = F_{a2} \\[2mm] F_{a1} = F_{t1}\tan\alpha\,\sin\delta_1 = F_{r2} \end{array}\right\} \qquad (5-45)$$

式中：d_{m1} 为小齿轮齿宽中点的分度圆直径，$d_{m1} = d_1 - b\sin\delta_1$；$d_1$ 为小轮大端分度圆直径；δ_1 为小齿轮节锥角。

各分力方向的判别如下：

（1）圆周力 F_t 在主动轮上是阻力，与回转方向相反；在从动轮上是驱动力，与回转方向相同。

（2）径向力 F_r 分别垂直指向各自的轴线；

（3）轴向力 F_a 分别由各轮的小端指向大端。

5.6.2　强度计算

因为锥齿轮轮齿沿齿宽方向从大端到小端逐渐缩小，轮齿刚度从大端到小端逐渐变小，所以锥齿轮的载荷沿齿宽分布不均匀。为了简化计算，通常用当量齿轮的概念，将一对直齿锥齿轮传动转化为一对当量直齿圆柱齿轮传动进行强度计算。一般以齿宽中点处的当量直齿圆柱齿轮作为计算基础。有关直齿锥齿轮的强度计算均可引用直齿圆柱齿轮的类似公式，导出轴交角为 90° 的强度计算公式。

1. 齿面接触疲劳强度计算

锥齿轮齿面接触疲劳强度可按齿宽中点处当量直齿圆柱齿轮强度计算的方法进行。将当量齿轮的有关参数代入式(5-34)，考虑到直齿锥齿轮一般制造精度较低，并考虑到齿面接触长短对齿面应力的影响，取有效齿宽为 $0.85b$，按接触强度计算公式计算。

(1) 校核公式：

$$\sigma_H = Z_H Z_E \sqrt{\frac{4KT_1}{0.85\psi_R(1-0.5\psi_R)^2 d_1^2 u}} \leqslant [\sigma_H] \qquad (5-46)$$

(2) 设计公式：

$$d_1 \geqslant \sqrt[3]{\left(\frac{Z_H Z_E}{[\sigma_H]}\right)^2 \frac{4KT_1}{0.85\psi_R(1-0.5\psi_R)^2 u}} \qquad (5-47)$$

式(5-46)和式(5-47)中，ψ_R 为齿宽系数，$\psi_R = \dfrac{b}{R}$，一般取 $\psi_R = 0.25 \sim 0.30$；式中其余符号的含义及取值与直齿圆柱齿轮相同。

2. 齿根弯曲疲劳强度计算

依照齿面接触疲劳强度计算时的处理方法，齿根弯曲疲劳强度计算也可按齿宽中点处的当量直齿圆柱齿轮进行。齿宽中点处当量齿轮模数 $m_m = (1-0.5\psi_R)m$。将当量齿轮的有关参数代入式(5-37)，可得轮齿弯曲疲劳强度公式。

(1) 校核公式：

$$\sigma_{bb} = \frac{4KT_1 Y_{FS}}{0.85\psi_R(1-0.5\psi_R)^2 m^3 z_1^2 \sqrt{1+u^2}} \leqslant [\sigma_{bb}] \qquad (5-48)$$

(2) 设计公式：

$$m \geqslant \sqrt[3]{\frac{4KT_1 Y_{FS}}{0.85\psi_R(1-0.5\psi_R)^2 z_1^2 [\sigma_{bb}] \sqrt{1+u^2}}} \qquad (5-49)$$

式(5-48)和式(5-49)中：Y_{FS} 为复合齿形系数，按当量齿数 $z_v = \dfrac{z}{\cos\delta}$ 查图 5-33；ψ_R 为齿宽系数；m 为大端模数(mm)；其余符号的含义及取值与直齿圆柱齿轮相同。

在应用式(5-49)计算时，应取 $\dfrac{Y_{FS1}}{[\sigma_{bb1}]}$ 和 $\dfrac{Y_{FS2}}{[\sigma_{bb2}]}$ 两者中的大值代入。

5.6.3　主要参数选择

1. 模数 m

大端模数为标准值，模数过小时加工、检验都不方便，一般取 $m \geqslant 2$ mm。

2. 齿数 z

锥齿轮不产生根切的齿数比圆柱齿轮少，可用下式进行计算：

$$z_{min} \geqslant 17 \cos\delta$$

常取小轮齿数 $z_1 \geqslant 20$。

3. 齿宽系数 ψ_R

对于直齿锥齿轮传动，因轮齿由大端到小端逐渐缩小，载荷沿齿宽分布不均匀，故 ψ_R 不宜取得太大。传动比大时，ψ_R 取小值。

5.7　齿轮结构设计

5.7.1　圆柱齿轮结构

通过齿轮强度和几何尺寸计算，已经确定了齿轮的主要参数和尺寸，但为了制造齿轮，还必须设计出全部的结构形状和尺寸。

圆柱齿轮常用的结构形式有：

1. 齿轮轴

对于直径较小的钢质齿轮，其齿根圆直径与轴径相差很小。若齿根圆到键槽底部的径向距离 $x < 2.5m_n$，则可将齿轮和轴制成一体，称为齿轮轴(图 5-39)。如果齿轮的直径比轴的直径大得多，则应把齿轮和轴分开制造。

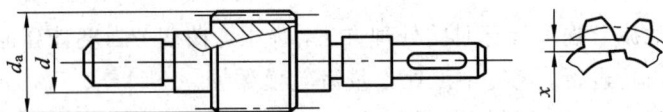

图 5-39　齿轮轴

2. 实心式齿轮

当齿顶圆直径 $d_a < 200$ mm 时，若齿根圆到键槽底部的径向距离 $x > 2.5m_n$，则可做成实心结构的齿轮(图 5-40)。单件或小批量生产而直径小于 100 mm 时，可用轧制圆钢制造齿轮毛坯。

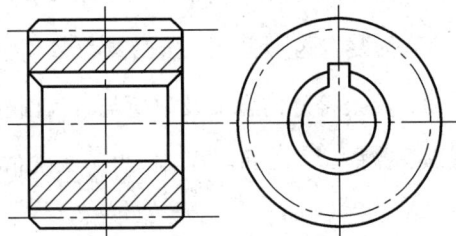

图 5-40　实心式齿轮

3. 腹板式齿轮

当 200 mm $< d_a <$ 500 mm 时，为了减轻重量和节约材料，齿轮常做成腹板式结构(图 5-41)。腹板上开孔的数目及孔的直径按结构尺寸的大小而定。

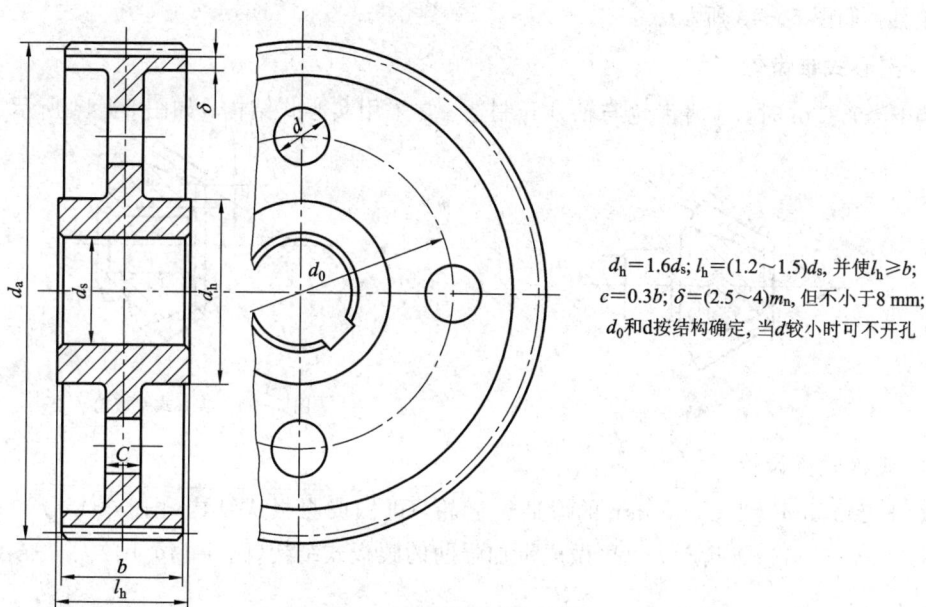

$d_h = 1.6d_s$; $l_h = (1.2\sim1.5)d_s$, 并使$l_h \geqslant b$; $c = 0.3b$; $\delta = (2.5\sim4)m_n$, 但不小于8 mm; d_0和d按结构确定, 当d较小时可不开孔

图 5 - 41　腹板式齿轮

4. 轮辐式齿轮

当齿顶圆直径 $d_a > 500$ mm 时, 齿轮的毛坯制造因受锻压设备的限制, 往往改为铸铁或铸钢浇铸而成。铸造齿轮常做成轮辐式结构, 如图 5 - 42 所示。

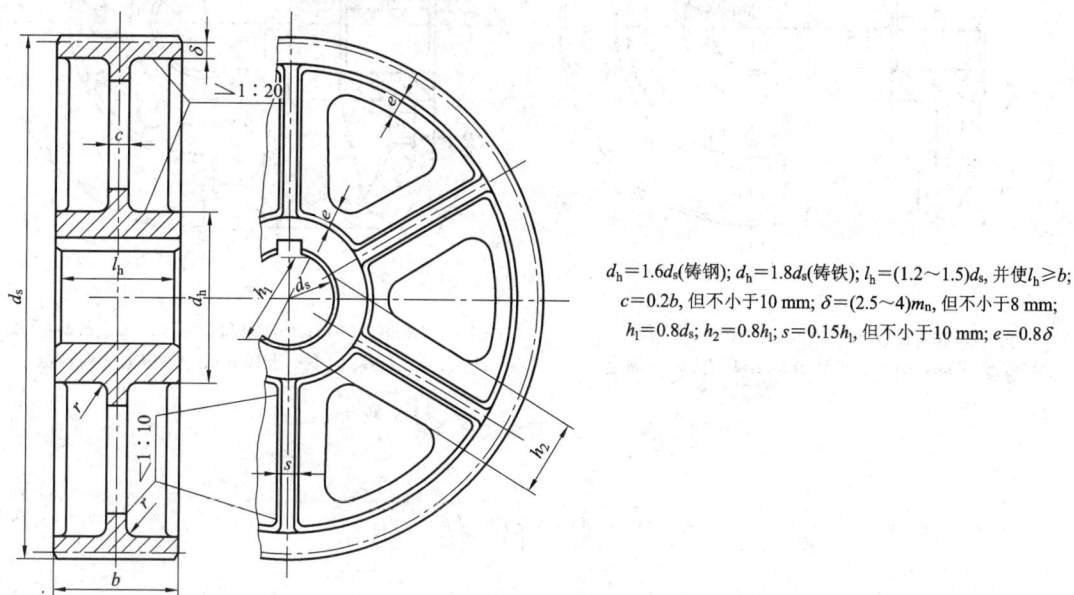

$d_h = 1.6d_s$(铸钢); $d_h = 1.8d_s$(铸铁); $l_h = (1.2\sim1.5)d_s$, 并使$l_h \geqslant b$; $c = 0.2b$, 但不小于10 mm; $\delta = (2.5\sim4)m_n$, 但不小于8 mm; $h_1 = 0.8d_s$; $h_2 = 0.8h_1$; $s = 0.15h_1$, 但不小于10 mm; $e = 0.8\delta$

图 5 - 42　轮辐式齿轮

5.7.2　锥齿轮结构

1. 锥齿轮轴

当锥齿轮的小端根圆到键槽根部的距离 $x < 1.6$ m 时, 需将齿轮和轴做成一体, 称为

锥齿轮轴，如图 5-43 所示。

2. 实心式锥齿轮

当 $x \geqslant 1.6\,m$ 时，应将齿轮与轴分开制造，常采用实心式结构，如图 5-44 所示。

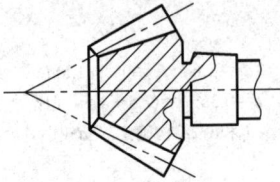

图 5-43　锥齿轮轴

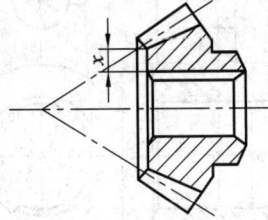

图 5-44　实心式锥齿轮

3. 腹板式锥齿轮

对于 $200\,\text{mm} < d_a \leqslant 500\,\text{mm}$ 的锻造锥齿轮，可做成腹板式结构（图 5-45(a)）；对于 $d_a > 300\,\text{mm}$ 的铸造锥齿轮，也可做成带加强肋的腹板式结构（图 5-45(b)）。

(a)

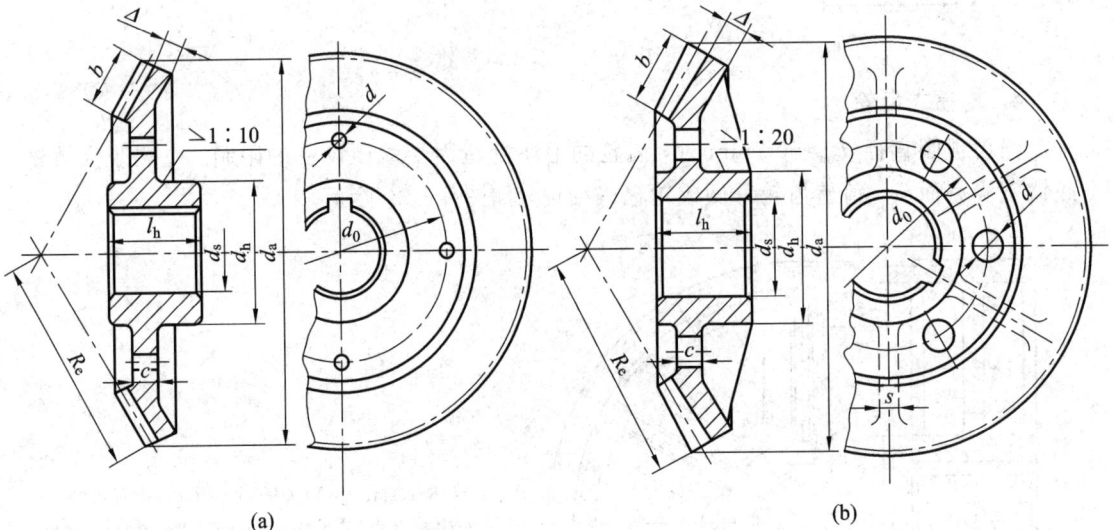

$d_h = 1.6d_s$; $l_h = (1.2 \sim 1.5)d_s$; $c = (0.2 \sim 0.3)b$;
$\Delta = (2.5 \sim 4)m_e$，但不小于 10 mm; d_0 和 d 按结构确定

(b)

$d_h = (1.6 \sim 1.8)d_s$; $l_h = (1.2 \sim 1.5)d_s$; $c = (0.2 \sim 0.3)b$; $s = 0.8c$;
$\Delta = (2.5 \sim 4)m_e$，但不小于 10 mm; d_0 和 d 按结构确定

图 5-45　腹板式锥齿轮

5.8　蜗杆传动

5.8.1　蜗杆传动的受力分析

蜗杆传动的受力分析与斜齿圆柱齿轮传动相似。为简化计算，通常不考虑摩擦力的影响，可认为蜗杆传动的载荷 F_n 是垂直作用于齿面上的。如图 5-46 所示，F_n 可分解为三个

相互垂直的分力：圆周力 F_t、径向力 F_r 和轴向力 F_a。

由图 5 - 46 可知：

$$\left.\begin{array}{l} F_{t1} = \dfrac{2T_1}{d_1} = F_{a2} \\[2mm] F_{a1} = F_{t2} = \dfrac{2T_2}{d_2} \\[2mm] F_{r1} = F_{r2} = F_{t2} \tan\alpha \end{array}\right\} \quad (5-50)$$

式中：T_1 为蜗杆上的转矩（N・mm），$T_1 = 9.55 \times 10^6 \dfrac{P_1}{n_1}$，$P_1$ 为蜗杆的功率（kW），n_1 为蜗杆的转速（r/min）；T_2 为蜗轮上的转矩（N・mm，$T_2 = 9.55 \times 10^6 \dfrac{P_2}{n_2}$，$P_2$ 为蜗轮的功率（kW），n_2 为蜗轮的转速（r/min），$T_2 = T_1 i \eta$，η 为蜗杆传动效率；d_1、d_2 分别为蜗杆和蜗轮的分度圆直径（mm）；α 为压力角，$\alpha = 20°$。

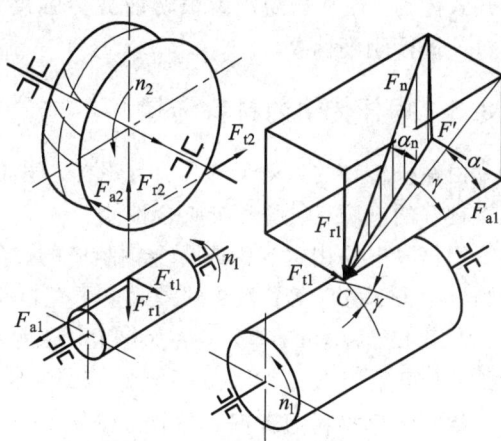

图 5 - 46 蜗杆传动的受力分析

蜗杆蜗轮受力方向的判断规律与斜齿圆柱齿轮相同。主动蜗杆圆周力 F_{t1} 与回转方向相反，从动蜗轮圆周力 F_{t2} 与回转方向相同；两径向力 F_{r1}、F_{r2} 分别指向轮心；轴向力 F_{a1} 的方向可根据蜗杆的螺旋线旋向和回转方向，应用"左、右手法则"来确定，轴向力 F_{a2} 的方向与 F_{t1} 相反。

5.8.2 蜗杆传动的失效形式及设计准则

蜗杆传动中，由于材料和结构上的原因，蜗杆螺旋部分的强度总是高于蜗轮轮齿的强度，所以失效常发生在蜗轮轮齿上。

蜗杆传动在节点处，啮合面之间有较大的相对滑动，滑动速度 v_s 沿蜗杆螺旋线方向。由图 5 - 47 可知，蜗杆传动的相对滑动速度为

$$v_s = \frac{v_1}{\cos\gamma} = \frac{\pi d_1 n_1}{60 \times 1000 \cos\gamma} \quad (5-51)$$

式中：v_1 为蜗杆圆周速度（m/s）；d_1 为蜗杆分度圆直径（mm）；n_1 为蜗杆转速（r/min）；γ 为蜗杆导程角（°）。

由于蜗杆传动中蜗杆与蜗轮齿面间相对滑动速度较大，效率低，摩擦发热大，因而其主要失效形式是蜗轮齿面产生胶合、点蚀及磨损。在一般闭式传动中容易出现胶合或点蚀，开式传动中主要是轮齿的磨损和弯曲折断。

根据蜗杆传动的失效形式和工作特点，对于闭式蜗杆传动，通常按齿面接触疲劳强度设计，

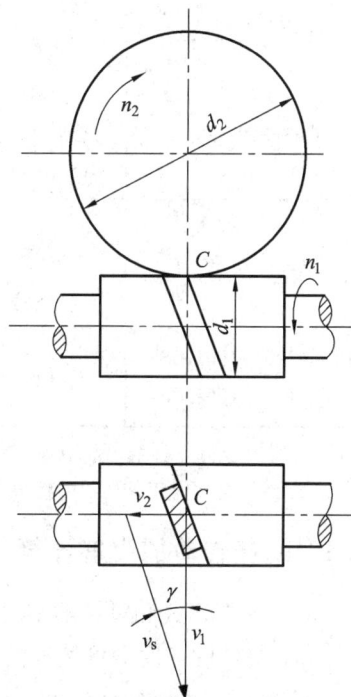

图 5 - 47 齿面间的相对滑动速度

按齿根弯曲疲劳强度校核；此外，对于连续工作的闭式蜗杆传动，还应作热平衡核算。对于开式传动，通常只需按齿根弯曲疲劳强度设计。对蜗杆来说，主要是控制蜗杆轴变形，应对其进行刚度计算。

5.8.3　蜗杆传动的材料选择

由蜗杆传动的失效形式可知，蜗杆、蜗轮的材料不仅要求有足够的强度，更重要的是具有良好的减磨、耐磨和抗胶合性能。

蜗杆一般是用碳素钢或合金钢制成的。在高速、重载且载荷变化较大的条件下，常用20Cr、20Cr MnTi 等，经渗碳淬火，硬度为 58～63HRC；在高速、重载且载荷稳定的条件下，常用 45 钢，40Cr 等，经表面淬火，硬度为 45～55HRC；对于不重要的传动及低速、中载蜗杆，可采用 45 钢调质，硬度为 220HBS～250HBS。

蜗轮常用材料为青铜和铸铁。铸锡青铜（ZCuSn10Pb1）的抗胶合和耐磨性能好，允许的滑动速度 $v_s \leqslant 25$ m/s，易于加工，但价格较贵；滑动速度较低的传动可用铸铝青铜（ZCuAl9Fe3），它的抗胶合能力虽比锡青铜差，但价格便宜，一般用于 $v_s \leqslant 4$ m/s 的传动；蜗轮也可用灰铸铁（HT200 或 HT300）制造，此时 $v_s \leqslant 2$ m/s。

蜗轮常用材料及许用应力见表 5－26。

表 5－26　蜗轮常用材料及许用应力

材料牌号	铸造方法	适用的滑动速度（m/s）	许用接触应力 $[\sigma_H]$/MPa						
			滑动速度/(m/s)						
			0.5	1	2	3	4	6	8
ZCuSn10Pb1	砂模	≤25				134			
	金属模					200			
ZCuSn5PbZn5	砂模	≤12				128			
	金属模					134			
	离心浇铸					174			
ZCuAl9Fe3	砂模	≤10	250	230	210	180	160	120	90
	金属模								
	离心浇铸								
HT150(120～150HBS) HT200(120～150HBS)	砂模	≤2	130	115	90	—	—	—	—

注：① 表中 $[\sigma_H]$ 是蜗杆齿面硬度＞350HBS 条件下的值；若≤350HBS，则需降低 15%～20%。
② 当传动短时工作时，可将表中铸锡青铜的值增加 40%～50%。

5.8.4　蜗杆传动的强度计算

由前述失效形式和设计准则可知，在进行蜗杆传动的强度计算时，只需作蜗轮轮齿的强度计算，蜗杆的强度则可按轴的刚度计算方法进行。

1. 蜗轮的齿面接触疲劳强度计算

蜗杆传动可以近似看做齿条与斜齿圆柱齿轮的啮合传动，利用赫兹公式，考虑蜗杆和蜗轮齿廓特点,可得齿面接触疲劳强度的校核公式和计算公式。

(1) 校核公式:

$$\sigma_H = 500\sqrt{\frac{KT_2}{d_1 d_2^2}} = 500\sqrt{\frac{KT_2}{m^2 d_1 z_2^2}} \leqslant [\sigma_H] \qquad (5-52)$$

(2) 设计公式:

$$m^2 d_1 \geqslant \left(\frac{500}{Z_2[\sigma_H]}\right)^2 KT_2 \qquad (5-53)$$

式(5-52)和式(5-53)中:K 为载荷系数,$K=1.1\sim1.4$,载荷平衡、滑动速度 $v_s \leqslant 3$ m/s,传动精度高时取小值;m 为模数(mm);Z_2 为蜗轮齿数;$[\sigma_H]$ 为许用接触应力(MPa),见表 5-26。

2. 蜗轮轮齿的弯曲疲劳强度

蜗轮轮齿弯曲疲劳强度所限定的承载能力,大都超过齿面点蚀和热平衡计算所限定的承载能力。只有在少数情况下,例如在强烈冲击的传动中,或蜗轮采用脆性材料时,计算其弯曲强度才有意义。需要计算时可参考有关书籍。

5.8.5　蜗杆传动的热平衡计算

1. 蜗杆传动的效率

闭式蜗杆传动的总效率包括三部分:轮齿啮合摩擦损失效率、轴承摩擦损失效率以及零件搅动润滑油飞溅损失效率。其中,最主要的是啮合摩擦损失效率。蜗杆传动相当于梯形螺纹传动,蜗杆相当于螺杆,蜗轮相当于螺母,啮合摩擦损失的效率可根据螺旋传动的效率公式求得(后两项损失不大)。蜗杆传动的效率一般为 0.95~0.97。因此,蜗杆主动时,蜗杆传动的总效率为

$$\eta = (0.95\sim0.97)\frac{\tan\gamma}{\tan(\gamma+\rho_v)} \qquad (5-54)$$

式中:γ 为蜗杆导程角;ρ_v 为当量摩擦角,可根据滑动速度 v_s 由表 5-27 查取。

在设计之初,为了近似求出蜗轮轴上的转矩 T_2,η 值可由表 5-28 查取。

表 5-27　蜗杆传动的当量摩擦因数 f_V 和当量摩擦角 ρ_V

蜗轮材料	锡青铜				无锡青铜		灰铸铁			
蜗杆齿面硬度	≥45HRC		其他		≥45HRC		≥45HRC		其他	
滑动速度 v_s/(m/s)	f_V	ρ_V	f_V	ρ_V	f_V	ρ_V	f_V	ρ_V	f_V	ρ_V
0.01	0.110	6°17′	0.120	6°51′	0.180	10°12′	0.180	10°12′	0.190	10°45′
0.05	0.090	5°09′	0.100	5°43′	0.140	7°58′	0.140	7°58′	0.160	9°05′
0.10	0.080	4°34′	0.090	5°09′	0.130	7°24′	0.130	7°24′	0.140	7°58′
0.25	0.065	3°43′	0.075	4°17′	0.100	5°43′	0.100	5°43′	0.120	6°51′
0.50	0.055	3°09′	0.065	3°43′	0.090	5°09′	0.090	5°09′	0.100	5°43′
1.0	0.045	2°35′	0.055	3°09′	0.070	4°00′	0.070	4°00′	0.090	5°09′

蜗轮材料	锡青铜				无锡青铜		灰铸铁			
蜗杆齿面硬度	≥45HRC		其他		≥45HRC		≥45HRC		其他	
滑动速度 $v_s/(m/s)$	f_v	ρ_v	f_v	ρ_v	f_v	ρ_v	f_v	ρ_v	f_v	ρ_v
1.5	0.040	2°17′	0.050	2°52′	0.065	3°43′	0.065	3°43′	0.080	4°34′
2.0	0.035	2°00′	0.045	2°35′	0.055	3°09′	0.055	3°09′	0.070	4°00′
2.5	0.030	1°43′	0.040	2°17′	0.050	2°52′				
3.0	0.028	1°36′	0.035	2°00′	0.045	2°35′				
4	0.024	1°22′	0.031	1°47′	0.040	2°17′				
5	0.022	1°10′	0.029	1°40′	0.035	2°00′				
8	0.018	1°02′	0.026	1°29′	0.030	1°43′				
10	0.016	0°55′	0.024	1°22′						
15	0.014	0°48′	0.020	1°09′						
24	0.013	0°45′								

表 5-28　蜗杆传动总效率 η

闭式传动			开式传动	自锁传动
Z_1				
1	2	4	1~2	<0.5
0.7~0.75	0.75~0.82	0.87~0.92	0.6~0.7	

2. 蜗杆传动的热平衡计算

由于蜗杆传动的效率低，因而发热量大。若不及时散热，会引起润滑不良而导致轮齿磨损加剧甚至产生胶合。因此，对闭式蜗杆传动应进行热平衡计算。

在闭式传动中，热量通过箱体散发，要求箱体内的油温 t 和周围空气温度 t_0 之差不超过允许值，即

$$\Delta t = \frac{1000 P_1(1-\eta)}{\alpha_t A} \leqslant [\Delta t] \tag{5-55}$$

式中，Δt 为温度差(℃)，$\Delta t = t - t_0$；P_1 为蜗杆传递功率(kW)；η 为传动总效率；α_t 为表面传热系数[W/m²·℃]，根据箱体周围的通风条件，一般取 $\alpha_t = 10 \sim 17$ W/(m²·℃)；A 为散热面积(m²)，指箱体外壁与空气接触且内壁被油飞溅到的箱壳面积，对于箱体上的散热片，其散热面积按 50% 计算；$[\Delta t]$ 为润滑油的许用温差(℃)，一般为 60℃~70℃，并应使油温小于 90℃。

如果润滑油的工作温度超过许用温度，可采用下述冷却措施；

(1) 增加散热面积。合理设计箱体结构，在箱体上铸出或焊上散热片。

(2) 提高表面传热系数。在蜗杆轴上装置风扇(图 5-48(a))，或在箱体油池内装设蛇

形冷却水管(图 5 - 48(b)),或用循环油冷却(图 5 - 48(c))。

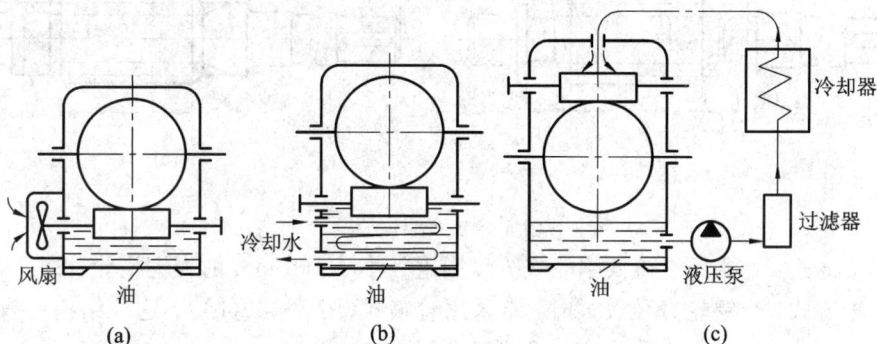

图 5 - 48　蜗杆传动的散热方式

5.8.6　圆柱蜗杆传动的参数选择

1. 模数 m

蜗杆的轴面模数等于蜗轮的端面模数,为标准值。一般用于动力传递时,取 $m=2\sim 8$ mm。

2. 蜗杆直径系数 q

直径系数反映了直径 d_1 与模数 m 之间的关系,即

$$q = \frac{d_1}{m}$$

在 d_1 与 m 均为标准值的条件下,q 也是确定的标准值,不能随意定值。

3. 蜗杆头数 z_1 和蜗轮齿数 z_2

z_1、z_2 可根据传动比 i,按表 3 - 12 的荐用值选取。

4. 蜗杆导程角 γ 及蜗轮螺旋角 β

$\gamma=\beta$,一般取右旋。γ 角随 m、d_1、z_1 值而定。若要求蜗杆传动自锁,则 $\gamma < \rho_v$;若无自锁要求,则 γ 应取较大值,以提高效率。

5.8.7　蜗杆蜗轮结构

1. 蜗杆结构

通常蜗杆与轴做成一体,称为蜗杆轴;只有当 $\dfrac{d_{f1}}{d} \geqslant 1.7$ 时,才采用蜗杆齿圈套装在轴上的形式。对于车制蜗杆(图 5 - 49(a)),取 $d=d_{f1}-2\sim 4$ mm;对于铣制蜗杆,轴颈 d 可大于 d_{f1} (图 5 - 49(b))。

2. 蜗轮结构

蜗轮可制成整体式或装配式,为节省价格较贵的有色金属,大尺寸蜗轮通常采用组合式结构。蜗轮结构形式有以下几种:

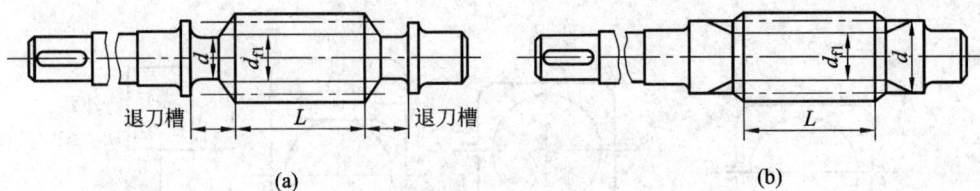

图 5 - 49　蜗杆结构

(1) 整体式：主要用于铸铁蜗轮或分度圆直径小于 100 mm 的青铜蜗轮(图 5 - 50(a))。

(2) 轮箍式：当蜗轮直径较大时，常采用轮箍式(图 5 - 50(b))。这种结构由青铜齿圈和铸铁轮芯组成，齿圈与轮芯通常采用 $\dfrac{H7}{s6}$ 或 $\dfrac{H7}{r6}$ 配合，并加台肩和螺钉固定，螺钉数一般为 4～8 个。

(3) 螺栓联接式：当蜗轮分度圆直径更大时(>400 mm)，可采用螺栓联接的形式(图 5 - 50(c))。其齿圈与轮芯用铰制孔螺栓联接。

(4) 镶铸式：大批生产时，可采用镶铸式(图 5 - 50(d))，即将青铜轮缘镶铸在铸铁轮芯上，在浇铸前先在轮芯上预制出榫槽，以防滑动。

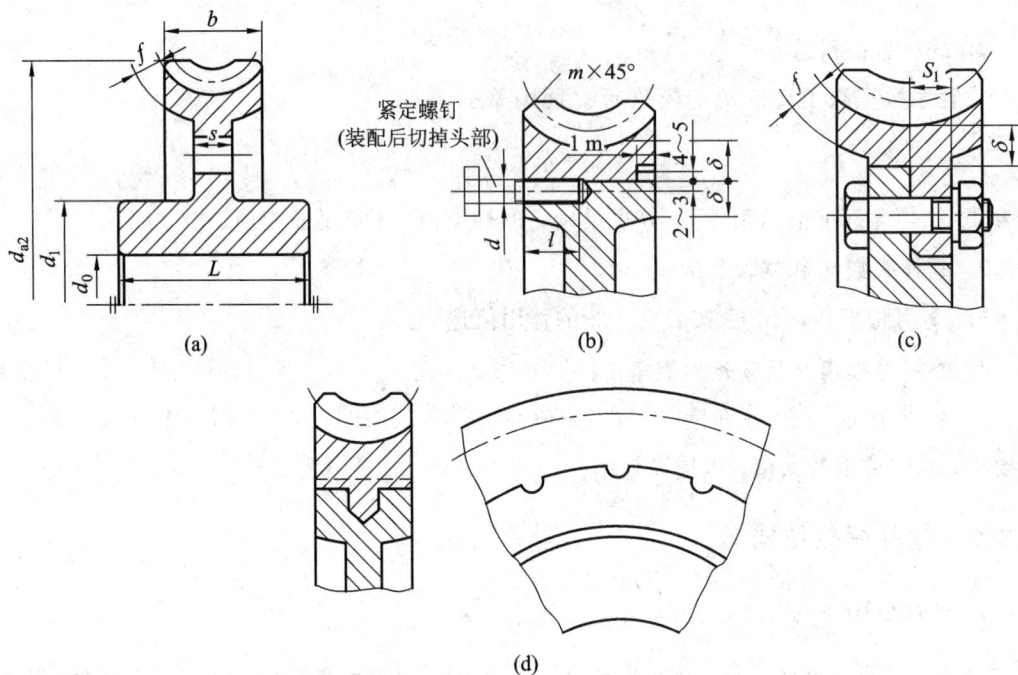

$f = 1.7\,\text{m} > 10\ \text{mm}$, $\delta = 2\,\text{m} > 10\ \text{mm}$, $d_1 = (1.6 \sim 1.8)d_0$, $L = (1.2 \sim 1.8)d_0$, $d = (0.075 \sim 0.12)d_0 \geqslant 5\ \text{mm}$;

$$l = 2d,\ S = 0.3b,\ S_1 = 0.25b,\ d_{e2} \leqslant d_{a2} + \frac{6\,\text{m}}{z_1 + 2}$$

$$z_1 = 1,\ 2 或 3,\ b \leqslant 0.75 d_{a1}$$

$$z_1 = 4,\qquad b \leqslant 0.67 d_{a1}$$

图 5 - 50　蜗轮的结构

例 5-5　试设计一搅拌机用的闭式蜗杆减速器中的普通圆柱蜗杆传动。蜗杆传递功率 $P=5$ kW，转速 $n_1=960$ r/min，齿数比 $u=i=21$，工作载荷平稳，单向运转。

解　(1) 选择材料和热处理方式。

初估滑动速度 $v=5$ m/s，参考表 5-26 选取蜗杆材料，选用 45 钢，考虑到效率和耐磨性，蜗杆螺旋面要淬火，硬度为 45~50HTC。蜗轮用铸铝青铜(ZCuAl9Fe3)。

(2) 按齿面接触疲劳强度设计。

· 确定公式中的各参数值：

① 选择蜗杆头数及蜗轮齿数。蜗杆头数 $z_1=2$，蜗轮齿数 $z_2=iz_1=42$。

② 确定蜗轮转速 n_2。

$$n_2=\frac{n_1}{i}=\frac{960}{21}=45.7 \text{ r/min}$$

③ 确定许用应力。查表 5-26 得，$[\sigma_H]=140$ MPa。

④ 载荷计算。初估传动效率，由表 5-28 得 $\eta=0.82$。

$$T_2=9.55\times10^6\frac{P_1\eta}{n_2}=9.55\times10^6\frac{5\times0.82}{45.7}=856\,783 \text{ N·mm}$$

⑤ 确定载荷系数 K。取载荷系数 $K=1.2$。

· 齿面接触疲劳强度计算：

$$m^2d_1\geqslant\left(\frac{500}{z_2[\sigma_H]}\right)^2KT_2=\left(\frac{500}{42\times140}\right)^2\times1.2\times856\,783=7434 \text{ mm}^3$$

取标准值得 $m^2d_1=9000$ mm³，则 $m=10$ mm，$d_1=90$ mm。

(3) 计算有关参数及几何尺寸。

① 直径系数 q。

$$q=\frac{d_1}{m}=\frac{90}{10}=9$$

② 中心距 a。

$$a=\frac{1}{2}m(q+z_2)=\frac{1}{2}\times10(9+42) \text{ mm}=255 \text{ mm}$$

③ 滑动速度 v_s。因为

$$\tan\gamma=\frac{z_1}{q}$$

所以

$$\gamma=\arctan\frac{z_1}{q}=\arctan\frac{2}{9}=12°31'44''$$

又

$$v_1=\frac{\pi d_1 n_1}{60\times1000}=\frac{\pi\times90\times960}{60\times1000}=4.52 \text{ m/s}$$

则

$$v_s=\frac{v_1}{\cos\gamma}=\frac{4.52}{\cos12°31'44''}=4.63 \text{ m/s}$$

滑动速度与计算值相符。

(4) 热平衡计算。

① 传动效率 η。按 $v_s=4.63$ m/s，查表 5-27，得 $\rho_v=2°6'17''$，则

$$\eta = (0.95 \sim 0.97) \frac{\tan\gamma}{\tan(\gamma + \rho_v)}$$

$$= (0.95 \sim 0.97) \times \frac{\tan 12°31'44''}{\tan(12°31'44'' + 2°6'17'')} = 0.81 \sim 0.83$$

与初估值相吻合。

② 热平衡计算。估算散热面积 $A = 1.5 \text{ mm}^2$，取 $\alpha_t = 12 \text{ W/(m}^2 \cdot \text{℃)}$，则

$$\Delta t = \frac{1000 P_1 (1 - \eta)}{\alpha_t A} = \frac{1000 \times 5(1 - 0.82)}{12 \times 1.5} \text{℃} = 50 \text{℃} \leqslant [\Delta t]$$

符合要求。

习　　题

5-1　一对铸铁齿轮(HT200)和一对钢制齿轮(45 钢调质)，参数、尺寸相同，传递相同的载荷。试问：

(1) 哪对齿轮的接触应力大？为什么？

(2) 哪对齿轮的接触强度高？为什么？

(3) 哪对齿轮的弯曲强度高？为什么？

5-2　单级闭式直齿圆柱齿轮传动，小齿轮材料为 45 钢，调质处理，大齿轮材料为 ZG45，正火处理。已知传递功率 $P_1 = 4 \text{ kW}$，$n_1 = 720 \text{ r/min}$，$m = 4 \text{ mm}$，$z_1 = 25$，$z_2 = 73$，$b_1 = 84 \text{ mm}$，$b_2 = 78 \text{ mm}$，双向运转，预期寿命 15 年(每年按 300 天计)，双班制，齿轮在轴上对称布置，中等冲击，电动机驱动。试校核此齿轮传动的强度。

5-3　已知开式齿轮传动，传递功率 $P_1 = 3.2 \text{ kW}$，$n_1 = 50 \text{ r/min}$，$i = 4$，$z_1 = 21$，小齿轮材料为 45 钢调质，大齿轮材料为 45 钢正火，电动机驱动，单向运转，载荷均匀，寿命为 5 年(每年按 300 天计)，单班工作。试设计此齿轮传动。

5-4　闭式直齿圆柱齿轮传动中，已知传递功率 $P_1 = 30 \text{ kW}$，$n_1 = 730 \text{ r/min}$，$i = 3.5$，使用寿命为 10 年(每年按 300 天计)，单班制，对称布置，电动机驱动，长期双向运转，载荷有中等冲击，要求结构紧凑，$z_1 = 27$，大、小齿轮都用 40Cr 表面淬火。试设计此齿轮传动。

5-5　设平行轴斜齿圆柱齿轮传动的转向及旋向如题图 5-1 所示，试分别画出轮 1 主

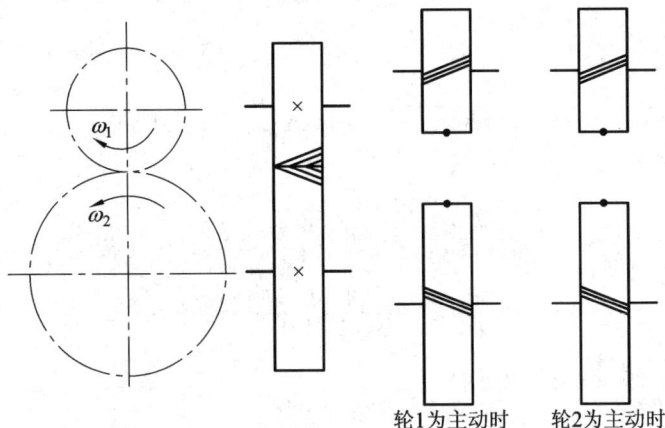

轮1为主动时　　轮2为主动时

题 5-1 图

动时和轮 2 主动时三个分力的方向。

5-6　两级平行轴斜齿圆柱齿轮传动如题图 5-2 所示。试问：

（1）低速级斜齿轮旋向如何选择才能使中间轴上两齿轮轴向力的方向相反？

（2）低速级齿轮取多大螺旋角 β 才能使中间轴的轴向力相互抵消？

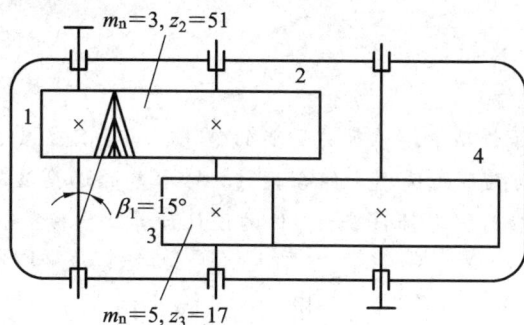

题 5-2 图

5-7　斜齿圆柱齿轮的齿数 z 与其当量齿数 Z_v 有什么关系？在下列几种情况下应分别采用哪种齿数？

（1）计算齿轮传动比；

（2）用仿形法切制斜齿轮时选盘形铣刀；

（3）计算分度圆直径和中心距；

（4）弯曲强度计算时查复合齿形系数。

5-8　某齿轮减速器的斜齿圆柱齿轮传动，已知 $n_1 = 750$ r/min，两轮的齿数 $z_1 = 24$，$z_2 = 108$，$\beta = 9°22'$，$m_n = 6$ mm，$b = 160$ mm，8 级精度，小齿轮材料为 38SiMnMo（调质），大齿轮材料为 45 钢（调质），寿命 20 年（每年 300 工作日），两班制，小齿轮为对称布置。试计算该齿轮传动所能传递的功率。

5-9　设计一由电动机驱动的闭式斜齿圆柱齿轮传动。已知传递功率 $P_1 = 22$ kW，$n_1 = 730$ r/min，$i = 4.5$，齿轮精度等级为 8 级，齿轮在轴上相对轴承作不对称布置，但轴的刚性较大，载荷平稳，单向转动，两班制工作，工作寿命为 20 年（每年 300 工作日）。

5-10　试设计一闭式单级直齿锥齿轮传动。已知输入转矩 $T_1 = 90.5$ N·m，输入转速 $n_1 = 970$ r/min，齿数比 $u = 2.5$，载荷平稳，长期运转，可靠性一般。

5-11　已知电动机驱动的单级蜗杆传动中，电动机功率 $P_1 = 7$ kW，转速 $n_1 = 1500$ r/min，蜗轮转速 $n_2 = 80$ r/min，载荷平稳，单向转动。设计此蜗杆传动。

项目六　轴系零部件设计

项目导航

　　轴系零、部件在机械传动中起着至关重要的作用。本项目主要包括以下内容：轴的设计，滑动轴承设计，滚动轴承的选型和组合设计，轴承盖的选型及结构设计，联轴器与离合器选型设计，主要目标为掌握轴系零、部件的设计计算及校核。

6.1　轴 的 设 计

6.1.1　概述

1. 轴的功用

　　轴是组成机器的重要零件之一，所有作回转运动的零件(例如齿轮、蜗轮、凸轮、皮带轮等)，都必须安装在轴上才能实现其回转运动。概括地说，轴的功用有以下两个方面：

　　(1) 支承回转零件，如齿轮、蜗轮、凸轮、皮带轮等；

　　(2) 传递运动和转矩。

2. 轴的分类

1) 按轴线的形状分类

按轴线的形状，轴可分为以下三类：

(1) 直轴：广泛应用于各类机械中，如图 6-1 所示。

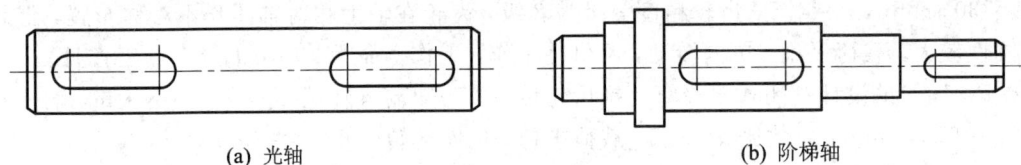

(a) 光轴　　　　　　　　　　　　　　　　(b) 阶梯轴

图 6-1　直轴

　　(2) 曲轴：常用于往复式机械传动中，将回转运动和往复直线运动相互进行转换(例如冲床、内燃机等)，如图 6-2 所示。

　　(3) 软轴：常用于电动手持小型机具(例如铰孔机)、医疗器械和汽车里程表的传动中，它的主要特点是具有良好的挠性，可以把转矩和回转运动灵活地传递到空间的任何位置，如图 6-3 所示。

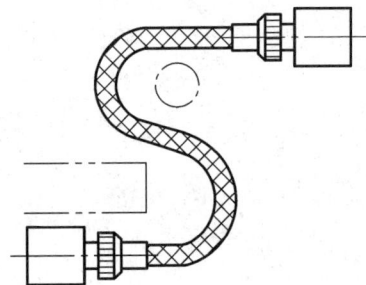

图 6-2　曲轴

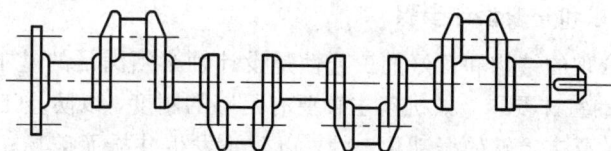

图 6-3　软轴

2）按承受载荷的不同分类

按承受载荷的不同直轴可分为以下三类：

（1）心轴：只承受弯曲作用的轴。它分为固定心轴和转动心轴两种。图 6-4(a)所示的轴为转动心轴，当轮回转时，轴固定不动。图 6-4(b)所示的轴为固定心轴，它能转动。

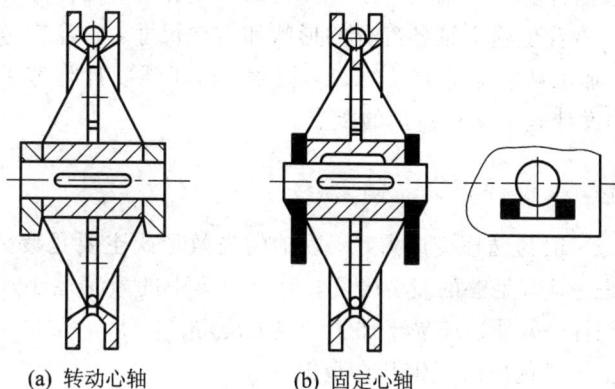

(a) 转动心轴　　　　　　(b) 固定心轴

图 6-4　心轴

（2）传动轴：主要承受扭转作用(不承受或只承受很小的弯曲作用)的轴。图 6-5 所示的汽车变速箱与后桥间的轴就是传动轴。

（3）转轴：同时承受弯曲和扭转作用的轴。图 6-6 所示减速器的输出轴即为转轴，它是机械中最常见的轴。

图 6-5　传动轴

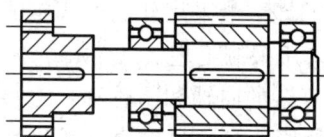

图 6-6　转轴

3）按外形分类

按外形可将直轴分为以下两类：

（1）光轴：在轴的全长上直径都相等的直轴，它主要用于传递转矩，如图 6-1(a)所示。

（2）阶梯轴：在轴的全长上轴各段的直径不相等的直轴。由于阶梯轴便于轴上零件的装拆和固定，又能节省材料和减轻重量，所以在机械中应用广泛，如图 6-1(b)所示。

直轴一般都制成实心的。在那些由于机器结构的要求而需在轴中装设其它零件，或者减轻轴的重量具有重大作用的场合，则将轴制成空心的。

3. 轴的设计要求和一般设计步骤

足够的强度、合理的结构和良好的工艺性是设计轴必须满足的基本要求。此外，不同机械对轴又有不同的特殊要求，如机床主轴要有足够的刚度，以防止工作时产生不允许的变形；汽轮机转子轴要有足够的振动稳定性，以防止发生共振而破坏；重型轴则要考虑其毛坯的制造、运输、安装等问题。

轴设计的一般步骤是：按工作条件等选择轴的材料和热处理方法；初步估算轴的最小直径；进行轴的结构设计；进行必要的强度、刚度、振动稳定性等校核计算；最后绘制轴的工作图。整个设计过程要与有关零件的设计过程结合进行。

本项目以阶梯轴为研究对象讨论轴的设计步骤和方法，其主要内容包括强度计算和结构设计两个方面。强度计算是使轴具有工作能力的基本保证，其计算方法在材料力学中已经介绍过。结构设计要合理确定轴各部分的形状和结构尺寸，它除应考虑强度和刚度因素外，还要考虑使用、加工和装配等方面的许多因素，这比强度计算考虑的因素更多、更复杂。因此，轴的结构设计是本项目讨论的重点。

6.1.2　轴的材料

轴工作时的应力一般为循环变应力，所以轴的失效形式主要是疲劳破坏。因此，对轴的材料的主要要求是：具有足够的疲劳强度；对应力集中的敏感性小；与滑动零件接触的表面应有足够的耐磨性。另外还应易于加工和热处理等。

轴的常用材料主要是优质碳素钢和合金钢。

优质碳素钢价格低廉、对应力集中的敏感性小，并能通过热处理改善其综合性能，故应用很广。一般机械的轴常用 35、45 钢，其中以 45 钢应用最普遍。受力较小或不甚重要的轴，也可用 Q235、Q275 等普通碳素钢。

合金钢具有较高的机械强度和优越的淬火性能，但其价格较贵，对应力集中比较敏感，常用于要求减轻重量、提高轴颈耐磨性及在非常高的温度下工作的轴。由于合金钢与碳素钢的弹性模量相差很少，因此合金钢不宜用于对刚度要求高的轴。

轴的毛坯一般采用轧制的圆钢或锻件。锻件的强度较高，重要的轴、阶梯尺寸变化大的轴，应采用锻制毛坯。

形状复杂的曲轴和凸轮轴，也可以采用球墨铸铁制造。球墨铸铁具有价廉、应力集中不敏感、吸振性好和容易铸成复杂形状等优点，但铸件的品质不易控制。

轴的常用材料及机械性能见表 6－1。

表 6－1　轴的常用材料及机械性能

材料牌号	热处理	毛坯直径 /mm	硬度 （HB）	抗拉强度极限 σ_b/MPa	屈服极限 σ_s/MPa	弯曲疲劳极限 σ_{-1}/MPa	备　　注
Q235		≤100		420	230	170	用于不重要或载荷不大的轴
35	正火	≤100	149～187	520	270	220	用于一般的轴

续表

材料牌号	热处理	毛坯直径 /mm	硬度 (HB)	抗拉强度极限 σ_b/MPa	屈服极限 σ_s/MPa	弯曲疲劳极限 σ_{-1}/MPa	备　　注
45	正火	≤100	170～217	600	300	260	应用最广
	调质	≤200	217～255	650	360	280	
40Cr	调质	≤100	241～286	750	550	360	用于载荷较大而无很大冲击的轴
35SiMn 42SiMn	调质	≤100	229～286	800	520	360	性能接近 40Cr，用于中、小型的轴
40MnB	调质	≤100	241～286	750	500	350	性能接近 40Cr，用于重要的轴
40CrNi	调质	≤100	270～300	920	750	430	用于很重要的轴
35CrMo	调质	≤100	207～269	750	550	360	性能接近 40CrNi，用于重载荷轴
38CrMnMo	调质	≤100	229～286	750	600	370	性能接近 35CrMo
20Cr	渗碳淬火回火	≤60	表面 HRC56～62	650	400	310	用于要求强度和韧性均较高的轴，如某些齿轮轴和蜗杆等
20CrMnTi		15		1100	850	490	
1Cr18Ni9Ti	淬火	≤100	≤190	540	200	195	用于高低温及强腐蚀条件下工作的轴
QT600 - 2			229～302	600	420	215	用于柴油机、汽油机的曲轴和凸轮轴等
QT800 - 2			241～321	800	560	285	

6.1.3　轴的结构设计

轴的结构设计的目的是确定轴的合理外形和全部结构尺寸。

轴的结构主要取决于以下因素：轴在机器中的安装位置及形式；轴上零件的类型、尺寸、数量、布置以及固定方式；载荷的大小、性质、方向及分布情况；轴承的类型及尺寸；轴的加工及装配工艺性等。由于影响因素较多，而且有时互相矛盾，所以轴的结构设计具有较大的灵活性和多样性，因此不可能有标准的结构形式。设计时，必须针对不同情况作具体分析，定出较合理的结构。

轴的结构设计应满足的基本要求是：轴的受力合理；有利于提高轴的强度和刚度；有利于节约材料和减轻重量；轴及轴上零件定位准确、固定可靠、轴上零件便于装拆和调整；具有良好的制造工艺性。

轴结构设计的已知条件是：传动装置简图；初步计算出轴的最小轴径；轴上传动零件（如齿轮、联轴器、皮带轮等）的主要参数及尺寸等。

初步设计时，还不知道轴上支反力的作用点，故不能按轴的弯矩计算轴径。通常按扭转强度来初步估算轴的最小直径，求得最小直径按拟订的装配方案，从最小直径起逐一确定各段轴的直径和长度。设计时需考虑各轴径应与装配在该轴段上的传动件、标准件的孔相匹配。轴的各段长度应根据各零件与轴配合部分的轴向尺寸确定，为保证轴向定位可靠，轴头长一般比与之配合的轮毂长短 $2\sim3$ mm。

1. 轴上零件的定位和固定

1）轴及轴上零件的定位

轴的定位通常是靠轴承来实现的。

轴上零件的定位一般是靠轴肩或轴环来实现的。在图 $6-7$ 中，齿轮靠轴环定位，联轴器和左轴承靠轴肩定位，右轴承通过简套和齿轮也靠轴环间接定位。

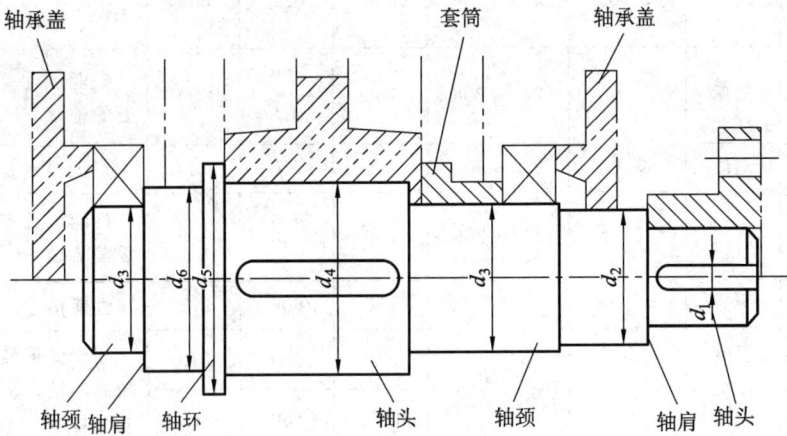

图 $6-7$ 轴上零件的定位

轴肩和轴环的尺寸参看表 $6-2$。

表 $6-2$ 　轴肩和轴环的尺寸

轴的直径 d	$>10\sim18$	$>18\sim30$	$>30\sim50$	$>50\sim80$	$>80\sim120$
圆角半径 r	1	1.5	2	2.5	3
轴肩高度 a	2	2.5	3	4	5

注：轴环宽度 $b\geqslant1.4a$。

2）轴上零件的轴向固定

轴上零件轴向固定的目的是使其准确而可靠地处在规定的位置。如图 $6-7$ 所示，齿轮靠轴环和套筒轴向固定；左轴承靠轴肩和轴承盖轴向固定，右轴承靠套筒和轴承盖轴向固定；联轴器靠轴肩和另一半与它相联的联轴器（图中未画出）轴向固定。

常用的轴向固定方式及应用场合见表 $6-3$。

表 6-3　轴上零件常用轴向固定方式

固定方式	结构图形	应用说明
轴肩或轴环结构	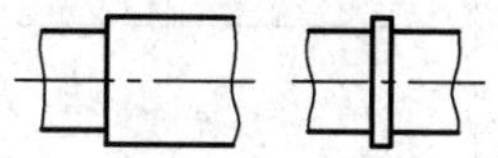	固定可靠，承受轴向力大
套筒结构	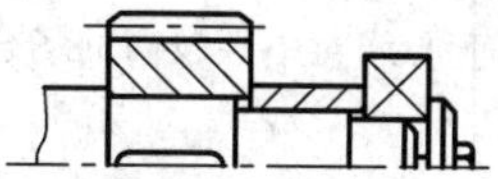	同上，多用于两个相距不远的零件之间
锥面结构	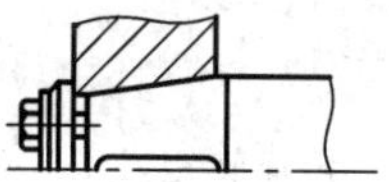	常用于调整轴端且对中性要求高或需经常拆卸的场合
圆螺母与止动垫圈结构	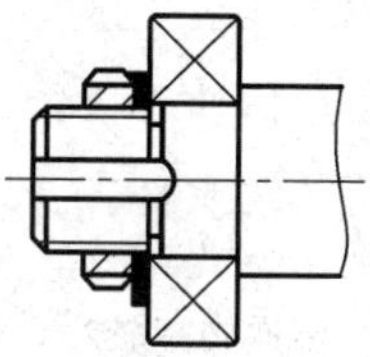	常用于零件与轴承之间距离较大且轴上允许车制螺纹的场合
双螺母结构	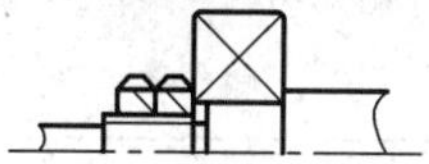	可以承受较大的轴向力，螺纹对轴的强度削弱较大，应力集中严重
弹性挡圈结构	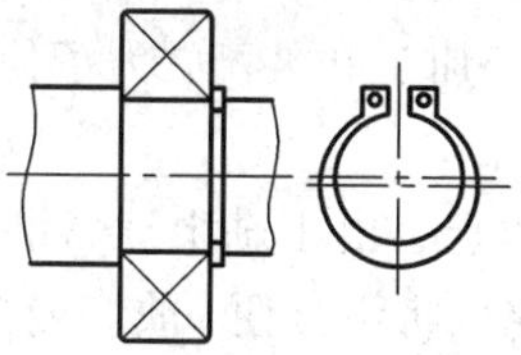	承受轴向力小或不承受轴向力的场合，常用作滚动轴承的轴向固定
轴端挡圈结构	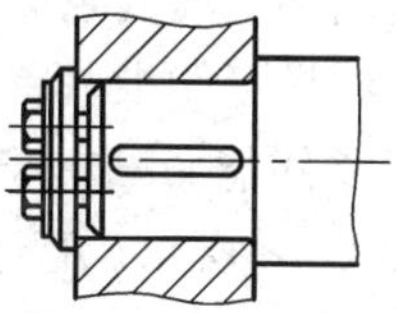	用于轴端要求固定可靠或承受较大轴向力的场合
紧定螺钉结构	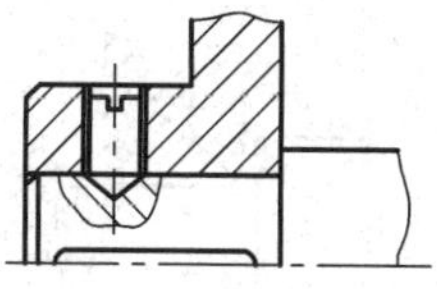	承受轴向力小或不承受轴向力的场合

3）轴上零件的周向固定

轴上零件周向固定的目的是传递运动和转矩。如图 6-7 所示，齿轮和联轴器用键作周向固定，而滚动轴承因其不传递转矩，故采用有较小过盈量的配合来作周向固定。

常用轴上零件的周向固定方式及其应用场合见表 6 - 4。

表 6 - 4　轴上零件的周向固定方式

固定方式	结 构 简 图	应 用 说 明
过盈配合	k6	传递转矩较小，不便开键槽，或要求零件与轴心线对中性较高的场合
平键联接	H7 s7	传递转矩较大，对中性要求一般的场合，使用较为广泛
花键联接		传递转矩较小，对中性要求高或零件在轴上移动时要求导向性良好的场合

2. 轴的结构工艺性

轴的结构工艺性是指所设计的轴是否便于加工和装配。为了使轴的工艺性好，轴的结构设计应注意以下几个问题：

(1) 轴的形状力求简单，以便于加工和检验。由于轴上通常装有多个零件，若采用直径不变的光轴，其形状虽然简单，但装配和定位将不方便，故一般多做成阶梯轴。当然，轴上的台阶数不宜过多，因为多加工一个台阶，就要多一次对刀，多调整或换一次量具。另外，轴的台阶数增多，轴上的应力集中源也相应增多，轴发生疲劳破坏的可能性也随之增大。所以在满足装配要求的前提下，轴上的台阶数尽可能少些。

(2) 阶梯轴上的轴肩处若装有零件，为保证零件能紧贴轴肩端面，轴肩处的过渡圆角半径应小于零件孔的圆角半径 R 或倒角 C，如图 6 - 8 所示。配合表面处的圆角半径和倒角尺寸应符合标准，见表 6 - 5。

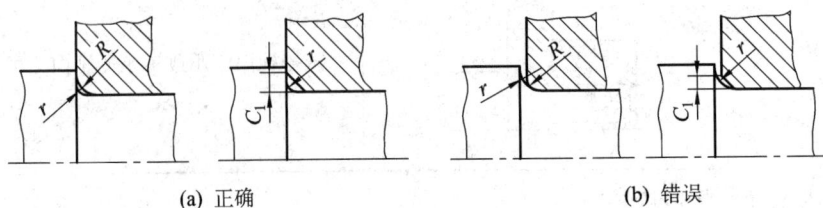

(a) 正确　　　　　　　　　　　(b) 错误

图 6 - 8　圆角

表 6 - 5　配合表面处的圆角半径和倒角尺寸 (GB6403.4—86)　　mm

轴径 d	>10~18	>18~30	>30~50	>50~80	>80~120
r 及 C	0.8	1.0	1.6	2.0	2.5
R 及 C_1	1.6	2.0	3.0	4.0	5.0

(3) 对粗糙度要求较严格，需经磨削加工的表面，在轴肩处应设置砂轮越程槽，以便磨削时砂轮可以磨削到轴肩的端部，如图 6 - 9 所示。砂轮越程槽的尺寸见表 6 - 6。

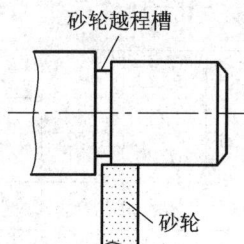

图 6 - 9　越程槽

表 6 - 6　砂轮越程槽 (GB6403.5—86)

d	>10~50		>50~100		>100	
b_1	2.0	3.0	4.0	5.0	8.0	10
b_2	4.0		5.0		8.0	10
h	0.3	0.64		0.6	0.8	1.2
r	0.8	1.0		1.6	2.0	3.0

(4) 轴上若要车制螺纹，则其直径应符合标准，螺纹尾部留有退刀槽，以保证靠近尾部的螺纹牙也能达到标准规定的高度，如图 6 - 10 所示。螺纹退刀槽的尺寸见表 6 - 7。

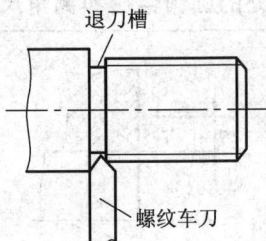

图 6 - 10　退刀槽

表 6 - 7　螺纹退刀槽尺寸(GB3—79)

螺距 t			1.5	1.75	2	2.5	3	3.5	4	4.65	5	5.5
粗牙螺纹外径 d			10	12	14,16	18, 20,22	24,27	30,38	36,39	42,45	48,52	56,60
退刀槽	b	一般	4.5	5.25	6	7.5	10.5	12	13.5	15	17.5
		窄的	2.5		3.56		4.5		5.5	6	6.5	7.5
	r		0.5t									
	d_3		$d-2.3$	$d-2.6$	$d-3$	$d-3.6$	$d-4.4$	$d-5$	$d-5.7$	$d-6.4$	$d-7$	$d-7.7$

注：① 外螺纹退刀槽过渡角一般按 45°，也可按 60°或 30°，当按 60°或 30°倒角时，倒角深度约等于螺纹深度。

　　② 细牙螺纹按本表螺距 t 选用。

（5）轴端应有倒角(尺寸见表 6 - 5)，以利于装配时的对中和避免把轴上零件的孔壁擦伤。有较大过盈配合处的压入端应采用锥形结构，如图 6 - 11 所示，以使零件能顺利地压入。

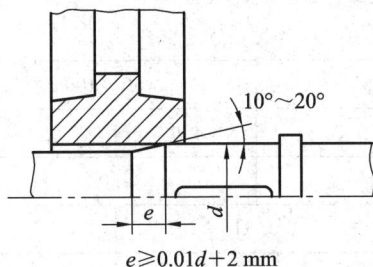

$e \geqslant 0.01d + 2$ mm

图 6 - 11　锥形结构

（6）装配在阶梯轴上的零件，用套筒、压板或螺母等作轴向固定时，应将装零件的轴头做得短些(一般短 2～3 mm，可参看表 6 - 3 中的图)，以保证所装零件的一端能和套筒、压板或螺母相互贴紧。

（7）轴的圆角、倒角和退刀槽应尽可能取相同的尺寸，以便减少刀具的数量和节省换刀的时间。轴上的几个键槽应布置在轴的同一母线上（图 6-7），以减少轴的装夹次数，如轴上多个开键槽的轴头直径相差不大，则可采用相同截面尺寸的键槽，以便节省换刀时间。

3. 轴各段的直径和长度确定

轴主要由轴颈、轴头、轴身三部分组成（图 6-7）。与轴承配合的轴段称为轴颈，与轮毂配合的轴段称为轴头，联接轴颈与轴头的轴段称为轴身。轴上直径变化所形成的阶梯称为轴肩（单向变化）或轴环（双向变化）。轴肩分定位轴肩与自由轴肩。轴颈、轴头、定位轴肩和定位轴环表面是轴上的重要部分，一般应具有较高的加工精度和较小的表面粗糙度。

在初步确定轴的直径时，由于轴承支点间的距离尚未确定，不知道支反力的作用位置，故不能决定弯矩的大小与分布情况，因而还不能按轴所受的弯矩来确定其直径。故进行轴的结构设计时，按轴所传递的转矩初步估算轴的直径。但应注意，这样估算的直径只能作为阶梯轴上只受扭矩的轴段的最小直径 $d_{\min}$（一般为轴承外伸段轴头的直径），如图 6-7 所示，$d_1 = d_{\min}$。当然，轴的最小直径也可凭设计者的经验确定，或参考同类机器用类比的方法定出。

求得 $d_1 = d_{\min}$ 后，就可根据轴上零件的定位、固定、装拆方案，从 $d_{\min}$ 段起逐一确定各段轴的直径（即将各段直径逐一加大），这样就确定了阶梯轴各段的直径（图 6-7）。

联轴器与滚动轴承之间的轴段直径 d_2 应大于 d_1，以便形成轴肩，使联轴器定位。

装滚动轴承处的轴径 d_3 应大于 d_2，这一方面是为了便于滚动轴承的装拆，另一方面也可节省轴的加工费用。因为装滚动轴承的轴段加工精度要求高，可以节省加工工时。

装齿轮的轴径 d_4 应大于 d_3，这不仅便于齿轮的装拆，而且也可避免因装拆齿轮而刮伤轴颈表面。为了使齿轮定位，装齿轮轴段的左侧做成轴环结构，轴环直径 d_5 大于 d_4。

在同一轴上，一般都采用相同型号的滚动轴承，故左端装滚动轴承处的直径亦取 d_3。在确定 d_6 时，既要考虑轴承的定位，又要便于轴承的拆卸。为了便于加工和检验，轴的直径取整数为好。与轮毂配合的轴头还应符合标准直径系列（表 6-8），装滚动轴承的轴颈的直径还必须按滚动轴承的内径标准选取。

表 6-8 轴头的标准直径（摘自 GB2822—81）　　　　mm

10	12	12	16	18	20	22	24	25	26	28
30	32	34	36	38	40	42	45	48	50	53
56	60	63	67	71	75	80	85	90	95	100

轴各段的长度主要根据轴上各零件与轴配合部分的轴向尺寸来确定，如图 6-7 中轴的各段长度应根据齿轮和联轴器的轮毂长度 L 和轴承宽度 B 等来确定。另外，还应考虑齿轮与箱壁间的距离 C、轴承与箱壁的距离 a 与 b，以及轴承盖与联轴器的装拆要求（如尺寸 m）等因素，具体数据可参考机械零件设计手册。

6.1.4 轴的强度计算

轴的强度计算方法有三种：按扭转强度的初步计算，按弯扭组合强度校核计算和按疲劳强度安全系数的精确校核计算。对于用普通碳素钢和优质碳素钢制造的一般用途的轴，当单件或小批量生产时，安全系数的精确校核计算通常可以不必进行。故本项目只介绍前两种计算方法，第三种计算方法可参考有关资料。

1. 按扭转强度计算轴径

对只传递扭矩而不承受弯矩或弯矩较小的传动轴，可用此法计算轴的直径；对于同时承受较大弯矩和扭矩的转轴，可用此法来计算轴的最小直径 d_{min}，以便进行结构设计。考虑到所受弯矩的影响，可适当降低许用扭转剪应力。

按圆轴受扭转强度条件建立轴的直径计算公式为

$$d \geqslant A \sqrt[3]{\frac{P}{n}}$$

式中：A 是决定于轴的材料并考虑弯曲影响的系数，其值见表 6-9；P 是轴所传递的功率 (kW)；n 是轴的转速 (r/min)。

表 6-9　几种材料的 A 值

轴的材料	Q235	35	45	40Cr, 35SiMn, 42SiMn, 38SiMnMo, 20CrMnTi, 2Cr13
A	160~135	135~118	118~107	107~98

当剖面上开有键槽时，应增大轴径，考虑键槽对轴的强度的削弱。一般开有一个键槽，轴径增大 5% 左右，开有两个键槽，轴径增大 10% 左右，然后圆整为标准值（表 6-8）。

2. 按弯扭组合强度计算

在轴的结构设计完成以后，轴上零件的位置已经确定，轴各截面的弯矩即可算出。因此，可按弯矩和扭矩的联合作用来校核轴的强度。此法可作为一般转轴强度的最终校核计算，也可作为重要转轴的初步校核计算。

1）计算时应注意的问题

（1）把轴当作铰链支座上的梁。

（2）轴和轴上零件的自重（除很重的零件外）及轴承中的摩擦力矩忽略不计。

（3）轴上所受的载荷，通常可作为集中力。力的作用点取在轮毂宽度的中点。

（4）轴承支承反力假定作用在轴承宽度的中点。

2）计算步骤

（1）画出轴的空间受力简图，并将各力按垂直平面（V 平面）和水平平面（H 平面）分解成两平面内的分力。

（2）求出垂直平面和水平平面内的支承反力。

（3）分别计算垂直平面和水平平面内的弯矩 M_V 和 M_H，并画出弯矩图。

（4）计算合成弯矩并画出合成弯矩图：

$$M = \sqrt{M_V{}^2 + M_H{}^2} \quad (\text{N} \cdot \text{m})$$

（5）计算扭矩 T，画扭矩图。

（6）按第三强度理论计算当量弯矩：

$$M_e = \sqrt{M^2 + (\alpha T)^2} \quad (\text{N} \cdot \text{m})$$

式中：α 是根据扭矩性质而定的校正系数（即引入系数 α 后，扭矩 T_1 即转化为当量弯矩）。当扭矩按对称循环变化时，取 $\alpha=1$；当扭矩按脉动循环变化时，取 $\alpha=0.6$；当扭矩平稳、不变时，取 $\alpha=0.3$。

（7）计算轴的直径。

根据当量弯曲应力建立强度条件，

$$\sigma_e = \frac{10^3 M_e}{W} = \frac{10^3 M_e}{0.1d^3} \leqslant [\sigma]_b \quad (\text{MPa}) \tag{6-1}$$

由此可得

$$d \geqslant 10 \sqrt[3]{\frac{M_e}{0.1[\sigma]_b}} \quad (\text{mm}) \tag{6-2}$$

式中：W——轴计算截面的抗弯截面模量（mm^3）；

$[\sigma]_b$——轴的许用应力（MPa），其值见表 6-10。

表 6-10 轴的许用弯曲应力   MPa

材料	$[\sigma]_b$	$[\sigma_{+1}]_b$	$[\sigma_0]_b$	$[\sigma_{-1}]_b$
碳素钢	400	130	70	40
	500	170	75	45
	600	200	95	55
	700	230	110	65
合金钢	800	270	130	75
	1000	330	150	90

使用上式时注意：

（1）对于转轴，取 $[\sigma]_b=[\sigma_{-1}]_b$；对于固定心轴，若载荷有变化，取 $[\sigma]_b=[\sigma_0]_b$；若载荷不变，取 $[\sigma]_b=[\sigma_{+1}]_b$。

（2）当轴的剖面有键槽时，应将计算的直径增大 $4\%\sim5\%$（单键）或 $7\%\sim10\%$（双键）。如果是花键轴，则计算的轴径为花键轴的内径。

（3）应用式（6-1）校核计算时，应选定危险截面。危险截面一般是受载大、截面积小、应力集中较严重的截面。当同时存在几个危险截面时，应该全部核算。

若按式（6-2）算得的轴径（包括考虑因开键槽而增大以后的轴径）小于或等于结构设计所确定的直径，则说明原定轴径的强度是足够的；反之，则说明轴的强度不足，需重考虑加大轴的直径。

6.1.5 轴的刚度计算简介

轴在工作时由于受载荷的作用，必然会产生弹性变形，如轴的刚度不足，则将产生过大的变形，从而影响轴上零件的正常工作。例如，当轴的变形量过大时，会使轴上的齿轮啮合产生过大的偏载，使轴承产生不均匀磨损，使机床的精度降低等。所以对重要的和精度要求高的轴，通常还要进行刚度的校核计算。

轴的刚度校核计算就是使轴在工作时的变形量不超过某个允许的范围。轴的刚度分弯曲刚度和扭转刚度两类。弯曲刚度的校核计算主要是控制轴产生弯曲变形时的挠度和转角的大小；扭转刚度的校核计算是控制产生扭转变形时的扭转角的数值。轴的变形量可按材料力学的计算方法进行，也可参看机械设计手册中的有关公式计算。表 6-11 中列出了轴的许用变形量，供设计时参考。

表 6-11　轴的许用变形量

变　形		名　称	许用变形
弯曲变形	挠度	一般用途的轴	$[y]=(0.0003\sim0.0005)L$
		需要较高刚度的轴	$[y]=0.0002L$
		安装齿轮的轴	$[y]=(0.01\sim0.03)m$
		安装蜗轮的轴	$[y]=(0.02\sim0.05)m$
	转角	安装齿轮处	$[\theta]=0.001\sim0.002\ \text{rad}$
		滑动轴承处	$[\theta]=0.001\ \text{rad}$
		向心球轴承处	$[\theta]=0.005\ \text{rad}$
		圆柱滚子轴承处	$[\theta]=0.0025\ \text{rad}$
		圆锥滚子轴承处	$[\theta]=0.0016\ \text{rad}$
		调心轴承处	$[\theta]=0.05\ \text{rad}$
		一般传动	$[\varphi]=0.5\sim1°/\text{m}$
扭转变形	扭转角	精密传动	$[\varphi]=0.25\sim0.5°/\text{m}$

注：L 为两支承间的距离。

6.1.6　轴的工作图

1. 轴的技术要求

为了保证轴、轴承和轴上装配的零件有良好的运转性能，必须按制造工艺条件对轴规定必要的技术要求，并标注在轴的工作图上，如尺寸精度、配合、表面粗糙度、热处理及表面形状和位置公差等。

2. 轴的工作图

轴经过结构设计、强度和刚度等的校核计算及技术要求设计以后，就可以绘制轴的工作图。绘制轴工作图的主要要求是：

（1）图面清晰，表达完整，符合机械制图标准的规定。

（2）若是齿轮轴，还应符合齿轮工作图的有关规定。

（3）轴向尺寸的标注应便于加工和测量。

① 设计基准（标准尺寸的基准）应与测量基准尽可能一致，避免加工时进行不必要的换算。

② 不允许形成封闭尺寸链，一般选择最次要轴段（对长度公差没有要求的轴段）为尺寸链的缺口。

（4）标注公差、配合、表面粗糙度等，写出热处理及其它技术要求。

轴的工作图可参看图 6-12。

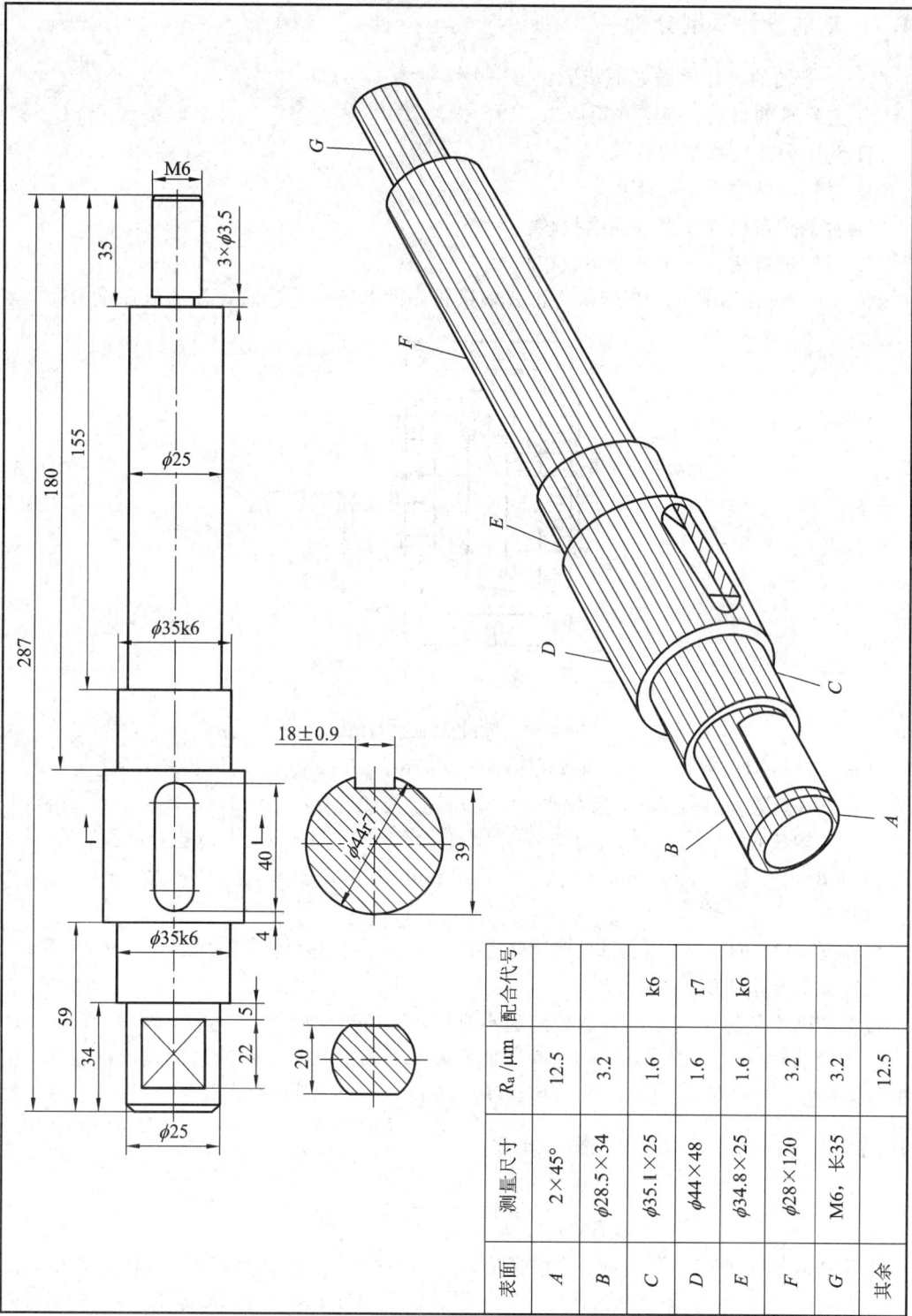

图 6 - 12　轴的工作图

表面	测量尺寸	R_a /μm	配合代号
A	2×45°	12.5	
B	ϕ28.5×34	3.2	
C	ϕ35.1×25	1.6	k6
D	ϕ44×48	1.6	r7
E	ϕ34.8×25	1.6	k6
F	ϕ28×120	3.2	
G	M6，长35	3.2	
其余		12.5	

6.1.7 轴的设计示例分析

对于一般轴的设计遵循如下步骤：

(1) 选择轴的材料，确定许用应力。

(2) 利用公式估算轴的直径。

(3) 对轴的结构进行设计。

(4) 对轴按弯扭合成进行强度校核。

(5) 对轴进行疲劳强度安全系数校核。

例 6-1 设计如图 6-13 所示一带式输送机中的单级斜齿轮减速器的低速轴。

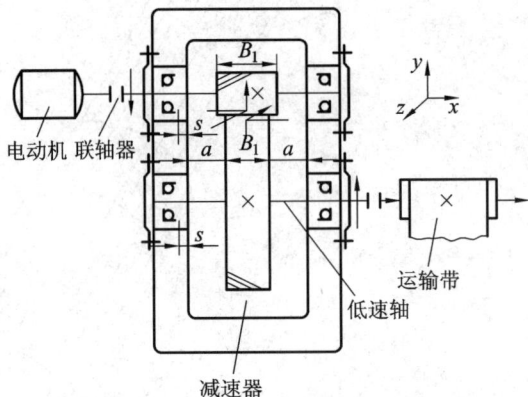

图 6-13 齿轮减速器简图

已知电动机的功率为 $P=25$ kW，转速 $n_1=970$ r/min，传动零件(齿轮)的主要参数及尺寸为：法面模数 $m_n=4$ mm，齿数比 $u=3.95$，小齿轮齿数 $z_1=20$，大齿轮齿数 $z_2=79$，分度圆上的螺旋角 $\beta=8°6'34''$，小齿轮分度圆直径 $d_1=80.81$ mm，大齿轮分度圆直径 $d_2=319.19$ mm，中心距 $a=200$ mm，齿宽 $B_1=85$ mm、$B_2=80$ mm。

(1) 选择轴的材料。

该轴没有特殊的要求，因而选用调质处理的 45 号钢，可以查得其强度极限 $\sigma_b=650$ MPa。

(2) 初步估算轴径。

按扭转强度估算输出端联轴器处的最小直径，按轴的材料为 45 号钢，取 $A=110$。

输出轴的功率 $P_2=P\eta_1\eta_2\eta_3$(η_1 为联轴器的效率，等于 0.99；η_2 为滚动轴承的效率，取 0.99；η_3 为齿轮传动效率，取 0.98)，所以 $P_2=25×0.99×0.99×0.98=24.5$ kW。输出轴转速 $n_2=\dfrac{970}{3.95}=245.6$ r/min，根据公式有

$$d_{min}=A\sqrt[3]{\dfrac{P_2}{n_2}}=110\sqrt[3]{\dfrac{24}{245.6}}=50.7 \text{ mm}$$

由于在联轴器处有一个键槽，故轴径应增加 5%；为了使所选轴径与联轴器孔径相适应，需要同时选取联轴器。从手册可以查得，选用 HL4 弹性联轴器 J55×84/Y55×112GB5014-85。故取联轴器联接处的轴径为 55 mm。

(3) 轴的结构设计。

根据齿轮减速器的简图确定轴上主要零件的布置图(如图 6-14)，并通过初步估算定

出轴的最小直径进行轴的结构设计。

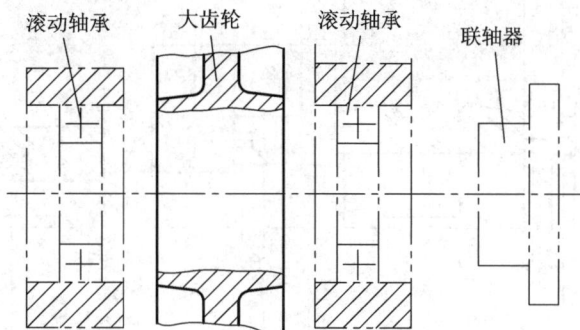

图 6 - 14　轴上主要零件的布置图

① 轴上零件的轴向定位。齿轮的一端靠轴肩定位，另一端靠套筒定位，装拆、传力均较为方便；两段轴承处常用同一尺寸，以便于购买、加工、安装和维修；为了便于拆装轴承，轴承处轴肩不宜过高（其高度最大值可从轴承标准中查得），故左端轴承与齿轮间设置两个轴肩，如图 6 - 15 所示。

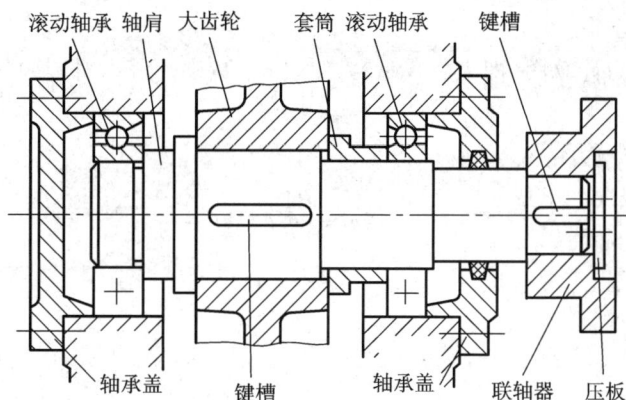

图 6 - 15　轴上零件的装配方案

② 轴上零件的周向定位。齿轮与轴、半联轴器与轴的周向定位均采用平键联接及过盈配合。根据设计手册，并考虑便于加工，取在齿轮、半联轴器处的键剖面尺寸为 $b \times h =$ 18×11，配合均采用H7/k6；滚动轴承内圈与轴的配合采用基孔制，轴的尺寸公差为 k6。

③ 确定各段轴径的直径和长度。如图 6 - 16 所示，轴径：从联轴器开始向左取 $\phi55 \rightarrow$ $\phi62 \rightarrow \phi65 \rightarrow \phi70 \rightarrow \phi80 \rightarrow \phi70 \rightarrow \phi65$。轴长：取决于轴上零件的宽度及它们的相对位置。选用 7213C 轴承，其宽度为 23 mm；齿轮端面至箱体内壁间的距离取 $a = 15$ mm；考虑到箱体的铸造误差，装配时留有余地，取滚动轴承与箱体内壁的距离 $s = 5$ mm；轴承处箱体凸缘宽度，应按箱盖与箱座联接螺栓尺寸及结构要求确定，暂定：该宽度＝轴承宽＋$(0.08\sim0.1)$ $a + (10\sim20)$ mm，取为 50 mm；轴承盖厚度取 20 mm；轴承盖与联轴器之间的距离取 15 mm；半联轴器与轴配合长度为 84 mm，为使压板压住半联轴器，取其相应的轴长为 82 mm；已知齿轮宽度 $B_2 = 80$ mm，为使套筒压住齿轮端面，取其相应的轴长为 78 mm。

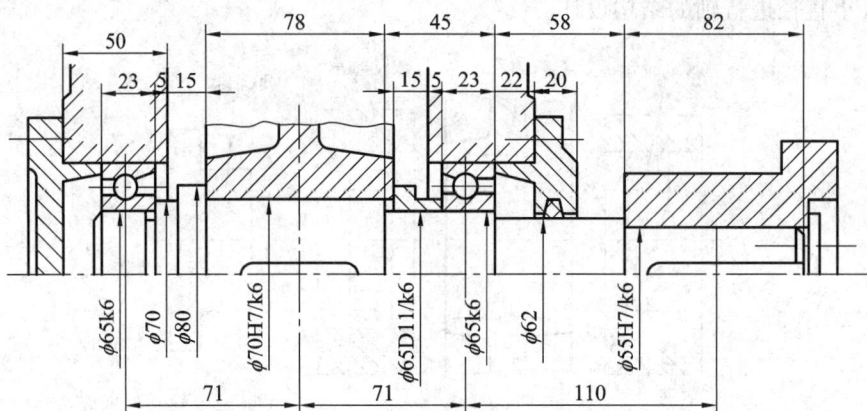

图 6 - 16　轴的结构设计

根据以上考虑可确定每段轴长，并可以计算出轴承与齿轮、联轴器间的跨度。

④ 考虑轴的结构工艺性。考虑轴的结构工艺性，在轴的左端与右端均制成 $2 \times 45°$ 倒角；左端支撑轴承的轴径为磨削加工，留有砂轮越程槽；为便于加工，齿轮、半联轴器处的键槽布置在同一母线上，并取同一剖面尺寸。

（4）轴的强度计算。

先作出轴的受力计算图（即力学模型），如图 6 - 17(a)所示，取集中载荷作用于齿轮及轴承的中点。

① 求齿轮上作用力的大小和方向。

转矩：$T_2 = \dfrac{9.55 \times 10^3 P_2}{n_2} = 9.55 \times 10^3 \times \dfrac{24}{245.6} = 933.2$　（N·m）

圆周力：$F_{t2} = \dfrac{2T_2}{d_2} = 2 \times \dfrac{933200}{319.19} = 5847$　（N）

径向力：$F_{r2} = F_{t2} \dfrac{\tan\alpha_n}{\cos\beta} = 5847 \times \dfrac{\tan 20°}{\cos 8°6'34''} = 2150$　（N）

轴向力：$F_{a2} = F_{t2} \tan\beta = 5847 \times \tan 8°6'34'' = 833$　（N）

F_{t2}、F_{r2}、F_{a2} 的方向如图 6 - 17 所示。

② 求轴承的支反力。

水平面上的支反力：$F_{RA} = F_{RB} = \dfrac{F_{t2}}{2} = \dfrac{5847}{2} = 2923.5$（N）

垂直面上的支反力：$F'_{RA} = \dfrac{\left(-\dfrac{F_{a2}d_2}{2} + 71 F_{r2} \right)}{142} = 139$（N）

$$F'_{RB} = \dfrac{F_{a2}d_2/2 + 71 F_{r2}}{142} = 2011 \text{ (N)}$$

③ 画弯矩图。

剖面 C 处的弯矩如图 6 - 17(b)、(c)、(d)所示。

水平面上的弯矩：$M_C = 71 F_{RA} \times 10^{-3} = 71 \times 2923.5 \times 10^{-3} = 207.6$　（N·m）

垂直面上的弯矩：$M'_{C1} = 71 F'_{RA} \times 10^{-3} = 71 \times 139 \times 10^{-3} = 9.87$　（N·m）

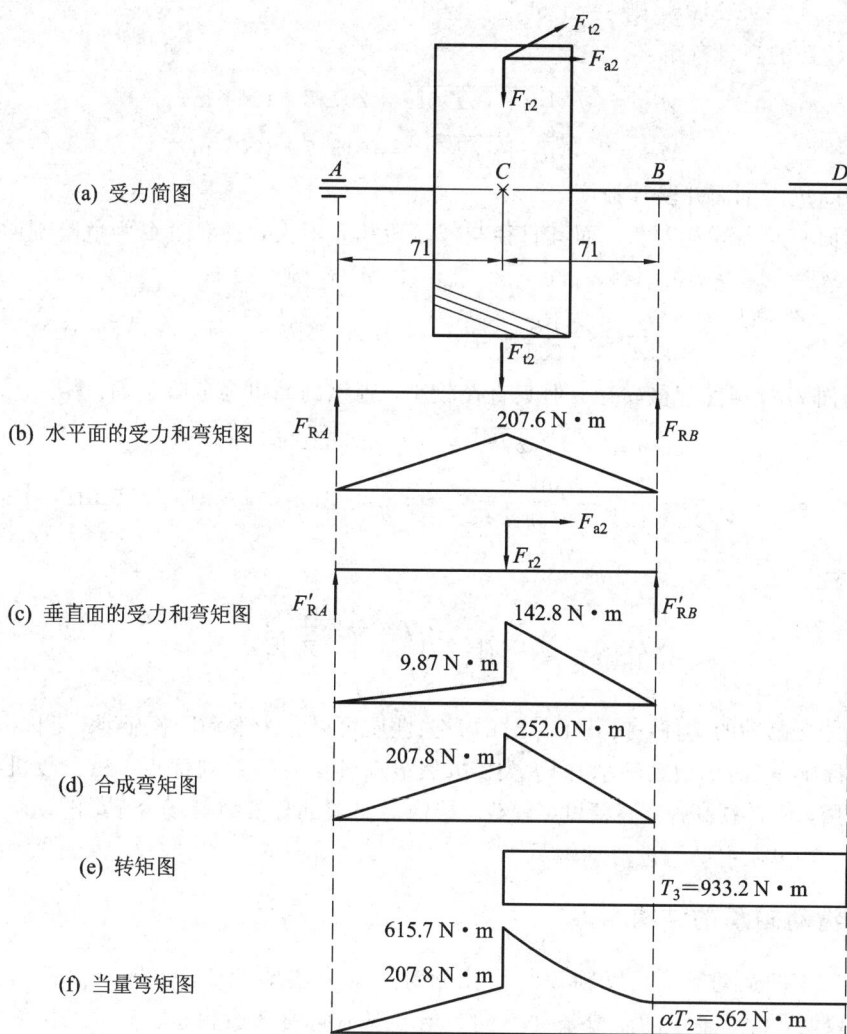

図 6 - 17　轴的强度计算

$$M'_{C2} = (71F'_{FA} + F_{a2}d_2/2) \times 10^{-3}$$

$$= (139 \times 71 + 833 \times \frac{319.19}{2}) \times 10^{-3} = 148.2 \quad (N \cdot m)$$

合成弯矩：$M_{C1} = \sqrt{M_C^2 + M'^2_{C1}} = 207.8 \quad (N \cdot m)$;

$$M_{C2} = \sqrt{M_C^2 + M'^2_{C2}} = 252.0 \quad (N \cdot m)$$

④ 画转矩图。

转矩图如图 6 - 17(e)所示，图中

$$T_2 = 933.2 \quad (N \cdot m)$$

⑤ 画当量弯矩图。

当量弯矩图如图 6 - 17(f)所示。

因为单向回转，视转矩为脉动循环，$\alpha = \dfrac{[\sigma_1]_b}{[\sigma_0]_b} = 0.6$。已知 $\sigma_b = 650$ MPa，查表得$[\sigma_{-1}]_b =$

59 MPa，$[\sigma_0]_b = 98$ MPa，则 $\alpha = 0.602$。

剖面 C 处的当量弯矩：

$$M_{C1}'' = \sqrt{M_{C1}^2 + (\alpha T_2)^2} = 207.8 \quad (\text{N} \cdot \text{m})$$

$$M_{C2}'' = \sqrt{M_{C2}^2 + (\alpha T_2)^2} = 615.7 \quad (\text{N} \cdot \text{m})$$

⑥ 判断危险剖面并验算强度。

· 剖面 C 当量弯矩最大，而其直径与邻接段相差不大，故剖面 C 为危险剖面。

已知 $M_e = M_{C2}'' = 615.7(\text{N} \cdot \text{m})$，$[\sigma_{-1}]_b = 59$ MPa，则

$$\sigma_e = \frac{M_e}{W} = \frac{M_e}{0.1d^3} = \frac{615.7 \times 10^3}{0.1 \times 70^3} = 18.0 \text{ MPa} < [\sigma_{-1}]_b = 59 \text{ MPa}$$

· 剖面 D 处虽然仅受转矩，但其直径较小，则该剖面也为危险剖面。

$$M_D = \sqrt{(\alpha T)^2} = \alpha T = 562(\text{N} \cdot \text{m})$$

$$\sigma_e = \frac{M}{W} = \frac{M_D}{0.1d^3} = \frac{562 \times 10^3}{0.1 \times 55^3} = 33.8 \text{ MPa} < [\sigma_{-1}]_b = 59 \text{ MPa}$$

所以强度足够。

6.2　滑动轴承设计

轴承是支撑轴的部件，按其工作时的摩擦性质可以分为滑动摩擦轴承(简称滑动轴承)和滚动摩擦轴承(简称滚动轴承)两大类。虽然滚动轴承有一系列优点，在一般机械中获得广泛的应用，但是在高速、高精度、重载、结构上要求剖分安装等场合下，滑动轴承则获得广泛使用。本单元主要讨论滑动轴承。

6.2.1　滑动轴承的结构

滑动轴承的运动形式是以轴颈与轴瓦相对滑动为主要特征，也即摩擦性质为滑动摩擦。实践表明，滑动轴承的润滑条件不同，会出现不同的摩擦状态。轴承工作面的摩擦状态分为干摩擦状态、边界摩擦状态、混合摩擦状态和流体摩擦状态四类，如图 6-18 所示。

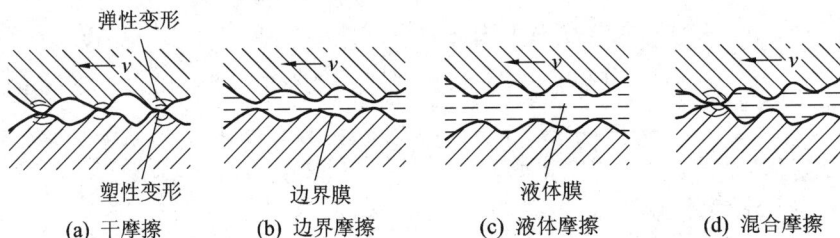

图 6-18　摩擦状态

两摩擦表面直接接触，相对滑动，又不加入任何润滑剂，称为干摩擦；两摩擦表面被流体(液体或气体)层完全隔开，摩擦性质仅取决于流体内部分子之间黏性阻力，称为流体摩擦；两摩擦表面被吸附在表面的边界膜隔开，摩擦性质取决于边界膜和表面吸附性质，称为边界摩擦状态；实际上，干摩擦状态和边界摩擦状态很难精确区分，所以这两种摩擦状态也常常归并为边界摩擦状态。在实际应用中，轴承工作表面有时是边界摩擦和流体摩

擦并存的混合状态，称为混合摩擦。边界摩擦和混合摩擦又常称为非液体摩擦。

所以，滑动轴承按其摩擦性质可以分为液体滑动摩擦轴承和非液体滑动摩擦轴承两类。

1. 液体滑动摩擦轴承

由于在液体滑动轴承中，轴颈和轴承的工作表面被一层润滑油膜隔开，两零件之间没有直接接触，轴承的阻力只是润滑油分子之间的摩擦，所以摩擦系数很小，一般仅为 0.001～0.008。这种轴承的寿命长、效率高，但是制造精度要求也高，并需要在一定的条件下才能实现液体摩擦。

2. 非液体滑动摩擦轴承

非液体滑动摩擦轴承的轴颈与轴承工作表面之间虽有润滑油的存在，但在表面局部凸起部分仍发生金属的直接接触，因此摩擦系数较大，一般为 0.1～0.3，容易磨损。但其结构简单，对制造精度和工作条件的要求不高，故在机械中得到广泛使用。

干摩擦的摩擦系数大，磨损严重，轴承工作寿命短。所以，在滑动轴承中应力求避免干摩擦。

所以，高速长期运行的轴承要求工作在液体摩擦状态下，一般工作条件下轴承则维持在边界摩擦或混合摩擦状态下工作。因此本单元主要讨论非液体滑动摩擦轴承。

按照轴承承受的载荷可将其分为：径向滑动轴承，主要承受径向载荷 F_r；止推滑动轴承，主要承受轴向载荷 F_a，如图 6-19 所示。

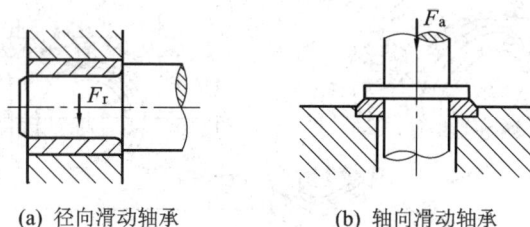

(a) 径向滑动轴承　　　　(b) 轴向滑动轴承

图 6-19　径向滑动轴承与轴向滑动轴承

在机械中，虽然广泛采用滚动轴承，但在许多情况下又必须采用滑动轴承。这是因为滑动轴承具有滚动轴承不能代替的独特优点。滑动轴承的主要优点是：① 结构简单，制造、加工、拆装方便；② 具有良好的耐冲击性和良好的吸振性能，运转平稳，旋转精度高；③ 寿命长。但也有其缺点，主要有：① 维护复杂，对润滑条件较高；② 边界润滑轴承，摩擦损耗较大。因而在大型汽轮机、发电机、压缩机、轧钢机及高速磨床上多采用滑动轴承。此外，在低速而带有冲击载荷的机器中，如水泥搅拌器、滚筒清砂机、破碎机等冲压机械、农业机械中也多采用滑动轴承。

1）径向滑动轴承

常用的径向滑动轴承，我国已制定了标准，通常情况下可以根据工作条件进行选用。径向滑动轴承可以分为整体式和剖分式(对开式)两大类。

（1）整体式径向滑动轴承。

整体式滑动轴承(JB/T2560—91)如图 6-20 所示。它由轴承座和轴承套组成。轴承套压装在轴承座孔中，一般配合为 H8/s7。轴承座用螺栓与机座联接，顶部设有安装注油油杯的螺纹孔。轴套上开有油孔,并在其内表面开油沟以输送润滑油。这种轴承结构简单、制造成本低,但当滑动表面磨损后无法修整,而且装拆轴的时候只能作轴向移动,有时很不方便,有些粗重的轴和中间具有轴颈的轴(如内燃机的曲轴)就不便或无法安装。所以,整体式滑动轴承多用于低速、轻载和间歇工作的场合,例如手动机械、农业机械中等。

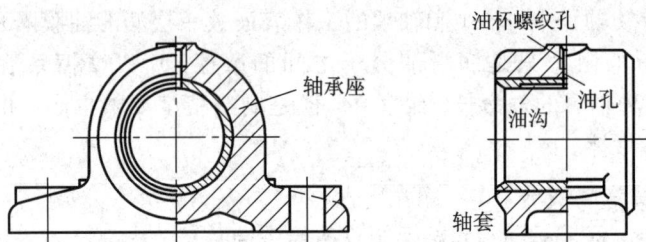

图 6-20　整体式滑动轴承

这类轴承座的标记为:HZ×××轴承座 JB/T2560。其中:H 表示滑动轴承座;Z 表示整体式;×××表示轴承内径(单位 mm)。标准规格为:HZ020～140。

(2) 剖分式滑动轴承。

剖分式滑动轴承由轴承盖、轴承座、剖分轴瓦和螺栓组成。对开式二螺柱正滑动轴承(JB/T2561—91 或 JB/T2562—91)如图 6-21 所示。

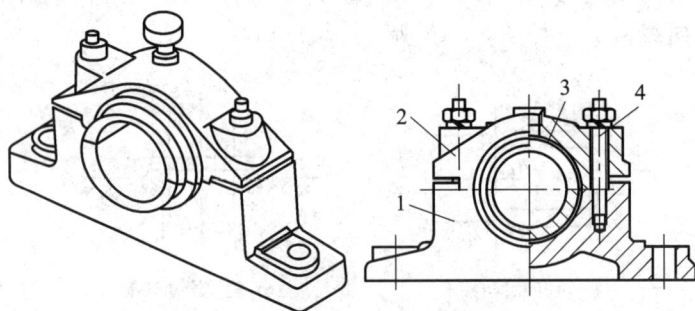

1—轴承座;2—轴承盖;3—轴瓦;4—螺柱

图 6-21　对开式二螺柱正滑动轴承

轴承座水平剖分为轴承座和轴承盖两部分,并用二个螺栓联接。为了防止轴承盖和轴承座横向错动和便于装配时对中,轴承盖和轴承座的剖分面做成阶梯状。对开式滑动轴承在装拆轴时,轴颈不需要轴向移动,装拆方便。另外,适当增减轴瓦剖分面间的调整垫片,可以调节轴颈与轴承之间的间隙。

这种轴承所受的径向载荷方向一般不超过剖分面垂线左右 35°的范围,否则应该使用斜剖分面轴承。为使润滑油能均匀地分布在整个工作表面上,一般在不承受载荷的轴瓦表面开出油沟和油孔。

这类轴承轴瓦与座孔之间的配合为 H8/m7。轴承座标记为:H2×××轴承座 JB2561—91(或 H4×××)。其中:H 表示滑动轴承座,2 表示螺栓数,×××表示轴承内径(单位 mm)。标准规格为 H2030～H2160(H4050～H4220)。

对开式四螺栓斜滑动轴承(JB/T2563—91)如图 6-22 所示。轴承剖分面与水平面成

45°角,轴承载荷的方向应位于垂直剖分面的轴承中心线左右35°的范围内,其特点与对开式正滑动轴承相同。

轴承座的标记为:HX×××轴承座 JB/T2563—91。其中:H 表示滑动轴承座,X 表示斜座,×××表示轴承内径(单位 mm)。标准规格为 HX050~HX220。

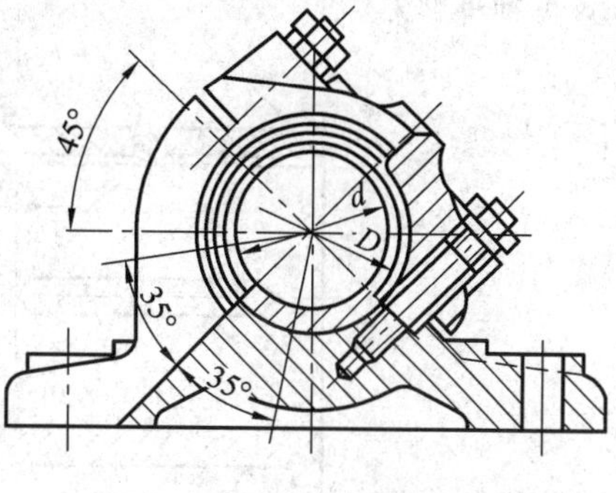

图 6-22 对开式四螺栓斜滑动轴承

当轴颈较长(宽径比大于1.5~1.75),轴的刚度较小,或由于两轴承不是安装在同一刚性机架上,同心度较难保证时,都会造成轴瓦端部的局部接触(如图6-23所示),使轴瓦局部严重磨损。为此,可采用能相对轴承自行调节轴线位置的滑动轴承,称为回转滑动轴承,如图6-24所示。这种滑动轴承的结构特点是轴瓦的外表面做成凸形球面,与轴承盖及轴承座上的凹形球面相配合,当轴变形时,轴瓦可随轴线自动调节位置,从而保证轴颈和轴瓦为球面接触。

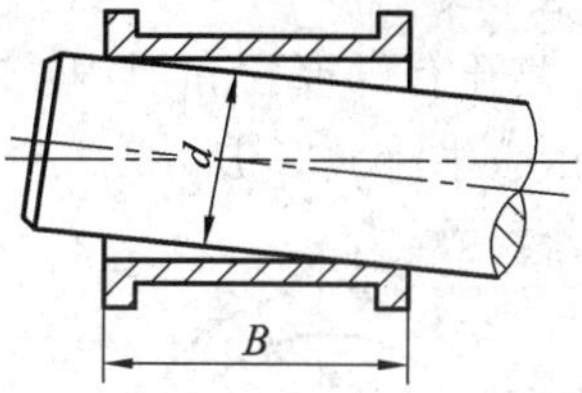

图 6-23 轴瓦端部的局部接触

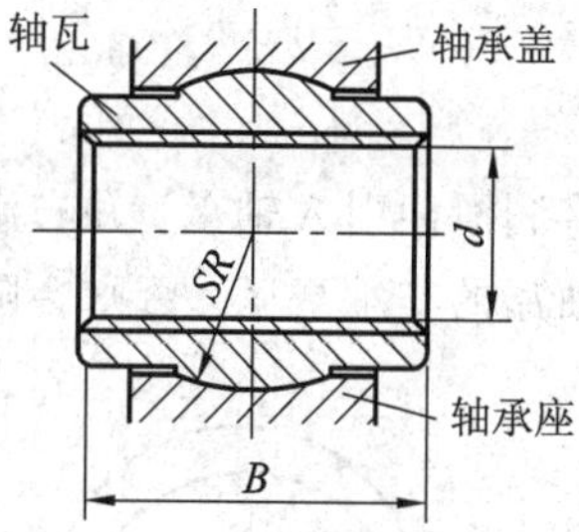

图 6-24 回转滑动轴承

(3)轴承与轴瓦结构。

整体式轴承中与轴颈配合的零件称为轴套,如图6-25所示,它分为不带挡边和带挡边的两种结构,其基本尺寸、公差参见 GB2509—81 或 GB2510—81。

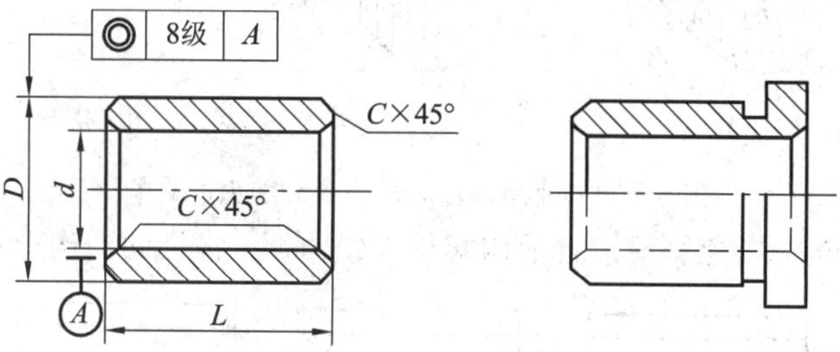

图 6-25 轴套

对开式轴承的轴瓦由上下两半组成,如图6-26所示。为使轴瓦既有一定的强度,又有良好的减磨性,常在轴瓦内表面浇铸一层减磨性好的材料(如轴承合金),称为轴承衬。轴承衬应可靠地贴合在轴瓦表面上,为此可以采用如图6-27所示的结合形式(图中涂黑层表示轴承衬)。

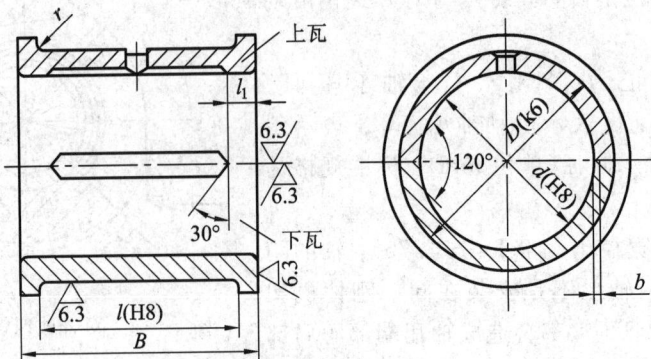

图 6-26 对开式轴承轴瓦

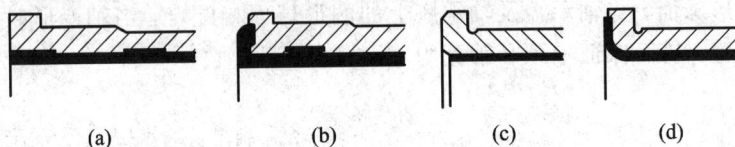

图 6-27 轴瓦与轴承衬的结合形式

为了将润滑油引入轴承,并布满工作表面,常在其上开有供油孔和油沟。供油孔和油沟应开在轴瓦的非承载区,否则会降低油膜的承载能力,如图 6-28 所示。

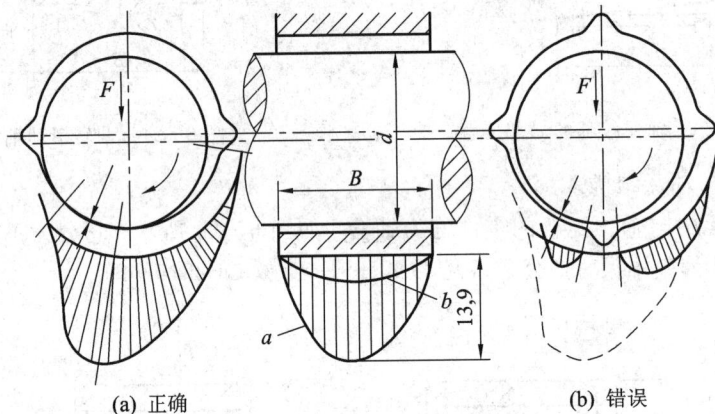

图 6-28 油沟布置对油膜承载能力的影响

轴瓦全长上开通,以免润滑油自油沟端部大量泄漏。常见的油沟形式如图 6-29 所示。

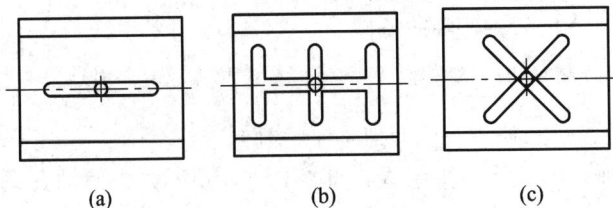

图 6-29 油孔和油沟

对于一些重型机器的轴承轴瓦，其上常开设油室，它既可以使润滑空间增大，又有储油和保证润滑油稳定供应的作用，如图 6-30 所示。

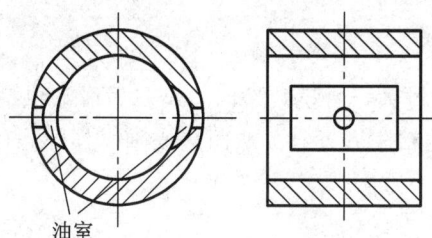

图 6-30　油室

2）推力滑动轴承

推力滑动轴承用于承受轴向载荷。图 6-31 所示为一简单的推力轴承结构，它由轴承座、套筒、径向轴瓦、止推轴瓦所组成。

为了便于对中，止推轴瓦底部制成球面形式，并用销钉来防止它随轴颈转动，润滑油从底部进入，上部流出。其最简的结构如图 6-32(a)所示，多用于低速轻载的场合。

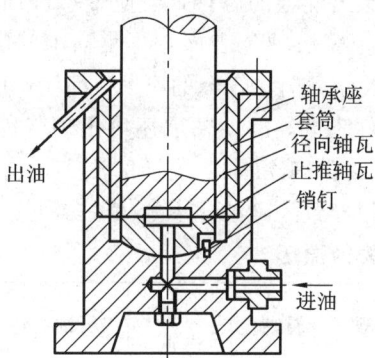

图 6-31　止推滑动轴承

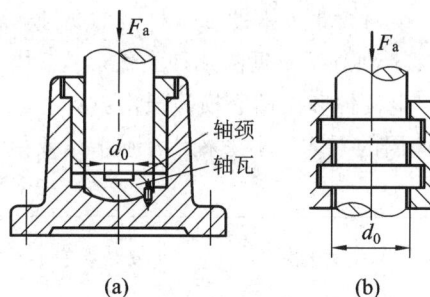

图 6-32　推力滑动轴承

由于工作面上相对滑动速度不等，越靠近边缘处相对滑动速度越大，磨损越严重，会造成工作面上压强分布不均匀，相对滑动端面通常采用环状端面。当载荷较大时，可采用多环轴颈，如图 6-32(b)所示，这种结构能够承受双向轴向载荷。

6.2.2　滑动轴承的失效形式及材料

1. 滑动轴承的失效形式

滑动轴承的失效通常由多种原因引起，失效的形式有很多种，有时几种失效形式并存，相互影响。

1）磨粒磨损

进入轴承间隙的硬颗粒物(如灰尘、砂砾等)有的嵌入轴承表面，有的游离于间隙中并随轴一起转动，它们都将对轴颈和轴承表面起研磨作用。在机器启动、停车或轴颈与轴承发生边缘接触时，它们都将加剧轴承磨损，导致几何形状改变、精度丧失，轴承间隙加大，使轴承性能在预期寿命前急剧恶化。

2）刮伤

进入轴承间隙的硬颗粒或轴颈表面粗糙的轮廓峰顶，将在轴承上划出线状伤痕，导致轴承因刮伤而失效。

3）胶合（也称为烧瓦）

当轴承温升过高，载荷过大，油膜破裂时，或在润滑油供应不足的条件下，轴颈和轴承的相对运动表面材料发生粘附和迁移，从而造成轴承损坏，有时甚至可能导致相对运动的中止。

4）疲劳剥落

在载荷反复作用下，轴承表面出现与滑动方向垂直的疲劳裂纹，当裂纹向轴承衬与衬背结合面扩展后，将造成轴承衬材料的剥落。它与轴承衬和衬背因结合不良或结合力不足造成轴承衬的剥离有些相似，但疲劳剥落周边不规则，结合不良造成的剥离周边比较光滑。

5）腐蚀

润滑剂在使用中不断氧化，所生成的酸性物质对轴承材料有腐蚀性，特别对制造铜铝合金中的铅，易受腐蚀而形成点状剥落。氧对锡基巴氏合金的腐蚀，会使轴承表面形成一层由 SnO_2 和 SnO 混合组成的黑色硬质覆盖层，它能擦伤轴颈表面，并使轴承间隙变小。此外，硫对含银或铜的轴承材料的腐蚀，润滑油中水分对铜铅合金的腐蚀，都应予以注意。

以上列举了常见的几种失效形式，由于工作条件不同，滑动轴承还可出现气蚀、流体侵蚀、电侵蚀和微动磨损等损伤。从美国、英国和日本三家汽车厂统计的汽车用滑动轴承故障原因的平均比率来看，因不干净或由异物进入而导致故障的比率较大，参见表 6 - 12。

表 6 - 12　　滑动轴承失效原因

故障原因	不干净	润滑油不足	安装误差	对中不良	超载	腐蚀	制造精度低	气蚀	其它
比率（%）	38.3	11.1	15.9	8.1	6.0	5.6	5.5	2.8	6.7

2. 滑动轴承材料

轴瓦与轴承衬的材料通称为轴承材料。针对以上所述的失效形式，轴承材料的性能应着重满足以下要求：

（1）良好的减摩性、耐磨性和抗胶合性。减摩性是指材料具有低的摩擦系数。耐磨性是指材料的抗磨性能（通常以磨损率表示）。抗胶合性是指材料的耐热性和抗粘附性。

（2）良好的摩擦顺应性、嵌入性和磨合性。摩擦顺应性是指材料通过表层弹塑性变形来补偿轴承滑动表面初始配合不良的能力。嵌入性是指材料容纳硬质颗粒嵌入，从而减轻轴承滑动表面发生刮伤或磨粒磨损的性能。磨合性是指轴瓦与轴颈表面经过短期轻载运转后，易于形成相互吻合的表面粗糙度。

（3）足够的强度和抗腐蚀能力。

（4）良好的导热性、工艺性、经济性等。

应该指出的是：没有一种轴承材料全面具备上述性能，因而必须针对各种具体的情况，仔细进行分析后合理选用。

常用的材料可以分为三大类：金属材料，如轴承合金、铜合金、铝基合金和铸铁等；多孔质金属材料；非金属材料，如工程塑料、碳—石墨等。

1）轴承合金（通称巴氏合金或白合金）

轴承合金是锡、铅、锑、铜的合金，它以锡或铅作为基体，其内含有锑锡（Sb – Sn）或铜锡（Cu – Sn）的硬晶粒。硬晶粒起抗磨作用，软基体则用来增加材料的塑性。轴承合金的弹性模量和弹性极限都很低，在所有轴承材料中，它的嵌入性及摩擦顺应性最好，很容易和轴颈磨合，也不易与轴颈发生胶合。但轴承合金的强度很低，不能单独制作轴瓦，只能粘附在青铜、钢或铸铁轴瓦上作轴承衬。轴承合金适用于重载、中高速场合，价格较贵。

2）铜合金

铜合金具有较高的强度，较好的减磨性和耐磨性。由于青铜的减磨性和耐磨性比黄铜好，故青铜是最常用的材料。青铜有锡青铜、铅青铜和铝青铜等几种，其中锡青铜的减摩性和耐磨性最好，应用广泛。但锡青铜比轴承合金硬度高，磨合性及嵌入性差，适用于重载及中速场合。铅青铜抗胶合能力强，适用于高速、重载轴承。铝青铜的强度及硬度较高，抗胶合能力较差，适用于低速重载轴承。在一般机械中有 50% 的滑动轴承采用青铜材料。

3）铝基轴承合金

铝基轴承合金在许多国家获得了广泛的应用。它有相当好的耐蚀性和较高的疲劳强度，摩擦性也较好。这些品质使铝基轴承合金在部分领域取代了较贵的轴承合金和青铜。铝基轴承合金可以制成单金属零件（如轴套、轴承等），也可以制成双金属零件，双金属轴瓦以铝基轴承合金为轴承衬，以钢作衬背。

4）灰铸铁和耐磨铸铁

普通灰铸铁或加有镍、铬钛等合金成分的耐磨灰铸铁或者是球墨铸铁，都可以用作轴承材料。这类材料中的片状或球状石墨在材料表面上覆盖后，可以形成一层起润滑作用的石墨层，故具有一定的减摩性和耐磨性。此外石墨能吸附碳氢化合物，有助于提高边界润滑性能，故采用灰铸铁作轴承材料时应加润滑油。由于铸铁性脆、磨合性能差，故只适用于轻载低速和不受冲击载荷的场合。

5）多孔质金属材料

多孔质金属材料是不同类型的金属粉末经压制、烧结而成的。这种材料是多孔结构的，孔隙约占体积的 10% ～ 35%。使用前先把轴瓦在加热的油中浸渍数小时，使孔隙中充满润滑油，因而通常把这种材料制成的轴承称为含油轴承，它具有自润滑性。工作时，由于轴颈转动的抽吸作用及轴承发热时油的膨胀作用，油便进入摩擦表面间起润滑作用；不工作时，因毛细管作用，油便被吸回到轴承内部，故在相当长的时间内，即使不加油仍能很好的工作。如果定期给以供油，则使用效果更好。但由于其韧性较小，故宜用于平稳无冲击载荷及中低速情况。常用的有多孔铁和多孔质青铜；多孔铁常用来制作磨粉机轴套、机床油泵衬套、内燃机凸轮轴衬套等；多孔质青铜常用来制作电唱机、电风扇、纺织机械及汽车发电机的轴承。我国也有专门制造含油轴承的生产厂家，需用时可根据设计手册选用。

6）非金属材料

非金属材料中应用最广的是各种塑料，如酚醛树脂、尼龙、聚四氟乙烯等。聚合物的特性是：与许多化学物质不起反应，抗腐蚀性好，例如聚四氟乙烯（PTEE）能抗强酸和弱碱；具有一定的自润滑性，可以在无润滑条件下工作，在高温条件下具有一定的润滑能力；

具有包容异物的能力(嵌入性好),不宜擦伤配合零件表面;减摩性及耐磨性比较好。

选择聚合物作轴承材料时,必须注意以下一些问题:① 由于聚合物的热传导能力差,只有钢的百分之几,因此必须考虑摩擦热的消散问题,它严格限制聚合物轴承的工作转速及压力值。② 因为聚合物的线胀系数比钢大得多,因此聚合物轴承与钢制轴颈的间隙比金属轴承的间隙大。③ 聚合物材料的强度和屈服极限较低,因而在装配和工作时能承受的载荷有限。④ 聚合物在常温下会产生蠕变现象,因而不宜用来制作间隙要求严格的轴承。

碳—石墨是电机电刷的常用材料,也是不良环境中的轴承材料。碳—石墨是由不同量的碳和石墨构成的人造材料,石墨含量越多,材料越软,摩擦系数越小。可在碳—石墨材料中加入金属、聚四氟乙烯或二硫化钼成分,也可以浸渍液体润滑剂。碳—石墨轴承具有自润滑性,它的自润性和减摩性取决于吸附的水蒸气量。碳—石墨和含有碳氢化合物的润滑剂有亲和力,加入润滑剂有助于提高其边界润滑性能。此外,它还可以作水润滑的轴承材料。

橡胶主要用于以水作润滑剂或环境较脏污之处。橡胶轴承内壁上带有纵向沟槽,便于润滑剂的流通、加强冷却效果并冲走脏物。

木材具有多孔质结构,可用填充剂来改善其性能。填充聚合物能提高木材的尺寸稳定性和减少吸湿量,并能提高强度。采用木材(以溶于润滑油的聚乙烯作填充剂)制成的轴承,可在灰尘极多的条件下工作,例如用作建筑、农业中使用的带式输送机支撑滚子的滑动轴承。

6.2.3 非液体滑动轴承设计

非液体滑动轴承的主要失效形式为工作表面的磨损和胶合,所以其设计计算准则是:维持边界油膜不破裂。由于影响非液体摩擦滑动轴承承载能力的因素十分复杂,所以目前所采用的计算方法仍限于简化条件。

1. 径向滑动轴承设计计算

设计时,一般已经知道轴颈直径 d,转速 n,轴承承受的径向载荷 F_R(图 6-33),然后按照下述步骤进行计算。

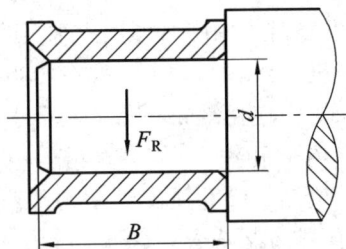

图 6-33 径向滑动轴承结构简图

(1)根据工作条件和使用要求,确定轴承的结构形式,并选定轴瓦材料。

(2)确定轴承的宽度 B。一般按宽径比 B/d 及 d 来确定 B。B/d 越大,轴承的承载能力越大,但油不易从两端流出,散热性差,油温升高;B/d 越小,则两端泄漏量大,摩擦功耗小，轴承温升小，但承载能力小。通常取 $B/d = 0.5 \sim 1.5$。若必须要求 $B/d > 1.5 \sim 1.75$，则应改善润滑条件，并采用自动调位轴承。

常用机械推荐值见表 6-13。

表 6-13　常用机械 B/d 推荐值

机器种类	轴承	B/d	机器种类	轴承	B/d
汽车及航空发动机	曲轴主轴承	0.75~1.75	空气压缩机及往复式泵	主轴承	1.0~2.0
	连杆轴承	0.75~1.75		连杆轴承	1.0~1.25
	活塞销	1.5~2.2		活塞销	1.2~1.5
柴油机	曲轴主轴承	0.6~2.0	电机	主轴承	0.6~1.5
	连杆轴承	0.6~1.5	机床	主轴承	0.8~1.2
	活塞销	1.5~2.0	冲、剪床	主轴承	1.0~2.0
铁路车辆	轮轴支撑	0.8~2.0	起重设备		1.5~2.0
汽轮机	主轴承	0.4~1.2	齿轮减速器		1.0~2.0

（3）验算轴承的工作压力。

① 校核压强 p。

对于低速或间歇工作的轴承，为了防止润滑油从工作表面挤出，保证良好的润滑而不致过度磨损，压强 p 应满足下列条件：

$$p = \frac{F_R}{dB} \leqslant [p]$$

式中：F_R 为轴承轴向载荷，单位为 N；$[p]$ 为许用压强，单位为 MPa，可以从有关手册查到；d、B 为轴颈的直径和工作长度，单位为 mm。

② 校核压强速度值 pv。

压强速度 pv 值间接反映轴承的温升，对于载荷较大和速度较高的轴承，为了保证轴承工作时不致过度发热产生胶合失效，pv 值应满足下列条件：

$$pv = \frac{F_R}{dB} \frac{\pi dn}{60 \times 1000} = \frac{F_R n}{19100B} \leqslant [pv]$$

式中：n 为轴的转速，单位 r/min；

$[pv]$ 为 pv 的许用值，也可以从有关手册查到。

③ 校核速度 v。

对于压强 p 小的轴承，即使 p 和 pv 值验算合格，由于滑动速度过高时也会产生加速磨损而使轴承报废，因此，还要作速度的验算，其条件式为

$$v = \frac{\pi dn}{60000} \leqslant [v]$$

$[v]$ 为许用速度值，单位为 m/s，也可以从有关手册查到。

④ 选择轴承配合。

在非液体滑动摩擦轴承中，根据不同的使用要求，为了保证一定的旋转精度，必须合理选择轴承的配合，以保证一定的间隙，具体的选择如表 6-14 所示。

表 6 - 14　轴承配合的选择

精度等级	配合符号	使 用 情 况
2	H7/g6	磨床和车床分度头轴承
2	H7/f7	铣床、钻床和车床的轴承，汽车发动机曲轴的主轴承及连杆轴承，齿轮减速器及蜗杆减速器轴承
2	H7/e8	汽轮发电机轴、内燃机凸轮轴、高速转轴、刀架丝杠、机车多支点轴等的轴承
4	H9/f9	电机、离心泵、风扇及惰齿轮轴的轴承，蒸汽机与内燃机曲轴的主轴承及连杆轴承
6	H11/d11	农业机械使用的轴承
6	H11/b11	农业机械使用的轴承

2. 止推滑动轴承设计计算

止推滑动轴承的设计步骤与径向滑动轴承相同。

图 6 - 34 所示为止推轴承结构简图，其主要核算步骤如下：

(1) 校核压强 p。

$$p = \frac{F_A}{\frac{\pi}{4}(d_2^2 - d_1^2)K} \leqslant [p]$$

式中：F_A 为轴向载荷，单位为 N；

d_1、d_2 为轴环的内外径，单位为 mm，一般取 $d_1 = (0.4 \sim 0.6)d_2$；

$[p]$ 为 p 的许用值，单位 MPa，可以在手册上查得；

K 为考虑油槽使支撑面积减小的系数，一般取 $K = 0.90 \sim 0.95$。

(2) 校核 pv_m 值。

$$pv_m \leqslant [pv]$$

式中：v_m 为轴环的平均速度，单位为 m/s，

$$v_m = \frac{\pi d_m n}{60000}$$

$d_m = \frac{1}{2}(d_1 + d_2)$ 为轴环平均直径，单位为 mm；

$[pv]$ 为许用值，单位 MPa·m/s，见表 6 - 15。

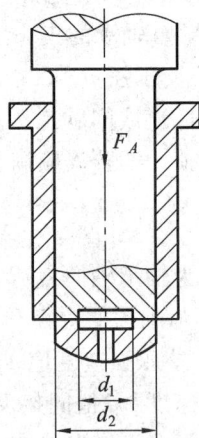

图 6 - 34　止推滑动轴承结构简图

表 6 - 15　滑动轴承的许用 $[pv]$ 值

轴环材料	未淬火钢			淬火钢		
轴瓦材料	铸铁	青铜	轴承合金	青铜	轴承合金	淬火钢
$[p]$/MPa	2~2.5	4~5	5~6	7.5~8	8~9	12~15
$[pv]$/MPa·m/s	1~2.5					

常用轴承形式及尺寸如表 6-16 所示。

表 6-16　止推滑动轴承形式及尺寸

空心式	单环式	多环式
d_2 由轴的结构设计拟定 $d_1=(0.4\sim0.6)d_2$ 若结构上无限制，应取 $d_1=0.5d_2$	d_1、d_2 由轴的结构设计拟定	d 由轴的结构设计拟定 $d_1=(1.2\sim1.6)d$ $d_1=1.1d$ $h=(0.12\sim0.15)d$ $h_0=(2\sim3)h$

压强计算公式为

$$p=\frac{F_A}{z\,\frac{\pi}{4}(d_2^2-d_1^2)K}\leqslant[p]$$

式中，z 为轴环的数目。

3. 计算示例

例 6-2　用于离心泵的径向滑动轴承，轴颈 $d=50$ mm，转速 $n=1500$ r/min，承受的径向载荷 $F_R=2500$ N，轴承材料为 ZCuSn5Zn5Pb5。根据非液体摩擦滑动轴承计算方法校核该轴承是否可用？如不可用，应如何改进（按轴的强度计算，轴颈直径不得小于 50 mm）？

解　查表得到 ZCuSn5Zn5Pb5 的许用值：$[p]=5$ MPa，$[v]=3$ m/s，$[pv]=10$ MPa·m/s。

按已知数据，并取 $B/d=1$，得

$$v=\frac{\pi dn}{60\,000}=\frac{\pi\times60\times1500}{60\,000}=4.71(\text{m/s})$$

$$p=\frac{F_R}{dB}=\frac{2500}{60\times60}=0.694(\text{MPa})$$

$$pv=0.694\times4.71=3.27(\text{MPa·m/s})$$

由以上计算可知，$v>[v]$，故考虑从以下两个方面来改进：

（1）减小轴颈以降低速度，取 $d=50$ mm，则

$$v=\frac{\pi dn}{60000}=\frac{\pi\times50\times1500}{60000}=3.93(\text{m/s})>[v]$$

故，此方案不可用。

（2）改选材料。在铜合金轴瓦上浇铸轴承合金 ZChSn10P16—16—2，查表得$[p]$＝15 MPa，$[v]$＝12 m/s，$[pv]$＝15 MPa·m/s。其它参数不变，可满足要求。

6.3　滚动轴承设计

　　滚动轴承是机器上一种重要的通用部件。它依靠主要元件间的滚动接触来支撑转动零件，具有摩擦阻力小、容易启动、效率高、轴向尺寸小等优点，而且由于大量标准化生产，具有制造成本低的优点，因而其在各种机械中得到了广泛的使用。

　　滚动轴承已经标准化，由专门的工厂大量生产。在机械设计中，我们的主要工作就是根据具体的工作条件正确选用轴承的类型和尺寸，并进行轴承安装、调整、润滑、密封等轴承组合的结构设计。

6.3.1　滚动轴承的结构和类型

1. 滚动轴承的基本结构

　　滚动轴承严格来说是一个组合标准件，其基本结构如图 6‑35 所示。它主要由内圈 1、外圈 2、滚动体 3 和保持架 4 等四个部分组成。通常其内圈用来与轴颈配合装配，外圈的外径用来与轴承座或机架座孔相配合装配。有时也有轴承内圈与轴固定不动、外圈转动的场合。

　　作为转轴支撑的滚动轴承，显然其中的滚动体是必不可少的元件；有时为了简化结构，降低成本造价，可根据需要而省去内圈、外圈甚至保持架等，这时滚动体直接与轴颈和座孔滚动接触。例如自行车上的滚动轴承就是这样的简易结构。

　　当内、外圈相对转动时，滚动体即在内外圈的滚道中滚动。

　　常见的滚动体形状如图 6‑36 所示，有球形、圆柱形、滚针、圆锥、球面滚子和非对称球面滚子。

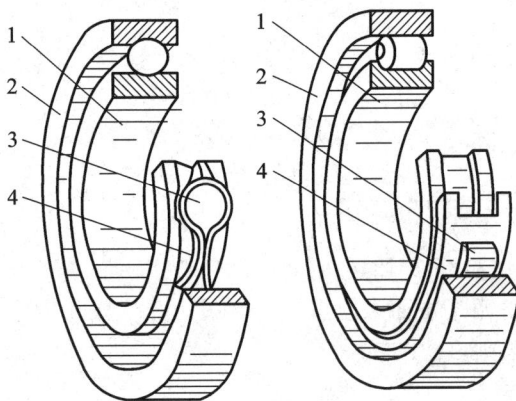

图 6‑35　滚动轴承的结构

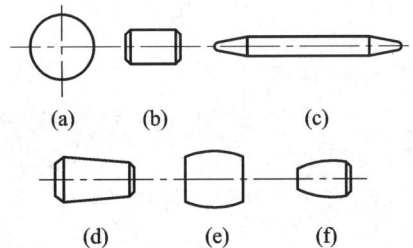

图 6‑36　滚动体形状

滚动轴承的内、外圈和滚动体一般采用轴承铬钢（如 GCr9、Gcr15、GCr15SiMn 等）经淬火制成，硬度在 HRC60 以上。

保持架使滚动体均匀分布在圆周上，其作用是：避免相邻滚动体之间的接触。保持架有冲压式和实体式两种。

冲压式：用低碳钢冲压制成。

实体式：用铜合金、铝合金或工程塑料制成，具有较好的定心精度，适用于较高速的轴承。

2. 滚动轴承的主要类型及性能

滚动轴承的分类依据主要是其所能承受的载荷方向（或公称接触角）和滚动体的种类。所以滚动轴承的一个重要参数就是接触角。接触角的概念：滚动体和套圈接触处的法线与轴承径向平面（垂直于轴承轴心线的平面）之间的夹角 α 称为公称接触角。α 越大，则轴承承受轴向载荷的能力就越大。

按轴承的内部结构和所能承受的外载荷或公称接触角的不同，滚动轴承分为向心轴承、推力轴承和向心推力轴承三种。

（1）向心轴承（也称径向轴承）：主要或只能承受径向载荷的滚动轴承，其公称接触角为 $0° \sim 45°$。

向心轴承按公称接触角的不同又可以分为径向接触轴承和向心角接触轴承。

① 径向接触轴承：公称接触角为 $0°$ 的向心轴承，如深沟球轴承、圆柱滚子轴承和滚针轴承等。其中深沟球轴承除了主要承受径向载荷外，同时还可以承受一定的轴向载荷（双向），在高转速时甚至可以代替推力轴承来承受纯轴向载荷，因此有时也把它看做向心推力轴承。它的设计计算也与后述的向心推力轴承（角接触球轴承、圆锥滚子轴承类似）。与尺寸相同的其它轴承相比，深沟球轴承具有摩擦因数小、极限转速高的优点，并且价格低廉，故获得了最为广泛的应用。

② 向心角接触轴承：公称接触角在 $0° \sim 45°$ 的向心轴承，如角接触球轴承、圆锥滚子轴承、调心轴承等。

调心轴承在主要承受径向载荷的同时，也可以承受不大的轴向载荷。其主要特点在于：允许内外圈轴线有较大的偏斜（$2° \sim 3°$），因而具有自动调心的功能，可以适应轴的挠曲和两轴承孔的同轴度误差较大的情况。

（2）推力轴承：主要用于承受轴向载荷的滚动轴承，其公称接触角为 $45° \sim 90°$。推力轴承按公称接触角的不同又分为：

① 轴向接触轴承：公称接触角为 $90°$ 的推力轴承，如推力球轴承等。

② 推力角接触轴承：公称接触角为 $45°$ 到 $90°$ 的推力轴承，如推力角接触轴承等。

按照承受单向轴向力和双向轴向力也可以将其分为单列和双列推力轴承。

（3）向心推力轴承：这类轴承包括角接触球轴承和圆锥滚子轴承，可以同时承受径向载荷和较大的轴向载荷。

工程上常用的滚动轴承分为五类：深沟球轴承、圆柱滚子轴承、单列推力球轴承、角接触球轴承和圆锥滚子轴承。

各类滚动轴承的性能见表 6-17。

表 6-17　滚动轴承的类型、主要特性及应用

类型代号	简图及承载方向	类型名称结构代号	尺寸系列代号	组合代号	极限转速比	性能特点
1 或 (1) [1]		调心球轴承 10000 [1000]	(0)2 22 (0)3 23	12 22 13 23	中	能自动调心，内外圈轴线允许偏斜 2°～3°。可承受不大的双向轴向载荷，但不宜承受纯轴向载荷，适用于轴承轴心线难以对中的支承，常成对使用
2 [3]		调心滚子轴承 20000 [3000]	13 22 30 31 32 40 41	213 222 230 231 232 240 241	低	性能及特点与调心球轴承类似。但径向承载能力较大，内外圈轴线允许偏斜 1.5°～2.5°，适用于多支点轴，弯曲刚度较小的轴及难于精确对中的支承
3 [7]		圆锥滚子轴承 30000 [7000]	02 03 13 20 22 23 29 30 31 32	302 303 313 320 322 323 329 330 331 332	中	能承受以径向载荷为主的径向、轴向联合载荷，当接触角 α 大时，亦可承受纯单向轴向载荷。外圈可分离，可调整径向、轴向游隙，承载能力较大，一般须成对使用，对称安装。要求轴的刚性大，轴与支承座孔的中心线对中性好。适用于转速不太高，轴的刚度较好的场合
5 [8]		推力球轴承 51000 [8000]	11 12 13 14	511 512 513 514	低	承受单向轴向载荷，滚动体与套圈多半可分离。紧圈与轴相配合。为防止钢球与滚道之间的滑动，工作时需加一定的轴向载荷。极限转速低，适用于轴向载荷大、转速不高处
5 [8]		双向推力球轴承 52000 [38000]	22 23 24	522 523 524	低	能承受双向轴向载荷，中间圈为紧圈，其他性能特点与推力球轴承相同

6.3.2　滚动轴承的代号

滚动轴承的种类很多，而各类轴承又有不同结构、尺寸和公差等级等。为了表征各类轴承的不同特点，为了便于组织生产、管理、选择和使用，国家标准中规定了滚动轴承代号的表示方法，由数字和字母所组成。

滚动轴承的代号由三个部分组成：前置代号、基本代号和后置代号，见表 6 - 18。

表 6 - 18　滚动轴承的代号组成

前置代号	基本代号			后置代号(组)							
	轴承类型	尺寸系列	轴承内径	内部结构	密封防尘结构代号	保持架(材料)	轴承材料	公差等级	游隙	配置	其它

1. 基本代号

基本代号是表示轴承主要特征的基础部分，也是我们应着重掌握的内容，包括轴承类型、尺寸系列和内径。

类型代号用阿拉伯数字(以下简称数字)或大些拉丁字母(简称字母)表示，个别情况下可以省略。

尺寸系列是由轴承的直径系列代号和宽(高)度系列代号组合而成的，用两位数字表示。

宽度系列是指结构、内径和直径都相同的轴承，在宽度方面的变化。宽度系列代号为一系列不同数字，依 8、0、1、…、6 次序递增(推力轴承的高度依 7、9、1、2 顺序递增)。当宽度系列为 0 系列时，对多数轴承在代号中可以不予标出(但对调心轴承需要标出)。宽度系列代号用基本代号右起第四位数字表示。直径系列表示同一类型、相同内径的轴承在外径和宽度上的变化系列，用基本代号右起第三位数字表示(滚动体尺寸随之增大)，即按 7、8、9、0、1、…、5 顺序外径尺寸增大，如图 6 - 37 所示。

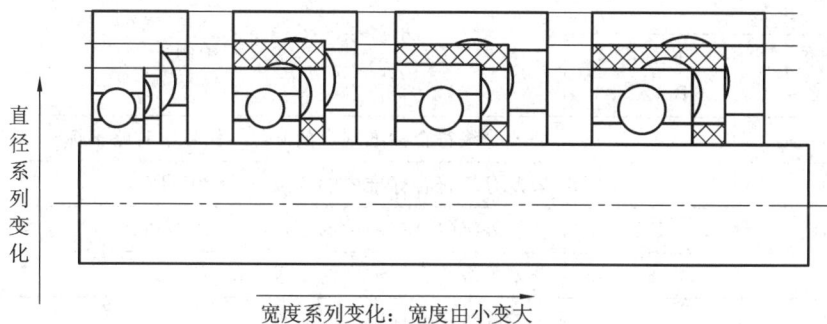

图 6 - 37　滚动轴承的尺寸系列

内径代号是用两位数字表示轴承的内径：内径 $d = 10 \sim 480$ mm 的轴承内径表示方法见表 6 - 19(其它有关尺寸的轴承内径需查阅有关手册和标准，用基本代号右起第一、二两位数字表示)。

表 6 - 19　轴承内径表示方法

内径代号	00	01	02	03	04~96
轴承内径/mm	10	12	15	17	代号数×5

2. 前置代号、后置代号

前置代号、后置代号是轴承在结构形状、尺寸、公差、技术要求等有改变时，在基本代号左右添加的补充代号。

前置代号用字母表示，用以说明成套轴承部件的特点，一般轴承无需作此说明，前置代号可以省略。

后置代号用字母和字母—数字的组合来表示，按不同的情况可以紧接在基本代号之后或者用"—"、"/"符号隔开。

常见的轴承内部结构代号及公差等级代号分别见表 6 – 20 和表 6 – 21。

(1) 内部结构代号。内部结构代号表示同一类型轴承不同的内部结构，用字母表示，且紧跟在基本代号之后。如 C、AC 和 B 分别代表公称接触角为 15°、25°和 40°的角接触球轴承。

表 6 – 20　内部结构代号

代号	含义及示例		
C	角接触球轴承	公称接触角 $\alpha=15°$	7210C
	调心滚子轴承	C 型	23122C
AC	角接触球轴承	公称接触角 $\alpha=25°$	7210AC
B	角接触球轴承	公称接触角 $\alpha=45°$	7210B
	圆锥滚子轴承	接触角加大	32310B
E	加强型(即内部结构设计改进,增大轴承承载能力)　　N207E		

(2) 轴承公差代号。其精度等级按表 6 – 21 中的顺序依次提高。

表 6 – 21　轴承公差代号

代号		含义和示例
新标准 GB/T272—93	原标准 GB272—88	
/P0	G	公差等级符合标准规定的 0 级,代号中略不标　　6203
/P6	E	公差等级符合标准中的 6 级 F　6203/P6
/P6X	EX	公差等级符合标准中的 6X 级　　6203/P6X
P5	D	公差等级符合标准中的 5 级　6203/P5
P4	C	公差等级符合标准中的 4 级　6203/P4
P2	B	公差等级符合标准中的 2 级　6203/P2

其它各符号的含义可以查阅 GB/T272—93,此处不作过多介绍。

例 6 – 3　试说明轴承代号 6206、32315E、7312C 及 51410/P6 的含义。

解　6206：6 深沟球轴承；2 尺寸系列代号,直径系列为 2,宽度系列为 0(省略)；06 为轴承内径 30 mm；公差等级为 0 级。

32315E：3 为圆锥滚子轴承；23 为尺寸系列代号,直径系列为 3、宽度系列为 2；15 为轴承内径 75 mm；E 加强型；公差等级为 0 级。

7312C：7 为角接触球轴承；3 为尺寸系列代号，直径系列为 3、宽度系列为 0（省略）；12 为轴承内径 60 mm；C 为公称接触角 $\alpha=15°$；公差等级为 0 级。

51410/P6：5 为双向推力轴承；14 为尺寸系列代号，直径系列为 4、宽度系列为 1；10 为轴承直径 50 mm；P6 前有"/"，为轴承公差等级。

6.3.3　滚动轴承的类型选择

滚动轴承的类型很多，选用轴承首先应选择类型，而选择类型时必须依据各类轴承的特性。设计手册和国标中给出了各类轴承的性能特点，选用时可参考。同时，在选用轴承时还要考虑下面几个因素。

1. 轴承所受的载荷（大小、方向和性质）

受纯径向载荷时，应选用向心轴承（如 60000、N0000、NU0000 型等）。受纯轴向载荷时，应选用推力轴承（如 50000 型）。对于同时承受径向载荷 F_r 和轴向载荷 F_a 的轴承，应根据两者（F_a/F_r）的比值来确定：若 F_a 相对于 F_r 较小时，可选用深沟球轴承（60000 型）、接触角不大的角接触球轴承（70000C 型）及圆锥滚子轴承（30000 型）；当 F_a 相对于 F_r 较大时，可选用接触角较大的角接触球轴承（70000AC 型或 70000C 型）；当 F_a 比 F_r 大很多时，应考虑采用向心轴承和推力轴承的组合结构，以分别承受径向载荷和轴向载荷。

在同样外廓尺寸的条件下，滚子轴承比球轴承的承载能力和抗冲击能力要大。故载荷较大、有振动和冲击时，应优先选用滚子轴承。反之，轻载和要求旋转精度较高的场合应选择球轴承。

同一轴上两处支承的径向载荷相差较大时，也可以选用不同类型的轴承。

2. 轴承的转速

在一般转速下，转速的高低对类型选择不发生什么影响，只有当转速较高时，才会有比较显著的影响。在轴承样本中列入了各种类型、各种尺寸轴承的极限转速 n_{lim} 值。这个极限转速是指载荷 $P \leqslant 0.1C$（C 为基本额定动载荷），冷却条件正常，且为 0 级公差时的最大允许转速。但 n_{lim} 值并不是一个不可超越的界限。所以，一般必须保证轴承在低于极限转速条件下工作。

（1）球轴承比滚子轴承的极限转速高，所以在高速情况下应选择球轴承。

（2）当轴承内径相同，外径越小时，滚动体越小，产生的离心力越小，对外径滚道的作用也越小。所以，外径越大，极限转速越低。

（3）实体保持架比冲压保持架允许有较高的转速。

（4）推力轴承的极限转速低，所以当工作转速较高而轴向载荷较小时，可以采用角接触球轴承或深沟球轴承。

3. 调心性能的要求

对于因支点跨距大而使轴刚性较差或因轴承座孔的同轴度低等原因而使轴挠曲时，为了适应轴的变形，应选用允许内外圈有较大相对偏斜的调心轴承。例如，10000 系列和20000 系列的调心球轴承可以在内外圈产生不大的相对偏斜时正常工作。

在使用调心轴承的轴上，一般不宜使用其它类型的轴承，以免受其影响而失去了调心作用。

滚子轴承对轴线的偏斜最敏感，调心性能差，在轴的刚度和轴承座的支撑刚度较低的情况下，应尽可能避免使用。

4. 拆装方便等其它因素

选择轴承类型时，还应考虑到轴承装拆的方便性、安装空间尺寸的限制以及经济性问题。例如，在轴承的径向尺寸受到限制的时候，就应选择同一类型、相同内径轴承中外径较小的轴承，或考虑选用滚针轴承。

在轴承座没有剖分面而必须沿轴向安装和拆卸时，应优先选择内、外圈可分离的轴承。

球轴承比滚子轴承便宜，在能满足需要的情况下应优先选用球轴承。

同型号不同公差等级的轴承价格相差很大，故对高精度轴承应慎重选用。

6.3.4　滚动轴承的寿命计算

滚动轴承的设计计算要解决的问题可以分为两类：

（1）对于已选定具体型号的轴承，求在给定载荷下不发生点蚀的使用期限，即寿命计算。

（2）在规定的寿命期限内和给定载荷情况下选取某一具体轴承的型号（即选型设计）。

滚动轴承尺寸选择的基本理论是通过对轴承在实际使用中的破坏形式进行总结而建立起来的，所以首先我们必须了解滚动轴承的失效形式。

1. 失效形式和设计准则

1）疲劳点蚀

实践表明：在安装、润滑、维护良好的条件下，滚动轴承的正常失效形式是滚动体或内、外圈滚道上的点蚀破坏；成因是由于大量地受变化的接触应力。

滚动轴承在运转过程中，相对于径向载荷方向的不同方位处的载荷大小是不同的，如图6-38所示，与径向载荷相反方向上有一个径向载荷为零的非承载区，而且滚动体与套圈滚道的接触传力点也随时都在变化（因为内圈或外圈的转动以及滚动体的公转和自转），所以滚动体和套圈滚道的表面受脉动循环变化的接触应力。

在这种接触变应力的长期作用下，金属表层会出现麻点状剥落现象，这就是疲劳点蚀。

发生点蚀破坏后，在运转中将会产生较强烈的振动、噪音和发热现象，最后导致失效而不能正常工作。轴承的设计就是针对这种失效而展开的。

2）塑性变形

在特殊情况下也会发生其它形式的破坏，例如压凹、烧伤、磨损、断裂等。

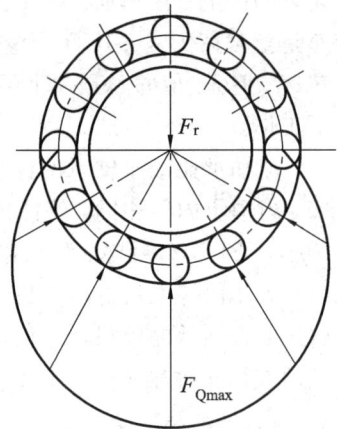

图6-38　滚动体受力图

当轴承不回转、缓慢摆动或低速转动（$n < 10$ r/min）时，一般不会产生疲劳损坏。但过

大的静载荷或冲击载荷会使套圈滚道与滚动体接触处产生较大的局部应力,在局部应力超过材料的屈服极限时将产生较大的塑性变形,从而导致轴承失效。因此对于这种工况下的轴承需作静强度计算。

虽然滚动轴承的其它失效形式(如套圈断裂、滚动体破碎、保持架磨损、锈蚀等)在使用中时有发生,但只要制造合格、设计合理、安装维护正常,都是可以防止的。所以在工程上,我们主要以疲劳点蚀和压凹两类失效形式进行计算。

3) 设计准则

由于滚动轴承的正常失效形式是点蚀破坏,所以对于一般转速的轴承,其设计准则就是以防止点蚀引起的过早失效而进行疲劳点蚀计算,在轴承计算中称为寿命计算。

对于不转动、摆动或转速低的轴承,要求控制塑性变形,应作静强度计算;而对于以磨损、胶合为主要失效形式的轴承,由于影响因素复杂,目前还没有相应的计算方法,只能采取适当的预防措施。

2. 滚动轴承的基本额定寿命和基本额定动载荷

轴承的寿命就是滚动轴承在点蚀破坏前所转过的总转数(以 10^6 r 为单位)或在规定的转速下工作的总小时数。

但是,由于制造精度、材料的差异,即使是同样的材料、同样的尺寸以及同一批生产出来的轴承,在完全相同的条件下工作,它们的寿命也不相同,也会产生较大的差异,甚至相差几十倍。因此,轴承寿命计算就需要采用概率和数理统计的方法来进行处理,即为在一定可靠度(能正常工作而不失效的概率)下的寿命。同一型号的轴承,在可靠度要求不同时其寿命也不同,即可靠度要求高时其寿命较短,可靠度要求低时其寿命较长。为了便于统一,考虑到一般机器的使用条件及可靠性要求,标准规定了基本额定寿命:一组在相同条件下运转的近于相同的轴承,按有 10% 的轴承发生点蚀破坏,而其余 90% 的轴承未发生点蚀破坏前的转数 L_{10}(以 10^6 r 为单位)或工作小时数 L_h。也就是说,以轴承的基本额定寿命为计算依据时,轴承的失效概率为 10%,而可靠度为 90%。

对于一个具体的轴承,其结构、尺寸、材料都已确定。这时,如果工作载荷越大,产生的接触应力越大,从而发生点蚀破坏前所能经受的应力变化次数也就越少,折合成轴承能够旋转的次数也就越少,轴承的寿命也就越短。为了在计算时有一个基准,就引入了基本额定动载荷的概念,用符号 C_r 表示。

基本额定动载荷 C_r 是指轴承的基本额定寿命恰好为 10^6 r 时,轴承所能承受的载荷值。

对于向心及向心推力轴承,C_r 指的是径向力(径向载荷)。

对于推力轴承,C_r 指的是轴向力。

基本额定动载荷代表了不同型号轴承的承载特性。已经通过大量的试验和理论分析得到,在轴承样本中对每个型号的轴承都给出了基本额定动载荷,在使用时可以直接查取。

3. 滚动轴承的寿命计算

上面我们介绍了基本额定动载荷和基本额定寿命的概念。但是,轴承工作条件是千变万化的,在设计时会有两种情况出现:

(1) 对于具有基本额定动载荷 C_r 的轴承,当它所受的载荷 P(计算值)等于 C_r 时,其

基本额定寿命就是 10^6 r。但是,当 $P \neq C_r$ 时,轴承的寿命是多少?

(2)如果我们知道轴承应该承受的载荷 P,而且要求轴承的寿命为 L,那么我们应如何选择轴承?

很显然,当选定的轴承在某一确定的载荷 $P(P \neq C_r)$ 下工作时,其寿命 L 将不同于基本额定寿命。图 6-39 所示是 6208 轴承的载荷寿命曲线。

曲线上各点代表不同载荷下轴承的载荷和寿命关系。经过大量的实验得出以下关系式:

$$P_1^\varepsilon L_1 = P_2^\varepsilon L_2 = \cdots = C_r^\varepsilon$$

也就是

$$L = \frac{C_r^\varepsilon}{P} \quad (10^6 \text{r})$$

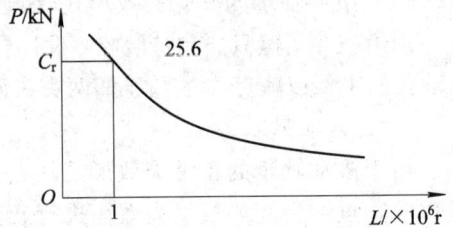

图 6-39　轴承的载荷寿命曲线

对于球轴承 $\varepsilon = 3$;对于滚子轴承 $\varepsilon = \dfrac{10}{3}$。

工程上为了使用方便,多用小时数表示寿命。若转速为 n,则

$$L_h = \frac{10^6}{60n} \frac{C_r^\varepsilon}{P} \quad (\text{h})$$

同样,如果我们已知载荷为 P,转速为 n,要求轴承的预期寿命为 L_h',则由上式可以得到所需轴承的基本额定动载荷为

$$C_r = P \sqrt[\varepsilon]{\frac{60nL_h'}{10^6}} \quad (\text{N})$$

在轴承标准和样本中所得到的基本额定动载荷是在一般工作环境下而言的,如果工作在高温情况下,则这些数值必须进行修正,也就是要乘上温度系数 f_t 予以修正,求得在高温工况条件下的基本额定动载荷:

$$C_t = f_t C_r$$

自然,上面所讲的公式将发生相应的变化,

$$L_h = \frac{10^6}{60n} \frac{f_t C_r^\varepsilon}{P} \qquad C_r = \frac{P}{f_t} \sqrt[\varepsilon]{\frac{60nL_h'}{10^6}}$$

f_t 的具体数值见表 6-22。

表 6-22　f_t 的具体数值

轴承工作温度/℃	≤120	125	150	175	200	225	250	300	350
温度系数 f_t	1	0.95	0.9	0.85	0.8	0.75	0.7	0.6	0.5

4. 滚动轴承的当量动载荷

轴承的工作条件千变万化,受载情况也往往与试验不一致,所以必须进行必要的换算。就像前面引入当量摩擦系数一样,我们在这里引入当量动载荷的概念。也就是说,如果轴承的承载情况与上述条件不一致,我们必须把实际载荷换算为与上述条件等效的载荷,才能和 C 进行比较。这个经换算而得到的载荷是一个假定的载荷,称为当量动载荷 P。在此载荷的作用下,轴承的寿命与实际载荷作用下的寿命相同。所以,在轴承的寿命计算

公式中引入的所有载荷 P 都指的是当量动载荷。

对于只能承受轴向力 F_a 的推力轴承，$P = F_a$。

对于只能承受径向力 F_r 的向心轴承，$P = F_r$。

对于可以同时承受 F_a 和 F_r 的轴承，例如深沟球轴承、调心轴承和向心推力轴承，当量动载荷 P 应与实际作用的复合外载有同样的效果，即

$$P = XF_r + YF_a$$

其中：X 为径向系数；Y 为轴向系数。其选择可按 $\frac{A}{R} \leqslant e$ 和 $\frac{F_a}{F_r} \leqslant e$ 两种情况由表中查取。

利用上式所求得的当量动载荷只是理论值，实际上机器的惯性、零件的不精确性及其它因素的影响，也必须给予修正。考虑上面的因素，引入载荷系数 f_p，对应于三种情况分别有：

$$P = f_p F_a$$
$$P = f_p F_r$$
$$P = f_p(XF_r + YF_a)$$

5. 角接触轴承的轴向载荷计算

对于向心推力轴承而言，在承受径向载荷时，要派生出轴向力。为了求解这类轴承的当量动载荷，我们必须进一步研究其轴向载荷的计算方法。

这类轴承在工作时，通常都是成对使用的。其安装方式有两种情况，如图 6-40 所示，图(a)所示为背对背安装，也称为反装；图(b)所示为面对面安装，也称为正装。

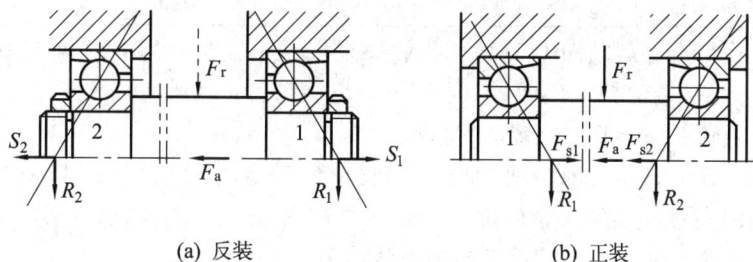

(a) 反装　　　　　　　　　(b) 正装

图 6-40　角接触轴承轴向载荷计算

由图可以看出，两个轴承的径向载荷 R_1、R_2 可以由径向力平衡条件求出。相应的派生轴向力可以由表 6-23 所列的计算公式求出。

表 6-23　派生轴向力的计算

轴承类型	角接触球轴承			圆锥滚子轴承
	$\alpha = 15°$(7000C)	$\alpha = 25°$(7000AC)	$\alpha = 40°$(7000B)	
S	$S = eR$	$S = 0.68R$	$S = 1.14R$	$S = R/2Y$（Y 是 $A/R > 1$ 时的轴向系数）

注：其中 e 的数值可以查表得到。

向心轴承当量载荷系数 X、Y 的值如表 6-24 所示。

表 6 – 24　　向心轴承当量载荷系数 X、Y 的值

轴承类型		$\dfrac{F_a}{C_{0r}}$	e	$F_a/F_r>e$		$F_a/F_r\leqslant e$	
				X	Y	X	Y
深沟球轴承		0.014	0.19		2.30		
		0.028	0.22		1.99		
		0.056	0.26		1.71		
		0.084	0.28		1.55		
		0.11	0.30	0.56	1.45	1	0
		……	……		……		
角接触球轴承（单列）	$\alpha=15°$	0.015	0.38		1.47		
		0.029	0.40		1.40		
		0.056	0.23		1.30		
		0.087	0.46		1.23		
		0.12	0.47	0.44	1.19	1	0
		……	……		……		
	$\alpha=25°$	—	0.68	0.41	0.87	1	0
	$\alpha=40°$	—	1.14	0.35	0.57	1	0
圆锥滚子轴承（单列）		—	$1.5\tan\alpha$	0.4	$0.4\cot\alpha$	1	0
调心球轴承（双列）		—	$1.5\tan\alpha$	0.65	$0.65\cot\alpha$	1	0

　　当在轴上作用有外载轴向力 F_a 时，我们如果把派生轴向力的方向与 F_a 的方向相一致的轴承记做 2，另一端的轴承记做 1，则当 $F_a+S_2=S_1$ 时，达到轴向平衡。

　　若不满足上述关系，就会出现两种情况：

　　(1) 当 $F_a+S_2>S_1$ 时，因为轴承的位置已经确定，轴不可能窜动，所以在轴承 1 的内部也必然由外圈通过滚动体对轴施加一个轴向平衡反力。所以，轴承 1 实际承受的轴向载荷为：$A_1=F_a+S_2$；轴承 2 实际承受的轴向载荷为：$A_2=S_2$。

　　(2) 当 $F_a+S_2<S_1$ 时，同上分析可以知道：$A_1=S_1$，$A_2=S_1-F_a$。

　　综合以上分析可得

$$\begin{cases} A_1=\max[(F_a+S_2),\ S_1] \\ A_2=\max[(S_1-F_a),\ S_2] \end{cases}$$

　　若 F_a 的方向与图 6 – 40 中所示的方向相反，只需将派生轴向力与 F_a 同向的轴承标为 2，上述两式仍可应用。轴承反力的径向分力在轴心线上的作用点叫做轴承的压力中心。两种安装方式，对应两种不同的压力中心位置。但是，当轴承间的距离较大时，为方便起见，也可以把轴承宽度中点近似地作为支反力的作用位置。

6.3.5　滚动轴承的静载荷计算

　　在实际工作时，有许多轴承并非都工作在正常状态，例如许多轴承就工作在低速重载工况下，甚至有些基本就不旋转。针对这种情况，其破坏的形式主要是滚动体接触表面上接触应力过大而产生永久的凹坑，也就是材料发生了永久变形。这时，我们就需要按照轴

承静强度来选择轴承尺寸。

通常情况下，当轴承的滚动体与滚道接触中心处引起的接触应力不超过一定值时，对多数轴承而言尚不会影响其正常工作。因此，把轴承产生上述接触应力的静载荷称做基本额定静载荷，用 C_0 表示。具体可以查阅手册或产品样本。

按静载荷选择轴承的公式为

$$C_0 \geqslant S_0 P_0$$

式中：S_0 为轴承静载荷强度安全系数，P_0 为当量静载荷，

$$P_0 = X_0 R + Y_0 A$$

X_0、Y_0 分别为当量静载荷的径向载荷系数和轴向载荷系数。S_0、X_0、Y_0 都可以由手册查到。

例 6-4 根据工作条件决定选用 6300(300)系列的深沟球轴承。轴承载荷 $R=5000$ N，$A=2500$ N，轴承转速 $n=1000$ r/min，运转时有轻微冲击，预期计算寿命 $L_h'=5000$ h，装轴承处的轴径直径可在 50～60 mm 内选择。试选择球轴承型号。

解 （1）求比值。

$$A/R = \frac{2500}{5000} = 0.5$$

根据手册，深沟球轴承的最大 e 值为 0.44，故此时 $A/R > e$。

（2）初步计算当量动载荷 P。由 $P = f_p(XR + YA)$，按手册可知 $X=0.56$，Y 值需在已知型号和基本额定静载荷 C_0 后才能求出。现暂时选一平均值，取 $Y=1.5$，并由表取 $f_p=1.1$，则

$$P = 1.1 \times (0.56 \times 5000 + 1.5 \times 2500) = 7205 \text{ N}$$

（3）根据寿命计算公式可以求轴承应具有的基本额定动载荷值：

$$C = P \sqrt{\frac{60nL_h'}{10^6}} = 7205 \times \sqrt{\frac{60 \times 1000 \times 5000}{10^6}} = 48\,233 \text{ N}$$

（4）根据轴承样本，选择 $C=55\,200$ N 的 6311(311)轴承，该轴承的 $C_0=41\,800$N。验算如下：

① $A/C_0 = \frac{2500}{41800} = 0.0598$，按表此时 Y 值在 1.6～1.8 之间。用线性插值法求 Y 值为

$$Y = 1.8 + \frac{1.6 \times 1.8}{0.07 \times 0.04} \times (0.0598 - 0.04) = 1.668$$

故 $X=0.56$，$Y=1.668$。

② 计算当量载荷：

$$P = 1.1 \times (0.56 \times 5000 + 1.668 \times 2500) = 7667 \text{ N}$$

③ 验算 6311 轴承的寿命：

$$L_h = \frac{10^6}{60n}\left(\frac{C}{P}\right)^\varepsilon = \frac{10^6}{60 \times 1000}\left(\frac{55200}{7667}\right)^3 = 6220 \text{ h} > 5000 \text{ h}$$

故所选轴承能够满足设计要求。

例 6-5 有一轴采用一对角接触球轴承 7206C，反向安装（两端）。轴的转速 $n=960$ r/min，轴上外载荷 $F_r=2000$ N，$F_x=500$ N，载荷系数 $f_p=1.2$，温度系数 $f_t=1.0$；7206C 轴承的基本额定动载荷 $C=17\,800$ N，基本额定静载荷 $C_{0r}=12\,800$ N；有关尺寸如

图 6 - 41 所示，试计算轴承寿命。

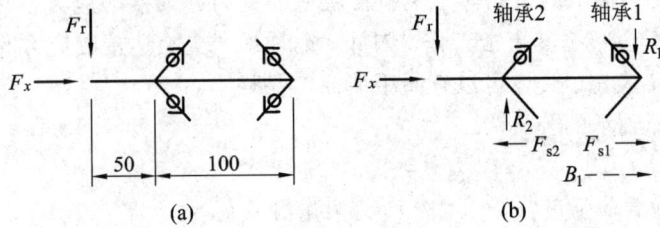

图 6 - 41　轴向力分析

解　(1) 求轴承的径向载荷 R_1、R_2（即支反力，参见图 6 - 41(b)）。

$$F_{R2} = \frac{(100 + 50)F_r}{100} = 3000 \quad (N)$$

$$F_{R1} = F_{R2} - F_r = 1000 \ (N)$$

(2) 求两轴承的轴向载荷 F_{a1}、F_{a2}。为此，需要先在力分析图中标出轴承内部轴向力 F_{s1}、F_{s2} 的方向（见图 6 - 41(b)），并求出 F_{s1}、F_{s2} 的值。

查表可知，对于 70000C 轴承，$\alpha=15°$，$F_s=eF_R$，因为 F_R 已经求出，则求 F_s 时需先确定 e；界限值 e 由 F_a/C_{0r}（C_{0r} 为轴承的径向额定静载荷）对应得到。而现在 A 为待求解量，这样就产生了"为了求 A 需先知道 A"的递归问题。这种现象在工程上经常遇到，解决的办法就是采用试算法。下面我们就来看一下具体的计算方法。

这里我们可以先假定一个 e_0 值，例如试取 A/F_R 表中 $e_0=0.47$，对应于 $A/C_{0r}=0.12$，则由 $S=e_0R$ 可得：

$$F_{s1} = e_0 F_{R1} = 0.47 \times 1000 = 470 \quad (N)$$

$$F_{s2} = e_0 F_{R2} = 0.47 \times 3000 = 1410 \quad (N)$$

$F_x+S_1=970<S_2$，也就是说应该在轴承 1 处加上附加平衡力 B_1（见 6 - 41 图(b)所示）。

$$A_1 = S_1 + B_1 = S_2 - F_x = 910 \quad (N)$$

这时需要利用所求得的 A 值进行验证：A/C_{0r} 与假定界限值 e_0 的相应比值是否相等（一般只要足够近似就可以了，例如误差限制在 5% 以内）。

$A_1/C_{0r} = \dfrac{910}{12800} = 0.071\,09$，与所试取的 $A/C_{0r}=0.12$ 误差较大；

$A_2/C_{0r} = \dfrac{1410}{12800} = 0.1102$，与所试取的 $A/C_{0r}=0.12$ 误差较小。

若精度要求不高，也可以此作为轴承 2 的计算结果，但在计算精度要求较高时还需再作试算调整。而轴承 1 显然不行，需要进一步再作试算。

参照上次试算的结果，对轴承 1 重新试取 $e_1=0.445$，对应的 A_1/C_{0r} 可由线性插值法求得为 0.073，$S_1=e_1 F_{R1}=0.445\times1000=445$（N）。

同样对轴承 2 重新选取 $e_2=0.465$，线性插值得到对应的 $A_2/C_{0r}=0.104$，则

$$S_2 = e_2 F_{R2} = 0.465 \times 3000 = 1395 \quad (N)$$

$$A_1 = S_2 - F_x = 950 \ (N) \qquad A_2 = S_2 = 1395 \quad (N)$$

验证：$A_1/C_{0r} = \dfrac{950}{12\,800} = 0.0742$，$A_2/C_{0r} = \dfrac{1395}{12\,800} = 0.109$。这两个比值与假定 e_1、e_2

时 A_1/C_{0r}、A_2/C_{0r} 已经很接近,即可依次作为试算时的结果。

（3）计算轴承的当量动载荷 P_1、P_2。

① 轴承 1。

$\dfrac{A_1}{F_{R1}}=\dfrac{950}{1000}=0.95>e_1$,利用表格中相邻的两个 e 值（0.43,0.46）及其对应的 Y 值（1.30,1.23）,可以利用线性插值得 $Y_1=1.265$,而 $X_1=0.44$,故

$$P_1=f_p(X_1F_{R1}+Y_1A_1)=1970\quad(\text{N})$$

② 轴承 2。

$$\frac{A_2}{F_{R2}}=\frac{1395}{3000}=0.465=e_2,\ \text{则}\ X_2=1,Y_2=0$$

$$P_2=f_p(X_2F_{R1}+Y_2A_2)=3600\quad(\text{N})$$

$$P_2>P_1$$

所以取 $P=P_2=3600(\text{N})$。（一般只需按受载较大的那个轴承进行寿命计算或选型。

（4）计算轴承寿命。直接应用公式将以上数据代入计算:

$$L_h=\frac{10^6}{60n}\left(\frac{C}{P}\right)^\varepsilon=\frac{10^6}{60\times960}\left(\frac{17\ 800}{3600}\right)^3=2099(\text{h})$$

解答完毕。

6.3.6　滚动轴承组合设计

为了保证轴承的正常工作,除了合理选择轴承的类型和尺寸外,我们还必须正确设计轴承装置（即轴承组合）,正确解决轴承安装、配合、紧固、调整、润滑和密封等问题。在具体设计时应该主要考虑下面几个问题。

1. 保证支撑部分的刚性和同心度

支撑部分必须有适当的刚性和安装精度。刚性不足或安装精度不够,都会导致变形过大,从而影响滚动体的滚动而导致轴承提前破坏。

增大轴承装置刚性的措施很多。例如,机壳上轴承装置部分及轴承座孔壁应有足够的厚度;轴承座的悬臂应尽可能缩短,并采用加强筋提高刚性;对于轻合金和非金属机壳应采用钢或铸铁衬套,如图 6-42 所示。对于采用剖分式结构的,应该采用组合加工方法;一组轴承的支撑应该一次加工出来。

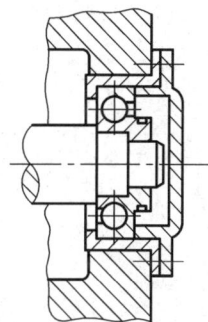

图 6-42　采用衬套的
轴承座孔

2. 滚动轴承的轴向固定和调整

机器中的轴的位置是靠轴承来定位的。当轴工作时,既要防止轴向窜动,又要保证轴承工作受热膨胀时的影响（不致受热膨胀而卡死）,轴承必须有适当的轴向固定措施。常用的轴向固定措施有以下两种:

1）双支点单向固定（两端固定式）

如图 6-43（a）所示,这种方法是利用轴肩和端盖的挡肩单向固定内、外圈,每一个支撑只能限制单方向移动,两个支撑共同防止轴的双向移动。这种安装主要用在两个对称布置的角接触球轴承或圆锥滚子轴承的情况,同时考虑温度升高后轴的伸长。为使轴的伸长

不致引起附加应力,在轴承盖与外圈端面之间留出热补偿间隙 $c=0.2\sim0.4$ mm(如图 6-43(b)所示)。游隙的大小是靠端盖和外壳之间的调整垫片增减来实现的。

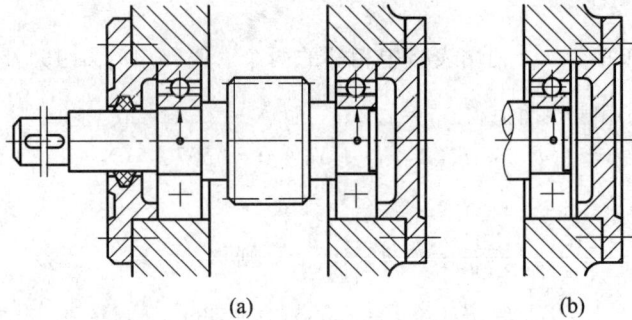

(a)　　　　　　　　　　　　(b)

图 6-43　双支点单向固定

这种支撑方式结构简单,便于安装,适用于工作温度不太变化的短轴。

2)单支点双向固定式(一端固定、一端游动)

对于工作温度较高的长轴,受热后伸长量比较大,应该采用一端固定,而另一端游动的支撑结构。作为固定支撑的轴承,应能承受双向载荷,故此内、外圈都要固定(如图 6-44 左端)。作为游动支撑的轴承,若使用的是可分离型的圆柱滚子轴承等,则其内、外圈都应固定(如图 6-44 右端);若使用的是内外圈不可分离的轴承,则固定其内圈,其外圈在轴承座孔中应可以游动(如图 6-44 中间)。

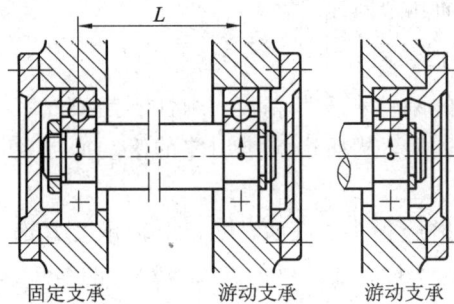

固定支承　　　　　　游动支承　　　　游动支承

图 6-44　单支点双向固定式

3. 滚动轴承装置的调整

1)轴承间隙的调整

轴承在装配时,一般要留有适当间隙,以利轴承正常运转。常用的调整方法有以下几种。

(1)调整垫片。如图 6-45 所示结构,是靠加减轴承盖与机座之间的垫片厚度来调整轴承间隙的。图 6-46(a)所示为轴承组合位置调整的方法。

(2)调节螺钉。如图 6-46(b)所示结构,是用螺钉 1 通过轴承外圈压盖 3 移动外圈的位置来进行调整的。调整后,用螺母 2 锁紧防松。

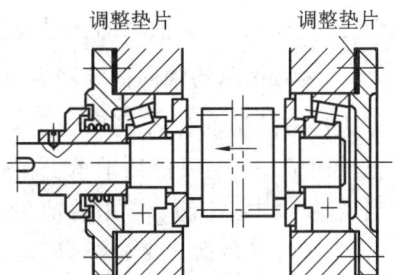

图 6-45　用调整垫片调整间隙

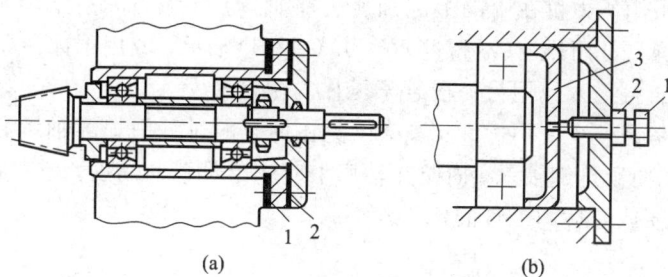

图 6-46　轴承间隙调整
（a）轴承组合位置调整；（b）调节螺钉调整

2）滚动轴承的预紧

为了提高轴承的旋转精度，增加轴承装置的刚性，减小机器工作时的振动，滚动轴承一般都应进行预紧，即在安装时采用某种方法，在轴承中产生并保持一定的轴向力，以消除轴承中轴向游隙，并在滚动体与内外圈接触处产生预变形。

预紧力的大小要根据轴承的载荷、使用要求来决定。预紧力过小，会达不到增加轴承刚性的目的；预紧力过大，又将使轴承中摩擦增加，温度升高，影响轴承寿命。在实际工作中，预紧力大小的调整主要依靠经验

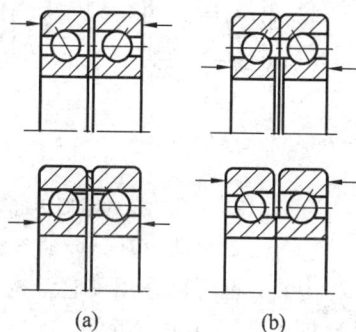

图 6-47　滚动轴承的预紧

或试验来决定。常见的预紧结构如图 6-47 所示（还有其它方法，需要时可以参考有关手册进行）。

4. 滚动轴承的配合及拆装

1）滚动轴承的配合

滚动轴承的配合是指内圈与轴径、外圈与座孔的配合，也就是轴与孔之间的间隙大小。这些配合的松紧程度直接影响轴承间隙的大小，从而关系到轴承的运转精度和使用寿命。

轴承内孔与轴径的配合采用基孔制，就是以轴承内孔确定轴的直径；轴承外圈与轴承座孔的配合采用基轴制，就是用轴承的外圈直径确定座孔的大小。这是为了便于标准化生产。

在具体选取时，要根据轴承的类型和尺寸、载荷的大小和方向以及载荷的性质来确定：工作载荷不变时，转动圈（一般为内圈）要紧；转速越高、载荷越大、振动越大、工作温度变化越大，配合应该越紧，常用的配合有 n6、m6、k6、js6。固定套圈（通常为外圈）、游动套圈或经常拆卸的轴承应该选择较松的配合，常用的配合有 J7、J6、H7、G7。使用时可以参考相关手册或资料。

2）滚动轴承的装配与拆卸

我们在设计任何一部机器时都必须考虑零件能够装得上、拆得下。在轴承结构设计中也是一样，必须考虑轴承的装拆问题，而且要保证不因装拆而损坏轴承或其它零件。装配轴承的长度，在满足配合长度的情况下，应尽可能设计得短一些。轴承内圈与轴颈的配合

通常较紧，可以采用压力机在内圈上施加压力将轴承压套在轴颈上。有时为了便于安装，尤其是大尺寸轴承，可用热油(不超过 $80\sim90$℃)加热轴承，或用干冰冷却轴颈。中小型轴承可以使用软锤直接敲入或用另一段管子压住内圈敲入。

在拆卸时要考虑便于使用拆卸工具，以免在拆装的过程中损坏轴承和其它零件。如图 6－48 所示，为了便于拆卸轴承，内圈在轴肩上应露出足够的高度，或在轴肩上开槽(如图 6－49 所示)，以便放入拆卸工具的钩头。

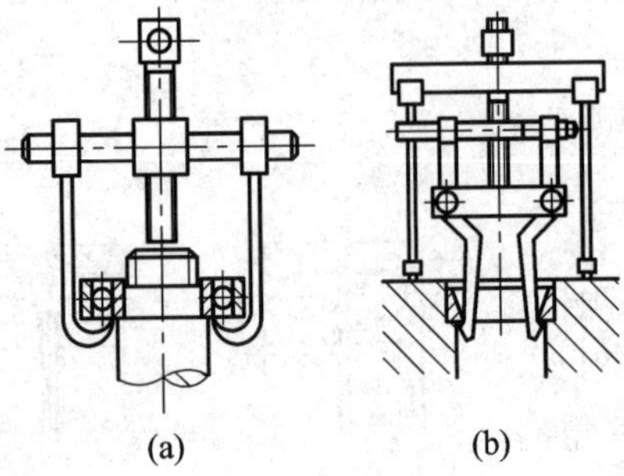

图 6－48　用钩爪器拆卸轴承
(a) 拆内圈；(b) 拆外圈

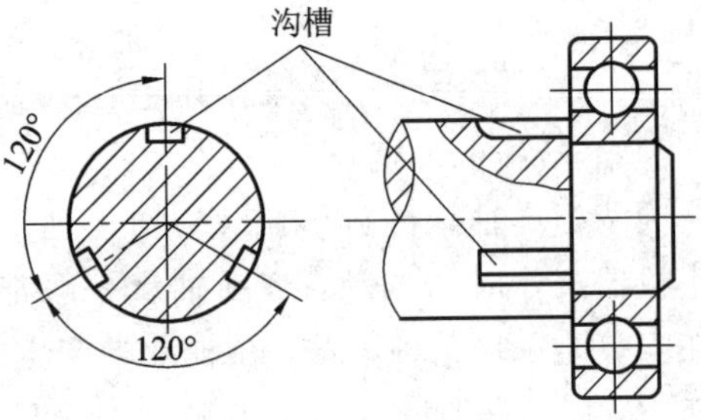

图 6－49　在轴肩上开槽

当然，也可以采用其它结构，比如在轴上装配轴承的部位预留出油道，需要拆卸时可通过打入高压油进行拆卸。

5. 滚动轴承的密封

1) 润滑

保证良好的润滑是维护保养轴承的主要手段。润滑可以降低摩擦阻力，减轻磨损；同时，还具有降低接触应力、缓冲吸振及防腐蚀等作用。

常用滚动轴承的润滑剂为润滑脂和润滑油。具体选择可按速度因数 $D_{\mathrm{m}}n$ 来决定(D_{m} 为轴承的平均直径；n 为轴承的转速)。$D_{\mathrm{m}}n$ 间接反映了轴颈圆周速度，当 $D_{\mathrm{m}}n < 2\times10^5\sim3\times10^5$ mm·r/min 时，一般采用脂润滑，超过这一范围时，宜采用油润滑。

一般情况下，滚动轴承使用的是润滑脂，它可以形成强度较高的油膜，承受较大的载荷，缓冲和吸振能力好，粘附力强，可以防水，不需要经常更换和补充，密封结构简单。润滑脂在轴径圆周速度 $v<4\sim5$ m/s 时适用。滚动轴承的装脂量为轴承内部空间的 $1/3\sim2/3$。

润滑油的内摩擦力小，便于散热冷却，适用于高速机械，速度越高，油的黏度应该越小。当转速不超过 10 000 r/min 时，可以采用简单的浸油法；转速高于 10 000 r/min 时，搅油损失增大，会引起油液和轴承严重发热，应该采用滴油、喷油或喷雾法。

2) 密封

轴承密封装置是为了防止灰尘、水等其它杂质进入轴承，并防止润滑剂流出而设置的。常见的密封装置有接触式和非接触式密封两类。

(1) 接触式密封。

在轴承盖内放置软材料(毛毡、橡胶圈或皮碗等)，其与转动轴直接接触而起密封作用。这种密封多用于转速不高的情况，同时要求与密封接触的轴表面硬度大于 40HRC，表面粗糙度小于 0.8 μm。接触式密封有毡圈密封和皮碗密封两种。

① 毡圈密封。如图 6－50(a)所示，在轴承盖上开出梯形槽，将矩形剖面的细毛毡放置

在梯形槽中与轴接触。这种密封结构简单，但摩擦较严重，主要用于轴径圆周速度小于
4～5 m/s 的油脂润滑结构。

　　② 皮碗密封。如图 6-50(b)所示，在轴承
盖中放置一个密封皮碗，它是用耐油橡胶等材
料制成的，并装在一个钢外壳之中(有的没有钢
壳)的整体部件，皮碗与轴紧密接触而起密封作
用。为增强封油效果，用一个螺旋弹簧押在皮
碗的唇部，唇的方向朝向密封部位，主要目的
是防止漏油；唇朝外，主要目的是防尘。当采用
两个皮碗相背放置时，既可以防尘，又可以起
密封作用。

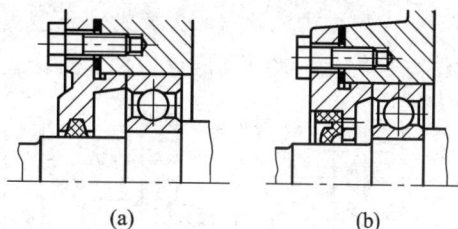

图 6-50　轴承的接触式密封

　　这种结构安装方便，使用可靠，一般适用于轴径圆周速度小于 6～7 m/s 的场合。

　　(2) 非接触式密封。

　　非接触式密封不与轴直接接触，多用于速度较高的场合。

　　① 油沟式密封(也称为隙缝密封)。如图 6-51(a)所示，在轴与轴承盖的通孔壁之间留
有 0.1～0.3 mm 的间隙，并在轴承盖上车出沟槽，在槽内填满油脂，以起密封作用。这种
形式结构简单，轴径圆周速度小于 5～6 m/s，适用于润滑脂润滑。

　　② 迷宫式密封。如图 6-51(b)所示，将旋转的和固定的密封零件间的间隙制成迷宫
(曲路)形式，缝隙间填满润滑脂以加强密封效果。这种方式对润滑脂和润滑油都很有效，
环境比较脏时可采用这种形式，轴径圆周速度可达 30 m/s。

　　③ 油环与油沟组合密封。如图 6-51(c)所示，在油沟密封区内的轴上安装一个甩油
环，当向外流失的润滑油落在甩油环上时，由于离心力的作用而甩落，然后通过导油槽流
回油箱。这种组合密封形式在高速时密封效果好。

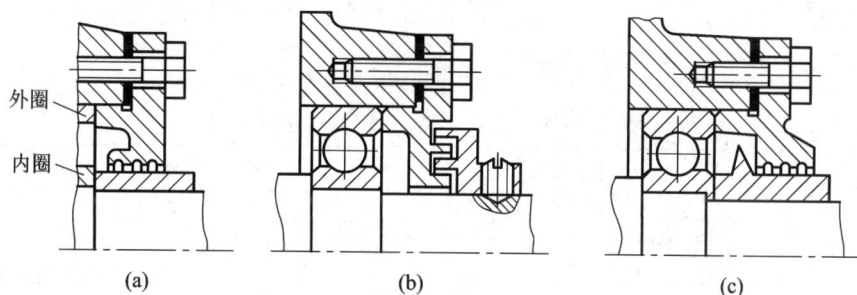

图 6-51　轴承的非接触式密封

6.4　轴承盖的选型及结构设计

1. 轴承(端)盖的作用

轴承盖的作用是：① 固定轴承；② 调整轴的位置；③ 调整轴承间隙。

2. 轴承盖的类型及选择

轴承盖按结构分为凸缘式和嵌入式，每种都有透盖和闷盖之分。

（1）凸缘式轴承盖。凸缘式轴承盖具有装拆、调整轴的轴向位置及轴承间隙方便，密封性好等优点，故得到广泛应用。凸缘式轴承盖的结构和尺寸见图6-52及表6-25。

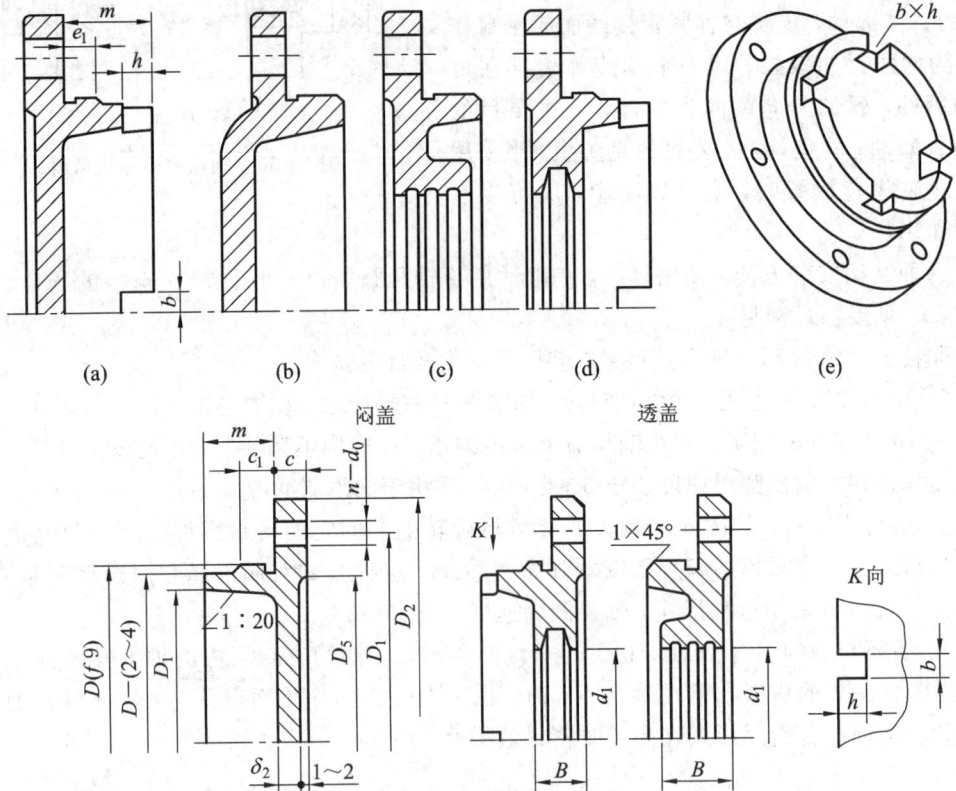

图6-52　凸缘式轴承盖的结构

表6-25　凸缘式轴承盖的结构尺寸

符号	尺寸关系				符号	尺寸关系
D（轴承外径）	30～60	62～100	110～130	140～230	D_5	$D_1-(2.5\sim3)d_3$
d_3（螺钉直径）	6～8	8～10	10～12	12～16	e	$1.2d_3$
n（螺钉数）	4	4	6	6	e_1	$(0.1\sim0.15)D$　$(e_1\geqslant e)$
d_0	$d_3+(1\sim2)$				m	由结构确定
D_1	无套杯时：$D_1=D+2.5d_3$				δ_2	8～10
	有套杯时：$D_1=D+2.5d_3+2s_2$				b	8～10
	套杯厚度：$s_2=7\sim12$				h	$(0.8\sim1)b$
D_2	$D_1+(2.5\sim3)d_3$				透盖密封槽的结构尺寸	由密封方式及其装置决定，参看机械零件课程设计指导书
D_4	$(0.85\sim0.9)D$					

（2）嵌入式轴承盖。嵌入式轴承盖具有结构简单、紧凑、外观平整、节省材料等优点，但也有座孔难加工、轴的轴向位置及轴承间隙不易调整等缺点。故其一般用于要求重量轻、结构紧凑的场合。其结构和尺寸见图 6-53 及表 6-26。

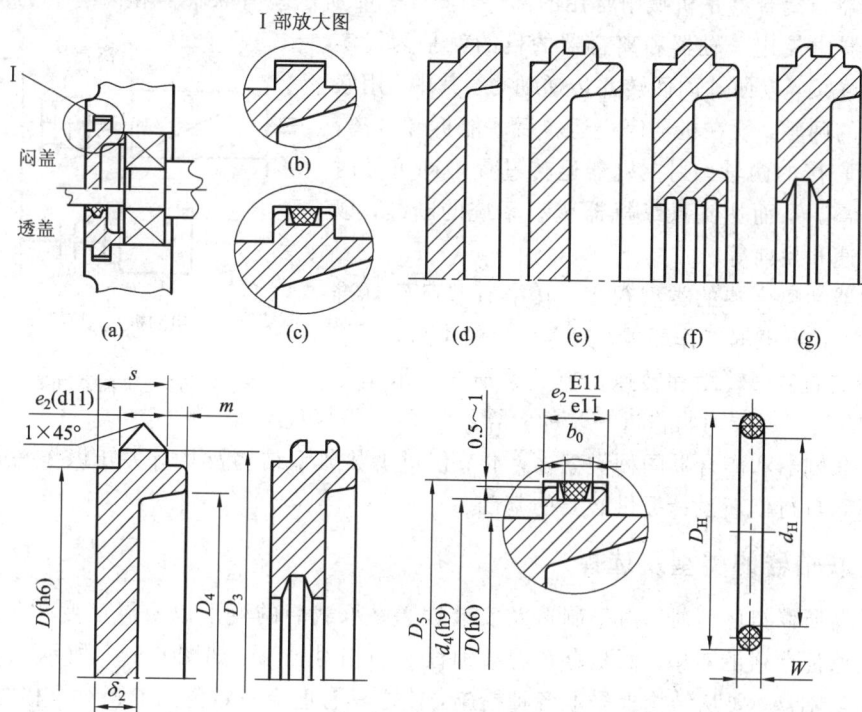

图 6-53 嵌入式轴承盖的结构

表 6-26 嵌入式轴承盖的结构尺寸

不带 O 形密封圈				带 O 形密封圈												
$D(h6)$	$40\sim80$	$85\sim110$	$115\sim117$	$D_封$	40	45	50	55	60	63	65	68	70	75	80	85
$e_2(d_{11})$	5	6	8	$d_封$	35	40	45	50	55	58	60	63	65	70	75	80
s	10	12	15	$D_封$	90	95	100	105	110	115	120	125	130	135	140	145
δ_2	$8\sim10$			$d_封$	85	90	95	100	105	110	115	120	125	130	135	140
D_3	$D+e_2$			$D_封=30\sim50, W_{实际}=3.1$												
D_4	$D-20$			$D(h6)$	$40\sim80$			$85\sim110$			$115\sim170$					
				$e_2(d_1)$	8			10			12					
m	由轴承部件结构确定			s	15			18			20					
透盖密封槽的结构尺寸，可参看机械零件课程设计指导书				D_5	$D_5=D+(10\sim15)=D_封$											
				$D_4(h9)$	$d_4=d_封$（与 $D_封$ 相应）											
				b_0	4（与 $W_{实际}=3.1$ 相应）											

6.5　联轴器与离合器选型设计

联轴器与离合器是机械中常用的部件,图 6 - 54 所示就有联轴器和离合器的使用。显然,在机器中使用联轴器和离合器的目的就是为了实现两轴的联接,以便共同回转并传递动力。其中,用联轴器联接的两轴,须在机器停止运转后才能拆卸分离;而离合器联接的两轴,则在机器运转过程中即可随时结合和分离,从而达到操纵机器传动系统的断续,以便进行变速和换向等。

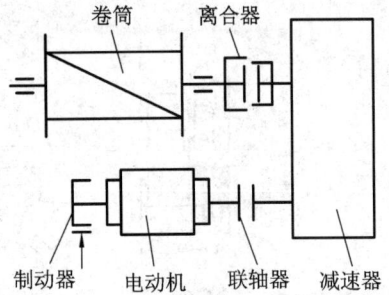

图 6 - 54　联轴器和离合器

联轴器和离合器的类型很多,其中有些已经标准化。在选择时可根据工作要求,选定合适的类型,再按被联接轴的直径、转距和转速从有关手册中查取适用的型号和尺寸,必要时再作进一步的验算。

由于联轴器和离合器的种类繁多,本节仅对少数典型结构及其有关知识作一介绍,以便为选用和自行创新设计提供必要的基础。

6.5.1　联轴器的类型及选择

联轴器所联接的两轴,由于制造及安装误差、承载后的变形以及温度变化的影响等,往往不能保证严格的对中,而是存在着某种程度的相对位移,如图 6 - 55 所示。这就要求所设计的联轴器,要从结构上采取各种措施,使之具有适应一定范围的相对位移的性能。

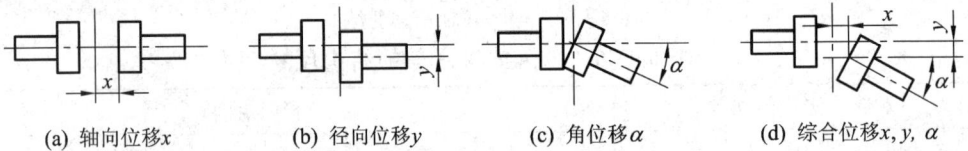

(a) 轴向位移 x　　(b) 径向位移 y　　(c) 角位移 α　　(d) 综合位移 x, y, α

图 6 - 55　轴线的相对位移

根据联轴器有无弹性元件,可以将联轴器分为两大类,即刚性联轴器和弹性联轴器。刚性联轴器根据其结构特点又可分为固定式和可移动式两类,固定式联轴器要求被联接的两轴中心线严格对中,而可移动式联轴器允许两轴有一定的安装误差,对两轴的位移有一定的补偿能力。弹性联轴器视其所具有弹性元件材料的不同,又可分为金属弹簧式和非金属弹性元件式两类。弹性联轴器不仅能在一定范围内补偿两轴线间的位移,还具有缓冲减振的作用。

1. 联轴器的类型

1) 刚性固定式联轴器

刚性固定式联轴器具有结构简单、成本低的优点,但对被联接的两轴间的相对位移缺乏补偿能力,故对两轴的对中性要求很高。如果两轴线发生相对位移,则会在轴、联轴器和轴承上引起附加的载荷,使工作情况恶化。所以其常用于无冲击、轴的对中性好的场合。这类联轴器常见的有套筒式、凸缘式以及夹壳式等。我们主要介绍套筒式和凸缘式。

（1）套筒式联轴器。这是一类最简单的联轴器,如图 6 - 56 所示。这种联轴器是一个圆柱型套筒，用两个圆锥销键或螺钉与轴相联接并传递扭矩。此种联轴器没有标准，需要自行设计，例如机床上就经常采用这种联轴器。

（2）凸缘式联轴器。刚性联轴器中使用最多的就是凸缘式联轴器。它由两个带凸缘的半联轴器组成，两个半联轴器通过键分别与两轴相联接，并用螺栓将两个半联轴器联成一体，如图 6-57 所示。

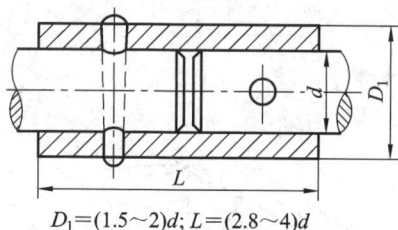

图 6-56　套筒式联轴器

$D_1=(1.5\sim2)d; L=(2.8\sim4)d$

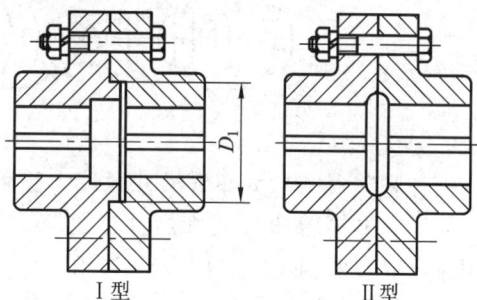

图 6-57　凸缘式联轴器

凸缘式联轴器按对中方式分为Ⅰ型和Ⅱ型：Ⅰ型用凸肩和凹槽（D_1）对中，并用普通螺栓联接，工作时靠两半联轴器接触面间的摩擦力传递转矩，装拆时需要作轴向移动；Ⅱ型用铰制孔螺栓对中，螺栓与孔为略有过盈的紧配合，工作时靠螺栓受剪与挤压来传递转矩，装拆时不需要作轴向移动，但要配铰螺栓孔。

受中等载荷且圆周速度小于 35 m/s 时，凸缘联轴器的材料可以使用 HT200 等。重载或圆周速度大于 30 m/s 时，可以采用 35、45 铸钢或锻钢。

凸缘式联轴器结构简单、价格低廉，使用方便，能传递较大的转距，但要求被联接的两轴必须安装准确，严格对中。它适用于工作平稳、刚性好和速度较低的场合。凸缘式联轴器的尺寸可以按照标准 GB5843—86 选用。

2）刚性可移式联轴器

（1）十字滑块联轴器。十字滑块联轴器是由两个端面带槽的套筒 1、3 和两侧面各具有凸块的浮动盘 2 组成的，如图 6-58 所示。浮动盘两侧的凸块相互垂直，分别嵌装在两个套筒的凹槽中。浮动盘的凸块可在套筒的凹槽中滑动，故允许一定的径向位移（即偏心距）$y\leqslant0.04d$ 和角位移 $\alpha\leqslant0.5°$。

这种联轴器零件的材料可用 45 号钢，工作表面须经热处理以提高其硬度；要求较低时也可以

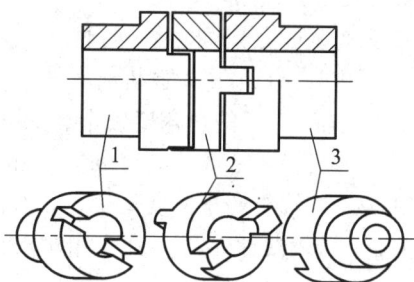

图 6-58　十字滑块联轴器

用 Q275 钢，不进行热处理。为了减少摩擦及磨损，使用时应在中间盘的油孔注油进行润滑。因为半联轴器与中间盘组成移动副，不能发生相对转动，故主动轴与从动轴的角加速度应该相等。但在两轴间有相对位移的情况下工作时，中间盘会产生很大的离心力，从而增大动载荷及磨损。因此，选用时应该注意其工作速度不得大于规定值。

这种联轴器一般用于转速 $n<250$ r/min，轴的刚度较大，且无剧烈冲击的场合。

（2）滑块联轴器。滑块式联轴器与十字块联轴器相似，只是两边半联轴器上的沟槽很

宽，并把原来的中间盘改为两面不带凸牙的方形滑块，且通常用夹布胶木制成，如图 6-59
所示。由于中间滑块的质量减小，又有弹性，故具有较高的极限转速。中间滑块也可以用
尼龙 6 制成，并在装配时加入少量的石墨或二硫化钼，以便在使用时可以自行润滑。

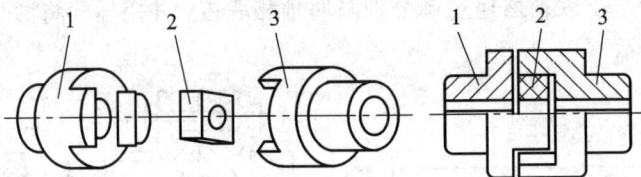

图 6-59　滑块联轴器

　　这种联轴器结构简单、尺寸紧凑，适用
于小功率、中等转速且无剧烈冲击的场合。
使用时可以按照 JB/ZQ4384—86 选用。
　　（3）万向联轴器。万向联轴器又称万向
铰链机构，用以传递两轴间夹角可以变化
的、两相交轴之间的运动。这种机构广泛地
应用于汽车、机床、轧钢等机械设备中。图
6-60 所示为万向铰链机构的结构示意图。
　　轴Ⅰ、Ⅱ的末端各有一叉，分别用转动
副 $A-A$ 及 $B-B$ 与一个"十字形"构件相连。
所有转动副的回转中心（轴线）交于一点 O，
两轴间的夹角为 α。

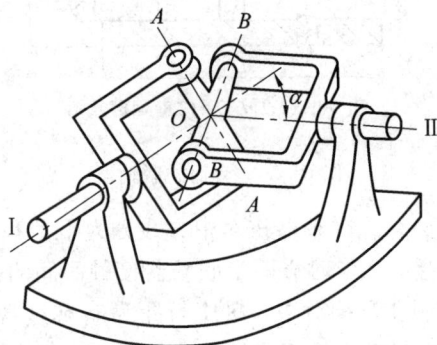

图 6-60　万向铰链机构

　　我们可以看出当轴Ⅰ旋转一周时，轴Ⅱ显然也将随之转一周，即两轴的平均传动比为 1。
　　但是，两轴的瞬时传动比却不恒为 1，而是作周期性变化的。万向铰链的这种特性称
做瞬时传动比的不均匀性。
　　下面我们就来证明这一特性。
　　在图 6-61(a)中，主动轴Ⅰ的叉面与图纸平行时，这时从动轴Ⅱ的叉面显然与图纸平
面垂直。轴Ⅰ、Ⅱ的角速度矢量有如下关系：
$$\boldsymbol{\omega}_{\text{Ⅱ}} = \boldsymbol{\omega}_{\text{Ⅰ}} + \boldsymbol{\omega}_{\text{Ⅲ}} \quad \text{（根据理论力学中的角速度矢量分析法）}$$
式中：$\boldsymbol{\omega}_{\text{Ⅰ}}$ 为轴Ⅰ的角速度矢量，沿轴线Ⅰ，方向由右手定则确定，向右；$\boldsymbol{\omega}_{\text{Ⅱ}}$ 为轴Ⅱ的角速
度矢量，沿轴线Ⅱ；$\boldsymbol{\omega}_{\text{Ⅲ}}$ 为轴Ⅱ相对于轴Ⅰ的相对角速度矢量。

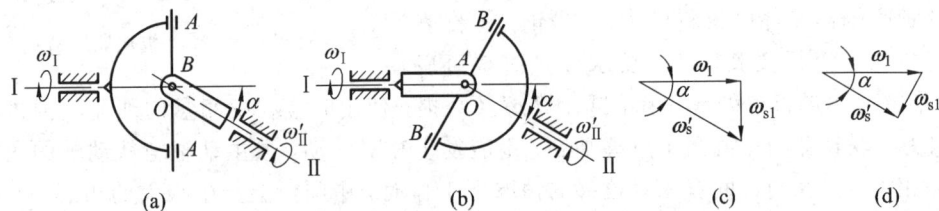

图 6-61　瞬时传动比的不均匀性的证明

　　由于轴Ⅱ相对于轴Ⅰ只能绕 AA 及 BB 两轴相对转动，故在一般位置时，$\boldsymbol{\omega}_{\text{Ⅲ}}$ 可以分解
为沿轴 AA 及 BB 的两个分量 $\boldsymbol{\omega}_{\text{Ⅲ}A}$ 与 $\boldsymbol{\omega}_{\text{Ⅲ}B}$。在图 6-61(a)所示的瞬间，由于 $\boldsymbol{\omega}_{\text{Ⅰ}}$、$\boldsymbol{\omega}_{\text{Ⅱ}}$、$\boldsymbol{\omega}_{\text{Ⅲ}A}$

均在图纸平面内，仅有 $\boldsymbol{\omega}_{\mathrm{III}B}$ 垂直于图纸平面，故知：$|\boldsymbol{\omega}_{\mathrm{III}B}|=0$。

而 $\boldsymbol{\omega}_{\mathrm{III}}=\boldsymbol{\omega}_{\mathrm{III}A}$，于是根据式 $\boldsymbol{\omega}_{\mathrm{II}}=\boldsymbol{\omega}_{\mathrm{I}}+\boldsymbol{\omega}_{\mathrm{III}}$ 可以作出角速度矢量图如图 6-62(c)所示。由图可得：

$$\boldsymbol{\omega}_{\mathrm{II}}=\frac{\boldsymbol{\omega}_{\mathrm{I}}}{\cos\alpha}$$

当两轴转过 90°处于如图 6-61(b)所示位置时，这时主动轴I的叉面与图纸平面垂直，而从动轴II的叉面与图纸平面平行。设主动轴的角速度仍为 $\boldsymbol{\omega}_{\mathrm{I}}$，而从动轴II的角速度为 $\boldsymbol{\omega}_{\mathrm{II}}'$，则

$$\boldsymbol{\omega}_{\mathrm{II}}'=\boldsymbol{\omega}_{\mathrm{I}}+\boldsymbol{\omega}_{\mathrm{III}}$$

同样分析方法，此时 $\boldsymbol{\omega}_{\mathrm{III}}=0$，而 $\boldsymbol{\omega}_{\mathrm{III}}=\boldsymbol{\omega}_{\mathrm{III}B}$，作出其矢量图如图 6-62(d)所示，可得

$$\omega_{\mathrm{II}}'=\omega_{\mathrm{I}}\cos\alpha$$

当两轴再转过 90°，又将恢复到图 6-61(a)所示位置。可见，从动轴的瞬时角速度是周期性变化的，其变化范围为

$$\omega_{\mathrm{I}}\cos\alpha\leqslant\omega_{\mathrm{II}}\leqslant\frac{\omega_{\mathrm{I}}}{\cos\alpha}$$

变化的幅度与两轴间的夹角 α 有关。当 α 越大时，其变化的范围也越广（宽）。所以，为使从动轴速度波动的幅度不致过大，通常工程上限制两轴间的夹角 α 在 30°以内，即 $\alpha\leqslant30°$。

为了完全消除上述万向铰链机构中从动轴变速传动的缺点，我们常将两个万向铰链机构成对串联使用，如图 6-62 所示。这种机构我们称做双万向铰链机构。

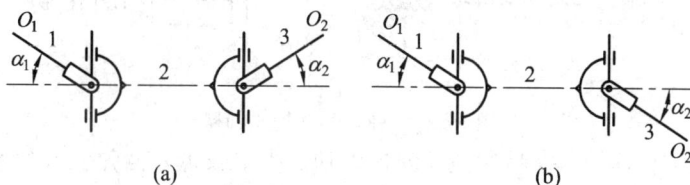

图 6-62 双万向铰链机构

为了使该机构能获得恒定的传动比，机构要满足如下三个条件：

(1) 主动轴、从动轴、中间轴的三根轴线应位于同一平面内。

(2) 主动轴、从动轴与中间轴的轴间夹角应相等：$\alpha_1=\alpha_2$。

(3) 中间轴两端的叉面应位于同一平面内。

这样，传动比 i_{12} 与 i_{23} 将始终互为倒数，故

$$i_{13}=i_{12}\times i_{23}=1$$

图 6-63 所示为 WS 型十字轴万向联轴器的典型结构，它已经标准化，设计时可按 JB/T5901—91 选用。

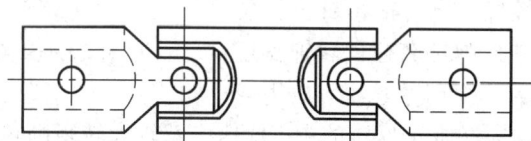

图 6-63 WS 型十字轴方向联轴器结构图

3）弹性可移式联轴器

在弹性联轴器中，由于安装有弹性元件，它不仅可以补偿两轴间的相对位移，而且有缓冲和吸振的能力。故此，它适用于频繁启动、经常正反转、变载荷及高速运转的场合。制造弹性元件的材料有金属和非金属两种。非金属材料有橡胶、尼龙和塑料等。其特点为重量轻、价格便宜，有良好的弹性滞后性能，因而减振能力强，但橡胶寿命较短。金属材料制造的弹性元件主要是各种弹簧，其强度高、尺寸小、寿命长，主要用于大功率。这些联轴器可参考有关设计手册选用。

下面仅介绍几种已经标准化的非金属弹性元件联轴器。

（1）弹性套柱销联轴器。弹性套柱销联轴器（GB4323—84）的结构与凸缘式联轴器很近似，不同的是用装有弹性套的柱销代替联接螺栓（如图 6 - 64 所示）。弹性套的变形可以补偿两轴线的径向位移和角位移，并且有缓冲和吸振作用。半联轴器的材料可用 HT200，有时也用 35 钢或 ZG270—500；柱销材料多用 35 钢。

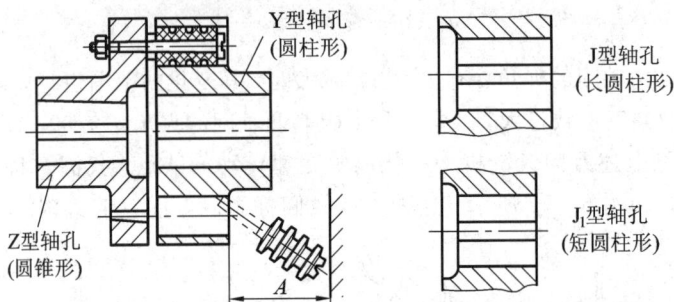

图 6 - 64　弹性套柱销联轴器

这种联轴器结构简单、容易制造、装拆方便、成本较低，但弹性套容易磨损、寿命较短。它适用于经常正反转、启动频繁、载荷平稳的高速运动中，如电动机与减速器（或其它装置）之间就常使用这类联轴器。

（2）弹性柱销联轴器。弹性柱销联轴器（GB5014—85）是用若干个弹性柱销将两个半联轴器联接而成（如图6 - 65 所示）的。为了防止柱销滑出，两侧用挡环封闭。弹性柱销一般用尼龙6 制造。为了增加补偿量，常将柱销的一端制成鼓形。

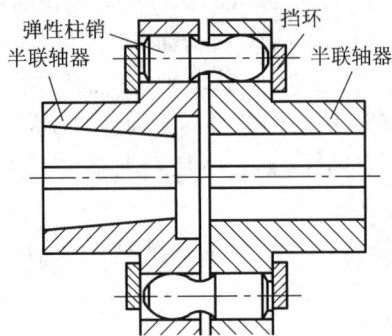

图 6 - 65　弹性柱销联轴器

这种联轴器结构简单，两半联轴器可以互换，加工容易，维修方便，尼龙柱销的弹性不如橡胶，但强度高、耐磨性好。当两轴相对位移不大时，这种联轴器的性能比弹性套柱销联轴器还要好些，特别是寿命长，结构尺寸紧凑，适用于轴向窜动较大、冲击不大，经常正反转的中、低速以及较大转矩的传动轴系。

由于尼龙柱销对温度比较敏感，故使用温度限制在－20℃～70℃的范围内。

2. 联轴器的选择

绝大多数联轴器都已经标准化或规格化，一般设计任务就是根据实际合理的选用，而不是设计。选择联轴器的基本步骤可按以下进行。

1）选择联轴器的类型

根据传递的转矩的大小、轴转速的高低，被联接两部件的安装精度，参考各种类型联轴器的特性，选择一种适用的联轴器。具体如下：

（1）所需传递的转矩的大小和性质以及对缓冲减振功能的要求。例如，对大功率的重载传动，可选用齿式联轴器；对严重冲击载荷或要求消除轴系扭转振动的传动，可选用轮胎式联轴器等具有较高弹性的联轴器。

（2）联轴器的工作转速高低和引起的离心力大小。对于高转速传动轴，应选用平衡精度高的联轴器，如膜片联轴器等，而不宜选用存在偏心的滑块联轴器等。

（3）两轴相对位移的大小和方向。当安装调整后，难以保持两轴严格精确对中，或者工作过程中两轴将产生较大的附加相对位移时，应选用有补偿作用的联轴器。例如，当径向位移较大时，可选用滑块联轴器；角位移较大或相交两轴的联接，可选用万向联轴器等。

（4）联轴器的可靠性和工作环境。通常由金属元件制成的不需要润滑的联轴器比较可靠；需要润滑的联轴器，其性能易受润滑完善程度的影响，且可能污染环境。含有橡胶等非金属元件的联轴器对温度、腐蚀性介质及强光等比较敏感，而且容易老化。

（5）联轴器的制造、安装、维护和成本。在满足使用性能的前提下，应选用拆装方便、维护简单、成本低的联轴器。例如，刚性联轴器不但简单，而且拆装方便，可用于低速、刚性大的传动轴。一般的非金属弹性元件联轴器，由于具有良好的综合性能，广泛适用于一般中小功率传动。

2）计算联轴器的计算转矩

由于机器启动时的动载荷和运转中可能出现过载现象，所以应当按轴上的最大转矩作为计算转矩 T_{ca}，计算转矩按下式进行：

$$T_{ca} = K_A T$$

其中：T 为公称转矩，单位为 N·m；K_A 为工况系数，可以查阅有关设计资料得到。

3）确定联轴器的型号

根据计算转矩 T_{ca} 及所选的联轴器类型，按照 $T_{ca} \leqslant [T]$ 的条件由联轴器标准中选定联轴器型号。

4）校核最大转速

被联接轴的转速 n 不应超过所选联轴器的允许最高转速 n_{max}，即 $n \leqslant n_{max}$。

5）协调轴孔直径

多数情况下，每一型号联轴器适用的轴的直径均有一个范围。标准中或者给出轴直径的最小值和最大值，或者给出适用直径的尺寸系列，被联接两轴的直径应当在此范围内。一般情况下被联接两轴的直径是不同的，两个轴端的形状也可能是不同的，如主动轴轴端为圆柱形，所以联接的从动轴的轴端是圆锥形。

6）规定部件相应的安装精度

根据所选联轴器允许轴的相对位移偏差，规定部件相应的安装精度。通常标准中只给出单项位移偏差的允许值。如果有多项位移偏差存在，则必须根据联轴器的尺寸大小计算出相互影响的关系，依此作为规定部件安装精度的依据。

7）进行必要的校核

如有必要，应对联轴器的主要传动零件进行强度校核。使用非金属弹性元件的联轴器时，还应注意联轴器所在部位的工作温度不要超过该弹性元件材料允许的最高温度。

例 6-6　在电动机与增压油泵间用联轴器相联。已知电动机的功率 $P=7.5$ kW，转速 $n=960$ r/min，电动机直径 $d_1=38$ mm，油泵轴直径 $d_2=42$ mm，试选择联轴器型号。

解　因为轴的转速较高，启动频繁，载荷有变化，宜选用缓冲性较好，同时具有可移动性的弹性套柱销联轴器。

计算转矩 $T_c=K_A T$，可以查得

$$K_A = 1.7$$

所以

$$T = 9550 \frac{P}{n} = 9550 \times \frac{7.5}{960} = 74.6(\text{N} \cdot \text{m})$$

$$T_c = K_A T = 1.7 \times 74.6 = 126.8(\text{N} \cdot \text{m})$$

查手册知，可以选用弹性套柱销联轴器：$\text{TL}_6 \dfrac{\text{YA}38\times82}{\text{JB}42\times82}$（GB4323—84），其公称转矩为 250 N·m。

6.5.2　离合器的类型及选择

使用离合器是为了按需要随时分离和接合机器的两轴，如汽车临时停车而不熄火。对离合器的基本要求是：接合平稳、分离迅速彻底；操纵省力方便，质量和外廓尺寸小，维护和调节方便，耐磨性好等。

常用离合器分类如表 6-26 所示。

表 6-26　离合器类型

操纵离合器	啮合式	牙嵌离合器、齿轮离合器等
（机械、气动、液压、电磁）	摩擦式	圆盘离合器、圆锥离合器
自动离合器	定向离合器	啮合式、摩擦式
	离心离合器	摩擦式
	安全离合器	啮合式、摩擦式

1. 牙嵌离合器

牙嵌离合器是由两个端面带牙的半离合器所组成的，如图 6-66 所示。其中半离合器 Ⅰ固联在主动轴上，半离合器 Ⅱ用导键（或花键）与从动轴联接。通过操纵机构可使离合器 Ⅱ沿导键作轴向运动，两轴靠两个半离合器端面上的牙嵌联接。为了使两轴对中，在半离合器 Ⅰ固定有对中环，而从动轴可以在对中环中自由地转动。

牙嵌离合器常用的牙型有三角形、矩形、梯形、锯齿形等，其径向剖面如图 6-67 所示。三角形牙多用于轻载的情况，容易接合、分离，但牙齿强度较低。矩形牙不便于接合、分离也困难，仅用于静止时手动接合。梯形牙的侧面制成 $\alpha=2°\sim8°$ 的斜角，牙根强度较

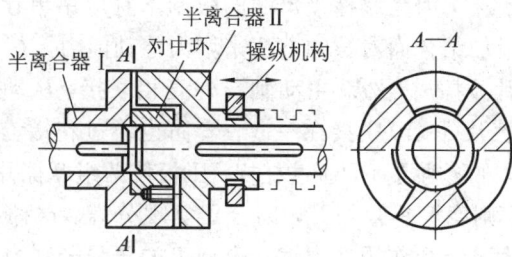

图 6-66 牙嵌离合器

高,能传递较大的转矩,并可补偿磨损而产生的齿侧间隙,接合与分离比较容易,因此梯形牙应用较广。三角形、矩形、梯形牙都可以作双向工作,而锯齿形牙只能单向工作,但它的牙根强度很高,传递转矩能力最大,多在重载情况下使用。

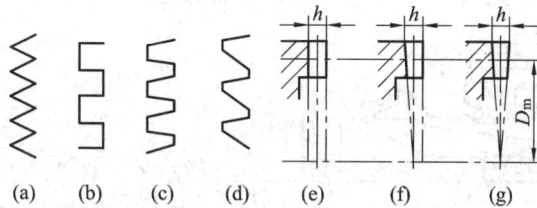

图 6-67 牙嵌离合器牙型

牙嵌离合器的牙数一般为 $3\sim60$ 不等。材料常用低碳钢表面渗碳,硬度为 $56\sim62HRC$,或采用中碳钢表面淬火,硬度为 $48\sim54HBC$。不重要的和静止状态接合的离合器,也允许用 HT200 制造。

牙嵌离合器结构简单,外廓尺寸小,接合后所联接的两轴不会发生相对转动,宜用于主、从动轴要求完全同步的轴系。

牙嵌离合器的尺寸已经系列化,通常根据轴的直径及传递的转矩选定尺寸,并校核齿的弯曲强度和接触齿面上的压强。

2. 摩擦离合器

利用主、从动半离合器接触表面之间的摩擦力来传递转矩的离合器,通称为摩擦离合器,它是能在高速下离合的机械式离合器。

最简单的摩擦离合器如图 6-68 所示,主动盘固定在主动轴上,从动盘导键与从动轴联接,它可以沿轴向滑动。为了增加摩擦系数,在一个盘的表面上装有摩擦片。工作时利用操纵机构,在可移动的从动盘上施加轴向压力 F_A(可由弹簧、液压缸或电磁吸力等产生),使两盘压紧,产生摩擦力来传递转矩。只有一对接合面的叫做单盘摩擦离合器,它能传递的最大转矩为

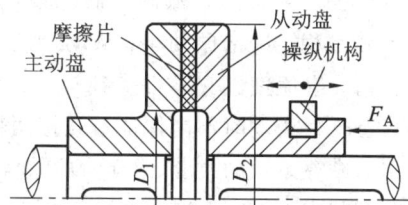

图 6-68 摩擦离合器

$$T_{max} = \frac{F_A f r_f}{1000}$$

式中:F_A 为轴向压力,单位为 N;f 为摩擦系数,可以查阅相关资料得到;r_f 为摩擦半径,通常可取 $r_f = \frac{D_1 + D_2}{4}$(mm)。

在传递大转矩的情况下，因受摩擦盘尺寸的限制不宜应用单盘摩擦离合器，这时要采用多盘摩擦离合器，用增加结合面对数的方法来增大传动能力。

图 6 - 69 所示为多片摩擦离合器。主动轴与外壳相联接，从动轴与套筒相联接，外壳又通过花键与一组外摩擦片(图 b)联接在一起；套筒也通过花键与另一组内摩擦片(图 c)联接在一起。工作时，向左移动滑环，通过杠杆、压板使两组摩擦片压紧，离合器处于接合状态。若向右移动滑环，则摩擦片被松开，离合器实现分离。这种离合器常用在车床主轴箱内。其所能传递的最大转矩和作用在摩擦接合面上的压强分别为：

$$T_{\max} = \frac{zF_A f r_f}{1000} \geqslant K_A T$$

$$p = \frac{4F_A}{\pi(D_2^2 - D_1^2)} \leqslant [p]$$

式中：z 为摩擦接合面的数目；D_1、D_2 分别为磨擦盘接合面的内径和外径；$[p]$ 为许用压强。

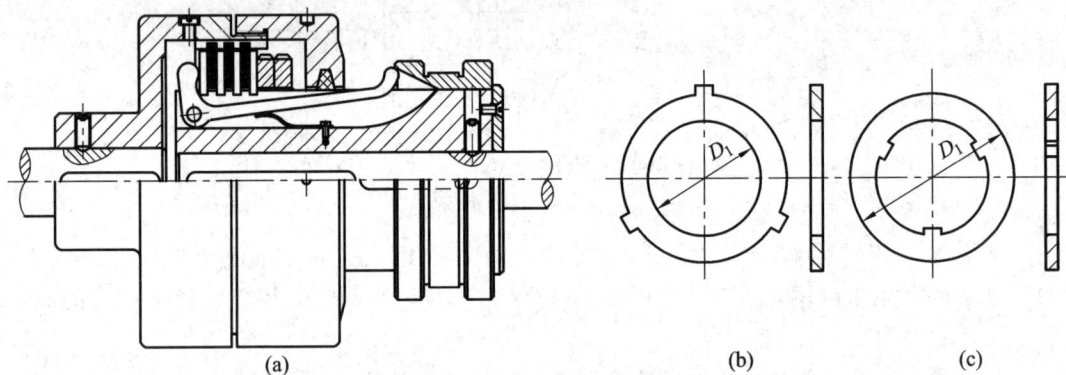

图 6 - 69　多片摩擦离合器

设计摩擦离合器时，可先选定摩擦面的材料，再根据结构要求初定摩擦面尺寸 D_1、D_2。对油式摩擦离合器，取 $D_1 = (1.5\sim2)d$，$D_2 = (1.5\sim2)D_1$；对于干式摩擦离合器，取 $D_1 = (2\sim3)d$，$D_2 = (1.5\sim2.5)D_1$。然后利用上面的公式求出轴向压力，最后再求出接合面数 z。摩擦离合器传递的转矩随 z 的增加成正比增加。但是，如果 z 取得过大，所传递的转矩并不随之增加，而且还会影响离合器的灵活性。故对油式取 $z = 5\sim15$；对于干式取 $z = 1\sim6$，并常限制内外盘的总盘数不大于 $25\sim30$。

摩擦离合器与牙嵌离合器比较，其优点是：两轴能在不同速度下接合；接合和分离过程比较平稳、冲击振动小；从动轴的加速时间和所传递的最大转矩可以调节；过载时将发生打滑，避免使其它零件受到损坏。故摩擦离合器的应用较广。其缺点是结构复杂、成本高；当产生滑动时不能保证被联接两轴间的精确同步转动；摩擦会产生发热，当温度过高时会引起摩擦系数的改变，严重的可能导致磨擦盘胶合和塑性变形。所以，一般对钢制摩擦盘应限制其表面最高温度不超过 300℃～400℃，整个离合器的平均温度不超过 100℃～120℃。

3. 定向离合器

定向离合器是一种随速度的变化或回转方向的变换而能自动接合或分离的离合器。它只能单向传递转矩，如锯齿形牙嵌离合器，只能单向传递转矩，反向时自动分离。棘轮机构也可以作为定向离合器。

图 6-70 所示为一种滚柱式定向离合器，它由星轮、外环、滚柱和弹簧顶杆等组成。弹簧顶杆的推力使滚柱与星轮和外环经常接触。如果星轮为主动件并按图示方向顺时针回转，则滚柱受摩擦力的作用被楔紧在槽内，从而带动外环回转，这时离合器处于接合状态。当星轮反向回转时，滚柱则被推到槽中宽敞部分，离合器处于分离状态。这种离合器工作时没有噪声，故适用于高速传动，但制造精度要求较高。

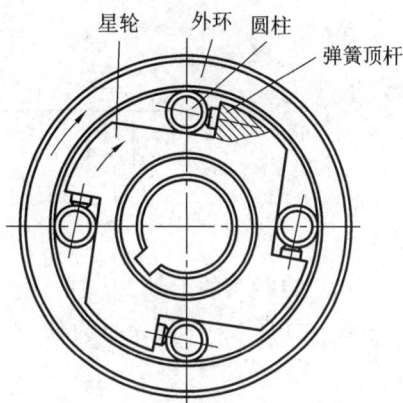

当外环与星轮作顺时针方向的同向回转时，根据相对运动原理，若外环的速度大于星轮转速，则离合器处于分离状态。反之，如外环的转速小于行星轮的转速，则离合器处于接合状态，故又称为超越离合器。定向离合器常用于汽车、拖拉机和机床等的传动装置中，自行车后轴上也安装有定向离合器。

图 6-70　定向离合器

习　　题

6-1　滑动轴承的摩擦状态有哪几种？它们的主要区别如何？

6-2　滑动轴承的主要失效形式有哪些？

6-3　选择滚动轴承时，应考虑哪些因素？

6-4　滚动轴承的组合设计包括哪些方面？

6-5　滚动轴承的内、外圈如何实现轴向和周向固定？

6-6　为什么要调整滚动轴承的间隙？如何调整？

6-7　轴系的固定方式有几种？各有什么特点？适用于什么场合？

6-8　选择滚动轴承配合的一般原则是什么？装、拆滚动轴承时，应注意哪些问题？

6-9　滚动轴承的主要失效形式有哪些？

6-10　什么是滚动轴承的额定寿命、额定动载荷和当量动载荷？

6-11　拆装、观察一轴系零部件，对照分析是否符合轴与轴承组合设计的要求，并对轴承进行校核计算。

6-12　轴上一 6208 轴承，所承受的径向载荷 $F_r = 3000$ N，轴向载荷 $F_a = 1270$ N。试求其当量动载荷动。

6-13　齿轮轴上装有一对型号为 30208 的轴承(反装)，已知：$F_a = 5000$ N(方向向左)，$F_{r1} = 8000$ N，$F_{r2} = 6000$ N。试计算两轴承上的当量动载荷。

6-14　一带传动装置的轴上拟选用单列向心球轴承。已知：轴颈直径 $d = 40$ mm，转速 $n = 800$ r/min 轴的径向载荷 $F_r = 3500$ N，载荷平稳，若轴承的预期寿命 $L_h = 10\ 000$ h，试选择轴承型号。

6-15　已知某转轴由两个反装的角接触球轴承支承，支点处的径向反力 $F_{r1} = 875$ N，$F_{r2} = 1520$ N，齿轮上的轴向力 $F_a = 400$ N，方向如图所示，转速 $n = 520$ r/min，运转中有中等冲击，轴承预期寿命 $L_1 = 3000$ h。若初选轴承型号为 7207C，试验算其寿命。

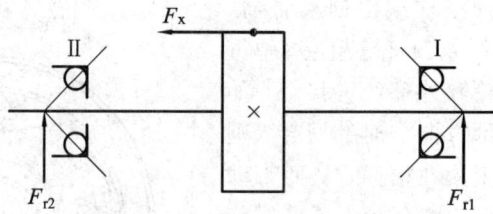

题 6-15 图

6-16 自行车的前轴、中轴、后轴各是心轴还是转轴？

6-17 如题 6-17 图所示为轴上零件的两种布置方案，功率由齿轮 A 输入，齿轮 1 输出转矩 T_1，齿轮 2 输出转矩 T_2，且 $T_1 > T_2$。试比较两种布置方案中各段轴所受转矩的大小。

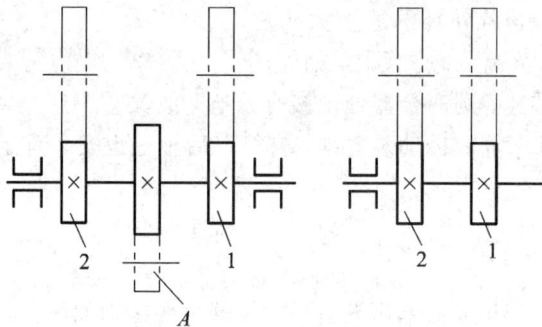

题 6-17 图

6-18 已知题 6-18 图中轴系传递的功率 $P = 2.2$ kW，转速 $n = 95$ r/min，标准直齿圆柱齿轮的齿数 $Z = 79$，模数 $m = 2$ mm。试设计轴的结构并进行强度校核（电动机驱动，载荷平稳）。

6-19 已知一转轴在直径 $d = 55$ mm 处，受不变的转矩 $T = 1540$ N·m 和弯矩 $M = 710$ N·m 作用，轴材料为 45 钢，经调质处理。问该轴能否满足强度要求？

6-20 计算题 6-20 图所示二级斜齿圆柱齿轮减速器的中间轴 II，已知中间轴 II 输入功率 $P = 40$ kW，转速 $n_1 = 200$ r/min；齿

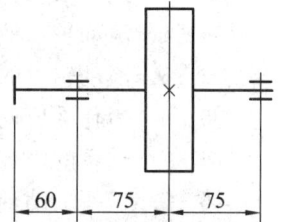

题 6-18 图

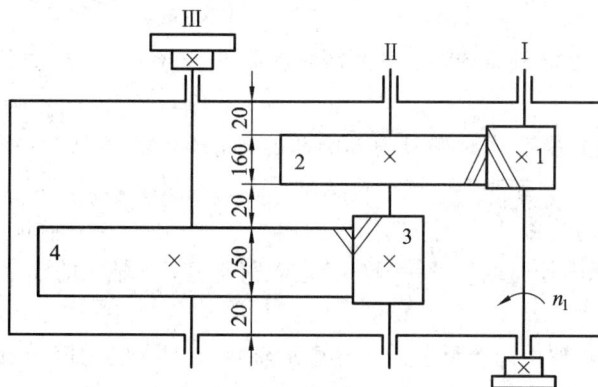

题 6-20 图

轮 2 的分度圆直径 $d_2 = 688$ mm，螺旋角 $\beta = 12°51'$；齿轮 3 的分度圆直径 $d_3 = 170$ mm，螺旋角 $\beta = 10°29'$。

6-21 分析题 6-21 图所示的轴系结构的错误，说明错误原因，并画出正确结构。

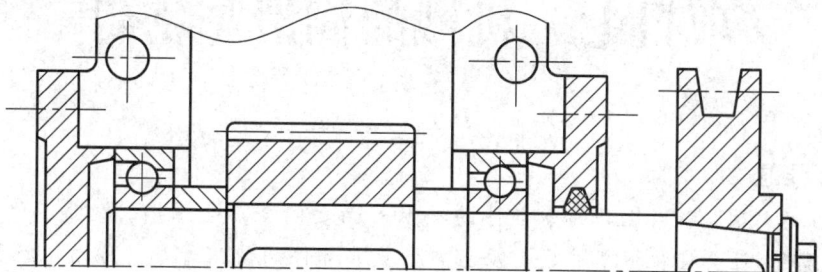

题 6-21 图

6-22 试分析题 6-22 图所示的轴系结构的错误，并加以改正。齿轮用油润滑，轴承用脂润滑。

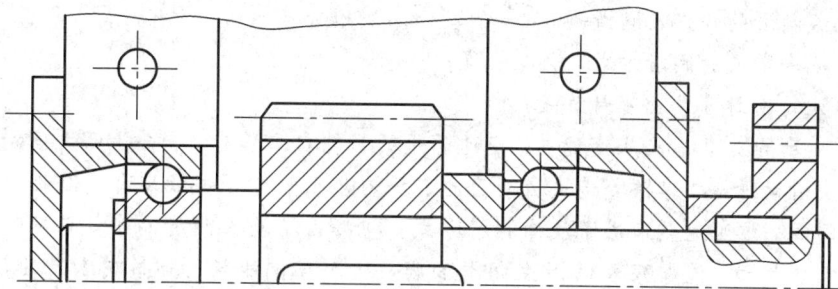

题 6-22 图

6-23 一齿轮装在轴上，采用 A 型普通平键联接。齿轮、轴、键均用 45 钢，轴径 $d = 80$ mm，轮毂长度 $L = 150$ mm，传递转矩 $T = 2000$ N·m，工作中有轻微冲击。试确定平键尺寸和标记，并验算联接的强度。

6-24 如果普通平键联接经校核强度不够，可采用哪些措施来解决？

6-25 联轴器和离合器的功用是什么？它们之间有何区别？

6-26 自行车后轮上的飞轮应用了哪种离合器的工作原理？何时接合？何时分离？

6-27 电动机经减速器驱动水泥搅拌机工作。已知电动机的功率 $P = 11$ kW，转速 $n = 970$ r/min，电动机轴的直径和减速器输入轴的直径均为 42 mm。试选择电动机与减速器之间的联轴器。

6-28 由交流电动机通过联轴器直接带动一台直流发电机运转。若已知该直流发电机所需的最大功率为 $P = 20$ kW，转速 $n = 3000$ r/min，外伸轴轴径为 50 mm，交流电动机伸出轴的轴径为 48 mm，试选择联轴器的类型和型号。

项目七　机械的润滑与密封

学习导航

　　机器在运行时，相对运动的零部件的接触表面之间会产生摩擦。摩擦不仅消耗能量、增加动力消耗，还会使机械零件发生磨损，降低零部件的使用寿命。因此，选择合理的润滑方式，对延长零件寿命、降低能耗、保证机器的正常运行具有极其重要的意义。

　　另外，为防止机器中润滑油的泄露及外部灰尘等杂质进入机器内部，机器零部件的密封问题也是不容忽视的。

　　本项目主要学习：

- 机械润滑的作用及润滑剂；
- 机械中常见的润滑方式、润滑装置；
- 常见的密封方式及密封装置。

　　图 7-1 所示为普通车床变速箱。变速箱中的齿轮在工作时，啮合齿面之间由于有相对滑动而产生滑动摩擦。摩擦会造成齿面磨损、发热甚至胶合等失效现象，因此需考虑齿轮副的润滑问题。该变速箱采用了浸油润滑方式，即将齿轮浸入润滑油中，靠齿轮旋转将润滑油带到啮合齿面，使摩擦表面产生润滑油膜，从而减少能耗、提高减速器的使用寿命。当变速箱工作时，润滑油随齿轮转动而被甩出，会造成润滑油从箱盖结合面等处的泄露。所以，在润滑的同时还应考虑各间隙处的密封问题。

图 7-1　普通车床变速箱

　　本项目的学习目标如下：

　　(1) 了解润滑的作用及润滑剂的类型；

　　(2) 熟悉常用的润滑方式及密封件；

　　(3) 熟悉常用密封方式及密封件；

　　(4) 能够结合本项目所学知识，正确选用机械的润滑方式及密封方式。

7.1　润滑的作用和润滑技术

机械装置都是由若干零、部件组成的，在机械传动过程中，可动零部件的运动会在接触面间产生摩擦，造成零件的能量损耗和机械磨损，影响机械的运动精度和使用寿命。据估算，大约 80% 的传动零件损坏是由于摩擦磨损引起的。

为了降低摩擦，减少磨损，延长寿命，一个重要的措施就是在运动副处采用润滑。即在摩擦副表面间加入一种润滑剂将两表面分割开来，变干摩擦为加入润滑剂后形成的分子间的内摩擦。

润滑的主要作用有：

(1) 减少摩擦，降低磨损。一般金属或非金属件直接接触产生干摩擦，其摩擦因数约为 0.1～0.15。加入润滑剂后，在摩擦表面形成一层薄膜，可防止金属直接接触，从而大大减小摩擦、磨损。若液体润滑剂形成的油膜能完全把两接触表面隔开，则形成液体摩擦，其摩擦因数小于 0.01～0.001；在半液体摩擦和边界摩擦时，其摩擦因数也仅为 0.05。

(2) 降温冷却。运动副运动时必须克服摩擦力而做功，消耗的功转化为热量，其结果引起运动副温度升高。润滑后摩擦因数大为降低，其摩擦热较少；而且对于液体润滑剂，由于其具有流动性，可及时带走摩擦热量，保证运动副的温度不会升得过高。

(3) 防止腐蚀。润滑剂中都含有防腐、防锈添加剂，润滑剂覆盖在运动副表面时，就可避免或减少由腐蚀引起的损坏。

(4) 减振作用。润滑剂都有在金属表面附着的能力，且本身的剪切阻力小，所以在运动副表面受到冲击载荷时，具有吸振的能力。

(5) 密封作用。半固体润滑剂具有自封作用，一方面可以防止润滑剂流失，另一方面可以防止水分和杂质侵入。

7.2　润　滑　剂

7.2.1　润滑剂的种类及特点

1. 液体润滑剂

液体润滑剂俗称润滑油，润滑油主要有动物油、植物油、矿物油及合成油等。动物油和植物油润滑性能好，但容易氧化变质，常作为添加剂使用。矿物油具有品种多、防腐性能强、价格便宜等特点，应用最广。合成油具有良好的润滑性能，很高的承载能力，有良好的高、低温性能，但价格贵，常用于较重要的场合。另外，在某些场合也可用水作润滑剂。

液体润滑剂具有流动性好、内摩擦因数小、冷却效果好、更换方便等特点，但密封装置复杂。目前，用润滑油润滑应用最广，常用于速度较高、强制润滑、需要散热、排污等场合。

常用润滑油的主要质量指标和用途见表 7-1。

表 7 - 1　常用润滑油的主要质量指标和用途

名称	牌号	主要质量指标					简要说明及主要用途
		运动黏度/mm²·s⁻¹ (40℃)	凝点 /℃ (≤)	倾点 ℃ (≤)	闪点 ℃ (≤)	黏度 指数	
全损耗系统用油 (GB443—1989)	L - AN15	13.5～16.5	—15		65		适用于对润滑油无特殊要求的锭子、轴承、齿轮和其他低负荷机械等部件的润滑，不适用于循环系统
	L - AN22	19.8～24.2	—15		170		
	L - AN32	28.8～35.2	—15		170		
	L - AN46	41.4～50.6	—10		180		
	L - AN68	61.2～74.8	—10		190		
矿物油型和合成烃型液压油 (GB11118.1—1994)	L - HL32	28.8～35.2		—6	180	90	抗氧化、防锈、抗乳化等性能优于普通润滑油。适用于一般机床主轴箱、液压箱和齿轮箱及类似机械设备的润滑
	L - HL46	41.4～50.6		—6	180	90	
	L - HL68	61.2～74.8		—6	200	90	
	L - HL100	90.0～110		—6	200	90	
工业闭式齿轮油 (GB5903—1995)	L - CKB100	90.0～110		—8		90	一种抗氧防锈型润滑油。适用于正常油温下运转的轻载荷工业闭式齿轮润滑
	L - CKB150	135～165		—8		90	
	L - CKB220	198～242		—8		90	
普通开式齿轮油 (SH0363—1992)	150	135～165			200		适用于正常油温下轻载荷普通开式齿轮的润滑
	220	198～242			210		
	320	288～352			210		
蜗轮蜗杆油 (SH0094—1991)	L - CKE220	198～242		—12	200		适用于正常油温下轻载荷蜗杆传动的润滑
	L - CKE320	288～352		—12	200		
	L - CKE460	414～506		—12	200		
轴承油 (SH0017—1990)	L - FC22	19.8～24.2					适用于主轴、轴承和有关离合器用油的压力油浴和油雾润滑
	L - FC32	28.8～35.2					
	L - FC46	41.4～50.6					

2. 半固体润滑剂

半固体润滑剂俗称润滑脂，是在润滑油中加入稠化剂而制成的。常用的稠化剂为金属皂类（如钠皂、钙皂、锂皂、钡皂等）。润滑油中加入不同的稠化剂，可制成不同的润滑脂，如钠基润滑脂、锂基润滑脂等。

润滑脂具有流动性差、使用方便、不易泄漏、无需经常换油及加油等特点，还有密封作用，且密封装置简单；但散热差、内摩擦因数大、摩擦损失大、更换及清洗不方便。用润滑脂润滑的应用范围仅次于润滑油，常用于低速、重载、间歇或摆动及不易加油的机械中。常用润滑脂的性能及用途见表 7-2。

表 7-2　常用润滑脂的主要质量指标和用途

名称	代号	滴点/℃（不低于）	工作锥入度/10^{-1}mm（25℃，150g）	主要用途
钙基润滑脂（GB491—1987）	1号 2号 3号	80 85 90	310～340 265～295 220～250	有耐水性能。用于工作温度低于55～60℃的各种工农业、交通运输设备的轴承润滑，特别是有水、潮湿处
钠基润滑脂（GB/T492—1989）	2号 3号	160 160	265～295 220～250	不耐水（潮湿）。用于工作温度在-10～10℃的一般中等载荷机械设备轴承的润滑
通用锂基润滑脂（GB7324—1994）	1号 2号 3号	170 175 180	310～340 265～295 220～250	多效通用润滑脂。适用于各种机械设备的滚动轴承和滑动轴承及其他摩擦部位的润滑。使用温度为-20～120℃
钙钠基润滑脂（ZBE36001）	1号 2号	120 135	310～340 265～295	用于有水、较潮湿环境中工作的机械润滑，多用于铁路机车、列车、发电机滚动轴承的润滑。不适于低温工作，使用温度为80～100℃
7407号齿轮润滑脂（SY4036—1984）		160	75～90	用于各种低速，中、高载荷齿轮、链和联轴器的润滑。使用温度小于120℃
7014-1高温润滑脂（GB11124—1989）	7014-1	55～75	—	用于高温下工作的各种滚动轴承的润滑，也用于一般滑动轴承和齿轮的润滑。使用温度为-40～200℃

3. 固体润滑剂

常用的固体润滑剂有二硫化钼、石墨、二硫化钨、氮化硼、高分子材料（如尼龙、聚四氯乙烯等）、软金属（如水银、锡等）。

固体润滑剂具有化学稳定性好、耐高温、承载能力高、润滑简单、维护方便等特点，但润滑效果较差。固体润滑剂常用在高温、高压、极低温、真空、强辐射、不允许污染及无法给润滑油的场合。

7.2.2　润滑剂的选择

通常，润滑剂选择的主要依据有以下几个方面：

(1) 工作载荷。当摩擦面的载荷较大时，应考虑润滑剂的承载能力。润滑油黏度越高，承载能力越大，故重载应选黏度大的润滑油。当有冲击载荷、往复运动、间歇运动等受力条件时，液体润滑油膜不易形成，应考虑用润滑脂或固体润滑剂。

(2) 运动速度。低速时宜选用高黏度的润滑油，以利于油膜的保持；高速时宜选用低黏度的润滑油，以降低摩擦热。

(3) 工作温度。低温时宜采用黏度小、凝点低的润滑油；高温时宜采用黏度大、闪点高的润滑油；极低温时宜采用固体润滑剂；工作温度变化大时宜选用粘温性能好的润滑油。

(4) 特殊环境。多尘环境宜采用润滑脂润滑，有较好的密封作用；潮湿环境下，脂润滑时宜采用抗水的润滑脂，用油润滑时宜添加抗锈、抗乳化添加剂。

(5) 润滑部位。对于垂直润滑面、升降丝杠、开式齿轮、链条、钢丝绳等零件，由于润滑油容易流失，应选黏度高的润滑油或用润滑脂润滑；对于润滑间隙小的润滑部位，为保证润滑油进入摩擦面，应选黏度低的润滑油；对于间隙大的部位，应选黏度高的润滑油，以避免润滑油的流失。

7.3　常用润滑方式和润滑装置

为了保证运动摩擦、磨损小，除了正确选用润滑剂外，还须合理选择润滑方式，以保证润滑剂的可靠供给。

7.3.1　油润滑方式及装置

油润滑方式按是否连续可分为间歇供油和连续供油。

1. 间歇供油

间歇供油是隔一定时间向润滑点供给润滑油，润滑不很可靠，可用于低速、轻载和不重要的地方。

常用的润滑方法和装置有手工加油油杯(图 7-2)和压注油杯(图 7-3)。

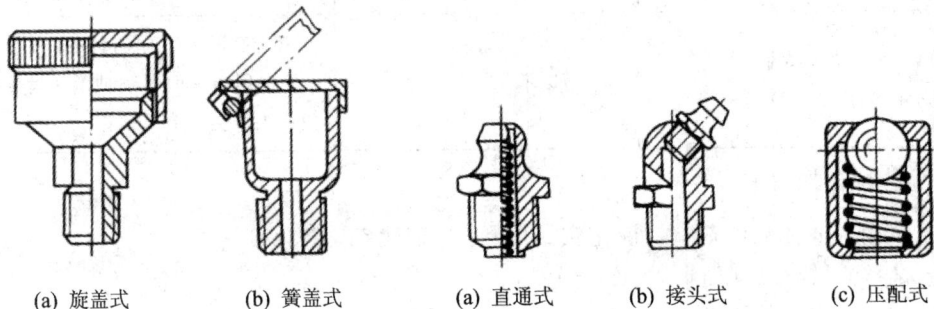

(a) 旋盖式　　　　(b) 簧盖式　　　　　(a) 直通式　　　(b) 接头式　　　(c) 压配式

图 7-2　手工加油油杯　　　　　　　图 7-3　压注油杯

2. 连续供油

连续供油是连续不断地向润滑点供给润滑油，润滑可靠。较重要的场合都要用连续润滑方式。

（1）滴油润滑。针阀式油杯可用于滴油润滑。如图 7-4 所示，针阀式油杯由手柄 1、调节螺母 2、弹簧 3、芯管 4、针阀 5、杯体 6、观察窗孔 7 和联接螺纹 8 等组成。当手柄放平时，针阀受弹簧力向下而堵住油孔；手柄转 90°变成垂直时，针阀上提，下端油孔打开，润滑油流出进入润滑点。其油量大小可通过调节螺母进行调节。

（2）芯捻润滑。如图 7-5 所示，用毛线或棉线做成芯捻，浸入油槽中，利用毛细管虹吸作用把油引到润滑点。由于芯捻本身可起到过滤作用，因此可使润滑油保持清洁。其缺点是油量不可调节。

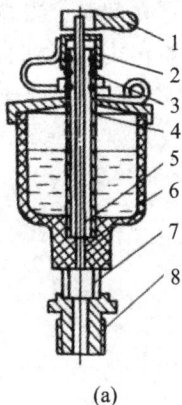

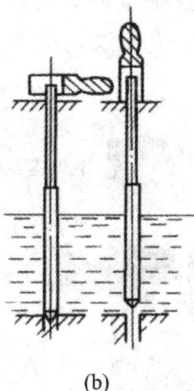

图 7-4　针阀式油杯

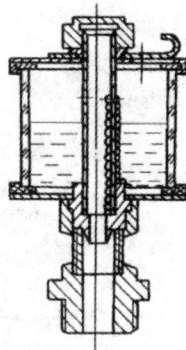

图 7-5　芯捻润滑

（3）油环润滑。如图 7-6 所示，它依靠套在轴上的油环旋转，将油从油池带起来，再流到润滑点。这种润滑方式只适合水平轴的润滑，转速在 60～2000 r/min。转速过高，环在轴上跳动剧烈；转速过低，油环所带油量不够。

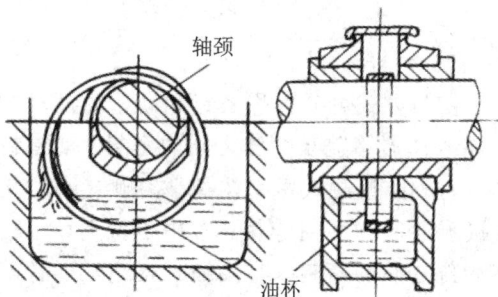

图 7-6　油环润滑

此外，还有浸油润滑、飞溅润滑、压力润滑、油雾润滑等方式。

7.3.2　脂润滑方式及装置

润滑脂与润滑油相比，流动性、冷却效果差，因此脂润滑多用于低、中速机械的润滑。

常用的润滑方式有：

（1）手工润滑：利用手工将脂填入润滑部位，用于开式齿轮传动、链条、滚动轴承等。

（2）油杯润滑：利用旋盖油杯（图7-2）、压注油杯（图7-3）等装置向润滑点送润滑脂。这种润滑方式用于加脂不方便或速度较低的场合。

（3）集中润滑：用脂泵将润滑脂定时定量地送到各润滑点。这种方法主要用于润滑点很多的工厂和车间。

7.4　密封方式及密封件

图7-7所示为一种圆柱齿轮减速器，其齿轮副的润滑是浸油润滑。减速器的输入轴、输出轴与箱体端盖之间存在间隙；另外，减速器箱盖与箱体结合面处也存在间隙。当减速器工作时，飞溅的润滑油就会从各间隙处泄露，造成润滑剂的流失及环境污染，所以必须考虑这些部位的密封问题。

图7-7　减速器的密封

机械装置密封有两个主要作用：

（1）阻止液体、气体工作介质、润滑剂泄露。

（2）防止灰尘、水分进入润滑部位。

7.4.1　密封方式

按结合面的运动状态，密封方式可分为静密封和动密封两种方式。静密封指两个相对静止结合面之间的密封，如减速器箱盖与箱体之间的密封。动密封指两个相对运动结合面之间的密封，分为接触式密封和非接触式密封两类。接触式密封是在密封部位放毡圈、密封圈等，使其与零件直接接触而起到密封作用，常用于低速、一般回转轴的密封，如减速器输入轴、输出轴与箱体端盖之间的密封。非接触式密封动、静零件不直接接触，常用于高速场合。

7.4.2　密封装置

对于回转轴的密封装置，常见的有密封圈密封、毡圈密封、迷宫式密封及机械密封等。常见密封装置的结构、特点及应用见表7-3。

表 7 - 3　常见动密封的结构、特点及应用

名称		结构	特　点	应用
接触式密封	毡圈密封	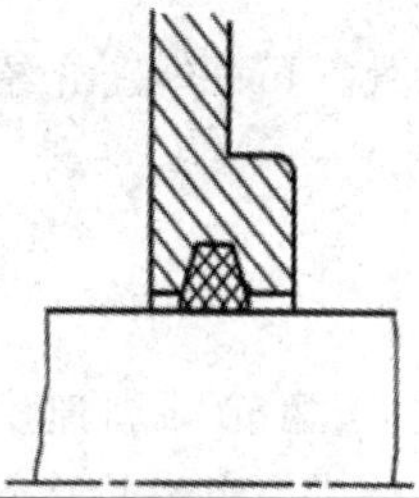	将矩形剖面毡圈嵌入梯形槽内，使之与轴压紧而密封。毡圈材料为毛毡、石棉等，毡圈能吸油，可自润滑。毡圈密封结构简单，安装方便，但易磨损，密封压紧力较小，寿命短，有防尘作用	用于低速、低压、常温场合，不宜用于密封气体。轴颈圆周速度 $v<5$ m/s
	油封密封	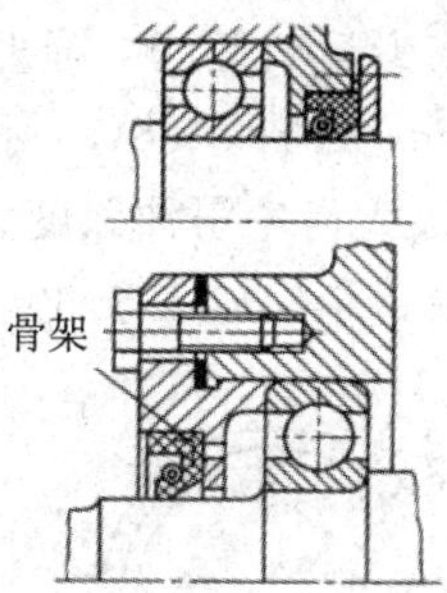 骨架	油封密封又称 J 形橡胶皮碗密封，具有唇形结构。皮碗唇口压紧在轴表面上，与轴接触面积大且常带有弹簧箍，从而增大了密封压力，密封效果好。唇部向外防止灰尘进入，唇部向内防止泄露，分有骨架和无骨架两种。安装时如果使唇口面向密封介质，则介质压力越大，密封唇与轴贴得越紧	用于密封液体、脂、气体，还可防尘。轴颈圆周速度 $v<7$ m/s，$t=-40\sim100℃$
	O 形圈密封	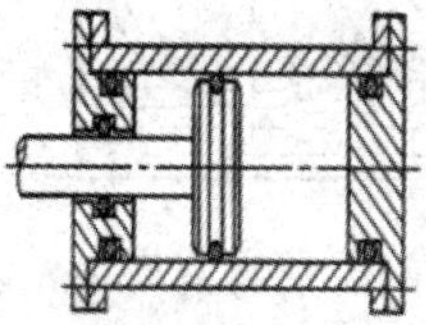	O 形圈放入槽内受压缩而压紧在密封面上。O 形密封结构简单，密封可靠，有双向密封的作用，是最常用的密封元件	用于密封液体。轴颈圆周速度 $v\leqslant7$ m/s，静密封压力可达 40 MP，$t=-20\sim100℃$
非接触式密封	间隙密封	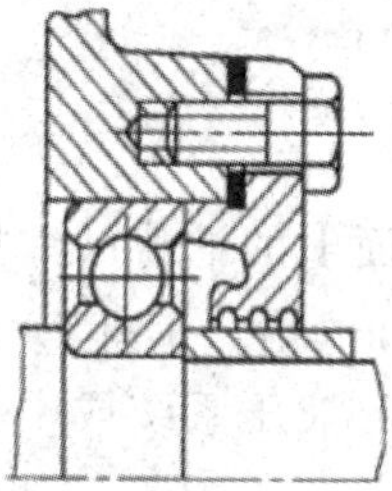	密封处留有细小环形间隙，槽内填入润滑脂，结构简单，密封效果好	用于工作环境清洁、干燥的场合。大多数用于脂润滑条件。轴颈圆周速度 $v<5\sim6$ m/s
	迷宫密封	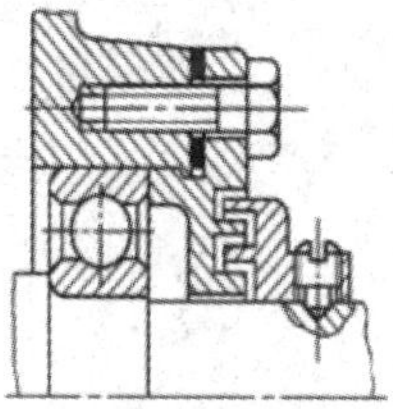	密封处有曲折、狭小的缝隙，并填入润滑脂构成迷宫来实现密封，加工复杂	用于多灰尘、潮湿的场合。适用于脂及油润滑条件，可用于气体密封。轴颈圆周速度 $v=5\sim30$ m/s
	机械密封	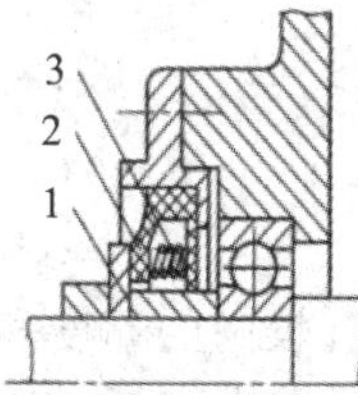	动环 1 固定在轴上，随轴转动。静环 2 固定在轴承端，在液体压力和弹簧 3 的压力下互相贴合，构成良好密封，故又称端面密封。对轴没有损伤，具有密封性好，使用寿命长，使用范围广等优点	用于高速、高压、高温或腐蚀介质工作条件下的回转轴的密封

7.5 减速器的润滑

减速器的润滑主要是减速器中齿轮传动或蜗杆传动的润滑。下面分别介绍这两种传动装置的润滑。

7.5.1 闭式齿轮传动的润滑

闭式齿轮传动的润滑方式可根据齿轮圆周速度来确定。当齿轮圆周速度 $v \leqslant 12$ m/s 时，采用浸油润滑（油浴润滑），如图 7-8 所示。齿轮浸入油池中，当齿轮运转时，借助润滑油的粘着力，将油带到啮合齿面而达到润滑的目的。为减少运转阻力，降低搅油损失，一般大齿轮的浸油深度不超过 $1 \sim 2$ 个齿高，但不小于 10 mm，如图 7-8(a) 所示。对于两级圆柱齿轮减速器，为避免高速级齿轮润滑不良，应使高速级大齿轮浸油深度为 $1 \sim 2$ 个齿高，如图 7-8(b) 所示。为避免箱底油污及杂质被搅起，齿顶距箱底应大于 $30 \sim 50$ mm。

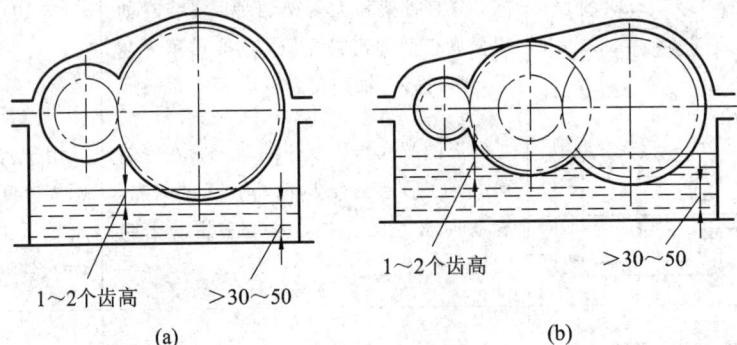

图 7-8 齿轮传动浸油润滑

当圆周速度 $v > 12$ m/s 时，由于离心力的作用，附在齿面上的油将被甩掉，且搅油损失过于激烈，功率损失增大，故不宜用浸油润滑，应采用喷油润滑，如图 7-9 所示。喷油润滑将润滑油直接喷到轮齿啮合面上，润滑效果好，但需专门液压系统或中心供油，费用较高。

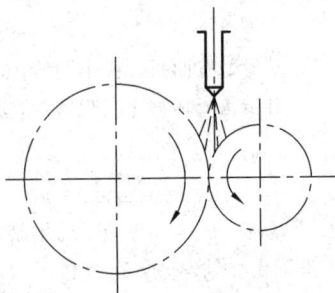

图 7-9 齿轮传动喷油润滑

大部分的闭式齿轮传动靠边界油膜润滑，因此要求润滑油有较高的黏度和较好的油性。润滑油的黏度可根据齿轮的材料和圆周速度在表 7-4 中查取，然后选择具体的润滑油。

表 7 - 4　齿轮润滑油黏度选择　　　　mm²/s

齿轮材料	抗拉强度 σ_b/MPa	齿轮圆周速度 v/(m·s⁻¹)						
		~0.50	0.5~1	1~2.5	2.5~5	5~12.5	12.5~25	>25
塑料、铸铁、青铜		320	220	150	100	68	46	—
钢	470~1000	460	320	220	150	100	68	46
	1000~1250	460	460	320	220	150	100	68
	1250~1580	1000	460	460	320	220	150	100
渗碳或表面淬火的钢		1000	460	460	320	220	150	100

7.5.2　蜗杆传动的润滑

蜗杆传动的工作状态与齿轮传动类似，但蜗杆传动齿面间的滑动速度大，传动效率低，发热大，因此润滑对蜗杆传动来说更为重要。润滑油的黏度和润滑方法，可根据滑动速度和载荷类型进行选择。对于闭式蜗杆传动，从表 7 - 5 中查取。

表 7 - 5　蜗杆传动的润滑油的黏度选择和润滑方法

滑动速度 v_s /(m·s⁻¹)	<1	<2.5	<5	5~10	10~15	15~25	>25
工作条件	重载	重载	中载				
黏度 /(mm²·s⁻¹)	1000	460	220	100	150	100	68
润滑方式	浸油润滑			浸油或喷油润滑	喷油润滑的油压/MPa		
					0.07	0.2	0.5

当采用浸油润滑时，对于下置或侧置式蜗杆传动，浸油深度为蜗杆一个齿高；对于上置式蜗杆传动，浸油深度约为蜗轮顶圆半径的1/3。

7.6　轴承的润滑

7.6.1　滑动轴承的润滑

1. 润滑方式的选择

滑动轴承的润滑方式与滑动轴承的压强 p 及轴颈的圆周速度 v 有关。通常按经验公式 $K=pv^3$ 求得 K，再由 K 确定润滑方式。K 值越大，轴承载荷越大、温度越高，供油越充分。滑动轴承的润滑方式见表 7 - 6。

表 7 - 6　滑动轴承的润滑方式

K	≤2	2~16	16~32	>32
润滑剂	润滑脂	润滑油		
润滑方式	旋盖式油杯或压注油杯润滑	针阀油杯滴油润滑	油环、飞溅及压力循环润滑	压力循环润滑

2. 润滑剂的选择

滑动轴承润滑油的选择见表 7 - 7。润滑油的黏度值由轴颈圆周速度及压强确定。

表 7 - 7　滑动轴承润滑油的选择

轴颈圆周速度 v/(m/s)	40℃运动黏度/(mm² · s⁻¹)		
	轻载 $p<3$ MPa	中载 $p=3\sim7.5$ MPa	重载 $p>7.5\sim30$ MPa
<0.1	85~150	140~220	470~1000
0.1~0.3	65~125	120~170	250~600
0.3~1	45~70	100~125	90~350
1~2.5	40~70	65~90	—
2.5~5	40~55	—	—
5~9	15~45	—	—
>9	5~22	—	—

滑动轴承润滑脂的选择见表 7 - 8，由轴颈圆周速度、压强及轴承工作温度确定。

表 7 - 8　滑动轴承润滑脂的选择

轴颈圆周速度 v/(m · s⁻¹)	压强 p/MPa	工作温度 t/℃	选用润滑油
	1~6.5	55~75	2号钙基脂 3号钙基脂
0.5~5	1~6.5	110~120	2号钠基脂 1号钙基脂
0.5~5	1~6.5	-20~120	2号锂基脂

7.6.2　滚动轴承的润滑

1. 润滑方式的选择

滚动轴承的润滑方式通常由轴承内径和转速的乘积 dn 界限值来确定。滚动轴承润滑方式的选择见表 7 - 9。

采用浸油润滑时，为避免搅油损失过大，一般浸油深度不得超过滚动体直径的1/3。闭式齿轮减速器中的轴承可采用飞溅润滑。高速工作条件下的轴承宜采用喷油润滑或油雾润滑。

表 7 - 9　滚动轴承润滑方式的选择

轴承类型	dn/(mm · r · min⁻¹)				
	脂润滑	浸油润滑	滴油润滑	喷油润滑	油雾润滑
深沟球轴承、角接触球轴承、圆柱滚子轴承	≤(2~3)×10⁵	2.5×10⁵	4×10⁵	6×10⁵	>6×10⁵
圆锥滚子轴承		1.6×10⁵	2.3×10⁵	3×10⁵	—
推力球轴承		0.6×10⁵	1.2×10⁵	1.5×10⁵	—

2. 润滑剂的选择

滚动轴承的润滑剂取决于轴承类型、尺寸和运转条件。从使用角度看，润滑脂具有使用方便、不易泄漏、便于密封等特点，故目前大部分滚动轴承采用润滑脂润滑。常用润滑脂的种类、性能及适用范围见表 7-10。

表 7-10　常用润滑脂的种类、性能及适用范围

种类	性能	适用范围
钙基润滑脂	不溶于水，抗水性高	温度较低(<70℃)、环境潮湿的轴承
钠基润滑脂	耐高温，易溶于水	温度较高(<120℃)、环境干燥的轴承
钙钠基润滑脂	耐热，略溶于水	温度较高(<80~100℃)、环境较潮湿的轴承
锂基润滑脂	抗水性高，耐高低温，寿命长	适于高低温(-20~120℃)及环境潮湿的轴承

用润滑脂润滑时，润滑脂由轴承工作温度及 dn 界限值来确定。滚动轴承润滑脂的选择见表 7-11。

表 7-11　滚动轴承润滑脂的选择

轴承工作温度/℃	$dn/(\text{mm} \cdot \text{r} \cdot \text{min}^{-1})$	使用环境	
		干燥	潮湿
0~40	>8×10⁴	2 号钙基脂、2 号钠基脂	2 号钙基脂
	>8×10⁴	3 号钙基脂、3 号钠基脂	3 号钙基脂
40~80	>8×10⁴	2 号钠基脂	3 号钠基脂、3 号锂基脂
	>8×10⁴	3 号钠基脂	

润滑脂的填充量应适量，通常不超过轴承间隙的 1/3~1/2。过量会增大阻力，引起轴承发热，过少则达不到润滑目的。

用润滑油润滑时，润滑油黏度由轴承工作温度及 dn 界限值确定。滚动轴承润滑油的黏度特性见图 7-10。

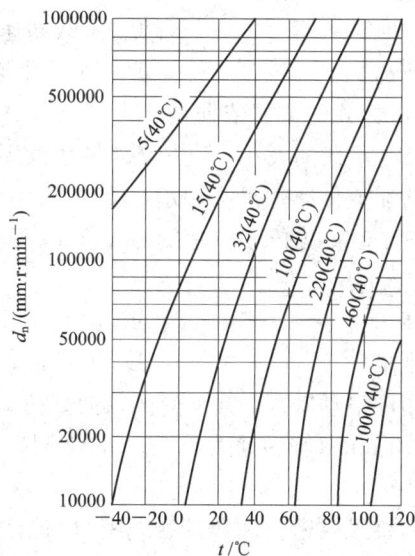

图 7-10　滚动轴承润滑油的黏度特性

习 题

7-1 轴承在露天、潮湿的环境下工作，从适用性和经济性出发，应选用的润滑剂为（　　）。

A. 钙基润滑脂 　　　　B. 钠基润滑脂 　　　　C. 锂基润滑脂 　　　　D. 固体润滑剂

7-2 闪点是表示润滑油蒸发性的指标，闪点越高，说明（　　）。

A. 润滑油的使用安全性越好 　　　　　　　　B. 着火危险性增大

C. 容易蒸发，动力性能好 　　　　　　　　　D. 不易蒸发，动力性能不好

7-3 在重载、高速机械轴颈或轴承中，润滑部位宜采用下列润滑方式中的（　　）。

A. 油环润滑 　　　　B. 压力润滑 　　　　C. 芯捻润滑 　　　　D. 油雾润滑

7-4 速度在 2 m/s 左右的开式齿轮、半开式齿轮，宜采用（　　）。

A. 黏度较高的润滑油，不加抗氧化剂

B. 黏度较高的润滑油，加抗氧化剂

C. 一般黏度的润滑油，加抗氧化剂、抗泡沫剂

D. 加油性或极压添加剂的润滑脂

7-5 密封类型有：① 毛毡圈密封；② 皮碗密封；③ 挡圈密封；④ 迷宫式密封。其中属于接触式密封有（　　）。

A. 1 种 　　　　B. 2 种 　　　　C. 3 种 　　　　D. 4 种

7-6 黏度大的润滑油适用于下面（　　）情况。

A. 低速重载 　　　　B. 高速轻载 　　　　C. 工作温度低 　　　　D. 以上都不是

7-7 有一机器在 -20～120℃ 温度范围内工作，从适用性和经济性出发，应选用的润滑剂为（　　）。

A. 钙基润滑脂 　　　　B. 钠基润滑 　　　　C. 锂基润滑脂 　　　　D. 固体润滑剂

7-8 间歇供油适用的工作情况为（　　）。

A. 轻载低速 　　　　　　　　　　　　　　　B. 重载高速

C. 工作环境恶劣且转速高 　　　　　　　　　D. 加油困难或要求清洁的场合

7-9 选用滚动轴承润滑方式的主要依据是（　　）。

A. 轴承的大小 　　　　B. 承载的大小 　　　　C. 轴颈圆周速度 　　　　D. dn 值

7-10 已知一离心泵的非液体摩擦滑动轴承，轴颈直径 $d = 50$ mm，轴承宽度 $B = 60$ mm，承受径向载荷 $F_r = 2500$ N，轴转速 $n = 1430$ r/min。应选定润滑剂的种类和润滑方法为（　　）。

A. 钙基润滑脂，黄油杯 　　　　　　　　　　B. 钠基润滑脂，黄油杯

C. 润滑油，针阀式注油杯 　　　　　　　　　D. 润滑油，飞溅式

7-11 某起重机上采用的滑动轴承，其承受的径向载荷 $F_r = 21$ kN，载荷平稳；轴颈 $d = 120$ mm，轴承宽度 $B = 90$ mm，轴转速为 105 r/min，间歇工作。试选择合适的润滑剂和润滑方式。

7-12 常用滚动轴承的接触式密封和非接触式密封的结构形式有哪些？请作图表示，并作简要说明。

项目八　机械创新设计与实例分析

学习导航

机械创新设计是指在充分发挥设计者的创造力的前提下,利用人类已有的相关科学技术成果,进行创新构思,设计出具有新颖性、创造性、实用性的机构或机械产品的一种实践活动。

机械创新设计的主要内容包括:机械创新设计的专业基本知识(其中包括前面讨论的齿轮机构、凸轮机构、四杆机构和间歇机构的使用场合、性能、运动和工作特点等)、机构组合原理、机构的变异与演化、机构再生运动链变换、机械运动方案设计、零件创新设计以及反求工程等。机械系统的创新在很大程度上取决于机构的创新。创新设计的方法有两类:一类是指首创、突破及发明;另一类是选择常用机构,并按某种方式进行组合,综合出可实现相同或相近功能的众多机构,为创新设计开辟了切实可行的途径。本项目主要介绍机构组合原理、机构的演化与变异、机构再生运动链变换和机械运动方案设计。

8.1　机构的组合与实例分析

前面讨论的常用基本机构如齿轮机构、凸轮机构、四杆机构和间歇机构等,可以胜任一般性的设计要求,但随着生产的发展以及机械化、自动化程度的提高,对机构的运动规律和动力特性都提出了更高的要求。这些常用的基本机构往往不能满足要求,如连杆机构难以实现一些特殊的运动规律;凸轮机构虽然可以实现任意运动规律,但行程不可调;齿轮机构虽然具有良好的运动和动力特性,但运动形式简单;棘轮机构、槽轮机构等间歇运动机构的运动和动力特性均不理想,具有不可避免的速度、加速度波动,以及冲击和振动。为了解决这些问题,可以将两种以上的基本机构进行组合,充分利用各自的良好性能,改善其不良特性,创造出能够满足原理方案要求的、具有良好运动和动力特性的新型机构。

机构的组合原理是指将几个基本机构按一定的原则或规律组合成一个复杂的机构。这个复杂的机构一般有两种形式:一种是将几种基本机构相融合,成为性能更加完善、运动形式更加多样化的新机构,被称为组合机构;另一种则是将几种基本机构组合在一起,组合体的各基本机构还保持各自特征,但需要各个机构的运动和动作协调配合,以实现组合的目的,这种形式被称做机构的组合。

机构的组合方式可划分为以下四种:串联式机构组合,并联式机构组合,复合式机构组合,叠加式机构组合。

8.1.1　机构的串联组合

将若干个单自由度($F=+1$)的基本机构串联起来,其方法是将前一个机构的输出构件作为后一个机构的输入构件,这样把几个简单的机构组合成一个复合机构,常用于改善输出构件的运动和动力特性，或实现各种特殊的要求。

如图 8-1(a)所示的六杆机构是由铰链四杆机构 1—2—3—4 的输出杆 4 与另一曲柄滑块机构 4′—5—6—1 的输入杆 4′固结在一起构成的，这样当铰链四杆机构的杆 2 输入角位移量时，曲柄滑块机构的输出杆 6 就得到最终的位移量。

图 8-1(b)所示为具有急回特性的机构，构件 4 在工作行程时作近似等速直线运动。该机构是由椭圆齿轮机构 1—2—5 和正弦机构 2′—3—4—5 串联组合而成的。

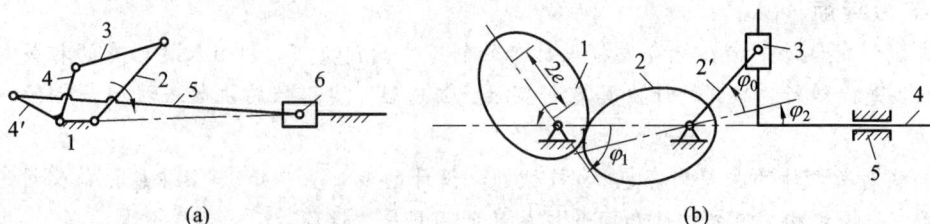

(a)　　　　　　　　　　　　　　　　　　(b)

图 8-1　机构的串联组合

8.1.2　机构的并联组合

一种机构的并联组合相当于运动的合成，其主要功能是对输出构件运动形式的补充、加强和改善。设计时要求两个并联的机构运动要协调，以满足所要求的输出运动。如图 8-2(a)所示的刻字、成型机构，两个凸轮机构的凸轮为两个原动件，当凸轮转动时，推杆 2、4 推动双移动副构件 3 上 M 点走出图中的轨迹。

另一种机构的并联组合是将一个运动分解为两个输出运动。其主要功能是实现两个运动输出，而这两个运动又相互配合，完成较复杂的工艺动作。如图 8-2(b)所示的冲压机机构，构件 1 为原动件，大滑块 2 和小滑块 4 为从动件，大、小滑块具有不同的运动规律。此机构一般用于工件输送装置，工作时，大滑块在右端位置先接收来自送料机构的工件，然后向左运送，再由小滑块将工件推出，使工件进入下一工位。

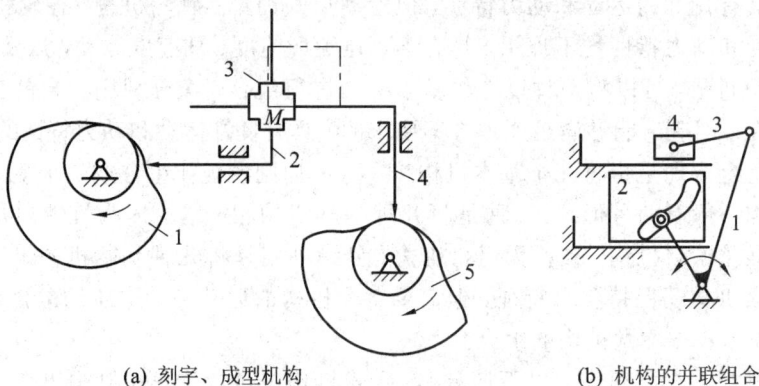

(a) 刻字、成型机构　　　　　　　　(b) 机构的并联组合

图 8-2　机构的并联组合

8.1.3　机构的复合组合

一个具有两个自由度的基本机构和一个附加机构并接在一起的组合形式称为复合式机构组合。

图 8-3 所示的凸轮连杆机构由凸轮 1′—4—5 和双自由度五杆机构 1—2—3—4—5 组合而成。原动凸轮 1′ 和曲柄 1 固连，构件 4 是两个基本机构的公共构件，当 1 和 1′ 一起转动时，1′ 推动从动件 4 移动，这时构件 2、3 上任一点便能实现给定的轨迹 C_x。

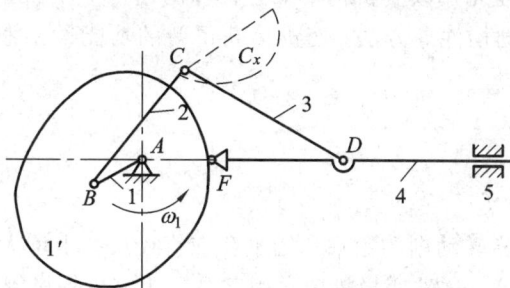

图 8-3　凸轮连杆机构

复合式机构组合一般是不同类型的基本机构的组合，并且将各种基本机构有机地融合为一体，成为一种新机构。其主要功能是可以实现任意运动规律，例如一定规律的停歇、逆转、加速、减速、前进、倒退等。但设计比较复杂，缺乏共同的规律，需要根据具体的机构进行分析和综合。

8.1.4　机构的叠加组合

叠加机构的方法之一是在最简单的机构上叠加一个二杆组（$3n-2p=0$）。如图 8-4(a) 所示，将两构件 5、6 叠加在 3、4 上。图 8-4(b) 所示机构的特点是叠加的机构两构件与被叠加的机构固结在一起，共用构件 4，但并不共用机架。

图 8-5 所示是一种电动玩具马的传动机构，由曲柄摇块机构安装在两杆机构的转动构件 4 上组合而成。机构工作时，分别由转动构件 4 和曲柄 1 输入转动，致使玩具马的运动轨迹是旋转运动和平面运动叠加，产生了一种飞奔向前的动态效果。

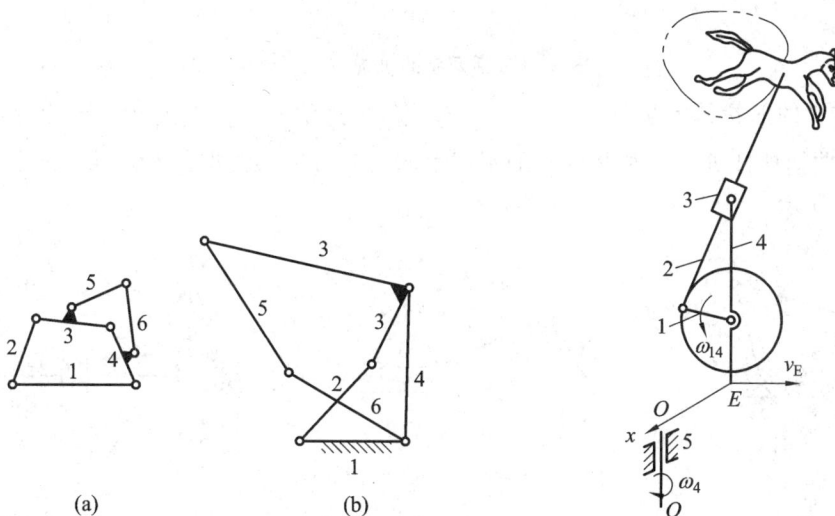

(a)　　　　　(b)

图 8-4　叠加组合机构

图 8-5　电动玩具马

8.2 机构的变异与演化及实例分析

机构的变异与演化是指用改变机构中某些构件的结构形状、运动尺寸、用不同构件为机架或原动件、增加辅助构件等方法,使机构获得新的功能、特性或结构,以满足设计要求的方法。

8.2.1 连杆机构

1. 改变转动副的尺寸

转动副的扩大主要指转动副的销轴和销轴孔在直径尺寸上增大,但各构件之间的相对运动关系并没有发生改变,这种变异机构常用于泵和压缩机等机械装置中。

图 8-6 所示是一个变异后的活塞泵的机构简图。可以看出,变异后的机构与原机构在组成上完全相同,只是构件的形状不一样。偏心盘和圆形连杆组成的转动副使连杆紧贴固定的内壁运动,形成一个不断变化的腔体,这有利于流体的吸入和压出。

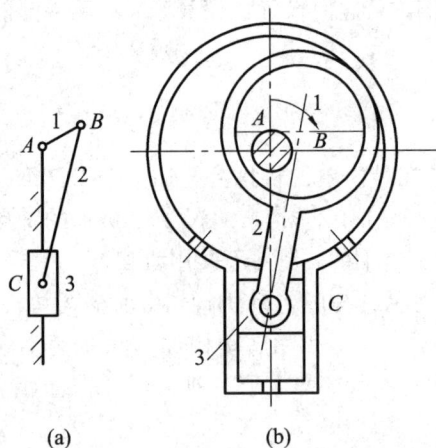

图 8-6 活塞泵的机构

2. 改变构件的形状和尺寸

通过改变曲柄摇杆机构的某些构件的形状和尺寸,可以得到曲柄滑块机构或正弦机构,如图 8-7 所示。

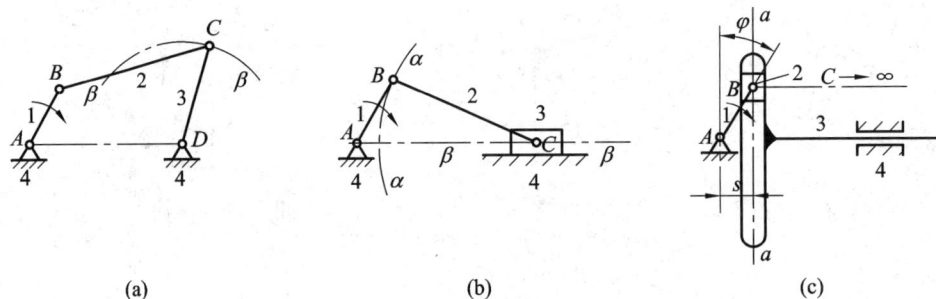

图 8-7 曲柄摇杆机构演化成曲柄滑块机构或正弦机构

图 8-8 所示机构是经过局部结构改变以后的导杆机构。普通的摆动导杆机构在两极限位置只作瞬时的停歇，而图示的导杆机构可以在左边极限位置作长时间的停歇，原因是当曲柄上的滚子在圆弧槽中运动时，导杆停歇不动。

3. 选不同的构件作为机架

在图 8-9 所示的曲柄摇杆机构中，若改变不同构件为机架，可得到双曲柄机构和双摇杆机构。

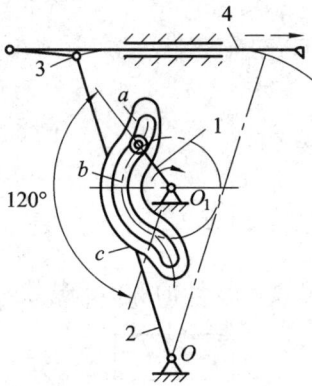

图 8-8　改进后的导杆机构　　　　　图 8-9　曲柄摇杆机构的机架变换

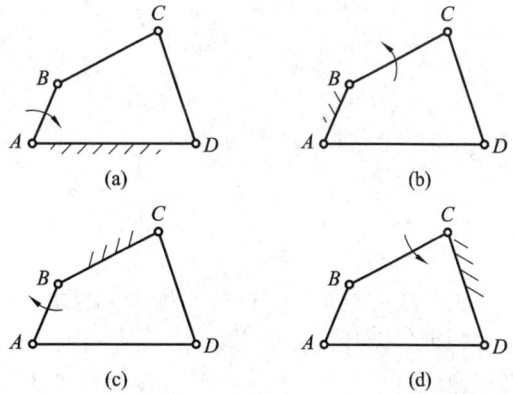

8.2.2　凸轮机构

图 8-10(a)所示为一普通的摆动从动件盘形凸轮机构，若将凸轮固定为机架，原机架为作回转运动的原动件，再将各构件的运动尺寸作适当的改变，就变异为图 8-10(b)所示的用于异型罐头封口的机构。

如图 8-11(a)所示，若将直线廓形的移动凸轮 1 外包在圆柱体上，凸轮廓线就成为圆柱面上的螺旋线，于是演变成螺旋机构，如图 8-11(b)所示。

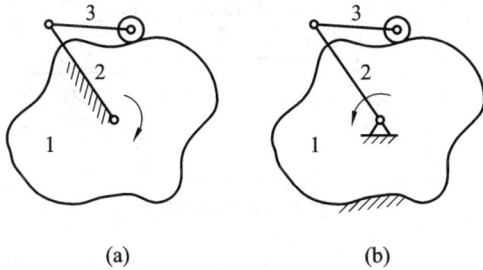

图 8-10　异形罐头封口机构　　　　　图 8-11　凸轮机构的变异机构

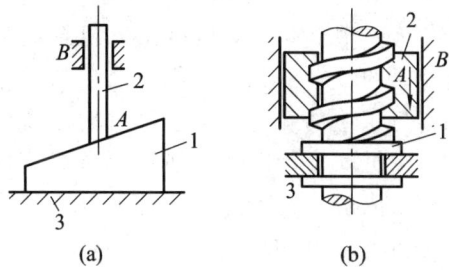

8.2.3　齿轮机构

齿轮也可以认为是由多条相同的凸轮廓线形成的，相应的从动轮则是由多个相同的从动件固联而成的，两轮形成一齿接一齿的传动，这就是齿轮机构。若其中一个齿轮上仅存留部分轮齿，这就是不完全齿轮机构，它的从动轮可完成单向间歇运动，如图 8-12(a)所示。若齿轮中作纯滚动的节线为非圆，则成为非圆齿轮机构，如图 8-12(b)所示，其从动轮作非匀速运动。

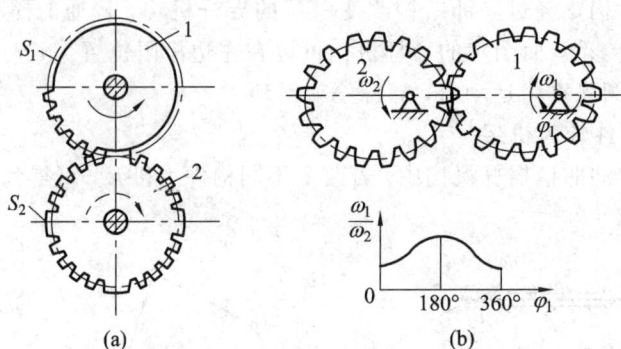

图 8-12　不完全齿轮机构、非圆齿轮机构

8.3　机构再生运动链与实例分析

　　机器性能的好坏，在很大程度上取决于机构的类型创新设计的优劣。显然，有经验的
设计师可以设计出好的方案，但是，要创造
更新颖的机构以及对无丰富经验的设计人
员，常会感到难以下手，借助于机构类型变
异创新设计法将会激发其创造力。本节介
绍借鉴现有机构的运动链类型，进行类型
创新和变异创新的设计方法。

　　机构类型变异创新设计法基于机构组
成原理，对各类连杆组合及其异构体进行
变换分析，满足新的设计要求。这种方法的
基本思想是：将原始机构用机构运动简图表
示，通过释放原动件、机架，将机构运动简
图转化为一般运动链，然后按该机构的功
能所赋予的设计约束，演化出众多的再生
运动链与相应的新机构。这种机构创新设
计方法应明确设计机器的使用要求或该机
器应该完成的工艺动作等技术要求，其设
计流程如图 8-13 所示。

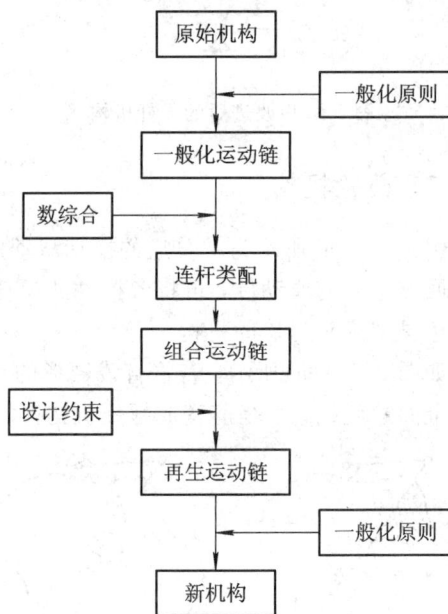

图 8-13　流程图

8.3.1　一般化运动链

　　将原有机构运动简图抽象为一般化运动链，其原则为：
　　(1) 将非刚性构件转化为刚性构件。
　　(2) 将非连杆形状的构件转化为连杆。
　　(3) 将高副转化为低副。
　　(4) 将非转动副转化为转动副。
　　(5) 解除固定杆的约束，机构成为运动链。

（6）运动链的自由度应保持不变。

最常见的单自由度机构是 $N=4$ 的机构。在图 8-14(a)～(c)中，无论是铰链四杆机构、曲柄滑块机构，还是正弦机构，都可以转换成为图 8-14(a) 所示的仅含杆和转动副的四杆机构。如果是高副机构，例如图 8-14(d)、(e)所示的凸轮机构和齿轮机构，可先进行高副低代，而后转换成仅含杆和转动副的四杆机构，如图 8-14(a)所示。

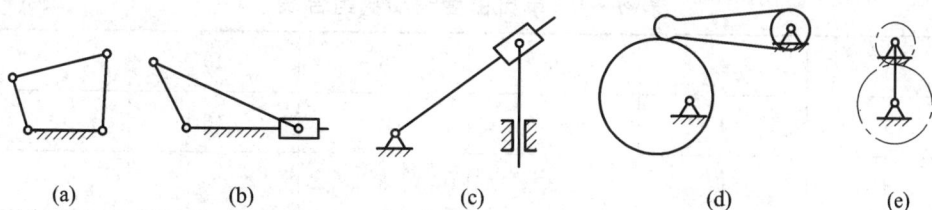

| (a) | (b) | (c) | (d) | (e) |

图 8-14　常见的四杆机构

同样，各种六杆机构也可以进行如此转换，铰链夹紧机构可以转换成仅含转动副的杆机构。

图 8-15 所示为一常用的铰链夹紧机构。在该机构中，1 为机架，2 和 3 分别为液压缸和活塞杆，5 为连杆，4 和 6 为连架杆。其中，6 是执行构件，用于夹紧工件 7。

一般化的原则为：所有"非连杆"转化为连杆，所有"非转动副"转化为转动副，而且要求机构的自由度保持不变，各构件与运动副的邻接保持不变，并将固定杆的约束解除，使机构成为一般化运动链。

按上述一般化原则，将铰链夹紧机构运动简图抽象为一般化运动链，将活塞杆 3 和液压缸 2 以标记为 P 的 Ⅱ级组代替，并释放固定杆，由此所得的铰链夹紧机构的一般化运动链如图 8-16 所示。

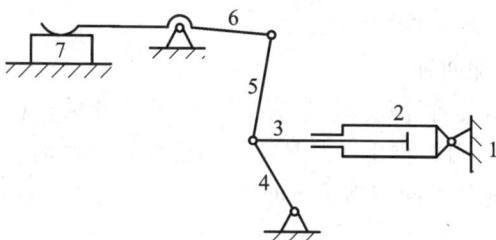

图 8-15　铰链夹紧机构的运动简图　　　　　图 8-16　铰链夹紧机构的一般运动链

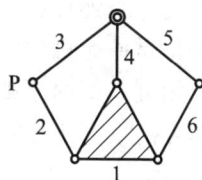

8.3.2　单自由度运动链的基本类型

机构是将运动链的一杆固定为机架后给出原动件而得到的。设运动链的总构件数为 N，低副数为 p，则由该运动链可得到的机构自由度 F 为

$$F = 3(N-1) - 2p \tag{8-1}$$

由此得到

$$p = \frac{3N - (F+3)}{2}$$

当 $F=1$（单自由度机构）时，

$$p = \frac{3N}{2} - 2$$

铰链四杆机构是 $N=4$，$p=4$ 的单环运动链，多环运动链是在单环的基础上每增加 K 个构件和 $K+1$ 个运动链即增加一个独立环，故运动链的环数 H 为

$$H = p - N + 1 \qquad (8-2)$$

由于 p、N 均为整数，故 p 与 N 的组合以及运动链的环数 H 如表 8-1 所示。以下仅讨论单自由度情况。

表 8-1 单自由度运动链组合表

N	4	6	6	10	⋯
p	4	7	10	13	⋯
H	1	2	3	4	⋯

8.3.3 连杆类配的分类

将机构中固定杆（即机架）的约束解除后，该机构便转化为运动链。每一个运动链包含的带有运动副数量不同的各类链杆的组合，称为连杆类配。运动链中连杆类配可以表示为

$$L_A(L_2/L_3/L_4/\cdots/L_n)$$

其中，令运动链中的二副元素连杆为 L_2，三副元素连杆为 L_3，四副元素连杆数为 L_4，含有 n 个运动副元素的构件为 n 副元素连杆 L_n，见图 8-17。

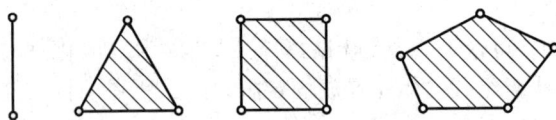

图 8-17 二～五副元素连杆

连杆类配分为自身连杆类配及相关连杆类配两种。

自身连杆类配是原始机构的一般化运动链（简称原始运动链）的连杆类配。相关连杆类配按照运动链自由度不变的原则，由原始运动链可以推出与其具有相同连杆数和运动副数的连杆类配，称为相关连杆类配。按此，相关连杆类配应满足下面两式：

$$N = L_2 + L_3 + L_4 + \cdots + L_n \qquad (8-3)$$
$$2p = 2L_2 + 3L_3 + 4L_4 + \cdots + nL_n \qquad (8-4)$$

将以上两式代入式（8-1），有

$$F = L_2 - L_4 - \cdots - (n-3)L_n - 3 \qquad (8-5)$$

将式（8-3）与式（8-5）相减，得

$$N - (F+3) = L_3 + 2L_4 + 3L_5 + \cdots + (n-2)L_n \qquad (8-6)$$

当 $N=4$，$p=4$ 时，$L_2=4$，四杆运动链的链杆类配仅有一种。在六杆运动链中，$N=6$，$p=7$。由式（8-3）和（8-4）可知，该运动链中不能具有五副及五副以上的链杆，则按式（8-3）和式（8-6）有

$$N = L_2 + L_3 + L_4 = 6$$
$$N - (F+3) = L_3 + 2L_4 = 2$$

按此，六杆运动连杆类配共有两种方案，见表8-2。

表8-2　六杆运动链的连杆类配方案

类配方案	L_2	L_3	L_4	$L_2+L_3+L_4$	L_2+2L_4
1	4	2	0	6	2
2	5	0	1	6	2

六杆运动链连杆类配的方案 I 可表示为 $L_A(4/2)$，其图解表示见图8-18。

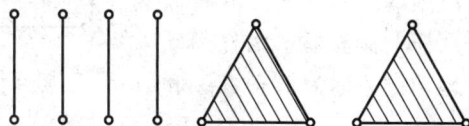

图8-18　六杆运动链连杆类配 $L_A(4/2)$

六杆运动链连杆类配的方案 II 为 $L_A(5/0/1)$，其图解表示见图8-19，由此组成运动链（见图8-20），其左面三杆之间元相对运动，实际上形成一个刚体，在该运动链中固定一杆后将成为一个自由度的四杆机构，已不符合六杆运动链的要求。所以，六杆运动链连杆类配仅有一种链杆类配方案，即表中方案 I 为 $L_A(4/2)$。

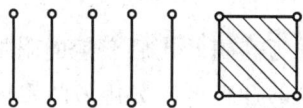

图8-19　六杆运动链连杆类配 $L_A(5/0/1)$

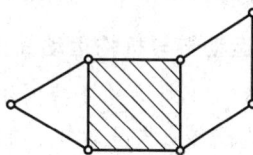

图8-20　组合方案

8.3.4　设计约束机构再生运动链

同理，各种单自由度的闭式链可以按照一定规律，将其基本结构形式中的杆和铰链之间进行重新的排列（布局），使运动链得到多种变异的构形，并在此基础上按照机构的工作特性和具体要求，定出设计约束，根据约束的严或紧，可产生数量不同的变异运动链。例如，铰链四杆机构选择不同构件为机架和曲柄，可以得到曲柄摇杆机构、双曲柄机构和双摇杆机构。六杆运动链的两种类型，如果同样选择不同构件为机架进行同构判定后，可得到5种运动链，见图8-21。

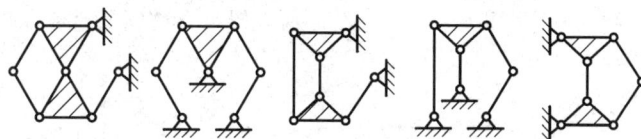

图8-21　选择不同构件为机架得到的运动链

总之，按机构的功能所赋予的设计约束，可演化出众多的再生运动链与相应的新机构。

8.3.5　实例

1. 原始机构

原始机构就是原有机构或者是初步考虑的传动方案。图8-22所示为一凸轮机构，使一大质量的滑块按给定运动规律往复运动。因作用在凸轮上的力较大,拟另寻求更好的传动方案,在原空间尺寸的限制下,提高其机械利益。

2. 一般化运动链

根据一般化的原则,将原始机构中的"非转动副"转化为转动副,将高副转化为低副,保持机构的自由度不变,各构件与运动副的邻接不变,并将固定杆的约束解除,转化为六杆七副机构。六杆运动链可以形成两种基本组合运动链,称为斯蒂芬逊和瓦特型运动链。

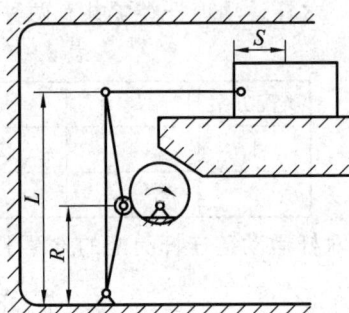

图 8-22 凸轮滑块机构

3. 设计的限制条件

按照机构的工作特性与具体要求,可以定出下列限制条件。

(1) 连杆总数和运动副总数保持不变,在此仍为六杆七副机构。

(2) 必须有凸轮和从动件。

(3) 必须有一个机架,并且与凸轮相邻。

4. 再生运动链与机构运动简图

对于图 8-23 所示的瓦特再生运动链,将 HS 杆选为高副低代后产生的附加杆,可取件 3 或件 5 为凸轮,与凸轮相邻的构件为机架,而其余的杆则可以选作为凸轮机构的从动件,于是可以产生出图 8-24 所示的瓦特机构伴生连杆组合树,它可以开拓出 9 种机构方案。而以图 8-25 所示斯蒂芬逊再生运动链为对象时,可以生成的伴生连杆组合树如图 8-26 所示,可以开拓出 11 种机构方案。

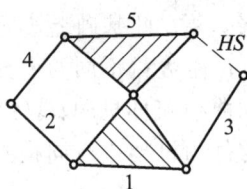

图 8-23 瓦特机构

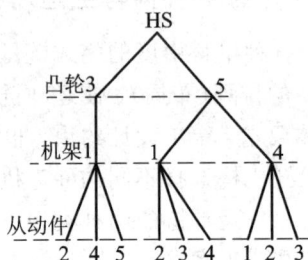

图 8-24 瓦特机构伴生连杆组合树

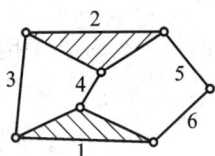

图 8-25 斯蒂芬逊机构

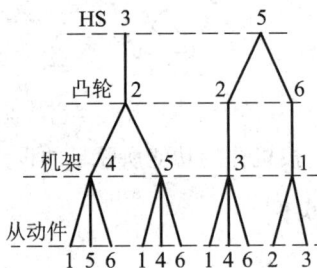

图 8-26 斯蒂芬逊机构伴生连杆组合树

5. 方案选择

以上这些方案中可以获得较大机械利益的部分构件的组合有 4 种，如图 8 - 27 所示。其中图 8 - 27(a)、(b)由瓦特六杆机构衍生部分构件的组合得出；图 8 - 27(c)、(d)由斯蒂芬逊六杆机构衍生得出部分构件的组合。这其中又以图 8 - 27(d)所示较为理想，最后机构方案见图 8 - 28。

利用此方法可帮助设计者拓宽思路，避免一些有价值的最佳设计方案被设计者所遗漏。

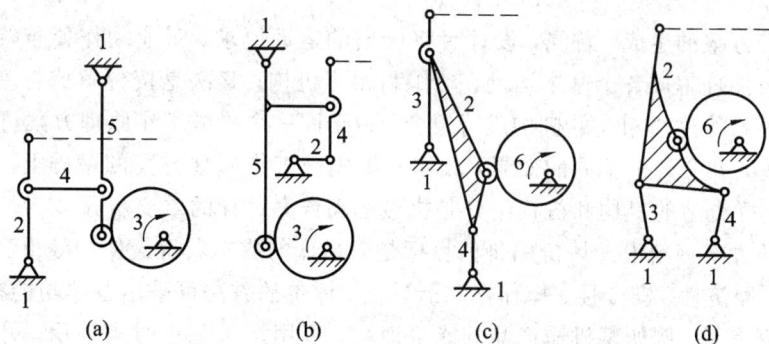

图 8 - 27　瓦特六杆机构、斯蒂芬逊六杆机构衍生机构

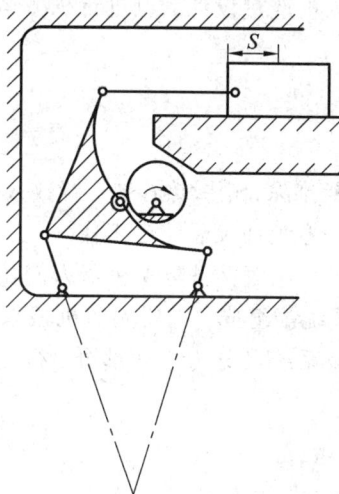

图 8 - 28　可获得较大利益的凸轮滑块机构

8.4　机械运动方案设计

8.4.1　机械运动方案设计概述

机械运动方案设计是指把机械的整个工艺过程所需的动作或功能分解成一系列基本动作或功能，并确定完成这些动作或功能所需的执行构件的数目和执行构件的运动规律，根据其基本动作或功能的要求选择或创新合适的机构来实现这些动作。机械运动方案设计的

主要内容包括:机械功能目标的拟定;机械工作原理的拟定;机构运动方案的生成及机械运动方案创新设计的评价等。

机械功能目标是指该机械产品的功用。拟定机械的功能目标时应该对机械产品或机械装置的具体性能参数和各项技术指标进行限定,如运转速度、输出功率大小、移动距离、使用要求、操作程序、维护与保养、对使用者的技术要求、安全可靠性以及价格、成本、经济效益等内容均属功能目标的限定范畴。机械功能目标确定之后,按功能目标的要求拟定机械的工作原理。工作原理分析是一个在功能分析的基础上,创新构思、搜索探求、优化筛选工艺动作的过程。

机构运动方案的生成。首先,设计者将给出的运动要求、工业动作要求等,以及外部的各种限制条件分解成各个基本运动、动作和相应机构;其次是按分解成各基本运动、动作时确定的关系将这些相应的机构进行组合。由于同一个机械工作原理方案可用不同的机构组合来实现,并会产生不同的效果,故在分析机械工作原理方案的基础上,根据工艺动作的要求,选择合适的机构和机构组合是机械运动方案设计的重要步骤。

机械运动方案创新设计评价的价值目标是以最低的成本获得最佳的效果。评价的内容包括功能性、经济性、安全性、操作性和舒适性。评价的方法可采用各项功能指标量化法,一种可用数值表示,例如某机械产品的能量消耗,可用每千瓦小时来表示;另一种情况先用良好、较好等形容词定性描述,然后再量化处理。

下面以地面反恐防爆机器人的改进设计为例进行机械运动方案创新设计。

8.4.2　实例分析

1. 设计任务

要求地面反恐防爆机器人能排除、销毁爆炸物,解救人质,与恐怖分子对抗等。总之,机器人的总功能是代替人去做一些地面反恐防爆工作。

根据总功能要求和工作性质,地面反恐防爆机器人应由机械系统、控制技术、视音频系统、各种传感器应用、武器系统等组成。机器人的机械系统是最重要的部分,根据反恐防爆工作的需要,机器人的机械系统又分为工作部分、行走部分、驱动部分等。本例主要是机械系统设计。

2. 功能原理分析

(1) 工作部分由臂杆部分和机械手组成。

臂杆部分是开式连杆系,臂杆主要用于对爆炸物的抓取、搬运、放置工作。对臂杆的要求从三个方面考虑:一是额定负载,指工作装置在工作空间范围中任意位置时机械手都能抓取搬运的最大重量;二是工作装置伸展最长距离;三是工作装置收缩最近距离。

机械手也称做抓取机构,用来抓住握持爆炸物等物体。设计机械手时应注意以下事项:一是手指的开闭范围,此范围是从手指张开的最大开口位置到闭合夹紧时的变动距离;二是手指的夹紧力,为使手指能夹紧物体并保证在运动过程中不脱落,要求手指在夹紧物体时有足够的夹紧力;三是根据物体的形状和位置,选择适当的手指形状和手部结构,使手指抓持物体吻合。

(2) 行走部分。行走部分不仅要像车辆一样行走、越障,还可以原地转弯等。

（3）驱动部分。驱动部分采用蜗轮蜗杆、减速器、行星齿轮减速器、谐波齿轮减速器等以及配套用的各种电机。

3. 功能分解与动作分解

（1）为了实现地面反恐防爆机器人机械系统的总功能，可将总功能分解为抓取功能、移动功能和放置功能。

（2）机器的功能是多种多样的，但每一种机器都要求完成某些动作，所以往往把总功能分解成一系列相对独立的动作，依次作为功能元，然后用树状功能图来描述。要实现上述分功能，有下列动作过程：

① 臂杆可以在三维空间范围内运动。

② 机械手可以张开和闭合。

③ 机器人行走。

4. 根据工作原理选择运动部件

根据总功能分解成一系列相对独立的动作，得到的树状功能图见图 8-29。要实现上述功能元的求解就要选择所需执行部件。

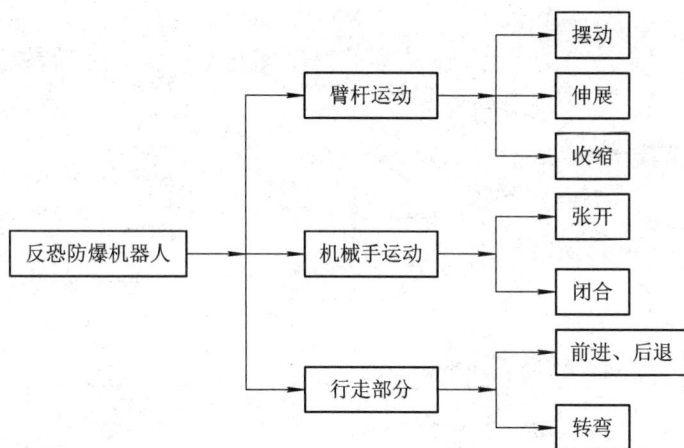

```
                                              ┌──── 摆动
                           ┌── 臂杆运动 ───────┼──── 伸展
                           │                  └──── 收缩
                           │
反恐防爆机器人 ─────────────┼── 机械手运动 ─────┬──── 张开
                           │                  └──── 闭合
                           │
                           └── 行走部分 ───────┬──── 前进、后退
                                              └──── 转弯
```

图 8-29　树状功能图

1）臂杆的选择

地面反恐防爆机器人根据不同的设计思想，工作装置的臂杆和关节数量是不同的，常用的有：

（1）单连杆两关节自由度模式，见图 8-30（a），连杆的两端是由两个旋转自由度组成的关节，底部与车体连接的关节使连杆上下旋转运动，上端部的关节连接机械手，使机械手形成上下摆头。这种单臂（单连杆）的工作装置没有回转机构，工作装置需要水平运动时，必须靠车体的运动。

（2）两臂杆三关节自由度模式，见图 8-30（b），是完全模仿人的手臂设计制作的，这种机器人的工作装置由肩、肘、腕三个关节自由度，由大臂、小臂两根连杆以及一个机械手组成。在运动学结构上，这类机械手臂最像人的手臂。

（3）三连杆多关节模式，见图 8 - 30(c)，比人类的手臂多了一杆，在三维空间运动更加自由。

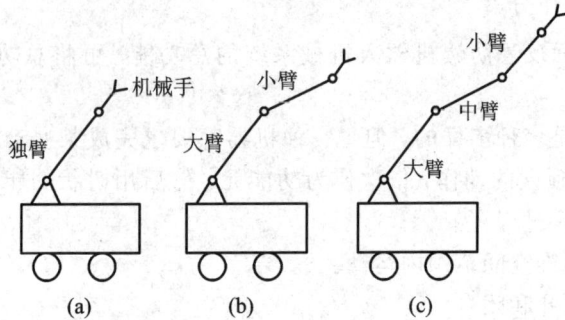

图 8 - 30　三种机构手臂

2）机械手的选择

一般情况下，机器人的手部只有 2 个手指（如图 8 - 31 所示，为不同机构的机械手），个别的有 3、4 个手指（如图 8 - 32 所示）。手指结构的形式取决于被夹持物体的形状和特性，在反恐防爆工作中遇到的物体是不同的，因此手指的形状设计也是不同的。

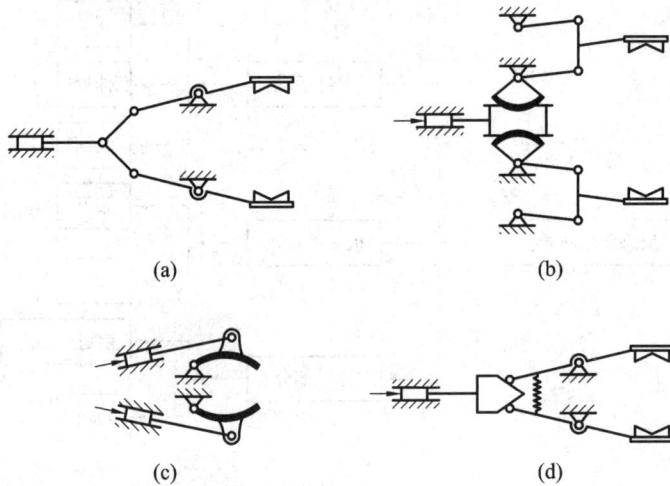

图 8 - 31　两手指机构手

图 8 - 32　四手指机构手

3）行走部分的选择

根据行走装置的不同，地面反恐防爆机器人分为轮式移动机器人和履带式机器人。

5. 用形态学矩阵法选择地面反恐防爆机器人的机械系统

形态学矩阵：纵坐标为功能元，横坐标为功能元解。

表 8-3 描述了地面反恐防爆机器人传动链的形态学矩阵，可综合出 36 种方案（$N=3\times6\times2=36$）。

表 8-3　地面反恐防爆机器人的形态学矩阵

功能元	功能元解					
	1	2	3	4	5	6
臂杆	独臂	两臂	一臂			
机械手	两指连杆型	两指齿轮—齿条	两指凸轮型	三指	四指	多指
行走部分	轮式	履带式				

根据是否满足预定的运动要求，运动链机构顺序安排是否合理等，选择出较好的运动方案。

如图 8-33 所示的"灵蜥"系列机器人是在国家"863"计划支持下，自行研制开发、具有自主知识产权的新型复合移动结构的系列化反恐排爆机器人。它具有探测及多种作业功能，可广泛应用于公安、武警排爆及探测。它由履带复合移动部分、多功能作业机械手、机械控制部分、（无线）有线图像数据传输等部分组成。

图 8-33　反恐防爆机器人

习　题

8-1　机械创新设计主要有哪些方法？

8-2　机构组合的目的是什么？有哪几种组合方式？

8-3　利用机构再生运动链设计有哪些主要步骤？

附录　滚动轴承国家标准数据摘录

附表　深沟球轴承(GB/F 276—1994)

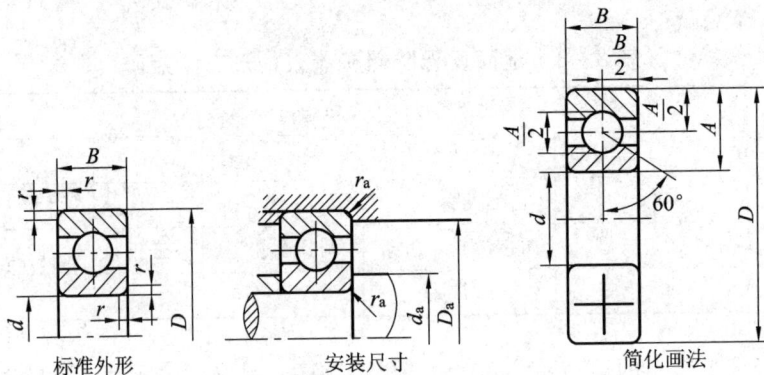

标准外形　　　　　安装尺寸　　　　　简化画法

轴承代号	基本尺寸/mm				安装尺寸/mm			基本额定动载荷 C/kN	基本额定静载荷 C_o/kN
	d	D	B	r_a min	d_a min	D_a max	r_a max		
6004	20	42	12	0.6	25	37	0.6	9.38	5.02
6204		47	14	1.0	26	41	1.0	12.80	6.65
6304		52	15	1.1	27	45	1.0	15.80	7.88
6404		72	19	1.1	27	65	1.0	31.00	15.20
6005	25	47	12	0.6	30	42	0.6	10.00	5.85
6205		52	15	1.0	31	46	1.0	14.00	7.88
6305		62	17	1.1	32	55	1.0	22.20	11.50
6405		80	21	1.5	34	71	1.5	38.20	19.20
6006	30	55	13	1.0	36	49	1.0	13.20	8.30
6206		62	16	1.0	36	56	1.0	19.50	11.50
6306		72	19	1.1	37	65	1.0	27.00	15.20
6406		90	23	1.5	39	81	1.5	47.50	24.50
6007	35	62	14	1.0	41	56	1.0	16.20	10.50
6207		72	17	1.1	42	65	1.0	25.50	15.20
6307		80	21	1.5	44	71	1.5	13.20	19.20
6407		100	25	1.5	44	91	1.5	56.80	29.50

轴承代号	基本尺寸/mm				安装尺寸/mm			基本额定动载荷 C/kN	基本额定静载荷 C_o/kN
	d	D	B	r_a min	d_a min	D_a max	r_a max		
6008	40	68	15	1.0	46	62	1.0	17.00	11.80
6208		80	18	1.1	47	73	1.0	29.50	18.00
6308		90	23	1.5	49	81	1.5	40.80	24.00
6408		110	27	2.0	50	100	2.0	65.50	37.50
6009	45	75	16	1.0	51	69	1.0	21.10	14.80
6209		85	19	1.1	52	78	1.0	31.50	20.50
6309		100	25	1.5	54	91	1.5	52.80	31.80
6409		120	29	2.0	55	110	2.0	77.50	45.50
6010	50	80	16	1.0	56	74	1.0	22.00	16.20
6210		90	20	1.1	57	83	1.0	35.00	23.20
6310		110	27	2.0	60	100	2.0	61.80	38.00
6410		130	31	2.1	62	118	2.1	92.20	55.20
6011	55	90	18	1.1	62	83	1.0	30.20	21.80
6211		100	21	1.5	64	91	1.5	43.20	29.20
6311		120	29	2.0	65	110	2.0	71.50	44.80
6411		140	33	2.1	67	128	2.1	100.00	62.50
6012	60	95	18	1.1	67	88	1.0	31.50	24.20
6212		110	22	1.5	69	101	1.5	47.80	32.80
6312		130	31	2.1	72	118	2.1	81.80	51.80
6412		150	35	2.1	72	138	2.1	108.00	70.00
6013	65	100	18	1.1	72	93	1.0	32.00	24.80
6213		120	23	1.5	74	111	1.5	57.20	40.00

参 考 文 献

1. 胡家秀. 机械设计基础. 2 版. 北京：机械工业出版社，2008.

2. 李力，向敬忠. 机械设计基础. 北京：清华大学出版社，2007.

3. 隋明阳. 机械基础. 北京：机械工业出版社，2008.

4. 张超，郭红星. 机械设计基础. 北京：国防工业出版社，2009.

5. 刘思俊. 工程力学. 北京：机械工业出版社，2010.

6. 于兴芝. 机械零件课程设计. 北京：机械工业出版社，2010.

7. 周玉丰. 机械设计基础. 北京：机械工业出版社，2011.

8. 贺敬宏. 机械设计基础. 西安：西北工业大学出版社，2005.

9. 任青剑，贺敬宏. 机械零件课程设计. 西安：陕西科学技术出版社，2006.

10. 黄晓荣. 机械设计基础课程设计指导书. 北京：中国电力出版社，2009.

11. 隋明阳. 机械设计基础. 2 版. 北京：机械工业出版社，2009.

12. 孙建东，李春书. 机械设计基础. 北京：清华大学出版社，2007.

13. 张九成. 机械设计基础. 北京：机械工业出版社，2006.

14. 徐钢涛. 机械设计基础课程设计. 北京：高等教育出版社，2009.

15. 李翠梅，张学铭. 工程力学与机械设计基础. 北京：北京师范大学出版社，2009.